BIOCHEMISCHES HANDLEXIKON

BEARBEITET VON

H. ALTENBURG-BASEL, I. BANG-LUND, K. BARTELT-PEKING, FR. BAUM-BERLIN, C. BRAHM-BERLIN, W. CRAMER-EDINBURGH, K. DIETERICH-HELFENBERG, R. DITMAR-GRAZ, M. DOHRN-BERLIN, H. EINBECK-BERLIN, H. EULER-STOCKHOLM, E. ST. FAUST-WÜRZBURG, C. FUNK-BERLIN, O. v. FÜRTH-WIEN, O. GERNGROSS-BERLIN, V. GRAFE-WIEN, J. HELLE-BERLIN, O. HESSE-FEUERBACH, K. KAUTZSCH-BERLIN, FR. KNOOP-FREIBURG I. B., R. KOBERT-ROSTOCK, J. LUNDBERG-STOCKHOLM, C. NEUBERG-BERLIN, M. NIERENSTEIN-BRISTOL, O. A. OESTERLE-BERN, TH. B. OSBORNE-NEW HAVEN, CONNECT., L. PINCUSSOHN-BERLIN, H. PRINGSHEIM-BERLIN, K. RASKE-BERLIN, B. v. REINBOLD-KOLOZSVÁR, BR. REWALD-BERLIN, A. ROLLETT-BERLIN, P. RONA-BERLIN, H. RUPE-BASEL, FR. SAMUELY-FREIBURG I. B., H. SCHEIBLER-BERLIN, J. SCHMID-BRESLAU, J. SCHMIDT-STUTTGART, E. SCHMITZ-FRANKFURT A. M., M. SIEGFRIED-LEIPZIG, E. STRAUSS-FRANKFURT A. M., A. THIELE-BERLIN, G. TRIER-ZÜRICH, W. WEICHARDT-ERLANGEN, R. WILLSTÄTTER-ZÜRICH, A. WINDAUS-FREIBURG I. B., E. WINTERSTEIN-ZÜRICH, ED. WITTE-BERLIN, G. ZEMPLÉN-SELMECZBÁNYA, E. ZUNZ-BRÜSSEL

HERAUSGEGEBEN VON

PROFESSOR DR. EMIL ABDERHALDEN

DIREKTOR DES PHYSIOLOG. INSTITUTES DER TIERÄRZTLICHEN
HOCHSCHULE IN BERLIN

III. BAND

FETTE, WACHSE, PHOSPHATIDE, PROTAGON, CEREBROSIDE, STERINE, GALLENSÄUREN

BERLIN
VERLAG VON JULIUS SPRINGER
1911

ISBN 978-3-642-51194-3   ISBN 978-3-642-51313-8 (eBook)
DOI 10.1007/978-3-642-51313-8

Softcover reprint of the hardcover 1st edition 1911

Inhaltsverzeichnis.

	Seite
Fette und Wachse. Von Dr. phil. Carl Brahm - Berlin	1
Trocknende Öle	1
Halbtrocknende Öle	38
Nichttrocknende Öle	74
Feste Pflanzenfette	113
Die animalischen Öle	155
Öle der Seetiere. Fischöle	155
Leberöle	160
Trane	165
Öle und Fette der Landtiere	170
Wachse	209
Vegetabilische Wachse	209
Animalische Wachse	215
Flüssige animalische Wachse	215
Feste animalische Wachse	219
Phosphatide. Von Prof. Dr. Ivar Bang - Lund	225
A. Tierische Phosphatide	230
I. Gruppe: Monoaminophosphatide	230
II. Gruppe: Monoaminodiphosphatide	240
III. Gruppe: Diamino[mono]phosphatide	241
IV. Gruppe: Diaminodiphosphatide (?)	244
V. Gruppe: Triaminomonophosphatide	244
VI. Gruppe: Triaminodiphosphatide	245
VII. Gruppe: Übrige tierische Phosphatide	245
B. Pflanzenphosphatide	246
Anhang	247
1. Stickstofffreie Monophosphatide	247
2. Phytin	248
Protagon, Cerebroside und verwandte Substanzen. Von Prof. Dr. W. Cramer - Edinburgh	250
Phosphor-Cerebroside	251
Galakto-Phosphatide	257
Cerebroside	258
I. Cerebroside des Nervengewebes	258
II. Cerebroside aus nichtnervösem Gewebe	266
Sterine. Von Prof. Dr. A. Windaus - Freiburg i. B.	268
Cholesterin	268
Isocholesterin	296
Koprosterin	297
Die Sterine niederer Tiere	300
Die Phytosterine	302
Kurze Literaturangaben über das Vorkommen der Sterine im Pflanzenreich	307
Die Sterine der Pilze	308
Die Gallensäuren. Von Prof. Dr. Knoop - Freiburg i. B.	310
I. Gepaarte Gallensäuren	310
II. Spezifische Gallensäuren	314
III. Oxydationsprodukte der Gallensäuren	322
a) Oxydationsprodukte der Cholsäure	323
b) Oxydationsprodukte der Choleinsäure und Desoxycholsäure	328

Fette und Wachse.

Von

Carl Brahm-Berlin.

Trocknende Öle.

Leinöl.

Flachsöl — Huile de lin — Linseed Oil — Flaxseed Oil — Olio di lino — Oleum Lini.

Vorkommen: Leinöl kommt in den Samen des Flachses oder Leines (*Linum usitatissimum* L.) vor. Die hauptsächlichsten Länder, in denen Lein in bedeutenden Mengen zwecks Samengewinnung angebaut wird, sind Rußland, Indien, Nordamerika, Kanada und Argentinien. Im allgemeinen kann man die verschiedenen flachsbautreibenden Länder hinsichtlich des mit dem Leinbau verfolgten Zweckes in zwei ziemlich scharf getrennte Gruppen teilen, zu deren ersterer die Vereinigten Staaten von Nordamerika, Argentinien und Indien zählen (Saatgewinnung), während zur zweiten Gruppe (Faserverwertung) die meisten europäischen Länder, mit Ausnahme Rußlands, zu rechnen sind; dieses produziert sowohl Leinsaat, als auch Flachsfaser.

In Europa kennt man den Schließ- oder Dreschlein (*Linum usitatissimum forma vulgare* Schübl. et Mart. = *Linum usitatissimum forma indehiscens* Neilr.) und den Spring- oder Klanglein (*Linum usitatissimum humile* Mill. = *Linum usitatissimum crepitans* Böningh). Ersterer wird als Faserpflanze, letzterer als Ölsaatpflanze kultiviert.

In Amerika gedeiht eine Spielart (Linum americanum album), die sich von der europäischen, blaublühenden Pflanze durch weiße Blüten unterscheidet.

In Indien wird eine Flachsart gebaut, welche weiße oder weißgelbliche Samen liefert. Die im Pendschab und in Tibet heimische Basant, Bab-basant genannte, in Afghanistan als Futterpflanze gebaute Abart *Linum strictum* L. liefert gleichfalls ein dem Leinöl sehr ähnliches Öl[1]).

Winter- und Sommerlein werden im Saathandel voneinander nicht unterschieden.

Der Gehalt an Fett und Protein schwankt mitunter sehr bedeutend, bedingt durch Klima, Spielart, Düngung usw. Nordrussische Samen enthalten beispielsweise nach Shukoff[2]) durchschnittlich ca. 32% und südrussische ca. 36% Öl.

Schindler und Waschata fanden in 43 Leinsamenproben 35,74—43,26%, im Mittel 39,48% Öl. Samen verschiedener Provenienz zeigten folgenden Ölgehalt:

Herkunft	Ölgehalt in Prozenten	Mittel in Prozenten
Kalkutta	38,55—43,26	40,16
Bombay	36,97—42,90	41,03
Rußland	36,53—39,06	37,96
Marmara	—	41,27
Küstendje	38,00—38,94	38,47
Levante	36,95—42,04	40,04
Ungarn	36,63—37,86	37,13
Marokko	35,74—39,75	37,75
Nordamerika	—	36,41
La Plata	36,45—39,18	37,59

[1]) Schädler, Technologie der Fette u. Öle. 2. Aufl. Leipzig 1892. S. 690.
[2]) Shukoff, Chem. Revue über d. Fett- u. Harzindustrie **8**, 250 [1901].

Es sei auch bemerkt, daß beim Extrahieren der Saat mit Äther größere Mengen Fett erhalten werden als beim Extrahieren mit Petroläther.

Darstellung: Vor der eigentlichen Verarbeitung zu Öl wird die mit Fremdkörpern verunreinigte Leinsaat einer Reinigung durch Rund- oder Flachsiebe unterzogen.

Wenn es sich um Gewinnung von Speiseöl handelt, werden die Cruciferensamen durch Trieure entfernt. Wenn übrigens Leinsaat stark mit Cruciferensamen verunreinigt ist, so findet schon beim Pressen eine Trennung der Öle derart statt, wie die Versuche von G. Faßbender und J. Kern[1]) ergeben haben, daß vornehmlich das leichter flüssige Leinöl ausfließt, während die schwerer flüssigen Cruciferenöle im Kuchen zurückbleiben. Durch Walzenstühle und Kollergänge wird die gereinigte Saat zerkleinert, auf 60—70° erwärmt und durch einmalige Pressung das Öl entfernt. Das Extraktionsverfahren wird bei Leinsaaten nur selten angewendet.

Physikalische und chemische Eigenschaften: Beim Kaltpressen der Leinsaat erhält man ein goldgelb gefärbtes Öl von angenehmem Geschmack, das zu Speisezwecken dient. In Rußland, Ungarn und auch in Thüringen werden für diesen Zweck beträchtliche Mengen verwendet.

Zur Reinigung des frisch gepreßten Öles dient eine Filterpreßpassage oder mehr oder wenig lang andauerndes Ablagern. Beim Lagern scheiden sich Schleimstoffe aus. Abgelagertes Öl hat für gewisse technische Zwecke einen höheren Wert. Um zu prüfen, ob das Öl zur Lack- und Firnisbereitung brauchbar ist, wird dasselbe in einem Reagensglas erhitzt. Altes, abgelagertes Öl kann bis auf 270—300° erhitzt werden, ohne daß eine Trübung entsteht. Frisches (junges) Leinöl zeigt bei 130° ein Schäumen, bedingt durch Entweichen von Wasser, und bei höherer Temperatur treten algen- und froschlaichartige Ausscheidungen auf. Diesen Vorgang nennt man „Brechen", „Flocken" oder „Umschlagen" des Leinöls. Die Menge dieses Niederschlages ist nach den Untersuchungen Thompsons[2]) sehr gering, obgleich sie bedeutend aussieht. In einer Probe Leinöl fand Thompson 0,277% Schleim, dessen Aschengehalt 47,79% betrug.

Die Zusammensetzung der Asche war: 20,96% Kalk, 59,85% Phosphorsäure, 18,54% Magnesia, Spuren Schwefelsäure.

Thomson glaubt daher, daß das Brechen des Leinöles durch die Anwesenheit von phosphorsaurem Kalk und phosphorsaurer Magnesia bedingt wird. Von anderer Seite wird angenommen, daß der Niederschlag aus Eiweißverbindungen besteht[3]). Durch längeres Lagern werden diese Verunreinigungen ausgeschieden. Zum raschen Entfernen derselben dient das Raffinieren des Öles durch Behandeln mit 1—2proz. konz. Schwefelsäure.

Leinöle für Künstler werden einem Bleichverfahren durch Sonnenlicht unterworfen, durch Aufstellen des Öles in flachen Schalen unter Glas. Auch wird ein Ozonisierungsverfahren empfohlen.

Das Leinöl gehört mit seiner Dichte von 0,9224—0,9410 bei 15° C zu den spezifisch schwersten Ölen. Der Koeffizient der Dichteabnahme beim Erwärmen beträgt nach Parker C. Mc Ilhiney:

zwischen Temperaturen von 15,5— 28° C = 0,000654,
„   „   „ 28 —100° C = 0,000720.

Allen gibt eine durchschnittliche Korrektur von 0,000649 pro 1° C Temperaturunterschied an[4]). Kaltgepreßtes Leinöl ist dunkelcitronengelb, warmgepreßtes goldgelb, orangefarben bis braun. Letztere zeigen deutlicher den charakteristischen Geruch als kaltgepreßte Öle. Letztere zeigen auch einen milderen Geschmack.

Die chemische Zusammensetzung des Leinöls ist nur unvollständig bekannt. Um die Erforschung desselben haben sich besonders Süssengut, Mulder, K. Hazura und A. Bauer, A. Friedrich und A. Grüßner, K. Peters, W. Dieff, A. Reformatzky, A. Hehner und C. A. Mitchell, L. M. Horton und H. und A. Richardsson, F. Moerk, Fahrion, Fokinas, A. Lidoff, Lewkowitsch u. a. verdient gemacht. Es besteht der Hauptsache

[1]) G. Faßbender u. J. Kern, Zeitschr. f. angew. Chemie **1897**, 331.

[2]) G. W. Thompson, Journ. Amer. Chem. Soc. **25**, 716 [1903]; Chem. Revue über d. Fett- u. Harzindustrie **10**, 255 [1903].

[3]) J. Kochs, Mitteil. aus dem K. Materialprüfungsamt Großlichterfelde **23**, 289 [1905].

[4]) Allen, Chem. Revue über d. Fett- u. Harzindustrie **8**, 226, [1901]. — H. Thaysen, Berichte d. Deutsch. pharmaz. Gesellschaft **16**, 277 [1906]. — Utz, Chem. Revue über d. Fett- u. Harzindustrie **14**, 137 [1907].

Spezifisches Gewicht bei	Erstarrungspunkt	Verseifungszahl	Jodzahl	Acetylzahl	Maumené-Probe	Butterrefraktometer	Oleorefraktometer	Brechungsindex	Viscosität nach Engl	Beobachter
15° C 0,9347	—	—	—	—	—	—	—	—	—	Schübler
0,9325	—	—	—	—	—	—	—	—	—	„
15° C 0,932—0,937; 99° C/15° C 0,8809	—	189—195	—	—	104—111	—	—	—	—	Allen
15° C 0,9305—0,9352	—	—	176,3—201,8	—	—	—	—	—	—	Wijs
15,5° C 0,931—0,937	—	mindestens 187	—	—	—	—	—	—	—	Mc Ilhiney
15,5° C / 15,5° C 0,9316—0,9345	bei —27° C Stearinabscheidung	192,2—195,2	173—193	—	—	bei 20° C 84—90 / bei 25° C 81—87	—	—	—	Lewkowitsch
17,5° C 0,9305—0,9370	—	187,6—192,4	—	—	—	—	—	—	—	Filsinger
18° C 0,9299 (roh); 18° C 0,9411 (gekocht)	—	—	—	—	—	—	—	—	—	Stilurell
20° C 0,9275—0,9355	—	190—195	171—190	8,5	—	—	—	—	—	Holde
12° C 0,939; 25° C 0,930; 50° C 0,921; 94° C 0,881	—	—	—	—	—	—	—	—	—	Sausure
—	wird bei —16° C nach einigen Tagen fest	—	—	—	—	—	—	—	—	Gusserow
—	bei —27° C	—	—	—	—	—	—	—	—	Chateau
—	schmilzt bei —16 bis —20° C	—	—	—	—	—	—	—	—	Glaessner
—	—	195,2	—	—	—	—	—	—	—	Moore
—	—	187,6	—	—	—	—	—	—	—	Dieterich
—	—	190,2—192,7	—	—	122—126	—	—	—	—	De Negri u. Fabris
—	—	190—192	—	—	—	—	—	bei 60° C 1,4660	—	Thörner
—	—	—	170—181	—	—	—	—	—	—	Benedikt
—	—	—	173—190	—	—	—	—	—	—	Ulzer
—	—	—	171—179	—	—	—	—	—	—	Shukoff
—	—	—	—	—	103	—	—	—	—	Maumené
—	—	—	—	—	104—124	—	—	—	—	Baynes
—	—	—	—	—	—	bei 25° C 87,5	—	—	—	Mansfield
—	—	—	—	—	—	—	bei 25° C +48 bis +53	—	—	Jean
—	—	—	—	—	—	—	—	bei 15° C 1,4835—1,4855	—	Strohmer
—	—	—	—	—	—	bei 40° C 72,8	—	—	bei 20° C 835	Crossley u. Le Sueur
15° C 0,930—0,933	—18 bis —21° C	191,5	—	—	—	—	—	—	—	Thaysen
—	—	—	nach Hübl 164—185,0 / nach Wijs 177,6—196,5	—	—	bei 15° C 87—91,6	—	—	—	Sjollema
—	—	—	nach Wijs 185,5—205,4	—	—	bei 25° C 81—85,5	—	—	—	Thomson u. Dunlop
0,9333—0,9337	—	192,9—193,7	187,3—188,3	—	—	bei 25° C 84,0—84,5	—	bei 20° C 1,4800—1,4812	—	Itallie
—	—	—	—	—	—	—	—		—	Harvey
—	—	189,8	—	—	—	—	—	—	—	Tortelli u. Pergami
—	—	—	—	—	—	—	—	—	—	Visser
0,9224—0,9475	—	—	nach Wijs 181,8	—	—	—	—	—	—	Utz
15,5° C 0,931—0,938	—	—	160—180	—	90—106	—	—	—	—	Gill u. Lamb
15° C 0,9315—0,9345	—	—	173,5—187,7	—	—	—	—	—	—	Thomson u. Ballantyne
—	—	—	—	—	128—145	—	—	—	—	Archbutt
—	—	—	—	—	—	—	+48 bis +52	—	—	Bruyn u. van Leent
—	—	—	—	—	—	—	+50 bis +54	—	—	Pearmain
—	—	—	—	—	—	bei 40° C 74,5.	—	—	—	White

Physikalische und chemische Konstanten der Leinölfettsäuren.

Spezifisches Gewicht bei	Erstarrungspunkt °C	Schmelzpunkt °C	Neutralisationszahl mg KOH	Mittleres Mol.-Gewicht	Jodzahl %	Brechungsexponent bei 60° C	Hexabromid %	Beobachter
15,5° C 0,9233 99° C 0,8612 15,5° C	17,5	24,0	—	307,2	—	—	—	Allen
100° C 0,8925 100° C	—	—	—	—	—	—	—	Archbutt
—	13,3	17,0	—	—	—	—	—	v. Hübl
—	16—17	20—21	—	—	159,85	—	—	De Negri u. Fabris
—	19 20,6	—	—	—	179—192	—	—	Holde
—	—	unter 13	198,8	—	—	—	—	Dietrich
—	—	—	—	283	178,5	—	—	Williams
—	—	—	—	279	—	—	—	Benedikt u. Ulzer
—	—	—	—	—	179—209,8	—	—	Lewkowitsch
—	13,5	—	196,0	—	—	1,4546	—	Thörner
—	—	—	201,8	288,2	—	—	—	Tortelli u. Pergami
—	—	—	—	—	—	—	18—23	Hehner u. Mitchell
—	—	—	—	—	—	—	29,1—31,3	Walker u. Warburton
—	—	—	—	—	—	—	30—41,9	Lewkowitsch
Titertest								
—	19,0—19,4	—	—	—	—	—	—	Lewkowitsch
—	20,2—20,6	—	—	—	—	—	—	Lewkowitsch
					Flüssige Fettsäuren			
—	—	—	—	—	201,4	—	—	Tortelli u. Ruggeri
—	—	—	—	—	190,1—193	—	—	Ruggeri
—	—	—	—	—	208—209,8	—	—	Lewkowitsch
							Flüssige Fettsäure	
—	—	—	—	—	—	—	34,9	Walker u. Warburton

nach aus Glyceriden der flüssigen Fettsäuren und enthält nach Mulder[1]) ca. 10% feste Fettsäureglyceride. Die festen Fettsäuren sollen aus ungefähr gleichen Teilen Palmitin- und Myristinsäure bestehen. Die flüssigen Fettsäuren bestehen nach Hazura und Grüßner[2]) aus:

Ölsäure 5%
Linolsäure . . . . 15 „
Linolensäure . . . . 15 „
Isolinolensäure . . . . 65 „

Der Theorie nach müßte ein solches Fettsäuregemisch 250,90 T. Jod absorbieren, während die höchste für die flüssigen Fettsäuren gefundene Jodzahl 210 betrug. Fahrion erklärt sich dies mit einer stattgehabten Polymerisation. Nach neueren Untersuchungen[3]) nimmt übrigens dieser Forscher nachstehende Zusammensetzung für das Leinöl an:

Palmitin- und Myristinsäure 8,0%
Ölsäure . . . . 17,5 „
Linolsäure . . . . 26,0 „
Linolensäure . . . . 10,0 „
Isolinolensäure . . . . 33,5 „
Glycerinrest . . . . 4,2 „
Unverseifbares . . . . 0,8 „

[1]) Mulder, Die Chemie der austrocknenden Öle. Berlin 1867.
[2]) Hazura u. Grüßner, Monatsh. f. Chemie 7, 216, 637 [1886]; 8, 147, 260 [1887]; 9, 180 [1888].
[3]) Fahrion, Zeitschr. f. angew. Chemie 16, 1193—1201 [1903].

Lewkowitsch hält die gefundene Ölsäuremenge für zu hoch. Nach Fokins[1]), der die Bromsubstitutionsprodukte der Leinölfettsäuren darstellte, herrscht unter den festen Fettsäuren die Linolsäure vor, während die Linolensäure nur 22—25% der Fettsäure ausmache. Er fand ferner eine der Linolsäure isomere Säure, welche kein krystallinisches Tetrabromderivat liefert[2]). Durch neuere Versuche wurde übrigens die frühe Untersuchung des Leinölfettsäuregemisches durch Fahrion bestätigt[3]).

Zu ähnlichen Resultaten kam mit Hilfe der Sauerstoffaddition nach Sabatier und Senderens Bedford[4]). Er fand 78% β-Linolsäure und 22% Linolensäure (vornehmlich die α-Linolensäure), Iso- oder β-Linolensäure fand sich nur in sehr geringer Menge.

Der unverseifbare Anteil schwankt nach Thompson und Ballantyne[5]) und Lewkowitsch[6]) zwischen 0,3—2%. Niegemann[7]) fand 0,83—21% Unverseifbares, doch werden von Fendler[8]) diese hohen Werte bestritten. Ein Leinöl mit wenig mehr als 2% Unverseifbarem als verfälscht zu bezeichnen, wie es von Fendler geschieht, dürfte recht gewagt erscheinen.

Das Unverseifbare des Leinöls löst sich in warmem 90proz. Alkohol und besitzt eine Jodzahl von 80—90.

Extrahiertes Leinöl zeigt denselben Gehalt an Unverseifbarem wie gepreßtes Öl[1]).

Frisch gepreßtes, selbst abgelagertes Leinöl enthält nur wenig freie Fettsäure, im Mittel 1,57%[9]). Der Handelswert eines Leinöles hängt besonders von seinem Trockenvermögen ab, zu dessen Feststellung verschiedene Methoden benutzt werden[10]), die aber nur als Vergleichsproben zuverlässige Zahlen liefern, da die Trockenzeit von Temperatur, Belichtung, Luftfeuchtigkeit und Dicke der Ölschicht abhängig ist. Wird Leinöl mit sauerstoffabgebenden Mitteln (Blei- und Manganpräparaten), gewissen Metallen (Bleipulver, Zink, Kupfer, Platinmohr), die als Sauerstoffüberträger wirken, erwärmt oder nur vermischt, so wird das Trockenvermögen bedeutend erhöht; man nennt diese Produkte dann Firnisse, bei denen man gekochte und kalt bereitete unterscheidet.

Wird Leinöl bis zu seinem Entflammungspunkt erhitzt und eine Zeitlang brennen gelassen, so verwandelt es sich in eine sehr dickflüssige, aber durchsichtige und klare Masse, die auf Papier keine Fettflecke hinterläßt. Wird die Erhitzung nicht bis zum Entflammungspunkte fortgesetzt, so bildet sich eine viscose Flüssigkeit, die als gekochtes Leinöl, Dicköl, Standöl oder Lithographenfirnis bezeichnet wird. Das Eindicken durch Wärme beruht auf einer Polymerisation und nicht auf einer Oxydationserscheinung.

Die Hauptverwendung findet Leinöl in der Firnis- und Lackindustrie. Die Verwendung zur Seifenfabrikation ist geringer. In einigen Ländern findet Leinöl auch als Speiseöl Verwendung. In Indien wird Leinöl auch zu Beleuchtungszwecken benützt, ist aber ungeeignet, da die Flamme stark rußt.

Die Mischung von Kalkwasser und Leinöl (Kalkliniment) ist ein bei Brandwunden allgemein angewandtes Schmerzlinderungsmittel. In der Pharmazie dient das Leinöl zur Darstellung von Sapo kalinus. Wichtig ist auch noch die technische Verwendung des Leinöls in der Linoleum- und Kautschukindustrie.

Untersuchung des Leinöles: Leinöl wird mit Leindotteröl, Hanföl, Cottonöl, Maisöl, Rüböl, Harzöl und Mineralöl verfälscht. Da Leinöl zu den billigsten Fettstoffen gehört,

---

[1]) Fokins, Journ. Russ. Phys. Chem. Soc. **34**, 501 [1902]; Führer durch die Fettindustrie 1902. Nr. 5; Chem. Revue über d. Fett- u. Harzindustrie **13**, 280 [1906].

[2]) Fokins, Journ. Russ. Phys. Chem. Soc. **38**, 419 [1906].

[3]) W. Fahrion, Zeitschr. f. angew. Chemie **23**, 1106 (1910).

[4]) Bedford, Inaug.-Diss. Halle a. S. 1906. Berichte d. Deutsch. chem. Gesellschaft **42**, 1324, 1334 [1909].

[5]) Thompson u. Ballantyne, Journ. Soc. Chem. Ind. **10**, 236 [1891].

[6]) Lewkowitsch, Chem. Revue über d. Fett- u. Harzindustrie **5**, 211 [1898].

[7]) Niegemann, Chem.-Ztg. **28**, 97, 724, 841 [1904].

[8]) Fendler, Berichte d. Deutsch. pharmaz. Gesellschaft **14**, 149 [1904]. — Thoms u. Fendler Chem.-Ztg. **28**, 841 [1904]; **30**, 832 [1906]; Chem. Revue über d. Fett- u. Harzindustrie **13**, 254 [1906].

[9]) Nördling, Zeitschr. f. analyt. Chemie **28**, 183 [1889]. — Parker C. McIlhiney, Chem. Revue über d. Fett- u. Harzindustrie **8**, 246 [1901]. — Lewkowitsch, Chem. Revue über d. Fett- u. Harzindustrie **5**, 211 [1898].

[10]) A. Livache, Compt. rend. de l'Acad. des Sc. **96**, 260 [1883]. — R. Wegner, Die Sauerstoffaufnahme der Öle u. Harze. Leipzig 1899. — W. Lippert, Zeitschr. f. angew. Chemie **11**, 412, 431 [1898]. — H. Amsel, Über Leinöl u. Leinölfirnis sowie die Methoden zur Untersuchung derselben. Zürich 1896.

dürften Verfälschungen nur selten vorkommen. Die früher beobachteten Fälschungen mit Mineralöl haben infolge ihrer leichten Nachweisbarkeit beinahe ganz aufgehört.

Zur Identifizierung des Öles und zur Entdeckung von Verfälschungen dienen nachstehende Proben: Der Erstarrungspunkt, das spezifische Gewicht, die Jodzahl und die Refraktometerzahl. Ferner die Proben von Weger, Livache und nach Maumené.

Der Erstarrungspunkt liegt zum Unterschiede von dem der meisten anderen Öle weit unter 0° C. Das D. A.-B. IV fordert, daß Leinöl bei —20° noch flüssig sein soll. Nach den Untersuchungen von Gusserow, Glaeßner und Thaysen[1]) kommen auch Öle mit höherem Erstarrungspunkte (—16°) vor. Öle mit viel freier Säure zeigen schon bei 0° C Krystallisation[2]). Da außerdem manche Leinölsorten bei verschiedener Temperatur erstarren, läßt sich eine Verfälschung mit wenigen Prozenten eines fremden Öles auf diese Weise nicht nachweisen, da ein tief erstarrendes Öl durch einen derartigen Zusatz zwar bei höherer Temperatur trübe wird, aber noch immer bei einer solchen, wie Leinölsorten anderer Herkunft (Sjollema)[2]).

Das spezifische Gewicht. Leinöl ist spezifisch schwerer, als irgendein anderes vegetabilisches Öl, das zu Fälschungszwecken benutzt werden könnte. Ein niedrigeres spezifisches Gewicht einer gegebenen Probe müßte unbedingt auf das Vorhandensein von anderen vegetabilischen Ölen oder von Mineralölen hindeuten, während ein höheres spezifisches Gewicht auf eine Verfälschung mit Harzölen hinweisen könnte.

Nach Allen und Parker C. Mc Ilhiney soll rohes Leinöl kein niedrigeres spezifisches Gewicht als 0,935 haben.

Thaysen[3]) fand bei reinen Ölen das spezifische Gewicht zwischen 0,930 und 0,933 und Utz[4]) unter 28 Ölen in 4 Fällen sogar unter 0,930 bis 0,9224 herab.

Filsinger[5]) gibt für Leinöle bekannter Herkunft nachstehende Werte:

	Speiseöl Deutsche Saat	Firnisöl Indische Saat	Holl. Leinöl		Engl. Leinöl	
			I	II	I	II
Spez. Gewicht bei 17,5° C . .	0,9313	0,9313	0,9370	0,9370	0,9305	0,9310
Jodzahl	182,4—182,9	178,1—181,8	159,9	163,4	185,3	178,4
Verseifungszahl	192,1 – 192,4	188,5—189,2	—	—	—	187,6

Lewkowitsch gibt folgende Zahlen an (spez. Gew. bei 15,5° 0,9316):

Öl aus bester Kalkuttasaat, 2 Monate alt 0,9316
Öl aus bester Kalkuttasaat, 3 Jahre alt, gegen Licht und Luft geschützt aufbewahrt 0,9324
Feinste St. Petersburger Saat, 3 Monate alt 0,9334
Feinste St. Petersburger Saat, 7 Monate alt 0,9345
Baltische Handelssaat, Ravison und Leindotter enthaltend 0,9343
Feinste, reinste baltische Saat, 13 Jahre alt, gegen Luft und Licht geschützt aufbewahrt 0,9410

Jodzahl: Die Jodzahl des Leinöles, als eines der am stärksten trocknenden Öle, ist sehr hoch und wird nur von dem Perillaöl übertroffen. Die Jodzahl ist daher zur Identifizierung eine der charakteristischsten Untersuchungsmethoden. Die in der Literatur vorhandenen Zahlen zeigen keine gute Übereinstimmung, die sich dadurch erklärt, daß bei den niedrigen Jodzahlen meist ein zu geringer Überschuß von Jodlösung genommen wurde[6]). Man erhält richtige Jodzahlen, wenn man die Hüblsche Jodlösung 18 Stunden auf das Leinöl einwirken läßt, bei Wijsscher Lösung genügen 2 Stunden. Die Hauptsache ist ein Überschuß von Jod, und zwar soll der Überschuß ungefähr so groß sein wie die Menge des absorbierten Jods.

Für frisches Leinöl soll die Hüblsche Jodzahl über 172 liegen, Parker C. Mc Ilhiney gibt im Mittel 178 an. Ballantyne[7]) fand ein Sinken der Jodzahl durch Einwirkung von

[1]) Gusserow, Glaeßner u. Thaysen, Chem. Revue über d. Fett- u. Harzindustrie **12**, 79 [1905].

[2]) Sjollema, Zeitschr. f. Untersuchung d. Nahrungs- u. Genußmittel **6**. 631 [1903]; Chem. Revue über d. Fett- u. Harzindustrie **10**, 256 [1903].

[3]) Thaysen, Berichte d. Deutsch. pharmaz. Gesellschaft **16**, 277 [1906].

[4]) Utz, Chem. Revue über d. Fett- u. Harzindustrie **14**, 137 [1907].

[5]) Filsinger, Chem.-Ztg. **18**, 1005 [1894]; Zeitschr. f. angew. Chemie **8**, 158 [1895].

[6]) Schweisinger, Pharmaz. Centralhalle **28**, 146 [1887].

[7]) Ballantyne, Journ. Chem. Soc. Ind. **10**, 32 [1891].

Luft und Licht. Ein Leinöl, das ursprünglich eine Jodzahl von 173,46 besaß, zeigte nach 6 Monaten eine solche von 166,17. Bei Leinöl besteht ein Parallelismus zwischen dem spez. Gewicht und der Jodzahl.

Eine Reihe von Untersuchungen über die Jodzahlen von Leinölen sind von Wijs[1] ausgeführt und mit anderen Beobachtungen in nachstehender Tabelle zusammengefaßt:

Provenienz des Öles	Jodzahl nach Wijs	Spezifisches Gewicht bei 15°C bezogen auf Wasser von 15°C
Holländisches Leinöl		
Provinz Friesland	201,8	0,9352
„ „	198,3	0,9346
„ „	195,6	0,9333
„ „	195,6	0,9337
„ „	195,3	0,9339
„ Groningen	199,3	—
„ „	197,4	—
„ Zeeland	193,5	—
Englisch-indische Sorten		
Bombay	187,5	0,9324
„	186,0	—
„	185,7	0,9320
„	185,6	—
„	185,0	—
„	184,7	—
„	183,9	0,9324
„	182,3	0,9313
Kalkutta	182,8	—
„	182,2	0,9321
La-Plata-Leinöl	182,7	0,9314
„	180,0	—
„	180,0	—
„	179,6	—
„	178,2	—
„	177,5	0,9311
„	176,3	0,9311
„	174,7	—
Nordamerikanisches Leinöl	188,5	—
„ „	182,3	—
„ „	178,1	—
„ „	178,1	0,9309
„ „	177,8	—
Nordrußland		
Archangel	192,1	—
Wiatka	197,4	—
„	196,4	—
„	194,0	—
Petersburg	195,0	0,9327
„	194,2	—
„	188,5	0,9325
Reval	198,5	—
Pernau	198,2	—
„	196,9	—
Riga	200,0	—
„	195,5	—
„	194,2	—

[1] Wijs, Chem. Revue über d. Fett- u. Harzindustrie 6, 29 [1899].

Provenienz des Öles	Jodzahl nach Wijs	Spezifisches Gewicht bei 15° C bezogen auf Wasser von 15° C
Libau	195,5	—
„	194,6	—
„	192,4	0,9335
Mittelrußland		
Samara	189,1	—
Steppen	188,9	—
Südrußland		
Asow	182,5	0,9319
„	182,1	0,9312
„	181,7	—
„	181,6	—
„	179,9	—
„	179,1	0,9314
„	178,5	—
Taganrog	181,7	—
„	178,3	—
„	177,9	—
„	176,3	0,9305
Donauleinöl	182,1	—

Niedrige Jodzahlen können bei Leinöl auch daher rühren, daß dasselbe der Luft ausgesetzt war und infolgedessen Sauerstoff aufgenommen hat. Auch sind hohe Jodzahlen noch keine unbedingt sichere Gewähr für die Reinheit eines Leinöls, da Harzöle, Fischöle, auch andere trocknende Öle mit dem Leinöl vermischt sein können und trotzdem Jodzahlen liefern können, die ungefähr der Norm entsprechen.

Refraktometerzahl: Ein wichtiger Anhaltspunkt für die Reinheit eines Leinöls bildet die Bestimmung der Refraktometerzahl. Letztere wird nämlich durch Zusatz von pflanzlichen und tierischen Fetten erniedrigt, durch Harz- oder Mineralölzusatz erhöht. Die wichtigsten Verfälschungen für Leinöl zeigen die nachstehenden Refraktionswerte.

Brechungsindex.

Leinöl	1,484—1,488	bei 15° C
Baumwollsamenöl	1,475	„ 15° C
Harzöl	1,535—1,549	„ 18° C
Mineralöl	1,438—1,507	
Terpentinöl	1,464—1,474	
Harz (Kolophonium)	1,548	
Maisöl	1,478	„ 20° C
	1,4765	„ 15° C
Fischöl	1,480	„ 15° C

Es war besonders Sjollema[1]), der sich mit der Untersuchung des refraktometrischen Verhaltens des Leinöls eingehend beschäftigt hat. Die Refraktometerzahlen zeigen viel geringere Abweichungen als die Jodzahlen, so daß Beimengungen fremder Fette eher erkannt werden. Eine Vorbedingung ist natürlich, daß die Refraktometerzahlen der Verfälschungen auch erhebliche Abweichungen gegenüber der des Leinöls aufweisen. Nachstehend die Refraktometer- und Jodzahlen aus reiner Leinsaat kaltgepreßter Leinöle.

---

[1]) Sjollema, Zeitschr. f. Unters. d. Nahr.- u. Genußm. **6**, 631 [1903]; Chem. Revue über d. Fett- u. Harzindustrie **10**, 256 [1903].

Herkunft der Saat	Refraktometerzahl bei 15° C und bei Natriumlicht	Jodzahl	
		nach v. Hübl	nach Wijs
Holland (1901)	90,0	176,0	192,5
„ (1896)	—	185,0	198,1
Nordamerika	87,6	164,0	180,1
Chicago.	88,2	170,0	183,4
Duluth	88,5	172,4	186,2
La Plata (1901)	88,0	166,2	184,1
„ „ (1902)	87,0	167,2	179,1
„ „ (mit Landschaden)	87,3	167,4	177,6
Königsberg	90,7	183,9	193,4
Nordrußland	91,6	174,8	196,5
Südrußland (Asow)	87,8	165,6	183,4
Asow	89,0	177,2	190,9
Donau	88,5	170,4	183,0
Kalkutta	88,6	168,6	184,3
Bombay	88,0	172,0	186,0
Holland (sehr unreif)	89,0	176,6	183,3

Die Hexabromidprobe und das Sauerstoffaufnahmevermögen werden ebenfalls zur Feststellung der Reinheit eines Leinöles herangezogen.

Reine Leinöle liefern bis zu 38% rohe hexabromierte Glyceride[1]). Es ist empfehlenswert, die freien Fettsäuren zu bromieren, da das Hexabromid der Fettsäuren leicht darstellbar ist. Leinölfettsäuren liefern 30—42% Hexabromide, die zwischen 175 und 180° schmelzen. Die Hexabromidprobe ist sehr geeignet zur Erkennung von Fischölen, Leberölen und Tranen im Leinöl, deren Hexabromide bei 178—180° noch nicht schmelzen und bei 200° sich in eine schwarze Masse verwandeln. Neuerdings wird auch die Bestimmung der Thermozahl im Thermooleometer empfohlen zur Reinheitsbestimmung in fetten Ölen[2]). Es besteht ein bestimmtes Verhältnis zwischen Jod- und Thermozahl. Thermozahl für südrussisches Leinöl 124; Jodzahl 174,2. Nordrussisches Öl 133,4; Jodzahl 186,7. Verhältnis zwischen Jodzahl und Thermozahl 1,40.

Die Untersuchungen über die Sauerstoffabsorption wurden besonders von Livache[3]), Weger[4]) und Lippert[5]) ausgeführt. Diese Untersuchungsmethode bestimmt die Zeitdauer, innerhalb welcher eine gegebene Probe von Leinöl eintrocknet und dient als Anhaltspunkt bei der Wertbestimmung eines Leinöles.

Die Vorgänge bei der Oxydation des Leinöls sind, wie Fahrion[6]), Lidoff und Fokin[7]) ausführen, komplizierter Natur, da ein Teil des Glycerins zerstört wird unter Bildung von Fettsäuren und Oxyfettsäuren, ferner Kohlensäure, Kohlenoxyd und Kohlenwasserstoffen.

Da die Trockenzeit von mehreren Faktoren (Temperatur, Belichtung, Luftfeuchtigkeit und Dicke der Ölschicht) abhängig ist, so liefern auch die Methoden zur Bestimmung des Trockenvermögens nur als Vergleichsproben zuverlässige Resultate.

Reaktionen des reinen Leinöles: Reines Leinöl löst sich nach van Itallie[8]) in Chloroform mit grüner Farbe und bildet mit gleichen Teilen Kalkwasser eine völlige Emulsion. (Die Emulsion wird als Brandliniment benutzt.) 2 ccm Öl in 2 ccm Essigsäureanhydrid geben auf Zusatz eines Tropfens konz. Schwefelsäure eine grüne Färbung.

2 Tropfen Leinöl in 20 Tropfen Chloroform geben auf Zusatz eines Tropfens konz. Schwefelsäure eine Grünfärbung.

Bei der Elaidinprobe liefert Leinöl kein festes Produkt, sondern eine braune zähe Masse.

---

[1]) Walker u. Warburton, The Analyst **17**, 227 [1902]. — Lewkowitsch, The Analyst **19**, 2 [1904]; Chem. Revue über d. Fett- u. Harzindustrie **11**, 54 [1904].

[2]) M. Tortelli, Boll. Chim. farm. **43**, 193 [1904]; Chem.-Ztg. **33**, 125 [1909].

[3]) A. Livache, Compt. rend. de l'Acad. des Sc. **96**, 260 [1883].

[4]) Weger, Die Sauerstoffaufnahme der Öle u. Harze. Leipzig 1899.

[5]) Lippert, Zeitschr. f. angew. Chemie **11**, 412, 431 [1898].

[6]) Fahrion Chem.-Ztg. **17**, 1848 [1893].

[7]) Lidoff u. Fokin, Chem. Revue über d. Fett- u. Harzindustrie **8**, 233 [1901].

[8]) van Itallie, Pharmac. Weekblad **40**, 106 [1903]; Chem. Revue über d. Fett- u. Harzindustrie **10**, 83 [1903].

Nachweis von Leinölfälschungen.

Rüböl. Ein Zusatz von Rüböl erniedrigt die Verseifungszahl und ebenso die Jodzahl.

Baumwollsamenöl ist leicht durch qualitative Reaktionen nachweisbar. Eine Erniedrigung der Jodzahl spricht auch für diese Verfälschung. Eine solche dürfte sich übrigens nur dann lohnen, wenn Baumwollsamenöl billiger ist als Leinöl.

Trocknende Öle sind als Verfälschungen schwer nachweisbar.

Fischöle sind durch die typische Farbenreaktion nachweisbar. Jodzahl und Hexabromidprobe geben keine befriedigenden Resultate. Dagegen sind die Hexabromide der Fettsäuren zur Unterscheidung sehr geeignet. Die Fettsäuren des reinen Leinöls liefern ein weißliches, bei 175—180° schmelzendes Hexabromid, während die aus Fischölen oder Tranen erhaltenen Hexabromide bei 200° dunkel, fast schwarz werden, ohne zu schmelzen. Es lassen sich so noch 10% Fischöle nachweisen. Sehr empfehlenswert ist auch in zweifelhaften Fällen die Phytosterinacetatprobe. Die Krystalle des Phytosterinacetats aus reinem Leinöl schmelzen bei 128—129°. Bei Anwesenheit von Cholesterin sinkt der Schmelzpunkt erheblich.

Harz und Harzöl werden am besten durch die Liebermann-Storchsche Reaktion erkannt. Zum quantitativen Nachweis wird das polarimetrische Verfahren empfohlen[1]. Einzelheiten sind in den Spezialwerken einzusehen.

Die hauptsächlichste Verwendung findet das Leinöl in der Firnisfabrikation, Linoleumfabrikation, ferner zur Herstellung von Kitten, Kautschuksurrogaten und Schmierseifen.

Wenn Leinöl mit Schwefel erhitzt wird, entsteht das offizinelle *Oleum lini sulfuratum*. Nach Langkopf[2] stellt dasselbe entweder ein Schwefeladditionsprodukt oder eine Mischung mit einem Substitutionsprodukte dar.

Perillaöl.

Huile de Perilla — Perilla Oil — Olio di Perilla.

Vorkommen: Das Perillaöl[3] wird aus den Nüssen von *Perilla ocymoides* L. = *Perilla heteromorpha* Cari[4], einer zur Familie der Labiaten gehörigen Pflanze gewonnen. Besonders in Indien und Japan wird der Samen zur Ölgewinnung verwendet. Die Nüsse heißen in Japan Ye-Goma, Yama-hakka, Tenninso oder Se-no-abura[5]. Die Pflanze wird in Britisch-Indien, China und Japan kultiviert[6]. Der Fettgehalt der Nüsse beträgt in ungeschältem Zustand 35,8%[3].

Physikalische und chemische Eigenschaften: Das Perillaöl zeigt die höchste bisher bei fetten Ölen beobachtete Jodzahl. Die Trockenfähigkeit ist dagegen geringer. Das Öl absorbiert nach der Methode von Weger über 20,9% Sauerstoff.

Das Öl zeigt die auffallende Eigenschaft, auf Glas nicht wie andere Öle zu haften, sondern wie Quecksilber Tropfen zu bilden.

Das Perillaöl besitzt ein spez. Gew. von 0,9306 bei 20° C und erstarrt erst bei niedriger Temperatur[7].

Die chemischen und physikalischen Konstanten des Öls und der entsprechenden Fettsäuren sind in nachstehender Tabelle zusammengestellt.

Perillaöl			Fettsäuren des Perillaöles				
Spez. Gewicht bei 20° C	Verseifungszahl	Jodzahl	Schmelzpunkt	Säurezahl	Mittleres Molekular-Gewicht	Jodzahl	Beobachter
0,9306	189,6	206,1	—5° C	197,7	284	210,6	Wijs

[1] Aignan, Compt. rend. de l'Acad. des Sc. **110**, 1273 [1890]; Chem.-Ztg. Rep. **14**, 226 [1890] — Filsinger, Chem.-Ztg. **18**, 1005 [1894]; Zeitschr. f. angew. Chemie **8**, 158 [1895].

[2] O. Langkopf, Pharmaz. Ztg. **45**, 164 [1900].

[3] Wijs, Zeitschr. f. Unters. d. Nahr.- u. Genußm. **6**, 492 [1903]; Chem. Revue über d. Fett- u. Harzindustrie **10**, 179 [1903].

[4] Hooker, Flora of British India **4**, 646.

[5] Mitteil. d. Deutsch. Gesellschaft f. Natur- u. Völkerkunde Ostasiens, Sonderabdruck aus Bd. **4**, 35 [1888].

[6] A. Hosie, Manchuria, Methuen & Co. 1901.

[7] L. Wittmack, Monatsschr. d. Vereins z. Förderung d. Gartenbaues **28**, 56 [1879]. — Just, Botan. Jahresber. **2**, 345. 421 [1879].

Perillaöl dient zur Lack- und Firnisbereitung, zum Wasserdichtmachen von Kleiderstoffen und Papier. Auch wird es den Preßrückständen des Japanwachses zugesetzt, um die letzten Reste zu gewinnen.

In der Mandschurei und am Himalaja, wo ebenfalls Perillaöl gewonnen wird, bildet es ein Speiseöl.

Lallemantiaöl.

Huile de Lallemantia — Lallemantia Oil — Olio di lallemanzia.

Vorkommen: Das Lallemantiaöl[1]) wird aus den Früchten von *Lallemantia iberica Fischlat Mey* = *Dracocephalum aristatum* Bertol = *Lallemantia sulphurea* Koch., einer Labiate, gewonnen, die in Sibirien, Armenien und Persien wild wächst und in der Nähe von Kiew angebaut wird. Die Pflanze zeichnet sich durch große Anspruchslosigkeit in bezug auf Boden und Witterung aus, ferner durch große Fruchtbarkeit. Die Samen enthalten 29,56—33,52% Öl[2]).

Physikalische und chemische Eigenschaften: Die physikalischen und chemischen Konstanten des Lallemantiaöles sind in nachstehender Tabelle zusammengestellt:

Spez. Gewicht bei 20—21° C	Erstarrungspunkt	Verseifungszahl	Jodzahl	Reichertsche Zahl	Hehnerzahl	Beobachter
0,9336	— 35° C	185	162,1	1,55	93,3	Hanausek
0,9338	—	—	—	—	—	Gomilewski

Physikalische und chemische Konstanten der Fettsäuren.

Erstarrungspunkt	Schmelzpunkt	Jodzahl	Beobachter
11,0° C	22,2° C	166,7	Hanausek

Die Farbe des Öles ist hell- bis dunkelgelb. Es gehört zu den besttrocknenden Ölen. In ungekochtem Zustand auf ein Uhrglas gestrichen, trocknet es nach 9 Tagen zu einer dicken, harzartigen Haut ein. 3 Stunden auf 150° erhitzt, trocknet das Öl schon nach 24 Stunden ein. Nach 8 Tagen beträgt die Sauerstoffabsorption nach der Livacheschen Methode bestimmt 15,8%. Die Fettsäuren nehmen nach 8 Tagen 14% an Gewicht zu. Lallemantiaöl dient in Vorderasien als Speise- und Brennöl.

Gynocardiaöl.

Krebaofett — Graisse de Krebao — Graisse de chung bao — Huile de Gynocardia — Gynocard Oil — Olio di Gynocardia.

Vorkommen: Das Gynocardiaöl kommt in den Samen von *Gynocardia odorata* = *Hydnocarpus odorata* Lindl. = *Chaulmoogra odorata* Roxb., sowie von *Hydnocarpus anthelmintica* Pierre (Krebaosamen)[3]) vor. Letztere heißen in China Tafung-tse. Die Heimat der Stammpflanze ist Ostindien, China und Malakka.

Darstellung: Durch Pressen des enthülsten Samens.

Physikalische und chemische Eigenschaften: Das Öl ist bei gewöhnlicher Temperatur fest und zeigt einen eigenartigen Geruch. Die Farbe ist schön weiß. Das spez. Gew. beträgt bei 15° 0,955.

Die Verseifungszahl ist 152,8, die Jodzahl 197[4]). Der Schmelzpunkt der abgeschiedenen Fettsäuren liegt bei 40,6° C. Es wurde Öl-, Palmitin-, Stearin- und Laurinsäure nachgewiesen.

[1]) Hanausek, Zeitschr. d. österr. Apotheker-Vereins **23**, 30 [1887]. — Richter. Landw. Versuchsstationen **34**, 382 [1887]; Zeitschr. f. d. chem. Industrie **10**, 230 [1887].

[2]) Willdt, Fuehlings Landw. Ztg. **27**, 905 [1878]; **29**, 77 [1880].

[3]) Lémarié, Bull. Imper. Inst., 209 [1903]. — Desprez, Chemist and Druggist **32**, 512 [1900].

[4]) Power u. Barrowcliff, Journ. Chem. Soc. London **87**, 896 [1905]; Proc. Chem. Soc. London **21**, 176 [1905].

sowie Linol-, Linolen- und Isolinolensäure. Ferner enthält das Öl das Glucosid Gynocardin $C_{13}H_{19}O_9N + 1^1/_2 H_2O$.

Das Gynocardiaöl ist optisch aktiv.

Erdbeersamenöl.

Huile de fraises — Strawberry seed oil — Olio di fragola.

Vorkommen: Das Erdbeeröl ist in den Samen der Erdbeere *Fragaria vesca* L. = *Fragaria elatior* Ehrh., = *Fragaria collina* Ehrh. in frischem Zustande zu 1,14%, in der Trockensubstanz zu 11,64% enthalten. Bei 100° getrocknete Walderdbeeren geben bei der Extraktion 11,64% Öl ab, die Samen 20,85%.

Physikalische und chemische Eigenschaften: Das Öl ist sehr dickflüssig, leicht trübe bei gewöhnlicher Temperatur. Das spez. Gew. ist bei 15° C 0,9345. Die Verseifungszahl beträgt 193,8, die Jodzahl 192,3, die Hehnerzahl 88,20, der Brechungsindex bei 25° C 1,4790.

Himbeerkernöl.

Raspberry seed oil.

Vorkommen: Die Samen der Himbeere *Rubus Idaeus* L., der Familie der Rosaceen, enthalten 14,6% eines trocknenden Öles.

Physikalische und chemische Eigenschaften: Es zeigt goldgelbe Farbe und leinölartigen Geruch[1]. Die flüssigen Fettsäuren desselben bestehen vornehmlich aus Linol- und Linolensäure neben Öl- und Isolinolensäure. Das Himbeerkernöl enthält keine flüchtigen Fettsäuren. Phytosterin ist zu 0,70% darin enthalten. Die Sauerstoffabsorption betrug nach der Livacheschen Methode bestimmt nach 2 Tagen 8,4%.

Spez. Gewicht bei 15° C	Verseifungszahl	Jodzahl	Reichert-Meißl-Zahl	Beobachter
0,9317	192,3	174,8	0,0	Krźiźan

Fettsäuren.

Spez. Gewicht bei 15° C	Verseifungszahl	Verseifungszahl der flüssigen Fettsäuren	Jodzahl	Jodzahl der flüssigen Fettsäuren	Acetylzahl
0,9114	197,2	206,8	181,3	165,9 (?)	21,9

Vogelbeerenöl.

Vorkommen: In den Samen der Eberesche oder Vogelbeere (*Sorbus aucuparia* L.).

Darstellung: Es läßt sich daraus mittels Petroläther extrahieren[2]. Der Ölgehalt beträgt 21,9%.

Physikalische und chemische Eigenschaften: Das Vogelbeerenöl trocknet an der Luft sehr schnell. Es stellt eine gelbe bis gelblichbraune Flüssigkeit dar, die süßlich schmeckt. Der Säuregehalt auf Ölsäure berechnet betrug bei einer von Itallie und Nieuwland untersuchten Probe 1,18%.

Spez. Gewicht bei 15° C	Verseifungszahl	Jodzahl	Brechungsindex bei 15° C	Beobachter
0,9317	208,0	128,5	1,4753	L. van Itallie und C. H. Nieuwland

[1] Krźiźan, Zeitschr. f. öffentl. Chemie **13**, 263 [1907].

[2] L. van Itallie u. C. H. Nieuwland, Pharmaz. Weekblad **43**, 389 [1906]; Archiv d. Pharmazie **244**, 58 [1906]; Chem. Revue über d. Fett- u. Harzindustrie **13**, 172 [1906].

Fettsäuren des Vogelbeerenöles.

Säurezahl	Jodzahl	Beobachter
230,2	137,5	Itallie und Nieuwland

Akazienöl.

Robinienöl — Huile d'acacia blanc — Huile d'acacia faux — Acacia Oil.

Vorkommen: Die Samen der gemeinen Robinie (*Robinia pseudoacacia* L.) enthalten ungefähr 13% Öl[1]). Die Pflanze stammt aus Nordamerika, findet sich in großem Maßstabe, als Zierpflanze kultiviert, besonders in Südrußland.

Physikalische und chemische Eigenschaften: Das Weißakazienöl zeigt stark trocknende Eigenschaften. Die darin enthaltenen Fettsäuren bestehen zu 3—7% aus festen Fettsäuren von hohem Molekulargewichte, Stearinsäure und Erucasäure, ferner aus flüssigen Fettsäuren, einem Gemisch von Öl- und Linolensäure.

	Verseifungs-zahl	Jodzahl	Hehner-zahl	Reichert-Meißlzahl	Acetyl-zahl	Beobachter
Bei 60°C mit siedendem Petroläther extrahiert	192,4	161,0	94,32	1,2	9,4	Jones

Fettsäuren des Weißakazienöles.

Säurezahl	Mittleres Molekulargewicht	Jodzahl	Beobachter
200,1	280,4	167,0	Jones

Aus den Samen der ebenfalls in Südrußland sehr verbreiteten gelben Akazie *Caragana arborescens* L. wird ebenfalls ein Öl gewonnen. Der Fettgehalt der Samen beträgt 12,4%[2]). Das Öl zeigt auch stark trocknende Eigenschaften.

Das Öl enthält 8,74% feste Fettsäuren (Palmitin-, Stearin- und Erucasäure). Die flüssigen Fettsäuren bestehen aus Öl- und Linolsäure. Wegen des Fehlens der Linolensäure zeigt das Öl weniger trocknende Eigenschaften wie das Weißakazienöl.

	Verseifungs-zahl	Jodzahl	Hehner-zahl	Reichert-Meißlzahl	Acetyl-zahl	Beobachter
Bei 60°C mittels Petroläther extrahiert	190,6	128,9	93,94	2,7	14,9	Jones

Fettsäuren des Gelbakazienöles.

Säurezahl	Mittleres Molekulargewicht	Jodzahl	Beobachter
199,0	281,9	131,7	Jones

Cedernußöl.

Zirbelnußöl — Huile de noix de cèdre — Cedar nut oil — Olio di noce di cedro.

Vorkommen: Das Cedernußöl kommt in den Samen der sibirischen Ceder, Zirbelkiefer, *Pinus Cembra* L. vor. Die Pflanze ist in den Ostalpen, im nördlichen Rußland und in Sibirien heimisch.

---

[1]) **Valentin Jones**, Mitteil. d. technolog. Gew.-Mus. Wien, **10**, 223 [1903]; Chem. Revue über d. Fett- u. Harzindustrie **10**, 285 [1903].

Physikalische und chemische Eigenschaften: Das Cedernußöl ist von goldgelber Farbe, zeigt angenehmen Geschmack und Geruch. Es löst sich leicht in Petroläther, Chloroform, Aceton und Amylalkohol, schwieriger in Äther. Schwefelkohlenstoff und Benzol lösen das Öl in der Kälte wenig, leicht in der Wärme; kalter Alkohol löst das Öl sehr schwer. Die chemische Zusammensetzung wurde besonders von Kryloff[1]) und v. Schmölling[2]) untersucht.

Beim Stehen scheidet sich aus den isolierten Fettsäuren Palmitinsäure ab. Der flüssige Anteil der Fettsäuren besteht vornehmlich aus Linolsäure, wenig Linolen- und wenig Ölsäure. Das Öl dient in Sibirien als Speiseöl.

Spezifisches Gewicht	Erstarrungs- punkt	Verseifungs- zahl	Jodzahl	Hehner- zahl	Reichert- Meißlzahl	Beobachter
0° C 0,9326	—20° C	191,8	149,5—150,5	93,33	—	Kryloff
15° C 0,930	—	191,8	159,2	91,97	98°	v. Schmölling

Fettsäuren des Cedernußöles.

Erstarrungs- punkt	Mittleres Molekulargewicht	Jodzahl	Jodzahl der flüss. Fettsäure	Acetylzahl	Beobachter
11,3°	290	161,3	184,0	81,0 nach 6tägigem Stehen	Kryloff v. Schmölling

Kiefernsamenöl.

Oleum pini pingue — Föhrensamenöl — Huile de pin — Pine tree Oil — Pine oil — Olio di pinoli.

Vorkommen: In den Samen der Kiefer (*Pinus silvestris* L.)[3]).

Physikalische und chemische Eigenschaften: Das Öl ist zähflüssig, von bräunlichgelber Farbe und terpentinähnlichem Geschmack und Geruch und wird wegen des leichten Trocknens in der Firnisfabrikation verwendet. Das spez. Gew. beträgt bei 15° C 0,9312, der Erstarrungspunkt liegt bei — 27° C.

Fichtensamenöl.

Huile de pinastre — Red pine seed Oil — Pinaster seed Oil — Oleum piceae seminis.

Vorkommen: Das Fichtensamenöl stammt aus den Samen der Rottanne oder Fichte (*Pinus abies* L. = *Pinus picea* Duroi = *Picea vulgaris* Lamk = *Picea excelsa* Link).

Physikalische und chemische Eigenschaften: Das Öl zeigt eine Dichte von 0,9285—0,9288[3]). Der Erstarrungspunkt liegt bei — 27° C.

Die hauptsächlichste Verwendung ist zu Ölfarben, Firnissen und Brennzwecken.

Tannensamenöl.

Huile de sapin — Pitsch oil — Pitsch tree oil — Oleum abietis seminis.

Vorkommen: In den Samen der Tanne, Weißtanne, Edeltanne (*Pinus abies, Abies pectinata* D. C., *Pinus picea* L.).

Physikalische und chemische Eigenschaften: Es stellt ein Öl von schwach aromatischem, an Terpentin erinnerndem Geruch dar und ähnelt in seinen Eigenschaften dem Kiefernsamenöl.

Spezifisches Gewicht bei 15° C	Erstarrungs- punkt	Ver- seifungs- zahl	Jodzahl	Temperaturerhöhung bei der Maumené- schen Probe	Beobachter
0,9215—0,9312	—18 bis —20° C	191	119—120	98—99°	De Negri u. Fabris
0,9250	—27° C	—	—	—	Schaedler

[1]) Kryloff, Journ. d. russ. phys.-chem. Gesellschaft **30**, 924 [1898]; **31**, 103 [1899]; Journ. Soc. Chem. Ind. **18**, 501 [1899].

[2]) v. Schmölling, Chem.-Ztg. **24**, 815 [1900].

[3]) De Fontenelle, Zeitschr. f. analyt. Chemie **33**, 364 [1894].

Fettsäuren des Tannensamenöles.

Erstarrungspunkt	Schmelzpunkt	Jodzahl	Beobachter
10—15° C	16—19° C	121,5	De Negri u. Fabris

Das Tannensamenöl wird in gleicher Weise wie das Kiefernsamenöl angewendet.

Holzöl.

Chinesisches Holzöl — Japanisches Holzöl — Tungöl — Ölfirnisbaumöl — Eleakokkaöl — Huile d'abrasin — Huile de bois — Wood Oil — Chinese Wood Oil — Japanese Wood Oil.

Vorkommen: Das Holzöl stammt aus den Samen einer Euphorbiacee, des Ölfirnisbaumes (*Aleurites cordata* Müll. = *Dryandra cordata* Thumb. = *Vernicia montana* Lour = *Aleurites pernicia* Hauk = *Dryandra vernicia* Corr. = *Dryandra oleifera* Laur = *Elaeococca vernicia* Sprengel = *Elaeococca verrucosa* Juss.), der in China und Japan heimisch ist. Lewkowitsch schlägt vor, den Namen Holzöl gänzlich fallen zu lassen, da unter der englischen Bezeichnung „wood oil" hauptsächlich Gurgunbalsam, das ätherische Öl von Dipterocarpus turbinatus, verstanden wird.

Physikalische und chemische Eigenschaften: Die Tungöle zeigen variierende Zusammensetzung und Eigenschaften, da sie von verschiedenen, wenn auch verwandten Arten abstammen und die Samen verschieden behandelt werden. Die eigentliche Heimat des Ölfirnisbaumes ist das südliche Japan und China.

Die Früchte des Ölfirnisbaumes enthalten 3—5 hellbraune Samen, die aus 48% Schalen und 52% Kern bestehen. Letztere enthalten 58,7% Fett. Die Kerne zeigen sehr giftige Eigenschaften.

Spezifisches Gewicht	Erstarrungspunkt	Verseifungszahl	Jodzahl	Hehnerzahl	Brechungsindex	Beobachter
Bei 15° C 0,940	—	211 (?)	—	—	—	Davis u. Holmes
Bei 15° C 0,9360	frisches 2—3° C, altes oder extrah. −21° C	155,6—172(?)	159—161	—	—	De Negri und Sburlatti
—	—	191,2	—	—	—	Deering
0,9413—0,9432	—	190,7—196,1	155,4—165,6	96,3—96,66	—	Williams
Bei 15,5° C 0,9343—0,9385	unter −17° C	194 u. 192	149,7—165,7	96—96,4	1,503	Jenkins
—	—	194	162	—	—	Ulzer
Bei 15° C 0,9362	−18° C	—	—	—	—	Cloëz
Bei 15° C 0,937	—	197	163	—	—	Zucker
Bei 15° C 0,9413—0,9439	—	190,7—191,4	154,6—158,4	—	—	Kitt
15,5° C 0,9412—0,9418	—	—	163,4	—	—	Lewkowitsch
15,5° C 0,933—0,935	—	—	—	—	—	Nash
0,941	—	190,9	170,4	—	—	Kreikenbaum[1]
—	—	175,9	161,9	—	—	} Meister[1]
—	—	193,9	160,7	—	—	

Fettsäuren des Holzöles.

Erstarrungspunkt	Schmelzpunkt	Jodzahl	Bromzahl thermometrisch	Verseifungszahl	Beobachter
31,2° C	43,8° C	159,4	—	188,8	De Negri u. Sburlatti
37,1—37,2° C	40—49,4° C	—	—	—	Williams
34° C	30—37° C	144,1—150,1	21—22,1' C	—	Jenkins
31,4° C	43,8° C	—	—	—	Zucker
—	35,5—40° C	169,5 (flüss. Fettsäure)	—	196,4—197,8	Kitt
37,1—37,2° C (Titertest)	—	145	—	—	Lewkowitsch

[1] Adolph Kreikenbaum, Journ. Ind. Eng. Chem. **2**, 205 [1910]. — Meister, Chem. Revue über d. Fett- u. Harzindustrie **17**, 150 [1910].

Darstellung: Die Gewinnung des Öles durch die Eingeborenen ist sehr primitiv. Das Holzöl zeigt hellgelbe bis rotbraune Farbe und einen unangenehmen Geruch[1]).

Das Holzöl besteht hauptsächlich aus Glyceriden der Ölsäure und Eläomargarinsäure[2]). Der Säuregehalt wurde von de Negri und Sburlatti auf Ölsäure berechnet zu 1,18% gefunden[3]). Die Angaben sind wechselnd. Frisch gepreßtes Öl enthält keine freien Fettsäuren. Auch die Viscosität schwankt je nach Qualität, Gewinnungsweise, Alter und Art der Aufbewahrung.

Holzöl ist in Äther, Petroläther und Chloroform löslich, fast unlöslich in abs. Alkohol, löslich dagegen in siedendem. Beim Erkalten scheidet es sich wieder aus. Gegen Eisessig zeigt das Öl das gleiche Verhalten.

Das Holzöl zeigt große Trockenfähigkeit, welche die des Leinöls noch übertrifft.

Durch Belichtung und Erwärmung geht Holzöl aus der flüssigen Form in einen festen Aggregatzustand über.

Wird reines Holzöl bis auf 230° unter Umrühren erhitzt, so erstarrt die Masse unter Aufschäumen zu einer Gallerte, die wenig klebt, leicht zerreiblich ist und bei nochmaliger Erhitzung auf 250° nicht mehr schmilzt. Die dabei sich bildenden Polymerisationsprodukte sind wenig untersucht.

Holzöl dient in China und Japan als Firnisöl, zum Wasserdichtmachen (Kalfatern) der Boote, auch als Brennöl. Ferner wird es benutzt zum Lackieren von Möbeln, zur Fabrikation wasserdichter Stoffe und zur Wachstuchfabrikation.

Der Ruß des Holzöles dient zur Darstellung der chinesischen Tusche.

Frisch hergestelltes Holzöl ist giftig, sowohl innerlich als auch äußerlich. In letzterer Form verwendet, ruft es bösartige Eiterungen hervor (Hertkorn)[4]).

Candlenußöl.

Bankulnußöl' — Kukuiöl — Huile de noix de chandelle — Candle nut oil — Olio di noci di Bankol.

Vorkommen: Candlenußöl[5]) kommt nur in den Samen einer Euphorbiacee *Aleurites moluccana* (Wild.), deren Heimat sich von den Südseeinseln über den Malayischen Archipel bis nach Hinterindien erstreckt, vor. Die Nüsse (Bankulnüsse, Candlenüsse, Kemirinüsse) zeigen einen Ölgehalt von 58—65%.

Darstellung: Die Samenkerne werden zerkleinert und ausgepreßt. Die Ölausbeute beträgt 55—58%.

Physikalische und chemische Eigenschaften: Das Candlenußöl ist dünnflüssig, kaltgepreßt hellgelb, fast farblos von angenehmem Geruch und Geschmack. Fendler[6]) fand in einer aus Aleurites moluccana aus Kamerun untersuchten Probe, durch Äther extrahiert, ein Öl von scharfem Geruch und kratzendem Geschmack. Warm gepreßtes Öl zeigt geringe Acidität. Nach Lewkowitsch 4%. Nördlinger[7]) fand in einer 3 Jahre alten Probe 56,4% freie Fettsäuren auf Ölsäure berechnet.

[1]) Cloëz, Compt. rend. de l'Acad. des Sc. **70**, 469 [1875]; **82**, 501, 943 [1876]. — Davis, Pharm. Journ. and Trans. **15**, 634 [1885]. — Holmes, Chem. Revue über d. Fett- u. Harzindustrie **2**, 15 [1895]. — De Negri u. Sburlatti, Moniteur scient. **11**, 678 [1897]; Chem. Revue über d. Fett- u. Harzindustrie **3**, 255 [1896]. — Jean, Rev. Chim. Ind. **1898**; Chem.-Ztg. Rep. **22**, 183 [1898]. — Jenkins, Journ. Soc. Chem. Ind. **16**, 193 [1897]; The Analyst **23**, 113 [1898]. — Williams, Journ. Soc. Chem. Ind. **17**, 304 [1898]; Chem. Revue über d. Fett- u. Harzindustrie **5**, 144 [1898]. — Zucker, Pharmaz. Ztg. **43**, 628 [1898]; Chem.-Ztg. Rep. **22**, 251 [1898]. — Milliau, Les corps gr. 1900. Heft 3. — Kitt, Chem.-Ztg. **3** [1899]; Chem. Revue über d. Fett- u. Harzindustrie **12**, 242 [1905]. — Fraps, Amer. Chem. Journ. **25**, 25 [1901].

[2]) Cloëz, Bull. Soc. Chim. **26**, 286 [1901]; **28**, 23 [1902].

[3]) De Negri u. Sburlatti, Moniteur scient. **11**, 678 [1897].

[4]) Hertkorn, Chem.-Ztg. **27**, 635 [1903].

[5]) De Candolle, Prodomus **15**, 722. — Levis, Tropic Agriculturist **8**, 317 [1898]. — Wichmann, Berichte d. zool.-botan. Gesellschaft Wien **1879**. — E. Hartwich, Chem.-Ztg. **12**, 859 [1888]. — Lach, Chem.-Ztg. **14**, 14, 871 [1890]. — De Negri, Österr. Chem.-Ztg. **1**, 202 [1898]. — Kaßler, Seifensieder-Ztg. Augsburg **29**, 689 [1902]. — Wiesner, Deutsche Industrie-Ztg. 308 [1874].

[6]) Fendler, Zeitschr. f. Unters. d. Nahr.- u. Genußm. **6**, 1025 [1903].

[7]) Nördlinger, Zeitschr. f. analyt. Chemie **28**, 183 [1889].

Das Öl besteht aus den Glyceriden der Linolsäure, enthält ferner Stearin, Palmitin, Myristin und Olein.

Die physikalischen und chemischen Konstanten finden sich in nachstehender Tabelle.

Spez. Gewicht	Erstarrungspunkt	Schmelzpunkt	Verseifungszahl	Jodzahl	Hehnerzahl	Acetylzahl	Refraktometer-Anz. in Zeiß' Butterrefraktometer bei	Beobachter
bei 15°C 0,923	—	—	—	—	—	—	—	Cloëz
bei 15°C 0,920—0,926	—	—18°C	184 bis 187,4	136,3 bis 139,3	—	—	15°C 75,5—76	De Negri
bei 15°C 0,9257	—	—	192,6	163,7	95,5	9,8	20°C 78,5 / 25°C 76	Lewkowitsch
bei 15,5°C 0,9254	15°	—	194,8	114,2	—	—	—	Fendler
—	—	—	—	146,0	—	—	—	Wijs

Fettsäuren.

Erstarrungspunkt	Schmelzpunkt	Jodzahl	Jodzahl der flüssigen Fettsäure	Beobachter
13,0°C	20—21°C	142,7—144,1	—	De Negri
—	—	—	185,7	Lewkowitsch
15,5°C	18°C	—	—	Fendler

Das Candlenußöl ist ein stark trocknendes Öl, die Trockenfähigkeit erreicht aber die des Leinöles nicht. Es soll zum Fälschen des Leinöles dienen. Es ist sehr geeignet zur Seifensiederei.

Kekunaöl (Candlenußöl).

Vorkommen: In den Samen von *Aleurites triloba* L., einer Euphorbiacee[1]). Die Samen enthalten ungefähr 50% Öl. Das Öl dient zur Seifenfabrikation und findet als Leinölfirnisersatz Verwendung.

Parakautschuköl.

Parakautschukbaumsamenöl — Huile de siphonie élastique — Para rubber tree seed oil — Olio d'albero di cacciù.

Vorkommen: Das Öl stammt aus den Samen des Paragummibaumes (*Hevea brasiliensis* Müll. Arg.), einer Euphorbiacee, die im unteren Amazonental, in der Provinz Para vorkommt.

Die Samen enthalten nach Schröder[2]) 24% Öl, die Kerne nach L. Wray[3]) 42,3% Öl.

Physikalische und chemische Eigenschaften: Das frische Öl zeigt hellgelbe Farbe, spiegelklares Aussehen und erinnert im Geruch an Leinöl. An der Luft trocknet das Öl zu einer hellen, durchsichtigen Haut.

Das Parakautschuköl besteht aus den Triglyceriden der Stearin- und Palmitinsäure, sowie aus Glyceriden von unbekannten ungesättigten Fettsäuren. Flüchtige Fettsäuren wurden nicht gefunden. In den Samen ist ein fettspaltendes Ferment enthalten. Das Öl besitzt trocknende Eigenschaften.

---

1) Journ. Chem. Soc. Ind. **20**, 642 [1901].
2) A. Schröder, Archiv d. Pharmazie **243**, 628 [1905]; Chem. Revue über d. Fett- u. Harzindustrie **13**, 12 [1906].
3) L. Wray, Seifensieder-Ztg. Augsburg **31**, 316 [1904].

Spezifisches Gewicht	Erstarrungspunkt	Schmelzpunkt	Verseifungszahl	Jodzahl des mit Petroläther extrahierten Öles	mit Äther	Acetylzahl	Hehnerzahl	Reichert-Meißlzahl	Beobachter
bei 20°C 0,9293 bei 15°C 0,9302	21°C —	26°C —	{ 198,07 bis 198,23 } 206,1	127,6 bis 127,9 128,3	117,49 bis 117,76 —	27,9 —	95,06 —	0,00 —	Schröder Dunstan[1]

Fettsäuren

Erstarrungspunkt	Mittleres Molekulargewicht	Jodzahl	Beobachter
15°C	293,3	127,29	Schröder

Manihotöl.

Vorkommen: Das Öl ist in den Samen einer kautschukliefernden Euphorbiacee, *Manihot Glazcovii* Müll., die in Brasilien heimisch ist, enthalten.

Der Gesamtfettgehalt der Samen beträgt 9,94%.

Darstellung: Durch Extraktion mit Äther war das Öl von Fendler und Kuhn[2] mit grünlichgelber Farbe erhalten worden.

Physikalische und chemische Eigenschaften: Das Öl ist löslich in Chloroform, Äther, Benzol, Schwefelkohlenstoff, Aceton, Amylalkohol, unlöslich in abs. Alkohol und Eisessig. Es zeigt Olivengeruch und bitterem Geschmack.

Spezifisches Gewicht	Erstarrungspunkt	Verseifungszahl	Jodzahl nach Hübl	Reichert-Meißlzahl	Refraktometeranzeige im Zeißschen Butterrefraktometer	Glycerin	Unverseifbares	Beobachter
bei 15° C 0,9258 bei 24° C 0,9945 (?)	beginnt bei +4° C sich zu trüben u. ist bei —17° C noch nicht fest	188,6 —	137,0 —	0,7 —	bei 40° C 62,9 —	10,6 —	% 0,90 —	Fendler u. Kuhn Peckolt

Fettsäuren.

Spezifisches Gewicht bei 25° C	Erstarrungspunkt	Schmelzpunkt	Säurezahl	Verseifungszahl	Mittleres Molekulargewicht	Jodzahl	Acetylzahl	Gehalt an festen Fettsäuren	Schmelzpunkt der festen Fettsäuren	Gehalt an flüssigen Fettsäuren	Jodzahl der flüssigen Fettsäuren
0,8984	+20,5° C	+23,5	197,6	200,1	280,7	143,1	20,7	10,97%	54° C	89,03%	—163,6

Stillingiaöl.

Chinesisches Talgsamenöl — Huile de Stillingia — Stillingia Oil — Olio di Stillingia.

Vorkommen: Das Stillingiaöl kommt in den Samenkernen des chinesischen Talgbaumes, *Stillingia sebifera* Mich. — *Stillingia sinensis* Baill. — *Croton sebiferum L.* — *Sapium sebiferum* Roxb. vor. Die Samen enthalten ungefähr 19,2% Öl.

[1] Dunstan, Proc. Chem. Soc. London **23**, 168 [1907].
[2] G. Fendler u. O. Kuhn, Berichte d. Deutsch. pharmaz. Gesellschaft **15**, 426 [1905]; Chem. Revue über d. Fett- u. Harzindustrie **13**, 33 [1906].

Bei den Samen des Talgbaumes ist das auf den Samenschalen abgelagerte feste Fett von dem in den Samenkernen enthaltenen flüssigen Pflanzenfett, das in China den Namen Tséiéon oder Ting-yu führt, zu unterscheiden.

Physikalische und chemische Eigenschaften: Das Stillingiaöl[1]) ist von dunkelgelber Farbe, zeigt eigentümlichen, an Lein- und Senföl erinnernden Geruch und trocknende Eigenschaften.

Das Öl ist optisch aktiv und dreht —4°.

Die Verwendung ist nur lokaler Natur, für Brennzwecke und zur Firnisbereitung.

Spezifisches Gewicht bei	Erstarrungspunkt	Verseifungszahl	Jodzahl	Hehnerzahl	Reichert-Meißlzahl	Maumenésche Probe	Spez. Reaktionstemperatur	Refraktometeranzeige in Zeiß' Butterrefraktometer	Brechungsindex	Beobachter
$\frac{15,5° \text{C}}{15,5° \text{C}}$ 0,9395 $\frac{15° \text{C}}{15° \text{C}}$ 0,9432	bei 0° noch flüssig	277(?)	160,7	94,4	—	—	—	89,1	bei 23,5°C 1,4835	Nash
$\frac{27° \text{C}}{15° \text{C}}$ 0,9370 $\frac{100° \text{C}}{15° \text{C}}$ 0,8737	—	210,4	160,6	94,4	0,93	136,5	267	bei 35° C 75	—	Tortelli u. Ruggeri
Wasser von 15° C = 1 $\frac{15° \text{C}}{15° \text{C}}$ 0,9458	—	203,8	145,6	—	—	—	—	—	—	Hobein

Fettsäuren.

Erstarrungspunkt	Schmelzpunkt	Säurezahl	Mittleres Molekulargewicht	Jodzahl	Jodzahl der flüssigen Fettsäuren	Beobachter
—	—	—	272	165	—	Nash
12,2 (Titertest)	14,5	214,2	—	161,9 (Hübl)	178,1 (Hübl)	Tortelli u. Ruggeri
—	—	206,3	—	181,8 (Wijs)	191,1 (Wijs)	Lewkowitsch
—	—	210,5	—	—	—	Lewkowitsch

Johannesiaöl.

Vorkommen: Das Öl entstammt den Samen einer Euphorbiacee, *Johannesia prinzeps Vellozo*[2]). diese enthalten 29% eines fetten Öles, das trocknende Eigenschaften besitzt.

Spezifisches Gewicht	Verseifungszahl	Jodzahl	Beobachter
bei 18° C 0,9176	—	—	Peckolt
—	188,92—190,03	98,3	Niederstadt

Kreuzbeerenöl. Kreuzdornöl.

Vorkommen: Das Kreuzdornöl[3]) ist in den Samen der Kreuz-, Farb- oder Purgierbeeren, der Früchte von *Rhamnus cathartica* L., einer Rhamnacee in einer Menge von 8,85% enthalten.

---

[1]) De Negri u. Sburlatti, Chem.-Ztg. **22**, 5 [1898]. — De Negri u. Fabris, Chem.-Ztg. **18**, 32 [1894]. — Nash, The Analyst **29**, 110 [1904]; Chem. Revue über d. Fett- u. Harzindustrie **11**, 128 [1904].

[2]) Niederstadt, Berichte d. Deutsch. pharmaz. Gesellschaft **12**, 144 [1902]; **15**, 183 [1905].

[3]) N. Krassowski, Journ. d. russ. phys.-chem. Gesellschaft **38**, 144 [1906].

Physikalische und chemische Eigenschaften: Das Öl zeigt grünlichgelbe Farbe und unangenehmen Geschmack. Die Zusammensetzung ist nach Krassowski[1] nachstehende:

Stearinsäure 6,00%
Palmitinsäure 1,12
Ölsäure 30,10
Linolsäure 35,20
Linolensäure und vornehmlich Isolinolensäure 22,40
Flüchtige Säure 0,24
Glycerin 4,32
Phytosterin 0,48
Gesättigter Kohlenwasserstoff (farblose Blättchen F. 81—82° C). 0,11

Spezifisches Gewicht bei 15° C	Verseifungszahl	Jodzahl	Hehnerzahl	Reichert-Meißlzahl	Beobachter
0,9195	186	155	95,77	0,89	Krassowski

Fettsäuren.

Jodzahl	Mittleres Molekulargewicht	Acetylzahl	Beobachter
160,6	288,9	25,8	Krassowski

Sandbeerenöl.

Vorkommen: Das Öl ist in den erdbeerartigen Früchten einer Ericacee, *Arbutus Unedo* L., die in Griechenland und Süditalien vorkommt und daselbst auf Spiritus verarbeitet wird, enthalten[2].

Physikalische und chemische Eigenschaften: Das Öl besitzt goldgelbe Farbe, süßlichen Geschmack und trocknende Eigenschaften.

Spezifisches Gewicht bei 15° C	Erstarrungspunkt	Verseifungszahl	Jodzahl	Hehnerzahl	Reichert-Meißlzahl	Maumenésche Probe im Tortellischen Apparat mit Olivenöl verdünnt	Refraktometeranzeige in Zeiß' Butterrefraktometer
0,9208	trübt sich bei —9° C noch flüssig bei —19° C butterähnlich bei —23° C fest bei —27° C	208	147,86	92,48	0,86	103,5°	bei 25° C 71

Fettsäuren.

Verseifungszahl der flüssigen Fettsäuren	Jodzahl	Beobachter
198,28	155,84	Sani

Leinkrautöl.

Vorkommen: Das Öl ist in den Samen von *Linaria reticulata*, einer Scrophulariacee, zu 37,5% enthalten[3].

Physikalische und chemische Eigenschaften: Die Samen enthalten auch eine Lipase.

[1] N. Krassowsky, Journ. d. russ. phys.-chem. Gesellschaft **38**, 144 [1906].
[2] G. Sani, Atti R. Accad. dei Lincei Roma [5] **14**, II, 619 [1905].
[3] Fokin, Chem. Revue über d. Fett- u. Harzindustrie **13**, 130 [1906].

Spezifisches Ge-wicht bei	Verseifungszahl	Jodzahl	Hehnerzahl	Acetylzahl nach Lewkowitsch	Beobachter
$\frac{20°\,C}{18°\,C}$ 0,9217	188,6	140,0	94,1	12,3	Fokin

Fettsäuren.

Spezifisches Ge-wicht bei $\frac{19°\,C}{19°\,C}$	Erstarrungspunkt	Schmelzpunkt	Säurezahl	Jodzahl	Beobachter
0,903	8,5—13° C	14—22° C	201,1	148,5	Fokin

Hanföl.

Huile de chanvre — Huile de chenèvis — Hemp seed oil — Olio di canape.

Vorkommen: Das Hanföl ist in dem Samen von *Cannabis sativa* L., einer Moracee, enthalten. Die Heimat des Hanfes ist Südasien, Persien, Baktrien, Sagdiana und die Aralgegenden. Kultiviert wird die Pflanze in Ostindien, Persien, China, Arabien, Afrika, Nord- und Südamerika und dem ganzen europäischen Kontinent, besonders in Rußland.

Die Hanffrüchte, fälschlich Hanfsamen, enthalten 30—35% eines fetten Öles.

Darstellung: Durch Pressung.

Physikalische und chemische Eigenschaften: Frischgepreßtes Öl zeigt eine grünlichgelbe bis dunkelgrüne Farbe, die sich beim Stehen wieder etwas verliert. Altes Hanföl ist braungelb[1]).

Hanföl zeigt milden Geschmack, eigentümlichen Geruch und stark trocknende Eigenschaften.

Es löst sich in 30 T. kalten Alkohols.

Spezifisches Gewicht bei 15° C	Erstarrungs-punkt	Verseifungszahl	Jodzahl	Temperaturerhöhung bei der Maumenéschen Probe	Refraktom. Anzeige im Oleorefrakt.	Beobachter
0,9255	—	—	—	—	—	Souchère
0,925—0,931	—	—	—	—	—	Allen
0,9276	—	—	—	—	—	Fontenelle
0,9276	—	—	—	—	—	Talanzeff
0,9270	—	—	—	—	—	Chateau
0,9255	—	—	—	—	—	Massie
0,9280	—	192,8	140,5	95—99°	—	De Negri und Fabris
—	—	193,1	—	—	—	Valenta
—	—	192—194,9	157—166	—	—	Shukoff
—	—	—	143	—	—	v. Hübl
—	—	—	157,5	—	—	Benedikt
—	dick bei —15° C	—	—	98°	—	Maumené
—	erstarrt bei —27° C	—	—	—	+30 bis +34	Jéan

1) S. Talanzeff, Führer durch d. Fettindustrie, Nr. 2 u. 3 [1902]; Chem. Revue über d. Fett- u. Harzindustrie **9**, 162 [1902]. — Lidoff, Chem. Revue über d. Fett- u. Harzindustrie **7**, 120 [1900].

Fettsäuren.

Erstarrungs- punkt	Schmelzpunkt	Mittleres Molekular- gewicht	Jodzahl	Acetylzahl	Beobachter
15° C	19° C	—	—	—	v. Hübl
14—16° C	17—19° C	—	141	—	De Negri u. Fabris
—	—	280,5	—	7,5	Benedikt u. Ulzer
—	—	—	122,2—125,2	—	Morawski u. Demski
—	—	300	—	—	Schestakoff
Titertest					
15,6—16,6	—	—	—	—	Lewkowitsch

Das Hanföl enthält neben den Triglyceriden der Stearinsäure und Palmitinsäure das Triglycerid der Linolsäure, daneben wenig Öl-, Linolen- und Isolinolensäureglycerid.

Das Hanföl wird zur Firnisbereitung und Seifenfabrikation verwandt. In Rußland wird das Hanföl allgemein als Speiseöl benutzt. Minderwertige Sorten dienen als Brennöl.

Nicht raffiniertes Hanföl zeigt nachstehende charakteristische Farbenreaktionen.

Durch Kochen mit Natronlauge, spez. Gew. 1,340, entsteht eine braungelbe feste Seife. Schwefelsäure färbt Hanföl intensiv grün.

Eine Mischung aus gleichen Teilen konz. Schwefelsäure, rauchende Salpetersäure und Wasser gibt mit dem 5fachen Vol. Hanföl vermischt eine Grünfärbung, die in Schwarz umschlägt. Nach 24 Stunden tritt rotbraune Färbung auf. Konz. Salzsäure färbt frisches Hanföl grasgrün, altes gelbgrün.

Nußöl.

Walnußöl — Huile de noix — Walnut oil — Oleum Juglandis — Olio di noce.

Vorkommen: Walnußöl kommt in den Samen des Walnußbaumes (*Juglans regia* L.), dessen Heimat am Himalaja und in Persien zu suchen ist, heute aber über ganz Europa verbreitet ist, vor.

Die Nußkerne enthalten 40—65% Öl.

Physikalische und chemische Eigenschaften: Kaltgepreßtes Öl ist farblos bis schwach gelblichgrün oder strohgelb, hat angenehmen Geruch und Geschmack. Warm gepreßt zeigt das Öl grüne Farbe und scharfen Geschmack und Geruch.

Die Fettsäuren des Nußöles bestehen vornehmlich aus Linolsäure, neben geringen Mengen von Öl-, Linolen- und Isolinolensäure. Myristin- und Laurinsäure sollen auch vorkommen.

Walnußöl löst sich in 188 T. kalten und 60 T. siedenden Alkohols.

Es wird oft mit Leinöl oder Mohnöl verfälscht. Ersteres wird durch die erhöhte Jodzahl, durch die Maumené-Probe und eine von Halphen angegebene Reaktion[1]) erkannt. Auch Bellier gibt ein allgemeines Verfahren zum Nachweis fremder Öle im Nußöl an[2]), ebenso Balavoine[3]).

Nußöl des Handels wird häufig durch Aufgießen von Mohnöl auf Walnußkuchen und Erwärmen gewonnen[4]). Kaltgepreßtes Nußöl dient als Speiseöl, auch zur Herstellung feiner Malerfarben.

Minderwertige Qualitäten dienen als Brennöl und zur Seifenfabrikation.

Die physikalischen und chemischen Konstanten des Walnußöles sind aus nachstehender Tabelle ersichtlich.

---

[1]) Halphen, Bull. Soc. Chim. [3] **33**, 571 [1905]; Chem. Revue über d. Fett- u. Harzindustrie **12**, 191 [1905].

[2]) Bellier, Annales de Chim. analyt. appl. **10**, 52 [1905].

[3]) Balavoine, Schweiz. Wochenschr. f. Chemie u. Pharmazie **44**, 224 [1906].

[4]) Oils, Colours and Drysaltories **17**, Nr. 6 [1904]; Chem. Revue über d. Fett- u. Harzindustrie **12**, 191 [1905].

Beobachter (observers, left → right): Saussure, Souchère, Allen, De Negri u. Fabris, Kebler, Petkow, Crossley und Le Sueur, Valenta, E. Dieterich, Maben, v. Hübl, Hazura, Peters, Maumené, Jéan, Blasdale, Tortelli u. Pergami, Wijs.

	Saussure	Souchère	Allen	De Negri u. Fabris	Kebler	Petkow	Crossley und Le Sueur	Valenta	E. Dieterich
Viscosität nach Redwood	—	—	—	—	—	—	bei 21° C 231,8 Sek.	—	—
Brechungsindex	—	—	—	—	—	—	—	—	—
Refraktometeranzeige im Butterrefraktometer bei 40° C	—	—	—	—	—	67—68	64,8	—	—
Refraktometeranzeige im Oleorefraktometer	—	—	—	—	—	—	—	—	—
Temperaturerhöhung bei der Maumenéschen Probe	—	—	—	—	96,0	—	—	—	—
Reichert-Meißlzahl	—	—	—	—	—	—	0,00	—	—
Hehnerzahl	—	—	—	—	—	—	95,44	—	—
Jodzahl	—	—	—	144,5—145,1	142—151,7	147,9—148,4	143,1	—	147,9—151,7
Verseifungszahl	—	—	—	193,81—197,32	186—197	—	192,5	196,0	188,7
Erstarrungspunkt	—	—	—	—	—	—	—	—	—
Spezifisches Gewicht bei	12° C 0,928 25° C 0,919 94° C 0,871	15° C 0,926	15° C 0,925—0,926	15° C 0,925	15° C 0,925—0,9265	15°C 0,9255—0,9260	15,5/15,5 0,9259	—	—

	Maben	v. Hübl	Hazura	Peters	Maumené	Jéan	Blasdale	Tortelli u. Pergami	Wijs
Viscosität nach Redwood	—	—	—	—	—	—	—	—	—
Brechungsindex	—	—	—	—	—	—	1,4804	—	—
Refraktometeranzeige im Butterrefraktometer bei 40° C	—	—	—	—	—	—	—	—	—
Refraktometeranzeige im Oleorefraktometer	—	—	—	—	—	+35—36	—	—	—
Temperaturerhöhung bei der Maumenéschen Probe	—	—	—	—	101°	—	110°	—	—
Reichert-Meißlzahl	—	—	—	—	—	—	—	—	—
Hehnerzahl	—	—	—	—	—	—	—	—	—
Jodzahl	143	145,7	143,3	—	—	—	132,1	—	152,0
Verseifungszahl	194,4	—	—	—	—	—	194,4	188,8	—
Erstarrungspunkt	—	—	—	—	dick bei —15° C	erstarrt bei —27,5° C	—	—	—
Spezifisches Gewicht bei	—	—	—	—	—	—	15° C 0,9256	—	—

Fettsäuren des Nußöles.

Erstarrungs-punkt	Schmelzpunkt	Säurezahl	Verseifungs-zahl	Mittleres Molekular-gewicht	Jodzahl	Acetyl-zahl	Beobachter
16° C	20° C	—	—	—	—	—	v. Hübl
—	16—18° C	—	—	—	150,05	—	De Negri u. Fabris
—	16—20° C	—	—	—	—	—	Kebler
—	—	—	—	273,5	—	7,6	Benedikt u. Ulzer
—	—	200,2	202,8	276,3	—	—	Tortelli u. Pergami

Unter dem Namen Nußöl kommen noch die Öle der Samenkerne nachstehender Nuß-arten in den Handel.

Juglans nigra, die schwarze Walnuß. Schwarznußöl zeigt nach den Untersuchungen Lyman F. Keblers[1]) eine Dichte von 0,9215 bei 15° C. Es trübt sich bei —12° C und zeigt trocknende Eigenschaften.

Juglans rupestris (in Nevada, Neumexiko, Arizona).

Juglans cinerea (in Nordamerika).

Juglans californica.

Juglans racemosa.

Kilimandscharo-Nußöl.

Aus den Nüssen vom Kilimandscharo in den afrikanischen italienischen Kolonien wird ein dunkelgelbes Öl (65%) gewonnen[2]), das einen etwas bitteren Geschmack zeigt, der durch Waschen mit warmem Wasser verschwindet.

Spezifisches Gewicht bei 17° C	Erstarrungspunkt	Ver-seifungs-zahl	Jodzahl	Butter-refraktometer	Beobachter
0,918	wird bei +8° C trübe wird bei +4° C fest	184	85,5	bei 25° C 62,5	Romagnoli

Saffloröl.

Huile de Saflore — Huile de carthame — Safflower Oil — Olio di Cartame.

Vorkommen: Das Safflöröl kommt in den Samen von *Carthamus tinctoria* L. = *Carthamus oxycantha*, der Saflorpflanze, auch falscher Safran genannt, einer Composite, vor. Die Heimat des Saflors ist wahrscheinlich Ostindien. Kultiviert wird dieselbe in ganz Indien, am Kaukasus, Persien, Afrika, Frankreich, Italien und Südrußland. Saflor wird eigentlich nur als Farbpflanze gebaut. Die ölhaltigen Früchte haben nur lokale Bedeutung.

Die Samen enthalten 30—32% Öl, von dem durch hydraulische Pressen wegen der kieselsäurereichen Hülsen nur 17—18% gewonnen werden können.

Physikalische und chemische Eigenschaften: Das Safflöröl ist von hellgelbem Aussehen, zeigt angenehmen Geruch und Geschmack. Es enthält Stearinsäure, Palmitinsäure, Ölsäure und Linolsäure. Auch scheinen Säuren der Linolensäurereihe nach den Untersuchungen von Walker und Waburton[3]) vorhanden zu sein. Tylaikoff[4]) fand Isolinolensäure.

Safflöröl dreht die Polarisationsebene nach den Untersuchungen von Crossley und Le Sueur[5]) nach rechts.

---

[1]) Lyman F. Kebler, Journ. Amer. Chem. Soc. **73**, 173 [1901].

[2]) Romagnoli, L'industria saponiera **3**, Nr. 3; Chem. Revue über d. Fett- u. Harzindustrie **11**, 179 [1904].

[3]) Walker u. Waburton, The Analyst **27**, 237 [1902]; Chem. Revue über d. Fett- u. Harz-industrie **9**, 106 [1902].

[4]) Tylaikoff, Nachr. d. Mosk. Landw. Inst.; Chem.-Ztg. Rep. **26**, 85 [1902].

[5]) Crossley u. Le Sueur, Journ. Chem. Soc. Ind. **17**, 989 [1898].

	Spezifisches Gewicht bei	Erstarrungspunkt	Schmelzpunkt	Verseifungszahl	Jodzahl	Hehnerzahl	Reichert-Meißlzahl	Refraktometeranzeige im Zeiß-Butterrefrakt. bei 40° C	Brechungsindex bei 16° C	Viscosität bei 21° C	Beobachter
Gepreßtes Öl . . .	0° C 0,936 / 15,5° C 0,916	—	—	172 (?)	126	93,87	0,88	—	1,477	—	Tylaikow
Mit Äther extrah. Öl	0° C 0,934 / 15,5° C 0,925	—	—	194	130	90,78	0,69	—	1,477	—	„
Indisches Öl verschiedener Herkunft 11 Proben	15,5 / 15,5 0,9251 bis 0,9280	—	—	186,6 bis 193,3	129,8 bis 149,9	95,3	—	65,2	—	9,57 bis 10,81	Crossley und le Sueur
—	20° C 0,9227	—	—	194 bis 194,8	143 bis 144,5	—	1,45 bis 1,63	—	—	—	Jones
—	—	—	—	195,4	141,6	—	—	—	—	—	Shukoff
Aus den ungeschälten Früchten mit Äther extrahiert (Amani Deutsch-Ostafrika)	15° C 0,9266	—13° C bis unter —18° C	—5° C	191	142,2	—	—	65	—	—	Fendler

Fettsäuren.

Spez. Gewicht bei 15° C	Erstarrungspunkt	Schmelzpunkt	Säurezahl	Mittl. Mol.-Gewicht	Acetylzahl	Jodzahl	Jodzahl	Säurezahl	Mittl. Mol.-Gew.	Beobachter
							der flüssigen Fettsäuren			
0,9135	+ 12° C	+ 17° C	199,0	281,8	52,9	148,2	150,8	191,4	293,1	Fendler
—	—	—	—	297	—	—	—	—	—	Schestakoff

Nigeröl.

Huile de Niger. — Nigerseed oil. — Olio di Niger.

Vorkommen: Das Nigeröl kommt in der Nigersamen, einer Komposite, *Guizotia oleifera* D. C., die in Abessinien und Indien heimisch ist, vor.

Der Ölgehalt der Früchte beträgt 36,33%[1]).

Die Nigerpflanze wird in Vorder- und Hinterindien kultiviert.

Physikalische und chemische Eigenschaften: Das Öl ist von gelber Farbe und nußartigem Geschmack. Es zeigt trocknende Eigenschaften. Die Thermozahl beträgt 91,5[2]).

Die feinen Sorten des Nigeröles dienen als Speiseöl. Auch dient es als Leinölersatz und als Brennöl. Es eignet sich auch zur Seifenfabrikation.

Spezifisches Gewicht bei	Erstarrungspunkt	Verseifungszahl	Jodzahl	Hehnerzahl	Reichert-Meißlzahl	Temperaturerhöhung bei der Maumenéschen Probe	Refraktometeranzeige im Zeiß' Butter-Refraktometer bei	Beobachter
15,5° C / 15,5 °C 0,9248—0,9263	—	188,9—192,2	126,6—133,8	94,11	0,11—0,63	—	40° C 63	Crossley u. Le Sueur
15,5° C 0,9270 / 99° C / 15,5° C 0,8738	—9° C	—	—	—	—	81°	—	Allen
—	—	189—191	—	—	—	—	—	Stoddart
—	—	—	132,9	—	—	—	—	Archbutt
—	—	—	133,5	—	—	—	—	Wallenstein u. Fink
—	—	—	—	—	—	82°	—	Baynes

1) Schindler u. Waschata, Chem. Revue über d. Fett- u. Harzindustrie **12**, 223 [1905].
2) M. Tortelli, Chem.-Ztg. **33**, 125 [1909].

Fettsäuren

Spezifisches Gewicht	Jodzahl der flüssigen Fettsäuren	Beobachter
bei $\dfrac{100°\,C}{100°\,C}$ 0,8886	—	Archbutt
—	147,5	Wallenstein u. Fink

Sonnenblumenöl.

Oleum Helianthi annui — Huile de Tournesol — Sunflower Oil — Turnsol oil — Olio di girasole.

Vorkommen: Das Sonnenblumenöl ist in den Samen der gemeinen, einjährigen Sonnenblume, *Helianthus annuus* L., enthalten. Die Pflanze stammt aus Peru, wird aber jetzt als ölgebende Pflanze kultiviert, besonders in Ungarn und Rußland.

Ungarische Samen enthalten 36,6—53% Öl[1]), fabrikatorisch werden daraus 28—30% Öl gewonnen, aus russischer Saat 23%.

Physikalische und chemische Eigenschaften: Sonnenblumenöl zeigt kaltgepreßt hellgelbe Farbe, angenehmen Geruch und milden Geschmack. Warm gepreßt zeigt es dunklere Farbe und einen eigentümlichen Geschmack. Es ist ein langsam trocknendes Öl. Durch Erhitzen verdickt sich das Öl nicht[2]).

Die flüssigen Fettsäuren des Sonnenblumenöles bestehen aus Linolsäure und geringen Mengen Ölsäure.

Auch feste Fettsäuren sollen in geringen Mengen (3,88%) vorkommen[3]). Unter Anwendung von Kupferpulver betrug die Sauerstoffabsorption nach v. Hübl nach 2 Tagen 1,97%, nach 7 Tagen 5,02%.

Die Sauerstoffabsorption der Fettsäuren beträgt:

Nach 2 Tagen 0,85%, nach 7 Tagen 3,56%, nach 30 Tagen 6,3%. Die Thermozahl im Thermooleometer wurde zu 87,9 bestimmt[4]).

Kalt gepreßtes Sonnenblumenöl dient als Speiseöl, warm gepreßtes Öl wird in der Seifensiederei verarbeitet. Auch soll es als Ersatz für Baumwollsamenöl in der Margarinefabrikation dienen[5]).

Spezifisches Gewicht bei	Erstarrungspunkt	Verseifungszahl	Jodzahl	Hehnerzahl	Temperatur-Erhöhung bei der Maumenéschen Probe	Spezifische Reaktions-Temperatur	in Zeiß' Butter-Refraktometer	im Oleo-refraktometer	Brechungsindex	Beobachter
15° C 0,9202	—	—	—	—	—	—	—	—	—	Chateau
15° C 0,924—0,926	—	—	—	—	—	—	—	—	—	Allen
15° C 0,9258	—	193—193,3	129	95	67,5	—	—	—	—	Spüller
15° C 0,9250	—	192	'124	—	—	—	—	+35	—	Jéan
15° C 0,926	—	188—189	119,7—120,2	—	72—75	—	—	—	—	De Negri u. Fabris
15° C 0,936	—	—	122,5—133,3	—	—	—	—	—	—	Dieterich
15° C 0,924 90° C 0,919	bei —17° C teilweise fest	193	135	—	—	—	—	—	—	Holde
—	—	191,9	—	—	—	—	—	—	—	Tortelli u. Pergami
—	-16 bis -18,5° C	193—194	—	—	—	—	—	—	—	Bornemann
—	—	193—194	129	—	—	—	—	—	60° C 1,4611	Thörner
—	—	—	—	—	—	—	bei 25° C 72,2	—	—	Bekurts u. Seiler
15,5° C 0,9203	—	191,7	106,2 (?)	—	60,0	166,7	bei 15,5° C 72,4	—	15,5° C 1,4737	Tolman u. Munson
—	—	191,3—191,9	134,5	—	—	—	—	—	—	Hazura
15° C 0,924—0,9265	—	—	127—132	—	—	—	bei 40° C 62,5—64 ·	—	—	Petkow[6])

[1]) R. Windisch, Landw. Versuchsstationen **57**, 305 [1902].
[2]) L. E. Andés, Chem. Revue über d. Fett- u. Harzindustrie **16**, 275 [1909].
[3]) Tolmen u. Munson, Journ. Amer. Chem. Soc. **25**, 945 [1903].
[4]) M. Tortelli, Chem.-Ztg. **33**, 125 [1909].
[5]) Jolles u. Wild, Chem.-Ztg. **17**, 879 [1893].
[6]) Petkow, Zeitschr. f. öffentl. Chemie **13**, Nr. 11 [1907]; Chem. Revue über d. Fett- u. Harzindustrie **14**, 59 [1907].

Fettsäuren.

Erstarrungspunkt °C	Schmelzpunkt °C	Säurezahl	Verseifungszahl	Mittleres Molekulargewicht	Jodzahl	Jodzahl der flüssigen Fettsäure	Brechungsindex	Beobachter
17	23	—	—	—	—	—	—	Bach
18	23	—	—	—	—	—	—	Dieterich
18	22—24	—	—	—	124	—	—	De Negri u. Fabris
17	23	—	201,6	—	133—134	—	60° C 1,4531	Thörner
—	17—22	—	—	—	—	—	—	Peters
—	22	—	—	—	—	—	—	Jéan
—	—	—	201,6	—	133,2—134	—	—	Spüller
—	21,0	—	—	—	—	113,8	—	Tolman u. Munson
—	—	193,4	201,5	278,4	—	—	—	Tortelli u. Pergami

Madiaöl.

Huile de Madia — Madia Oil — Olio di Madia.

Vorkommen: Das Madiaöl kommt in den Samen der Ölmadie (*Madia sativa* L), einer in Chile heimischen Komposite, vor. Die Samen enthalten 32—33% Öl.

Die Ölmadie wurde auch mit Erfolg in Württemberg angebaut.

Physikalische und chemische Eigenschaften: Das Madiaöl zeigt dunkelgelbe Farbe und charakteristischen Geruch, nußähnlichen Geschmack und schwach trocknende Eigenschaften.

Das Öl dient als Brennöl und in der Seifenfabrikation. Bei der Elaidinprobe bleibt es flüssig.

Spezifisches Gewicht bei 5° C	Erstarrungspunkt °C	Verseifungszahl	Jodzahl	Temperaturerhöhung bei der Maumenéschen Probe	Beobachter
0,9286	—10 bis —11 (heiß gepreßt)	—	—	—	Schädler
—	—25 (kalt gepreßt)	—	—	—	Schädler
0,926—0,928	—	—	—	—	Hartwich
0,9285—0,9286	—10 bis —20	192,8	117,5—119,5	96—101° C	De Negri und Fabris
0,9286	—10 bis —17 (heiß gepreßt)	—	—	—	Winkler

Fettsäuren.

Erstarrungspunkt	Schmelzpunkt	Jodzahl	Beobachter
20—22° C	23—26° C	120,7	De Negri und Fabris

Koloquintensamenöl.

Vorkommen: In den Samen von *Citrullus Colocynthis* Schrader (*Cucumis Colocynthis* L.), einer in Ostindien, Nordafrika, Senegambien und Arabien vorkommenden Cucurbitacee.

Darstellung: Durch Extraktion mit Tetrachlorkohlenstoff.

Physikalische und chemische Eigenschaften: Das Öl zeigt rötlichgelbe Farbe, schwach grüne Fluorescenz, dickflüssige Konsistenz und schwach bitteren Geschmack[1].

---

[1] C. Grimaldi u. L. Prussia, Chem.-Ztg. **33**, 1239 [1909].

Spezifisches Gewicht bei	Erstarrungspunkt	Refraktometerzahl (Zeiß)	Wärmezahl im Thermooleometer nach Tortelli	Säurezahl	Hehnerzahl	Verseifungszahl	Jodzahl	Reichert-Meißlzahl	Beobachter
15° C 0,9289 100° C (W = 15° C) 0,8733	—14° C	15° C 78,2 25° C 72,3 40° C 63,5	86,4	2,7	90,72	191,7	120,37	0,32	Grimaldi und Prussia

Fettsäuren.

Spezifisches Gewicht bei 100° C (W = 15° C)	Schmelzpunkt	Erstarrungspunkt	Refraktometerzahl (Zeiß) bei	Säurezahl	Verseifungszahl	Jodzahl	Jodzahl der flüssigen Fettsäuren	Flüssige Fettsäuren %	Feste Fettsäuren %	Mittl. Mol.-Gewicht der unlöslichen Fettsäuren	Beobachter
0,8537	29,2—30° C	26,2—27,2	30° C 56,7 40° C 51,5 45° C 48,3	192,6	198,2	121	150	56,2	43,8	272	Grimaldi und Prussia

Echinopsöl.   Distelöl.

Echinops Oil — Thintleseed oil.

Vorkommen: Das Öl wird aus den Samen einer Komposite, *Echinops ritro*, die in Asien und im Mittelmeergebiet heimisch ist, gewonnen. Fettgehalt der Samen 27,5%.

Physikalische und chemische Eigenschaften: Das Öl zeigt gelbliche Farbe und geringes Trockenvermögen.

Spezifisches Gewicht bei	Verseifungszahl	Jodzahl	Acetylzahl	Wegersche Sauerstoffzahl	Beobachter
15° C 0,930	194	—	—	—	Greshoff[1]
20° C 0,9253—0,9285	189,2—190,0	138,1—141,1	26,5	9	J. J. A. Wijs[2]

Fettsäuren.

Erstarrungspunkt	Schmelzpunkt	Säurezahl	Mittleres Molekulargewicht	Jodzahl	Beobachter
39° C	41° C	—	—	—	Greshoff
—	11—12° C	192,3—192,9	291—292	139,1—143,8	Wijs

Klettensamenöl.

Huile de bardane — Burdock Oil — Olio di bardana.

Vorkommen: Klettenöl stammt aus den Samen einer in Asien und Europa allgemein verbreiteten Komposite, *Arctium Lappa* L. = *Lappa minor* D. C., der Klette.
Der Fettgehalt der Samen beträgt 14,8% [3].

Physikalische und chemische Eigenschaften: Klettenöl ist goldgelb von leinölartigem Geruch und bitterem Geschmack. Es dient zur Firnis- und Seifenfabrikation.

---

[1] Greshoff, Verslagen der kon. Academie van Wetenschappen **8**, 699 [1900].

[2] J. J. A. Wijs, Zeitschr. f. Unters. d. Nahr.- u. Genußm. **6**, 492 [1903]; Chem. Revue über die Fett- u. Harzindustrie **10**, 179 [1903].

[3] A. P. Lidow, Wjestnik schirowich wjeschtsch. **1904**, 79; Chem.-Ztg. **28**, Rep. 161 [1904].

Spezifisches Gewicht bei 17° C	Verseifungszahl	Jodzahl	Reichert-Meißl-zahl	Beobachter
0,9255	196,6	153,6	0,95	Lidow

Die Jodzahl der unlöslichen Fettsäuren beträgt 162.

Das Öl der Frauendistel (*Onopordon acanthium* L.) ist dem Klettenöl ähnlich. Die Samen enthalten 30—35% Öl.

Spargelsamenöl.

Huile d'asperges — Asparagus seed oil.

Vorkommen: Das Öl ist in den Samen von *Asparagus officinalis* L., einer Liliacee, enthalten. Der Ölgehalt beträgt 15,3% [1]).

Physikalische und chemische Eigenschaften: Das Spargelöl ist rötlichgelb und zeigt trocknende Eigenschaften. Es besteht aus den Glyceriden der Palmitin-, Stearin-, Öl-, Linol-, Linolen- und Isolinolensäure.

Spezifisches Gewicht bei 15° C	Verseifungs-zahl	Jodzahl	Acetylzahl	Refraktometeranzeige im Zeiß·Butter-refraktometer	Beobachter
0,928	194	137	25,2	75	Peters

Mohnöl.

Huile d'oeilette — Huile blanche — Huile de pavot du pays — Poppy seed oil — Poppy oil — Maw oil — Oleum papaveris — Olio di papavero.

Vorkommen: Mohnöl kommt in den Samen von *Papaver somniferum* L., einer Papaveracee, die in Kleinasien, Vorderasien, Ostindien, Ägypten, Algier, Rußland und Mitteleuropa angebaut wird, vor. Die Samen enthalten 45—50% Öl. Europäisches Mohnöl wird aus grauen oder blauen Samen, fremdländisches aus weißen, braunen und schwarzen Samen gewonnen.

Physikalische und chemische Eigenschaften: Das Mohnöl ist kalt gepreßt (Weißes Mohnöl des Handels) farblos, beinahe geruchlos, von angenehmem Geschmack. Das heiß gepreßte Mohnöl (Rotes Mohnöl des Handels) ist minderwertiger. Europäische Saat liefert ein goldgelbes Öl, außereuropäische Saat ein weniger gefärbtes Öl, das häufig gefärbt wird.

Die Fettsäuren des Mohnöles bestehen aus Palmitin- und Stearinsäure[2]), Linolensäure, Linolsäure und Ölsäure. Mohnöl wird nicht leicht ranzig und enthält nur wenig freie Fettsäuren[3]) (1,60—2,77%).

Reines Mohnöl ist optisch inaktiv und zeigt trocknende Eigenschaften[4]).

Mohnöl wird häufig mit Sesamöl, Erdnuß- und Olivenöl verfälscht[5]). Es dient als Speiseöl, in der Pharmazie und zur Herstellung feiner Malerfarben[6]).

Die minderwertigen Sorten werden in der Seifenfabrikation benutzt. Europäische Öle zeigen ein höheres spez. Gewicht, höhere Viscosität, überhaupt etwas höhere Konstanten als außereuropäische Öle. Das spez. Gewicht betrug bei 15° C 0,926—0,924 gegenüber 0,923 bei ausländischem Öl. Die Jodzahl 133,1 gegenüber 132,3 bei fremdländischem. Die Die Verseifungszahl betrug 192 gegenüber 191,5. Die Oleorefraktometerablesung 26,6 zu 25,3 und die Butterrefraktometerablesung bei 25° C 72,5—73 gegenüber 71,5—72 bei außereuropäischem Öl[7]). Die Thermozahl beträgt 88,4 [8]).

1) W. Peters, Archiv d Pharmazie **240**, 53 [1902].
2) Tolman u. Munson, Journ. Amer. Chem. Soc. **25**, 690 [1903].
3) Crossley u. le Sueur, Journ. Soc. Chem. Ind. **17**, 989 [1898].
4) Mulder, Chemie der austrocknenden Öle. Berlin 1867. S. 133, 137. — Schädler, Technologie der Fette u. Öle. 2. Aufl. Leipzig 1892. — Dietrich, Landw. Versuchsstationen **13**, 246 [1868]. — Livache, Compt. rend. de l'Acad. des Sc. **120**, 842 [1895].
5) Utz, Chem.-Ztg. **27**, 1177 [1903]; **28**, 257 [1904]; Chem. Revue über d. Fett- u. Harzindustrie **11**, 16 [1904]. — Heinrich Güth, Pharmaz. Centralhalle **49**, 999 [1908].
6) Moritz Lotter, Chem.-Ztg. **18**, 1696 [1894].
7) Vuaflart, Annales des Falsifications **2**, 276 [1909].
8) M. Tortelli, Chem.-Ztg. **33**, 125 [1909].

Spezifisches Gewicht bei	Erstarrungspunkt	Verseifungszahl	Jodzahl	Hehnerzahl	Reichert-Meißlzahl	Temperaturerhöhung bei der Maumené-Probe	Refraktometeranzeige		Brechungsindex	Viscosität Sekunden bei 21° C	Beobachter
							im Zeiß-Butterrefraktometer	im Oleorefraktometer			
15° C 0,924	—	—	134—135	—	—	—	—	—	—	—	Souchère
15° C 0,924—0,937 } 98—99° C (W=15,5° C) 0,8738 }	—	—	—	—	—	—	—	—	—	—	Allen
15° C 0,9262 . . .	—	—	—	—	—	—	—	—	—	—	Clarke
15° C 0,927	—	193,6	136,8—137,6	—	—	87°—85,5	—	—	—	—	de Negri u. Fabris
15,5° C (W=15,5° C) 0,9255—0,9268 . .	—	189—196,8	133,7—137,1	94,97	0,00	—	bei 40° C 63,4	—	—	253,9—259,1	Crossley u. Le Sueur[1]
15,5° C (W=15,5° C) 0,9244	—	193,8	134,9	—	—	75,8	bei 15,5° C 77,8	—	bei 15,5° C 1,4770	—	Tolman u. Munson[2]
18° C 0,9245 . . .	—	—	—	—	—	—	—	—	—	—	Stilurell
—	—18° C	—	—	—	—	—	—	—	—	—	Girard
—	—17 bis —19° C	—	131	—	—	—	—	—	—	—	Shukoff
—	—	—	—	95,38	—	—	—	—	—	—	Dietzel u. Kreßner
—	—	194,6	—	—	—	—	—	—	—	—	Valenta
—	—	192,8	134	—	—	—	—	—	—	—	Moore
—	—	197,7	137,6—143,3	—	—	—	—	—	—	—	Dieterich
—	—	198—194	134—135	—	—	—	—	—	bei 60° C 1,4586	—	Thörner
—	—	—	136	—	—	—	—	—	—	—	v. Hübl
—	—	—	138,6	—	—	—	—	—	—	—	Ulzer
—	—	—	—	—	—	74°	—	—	—	—	Maumené
—	—	—	—	—	—	86—88°	—	—	—	—	Archbutt
—	—	—	—	—	—	—	—	—	—	—	Harvey
—	—	—	—	—	—	—	bei 25° C 74,5	—	—	—	Mansfeld
—	—	—	—	—	—	—	bei 25° C 72	—	—	—	Beckurts u. Seiler
—	—	—	—	—	—	—	—	+23,5—35	—	—	Jéan
—	—	192—195	133—138	—	—	—	—	—	—	—	Oliveri
—	—	190,1	132,6—136	—	—	—	—	—	—	—	Lewkowitsch
—	—	—	139—141	—	—	—	—	—	bei 15° C 1,4773	—	Peters
—	—	—	153,8—157,5	—	—	—	bei 15° C 78,3	—	—	—	Utz[3]
—	—	—	—	—	—	—	—	bei 22° C +30—35	—	—	Pearmann
15° C 0,9243 . . .	—	192,8	140,0 (Wijs)	—	—	—	bei 25° C 71,0	—	—	—	Thomson u. Dunlop[4]

[1] Crossley u. Le Sueur, Journ. Soc. Chem. Ind. **17**, 989 [1898]. — [2] Tolman u. Munson, Journ. Amer. Chem. Soc. **25**, 690 [1903]. — [3] Utz, Chem.-Ztg. **27**. 1177 [1903]; **28**, 257 [1904]; Chem. Revue über d. Fett- u. Harzindustrie **11**, 16 [1904]. — [4] Thomson u. Dunlop, The Analyst **31**, Nr. 366 [1906]; Chem. Revue über d. Fett- u. Harzindustrie **13**, 280 [1906].

Fettsäuren.

Spezifisches Gewicht bei	Erstarrungspunkt	Schmelzpunkt	Verseifungszahl	Mittleres Molekulargewicht	Jodzahl	Jodzahl der flüssigen Fettsäuren	Acetylzahl	Brechungsindex	Beobachter
$\frac{100°\,C}{100°\,C}$ 0,8886	—	—	—	—	—	—	—	—	Archbutt
—	16,5° C	20,5° C	—	—	—	—	—	—	v. Hübl
—	16,5° C	20,5° C	199	—	116,3	—	—	1,4506	Thörner
—	15,4—16,2 (Titer)	—	—	—	—	—	—	—	Lewkowitsch
—	—	20—21° C	—	—	139	—	—	—	De Negri u. Fabris
—	—	—	—	279,1	—	—	13,1	—	Benedikt-Ulzer
—	—	—	—	—	—	149,6	—	—	Tortelli u. Ruggeri
—	—	—	—	293	—	—	—	—	Schestakoff[1])

Schöllkrautöl.

Vorkommen: In den Samen von *Chelidonium majus* L., einer Papaveracee. Die Samen enthalten 40—66% Öl[2]). Auch ist darin eine Lipase enthalten.

Physikalische und chemische Eigenschaften: Das Öl besteht aus den Glyceriden der Linolsäure.

Spezifisches Gewicht bei	Erstarrungspunkt	Schmelzpunkt	Säurezahl	Jodzahl	Beobachter
$\frac{19°\,C}{19°\,C}$ 0,902	4—6° C	7—16° C	201,1	127,3	Fokin

Argemoneöl.

Huile de Pavot Épineux — Argemone Oil — Olio di Argemona.

Vorkommen: Das Öl kommt in den Samen von *Argemone mexicana* L., einer in Mexiko und Westindien heimischen Papaveracee, vor.

Physikalische und chemische Eigenschaften: Das frische Öl zeigt orangegelbe Farbe, ist fast geschmacklos, von schwachem, eigenartigem Geruche.

Das Vorkommen von Glyceriden der Essig-, Butter- und Valeriansäure[3]) konnte durch Grossley und le Sueur nicht nachgewiesen werden[4]).

Argemoneöl dient in Ostindien als Speiseöl, in Westindien und Mexiko als Schmier- und Brennöl. In letzteren Ländern soll es ein viel gebrauchtes Purgativum sein[5]).

	Spezifisches Gewicht bei	Säurezahl	Verseifungszahl	Jodzahl	Hehnerzahl	Refraktometeranzeige im Zeißschen Butterrefraktometer	Beobachter
Argemone mexicana	$\frac{15,5°\,C}{15,5°\,C}$ 0,9247 bis 0,9259	6—83,9	187,8 bis 190,3	119,91 bis 122,53	95,07	bei 40° C 62,5	Crossley u. le Sueur
Argemone speciosa	15° C 0,9435	—	200,2	113,3	—	—	Bloemendal

1) Schestakoff, Chem. Revue über d. Fett- u. Harzindustrie **9**, 204 [1902].
2) Fokin, Chem. Revue über d. Fett- u. Harzindustrie **13**, 130 [1906].
3) Schädler, Technologie der Fette u. Öle. 2. Aufl. Leipzig 1892. S. 705.
4) Crossley u. le Sueur, Journ. Soc. Chem. Ind. **17**, 991 [1898].
5) W. H. Bloemendal, Pharmac. Weekblad **43**, 342 [1906]; Chem. Centralbl. **1906, I**, 1556.

Amooraöl.

Immergrünöl — Amoora oil.

Vorkommen: Das Amooraöl kommt in den Samen des Immergrünbaumes (*Amoora Rohituka*), der in Bengalen heimisch ist, vor.

Physikalische und chemische Eigenschaften: Es ist rotbraun, klar, fast geschmacklos und ähnelt im Geruche dem Leinöl. Es dient als Arzneimittel bei den Eingeborenen und als Brennöl.

Spezifisches Gewicht bei $\frac{15,5^0 C}{15,5^0 C}$	Ver- seifungs- zahl	Jodzahl	Hehner- zahl	Reichert- Meißlsche Zahl	Refraktometer- anzeige im Zeiß- schen Butter- refraktometer	Brechungs- index bei 40° C	Beobachter
0,9386	189,7	134,86	93,23	1,64	64,5	1,4687	Crossley u. le Sueur[1]

Der Gehalt an freien Fettsäuren betrug in einer Probe 17,03%.

Mogaröl.

Vorkommen: In den Samen des kalifornischen „*Mogar*", eines in Südrußland als Futter- pflanze gebauten Krautes.

Physikalische und chemische Eigenschaften: Fettgehalt 2,92%.

Spez. Gewicht bei 17° C	Erstarrungs- punkt	Verseifungs- zahl	Jodzahl	Hehnerzahl	Reichertsche Zahl	Acetylzahl nach Lewkowitsch	Beobachter
0,9264	12,7	193,5	135,5	95,5	0,7	15,3	Gerst

Fettsäuren.

Schmelzpunkt	Jodzahl	Beobachter
16° C	137,5	Gerst

Der Gehalt an freien Fettsäuren betrug 4,67% [2].

Margosaöl.

Veepaöl — Zedrachöl — Neemöl — Veppamfett — Huile de Margossa — Huile de Veppam — Nimb oil — Kohomba oil — Margosa oil.

Vorkommen: Das Öl stammt aus den Samen des syrischen Paternosterbaumes[3], *Azadirachta indica* Juss. = *Melia Azadirachta* L (nicht zu verwechseln mit *Melia Azedarach*, der Stammpflanze des Meliaöles). Der Fettgehalt der Samen beträgt 39,36%.

Fendler[4] konnte durch Ätherextraktion aus deutschostafrikanischen Samen ein hell- grünes, eigenartig riechendes Öl von unangenehmem Geschmack gewinnen.

Physikalische und chemische Eigenschaften: Ein von Lewkowitsch[5] aus indischer Saat gewonnenes Öl war bei Zimmertemperatur fest.

Margosaöl wird als Brennöl und zur Seifenfabrikation verwendet. In Indien wird es als Heilmittel gegen Eingeweidewürmer und äußerlich gegen Rheumatismus benutzt.

[1] Crossley u. le Sueur, Journ. Soc. Chem. Ind. **17**, 989 [1898].
[2] Gerst, Westnik shirow prom. **8**, 63 [1907]; Chem.-Ztg. Rep. **31**, 387 [1907].
[3] Watt, Dictionary of the Economic Products of India **5**, 211.
[4] Fendler, Apoth.-Ztg. **19**, 521 [1904]; Chem. Revue über d. Fett- u. Harzindustrie **11**, 178 [1904]; Chem.-Ztg. Rep. **28**, 209 [1904].
[5] Lewkowitsch, The Analyst **28**, 342 [1903]; Chem. Revue über d. Fett- u. Harzindustrie **11**, 52 [1904].

Spezifisches Gewicht bei	Erstarrungspunkt	Schmelzpunkt	Säurezahl	Verseifungszahl	Jodzahl	Refraktion im Butterrefraktometer	ReichertMeißlsche Zahl	Beobachter
$\dfrac{16^\circ C}{(W=16^\circ C)}$ 0,9142 $\Big\}$ $\dfrac{40^\circ C}{(W=40^\circ C)}$ 0,9023	—	—	—	196,9	96,6	52°	1,1·	Lewkowitsch
15° C 0,9253	—12° C	—3° C	2,42	191,5	135,6	bei 40° C 65,1	0,77	Fendler

Fettsäuren.

Erstarrungspunkt	Schmelzpunkt	Beobachter
42° C (Titer)	—	Lewkowitsch
19° C	22° C	Fendler

Bilsenkrautsamenöl.

Huile de jusquiame — Henban seed oil — Olio di henbane.

Vorkommen: Die Samen von *Hyoscyamus niger* L., Bilsenkraut, einer Solanacee, enthalten 15,6—24,2% fettes Öl.

Physikalische und chemische Eigenschaften: Es zeigt gelblichgrüne Farbe und milden Geschmack, trocknende Eigenschaften und schwache Fluorescenz[1]).

Bilsenkrautsamenöl gilt als Heilmittel gegen Gicht und Rheumatismus.

Spezifisches Gewicht bei 15° C	Verseifungszahl	Jodzahl	Hehnerzahl	ReichertMeißlsche Zahl	Acetylzahl	Beobachter
0,929	170	138	94,7	0,99	0,0	Mjoën

Paprikaöl.

Huile de poivre de Guinée — Paprica oil — Olio di paprica.

Vorkommen: Die Samen von *Capsicum annuum* L. (Paprika), einer Solanacee, enthalten ca. 20% eines fetten Öles mit trocknenden Eigenschaften.

Physikalische und chemische Eigenschaften: Das Öl besitzt eine rote Farbe, angenehmen Geruch und sehr scharfen Geschmack.

	Spezifisches Gewicht bei	Erstarrungspunkt	Verseifungszahl	Jodzahl	Hehnerzahl	ReichertMeißl-Zahl	Acetylzahl	Brechungsexponent bei	Temperaturerhöhung bei der Maumenéschen Probe	Beobachter
Aus Paprikapulver extrahiert	15° C 0,9138 bis 0,9316	—	184,64 bis 189,68	112,03 bis 116,24	90,72	5,2	63,95 bis 66,23	15° C 1,489 bis 1,490	86°	W. Szigeti[2])
Aus Samen	0,92906	—9°	270	84,5	92	—	—	21° C 1,47763	—	R. Meyer[3])

---

1) Mjoën, Archiv d. Pharmazie **232**, 130 [1894]; **234**, 286—289 [1896]; Chem.-Ztg. Rep. **18**, 96 [1894]; Journ. Soc. Chem. Ind. **16**, 340 [1897].

2) W. Szigeti, Zeitschr. d. landw. Versuchsstationen Österreichs **5**, 1208 [1902].

3) R. Meyer, Vortrag aus der 75. Versammlung Deutscher Naturforscher u. Ärzte, Chem.-Ztg. **27**, 958 [1903]; Chem. Revue über d. Fett- u. Harzindustrie **10**, 254 [1903].

Fettsäuren.

Schmelzpunkt	Erstarrungs-punkt	Mittleres Mol.-Gewicht	Jodzahl	Mittleres Mol.-Gewicht der festen Fettsäure	Beobachter
22,2° C	—	282	131,19—132,43	266	W. Szigeti
30° C	27° C	—	66	—	R. Meyer

Tabaksamenöl.

Huile de Tabac — Tobacco seed oil — Olio di tabacco.

Vorkommen: Die Samen des Tabaks (*Nicotiana tabacum* L., *Nicotiana latissima* Miller, *Nicotiana macrophylla* Spreng., *Nicotiana rustica* L., *Nicotiana chinensis* L) enthalten 30—40% eines blaßgrünen Öles.

Physikalische und chemische Eigenschaften: Dasselbe besitzt einen angenehmen Geschmack und charakteristischen Geruch. Durch Extraktion gewonnenes Öl zeigt eine dunklere Farbe und grüne Fluorescenz.

Das Tabaksamenöl zeigt trocknende Eigenschaften. Es dient als Brennöl.

Spezifisches Gewicht bei 15° C	Erstarrungs-punkt	Verseifungs-zahl	Jodzahl	Hehnerzahl	Maumené-sche Probe	Beobachter
0,9232	— 25° C	—	—	—	—	Schübler
0,9232	— 25° C	190	118,6	94,73	100	Ampola und Scurti[1])

Fettsäuren.

Verseifungszahl	Mittleres Mol.-Gewicht	Beobachter
203	275,8	Ampola und Scurti

Daturaöl.

Stechapfelöl — Huile de Datura — Datura Oil — Olio di Stramonio.

Vorkommen: In den Samen des Stechapfels, *Datura Stramonium* L., einer Solanacee. Der Gehalt an Öl beträgt 25%[2]) bzw. 16,7%[3]).

Physikalische und chemische Eigenschaften: Das Öl ist von grünlich- bis bräunlich-gelber Farbe und eigentümlichen Geruche.

Es besteht aus den Glyceriden der Daturinsäure und Palmitinsäure neben anderen Fettsäureglyceriden.

Daturaöl enthält nach Untersuchungen von Salkowski Atropin[4]).

Spezifisches Gewicht bei 15° C	Erstarrungspunkt	Verseifungszahl	Jodzahl	Beobachter
0,9175	unter —15° C	186	113	Holde

Indisches Lorbeeröl.

Huile de Laurier indian — Indian laurel oil — Olio di lauro indico.

Vorkommen: In den Früchten des indischen Lorbeers (*Laurus indica*).

Physikalische und chemische Eigenschaften: Das fette Öl stellt eine braune dicke Flüssigkeit dar.

---

[1]) Ampola u. Scurti, Gazzetta chimica ital. **34**, II, 315—321 [1904]; Oils, Colours and Drysalteries **17**, Nr. 2 [1905]; Chem. Revue über d. Fett- u. Harzindustrie **12**, 53 [1905].

[2]) Gérard, Compt. rend. de l'Acad. des Sc. **110**, 305, 565 [1890].

[3]) Holde, Mitteil. d. Königl. Techn. Versuchsanstalt [2] **20**, 66 [1902]; Chem. Revue über d. Fett- u. Harzindustrie **10**, 81 [1903].

[4]) Mitgeteilt von Holde, Mitteil. d. Königl. Techn. Versuchsanstalt **21**, 59 [1903].

Spezifisches Gewicht bei 15° C	Erstarrungspunkt	Verseifungszahl	Jodzahl	Reichert-Meißlsche Zahl	Beobachter
0,9260	unter −15° C	170	118,6	—	De Negri u. Fabris[1]
—	—	189,87	86,11	3,01	Eisenstein
—	—	—	90,2 (n. Wijs)	—	Visser

Das indische Lorbeeröl ist reich an freien Fettsäuren.

Celosiaöl.

Huile de Celosia — Celosia oil — Olio di celosia.

Vorkommen: Celosiaöl kommt in den Samen des Hahnenkammes, einer Amarantacee (*Celosia cristata* L.), in Ostindien und China heimisch, vor[2].

Physikalische und chemische Eigenschaften: Das Öl ist grünlichbraun und zeigt trocknende Eigenschaften.

Erstarrungspunkt	Verseifungszahl	Jodzahl	Beobachter
−10° C	190,5	126,3	De Negri und Fabris

Fettsäuren.

Erstarrungspunkt	Schmelzpunkt	Beobachter
19—21° C	27—29° C	De Negri und Fabris

Daphneöl.

Seidelbastöl — Coccognidiiöl.

Vorkommen: In den Samen des Seidelbastes (*Daphne Cnidium*, *Daphne Mezereum*) sind 36—37% eines gelbgrünen Öles enthalten[3].

Physikalische und chemische Eigenschaften: Es enthält die Glyceride der Palmitin- und Stearinsäure, Ölsäure, Linol-, Linolen- und Isolinolensäure. Es zeigt trocknende Eigenschaften.

Spezifisches Gewicht bei 15° C	Verseifungszahl	Jodzahl	Acetylzahl	Beobachter
0,9237	196—197	125,9—126,3	17,6	W. Peters

Isanoöl.

Unguekoöl — Huile d'ongueko — Huile d'Isano du Congo.

Vorkommen: Das Öl ist in den Samen einer Oleacee (*Ongokea Klaineana*), die in französisch Kongo Onguéco oder Ongoké genannt wird, enthalten.

Physikalische und chemische Eigenschaften: Es ist von rötlicher Farbe, dickflüssig und zeigt stark trocknende Eigenschaften[4].

[1] De Negri u. Fabris, Chem.-Ztg. Rep. **20**, 161 [1896].
[2] De Negri u. Fabris, Pharmaz. Post **29**, 189 [1896].
[3] Peters, Archiv d. Pharmazie **240**, 56 [1902]; Chem. Revue über d. Fett- u. Harzindustrie **9**, 82 [1902].
[4] Hébert, Bulletin de la Soc. chim. [3] **21**, 15 [1896]; Chem.-Ztg. **25**, 282 [1901].

Spezifisches Gewicht bei 23° C	Erstarrungspunkt	Temperaturerhöhung bei der Maumenéschen Probe	Beobachter
0,973	unter —15° C	117° C	Hébert

Die flüssigen Fettsäuren des Öles bestehen aus Ölsäure, Linolsäure und Isansäure.

Mohambaöl.

Huile de Mohamba.

Vorkommen: Das Öl stammt von Samen, welche den Isanosamen sehr ähneln, aber nur 12% Fett liefern.

Physikalische und chemische Eigenschaften: Es zeigt gelbe Farbe, faden Geschmack und ist fast geruchlos. Die flüssigen Ölsäuren bestehen größtenteils aus Ölsäure.

Spezifisches Gewicht bei 23° C	Erstarrungspunkt	Temperaturerhöhung bei der Maumenéschen Probe	Beobachter
0,915	unter —15° C	55° C	Hébert[1])

Resedasamenöl.

Wauöl — Wausamenöl — Huile de gaude — Weld seed oil.

Vorkommen: In den Samen der gelben Reseda, Färberwau (*Reseda lutea* L.), einer Resedacee, die in Deutschland, Holland und England kultiviert wird.

Der Fettgehalt des Samens beträgt 30% [2]).

Physikalische und chemische Eigenschaften: Das Öl zeigt meistens grünliche Farbe, deutlich aufgelöstes Chlorophyll, bitteren Geschmack und unangenehmen Geruch. Es dient zur Fabrikation von Firnis und besonders als Brennöl. Es zeigt trocknende Eigenschaften.

Spezifisches Gewicht bei 15° C	Erstarrungspunkt
0,9358	—20° C

Belladonnaöl.

Tollkirschenöl — Huile de Belladonna — Belladonna seed oil.

Vorkommen: In den Samen der Tollkirsche, *Atropa Belladonna* L., einer Solanacee.

Physikalische und chemische Eigenschaften: Es ist ein goldgelbes, geruchloses Öl von mildem Geschmack. Es ist ungiftig.

Das Tollkirschenöl dient als Speiseöl, Brennöl und zu Einreibungen.

Spezifisches Gewicht bei 15° C	Erstarrungspunkt
0,925	—27° C

Hickoryöl.

Amerikanisches Nußöl — Huile de Hickory — Hickory Oil.

Vorkommen: Das Öl kommt in den Samen verschiedener *Caryaarten, Carya alba* Mich., *Carya olivaeformis* Nuttal und *Carya illionoensis* Nuttal vor. Die Kerne enthalten im Durchschnitt 70,4% Öl[3]).

[1]) Hébert, Bulletin de la Soc. chim. [3] **21**, 15 [1896]; Chem.-Ztg. **25**, 282 [1901].

[2]) Harz, Landw. Samenkunde. Berlin 1885. S. 998.

[3]) Deiler u. Fraps, Amer. Chem. Journ. **43**, 90—91 [1910].

Physikalische und chemische Eigenschaften: Es dient als Speise- und Brennöl.

Spez. Gewicht bei 15°C	Verseifungs-zahl	Jodzahl	Reichert-Meißlzahl	Acetylzahl	Hehner-zahl	Beobachter
0,9184	198,0	106,0	2,2	1,16	93,4	Deiler u. Fraps

An unverseifbaren Bestandteilen wurden 0,30 Cholesterin gefunden. Der Gehalt an Lecithin beträgt 0,50%.

Fettes Salbeiöl.

Vorkommen: In den Samen der Salbeiarten, besonders derjenigen abessynischer Herkunft „Abaharderà" und „Entatie Vallahà"[1].

Physikalische und chemische Eigenschaften: Das Öl ist beinahe farblos, erinnert in Geruch und Geschmack an Leinöl und zeigt trocknende Eigenschaften.

Spezifisches Gewicht bei 15°C	Erstarrungspunkt
kaltgepreßtes Abaharderàöl 0,9273	—16° C
mit Äther extrahiert 0,9320	—2 bis —8° C
kaltgepreßtes Vallahàöl 0,9355	—20° C

Fettsäuren.

Schmelzpunkt	Erstarrungspunkt
+16 bis +20° C	+8 bis +12° C

Néouöl.

Huile de néou du Senegal.

Vorkommen: In den Samen von *Parinarium senegalense* Guill. und Perr. = *P. macrophyllum Sabine.* Dieselben enthalten bis 62,40% Rohfett[2]. Der Baum ist in Senegambien und St. Thomas heimisch.

Physikalische und chemische Eigenschaften: Das Öl ist bei gewöhnlicher Temperatur flüssig, wird leicht ranzig. Das spez. Gew. beträgt bei 15° C 0,954. Der Erstarrungspunkt der Fettsäuren liegt bei 20° C.

Essangöl.

Engessangöl — Huile d'Engessang — Huile d'Essang du Gabon.

Vorkommen: In den Samen von *Ricinodendron Heudelottii* Pierr. = *Ricinodendron africanus* Müll. Arg. = *Jatropha Heudelottii* Baill., eines in Westafrika heimischen Baumes[3]. Die Samen enthalten ca. 52% Fett von gelblicher Farbe, das bei gewöhnlicher Temperatur flüssig ist.

Durch Extraktion mit Schwefelkohlenstoff wird nur festes Fett erhalten.

Physikalische und chemische Eigenschaften: Das Öl zeigt ein spez. Gew. von 0,935 bei 25° C. Es zeigt trocknende Eigenschaften. Die Fettsäuren schmelzen bei 30° C. Es dient zu Speisezwecken und zur Firnisfabrikation.

---

[1] Luzzi, Memoria inserita negli atti del VI. congresso intern. di chimica applicata Roma 1906.
[2] Heckel, Les graines grasses nouvelles. Paris 1902. S. 131. — Oliver, Flora of tropical Afrika **2**, 369; Florae Senegambiae Tentamen **1**, 273. — Sébire, Les plants utiles du Sénégal **1899**, 133.
[3] Heckel, Les graines grasses nouvelles. Paris 1902. S. 40.

Myrtensamenöl.

Vorkommen: In den Samen der Myrte, *Myrtus communis* L. Die Samen enthalten 12—15% fettes Öl.

Physikalische und chemische Eigenschaften: Dasselbe zeigt eine gelbe Farbe und erstarrt leicht an der Luft. Das Myrtenöl besteht aus den Glyceriden der Öl-, Linol-, Palmitin- und Myristinsäure. Stearinsäure wurde nicht aufgefunden[1]).

Spez. Gewicht bei 15° C	Verseifungszahl	Jodzahl	Hehnerzahl	Reichert-Meißlzahl	Temperaturerhöhung nach Tortelli	Beobachter
0,9244	199,84	107,45	95,31	9,65	39° C	Scurti u. Perciabosco

Styraxöl.

Vorkommen: In den Samenkernen von *Styrax Obassia* Sieb. et Zucc. sind ca. 18% Öl enthalten[2]).

Spez. Gewicht bei 15° C	Verseifungszahl	Jodzahl	Hehnerzahl	Beobachter
0,974	180,8	127,0	91,0	Asahina

Halbtrocknende Öle.

Nachtviolenöl.

Rotrepsöl — Huile de julienne — Garden rocket oil — Hesperis oil — Dames violet oil — Olio di esperide.

Vorkommen: In den Samen der Nachtviole, *Hesperis matronalis* L., einer Crucifere, die in Frankreich und der Schweiz angebaut wird. Der Fettgehalt beträgt 25—30%.

Physikalische und chemische Eigenschaften: Das Öl ist von gelbgrüner Farbe, die beim Lagern in Braun übergeht. Der Geruch ist eigenartig, der Geschmack bitter.

Spezifisches Gewicht bei 15° C	Erstarrungspunkt	Verseifungszahl	Jodzahl	Temperaturerhöhung bei der Maumenéschen Probe	Beobachter
0,923—0,934	—22° C bis —23° C	191,8	154,9—155,3	125	De Negri u. Fabris[3])

Nachtviolenöl dient zu Brennzwecken,

Leindotteröl.

Dotteröl — Deutsches Sesamöl — Rapsdotteröl — Rüllöl — Huile de Cameline — Cameline Oil — Olio di cameline.

Vorkommen: Das Leindotteröl kommt in den Samen des Leindotters, einer Crucifere, *Camelina sativa* = *Myagrum sativum* L., vor. Die Pflanze ist in Mitteleuropa, Sibirien und am Kaukasus heimisch.

---

[1]) F. Scurti u. F. Perciabosco, Gazzetta chimica ital. **37**, I, 483 [1907].
[2]) Asahina, Archiv d. Pharmazie **245**, 325 [1907].
[3]) De Negri u. Fabris, Gli olii. Roma **2**, 51 [1893]; Annali del Labor. chim. delle Gabelle **1891—1892**, 151.

Darstellung: Durch Pressung.

Physikalische und chemische Eigenschaften: Das Öl zeigt kaltgepreßt eine goldgelbe, heißgepreßt eine grünlichbraune Farbe.

Geruch und Geschmack sind stechend. Das Öl zeigt schwach trocknende Eigenschaften.

Es besteht aus den Glyceriden der Öl-, Palmitin-, Linol- und Erucasäure. Das Leindotteröl dient als Speiseöl, als Brennöl und zur Seifenfabrikation. Auch dient es zur Verfälschung von Rüböl.

Spezifisches Gewicht bei 15° C	Erstarrungspunkt	Verseifungszahl	Jodzahl	Temperaturerhöhung bei der Mauménéschen Probe	Refraktometeranzeige im Oleorefraktometer	Viscosität bei	Beobachter
0,9260	—	188	135,3	117°	—	—	De Negri u. Fabris[1]
0,9270	—17°C bis —18° C	155	152—153	—	—	—	Shukoff
0,9240	—	—	—	82°	+32	—	Jéan
0,9329	—	—	—	—	—	—	Clarke
0,9259	—	—	—	—	—	—	Massie
0,9228	—	—	—	—	—	{15°C 13,1 / 75°C 18,3}	Schädler
0,9252	—	—	—	—	—	—	Schübler
—	—18°C bis —19° C	—	—	—	—	—	Chateau
—	—	—	132,6	—	—	—	Girard
0,9260	—	—	—	—	—	—	Christiani
0,9200	—	—	—	—	—	—	Levallois
—	—	—	142,4	—	—	—	Tortelli u. Ruggeri

Fettsäuren.

Erstarrungspunkt	Schmelzpunkt	Mittleres Molekulargewicht	Jodzahl	Jodzahl der flüssigen Fettsäure	Beobachter
13—14° C	18—20° C	—	136,8	—	De Negri u. Fabris
—	—	—	—	165,4	Tortelli u. Ruggeri
—	—	291	—	—	Schestakoff[2]

Gartenkressenöl.

Huile de cresson alénois — Garden cress oil — Olio di crescione.

Vorkommen: In den Samen der Gartenkresse, *Lepidium sativum* L. Der Fettgehalt derselben beträgt 25,2% [3].

Darstellung: Durch Pressung und Extraktion.

Physikalische und chemische Eigenschaften: Das Gartenkressenöl zeigt einen charakteristischen Geruch und orangerote Farbe, die bei dem extrahierten dunkler ist als bei gepreßtem Öl. Dieselbe Erscheinung zeigt sich bei dem Geruch. Bei Verseifung zeigt sich deutlich Trangeruch.

Das Öl wird in Indien gewonnen und dient in Bengalen und im Pendschab zu Speisezwecken, als Brennöl und zur Seifenfabrikation.

---

[1] De Negri u. Fabris, Zeitschr. f. analyt. Chemie **33**, 55 [1894].
[2] Schestakoff, Chem. Revue über d. Fett- u. Harzindustrie **10**, 199 [1903].
[3] Wijs, Zeitschr. f. Unters. d. Nahr.- u. Genußm. **6**, 492 [1903]; Chem. Revue über d. Fett- u. Harzindustrie **10**, 180 [1903].

	Spezifisches Gewicht bei	Erstarrungspunkt	Verseifungszahl	Jodzahl	Hehnerzahl	Reichert-Meißlzahl	Temperaturerhöhung bei der Maumenéschen Probe	Refraktometeranzeige im Zeiß-Butterrefraktometer bei	Brechungsindex	Beobachter
	15° C 0,924	—15° C	—	—	—	—	—	—	—	Schädler
	15° C 0,920	—	178	108—108,8	—	—	92—95	—	—	De Negri u. Fabris [1]
	$\dfrac{15,5° \text{C}}{15,5° \text{C}}$ 0,9210	—	181,5	101,72	95,57	0,44	—	40° C 60,5	1,4622	Crossley u. le Sueur [2]
Extrahiert	20° C 0,9221	—	185,6	139,1	—	—	—	—	—	} Wijs [3]
Gepreßt	20° C 0,9212	—	186,4	133,4	—	—	—	—	—	} Wijs [3]

Fettsäuren.

Schmelzpunkt	Säurezahl	Mittleres Molekulargewicht	Jodzahl	Beobachter
16—18° C	—	—	111,40	De Negri u. Fabris [1]
20—21° C	193,4	290	144,9	} Wijs [3]
—	193,0	291	137,7	} Wijs [3]

Hederichöl.

Huile de raphanistre — Hedge mustard oil — Olio di rafano.

Vorkommen: Hederichöl kommt in den Samen von *Raphanus raphanistrum* L., Hederich, Ackerrettich, einer Crucifere vor [4]. Die Hauptmenge der unter dem Namen Hederich im Handel vorkommenden Ölsaat besteht aus Ackersenf, da die Samen von Raphanus raphanistrum sich viel zu schwierig aus den Hülsen entfernen lassen.

Darstellung: Durch Auspressen.

Physikalische und chemische Eigenschaften: Hedrichöl zeigt einen an Rüböl erinnernden Geruch und Geschmack. Letzterer wird hinterher kratzend. Es ist dem Rüböl sehr ähnlich und dient auch als Ersatz des letzteren.

Spezifisches Gewicht bei	Erstarrungspunkt	Verseifungszahl	Jodzahl	Beobachter
0,9175	—8° C	174,0	105	Valenta [4]

Schwarzsenföl.

Huile de moutarde noire — Black mustard oil — Olio di senapa nera.

Vorkommen: In den Samen des schwarzen Senfes, *Sinapis nigra* L. = *Brassica nigra* Koch = *Brassica sinapioides*, der in Südfrankreich, Rußland und Griechenland in großem Maßstabe gebaut wird, ferner in Sibirien, China, Indien, Kleinasien, Nordafrika, Nordamerika kultiviert wird. Die Samen enthalten ca. 20% fettes Öl.

Darstellung: Durch Pressung. Hierbei ist Wasser auszuschließen wegen der Entstehung von ätherischem Senföl.

Physikalische und chemische Eigenschaften: Das Schwarzsenföl zeigt bräunlichgelbe Farbe, milden Geschmack und einen rübölähnlichen Geruch.

An Fettsäuren sind darin enthalten Stearinsäure, Arachinsäure, Erucasäure und Rapinsäure [5].

[1] De Negri u. Fabris, Annali del Labor. chim. delle Gabelle **1893**.

[2] Crossley u. le Sueur, Journ. Chem. Soc. Ind. **17**, 992 [1898].

[3] Wijs, Zeitschr. f. Unters. d. Nahr. u. Genußm. **6**, 492 [1903]; Chem. Revue über d. Fett- u. Harzindustrie **10**, 180 [1903].

[4] Valenta, Dinglers polytechn. Journ. **247**, 37 [1883].

[5] Goldschmidt, Sitzungsber. d. Wiener Akad. [2] **70**, 451 [1870]. — Archbutt, Journ. Chem. Soc. Ind. **17**, 1099 [1898]. — Reimer u. Will, Berichte d. Deutsch. chem. Gesellschaft **20**, 854 [1887].

Schwarzsenföl dient in Rußland als Speiseöl, ferner als Brennöl, zur Seifenfabrikation, als Schmieröl und in der Kattundruckerei als Ersatz für Ricinusöl[1]).

Spezifisches Gewicht bei	Erstarrungspunkt	Verseifungszahl	Jodzahl	Hehnerzahl	Maumenésche Probe	Refraktometeranzeige im Zeiß' Butterrefraktometer bei	Brechungsindex bei	Beobachter
15° C 0,9170	—17,5	—	—	—	—	—	—	Chateau
15° C 0,9183	—	—	—	—	—	—	—	Clarke
15° C 0,916—0,920	—	—	—	—	—	—	—	Allen
15° C 0,9170—0,9175	—	174,0—174,6	106,25 bis 106,57	—	42—43°	—	—	De Negri u. Fabris
15,5° C (W = 15,5° C) 0,9155	—	137,3	98,94	96,5	—	40° C 59,5	40° C 1,4655	Crossley u. le Sueur
—	—	181,1—181,9	114,9 bis 120	—	—	—	—	Shukoff
—	—	—	—	—	44°	—	—	Girard
—	—	—	96	—	—	—	—	Moore
20° C 0,9143	—	175,8	122,3	—	—	—	—	Wijs
—	—	—	—	—	—	—	20° C 1,4742 bis 1,4752	Harvey
—	—	175,7—176,2	102,2 bis 102,5	—	—	25° C 69	—	K. Dieterich
15° C 0,9161	—	174,7	—	—	—	—	—	Blasdale [2])
15,5° C 0,9185	—	—	105,8 bis 113	—	—	15,5° C 76,5	15° C 1,4672	Tolman u. Munson
0,9170—0,9193	—	—	103,07	—	58,5	—	—	Lengfeld u. Paparelli

Fettsäuren.

Schmelzpunkt	Erstarrungspunkt	Säurezahl	Mittleres Molekulargewicht	Jodzahl	Beobachter
16° C	15,5	—	—	—	Girard
16—17° C	—	—	—	109,6	De Negri u. Fabris
—	—	187,1	300	126,5	Wijs
15,0	—	—	—	—	Blasdale

Das Schwarzsenföl dreht die Polarisationsebene nach links —0° 17′ bis 0° 30″ [3]). Es ist stets schwefelhaltig.

Die chemischen Konstanten des Öles von indischen Senfsamen, Sinapis juncea (Brassica juncea) sind in ausführlicher Weise von Crossley und le Sueur [3]) bestimmt worden.

Weißsenföl.

Huile de moutarde blanche — White mustard seed oil — Olio di senapa bianca.

Vorkommen: In den Samen von *Sinapis alba* L. — *Brassica alba* Boiss. zu 25—26% enthalten.

Weißer Senf wird in Mittel- und Südeuropa, in Nordafrika, England und in Indien als Ölpflanze gebaut.

Physikalische und chemische Eigenschaften: Das Weißsenföl hat goldgelbe Farbe und brennenden Geschmack. Es enthält dieselben Fettsäuren wie das Schwarzsenföl, möglicher-

---

1) Fahlberg, Pharmaz. Post **38**, 232 [1905].
2) Blasdale, Journ. Chem. Soc. Ind. **15**, 206 [1896].
3) Crossley u. le Sueur, Journ. Soc. Chem. Ind. **17**, 991 [1898].

weise in anderen Verhältnissen [1]). Das Weißsenföl ähnelt in seiner Konstanten dem Schwarz-senföl. Es enthält keinen Schwefel [2]), wenigstens nicht bei kalter Pressung.

Spezifisches Gewicht bei	Er-starrungs-punkt	Ver-seifungs-zahl	Jod-zahl	Hehnerzahl	Maumené-sche Probe	Refraktometer-anzeige im Butterrefrakto-meter bei	Brechungs-index bei	Visco-sität	Beobachter
15° C 0,9142	—16,25° C	—	—	—	—	—	—	—	Chateau
15° C 0,914—0,916	—	—	—	—	—	—	—	—	Allen
15° C 0,9145	—8 bis —16° C	—	—	—	—	—	—	—	Schädler
15° C 0,9142	—16° C	—	—	—	—	—	—	—	Bornemann
15° C 0,9125—0,9160	—	170,3 bis 171,4	92,1 bis 93,8	—	44—45°	—	—	—	De Negri u. Fabris
$\frac{15,5° C}{15,5° C}$ 0,9142	—	171,2	96,75	95,86	—	40° C 85,5	40° C 1,4649	402 bei —70° F	Crossley u. le Sueur
20° C 0,9121	—	175,8	122,3	—	—	—	—	—	Wijs
15° C 0,9151	—	173,9	—	—	—	—	—	—	Blasdale [3])
—	—	—	97,68	—	49,5	—	—	—	Lengfeld u. Paparelli
—	—	—	—	—	—	15,5° C 74,5 40° C 58,5	15,5° C 1,4750	—	Tolman u. Munson

Fettsäuren.

Schmelzpunkt	Säurezahl	Mittleres Molekulargewicht	Jodzahl	Beobachter
15—16° C	—	—	94,7—95,87	De Negri u. Fabris
—	185,8	302	106,2	Wijs

Das optische Drehungsvermögen des Weißsenföles im 200 mm-Rohr wurde zu 0° 9′ gefunden.

Das Öl dient als Brenn- und Schmieröl. Es wird als Nebenprodukt der Mostrichgewinnung erhalten.

Indisches Senföl.

Vorkommen: In den Samen von *Sinapis juncea* L. (*Brassica juncea* Hook). Der Same ähnelt dem des schwarzen Senfs.

Der Sareptasenf wird in Zentralasien, Rußland und in Indien angebaut und kommt unter dem Namen „Rai" oder „Indian Mustard" auf den Markt.

Im Handel kommen noch andere als Senfsaat bezeichnete Sämereien vor, die aber den Rapsarten zuzuzählen sind. Es seien erwähnt: „Gelber indischer Raps" oder „indischer Senf" oder Guzeraraps genannt „*Brassica glauca* Roxbg.). Chinesischer Senf, *Brassica rugosa* Prain und falscher weißer Senf *Brassica iberifolia*.

Physikalische und chemische Eigenschaften: Die Farbe des Indischen Senföles ist hell-gelb. Das optische Drehungsvermögen im 200 mm-Rohr war —0° 25′ und —0° 48′.

Es dient zu Speisezwecken.

Ursprungs-land	Spezifisches Gewicht bei 15,5° C Wasser 15,5 = 1	Versei-fungs-zahl	Jodzahl	Hehnerzahl	Reichert-Meißlzahl	Brechungs-exponent, Butterre-fraktometer bei 40° C	Viscosi-tät Sekun-den bei 70° F	Beobachter
Bombay . . .	0,9206	180,1	108,29	—	0,89	—	382,8	⎱ Crossley und
Bengalen . .	0,9158	172,1	101,82	95,49	0,33	60	379,3	⎰ le Sueur [4])

[1]) Archbutt, Journ. Soc. Chem. Ind. **17**, 1099 [1898].
[2]) De Negri u. Fabris, Zeitschr. f. analyt. Chemie **33**, 554 [1894].
[3]) Blasdale, Journ. Soc. Chem. Ind. **15**, 206 [1896].
[4]) Crossley u. le Sueur, Journ. Soc. Chem. Ind. **17**, 991—992 [1898].

Rüböl.

Huile de Colza — Rape oil — Rapsöl — Rübsenöl — Olio di Colza.

Vorkommen: Die Nomenklatur der unter dem Sammelnamen „Rüböl" gehandelten Ölsorten verschiedener Cruciferen ist zurzeit noch sehr unsicher. Nach Schädler werden 3 Sorten unterschieden.

Kohlsaatöl (*Brassica campestris*) — Colzaöl — Huile de Colza — Colzaoil — Rapsöl (*Brassica campestris var. Napus*) — Repsöl — Huile de navette — Rapeseed oil — Rübsenöl (*Brassica campestris var. Rapa*) — Huile de rabette.

Diese Öle stammen von Cruciferensamen. Die wichtigsten der europäischen sind Raps und Rübsen.

Von europäischen Rapsarten unterscheidet man:

Brassica Napus L. = Raps und *Brassica Rapa* L. = Rübsen.

Spielarten von ersterer Pflanze sind *Brassica Napus oleifera biennis* Rehb. = *Brassica Napus β-oleifera* D. C. = *Brassica oleifera hiemalis* Döll. (Es sind dies 2 jährige Formen).

Die Samen derselben werden als Winterraps, Winterkohlraps, Kohlraps, Kolza gehandelt.

Eine einjährige Form: *Brassica nigra oleifera praecox* Rehb. = *Brassica Napus annua* Koch = *Brassica Napus oleifera annua* Metzg. liefert den Sommerraps oder Sommercolza. Von *Brassica Rapa* L. Rübsen sind folgende Spielarten bekannt:

Brassica Rapa oleifera D. C. = *Brassica Rapa oleifera biennis* Metzg. = *Brassica campestris β-oleifera* D. C. = *Brassica Rapa oleifera hiemalis* Mart., die als Winterfrucht den Winterrübsen, als Sommerfrucht den Sommerrübsen liefern.

Die wichtigsten Indischen Rapsarten des Handels sind Gelber indischer Raps, Guzeratraps von *Brassica glauca* Roxb.

Brauner indischer Raps von *Brassica dichotoma*.

Punktierter indischer Raps von *Brassica ramosa*.

Es sei darauf hingewiesen, daß unter dem Namen Rapssamen, besonders unter Indischer Rapssaat Mischungen der verschiedensten Cruciferen-Sämereien gehandelt werden und daß es äußerst schwierig ist, die Samen der mannigfachen Spielarten auseinanderzuhalten.

Physikalische und chemische Eigenschaften: Der Fettgehalt der Rübsaaten schwankt zwischen 33 und 45%. Die Farbe des rohen Rüböles ist dunkelgelb bis braun, von angenehmem Geruch, die Farbe des raffinierten Rüböles ist hellgelb. Es zeigt charakteristischen Geruch und herben unangenehmen Geschmack.

Das Rüböl besteht aus den Glyceriden der Erucasäure, Rapinsäure, Ölsäure und Stearinsäure. Die festen Fettsäuren, die nur in geringer Menge (1,02%) vorhanden sind, bestehen nach den Untersuchungen von Ponzio[1] und von Archbutt[2] aus Arachinsäure.

Trierucin scheidet sich schon beim Stehen aus dem Rüböl aus[3]. Nach anderen Autoren besteht das ausgeschiedene Stearin aus Dierucin[4].

Freie Fettsäuren sind im Rüböl in schwankenden Mengen vorhanden, von 0,52—6,64%, auf Ölsäure berechnet[5].

Heiß gepreßte Rüböle, besonders die Nachöle (2. und 3. Pressung) enthalten Schwefel.

Rüböl wird häufig verfälscht mit Mineralöl, Leinöl, Hanföl, Mohn-, Leindotter- und Baumwollsaatölen, Ravison- und Hedrichöl, auch Trane und Harzöl dienen zur Fälschung.

Die Verfälschungen werden vielfach durch das erhöhte spez. Gewicht aufgefunden, auch gibt die Viscositätsbestimmung gute Anhaltspunkte. Als weiteres Kriterium der Reinheit dient die Verseifungszahl, doch versagt dieselbe bei Cruciferenölen wie Hedrich- oder Ravisonöl.

Die häufig vorgeschlagenen Methoden zum Nachweis von Rüböl in anderen Gemischen auf Grund des Vorhandenseins von Schwefel sind zu verwerfen, da, wie oben erwähnt, kaltgepreßte Öle schwefelfrei sind.

Rüböl dient als Brennöl, Schmieröl, zur Herstellung von Faktis, von geblasenen Ölen usw. und zur Schmierseifenfabrikation.

Die physikalischen und chemischen Konstanten sind nachstehende.

[1] Ponzio, Gazzetta chimica ital. **24**, 595 [1894]; Journ. f. prakt. Chemie **48**, 487 [1893].

[2] Archbutt, Journ. Soc. Chem. Ind. **17**, 1009 [1898].

[3] Halenke u. Möslinger, Berichte d. Deutsch. chem. Gesellschaft **19**, 3320 [1886].

[4] Reimer u. Will, Berichte d. Deutsch. chem. Gesellschaft **19**, 332 [1886]; Zeitschr. f. analyt. Chemie **28**, 183 [1889].

[5] Nördlinger, Pharmaz. Centralhalle **11**, 713 [1890].

	Spezifisches Gewicht bei	Erstarrungspunkt	Verseifungszahl	Jodzahl	Hehnerzahl	Reichertsche Zahl	Maumené-Probe	Brechungsexponent im Oleorefraktometer	Brechungsexponent im Butterrefraktometer	Brechungsindex	Viscosität Sekunde bei 70° F	Beobachter
	15° C 0,9112—0,9175	—1° bis —10° C	—	—	—	—	51—60°C	—	—	—	—	Schädler
	15° C 0,914—0,917	—	175—179	—	—	—	—	—	—	—	—	Allen
Kolzaöl	15° C 0,9142	—	—	—	—	—	—	—	—	—	—	Souchère
Rapsöl	15° C 0,9151	—	—	—	—	—	—	—	—	—	—	
Kolzaöl	15° C 0,915—0,917	—	175—177	97,65—102,1	—	—	49—51°C	—	—	—	—	De Negri u. Fabris
	15,5° C 0,9133—0,9168	—	170,6—175,3	99,1—105,6	—	—	—	—	—	—	—	Thomson u. Ballantyne
	15,5° C 0,9132—0,9159	—	170—176,4	100,8—102,4	—	—	55—64°C	—	—	—	—	Archbutt
Brassica Napus	15,5°C/15,5°C 0,9141—0,9171	—	169,4—173,4	99,66—104,84	—	0—0,4	—	—	bei 40° C 58,5—59,2	1,4653	—	Crossley u. le Sueur[1]
	15,5°C/15,5°C 0,9146	—	167,7	97,7	95,55	0	—	—	58,8	1,4650	—	
	18° C 0,9144—0,9168	—	—	—	—	—	—	—	—	—	—	Stilurell
	23° C 0,910	—	175,3	98,5—105	—	—	—	—	—	—	—	E. Dieterich
	99°C/15,5°C 0,8632	—	—	—	—	—	—	—	—	—	—	Allen
	100° C 0,8635	—	177—179	98—100	—	—	—	—	—	bei 60°C 1,4667	—	Thörner
	—	—4° bis 6,25° C nach 8 Std.	—	—	—	—	—	—	—	—	—	Girard
	15° C 0,911—0,917	0° C	171—179	98—104	—	—	—	—	—	bei 18° C 1,4725—1,4740	—	Holde
	—	—	—	—	—	—	—	—	—	bei 20°C 1,4735	—	Holde
	—	—	178,7	—	—	—	—	—	—	—	—	Köttsdorfer
	—	—	177	—	—	—	—	—	—	—	—	Valenta
	—	—	172—178	98—104	—	—	—	—	—	—	—	Benedikt u. Wolfbauer
	—	—	170—178	98—102	—	—	—	—	—	—	—	Ulzer
	—	—	175,5—181	94,3—110,4	—	—	—	—	—	—	—	Shukoff
	—	—	—	100	—	—	—	—	—	—	—	v. Hübl
	—	—	—	103,6	—	—	—	—	—	—	—	Moore
	—	—	—	101,1	—	—	—	—	—	—	—	Wallenstein u. Finck
	—	—	—	—	95,1	—	—	—	—	—	—	Bensemann
	—	—	—	—	95,0	—	—	—	—	—	—	Dietzel u. Kreßner
	15° C 0,9144—0,9172	—	172,1—179,6	99,6—105,1	—	—	—	—	—	—	—	Eisenstein
	—	—	—	—	—	0,25	—	—	—	—	—	Reichert
	—	—	—	—	—	0,3—0,4	—	—	—	—	—	Medicus u. Scherer
	—	—	—	—	—	—	57—58°C	—	—	—	—	Maumené
	—	—	—	—	—	—	60—92°C	—	—	—	—	Baynes
	—	—	—	—	—	—	—	+15—18,5° C	—	—	—	Jéan
	—	—	—	—	—	—	—	—	bei 25° C 68	—	—	Mansfeld
Ravisonöl . . .	—	—	—	—	—	—	—	—	—	bei 15° C 1,4720—1,4757	—	Strohmer
Rapsöl	—	—	181,3	(Wijs) 118,1	—	—	—	—	bei 25° C 71,0	—	—	Thomson u. Dunlop
	—	—	175,3	(Wijs) 104,5	—	—	—	—	bei 25° C 68,0	—	—	Thomson u. Dunlop
	—	—	172,2—177,8	—	—	—	—	—	—	—	—	Tortelli u. Ruggeri
	—	—	—	103,6	—	—	—	—	—	bei 20° C 1,4726—1,4742	—	Wijs
	—	—	—	—	—	—	—	—	—	—	—	Harvey
	—	—	177—178	—	—	—	—	—	—	—	—	Oliveri
	—	—	171,7—176,5	98—103,6	—	—	—	—	—	—	370—380	Lewkowitsch

[1] Crossley u. le Sueur, Journ. Soc. Chem. Ind. 5, 310 [1886].

Fettsäuren.

Spezifisches Gewicht bei	Erstarrungspunkt	Schmelzpunkt	Säurezahl	Verseifungszahl	Mittleres Molekulargewicht	Jodzahl	Acetylzahl	Brechungsindex bei	Jodzahl der flüssigen Fettsäuren	Beobachter
$\frac{99^\circ C}{15,5^\circ C}$ 0,8438	18,5	18,3—19,5	—	—	321,2	—	—	—	—	Allen
$\frac{100^\circ C}{100^\circ C}$ 0,8758	—	18,5—21	—	—	—	—	—	—	—	Archbutt
—	12,2	20,1	—	—	—	—	—	—	—	v. Hübl
—	17—18	{Beginn 18-20 / Ende 21—22}	—	—	—	—	—	—	—	Bensemann
—	—	17—19	—	—	—	99,8—103,1	—	—	—	De Negri u. Fabris
—	16	20	—	185	—	97—99	—	60° C 1,4901	—	Thörner
—	—	—	—	—	307	105,6	—	—	—	Williams
—	—	—	—	—	314	—	—	—	—	Valenta
—	—	—	—	—	307	—	6,3	—	—	Benedikt u. Ulzer
—	—	—	—	—	—	96,3—99	—	—	—	Morawski u. Demski
—	—	—	—	—	—	—	—	—	120,7	Wallenstein u. Finck
—	—	—	176,1—178,8	181,2—183,2	306,2—309,6	—	—	—	—	Tortelli u. Pergami
—	—	—	—	—	—	—	6—7	—	—	Tomarchio
—	12,7—13,6	—	—	—	—	—	—	—	—	}Lewkowitsch
—	11,7—12,2	—	—	—	—	—	—	—	—	}Lewkowitsch
—	—	—	—	—	—	—	—	—	124,2—125,5	}Tortelli u. Ruggeri
—	—	—	—	—	—	—	—	—	114,3	}Tortelli u. Ruggeri

Beim Stehen an der Luft wird Rüböl ranzig und verdickt sich, ohne zu trocknen. Über die Untersuchungen alter Rüböle vgl. Gripper[1]).

Rettichöl.

Huile de raifort — Radish seed Oil — Olio di rafano.

Vorkommen: In den Samen von *Raphanus sativus* L. und *Rhaphanus sativus chinensis oleiferus* L., zur Familie der Cruciferen gehörig. Der Fettgehalt der Samen beträgt 45—50%.

Physikalische und chemische Eigenschaften: Das fette Rettichöl zeigt goldgelbe Farbe, angenehmen Geschmack und rübölähnlichen Geruch [2]).

Es besteht ebenfalls aus Triglyceriden der Öl-, Stearin- und Erucasäure.

Rettichöl dient als Speiseöl, zu Beleuchtungszwecken und zur Seifenfabrikation. In China dient es zur Darstellung von Tusche.

Rettichöl ist optisch aktiv ($+0^\circ 17'$).

	Spezifisches Gewicht bei	Erstarrungspunkt	Verseifungszahl	Jodzahl	Hehnerzahl	Reichert-Meißlzahl	Maumené-probe	Butter-refraktometer	Brechungsindex	Beobachter
	15° C 0,9175	-10 bis -17,5° C	—	—	—	—	—	—	—	Schädler
	15° C 0,9175	—	178,05	95,6—95,9	—	—	51	—	—	De Negri u. Fabris
	$\frac{15,5^\circ C}{15,5^\circ C}$ 0,9163	—	173,8	92,85	95,94	0,33	—	40° C 57,5	40° C 1,4642	Crossley u. le Sueur
Varietas niger	20° C 0,9142	—	179,4	112,4	—	—	—	—	—	Wijs

Fettsäuren.

	Erstarrungspunkt	Schmelzpunkt	Säurezahl	Mittleres Molekulargewicht	Jodzahl	Beobachter
	—	13—15° C	20° C	—	—	97,1	De Negri u. Fabris
Varietas niger	—	—	189,5	296	115,3	Wijs

[1]) Gripper, Journ. Soc. Chem. Ind. **18**, 342 [1899].
[2]) De Negri u. Fabris, Zeitschr. f. analyt. Chemie **33**, 555 [1894]. — Crossley u. Le Sueur, Journ. Soc. Chem. Ind. **17**, 992 [1898]. — Wijs, Zeitschr. f. Unters. d. Nahr.- u. Genußm. **6**, 492 [1903]; Chem. Revue über d. Fett- u. Harzindustrie **10**, 180 [1903].

Jambaöl.

Huile de Jamba — Jamba Oil — Olio di Jambo.

Vorkommen: Das Jambaöl wird aus einer Brassicaart gewonnen. Es ähnelt dem Rüböl. nur zeigt es beim Einblasen von Luft ein anderes Verhältnis als Rüböle[1]), indem es nicht dick wird.

Spezifisches Gewicht bei	Erstarrungspunkt	Verseifungszahl	Jodzahl	Hehnerzahl	Maumenéprobe	Beobachter
0,9150—0,9158	—10 bis —12° C	172,3	95,2—95,6	96,52	51—53° C	De Negri u. Fabris
0,9151	—	174,8	102,5	—	—	Lewkowitsch

Fettsäuren.

Erstarrungspunkt	Schmelzpunkt	Jodzahl	Mittleres Molekulargewicht	Beobachter
11—16° C	19—21° C	96,1—96,2	—	De Negri und Fabris
—	—	—	305	Lewkowitsch

Kürbiskernöl.

Kürbissamenöl — Huile de courge — Pumpkin seed oil — Olio di zucca.

Vorkommen: Kürbiskernöl kommt in den Samen des gemeinen Kürbisses, *Cucurbita pepo* L., einer Cucurbitacee, vor. Die Angaben über den Fettgehalt der Kürbissamen sind schwankend (zwischen 35 und 47%)[2]).

Physikalische und chemische Eigenschaften: Die Farbe des Öles ist gelblichgrün, jedoch wechselt dieselbe je nach der Art der Gewinnung (kalte oder warme Pressung, Entfernung der Hülsen)[3]). Die Fettsäuren bestehen aus Palmitin-, Stearin-, Öl- und Linolsäure. Myristin- und Linolensäure wurden nicht aufgefunden. Außerdem enthält das Öl kleine Mengen Phytosterin. $C_{24}H_{46}O$. F. = 162—163°.

Kürbiskernöl wird in Ungarn und Südrußland in größerem Maßstabe gewonnen. Es dient kalt gepreßt als Speise- und Brennöl. Auch wird es als Bandwurmmittel empfohlen[4]). Durch neuere Untersuchungen wurde festgestellt, daß dem Kürbiskernöl diese Eigenschaft nicht zukommt[5]).

Spezifisches Gewicht bei	Erstarrungspunkt	Verseifungszahl	Jodzahl	Hehnerzahl	Acetylzahl	Butterrefraktometer	Beobachter
15° C 0,9231	—15° C	188,1	—	—	—	—	Schädler
0,923—0,925	—	188,4—190,2	122,8—130,7	—	—	70,0—72,5	Poda
0,9197—0,9208	—	192,5—195,2	—	—	—	—	Graham
20° C 0,923	—16° C	188,7	113,4	96,2	27,2	—	Schattenfroh
—	—	—	121	—	—	—	v. Hübl
—	—	—	121,5	—	—	—	Henriques
—	—	—	116,5—120,5	—	—	—	Strauß
20° C 0,9220	—	189,4	119,7	—	—	—	⎰ Power u.
20° C 0,9212	—	189,0	119,6	—	—	—	⎱ Salway[5])

[1]) De Negri u. Fabris, Annali del Labor. chim. delle Gabelle **1891/92**, 137.

[2]) Graham, Amer. Journ. of Pharmacy **73**, 352 [1901]; Apoth.-Ztg. **16**, 517 [1901]. — J. Schumow, Westnik shirow weschtsch **4**, 29 [1903]; Chem.-Ztg. Rep. **27**, 132 [1903]; Chem. Revue über d. Fett- u. Harzindustrie **10**, 162 [1903]. — H. Strauß, Chem.-Ztg. **27**, 527 [1903]; Chem. Revue über d. Fett- u. Harzindustrie **10**, 161 [1903].

[3]) Poda, Zeitschr. f. Unters. d. Nahr.- u. Genußm. **1**, 625 [1898]; Journ. Soc. Chem. Ind. **17**, 1054 [1898].

[4]) C. von Slop, Pharmaz. Centralhalle **2**, 283 [1881].

[5]) F. B. Power u. A. H. Salway, Journ. Amer. Chem. Soc. **32**, 348 [1910].

Fettsäuren.

Spez. Gewicht bei 50° C	Erstarrungspunkt	Säurezahl	Schmelzpunkt	Jodzahl	Mittleres Mol.-Gewicht	Beobachter
—	24,5° C	—	28° C	—	—	Schädler
—	—	—	26,5—28,5° C (Beginn des Schmelzens) 28,4—29,8° C (Ende des Schmelzens)	—	—	Poda
—	—	—	—	—	284,7	Schattenfroh
0,8886	—	199	31° C	123,5	—	Power u. Salway

Kürbiskernöl wird mit Baumwollsamenöl, Leinöl auch mit Rüböl verfälscht.

Ersteres läßt sich leicht durch die Halphensche Reaktion nachweisen, während eine Erhöhung der Jodzahl den Zusatz von Leinöl erkennen läßt. Auf eine Rübölfälschung dürfte eine verminderte Jodzahl und Verseifungszahl hindeuten.

Melonenöl.

Huile des graines de melon — Huile de melon — Melon seed oil — Olio di melone.

Vorkommen: Das Melonenöl ist in den Samen der echten Melone (*Cucumis Melo* L. — *Cucumis diliciosus* Roth — *Cucumis cantalupensis* Roem. — *Melo sativus Sagaret*) enthalten, einer Cucurbitacee, die an der westafrikanischen Küste heimisch ist. Auch China exportiert große Mengen Melonensamen über Chefoo.

Der Fettgehalt schwankt je nach der Provenienz. Fendler fand in Samen aus Togo 43,8% [1]), Lidow in südrussischer Saat 29,38% [2]).

Physikalische und chemische Eigenschaften: Melonenöl ist von hellgelber Farbe und süßlichem Geschmack. Der Gehalt an freier Säure schwankt zwischen 0,69% [2]) und 2,42% [1]), auf Ölsäure berechnet.

Es dient als Speiseöl und zur Seifenfabrikation.

Spezifisches Gewicht bei 15,25° C	Erstarrungspunkt	Schmelzpunkt	Verseifungszahl	Jodzahl	Hehnerzahl	Reichert Meißlzahl	Acetylzahl	Beobachter
—	5,0° C	5,5° C	193,3	101,5	—	—	—	Fendler
0,9276	—	—	190,5	133,3	95,3	1,66	33,7	Lidow

Fettsäuren.

Erstarrungspunkt	Schmelzpunkt	Verseifungszahl	Jodzahl	Beobachter
36° C	39,0° C	—	—	Fendler
—	—	In der Kälte 192,2 „ „ Wärme 201,5	128	Lidow

Wassermelonenöl.

Beraföl — Huile de citrouille — Watermelon oil — Olio di citriuolo.

Vorkommen: Das Öl stammt aus den Samen der Wassermelone (*Cucumis citrullus* L., *Cucurbita citrullus* Lour.), auch Arbuse oder Angurie genannt. Diese Cucurbitacee stammt aus dem Innern Afrikas, wird aber in Ungarn, Rußland, Frankreich, Amerika und Ostindien kultiviert.

[1]) G. Fendler, Zeitschr. f. Unters. d. Nahr.- u. Genußm. **6**, 1025 [1903]; Chem. Revue über d. Fett- u. Harzindustrie **11**, 52 [1904].

[2]) Lidow, Westnik shirow. weschtsch **6**, 55 [1905]; Chem.-Ztg. Rep. **29**, 294 [1905].

Der Ölgehalt schwankt zwischen 60 und 70%. Auch finden sich niedrigere Werte[1][2]).
Indische Samen haben einen Fettgehalt von 49,94%[3]).

Physikalische und chemische Eigenschaften: Wassermelonenöl ist von hellgelber Farbe.
Es dient als Speiseöl und zur Seifenfabrikation. Es zeigt schwach trocknende Eigenschaften.
Dies Wassermelonenöl besteht aus den Glyceriden der Stearin-, Palmitin-, Öl- und Linol-
säure. Linolensäure konnte nicht aufgefunden werden. Außerdem finden sich kleine Mengen
Phytosterin. F. = 163—164°. Das Öl ist optisch inaktiv.

	Spezifisches Gewicht bei	Erstarrungspunkt	Verseifungszahl	Jodzahl	Hehnerzahl	Reichert-Meißl-Zahl	Acetylzahl	Maumené-Probe	Beobachter
Durch Benzin .	20° C 0,9160	—	189,7	118,0	—	—	—	—	Wijs
Extrahiert . . .	15° C 0,925	−20° C	196	111,5	96,1	0,4	4,7	50,4° C	Wojnarowskaja u. Naumowa
Gepreßtes Öl .	20° C 0,9233	—	191,8	121,1	—	—	—	—	} Power u. Salway[4])
Extrahiertes Öl	20° C 0,9219	—	189,9	121,8	—	—	—	—	

Fettsäuren.

Spez. Gewicht bei 50° C	Erstarrungspunkt	Schmelzpunkt	Säurezahl	Mittleres Mol.-Gewicht	Jodzahl	Beobachter
—	32° C (Titertest)	34° C	197,1	284,1	122,7	Wijs
0,8894	—	35° C	198,2	—	118,2	Power u. Salway

Gurkenkernöl.
Huile de Coucombre — Cucumber seed oil.

Vorkommen: In den Samen der Gurke (*Cucumis sativus* L.) sind ungefähr 25% fettes
Öl vorhanden, das zurzeit noch keinerlei Verwendung findet.

Telfairiaöl.
Talarkürbisöl — Koemeöl — Huile de noix d'Inhambane — Koemeöl.

Vorkommen: In den Samen von *Telfairia pedata* Hook, *Ioliffia africana* Del., einer in
Ost- und Westafrika heimischen Cucurbitacee. Der Fettgehalt beträgt 60—64%[5]).

Physikalische und chemische Eigenschaften: Die Farbe des Öles ist hellgelb, von angenehmem Geruch[6]) und Geschmack.

Die Fettsäuren bestehen aus Stearin-, Palmitin- und Telfairiasäure, auch soll eine ungesättigte Säure $C_{24}H_{40}O_3$ vorhanden sein.

Das Telfairiaöl dient in Afrika als Speiseöl, es dürfte aber auch für die Seifen- und Stearinfabrikation Beachtung finden.

Spezifisches Gewicht bei 15° C	Erstarrungspunkt	Verseifungszahl	Jodzahl	Butterrefraktometeranzeige bei	Beobachter
0,9180	7° C	174,8	86,2	{ 25° C 63—64 } { 50° C 61—62 }	Thoms

[1]) Wijs, Zeitschr. f. Unters. d. Nahr.- u. Genußm. **6**, 492 [1903]; Chem. Revue über d. Fett-
u. Harzindustrie **10**, 180 [1903].

[2]) S. Wojnarowskaja u. S. Naumowa, Journ. d. russ. phys.-chem. Gesellschaft **34**,
695 [1902].

[3]) M. Greshoff, J. Sack u. J. J. van Eck, König, Chemie d. Nahr.- u. Genußm. 4. Aufl.
Berlin 1903. S. 1485. (Kolonialmuseum Haarlem.)

[4]) F. B. Power u. A. H. Salway, Journ. Amer. Chem. Soc. **32**, 361 [1910].

[5]) Gilbert, Jahrbuch d. Hamburger wiss. Anstalt **1891**, 113.

[6]) Thoms u. Fendler, Notizbl. d. Botan. Gartens u. Mus. in Berlin **15** [1898]; Archiv d.
Pharmazie **238**, 48 [1900].

Fettsäuren.

Erstarrungspunkt	Schmelzpunkt	Beobachter
41° C	44° C	Thoms

Luffaöl.

Huile de Luffa — Luffa seed oil.

Vorkommen: Das Luffaöl wird in Ostindien aus den Samen von *Luffa aegyptica*, *Luffa acutangula* Roxb., einer Cucurbitacee, gewonnen.

Physikalische und chemische Eigenschaften: Es zeigt dunkelgelbe Farbe und findet als Speiseöl Verwendung.

Spezifisches Gewicht bei $\frac{15{,}5°\,C}{15{,}5°\,C}$	Versei-fungs-zahl	Jod-zahl	Hehner-zahl	Reichert-Meißlzahl	Butter-refrakto-meter	Brechungs-index bei 40° C	Beobachter
0,9254	187,8	108,51	94,8	1,43	62	1,4660	Crossley u. le Sueur[1])

Der Gehalt an freier Fettsäure, auf Ölsäure berechnet[3]), wurde zu 7,25% gefunden.

Secuaöl. Nhandirobaöl.

Vorkommen: In den Samen der Cucurbitacee *Feuillea cordifolia* Vell. Der Fettgehalt derselben beträgt 55—60%[2]).

Physikalische und chemische Eigenschaften: Das Öl zeigt weißliche Farbe, von butterartiger Konsistenz. Es dient als Brennöl und zu technischen Zwecken.

Das Secuaöl soll purgierende Eigenschaften haben.

Spezifisches Gewicht	Schmelzpunkt	Beobachter
0,9309	—	Schädler
—	21° C	Hanausek

Sicydiumöl.

Aus den Samen von *Sicydium monospermum* Cogn., einer Cucurbitacee. Der Ölgehalt beträgt 29,95%. Das Öl zeigt ein spez. Gew. von 9,927 bei 22° C[3]).

Cayaponiaöl.

Aus den Samen von *Cayaponia caboda* Mart., einer Cucurbitacee. Dieselben enthalten 13,66% festes Öl[3]). Das spez. Gew. desselben beträgt bei 20° C 0,9683.

Sojabohnenöl. Saubohnenöl.

Huile de Soja — Soa bean oil — Soy bean oil — Chinese bean oil — Olio di Soia.

Vorkommen: Das Sojabohnenöl wird aus den Samen einer Papilionacee (*Soja hispida* Mönch, *Glycine hispida* Maxim., *Dolichos Soja* L., *Phaseolus hispidus* Oken., *Soja japonica* Savi) in China und Japan gewonnen. Dieselbe wird in China, Japan[4]) und der Mandschurei angebaut[5]).
Der Fettgehalt beträgt 17—20%.

---

[1]) Crossley u. le Sueur, Journ. Soc. Chem. Ind. **17**, 992 [1898].
[2]) T. F. Hanausek, Zeitschr. d. österr. Apothekervereins **15**, 279 [1879].
[3]) Th. Peckolt, Berichte d. Deutsch. pharmaz. Gesellschaft **14**, 308 [1904].
[4]) A. Hosie, Manchuria, Methuen & Co. London 1901.
[5]) Pozzi-Escot, Rev. génér. de chim. pure et appl. 64 [1902]. — Semler, Tropische Agricultur. Wismar. **4**, 476 [1892]. — Harz, Landw. Samenkunde. Berlin 1885. S. 690. — v. Martens, Die Gartenbohnen. Ravensburg 1869.

Physikalische und chemische Eigenschaften: Die Farbe des Sojabohnenöles ist gelblich bis braun, von olivenartigem Geruch und angenehmem Geschmack[1]).

Es dient als Speise- und Brennöl und zur Seifenfabrikation.

Spezifisches Gewicht bei	Erstarrungs- punkt	Verseifungs- zahl	Jodzahl	Hehner- zahl	Maumené- Probe	Beobachter
0,9270	—	192,9	122,2	95,5	61° C	Morawski u. Stingl
0,9242	8—15° C	192,5	121,3	—	59—61° C	De Negri u. Fabris
0,924	—	190,6	124,0	—	—	Shukoff
0,9264—0,9287	15,3—14,6°	207,9—212,6	114,8—137,2	94,28	112—115° C	Korentschewski u. A. Zimmermann

Fettsäuren.

Erstarrungspunkt	Schmelzpunkt	Jodzahl	Beobachter
25° C	28° C	115,2	Morawski u. Stingl
23—25° C	27—29° C	122	De Negri u. Fabris
24,1° C	—	—	Shukoff
16—17,3° C	20—21° C	—	Korentschewski u. A. Zimmermann

Das Sojabohnenöl besteht aus den Triglyceriden der Palmitin-, Öl- und Linolsäure.

Bohnenöl.

Bohnensamenöl — Huile de fève — Bean oil — Olio di fava.

Vorkommen: In den Samen von Phaseolus-Arten.

Physikalische und chemische Eigenschaften:

Spezifisches Gewicht bei	Verseifungszahl	Jodzahl	Hehnerzahl	Beobachter
0,9570	188	82	86,9	R. Meyer[2])

Fettsäuren.

Schmelzpunkt	Jodzahl	Refraktometerzahl	Säurezahl	Beobachter
31° C	115	bei 26° C 1,47529	115	R. Meyer

Die für die Hehnerzahl, Verseifungszahl und Jodzahl der Fettsäuren ermittelten Werte bedürfen einer Nachprüfung.

Kleesamenöl.

Huile de trèfle — Clover Oil — Olio di trifoglio.

Vorkommen: Das Kleesamenöl ist in den Samen des Klees (*Trifolium pratense perenne* L. und *Trifolium repens* L.) enthalten. Erstere Art, Rotklee, enthält 11,1%, die Samen des letzteren, Weißklee, enthalten 11,8%[3]) fettes Öl.

Physikalische und chemische Eigenschaften: Das Rotkleesamenöl besteht aus den Glyceriden der Ölsäure, Linolsäure, Palmitin- und Stearinsäure.

---

[1]) W. Korentschewski u. A. Zimmermann, Chem.-Ztg. **29**, 777 [1905]; Chem. Revue über d. Fett- u. Harzindustrie **12**, 190 [1905].

[2]) R. Meyer, Chem.-Ztg. **27**, 958 [1903]; Chem. Revue über d. Fett- u. Harzindustrie **10**, 255 [1903].

[3]) V. Jones, Mitteil. d. k. k. technol. Gew.-Mus. Wien **13**, 223 [1903]; Chem. Revue über d. Fett- u. Harzindustrie **10**, 285 [1903].

	Säurezahl	Verseifungszahl	Jodzahl	Hehnerzahl	Reichert-Meißlzahl	Acetylzahl	Beobachter
Rotkleeöl . .	1,63	189,9	124,3	93,62	3,3	7,7	} Jones
Weißkleeöl .	1,91	189,5	119,7	93,24	3,5	8,6	

Fettsäuren.

	Säurezahl	Mittleres Molekulargewicht	Jodzahl	Beobachter
Rotkleeöl	198,1	283,2	126,2	} Jones
Weißkleeöl	197,6	283,8	122,2	

Mucunaöl.

Vorkommen: Die Samen von *Mucuna capitata* Dc., einer in Niederländisch-Indien heimischen Leguminose, die den Namen „Bengock" führen, enthalten 2,08% fettes Öl[1].

Physikalische und chemische Eigenschaften: Es soll aus den Glyceriden der Ölsäure (?), Palmitin- und Stearinsäure bestehen.

Durch Petroläther extrahiert	Spez. Gewicht	Erstarrungspunkt	Schmelzpunkt	Verseifungszahl	Jodzahl	Reichert Meißlzahl	Butterrefraktometeranzeige bei	Beobachter
Aus frischen Samen . . .	0,865	3,5° C	16° C	178,22	103,95	0,77	25° C 66,2	} v. d. Driessen-Mareeuw
Aus 2 Monate alten Samen	0,8700	—	—	184,76	98,6	—	—	

Fettsäuren.

	Schmelzpunkt	Verseifungszahl	Jodzahl	Acetylzahl	Beobachter
Aus frischen Samen	37° C	195,6	112,9	115,25	} v. d. Driessen-Mareeuw
Aus 2 Monate alten Samen	—	187,7	107,53	—	

Owalanußöl.

Huile d'ovala — Ovala Oil — Olio d'Ovala.

Vorkommen: Das Owalanußöl stammt von den Samen von *Pentaclethra macrophylla* Benth., einer in Westafrika heimischen Mimosacee. Die Samen führen den Namen Owalanüsse (Graines d'ovala). Diese enthalten 28,72—30,4% durch Äther extrahierbares Fett[2].

Physikalische und chemische Eigenschaften: Dasselbe hat schwach gelbliche Farbe und scheidet schon bei gewöhnlicher Temperatur Stearin aus[3]. Der Geruch ist angenehm, manchmal stechend, der Geschmack kratzend[4].

Das Öl ist als Speiseöl, Maschinenöl und zur Seifenfabrikation verwendbar.

---

[1] W. P. H. van den Driessen Mareeuw, Pharmaz. Weekblad **43**, 202 [1906].
[2] K. Wedemeyer, Chem. Revue über d. Fett- u. Harzindustrie **13**, 210 [1906]; Oil and Colours Trades Journ. **31**, 447 [1907].
[3] J. Möller, Dinglers Polytechn. Journ. **238**, 252 [1880].
[4] Cl. Grimme, Chem. Revue über d. Fett- u. Harzindustrie **17**, 157 [1910].

Spezifisches Gewicht bei	Erstarrungspunkt	Schmelzpunkt	Verseifungszahl	Jodzahl	Hehnerzahl	Reichert-Meißlzahl	Acetylzahl	Maumené-probe	Butter-refrakto-meter bei 40° C	Brechungsindex
25° C 0,9119	bei 18-19° C weiße flockige Ausscheidungen, bei +4° C wird es butterartig	wird bei +8° C ein flüssiger Brei	186,0	99,3	95,6	0,6	37,1	100°	59,2°	bei 40° C 1,4654
100° C 0,8627 bis 0,8637	5—8° C	—	182 bis 185	94,3 bis 94,4	94,2 bis 95,7	—	—	—	—	—
—	—	—	—	87,67	—	—	—	—	—	—
$\frac{15° C}{15° C}$ 0,9259	bei 20° C butterartig, bei 5—7° C fest	—	203	85,7	—	—	—	—	—	bei 30° C 1,4728

Fettsäuren.

Mittl. Mol.-Gewicht	Erstarrungspunkt	Schmelzpunkt (Capillarröhrchen)	Säurezahl	Jodzahl	Brechungsindex bei 70° C
—	52,1° C	53,9° C	185,7	—	—
—	—	52,4—53,4° C	—	—	—
—	—	50,15° C	—	—	—
291,5	—	59—59° C	192,7	92,6	1,4647

Ingaöl.

Aus den Samen von *Parkia biglandulosa* B. „Inga", einer in Ostindien und Afrika heimischen Mimosacee. Die Samen enthalten ca. 18% fettes Öl[1]).

Bonducnußöl.

Huile de Bonduc — Bonduc nut oil — Fever nut oil.

Vorkommen: Das Bonducnußöl kommt in den Samen einer Leguminose (*Caesalpinia Bonducella* Roxb., *Guilandia Bonduc* L.) (Kugelstrauch), die in Asien, Afrika und Amerika heimisch ist, vor[2]).

Physikalische und chemische Eigenschaften: Das Öl ist von brauner Farbe und zeigt ranzigen Geruch. Es dient als Brennöl und in Indien als Arzneimittel gegen Rheuma.

Öl von Mimosa dulcis.

Die Samen von *Mimosa dulcis* Roxb., *Inga dulcis* Willd., *Pithecolobium dulce* Benth., einer auf den Philippinen heimischen Mimosacee, liefern ein farbloses, in der Konsistenz an Ricinusöl erinnerndes fettes Öl[1]).

Öl von Adenanthera pavonina L.

Die Samen des Korallenbaumes (*Adenanthera pavonina* L.), einer in Asien, Afrika und Amerika vorkommenden Mimosacee, enthalten 35% eines fetten Öles[1]).

---

[1]) Schädler, Technologie der Fette u. Öle. 2. Aufl. Leipzig 1892. S. 511.
[2]) Niederstadt, Berichte d. Deutsch. pharmaz. Gesellschaft **12**, 144 [1902]. — Schädler, Technologie der Fette u. Öle. 2. Aufl. Leipzig 1892. S. 524.

Öl von Entada scandens.

Aus den Samen von *Entada scandens* Benth., *Mimosa scandens* Roxb. (Meerbohne) lassen sich 30% fettes Öl gewinnen[1]). Diese Mimose ist in Bengalen heimisch.

Tonkabohnenöl.

Huile de fève de Tonkin — Tonguin bean oil.

In den Samen von *Dipterix odorata* Willd., *Coumarouna odorata* Aubl., dem Tonka-baum, einer in Guayana vorkommenden Leguminose, finden sich 25% fettes Öl, das in der Parfümerie verwendet wird.

Tamarindenöl.

Aus den Samen von *Tamarindus indica* L., einer im tropischen Asien und Afrika vor-kommenden Leguminose, werden 15—20% eines fetten Öles gewonnen, das den Leinöl sehr ähnlich ist. Es findet als Brennöl Verwendung[2]).

Öl von Bauhinia variegata L.

Die Samen von *Bauhinia variegata* L., *Bauhinia candida* Roxb., *Caesalpinia digyna* Wall., *Caesalpinia oleosperma* Roxb. liefern ebenfalls 30% fettes Öl[3]).

Maisöl.

Kukuruzöl — Huile de Mais — Huile de papetons — Corn oil — Maize oil — Olio di Mais.

Vorkommen: In den Embryonen von *Zea Mays* L., die als Nebenprodukt der Mais-stärke- und Spiritusfabrikation gewonnen werden. Die Maiskeime enthalten ca. 50% fettes Öl.

Darstellung: Das Maisöl wird durch Pressen und Extraktion der getrockneten Mais-schlempen gewonnen[4]).

Physikalische und chemische Eigenschaften: Maisöl ist goldgelb, dickflüssig, von eigen-artigem Geschmack und Geruch. Die Angaben über die darin enthaltenen Fettsäuren sind ziemlich widersprechend. Es sollen Stearinsäure, Palmitin-Arachinsäure und Hypogäasäure, Ölsäure, Linolsäure, Ricinolsäure, ferner Ameisensäure, Essig-, Capron-, Capryl- und Caprin-säure vorkommen[5]).

Auch der Gehalt an freien Fettsäuren wird ziemlich schwankend gefunden (0,75—10,47%).

Unter den unverseifbaren Bestandteilen (1,33—1,55%) wurde Sitosterin gefunden[6]). Auch Lecithin kommt im Maisöl vor (1,11—1,49%).

Maisöl ist in Aceton löslich, wenig löslich dagegen in Alkohol und Eisessig.

Eine Lösung von Maisöl in Schwefelkohlenstoff gibt auf Zusatz von einem Tropfen konz. Schwefelsäure eine Violettfärbung. Die Elaidinprobe gibt eine schmalzartige Masse.

Das Maisöl wird in raffiniertem Zustande als Speiseöl, besonders aber zur Seifenfabri-kation verwendet. Es dient ferner zur Darstellung von Margarine, Compoundlad und in vulkanisiertem Zustande zur Darstellung von Faktis. Auch wird es zur Verfälschung von Leinöl und Baumwollsaatöl verwendet. Als Brennöl findet Maisöl eine ausgedehnte Ver-wendung, ebenso zur Herstellung von Firnis- und Anstrichfarben. Als Schmieröl ist es un-brauchbar, da es leicht verharzt. Auch als Verfälschungsmittel für Schweineschmalz wird

---

[1]) Schädler, Technologie der Fette u. Öle. 2. Aufl. Leipzig 1892. S. 511.

[2]) Schädler, Technologie der Fette u. Öle. 2. Aufl. Leipzig 1892. S. 525.

[3]) Schädler, Technologie der Fette u. Öle. 2. Aufl. Leipzig 1892. S. 524.

[4]) Böhmer, Kraftfuttermittel. Berlin 1903. S. 276.

[5]) Hart, Chem.-Ztg. **17**, 1522 [1893]. — Spüller, Dinglers polytechn. Journ. **264**, 626 [1900]. — De Negri u. Fabris, Zeitschr. f. analyt. Chemie **33**, 565 [1894]. — Dulière, Les Corps gras Ind. **24**, 255 [1897]. — Hopkins, Journ. Amer. Chem. Soc. **20**, 948 [1898]. — Archbutt, Journ. Soc. Chem. Ind. **18**, 346 [1899]. — F. Vulté u. H. W. Gibson, Journ. Amer. Chem. Soc. **22**, 453 [1900]; **23**, 1 [1901]. — Rokitansky, Chem.-Ztg. **18**, 804 [1894].

[6]) A. H. Gill u. Ch. G. Tufts, Journ. Amer. Chem. Soc. **25**, 251 [1903]. — H. Winfield, Diss. New York 1899.

Maisöl in ausgedehntem Maße benutzt. Zum Nachweis wird das Acetat des Sitosterin, das bei 127—128° schmilzt im Gegensatz zu dem Acetylderivat des Cholesterins des Schweineschmalzes, dessen Schmelzpunkt 113° C ist, dargestellt[1]). Bei Gegenwart von Baumwollsaatöl versagt die Methode.

Spezifisches Gewicht bei	Erstarrungspunkt	Verseifungszahl	Jodzahl	Hehnerzahl	Reichert-Meißlzahl	Acetylzahl	Maumené-Probe	Butterrefraktometer bei	Oleorefraktometer bei	Beobachter
15° C 0,9215	—	188,1—189,2	119,4—119,9	94,7	0,33	—	56°C (?)	—	—	Spüller
—	—	—	116,3	—	—	—	—	—	—	Smetham
15° C 0,9215—0,9220	-10 bis -15°C	190,4	111,2—112,6	—	—	—	86° C	—	—	De Negri u. Fabris
15° C 0,9239	—	—	117	95,7	—	—	60,5° C	—	—	Hart
—	—	—	122	—	—	—	—	—	—	Wallenstein
—	—	198,8—203	122,3—122,55	—	—	—	81—82° C	25°C 71,5	22°C +22	Dulière
15° C 0,9213—0,9215 100° C 0,8711—0,8756	—	191,78	113,27	88,21	4,2—9,9	11,22—11,49	—	—	—	Vulté u. Gibson
15,5° C 0,9243	—	189,7	122,7	—	—	—	81,6° C	—	—	Archbutt
15° C 0,9215	—	—	—	—	—	—	—	—	—	Bornemann
15° C 0,9244	-10 bis -20°C	193,4	122,9	—	2,5	—	89° C	—	—	Smith
15,5° C 0,9274	—	191,9	121—130,8	—	—	—	—	—	—	Lewkowitsch
15,5° C 0,9213—0,9255	—	192,6	—	92,2—92,8	4,2—4,3	—	—	—	—	Winfield
100° C 0,8711—0,8756	—	—	—	—	—	—	—	—	—	Winfield
15° C 0,9245—0,9262	-36° C (?)	—	—	—	—	—	—	—	—	Hopkins
—	-10° C	—	—	—	—	—	—	—	—	Schädler
—	—	—	—	—	—	—	79° C	—	—	Jéan
—	—	—	—	—	—	—	—	15°C 77,5	—	Tolman u. Munson

Fettsäuren.

Spezifisches Gewicht bei 100° C	Schmelzpunkt	Erstarrungspunkt	Verseifungszahl	Jodzahl	Jodzahl der flüssigen Fettsäure	Jodzahl der festen Fettsäure	Beobachter
0,8529	—	—	200,01	120,98	135,97	54,23	Vulté u. Gibson
—	—	—	—	—	140,7	—	Wallenstein u. Fink
—	18—20° C	14—16° C	—	113—115	—	—	De Negri u. Fabris
—	20° C	—	—	—	—	—	Jéan
—	16—18° C	13—14° C	—	—	—	—	Dulière
—	17—23° C	—	—	126,4	—	—	Hopkins
—	—	—	198,4	125	—	—	Spüller
0,8529	—	—	—	—	—	—	Winfield
—	21,6	—	—	—	—	—	Tolman u. Munson
—	—	—	—	—	142,2—143,7	—	Tortelli u. Ruggeri
—	—	(Titertest) 19°	—	—	—	—	Lewkowitsch

Weizenöl.

Huile de blé — Wheat oil — Olio di germi di grano.

Vorkommen: In den Embryonen von *Triticum vulgare* L. Weizen.

Darstellung: Durch Extraktion. Die Weizenkeime werden häufig in der Weizenhochmüllerei von der Kleie getrennt. Dieselben enthalten 10—12% Fett[2]).

Physikalische und chemische Eigenschaften: Das Weizenöl zeigt frisch hellgelbe, später gelbbraune Färbung und erinnert im Geruch an Weizenmehl. Es wird leicht ranzig. Die

---

[1]) Edm. McPherson u. Warren A. Ruth. Journ. Amer. Chem. Soc. **29**, 921 [1907].
[2]) J. König, Chemie d. Nahrungs- u. Genußmittel. 4. Aufl. Berlin 1904. **2**, 830.

physikalischen Konstanten wechseln je nach der zur Darstellung benutzten Weizenart[1]). Von einzelnen Autoren wurde im Weizenöl Phytosterin (2,5%) und Lecithin (2%) aufgefunden[1]), auch Cholesterin (0,44%) neben Lecithin (1,55%)[2]).

In Amerika wird das rohe Weizenöl raffiniert und als Schmieröl und in der Seifenfabrikation benutzt[3]).

Das Weizenöl zeigt purgierende Eigenschaften.

Spezifisches Gewicht bei 15° C	Erstarrungspunkt bei	Verseifungszahl	Jodzahl	Brechungsexponent bei	Beobachter
0,9245	15°	182,81	115,17	—	De Negri
0,9292 bis 0,9374	0.° halbfest	187,4—190,3	115,64	20° C 1,48325 30° C 1,47936 40° C 1,47447	Frankforter u. Harding

Fettsäuren.

Erstarrungspunkt	Schmelzpunkt	Jodzahl	Beobachter
29,7° C	39,5° C	123,27	De Negri

Weizenmehlöl.

Huile de farine de froment — Weatmeal oil — Olio di farina di frumento.

Darstellung: Das Weizenmehlöl wird durch Extraktion von Weizenmehl dargestellt[4]). Es entstammt den peripheren Schichten des Weizenkornes, zum Teil auch den Weizenkeimen.

Physikalische und chemische Eigenschaften: Es zeigt gelbliche bis gelbgrüne Farbe. Es wird sehr leicht ranzig. Durch das Bleichen des Weizenmehls soll das Öl verändert werden. Es scheiden sich bei 96,5° C schmelzende Krystalle ab, deren Zusammensetzung unbekannt ist[5]).

Spezifisches Gewicht bei 15° C	Verseifungszahl	Jodzahl	Reichert-Meißlzahl	Brechungsexponent bei 25° C	Butter-refraktometer bei 25° C	Beobachter
0,9068	166,5	101,5	2,8	1,4851	92	Spaeth

Roggenöl.

Roggensamenöl — Huile de seigle — Rye seed oil — Olio di segale.

Vorkommen: In den Embryonen von *Secale cereale* L.[6]).

Darstellung: Durch Extraktion wird ein gelbbraunes Öl erhalten (8—10%).

Spezifisches Gewicht	Säurezahl	Verseifungszahl	Hehnerzahl	Jodzahl	Brechungsindex bei 28° C	Beobachter
0,9334	40,6	196	88,8	81,88	1,47665	R. Meyer[7])

[1]) De Negri, Chem.-Ztg. **22**, 976 [1898]. — Frankforter u. Harding, Journ. Amer. Chem. Soc. **21**, 758 [1899].

[2]) Schulze u. Frankfurt, Landw. Versuchsstationen **46**, 49; **47**, 449 [1895].

[3]) H. Snyder, Seifenfabrikant. Nr. 18 [1904].

[4]) Spaeth, Zeitschr. f. Unters. d. Nahr.- u. Genußm. **3**, 171 [1896].

[5]) Ross A. Gortner, Journ. Amer. Chem. Soc. **30**, 617 [1908].

[6]) Böhmer, Kraftfuttermittel. Berlin 1903. S. 276. — König, Chemie d. Nahrungs- u. Genußmittel. 4. Aufl. Berlin 1904. **2**, 830.

[7]) R. Meyer, Chem.-Ztg. **27**, 958 [1903]; Chem. Revue über d. Fett- u. Harzindustrie **10**, 254 [1903].

Fettsäuren.

Erstarrungs-punkt	Schmelz-punkt	Verseifungs-zahl	Jodzahl	Brechungsindex bei 26° C	Beobachter
34° C	36° C	199	113	1,47107	R. Meyer

Haferöl.

Huile d'avoine — Oat Oil — Olio di avena.

Vorkommen: In den Samen von *Avena sativa* L. Das Öl ist im ganzen Samenkorn verteilt, nicht nur peripher wie bei den Samen der übrigen Cerealien. Gehalt bis 10,65%.

Physikalische und chemische Eigenschaften: Das Haferöl ist gelb gefärbt. Es besteht aus den Glyceriden der Öl-, Palmitin- und Stearinsäure[1]). Moljawko-Wysotzky fand im Haferöl Ameisen-, Capryl- und Caprinsäure, ferner Erucasäure, welch letztere zwei Drittel der nicht flüchtigen Fettsäuren ausmacht[2]).

Gerstenöl.

Gerstensamenöl — Huile d'orge — Barley seed oil — Olio d'orzo.

Vorkommen: In den Samen der Gerste (*Hordeum vulgare* L.).

Physikalische und chemische Eigenschaften: Frisches Gerstenöl zeigt gelbe bis gelb-braune Farbe[3]). Es ist dickflüssig. Der Gehalt an Cholesterin ist recht hoch (4,70—6,08%). Der Lecithingehalt wird zu 3,06—4,24% angegeben[4]).

Spezifisches Gewicht	Säurezahl	Verseifungszahl	Jodzahl	Hehnerzahl	Beobachter
0,94174 (0,9145)	25	280	90	86	R. Meyer

Fettsäuren.

Verseifungszahl	Jodzahl	Brechungsindex bei 30° C	Beobachter
280	63,5	1,4745	R. Meyer

Hirseöl.

Huile de millet — Millet seed oil.

Vorkommen: Hirseöl ist in den Samen von Panicumarten (*Panicum miliaceum* L., *Panicum italicum* L., *Panicum germanicum* Rth., *Panicum spicatum* Roxb., *Pennisetum spicatum* Kcke. und *Panicum sanguinale* L.), zur Familie der Gramineen gehörig, enthalten, die in subtropischen Gegenden kultiviert werden. Der Fettgehalt ist sehr schwankend[5]).

Darstellung: Hirseöl wird durch Extrahieren oder Pressen aus den Polierrückständen gewonnen.

Physikalische und chemische Eigenschaften: Die Farbe ist hellgelb. Es ist alkohollöslich. Beim Stehen an der Luft scheiden sich aus dem Hirseöl glänzende Krystallflitterchen aus, die in Alkohol und Wasser unlöslich sind. Durch Umkrystallisieren aus Chloroform resultieren Krystalle, die bei 285° C schmelzen. Der Körper ist ein tertiärer Alkohol von der Zusammen-

---

[1]) König, Landw. Versuchsstationen **13**, 241 [1871]; **17**, 1 [1874]. — Stellwaag, Landw. Versuchsstationen **37**, 135 [1890].

[2]) Moljawko-Wysotzky, Chem.-Ztg. **18**, 804 [1894].

[3]) König, Landw. Versuchsstationen **13**, 241 [1871]. — Lermer, Untersuchung d. Gerste u. des daraus bereiteten Malzes. München 1862. — R. Meyer, Chem.-Ztg. **27**, 958 [1903]; Chem. Revue über d. Fett- u. Harzindustrie **10**, 254 [1903].

[4]) Stellwaag, Landw. Versuchsstationen **37**, 135 [1890]. — Wallerstein, Forschungsberichte 372 [1896].

[5]) Balland, Compt. rend. de l'Acad. des Sc. **136**, 239 [1898].

setzung $C_{12}H_{17}OCH_3$ und wird **Panicol** genannt[1]). Über die Fettsäuren liegen wenige Beobachtungen vor. **Kassner** fand **Ricinolstearinsäure** und **Hirseölsäure** von der Zusammensetzung $C_{18}H_{32}O_2$[2]). **Andrejew** fand in dem Öl der Dschugarahirse **Erucasäure** neben Ölsäure, Ricinolsäure und Linolsäure. Auch Valerian- und Ameisensäure wurden aufgefunden.

Sorghumöl. Mohrhirseöl.

Vorkommen: In den Samen der Mohrhirse, Sorghohirse (*Sorghum cernuum* Host., *Holcus cernuus* Ard., *Andropogon cernuum* Roxb.), einer Graminee, die in Turkestan angebaut wird.

Physikalische und chemische Eigenschaften: Sorghumöl ist ein gelbes, vaselinartiges Fett von eigenartigem Geruch. Es besteht aus den Glyceriden der Erucasäure (96%), Ricinolsäure, Ölsäure, Linol-, Ameisen- und Valeriansäure. Wahrscheinlich sind auch Caprin- und Laurinsäure vorhanden[3]). Lecithin wurde zu 0,23% festgestellt.

Spezifisches Gewicht bei 15° C	Schmelzpunkt	Verseifungszahl	Jodzahl	Hehnerzahl	Reichert-Meißlzahl
0,9282	39—40° C	172,1	98,89	96,1	2,1

Fettsäuren.

Schmelzpunkt	Jodzahl	Jodzahl der flüssigen Fettsäuren	Acetylzahl
43—44° C	101,63	148,08	9,64

Persimonöl. Dattelpflaumenöl.

Vorkommen: In den Samen der Dattelpflaume (*Diospyros virginiana* L.), einer Ebenacee, die in Nordamerika heimisch ist.

Physikalische und chemische Eigenschaften: Das Persimonöl zeigt bräunlichgelbe Farbe und einen erdnußähnlichen Geruch[4]).

Spezifisches Gewicht bei 15° C	Er-starrungs-punkt	Schmelz-punkt	Versei-fungs-zahl	Jodzahl	Hehner-zahl	Reichert-Meißlzahl	Acetylzahl nach Lew-kowitsch	Ausdehnungs-koeffizient
0,9244	—11° C	—6° C	188,0	115,6 (Hübl) 116,8 (Wijs) 114,5 (Hanus)	95,9	0,0	7,15	0,000649

Fettsäuren.

Spezifisches Gewicht bei 15° C	Erstarrungspunkt nach Dalican	Schmelz-punkt	Säurezahl	Molekulargewicht	Ausdehnungs-koeffizient
0,9033	20,2	23,8	192,7	291,5	0,000663

[1]) **Kassner**, Archiv d. Pharmazie **25**, 395 [1887]; Chem.-Ztg. Rep. **12**, 146 [1887]; Archiv d. Pharmazie **26**, 536 [1888]; Chem.-Ztg. Rep. **13**, 217 [1888].

[2]) **Andrejew**, Westnik. shirow. weschtsch. **6**, 155 [1905]; Chem.-Ztg. Rep. **30**, 56 [1906]; Chem. Revue über d. Fett- u. Harzindustrie **13**, 86 [1906].

[3]) **Andrejew**, Westnik. shirow. weschtsch. **4**, 186 [1903]; Chem.-Ztg. Rep. **27**, 263 [1903]; Chem. Revue über d. Fett- u. Harzindustrie **10**, 283 [1903].

[4]) **N. J. Lane**, Journ. Soc. Chem. Ind. **24**, 390 [1905]; Chem. Revue über d. Fett- u. Harzindustrie **12**, 137 [1905].

Kinobaumöl.

Dhak kino tree oil — Pallas tree oil.

Vorkommen: Das Öl kommt in den Samen des in Indien heimischen Kinobaumes, einer Leguminose (*Butea frondosa* Roxb., *Butea monosperma* Taub., *Erythrina monosperma* Lam.), vor[1]). Der Fettgehalt der Samen wurde zu 16,4% gefunden.

Physikalische und chemische Eigenschaften: Das Öl zeigt gelbe Farbe und ist von salbenartiger Konsistenz.

Das spez. Gew. bei 15° C wurde zu 0,917 gefunden. Der Schmelzpunkt der Fettsäuren liegt bei 45° C.

Baumwollsamenöl.

Cottonöl — Huile de coton — Cotton seed oil — Cotton oil — Olio di Cotone.

Vorkommen: Baumwollsamenöl wird aus den Samen von *Gossypium herbaceum* L., einer Malvacee, gewonnen. Außer dieser Art werden noch in den verschiedenen Baumwollbau treibenden Ländern nachstehende Baumwollarten angebaut: *Gossypium barbadense, Gossypium hirsutum, Gossypium peruvianum, Gossypium arboreum.* Als Anbauländer kommen Westindien, Nord- und Mittelamerika, Brasilien, Peru, Nordafrika, China, Ostindien in Frage. Die Baumwollsamen werden durch besondere Maschinen (Egreniermaschinen) von den Baumwollfasern getrennt. Das Verhältnis zwischen Fasern und Saat ist schwankend, 30—40% zu 66—70% Samen.

Der Gehalt der Baumwollsamen an Öl ist schwankend, wie nachstehende Zusammenstellung nach Lewkowitsch zeigt:

Ägyptische Saat (1899)	21,98% Öl
Ägyptische Saat (1900)	23,93% „
Mersyne (Levante)	18,67% „
Bombay	20,56% „
Amerikanische Saat	23,46% „

Die Schwankungen des Ölgehaltes hängen vom Wetter während der Samenreife ab.

Darstellung: Die Gewinnung des Cottonöls geschieht fast nur durch Pressung, fast nicht durch Extraktion. Entweder wird der Samen zerkleinert samt Schale und dann gepreßt, oder der von den Schalen befreite Samenkern wird ausgepreßt.

Physikalische und chemische Eigenschaften: Rohes Baumwollsamenöl ist dunkelbraun, rotbraun bis schwarz und zeigt einen eigentümlichen Geruch. Der Geschmack ist bitter kratzend. Es enthält wechselnde Mengen Schleim. Durch Zusatz einer zur Verseifung ungenügenden Menge Alkali bei 30° C wird der Farbstoff entfernt und das Öl raffiniert. Der Raffinationsrückstand heißt „Soap stock" und wird in der Seifenfabrikation verwendet. Für Öle, die zu Brennzwecken dienen sollen, wird zur Raffination Schwefelsäure benutzt. Das zu Speiseölzwecken dienende Cottonöl wird noch einem Bleichverfahren unterworfen. Dazu wird Fuller earth-Walkerde, ein Magnesium-Aluminiumhydrosilicat benutzt.

Gereinigtes Baumwollsamenöl ist reich an festen Triglyceriden, die sich besonders beim Abkühlen ausscheiden. Durch Demargarinieren werden die Öle kältebeständig gemacht. Man versteht darunter ein partielles Ausscheiden der festen Glyceride, die durch Zentrifugieren oder Filtration entfernt werden. Diese festen Glyceride werden als Cottonstearin bezeichnet.

Gereinigtes Baumwollsamenöl ist ungebleicht von hellgelber Farbe, von angenehmem Geruch und Geschmack. Man unterscheidet „Sommeröl", „Summer yellow oil", ein nicht gebleichtes und nicht demargariniertes Öl, das sich beim Abkühlen leicht trübt, ferner „Winteröl", „Winter yellow oil", aus ersterem durch Demargarinieren erhalten, „Summer white oil" durch Bleichen des Sommeröles, „Winter white oil" durch Bleichen des Winteröles gewonnen und Cottonstearin.

---

[1]) Heckel, Les graines grasses nouvelles **1902**, 94.

Spezifisches Gewicht bei	Erstarrungspunkt	Verseifungszahl	Jodzahl	Hehnerzahl	Maumené-Probe	Oleorefraktometer	Butterrefraktometer bei	Brechungsindex bei	Beobachter
15° C 0,922—0,930	—	191—196,5	—	—	74—75° C	—	—	—	Allen
99° C / 15,5° C 0,8725	—	195	—	—	—	—	—	—	Valenta
15° C 0,9228	—	191,6—193,5	106,8—108,3	—	—	—	—	—	Thomson u. Ballantyne
15° C 0,9222	—	191,8—194,7	106,6—110,8	—	50—53° C	—	—	—	De Negri u. Fabris
15° C 0,923—0,925	—	191—197	106—111	—	—	—	25° C 67,6—69,4	—	Benedikt u. Wolfbauer
15° C 0,922—0,926	—	—	—	—	—	—	—	—	Scheibe
17° C 0,923	—	—	—	—	—	—	—	—	Stilurell
Rohöl 18° C 0,9224 / Raffin. Öl 18° C 0,9230 / Weißes Öl 18° C 0,9288	—	—	—	—	—	—	—	—	Leone u. Longi
100° C 0,8672	—	—	—	—	—	—	—	—	Benedikt
—	0° bis —1° C Unter 12° C wird Stearin ausgeschieden	—	—	—	—	—	—	—	Shukoff
15° C 0,923—0,926	—	192—194,5	112—116	—	—	—	—	—	Moore
—	—	191,2	108,7	—	—	—	—	—	E. Dieterich
—	—	196	102—108,5	—	—	—	—	60° C 1,4570	Thörner
—	—	194—195	—	—	—	—	—	—	Holde
—	—	193—198	—	—	—	—	—	—	v. Hübl
—	—	—	106	—	—	—	—	—	Wilson
—	—	—	106—110	—	—	—	—	—	Wallenstein
—	—	—	107,8—108	—	—	—	—	—	Ulzer
—	—	—	105—110	—	—	—	—	—	Bensemann
—	—	—	—	95,87	—	—	—	—	Wijs
20° C 0,9174—0,9225	—	—	106,0—113,1	—	—	—	—	—	Baynes
—	—	—	—	—	77—84° C	—	—	15° C 1,4743—1,4753	Strohmer
—	—	—	—	—	—	—	—	—	Jean
—	—	—	—	—	—	+20	25° C 67,8	—	Beckurts u. Seiler
—	—	—	—	—	—	—	25° C 67,6—69,4	—	Mansfeld
—	—	—	—	—	—	—	—	—	Tortelli u. Pergami
—	—	—	—	—	—	—	20° C 79,4	20° C 1,4780	Utz
—	—	—	—	—	—	—	—	120° C 1,4722	Harvey
—	—	195,3—198,3	—	—	—	—	—	—	Wiley
18° C 0,9203	—	—	—	—	—	—	—	—	Lewkowitsch
—	—	—	100,9—116,9	—	80—90° C	—	—	—	Lengfeld u. Paparelli
—	—	—	105—110	95,9	—	—	—	—	Archbutt
—	—	—	—	96,17	—	—	—	—	Del Torre
—	—	—	—	—	75—76° C	—	72,3—75,6	15,5° C 1,4737—1,4757	Tolman u. Munson
—	—	—	—	—	68—70° C	—	—	60° C 1,4570	Thörner
—	—	—	—	—	—	+17 bis +23	—	—	Pearmain
—	—	—	—	—	—	—	40° C 58,4	—	White

Fettsäuren.

Spezifisches Gewicht bei	Erstarrungspunkt °C	Schmelzpunkt °C	Säurezahl	Verseifungszahl	Mittleres Molekulargewicht	Jodzahl	Jodzahl der flüssigen Fettsäuren	Acetylzahl	Brechungsindex bei	Beobachter
$\frac{99°\,C}{15{,}5°\,C}$ 0,8467	32	35,2	—	—	—	—	—	—	—	Allen
$\frac{100°\,C}{100°\,C}$ 0,8816	—	—	—	—	—	—	—	—	—	Archbutt
—	35,5	38,3	—	203,9	275	—	—	—	—	Valenta
—	30,5	35	—	—	—	—	—	—	—	v. Hübl
—	35	38	—	—	—	—	—	—	—	Bach
—	36	38,5	—	208	—	—	—	—	—	E. Dieterich
—	32—35	35—40	—	201,6	—	112—115	—	—	60° C 1,4460	Thörner
—	39—40	42—43	—	—	—	—	—	—	—	Bensemann
—	—	34—38	—	—	—	112,8 bis 113	—	—	—	De Negri u. Fabris
—	—	—	—	—	289	115,7	—	—	—	Williams
—	—	—	—	—	280	—	—	16,6	—	Benedikt u. Ulzer
—	—	—	—	—	—	110,9 bis 111,4	—	—	—	Morowski u. Demski
—	—	—	—	—	—	—	136	—	—	Muter u. Koningk
—	—	—	—	—	—	—	146,8 bis 148,2	—	—	Wallenstein u. Fink
—	—	—	194,3 bis 200,9	203,1 bis 204,5	275	—	—	—	—	Tortelli u. Pergami
15,5° C 0,92055 bis 0,9219 (W. v. 4° C=1) 40° C 0,90497 bis 0,90612 50° C 0,89861 bis 0,89972 100° C 0,86542 bis 0,86774	—	—	—	—	—	—	—	—	—	Crampton
—	Titertest 32,2—32,7 33,3—34,1 33,0—33,3 34,4—35,2 33,3—35,0 35,6—37,6 28,1—28,5	—	—	—	—	—	—	—	—	Lewkowitsch
—	—	34—35	—	—	—	—	—	—	—	De Negri u. Fabris
—	—	35—37	—	—	—	—	—	—	—	
—	—	37—38	—	—	—	—	—	—	—	
—	—	—	—	—	—	—	146,8 bis 148,2	—	—	Wallenstein u. Fink
—	—	—	—	—	—	—	147,8	—	—	
—	—	—	—	—	—	—	149	—	—	Lewkowitsch
—	—	—	—	—	—	—	141,9 bis 144,5	—	—	Bömer
—	—	—	—	—	—	—	148,9 bis 151,7	—	—	Tortelli u. Ruggeri
—	—	—	—	—	—	—	147,3	—	—	

Das Baumwollsamenöl besteht aus Triglyceriden der Öl- und Linolsäure und der Palmitinsäure[1]). Linolensäure soll in geringen Mengen vorhanden sein, doch wird diese Angabe von anderer Seite bestritten. Die Menge der Glyceride der festen Fettsäuren wechselt und hängt von der Menge des darin verbliebenen Stearins ab. Stearinsäure kommt auch in geringen Mengen vor.

Als Cottonölsäure bezeichnet Papasogli eine von ihm im Baumwollsaatöl aufgefundene, der Rininölsäurereihe zugehörende Säure[2]). Die Fettsäuren des Baumwollsamenöls bestehen aus 22—26% gesättigten und 73% ungesättigten Fettsäuren. Letztere setzen sich aus 26,5% Ölsäure und 46,5% Linolsäure zusammen[3]).

Die Angaben über das Vorhandensein schwefelhaltiger Körper sind widersprechend[4]).

Der Gehalt an unverseifbaren Bestandteilen schwankt zwischen 0,73% und 1,64% und besteht aus Phytosterin[5])[6]).

Baumwollsamenöl zeigt ein anderes Verhalten als die daraus dargestellten Fettsäuren. Letztere verhalten sich wie die eines nicht trocknenden Öles. Bei Ausführung der Livacheschen Probe absorbieren letztere nur 0,8% Sauerstoff, das Öl dagegen 5,9%. Bei der Elaidinprobe bildet Baumwollsamenöl eine gelbbraune salbenartige Masse.

Geblasenes Baumwollsamenöl entsteht durch Einblasen von Luft in das auf 90—100° C erhitzte Öl. Die Menge der oxydierten Säuren, die sich dabei bilden, ist gering, dagegen werden die hydroxylierten Fettsäuren stark vermehrt[7]).

Rohes Baumwollsaatöl dient in Japan als Abortivum. Raffiniertes Öl dient als Speiseöl und als Fälschungsmittel für andere Öle, zur Darstellung von Kunstschmalz, Margarine, besonders in Amerika (*Compound lard*). Ferner sei der Verwendung als Brennöl, Schmieröl, als Ausgangsmaterial für Seifen und Faktis gedacht.

Zum Nachweis von Baumwollsamenöl, besonders in Ölgemischen, eignet sich der hohe Schmelz- und Erstarrungspunkt der Fettsäuren, ferner die Jodzahl und die Jodzahl der flüssigen Fettsäuren.

Außer diesen Prüfungen empfiehlt es sich, eine Reihe von Farbenreaktionen, die dem Baumwollsamenöl eigentümlich sind, auszuführen. Speziell zum Nachweis in Gemischen sind eine große Anzahl von Farbenreaktionen von den verschiedensten Autoren empfohlen worden, doch ist die Zuverlässigkeit derselben nicht allzu groß, da vielfach das Alter des zu untersuchenden Öles und auch die Provenienz von großem Einfluß auf das Gelingen der Reaktion ist.

Die wichtigste Farbenreaktion ist die Halphensche Probe[8]). Die Ausführung geschieht in nachstehender Weise: Gleiche Volumteile Öl, Amylalkohol und Schwefelkohlenstoff, der 1% Schwefelblumen gelöst enthält, werden 10—15 Minuten im siedenden Wasser- oder Kochsalzbade erhitzt. Cottonöl erleidet eine orange bis rote Färbung.

Die Salpetersäurereaktion. Gleiche Volumina Öl und Salpetersäure (D. 1,375) werden geschüttelt, hierbei tritt Braunfärbung auf.

Die Silbernitratprobe nach Bechi. Benötigte Reagenzien (Nr. I) 1,0 Silbernitrat, Alkohol 98 Volumproz. 200 ccm, Äther 40,0, Salpetersäure 0,1 g. (Nr. II) Amylalkohol 100 ccm, Colzaöl 15 ccm. 70 ccm des zu prüfenden Öles werden mit 1 ccm Reagens Nr. I und 10 ccm Reagens Nr. II geschüttelt, in gleiche Teile geteilt und die eine Hälfte $1/4$ Stunde im siedenden Wasserbade erhitzt, die andere zum Vergleich beiseite gestellt. Erste zeigt bei Anwesenheit von Baumwollsamenöl Braunfärbung. Die Ausführung eines blinden Versuches mit den Reagenzien ist sehr empfehlenswert. Über 200° erhitztes Öl zeigt diese Reaktion nicht mehr[9]). Tortelli und Ruggeri empfehlen die Bechische Reaktion nur mit den flüssigen Fettsäuren auszuführen[10]).

Diese Methoden wurden von vielen Autoren modifiziert und ist zur näheren Orientierung das Studium der Spezialhandbücher zu empfehlen.

---

[1]) V. J. Meyer, Chem.-Ztg. **31**, 793 [1907].

[2]) Papasogli, Publ. del Labor. chim. delle Gabelle **3**, 90 [1893].

[3]) Fahrion, Chem.-Ztg. **24**, 654 [1900].

[4]) Dupont, Bulletin de la Soc. chim. [3] **13**, 696 [1895].

[5]) Charabot u. March, Bulletin de la Soc. chim. [3] **21**, 552 [1899].

[6]) Raikow, Chem.-Ztg. **23**, 760, 802 [1899].

[7]) Lewkowitsch, The Analyst **24**, 322 [1899].

[8]) Halphen, Journ. de Pharm. et de Chim. **6**, 390 [1886].

[9]) Soltsien, Zeitschr. f. öffentl. Chemie **5**, 306 [1899]. — Gill u. Dennison, Journ. Amer. Chem. Soc. **24**, 397 [1902]; Chem. Revue über d. Fett- u. Harzindustrie **9**, 134 [1902].

[10]) Tortelli u. Ruggeri, Annali del Labor. delle Gabelle 1900.

Die Ansichten, welche Verbindungen die Träger der Farbenreaktionen sind, gehen zum Teil weit auseinander.

Als Nebenprodukt bei der Darstellung des Winteröles wird durch Abkühlung das Baumwollstearin gewonnen (Margarine de Coton, Margarine végétale, Cotton seed stearin, Margarina di cotone). Dasselbe stellt ein gelbes, butterartiges Fett dar, dessen Konsistenz mit dem Gehalt an flüssigen Glyceriden schwankt. Das Baumwollstearin zeigt dieselben Farbenreaktionen wie das Baumwollsamenöl, auch sind die chemischen Konstanten ziemlich ähnlich

Spezifisches Gewicht bei	Erstarrungspunkt	Schmelzpunkt	Verseifungszahl	Jodzahl	Hehnerzahl	Maumenéprobe	Beobachter
15° C 0,9230	—	—	—	—	—	—	Schädler
15° C 0,91884	—	—	—	—	—	—	Crampton
37,5° C 0,9115 bis 0,9120 }	—	32,2° C	—	—	95,5	—	Muter
40° C 0,90313	—	—	—	—	—	—	Crampton
50° C 0,89671	—	—	—	—	—	—	„
$\frac{99°\,C}{15,5°\,C}$ 0,8684	31—32,5° C	40° C	—	89,8	—	—	Allen
100° C 0,867	—	30—31° C	194,6	93,6	96,3	48°	Hart[1])
100° C 0,86463	—	—	—	—	—	—	Crampton
—	16—22° C	26—29° C	—	88,7	—	—	De Negri u. Fabris[2])
—	—	39° C	—	—	—	—	Mayer
—	—	—	—	99,2—103,8	—	—	Schweitzer u. Lungwitz
—	—	—	—	88,3—95	—	—	Wijs
—	Titertest 16—16,05° C	—	194,8—195,1	92,7—92,8	—	—	Lewkowitsch

Fettsäuren.

Erstarrungspunkt	Schmelzpunkt	Jodzahl	Beobachter
21—23° C	27—30° C	94,3	De Negri und Fabris
34,9—35,1° C (Titertest)	—	—	Lewkowitsch

Thespesiaöl.

Vorkommen: In den Samen einer Malvacee (*Thespesia populnea* Corr., *Hibiscus populneus* L.), eines in Afrika und Asien vorkommenden Baumes, finden sich 18% eines gelbroten dickflüssigen Öles, das als Arznei in seinen Ursprungsländern verwendet wird.

Kapoköl.

Capochöl — Huile de Capock — Kapok oil — Olio di capoc.

Vorkommen: Kapoköl kommt in den Samen des Woll- oder Paujabaumes (*Eriodendron aufractuosum* D. C.[3]), *Bombax pentandrum* L., *Ceiba pentandra* L. Gaertn.), einer auf den Antillen in Mexiko, Guayana, in Afrika, West- und Ostindien und auf Java heimischen Bombacee, vor.

Darstellung: Durch Auspressen gewonnen. Die Samen enthalten etwa 24% fettes Öl[4]).

Physikalische und chemische Eigenschaften: Kapoköl zeigt angenehmen Geschmack und Geruch und ist von grünlichgelber Farbe. Es ist ziemlich dickflüssig und scheidet beim Stehen festes Stearin ab, ähnlich wie das Baumwollsaatöl, mit dem es große Ähnlichkeit zeigt.

---

[1]) Hart, Chem.-Ztg. **17**, 1520 [1893].
[2]) De Negri u. Fabris, Zeitschr. f. analyt. Chemie **33**, 563 [1894].
[3]) Harz, Landw. Samenkunde. Berlin 1895. S. 751. — Engler Prantl, Pflanzenfamilien **3** [6], 56 [1899].
[4]) Hefter, Chem. Revue über d. Fett- u. Harzindustrie **9**, 274 [1902].

Die Fettsäuren bestehen zu 70% aus flüssigen und zu 30% aus festen Fettsäuren[1]).
Kapoköl gibt fast ähnliche Farbenreaktionen wie das Baumwollsaatöl. Es dient als Speiseöl und zur Seifenfabrikation

Spezifisches Gewicht bei	Er-starrungs-punkt	Hehner-zahl	Ver-seifungs-zahl	Jodzahl	Reichert-Meißlzahl	Maumené-probe	Refrakto-meter bei	Beobachter
18° C 0,9199	—	94,9	181	116	—	95°	—	Henriques[2])
15° C 0,9237	—	95,4	196,5	75,5	3,3	—	—	Philippe
100° C 0,8613	—	—	205	68,5	—	—	40° C 51,3	Durand u. Baud[3])
15° C 0,9300	—	—	200,5	79	—	—	25° C 68	Schindler u. Waschata

Fettsäuren.

Spezifisches Gewicht bei 18° C	Er-starrungs-punkt	Schmelzpunkt	Ver-seifungs-zahl	Mittleres Molekular-gewicht	Jod-zahl	Acetyl-zahl	Beobachter
0,9162	23—24° C	29° C	191	293	108	—	Henriques
—	32° C	—	—	—	—	—	Durand u. Baud
—	31,5° C	35,5—36° C	204,8	274	—	86	Philippe
—	34° C	38° C	202	277	77	—	Schindler u. Waschata

Baobaböl.

Affenbrotbaumöl — Huile de Baobab — Baobab Oil — Olio di baobab.

Vorkommen: Das Öl findet sich in den Samen des Affenbrotbaumes (*Adansonia digitata* L., *Adansonia madagascariensis* Baillon, *Adansonia Gregorii* Müller). Dieselben enthalten 63,2% Fett[4]).

Darstellung: Die Gewinnung geschieht zurzeit noch sehr primitiv durch Auskochen mit Wasser.

Physikalische und chemische Eigenschaften: Das Baobaböl stellt eine weißliche bei 15° feste Masse dar, deren Schmelzp. bei 25° C liegt. Bei 34° ist das Öl vollkommen flüssig. Geruch und Geschmack ist angenehm. Es wird sehr schwer ranzig.

Chorisiaöl.

Vorkommen: In den Samen von *Chorisia Peckoltiana* Mart., einer Bombacee.

Physikalische und chemische Eigenschaften: Es stellt ein hellgelbes Öl dar, dessen Ver-seifungszahl 214—218,4 und Jodzahl zu 54° gefunden wurde[5]).

Auf Ölsäure berechnet betrug der Säuregehalt 6,58%.

Paineiraöl.

Vorkommen: In den Samen von Paineira de Campa Bombax, einer Bombacee.

Physikalische und chemische Eigenschaften: Das Öl ist von dunkelgelber Farbe und scharfem Geruch. Die Verseifungszahl wurde zu 131,32—134,68 gefunden, die Jodzahl zu 54,0[5]).

[1]) Philippe, Moniteur scient. **37**, 728 [1902].
[2]) Henriques, Journ. Soc. Chem. Ind. **13**, 147 [1894]; Chem.-Ztg. **17**, 1283 [1893].
[3]) Durand u. Baud, Annales de chimie analyt. appl. **8**, 328 [1903].
[4]) Balland, Journ. Pharm. Chim. [6] **20**, 529 [1904]; Chem. Revue über d. Fett- u. Harzindustrie **12**, 53 [1905].
[5]) Niederstadt, Berichte d. Deutsch. pharmaz. Gesellschaft **12**, 144 [1902].

Sesamöl.

Huile de Sésam — Gingelly oil — Teel Oil — Olio di sesamo.

Vorkommen: Das Sesamöl kommt in den Samen von *Sesamum indicum* L. und *Sesamum orientale* L., einer zur Familie der Pedaliaceen gehörigen Pflanze, vor. Für den Handel kommen nur diese beiden Arten in Frage, es gibt natürlich noch eine ganze Reihe von Spielarten. Die Heimat des Sesams ist Indien. Anbauländer sind: Indien, China, Japan, Persien, Nordägypten, Italien, Türkei, Rumänien, Griechenland, Rußland und Südamerika.

Der Handel unterscheidet indische, afrikanische und levantinische Saat.

Die Zusammensetzung der Sesamsamen wechselt je nach den verschiedenen klimatischen und Bodenverhältnissen, Düngung usw.[1]). Der Ölgehalt beträgt 51—77% [1]).

Darstellung: Das Sesamöl wird durch Auspressen gewonnen. Zwei Pressungen werden kalt, eine mit erwärmtem Preßgute ausgeführt. Das Öl der beiden ersten Pressungen dient zu Speisezwecken.

Vor der Pressung wird die Sesamsaat einer Reinigung, Schälung und Entstaubung unterworfen.

Physikalische und chemische Eigenschaften: Das kaltgepreßte Sesamöl ist farblos bis hellgelb, die heißgepreßten Öle sind dunkel, auch sind letztere dickflüssiger. Der Geschmack der kaltgepreßten Öle, ebenso deren Geruch ist angenehm, heißgepreßte Öle riechen streng und schmecken bitter.

Sesamöl besteht aus den Glyceriden der Öl-, Stearin-, Palmitin- und Linolsäure. Feste Fettsäuren wurden 12,1—14,1% isoliert[2])., flüssige Fettsäuren 78,1% [3]). Durch Überführung des Öles in die Bariumseife, Extrahierung des Rückstandes mit Alkohol und Umkrystallisieren aus Petroläther konnten noch nachstehende Verbindungen aus Sesamöl isoliert werden[4]), welche zum Teil die Ursache jener Farbenänderungen bilden, die unter den Namen B a u d o n i n - sche oder Furfurolreaktion bekannt sind.

1. Das S e s a m i n $C_{11}H_{12}O_3)_2$, lange farblose Nadeln aus Alkohol, prismatische Krystalle aus Chloroform. F. 123°. $[\alpha]_D^{22}$ 68,36. Unlöslich in Wasser, Äther, Petroläther, Alkalien und Mineralsäuren, leicht löslich in Chloroform, Benzol, Eisessig. Gibt die Reaktion mit Furfurol und HCl nicht, absorbiert kein Jod und gibt mit Phenylhydrazin keine Verbindung. Indentisch mit dieser Verbindung ist anscheinend ein von J. T o c h e r aus Sesamöl durch Extraktion mit Essigsäure und Alkohol dargestellter Körper, der auf Grund von Elementaranalysen und Molekulargewichtsbestimmungen (nach R a o u l tscher Methode in Benzol und Essigsäure) die Formel $C_{18}H_{18}O_5$ erhielt[5]) Schmelzp. 118° C. Er löst sich leicht in Äther, Chloroform, Benzol, Eisessig, Schwefelkohlenstoff, unlöslich in Alkalien und Mineralsäuren. Die Verbindung gibt die B a u d o n i n sche Farbenreaktion nicht.

2. Ein Alkohol vom Schmelzp. 137,5° C. $C_{25}H_{44}O + H_2O$. $[\alpha]_D^{20}$ —34,23° [4]). Neuere Untersuchungen ergaben für den Körper die Formel $C_{26}H_{24} \cdot O + \frac{1}{2} H_2O$ [6]). Farblose Blättchen. Nach L e w k o w i t s c h besteht die Verbindung aus Phytosterin. Über die Trennung des Phytosterins von Sesamin hat B ö r n e r Untersuchungen angestellt, die sich auf die verschiedene Löslichkeit in Äther gründen[7]). Auch dieser Alkohol gibt die B a u d o n i n sche Farbenreaktion nicht.

3. Ein dickes stickstofffreies, geruchloses, nicht krystallisierbares Öl, das in Alkohol, Äther, Chloroform und Eisessig leicht löslich ist. Dieses Öl ist der eigentliche Träger der Sesamölreaktion, bzw. enthält die Substanz, die mit Zucker und Salzsäure die charakteristische Reaktion gibt. Mit der Untersuchung dieses Körpers haben sich besonders M e r k l i n g,

---

[1]) H e b e b r a n d, Landw. Versuchsstation **51**, 53 [1898]. — S p r i n g m e y e r u. W a g n e r, Zeitschr. f. Unters. d. Nahr.- u. Genußm. **10**, 347 [1905]. — Chem. Revue über d. Fett- u. Harzindustrie **12**, 246 [1905].

[2]) F a r n s t e i n e r, Chem.-Ztg. **20**, 213 [1896].

[3]) L a n e s, Journ. Soc. Chem. Ind. **20**, 1083 [1901].

[4]) V i l l a v e c c h i a u. F a b r i s, Annali del Labor. chim. delle Gabelle **3**, 13 [1893]; Zeitschr. f. angew. Chemie **6**, 17 [1893].

[5]) J. T o c h e r, Pharm. Journ. and Trans. **21**, 1083 [1891]; **23**, 700 [1893]; Chem.-Ztg. Rep. **17**, 121 [1893].

[6]) F. C a n z o n e r i u. F. P e r c i a b o s c o, Gazzetta chimica ital. **33**, II, 253 [1903].

[7]) C. B ö r n e r, Zeitschr. f. Unters. d. Nahr.- u. Genußm. **5**, 705 [1899].

Villavecchia und Fabris[1]), Canzoneri und Perciabosco[2]), Malagnini und Amanni[3]) und J. Tocher[4]) befaßt. Durch Behandlung des Öles mit einer Mischung von Alkohol und Petroläther läßt sich ein weißer, in Wasser unlöslicher, in Alkohol, Äther, Chloroform und Eisessig löslicher Körper vom Schmelzp. 94° C isolieren. Als ein Spaltungsprodukt wurde von Kreis[5]) und besonders von Malagnini und Armanni[3]) das Sesamol isoliert, ein phenolartiger Körper, der Methyläther des Oxyhydrochinons vom Schmelzp. 57°

$$\text{CH}_2\text{—O}$$
$$\diagdown \text{O} \diagup$$
$$\text{OH}$$

Sesamöl dreht die Ebene des polarisierten Lichtes nach rechts.

Der Gehalt an unverseifbaren Substanzen schwankt zwischen 0,95—1,32%, auch der Gehalt an freien Säuren, auf Ölsäure berechnet, wechselt, er ist am höchsten bei warm gepreßten Ölen.

Zwischen Jodzahl und spez. Gewicht bestehen Beziehungen derart, daß bei gleicher Jodzahl das spez. Gewicht um so höher ist, je schlechter die Qualität des Öles ist.

Die physikalischen und chemischen Konstanten des Sesamöles und der daraus dargestellten Fettsäuren sind aus nachstehenden Tabellen ersichtlich.

Die für Sesamöl charakteristischste Reaktion ist die Baudouinsche Farbenreaktion oder Furfurolreaktion. Nach den Angaben von Villavecchia und Fabris verfährt man wie folgt: 0,1 g Zucker werden in 10 ccm Salzsäure von 1,18 (23° Bé) gelöst, mit 20 ccm des zu untersuchenden Öles kräftig geschüttelt und stehen gelassen. Nach dem Abtrennen der wässerigen Schicht erscheint dieselbe bei Gegenwart von Sesamöl karmoisinrot gefärbt. Die beiden Autoren schreiben das Auftreten der Rotfärbung der Einwirkung des durch Salzsäure aus Zucker gebildeten Furfurols, das mit dem Sesamöl sich zu einer rotgefärbten Verbindung kondensiert. An Stelle von Rohrzucker kann auch eine 2proz. Fufurollösung benutzt werden[6]) (0,1 ccm Furfurollösung, 10 ccm Salzsäure, 1,19 und 10 ccm Öl). Diese Bedingungen sind genau einzuhalten, da Salzsäure und Furfurol allein Färbungen gibt. Es läßt sich mit Hilfe dieser Methode noch ein Zusatz von 1% Sesamöl in anderen Ölen nachweisen. (Bei der Untersuchung einiger abnormer Olivenöle erwies es sich als vorteilhaft, die Reaktion mit den flüssigen Fettsäuren auszuführen, da die färbende Substanz dieser Öle nicht in die flüssigen Fettsäuren übergeht)[7]).

Zur Ausführung der eben beschriebenen Farbenreaktion sind eine Unzahl von Modifikationen beschrieben worden, deren Anwendung aber nicht empfehlenswert erscheint. Als sehr zuverlässige Reaktion auf Sesamöl gilt noch die Zinnchlorürreaktion von Soltsien[8]), die auf der reduzierenden Wirkung des Zinnchlorürs beruht und ebenfalls eine himbeerrote Färbung erzeugt, doch ist zu bemerken, daß bei Fettsäuregemischen und bei Untersuchung alter Öle diese Reaktion im Stiche läßt.

Das kalt gepreßte Sesamöl wird in großer Menge als Speiseöl benutzt, ferner werden in der Margarinefabrikation große Quantitäten benötigt, da ein Zusatz von 10% auf 100 T. Margarine in Deutschland und Österreich gesetzlich vorgeschrieben ist.

Auch als Brennöl und in der Seifenindustrie wird Sesamöl verbraucht.

Als Verfälschungen des Sesamöles werden Cottonöl, Mohnöl, Rüböl und Arachisöl benutzt.

---

[1]) Villavecchia u. Fabris, Annali del Labor. chim. delle Gabelle **3**, 13 [1893]; Zeitschr. f. angew. Chemie **6**, 17 [1893].

[2]) F. Canzoneri u. F. Perciabosco, Gazzetta chimica ital. **33**, II, 253 [1903].

[3]) Malagnini u. Amanni, Chem.-Ztg. **31**, 884 [1907].

[4]) J. Tocher, Pharm. Journ. and Trans. **21**, 1083 [1891]; **23**, 700 [1893]; Chem.-Ztg. Rep. **17**, 121 [1893].

[5]) Hans Kreis, Chem.-Ztg. **27**, 1030 [1903]. — E. Gerber, Zeitschr. f. Unters. Nahr.- u. Genußm. **13**, 65 [1907].

[6]) Villavecchia u. Fabris, Annali del Labor. chim. delle Gabelle **3**, 13 [1903]; Zeitschr. f. angew. Chemie **6**, 505 [1893].

[7]) Tortelli u. Ruggeri, Chem.-Ztg. **22**, 601 [1898].

[8]) Soltsien, Zeitschr. f. öffentl. Chemie **3**, 63 [1897].

	Spezifisches Gewicht bei	Erstarrungspunkt	Verseifungszahl	Jodzahl	Hehnerzahl	Reichert-Meißlzahl	Maumené-sche Probe	Butter-refraktometer	Oleo-refraktometer	Brechungs-exponent	Polarisation	Beobachter
	15° C 0,9225	—	—	—	—	—	—	—	—	—	—	Souchère
	15° C 0,923 bis 0,924	—	—	—	—	—	—	—	—	—	—	Allen
	15° C 0,9230 bis 0,9237	—4 bis —6° C	188,5—190,4	107—108	—	—	63—64° C	—	—	—	—	De Negri u. Fabris
	15° C 0,921 bis 0,924	—	187—192	—	—	—	—	—	—	—	—	Benedikt u. Wolfbauer
	15° C 0,9218 bis 0,9232	—	—	104,8—107,7	—	—	—	20° C 71,1 25° C 66,2—67,5 40° C 58,2—59,5	—	20° C 1,4730	+0,8 bis +1,6	Utz
	23° C 0,9218 bis 0,9232	—	—	108,0—111,7	—	—	—	—	—	—	—	E. Dieterich
	15° C 0,9229	—	186,5—192,7	103,6—116,5	—	—	—	25° C 69—76	—	—	—	K.-Dieterich
	—	—5° C	—	—	—	—	—	—	—	—	—	Girard
	—	—	190	—	—	—	—	—	—	—	—	Valenta
	—	—	187,6—191,6	106,4—109	—	—	—	—	—	—	—	Filsinger
	—	—	192—193	103—105	⊢	1,2	—	—	—	60° C 1,4561	—	Thörner
	—	—	188—193	106—109	—	—	—	—	—	—	—	Ulzer
	—	—	188—190	114—115	—	—	—	—	—	—	—	Shukoff
	—	—	—	106	—	—	—	—	—	—	—	v. Hübl
	—	—	—	102,7	—	—	—	—	—	—	—	Moore
	—	—	—	106—109	—	—	—	—	—	—	—	Holde
	—	—	—	—	95,86	—	—	—	—	—	—	Bensemann
	—	—	—	—	95,6	—	—	—	—	—	—	Dietzel u. Kreßner
	—	—	—	—	—	0,35	—	—	—	—	—	Medicus u. Scherer
	—	—	—	—	—	—	68	—	—	—	—	Maumené
	—	—	—	—	—	—	65	—	—	—	—	Archbutt
	—	—	—	—	—	—	—	25° C 69	—	—	—	Beckurts u. Seiler
	—	—	—	—	—	—	—	25° C 67—68,2	—	—	—	Mansfeld
	—	—	—	—	—	—	—	—	—	15° C 1,4748—1,4762	—	Strohmer
	—	—	—	103,9—114,6	—	—	—	—	+17 bis +18°	—	—	Jéan
	20° C 0,9170 bis 0,9210	—	—	—	—	—	—	—	—	—	—	Wijs
Indisches Öl	15° C 0,9225 bis 0,9243	—	188,80—190,18	108,11—110,30	95,23 bis 95,25	0,40	—	25° C 67—69,2 40° C 58,5—60,5	—	—	+1,03	Sprinkmeyer u. Wagner
Levantinisches Öl	15° C 0,9225 bis 0,9244	—	188,80—189,42	108,21—109,92	95,01 bis 95,62	0,17 bis 0,20	—	25° C 68,0 40° C 59,5—60,0	—	—	+1,11	Sprinkmeyer u. Wagner
Afrikanisches Öl	15° C 0,9238 bis 0,9244	—	188,30—189,56	113,94—115,74	95,20 bis 95,86	0,28 bis 0,30	—	25° C 68,5—69,2 40° C 60,0—60,6	—	—	+1,42	Sprinkmeyer u. Wagner
	—	—	189,2	—	—	—	—	—	—	—	—	Lane
	—	—	—	110,9 (nach Wijs)	—	—	—	—	—	—	—	Visser
	—	—	—	—	—	—	—	—	—	20° C 1,4727—1,4730	—	Harvey
	18° C 0,9208 bis 0,9212	—	—	—	—	—	—	—	—	—	—	Long
	35° C 0,9078 bis 0,9098	—	—	—	—	—	—	—	—	—	—	Long
	—	—	194,6	—	—	—	—	—	—	—	—	Longi u. Leone
	—	—	—	107—112	—	—	—	—	—	—	—	Peters
	—	—	—	105—107	—	—	—	—	—	—	—	Oliveri
	—	—	—	105,2—110,3	—	—	—	—	—	—	—	Wijs
	—	—	—	106,1—114,5	—	—	—	—	—	—	—	Wijs

Fettsäuren.

	Erstarrungspunkt bei	Schmelzpunkt bei	Verseifungszahl	Mittleres Molekulargewicht	Jodzahl	Jodzahl der flüssigen Fettsäuren	Acetylzahl	Butterrefraktometer bei	Brechungsindex	Beobachter
	22,3° C	26° C	—	—	—	—	—	—	—	v. Hübl
	28,5° C	31,5° C	—	—	—	—	—	—	—	E. Dieterich
	18,5° C	23° C	—	—	—	—	—	—	—	Allen
	25—26° C	Beginn: 25—26° C Ende: 29—30° C	—	—	—	—	—	—	—	Bensemann
	20—22° C	24—26° C	—	—	112	—	—	—	—	De Negri u. Fabris
	23,5° C	25—32° C	201,6	—	110—111	—	—	—	1,4461	Thörner
	23,4° C	—	—	—	—	...	—	—	—	Shukoff
	—	24,2—24,8° C	—	—	—	—	—	25° C 51—53,5 / 40° C 45—47,2	—	Utz
	—	—	199,3	286	—	—	—	—	—	Valenta
	—	—	—	279,5	—	—	11,5	—	—	Benedikt u. Ulzer
	—	—	—	—	108,9 bis 111,4	—	—	—	—	Morawski und Demsk
Indische u. Levantinische Öle	20,2—23,8	25,2—29,5° C	197,04 bis 199,58	—	113,63 bis 115,83	126,28 bis 127,20	—	25° C 54—55 40° C 45,5—46,8	—	Sprinkmeyer und Wagner
Afrikan. Öle	20,4—22,8	24,5—26,5° C	197,54 bis 199,19	—	118,94 bis 120,64	132,59 bis 132,69	—	25° C 55,4—56 40° C 47,2—47,7	—	
	21,4 (Titer)	—	—	—	—	139.9	—	—	—	Lane
	22,9—23,55	—	—	—	—	—	—	—	—	Lewkowitsch
	23,7—23,8	—	—	—	—	—	—	—	—	—
	21,2—22,93	—	—	—	—	—	—	—	—	—
	—	21—30	—	—	—	—	—	—	—	Peters
	—	—	—	—	—	130.9 bis 136.3	—	—	—	Tortelli u. Ruggeri
	—	—	—	—	—	129,4	—	—	—	

Zusatz von trocknenden Ölen wird durch die erhöhte Jodzahl und die Temperatursteigerung bei der Maumenéschen Probe erkannt. Cottonöl läßt sich mit Hilfe der Halphenschen Reaktion erkennen. Schmelz- und Erstarrungspunkt der Fettsäure geben auch Anhaltspunkte. Rüböl wird durch die erniedrigte Verseifungszahl und die veränderten Schmelz- und Erstarrungspunkte der Fettsäuren erkannt. Arachisöl endlich läßt sich durch den Nachweis der Arachinsäure erkennen, auch deutet ein Sinken des spez. Gewichts auf diese Fälschung hin.

Mohnöl gibt sich durch eine erhöhte Jodzahl zu erkennen.

Bignoniaöl.

Vorkommen: Das Bignoniaöl kommt in den Samen von *Bignonia flava* Villos = *Stenolobium stans*, einer Bignoniacee, vor[1]).

Physikalische und chemische Eigenschaften: Es ist ein gelbrotes Öl von eigentümlichem Geruch. Der Gehalt an freien Fettsäuren ist sehr hoch (23,3% als Ölsäure berechnet).

Verseifungszahl	Jodzahl	Beobachter
185,27—186,09	93,9	Niederstadt

Pithecocteniumöl.

Vorkommen: Das Öl ist in den Samen von *Pithecoctenium echinatum* K. Schumann, einer Bignoniacee, enthalten.

---

[1]) Niederstadt, Berichte d. Deutsch. pharmaz. Gesellschaft **12**, 144 [1902].

Physikalische und chemische Eigenschaften: Es ist gelb, in der Kälte durch krystallinische Ausscheidungen trübe, die sich beim Erwärmen lösen. Der Gehalt an freien Fettsäuren, auf Ölsäure berechnet, wurde zu 25,8% gefunden[1]).

Verseifungszahl	Jodzahl	Beobachter
181,6—184,8	50,7	Niederstadt

Bucheckernöl.

Buchenkernöl — Buchnußöl — Huile de faines — Huile de fruits de Kêtre — Beechnut oil — Olio di faggio.

Vorkommen: Bucheckernöl wird aus den Früchten der Rotbuche (*Fagus silvatica* L.) durch Auspressen gewonnen. Der Fettgehalt der Samen beträgt 42,5%[2]).

Physikalische und chemische Eigenschaften: Kalt gepreßtes Öl ist von hellgelber Farbe und angenehmem Geruch[3]). Es besteht zum größten Teile aus Olein; Palmitin und Stearin sind nur wenig vorhanden.

Der Gehalt an freier Fettsäure ist sehr gering, daher ist die Haltbarkeit eine sehr hohe.

Das Bucheckernöl dient als Speiseöl, auch findet es als Brennöl Verwendung, besonders die warm gepreßten Öle.

Spezifisches Gewicht bei 15° C	Erstarrungspunkt °C	Verseifungszahl	Jodzahl	Hehnerzahl	Maumené-Probe	Oleorefraktometer	Beobachter
0,9225	—17	—	—	—	—	—	Chateau
0,920	—	—	—	—	—	—	Souchère
0,9225	—	—	—	—	—	—	Schübler
0,9205	—	—	—	—	—	—	Massie
0,9220 bis 0,9225	—17 bis —17,5	191 bis 196	111,2	—	63—65° C	—	De Negri u. Fabris
—	—	196,25	104,4	95,16	—	—	Girard
—	—	—	—	—	65° C	—	Maumené
—	—	—	—	—	—	+16,5 bis +18	Jéan
—	—	—	120,1	—	—	—	Wijs
—	—	—	108,72	—	—	—	G. Sani

Fettsäuren.

Erstarrungspunkt	Schmelzpunkt	Jodzahl	Beobachter
bei 17° C	24° C	—	Girard
—	23° C	114	De Negri und Fabris

Eichelöl.

Eicheckernöl — Huile de gland — Acorn oil — Olio di ghiande.

Vorkommen: Das Öl kommt in den Früchten der Eiche (*Quercus agrifolia* L.) vor und wird daraus durch Extrahieren gewonnen.

Physikalische und chemische Eigenschaften: Es zeigt dunkelbraune Farbe und Fluorescenz[4]).

---

[1]) Niederstadt, Berichte d. Deutsch. pharmaz. Gesellschaft **12**, 144 [1902].

[2]) J. König, Chemie d. Nahrungs- u. Genußmittel. Berlin 1903. **1**, 612; Landw. Ztg. f. Westfalen u. Lippe **4**, 38 [1889].

[3]) G. Hefter, Chem. Revue über d. Fett- u. Harzindustrie **12**, 11, 30 [1905].

[4]) Blasdale, Journ. Amer. Chem. Soc. **17**, 935 [1895].

Spezifisches Gewicht bei 15° C	Erstarrungs- punkt bei	Ver- seifungs- zahl	Jodzahl	Maumené- Probe	Brechungs- index	Beobachter
0,9162	—10° C	199,3	100,7	60° C	1,4731	Blasdale

Die Elaidinprobe ist nicht ausgesprochen, das Öl wird auch den nicht trocknenden Ölen zugeschrieben.

Citronenkernöl.

Vorkommen: Das Öl ist in den Samen der Citrone (*Citrus Limonum* Hook, *Citrus medica* Risso), einer Rutacee, enthalten.

Darstellung: Aus den getrockneten und zerkleinerten Kernen durch Extraktion. Petrol- äther entzieht ein farbloses bis gelbes Öl von mandelähnlichem Geschmack, Äther ein stark bitter schmeckendes Öl[1]), infolge des Gehaltes an Limonin ($C_{22}H_{26}O_7$).

Physikalische und chemische Eigenschaften: Die Fettsäuren sollen aus Palmitin-, Stearin-, Öl-, Linol-, Linolen- und Isolinolensäure bestehen.

Spezifisches Gewicht bei 15° C	Verseifungszahl	Jodzahl	Acetylzahl	Beobachter
0,9	188,35	109,2	13,65	Peters und Frerichs

Apfelsinensamenöl. Orangensamenöl.

Huile d'oranges — Orange seed oil — Olio d'arancia.

Vorkommen: Das Apfelsinensamenöl, aus den Samen von *Citrus aurantium* L. stammend, ähnelt dem Citronenkernöl[2]).

Physikalische und chemische Eigenschaften: Die Samen enthalten 20—28% Öl. Das Öl zeigt gelbe Farbe.

Spezifisches Gewicht	Säurezahl	Verseifungs- zahl	Jodzahl	Hehner- zahl	Brechungs- index bei 21° C	Beobachter
0,923	38,3	229	104	95	1,47137	R. Meyer

Fettsäuren.

Verseifungs- zahl	Jodzahl	Erstarrungs- punkt	Schmelzpunkt	Brechungsindex	Beobachter
280	74	35° C	40° C	1,45741	R. Meyer

Paranußöl.

Huile de chataignes du Brésil — Huile de castanheiro — Brazil nut oil — Olio di noci del Brasile.

Vorkommen: Das Paranußöl kommt in den Samen von *Bertholletia excelsa* Humb. und *Bertholletia nobilis*, einer Lecythidacee, vor. Die Heimat ist Südamerika, am Amazonen- strom und in Guayana. Der Fettgehalt der Samen beträgt 65,45—69,84% [3]).

Darstellung: Das Öl wird durch Pressen gewonnen.

---

[1]) W. Peters u. G. Frerichs, Archiv d. Pharmazie **240**, 659 [1902]; Chem. Revue über d. Fett- u. Harzindustrie **10**, 59 [1903].

[2]) R. Meyer, Chem.-Ztg. **27**, 958 [1903]; Chem. Revue über d. Fett- u. Harzindustrie **10**, 254 [1903].

[3]) Schädler, Technologie der Fette u. Öle. 2. Aufl. Leipzig 1892. S. 583. — König, Chemie d. Nahrungs- u. Genußmittel. 4. Aufl. Berlin 1903. **1**, 616.

Physikalische und chemische Eigenschaften: Das Öl ist hellgelb, von angenehmem Geruch und Geschmack. Es scheidet beim Stehen an der Luft feste Triglyceride ab. Der Gehalt an freien Fettsäuren wurde zu 15,9% gefunden[1]). Das Öl dient als Speiseöl, zu Brennzwecken und zur Herstellung von Seifen.

Spezifisches Gewicht bei 15° C	Erstarrungspunkt	Verseifungszahl	Jodzahl	Maumené-probe	Beobachter
0,9185	—1° C	—	—	—	Schädler
0,9170—0,9185	0—4° C	193,4	95—106,2	50—52° C	De Negri und Fabris
—	—	170,4	90,6	—	Niederstadt

Fettsäuren.

Schmelzpunkt	Jodzahl	Erstarrungspunkt	Beobachter
28—30° C	108	—	De Negri und Fabris
—	—	31,1—32,25	Lewkowitsch

Paradiesnußöl.

Paradieskörneröl — Huile de noix de paradis — Paradise nut oil — Olio di noci del paradiso.

Vorkommen: Das Paradieskörneröl entstammt den Samen eines in Brasilien und Guayana heimischen Baumes, *Lecythis zabucajo* Aubl., *Quatelé zambucajo*, einer Myrtacee. Die Paradiesnüsse enthalten 50% Öl.

Physikalische und chemische Eigenschaften: Das Öl ist schwach gelb gefärbt. Der Säuregehalt einer durch Petroläther extrahierten Probe betrug 3,19[2]).

Spezifisches Gewicht bei 15° C	Erstarrungspunkt	Verseifungszahl	Jodzahl	Brechungsexponent bei 15° C	Beobachter
0,8950	4° C	173,6	71,6	61,3—61,5	De Negri

Lecythisöl.

Vorkommen: In den Samen von *Lecythis urnigera* Mart.

Physikalische und chemische Eigenschaften: Es ist ein hellgelbes klares Öl. Die Verseifungszahl wurde zu 198,55, die Jodzahl zu 83,15 und der Gehalt an freien Fettsäuren wurde zu 8,9% gefunden[1]).

Barringtoniaöl.

Vorkommen: Die Samen von *Barringtonia speciosa*, einer in Indien heimischen Lecythidacee, enthalten 2,9% eines fetten Öles.

Physikalische und chemische Eigenschaften: Es zeigt eine gelbe Farbe. Die Fettsäuren bestehen aus Ölsäure, Palmitin- und Stearinsäure[3]).

Spezifisches Gewicht bei 20° C	Verseifungszahl	Jodzahl	Hehnerzahl	Reichert-Meißlzahl	Beobachter
0,918	172,63	134,1	95,7	2,09	v. der Driessen-Marreuw

Der Gehalt an freien Fettsäuren, auf Ölsäure berechnet, wurde zu 43,76% gefunden.

[1]) Niederstadt, Berichte d. Deutsch. pharmaz. Gesellschaft **12**, 144 [1902].
[2]) De Negri, Chem.-Ztg. **22**, 961 [1898].
[3]) v. der Driessen-Marreuw, Pharmac. Weekblad **40**, 729 [1903]; Schweiz. Wochenschr. f. Chemie u. Pharmazie **41**, 423 [1903]; Chem.-Ztg. Rep. **27**, 254 [1903].

Sapucajaöl.

Huile des Sapucaya.

Das Öl wird aus den Samen des Topfbaumes *Lecythis ollaria* L., einer Myrtacee, die in Brasilien und Guayana heimisch ist, gewonnen und dient zu Speisezwecken.

Lindenholzöl.

Huile de tilleul — Basswood oil — Olio di tiglio.

Durch Extraktion des geraspelten Holzes von *Tilia americana* mit Äther läßt sich ein gelbbraunes Öl gewinnen[1]).

Spezifisches Gewicht bei 15° C	Erstarrungspunkt	Verseifungszahl	Jodzahl	Beobachter
0,938	— 10° C	178,1	111	Wiechmann

Fettsäuren.

Erstarrungspunkt der nichtflüchtigen Fettsäuren	Mittleres Molekulargewicht der flüchtigen	nichtflüchtigen Fettsäuren	Beobachter
5,5° C	92	342	Wiechmann

Anisöl.

Vorkommen: Das fette Anisöl ist in den Samen von *Pimpinella Anisum* L., einer Umbellifere, neben dem ätherischen Öl in einer Menge von 20—25% enthalten[2]).

Physikalische und chemische Eigenschaften: Das leicht flüssige, grünliche Öl zeigt eigentümlichen Geruch.

Spezifisches Gewicht bei 15° C	Verseifungszahl	Jodzahl	Reichert-Meißlzahl	Brechungsindex bei 18° C	Beobachter
0,924	178,3	105,3	4,47	1,4731	Dewjanow u. Zypljankow

Fettsäuren.

Erstarrungspunkt	Jodzahl	Beobachter
0° C	97,3	Dewjanow u. Zypljankow

Kümmelöl.

Auch in den Samen von Feldkümmel (*Carum Carvi* L.) ist ein fettes Öl enthalten. Im Mittel finden sich 18% fettes Kümmelöl in den vom ätherischen Öl befreiten Früchten. Im Fenchel (*Foeniculum officinale* L.) hat man ähnliche Beobachtungen gemacht; im Mittel 13,7% fettes Fenchelöl sind in den vom ätherischen Öle befreiten Samen enthalten. Weder das fette Kümmelöl noch die anderen Umbelliferenöle werden heute technisch gewonnen.

Coriandersamenöl.

Vorkommen: Die Samen von *Coriandrum sativum* L., einer Umbellifere, enthalten, nachdem das ätherische Öl entfernt ist, im Mittel noch 14,5% fettes Öl[3]).

---

[1]) Wiechmann, Amer. Chem. Journ. **17**, 305, 308 [1897].
[2]) J. Dewjanow u. S. Zypljankow, Journ. d. russ. phys.-chem. Gesellschaft **37**, 624 [1905]; Seifensieder-Ztg. **32**, 801 [1905]; Chem. Revue über d. Fett- u. Harzindustrie **13**, 13 [1906].
[3]) R. Meyer, Chem.-Ztg. **27**, 958 [1903].

Spezifisches Gewicht	Säurezahl	Verseifungszahl	Jodzahl	Hehnerzahl	Brechungsindex bei 23° C	Beobachter
0,9019	15,4	63	88,3	98	1,46980	R. Meyer

Fettsäuren.

Verseifungszahl	Jodzahl	Brechungsindex bei 29° C	Beobachter
255	84,7	1,48724	R. Meyer

Dombaöl. Lorbeernußöl. Tacamahacfett. Njamplungöl.

Huile de Tamanu — Laurel nut oil.

Vorkommen: Das Öl kommt in den Calophyllum- und Calabanüssen, den Samen von *Calophyllum inophyllum* L. (Schönblatt), einer Guttifere vor, die in Südasien und in Ostafrika heimisch ist; *Calophyllum Tacamahaca* Willd. liefert ebenfalls das Öl, während *Calophyllum Calaba* Br. das Calabafett liefert, das aber auch als Tacamahac bezeichnet wird.

Der Fettgehalt der Nüsse beträgt 50,5—55% bei einem Feuchtigkeitsgehalt von 22,8 bis 31,5% [1]).

Physikalische und chemische Eigenschaften: Das Dombaöl ist dickflüssig bis salbenartig, zeigt gelbgrüne Farbe, harzigen Geruch und kratzenden Geschmack.

Durch Stehen an der Luft scheidet das Öl ein festes Fett aus, das erst bei 40° C schmilzt.

Durch Behandeln mit Alkali wird aus dem Öl ein Harz entfernt, dessen Menge zwischen 15 und 25% des Ölgewichtes beträgt. Die Fettsäuren bestehen hauptsächlich aus Palmitin-, Stearin- und Ölsäure.

Das harzfreie Öl ist hellgelb und scheidet ebenfalls, wie das Rohöl, feste Fettsäuren ab.

Das Harz ist dunkelgrün, schmilzt bei 30—35° C. Es ist in Alkohol mit hellgrüner Farbe löslich. Auf Zusatz von alkoholischer verdünnter Eisenchloridlösung färbt sich diese Lösung tief dunkelgrünblau. Das Harz ist giftig. Auch das Öl zeigt giftige Eigenschaften, daher ist es zu Speisezwecken ungeeignet. Es dient zur Seifenfabrikation, zur Kerzenfabrikation und als Brennöl. Auch dient es als Heilmittel gegen Rheumatismus und bei Hautkrankheiten.

	Spezifisches Gewicht bei	Erstarrungspunkt	Schmelzpunkt	Verseifungszahl	Jodzahl	Hehnerzahl	Reichert-Meißlzahl	Butterrefraktometer bei 40° C	Beobachter
Harzhaltiges, grünes Öl	15° C 0,9428	+3° C	+8° C	196,0	92,8	—	0,13	76	Fendler
Harzfreies, gelbes Öl	15° C 0,9222	+4° C	+8° C	191,0	86,0	—	0,18	—	Fendler
—	10° C 0,94	—	—	199,9	62,3	—	—	—	van Italie [2])
—	16° C 0,9315	16—19° C	—	{285,6} {196,4}	—	90,85	2,07´	—	Hooper [3])

Fettsäuren.

Spezifisches Gewicht bei	Erstarrungspunkt	Schmelzpunkt	Verseifungszahl	Mittleres Molekulargewicht	Verseifungszahl der flüssigen Fettsäuren	Mittleres Molekulargewicht der flüssigen Fettsäuren	Jodzahl	Jodzahl der flüssigen Fettsäuren	Acetylzahl	Beobachter
—	+33°C	+38° C	194,0	289,2	190,7	294,2	92,2	114,5	37,2	Fendler
—	—	30—31°C	—	—	—	—	—	—	—	van Italie
16° C 0,9237 }	—	37,6	—	—	—	—	—	—	—	Hooper
20° C 0,8688 }										

[1]) Fendler, Apoth.-Ztg. **20**, 6 [1905]; Chem. Revue über d. Fett- u. Harzindustrie **12**, 80 [1905].
[2]) van Itallie, **Nieuw Tijdschr. voor Pharm.** **1888**, 487; Pharmaz. Ztg. **33**, 454 [1888].
[3]) Hooper, Pharm. Journ. and Trans. [3] **967**, 525 [1888].

Kô-Samöl.

Vorkommen: Die Früchte von *Brucea sumatrana* Roxb., die Kô-Sam-Samen, enthalten 20% eines fetten Öles.

Physikalische und chemische Eigenschaften: Es besteht aus den Glyceriden der Öl-, Linol-, Stearin- und Palmitinsäure[1]). Außerdem findet sich darin Hentriacontan, ein gesättigter Kohlenwasserstoff ($C_{31}H_{64}$) vom Schmelzp. 67—68° C. Ferner ein krystallinischer Körper ($C_{20}H_{34}O$), Schmelzp. 130—133° C und $[\alpha]_D^{23} = -37,7°$ C, der an Cholesterin gebunden ist.

Parapalmöl.

Parabutter — Pinotöl — Huile d'Assay — Beurre d'Assay — Pinot oil — Para Butter.

Vorkommen: Das Parapalmöl findet sich in den Früchten der Pinot-, Quassey- oder Kohlpalme (*Oreodoxa oleracea = Euterpe oleracea* Mart.), die in Franz.-Guyana und Brasilien heimisch ist.

Darstellung: Durch Auskochen der Früchte mit Wasser wird das Öl gewonnen.

Physikalische und chemische Eigenschaften: Das Öl ist von angenehmem Geschmack und Geruch. Die Verseifungszahl wurde zu 162,4 gefunden, die Jodzahl zu 136. Der Schmelzpunkt der Fettsäuren wird bei 12° C angegeben[2]).

Das Öl soll aus 52% Triolein und 48% festen Fettsäureglyceriden bestehen.

Es wird in Brasilien als Speiseöl benutzt.

Comuöl. Comouöl.

Patavaöl — Huile de Comou — Comou Oil.

Vorkommen: In den Samen der in Mittel- und Südamerika heimischen Palmenarten *Oenocarpus Bacaba* Mart. und *Oenocarpus Patava* L. (Comoupalme).

Darstellung: Durch Auskochen mit Wasser.

Physikalische und chemische Eigenschaften: Es zeigt süßlichen Geschmack und hellgelbe Farbe und wird zu Speisezwecken benutzt.

Das Öl der Früchte von Brucea antidysenterica Lam.

Vorkommen: In den Früchten von *Brucea antidysenterica*. Die Früchte enthalten 22,16% Fett.

Physikalische und chemische Eigenschaften: Dasselbe besteht hauptsächlich aus Glyceriden der Ölsäure; daneben finden sich geringe Mengen einer ungesättigteren Säure, wahrscheinlich der Linolsäure. Ferner finden sich größere Mengen Palmitin- und Stearinsäure, geringe Mengen von Essig- und Buttersäure. Unter den unverseifbaren Bestandteilen wurde ein Phytosterin $C_{20}H_{34}O \cdot H_2O$ vom Schmelzp. 135—136° C isoliert. Der Gehalt des Öles an freier Säure wurde, als Ölsäure berechnet, zu 1,16% bestimmt[3]).

Spez. Gewicht bei	Verseifungszahl	Jodzahl	Beobachter
$\frac{18° C}{18° C}$ 0,9025	185,4	81,5	Power und Salway

[1]) Frederick B. Power u. Frederick H. Leers, Pharmaz. Journ. [4] **17**, 183 [1903]
[2]) Bassière, Journ. de Pharm. et de Chim. [6] **18**, 323 [1903].
[3]) Power u. Salway, Pharmaz. Journ. [4] **25**, 126 [1907].

Nicht trocknende Öle.

Traubenkernöl.

Huile de raisine — Grape seed oil — Olio di vinacciuoli.

Vorkommen: Das Traubenkernöl kommt in den Samen der Weinrebe (*Vitis vinifera* L.) vor [1]. Die Traubenkerne enthalten 8—20% Öl, abhängig von der Weintraubensorte und den klimatischen Verhältnissen [2]. Weiße Trauben haben ölreichere Kerne als blaue; die Kerne zuckerarmer Trauben sind ölärmer als die zuckerreicher. Bei vollster Reife sind die Samen am ölreichsten. Beim Lagern nimmt der Ölgehalt rasch ab.

Darstellung: Durch Auspressen [1].

Physikalische und chemische Eigenschaften: Kalt gepreßtes Traubenkernöl ist goldgelb und, wenn von frischen Kernen gewonnen, süß im Geschmack. Ältere Kerne liefern bitterschmeckendes Öl von dunklerer Farbe. Heiß gepreßtes Öl ist braun und schmeckt bitter [1]. Das Traubenkernöl soll aus den Glyceriden der Linolsäure, Öl-, Ricinol- und Linolensäure bestehen [3]. Auch wurde Erucasäure in größeren Mengen aufgefunden [4], eine Beobachtung, die von anderen Autoren angefochten wird [5].

Der Gehalt an freien Fettsäuren, auf Ölsäure berechnet, wurde zu 8,1% gefunden [6].

Das Traubenkernöl dient als Speiseöl, die Öle zweiter Pressung werden in der Seifenfabrikation benutzt. Die mit Schwefelsäure raffinierten Öle werden als Brennöl benutzt. Auch als Ersatz von Ricinusöl bei der Türkischrotölfabrikation wurde es empfohlen.

Spezifisches Gewicht	Erstarrungspunkt	Verseifungszahl	Jodzahl	Hehnerzahl	Reichert-Meißlzahl	Maumenésche Probe	Butterrefraktometer	Brechungsindex	Beobahter
0,9202	—15 bis —17	—	—	—	—	—	—	—	Holland
0,9561	—	178,4	94	92,13	0,46	—	—	—	Horn
0,935	—10 bis 13	178,5—179	95,8—96,2	—	—	52—54°	—	—	De Negri u. Fabris [7]
0,926	—11	—	—	—	—	—	—	—	Jobst
0,9215	—	190	142,8	—	—	81—83°	bei 25° C 68,5 bei 40° C 60,0 bei 50° C 54,5	bei 25° C 1,4713 bei 40° C 1,4659 bei 50° C 1,4623	Ulzer u. Zumpfe

Fettsäuren.

Erstarrungspunkt ° C	Schmelzpunkt ° C	Verseifungszahl	Jodzahl	Acetylzahl	Beobachter
—	—	187,4	98,65	144,5	Horn
18—20	23—25	—	98,9—99,05	—	De Negri u. Fabris
—	—	—	—	43,7	Ulzer u. Zumpfe

[1] Hefter, Chem. Revue über d. Fett- u. Harzindustrie **10**, 219 [1903].

[2] Vohl, Wagners Jahresber. **1871**, 675.

[3] Ulzer u. Zumpfe, Österr. Chem.-Ztg. **8**, 121 [1905]; Chem. Revue über d. Fett- u. Harzindustrie **12**, 109 [1905].

[4] Fitz, Berichte d. Deutsch. chem. Gesellschaft **4**, 444 [1871].

[5] Ulzer u. Zumpfe, Österr. Chem.-Ztg. **8**, 121 [1905]; Chem. Revue über d. Fett- u. Harzindustrie **12**, 109 [1905].

[6] Horn, Mitteil. d. k. k. Techn. Gew.-Mus. Wien **1891**, 185.

[7] de Negri u. Fabris, Zeitschr. f. analyt. Chemie **33**, 566 [1894]; Annali del Labor. chim. delle Gabelle **1893**, 225.

Ricinusöl.

Castoröl — Huile de ricin — Castor Oil — Olio di ricino.

Vorkommen: Das Ricinusöl ist in den Samen der Ricinusstaude oder des gemeinen Wunderbaumes (*Ricinus communis* L.) enthalten. Die Gattung Ricinus ist sehr formenreich, und man unterscheidet eine Reihe von Spielarten, wie R. sanguineus, R. inermis, R. viridis, R. ruber, R. speziosus, R. lividus, R. tunisensis, R. armatus, R. giganteus, R. borboniensis, R. nudulatus. Für Europa kommt hauptsächlich indische Saat in Betracht, die botanisch unterschieden wird in *Ricinus communis minor* L. (small seeded variety) und in *Ricinus communis major* L. (large seed variety). Erstere dient zur Darstellung von medizinischen Öl, letztere zur Herstellung technischer Öle.

Die Heimat der Ricinuspflanze ist Afrika, kultiviert wird dieselbe in Ostindien, den Vereinigten Staaten, Westafrika, Mittel- und Südamerika, Sizilien und Süditalien. Der Gehalt der Samen an Öl ist wechselnd, er liegt zwischen 45,55% und 56,17% [1]. Die Samen enthalten ein fettspaltendes Ferment und ein stark giftiges eiweißartiges Ferment (α-Phytalbumose), das Ricin.

Darstellung: Ricinusöl wird durch Auskochen, Auspressen und Extrahieren gewonnen. Die beim Pressen erzielbare Ölausbeute beträgt bei den Handelstypen von Ricinussaat zwischen 38 und 42%.

Die Gewinnung des Ricinusöls durch Auskochen ist besonders in Bengalen und Madras üblich. In modern arbeitenden Fabriken, die mit hydraulischen Pressen arbeiten, wird die Saat gereinigt, nach Größe sortiert, geschält, zerkleinert, kalt gepreßt, warm gepreßt, dann die Preßrückstände extrahiert und das Öl gereinigt.

In Indien besteht die Reinigung des frisch gepreßten Ricinusöls von Eiweißstoffen und Schleimstoffen in einem Kochprozeß, auf 1 T. Öl wird das fünffache Quantum Wasser gerechnet. Durch das Aufkochen wird das Ricinusferment zerstört. Zur Raffination sind auch noch andere Verfahren empfohlen worden, wie Auflösen in abs. Alkohol und Ausfällen mit Wasser [2] oder Entsäuern durch alkoholische Alkalicarbonat-, Phosphat- oder Boratlösungen [3].

Physikalische und chemische Eigenschaften: Ricinusöl ist farblos bis grünlichgelb und zeichnet sich durch eine außergewöhnlich hohe Dichte, große Viscosität und anormale Lösungsverhältnisse vor allen Ölen aus.

Der Geschmack ist anfänglich milde, dann herb und kratzend. Das Ricinusöl besteht hauptsächlich aus den Glyceriden der Ricinusölsäure $C_{17}H_{32}OH \cdot COOH$. Diese Oxyfettsäure bedingt hauptsächlich die physikalischen und chemischen Eigenschaften des Öles. Die Säure kommt in 2 Isomeren vor, Ricinolsäure und Isoricinolsäure [4].

Auch Sebacin-, Stearin- [5] und Dihydroxystearinsäure [6] finden sich im Ricinusöle vor. Die beim Abkühlen von Ricinusöl sich abscheidenden weißen Massen [5] sollen aus Tristearin und Triricinolein bestehen (3—4%). Letzteres ist nach den Angaben von Kraft fest, und der flüssige Zustand des Ricinusöls wird durch Überschmelzung erklärt. Palmitin fehlt; ebenso Olein.

Durch Verseifen von Ricinusöl mit Wasser von 150° C entsteht ein Gemisch von Ricinol- und Diricinolsäure [7][8]. Letztere polymerisiert sich weiter zu Tri-, Tetra- und Polyricinolsäuren.

An der Luft wird Ricinusöl unter Verdickung ranzig. Durch alkoholisches Ammoniak entsteht eine weiße Masse, Ricinolamid $C_{18}H_{33}NH_2O_3$.

Bei der Elaidinprobe bildet sich eine weiße feste Masse. Der Gehalt an Unverseifbarem schwankt zwischen 0,30 und 0,37%.

---

[1] Schädler, Technologie der Fette u. Öle. 2. Aufl. Leipzig 1892. S. 550. — Semler, Tropische Agricultur. 2. Aufl. Wismar 1900. **2**, 495. — König, Chemie d. Nahrungs- u. Genußmittel. Berlin 1903. S. 613. — Peckolt, Berichte d. Deutsch. pharmaz. Gesellschaft **16**, 22 [1905].

[2] Reich, D. R. P. Nr. 93 596 vom 2. Sept. 1896.

[3] Majert, D. R. P. Nr. 144 180 vom 23. April 1902.

[4] Hazura u. Grüßner, Monatshefte f. Chemie **9**, 475 [1888].

[5] Kraft, Berichte d. Deutsch. chem. Gesellschaft **21**, 2730 [1888].

[6] Juillard, Bulletin de la Soc. chim. [3] **13**, 238 [1885].

[7] Meyer, Archiv d. Pharmazie **235**, 184 [1897].

[8] Scheurer-Kestner, Compt. rend. de l'Acad. des Sc. **113**, 201 [1891]. — Haller, Compt. rend. de l'Acad. des Sc. **144**, 462 [1907].

	Spezifisches Gewicht bei	Erstarrungspunkt	Verseifungszahl	Jodzahl	Reichert Meißlzahl	Maumené-Probe °C	Oleorefraktometer	Brechungsindex bei	Acetylzahl	Viscosität	Beobachter
	12° C 0,9699 15° C 0,9611 25° C 0,9575 94° C 0,9081	—	—	—	—	—	—	—	—	—	Saussure
	15° C 0,9613—0,9736	—	181—181,5	—	—	—	—	—	—	—	Valenta
	15° C 0,9655	—	178	84	—	—	—	—	—	—	Shukoff
	15,5° C 0,960—0,966 99° C / 15,5° C 0,9096	—	176—178	—	1,4	—	—	—	—	—	Allen
	15,5° C 0,9653—0,9679	—	178,6—180,2	82,6—83,9	—	—	—	—	—	—	Thomson u. Ballantyne
	18° C 0,9667	—	—	—	—	—	—	—	—	—	Stilurell
	18° C 0,9602 20° C 0,963—0,965	—	180—183	—	—	—	—	—	—	—	van Itallie
	23° C 0,964	—	181	84—84,5	—	—	—	—	—	—	E. Dieterich
	—	—	183	82—83	—	—	—	—	—	—	Holde
	—	—	185,9—186,6	—	—	—	—	—	—	—	Henriques
	—	—	179—183	82—84	—	—	—	—	—	—	Ulzer
	—	—	—	84,4	—	—	—	—	—	—	v. Hübl
	—	—	—	83,4	—	—	—	—	—	—	Wilson
	—	—	—	88,2 (nach Wijs)	—	—	—	—	—	—	Visser
5 kalt gepreßte Öle	—	—	—	—	—	47	—	—	—	—	Maumené
	—	—	—	82,6—87,1	—	—	—	—	—	—	Wijs
	—	—	—	—	—	46	—	—	—	—	Archbutt
	—	—	—	—	—	46—47	—	—	—	—	De Negri u. Fabris
	—	—	—	—	—	—	+43 bis +46	—	—	—	Jean
	—	—	—	—	—	—	—	15° C 1,4795—1,4803	—	—	Strohmer
	—	—	—	—	—	—	—	60° C 1,4636	—	—	Thörner
Amerikanisches Öl	—	—17 bis —18	—	—	—	—	—	—	—	—	Schädler
	—	—10 bis —12	—	—	—	—	—	—	—	—	Harvey
	15° C 0,964	—	180,6—191,2	81,17—86,28	—	—	—	20° C 1,4783—1,4789	—	—	K. Dieterich
	15° C 0,9631—0,9641	—	—	83,2—85,93	—	—	—	—	—	—	Eisenstein
	15,5° C 0,9591	—	—	—	—	—	—	—	—	—	Lewkowitsch
Indische Öle .	15,5° C 0,9637—0,9642	—	176,7—179,1	83,7—85,3	—	—	—	—	—	—	Deering u. Redwood
	25° C 0,9555	—	—	—	—	—	+41 bis +42,5	—	—	1160—1190	Long
	30° C 0,9522	—	—	—	—	—	—	—	—	—	Long
Calcuttaöl . .	35° C 0,9488	—	—	—	—	—	—	—	—	—	Long
	—	—	183,3	81,4—90,6	1,1	—	—	—	149,9	—	Lewkowitsch
	—	—	—	—	—	—	—	—	150,5	—	Lewkowitsch
	—	—	—	—	—	—	+37	—	—	—	Bryan u. van Lent
	—	—	—	—	—	—	+40	—	—	—	Bryan u. van Lent
	—	—	—	—	—	—	+39 bis +42	—	—	—	Pearmain

Fettsäuren.

Spezifisches Gewicht bei	Erstarrungspunkt	Schmelzpunkt	Säurezahl	Verseifungszahl	Mittleres Mol.-Gewicht	Jodzahl	Acetylzahl	Brechungsindex	Beobachter
15,5°C 0,9509 98°C 99°C 0,8960	—	—	—	—	306,6	—	—	—	Allen
—	3°C	13°C	—	—	—	—	—	—	v. Hübl
—	—	—	—	290–295	—	—	—	—	Alder Wirght
—	—	—	—	—	292	93,9	—	—	Williams
—	—	—	—	—	300	—	153,4—156 Ac. Säurezahl 142,8 Ac. Verseifungszahl 296,2	—	Benedikt u. Ulzer
—	—	—	—	—	—	86,6 bis 88,3	—	—	Morawski u. Demski
—	—	—	—	—	—	87—88	—	bei 60°C 1,4546	Thörner
—	—	—	183,1 bis 187	189,0 bis 191,1	294,3 bis 296,7	—	—	—	Tortelli u. Pergami

Ricinusöl ist unlöslich in Benzin und Petroläther, löslich dagegen in abs. Alkohol und Eisessig, und zwar in jedem Verhältnis. Ist Ricinusöl mit einer kleinen Menge eines in Petroläther oder einem höher siedenden Kohlenwasserstoffe löslichen Öles vermischt, so verliert sich die charakteristische Unlöslichkeit bei gewöhnlicher Temperatur.

Auch in 90 proz. und in 84 proz. Alkohol löst sich Ricinusöl bei 15°C 1 : 2 bzw. 1 : 4 vollständig. Auf der Löslichkeit in Alkohol vom spez. Gewicht von 0,829 gründet sich eine zollamtliche Prüfung auf Reinheit. Es sollen sich mittels dieser Methode noch 10% fremder Öle erkennen lassen [1]).

Ricinusöl dreht die Ebene des polarisierten Lichts nach rechts $+7,6$ bis $+9,7°$ im 200 mm-Rohr.

Ricinusöl siedet bei 265°C unter Zersetzung und Auftreten von Akrolein, Önanthol-, Önanthsäure und ähnlichen Verbindungen. Bei der trocknen Destillation des Ricinusöls zwecks Darstellung von Kognaköl hinterbleibt als Rückstand eine schwammige, klebrige, voluminöse Masse, die in allen Lösungsmitteln unlöslich ist, während Undecylensäure und Önanthaldehyd überdestillieren. Der Rückstand wurde als das Glycerid der Triundecylensäure erkannt. Er entspricht der Zusammensetzung $C_{105}H_{148}O_{18}(C_3H_5)_2(C_{35}N_{58}O_5)_3$. Beim weiteren Erhitzen entsteht unter stürmischer Wasser- und Akroleinentwicklung das Anhydrid einer Triundecylensäure $C_{33}H_{58}O_5$.

Durch Einblasen von Luft in Ricinusöl, das auf 150°C erhitzt ist, steigt das spez. Gewicht erheblich an (nach 10 Stunden von 0,9623 auf 0,9906), ebenso die Verseifungs- und Acetylzahl, während die Jodzahl abnimmt.

Unter Floricin versteht man ein Ricinusöl, das so lange auf 300° erhitzt ist, bis 5—10% seines Gewichts abdestilliert sind. Es zeigt ganz entgegengesetzte Löslichkeitsverhältnisse wie das Ricinusöl, besonders ist es in Alkohol und Eisessig fast unlöslich. Es dient zur Herstellung wasserlöslicher Fette, als Salbengrundlage und zur Darstellung medizinischer Seifen.

Ricinusöl wird durch die hohe Acetylzahl, die Verseifungszahl und die Jodzahl erkannt.

Verfälschungen mit Harzöl oder geblasenen Ölen werden durch die niedrige Acetylzahl und die Bestimmung des Unverseifbaren nachgewiesen.

Ricinusöl breitet sich auf Wasser gebracht aus und macht die Oberfläche silberglänzend und irisierend.

Ricinusöl findet zur Herstellung von Türkischrotöl (Sulfurierungsprodukte des Ricinusöls), als Schmieröl, in der Seifenindustrie Verwendung. Besonders dient es als Purgiermittel. Für medizinische Zwecke darf nur kalt gepreßtes Öl verwendet werden, weil nur dieses frei von Ricin ist.

---

[1]) Finkener, Chem.-Ztg. **10**, 1500 [1886].

Um den schlechten Geschmack zu verbessern oder zu verdecken, werden Präparate in trockner Form, entweder die Magnesiaseife oder Ricinusöl durch Magnesiumoxyd oder Magnesiumcarbonat aufgesaugt, in den Handel gebracht oder das mit Kohlensäure gesättigte Öl.

Mabeaöl.

Vorkommen: Das Öl kommt in den Samen von *Mabea fistuligera* Mart., einer Euphorbiacee, vor.

Physikalische und chemische Eigenschaften: Die Samen enthalten 22,23% fettes Öl von orangeroter Farbe. Das spez. Gewicht wurde zu 0,9665 bei 25° C gefunden.

Crotonöl.

Huile de croton — Huile de tilly — Croton oil — Olio di crotontiglio.

Vorkommen: Das Crotonöl wird aus den Samen von *Croton tiglium* L. = *Tiglium officinale* Klotzsch, einer Euphorbiacee, die unter dem Namen Granatillkörner oder Purgierkörner im Handel sind, gewonnen. Die Pflanze kommt an der Malabarküste, in Südasien, im Indischen Archipel und in China vor, woselbst sie auch kultiviert wird. Es gibt ca. 600 Spielarten des Crotonölbaumes. Die Samen enthalten 53—56% Öl.

Darstellung: Die Samen werden heiß gepreßt, die Preßkuchen mit Alkohol angefeuchtet, auf 50—60° C erwärmt und nochmals gepreßt.

Physikalische und chemische Eigenschaften: Die Farbe des Crotonöles ist bernstein- bis braungelb. Der Geruch ist unangenehm, der Geschmack brennend. Das Crotonöl besteht aus den Glyceriden der Stearin-, Palmitin-, Myristin-, Laurin-, Valerian-, Butter-, Essig-, Ameisen-, Öl- und Tiglinsäure[1]. Auch eine Crotonölsäure, die Trägerin des purgierenden Prinzipes, wurde beschrieben, die sich von der Ölsäure durch die Alkohollöslichkeit des Barytsalzes unterschied, doch ist diese Annahme unrichtig.

Ein Harz, das Crotonharz, von der Zusammensetzung $C_{13}H_{18}O_4$, das weder saure noch basische Eigenschaften besitzt, bedingt die purgierende Wirkung[2].

Das Crotonöl ist in Äther, Petroläther und Terpentinöl löslich. Nach den Angaben Koberts[3] soll Crotonöl im Handel vorkommen, das mit Alkohol in jedem Verhältnis mischbar ist. Dieses Verhalten dürfte durch die Herstellungsweise bedingt sein, denn die nach der ersten Pressung erhaltenen Kuchen werden, wie oben erwähnt, mit der doppelten Gewichtsmenge Alkohol vermischt, auf 50—60° C erhitzt und nochmals gepreßt und der Alkohol abdestilliert. Direkt gepreßtes Crotonöl ist nur dann mit abs. Alkohol mischbar, wenn weniger als 1 Vol. Alkohol angewandt wird[4]. Das Crotonöl dreht die Ebene des polarisierten Lichtes nach rechts[5]. Es bleibt bei der Elaidinprobe flüssig, ein Hinweis für das Fehlen von Ölsäure. Als Verfälschungsmittel sollen Curcasöl und Ricinusöl in Frage kommen.

Auf die Anwesenheit des letzteren würden die niedrigere Jodzahl, ein höheres spez. Gewicht und die erhöhte Jodzahl hindeuten.

Spezifisches Gewicht bei	Erstarrungspunkt	Verseifungszahl	Jodzahl	Hehnerzahl	Reichert-Meißlzahl	Refraktometeranzeige		Beobachter
						Butterrefraktometer	Oleorefraktometer	
15° C 0,942 15° C 0,9550 (altes Öl)	−16° C	—	—	—	—	—	—	Schädler
15,5° C 0,9375—0,9428	—	210,3—215	101,7—104,7	88,9—89,1	13,3—13,6	40° C 68	—	Lewkowitsch
100° C 0,8874 15° C 0,9437	—	215,6	—	—	12.1	27° C 77,5	22° C + 35	Dulière
—	—	—	106,6—109,1	—	—	—	—	Wijs
—	−7° C	192,9	109	—	—	—	—	Javillier
—	—	194,5	108	—	—	—	—	Javillier

[1] Schmidt u. Berendes, Annalen d. Chemie u. Pharmaz. **191**, 94 [1878]. — Geuther u. Fröhlich, Jahrb. d. Chemie **1870**, 672.

[2] Dunstan u. Bole, Pharmaz. Journ. **55**, 5 [1895].

[3] Kobert, Chem.-Ztg. **11**, 416 [1887].

[4] Javillier, Journ. de Pharm. et de Chim. [6] **7**, 524 [1892].

[5] Rakusin, Chem.-Ztg. **30**, 143 [1906].

Fettsäuren.

Erstarrungspunkt	Verseifungszahl	Mittleres Molekulargewicht	Jodzahl	Acetylzahl	Beobachter
18,6—19	—	—	—	—	Lewkowitsch
—	201	278,6	—	—	Benedikt
—	—	—	111,2—111,8	—	Dulière
—	—	—	—	8,5	Benedikt und Ulzer

Das Crotonöl findet in der Pharmazie Verwendung. Es ist ein äußerst heftiges Purgiermittel.

Curcasöl.

Huile de Pignon d'Inde — Curcas oil — Purging nut oil — Olio di Curcas.

Vorkommen: Das Curcasöl, auch Höllenöl, ist in den Samen des Purgierstrauches (*Jatropha curcas* L. = *Curcas purgans* Ad. = *Jatropha cathartica*), einer in fast allen tropischen Ländern heimischen Euphorbiacee, enthalten. Die Pflanze wird auf der Kapverdischen Insel, in Südamerika und an der Koromandelküste angebaut. Die Samen enthalten 40% Öl, das durch Pressen gewonnen wird.

Physikalische und chemische Eigenschaften: Das Curcasöl zeigt eine goldgelbe Farbe, einen typisch unangenehmen Geruch und kratzenden Geschmack. Das Curcasöl besteht aus den Glyceriden der Palmitin-, Stearin-, Öl- und Linolsäure. Myristinsäure soll auch in geringer Menge vorkommen[1]). Linolen- und Isolinolensäure wurden nicht aufgefunden.

Eine als Isocetinsäure beschriebene Säure wurde als ein Gemisch von Palmitin- und Myristinsäure nachgewiesen.

An Phytosterin wurde ca. 0,5% aufgefunden.

Der Gehalt an freien Fettsäuren ist schwankend.

Spezifisches Gewicht bei	Erstarrungspunkt	Schmelzpunkt	Verseifungszahl	Jodzahl	Hehnerzahl	Reichert Meißlzahl	Acetylzahl	Brechungsindex bei 25°C	Beobachter
15°C 0,915—0,9192	0°C	—	230	127	87,9	0,65	—	—	Horn[2])
15°C 0,911	—8°C	—	—	—	—	—	—	—	Girard
15°C 0,920	—	—	210,2	100,9	—	—	—	—	De Negri u.
15°C 0,9199—0,924	—	—	197—203,6	107,9—110,4	—	—	—	1,4681—1,4689	Fabris[3])
									Klein
15,5°C 0,9204	—8°C	—	193,2	98,33	95,5	0,11	9,02	—	—
0,9203—0,9224	—	—	—	—	—	—	—	—	Peckolt
—	—	—	198,35—203	72,75	—	—	—	—	Niederstadt
15°C 0,915	—	—	—	—	—	—	—	—	Arnaudon u.
									Ubaldini[4])
15,5°C 0,9204	—8°C	—4°C	193,2	98,3	95,5	0,55	8,4	—	Lewkowitsch[5])

Fettsäuren.

Erstarrungspunkt	Schmelzpunkt	Jodzahl	Beobachter
27,5°C	—	—	Lewkowitsch
25,7—26,5°C	29,5—30,5°C	—	Klein
28,6°C	—	—	Lewkowitsch
—	24—26°C	105,05	De Negri u. Fabris

[1]) Klein, Zeitschr. f. angew. Chemie **11**, 1012 [1898].
[2]) Horn, Zeitschr. f. analyt. Chemie **27**, 164 [1888].
[3]) De Negri u. Fabris, Annali del Labor. chim. delle Gabelle **1891**, 220.
[4]) Arnaudon u. Ubaldini, Annali del Labor. chim. delle Gabelle **1893**, 934.
[5]) Lewkowitsch, Chem. Revue über d. Fett- u. Harzindustrie **5**, 211 [1898].

Das Curcasöl ist in Petroläther löslich, ferner in 96proz. Alkohol (1 : 100)[1]. Es dient als Schmieröl, Brennöl, ferner in der Kerzen- und Seifenfabrikation. In Indien dient es als Purgiermittel.

Quittensamenöl.

Huile de coing — Quince oil — Olio di cotogno.

Vorkommen: Die Samen der Quitte (*Cydonia vulgaris* Pers. = Pyrus cydonia L.), einer Rosacee, enthalten etwa 15% eines fetten Öles von gelber Farbe und angenehmem, mandelartigem Geschmack[2]) und Geruch.

Das Öl enthält neben anderen Fettsäuren, die noch nicht identifiziert sind, Myristinsäure und eine flüssige hydroxylierte Säure der Formel $C_{17}H_{32}(OH) \cdot COOH$.

Spez. Gewicht bei 15°C	Verseifungszahl	Jodzahl	Hehnerzahl	Reichert-Meißlsche Zahl	Brechungsindex	Beobachter
0,922	181,75	113	95,2	0,5	1,4729	Herrmann

Schwarzkümmelöl.

Huile de nigelle — Small fennel oil — Olio di nigella.

Vorkommen: Die Samen des Schwarzkümmels (*Nigella sativa*), einer Ranunculacee, enthalten ein fettes Öl von rotbrauner Farbe und eigenartigem Geruch.
Darstellung: Das Öl wird in Ostindien durch Pressen gewonnen[3]).
Physikalische und chemische Eigenschaften:

Spez. Gewicht bei $\frac{15°\,C}{15°\,C}$	Verseifungszahl	Jodzahl	Hehnerzahl	Reichert-Meißlsche zahl	Butterrefraktometer bei 40°C	Brechungsindex	Beobachter
0,9248	196,40	116,20	88,83	5,40	58,5	1,4649	Crossley u. le Sueur

Freie Fettsäuren, auf Ölsäure berechnet, wurden 24,46% aufgefunden.

Kirschkernöl.

Huile de cerisier — Cherrykernel oil — Olio di ciliegie.

Vorkommen: Das Kirschkernöl findet sich in den Samenkernen der Kirsche, einer Rosacee (*Prunus cerasus* L. = *Cerasus acida* Gaertn.). Der Fettgehalt beträgt 35,82%.
Physikalische und chemische Eigenschaften: Das Öl besitzt eine goldgelbe Farbe und in frischem Zustande mandelartigen Geschmack, der sich beim Lagern in einen intensiv ranzigen verwandelt.

Das Kirschkernöl enthält beträchtliche Mengen Blausäure[4]). Es dient in Süddeutschland als Speiseöl und als Brennöl, auch zur Seifenfabrikation. Wegen des leichten Ranzigwerdens kann Kirschkernöl nicht zur Verfälschung des Mandelöls benutzt werden.

Kirschkernöl gibt mit Biebers Reagens (siehe Mandelöl und Pflaumenkernöl) eine Braunfärbung.

Spezifisches Gewicht bei 15°C	Erstarrungspunkt	Verseifungszahl	Jodzahl	Maumenéprobe	Beobachter
0,9184	—19 bis —20°C	—	—	—	Schädler
0,9235—0,9238	—19 bis —20°C	195	110	45°C	De Negri u. Fabris
0,9285	—	193,4	114,3	—	Micko[5])

[1]) De Negri u. Fabris, Journ. Soc. Chem. Ind. **12**, 453 [1893].
[2]) Herrmann, Archiv d. Pharmazie **237**, 358 [1899].
[3]) Crossley u. le Sueur, Journ. Soc. Chem. Ind. **17**, 992 [1898].
[4]) De Negri u. Fabris, Annali del Labor. chim. delle Gabelle **1893**, 71; Zeitschr. f. analyt. Chemie **33**, 558 [1894].
[5]) Micko, Chem.-Ztg. Rep. **17**, 78 [1893].

Fettsäuren.

Erstarrungspunkt	Schmelzpunkt	Verseifungszahl	Mittleres Molekulargewicht	Jodzahl	Beobachter
15—17° C	19—21° C	—	—	114,3	De Negri u. Fabris
—	16—20,6° C	189	296,2	104,3	Micko

Kirschlorbeeröl.

Huile de lauriercerise — Cherry laurel oil — Olio di lauroceraso.

Vorkommen: Das Kirschlorbeeröl ist in den Samenkernen des Kirschlorbeerbaumes (*Prunus laurocerasus* L.) enthalten.

Physikalische und chemische Eigenschaften: Das Öl ist goldgelb und riecht bittermandelartig[1]). Kirschlorbeeröl enthält Blausäure.

Spezifisches Gewicht bei 15° C	Erstarrungspunkt	Verseifungszahl	Jodzahl	Maumené-probe	Beobachter
0,9230	—19 bis —20° C	194	108,9	44,5° C	De Negri u. Fabris

Fettsäuren.

Erstarrungspunkt	Schmelzpunkt	Jodzahl	Beobachter
15—17° C	20—22° C	112,1	De Negri u. Fabris

Pflaumenkernöl.

Huile de prunier — Plum kernel oil — Olio di prugne.

Vorkommen: In den Samenkernen der Pflaume, einer Rosacee (*Prunus domestica* L. = *Prunus damascena*). Die Samen enthalten davon 25—30%.

Darstellung: Durch Auspressen[2]).

Physikalische und chemische Eigenschaften: Das Pflaumenkernöl ist hellgelb, von angenehmem Geschmack und Geruch. Es ähnelt dem Mandelöl. Das Öl soll in Württemberg dargestellt werden und als Speise- und Brennöl benutzt werden. Es findet auch als Brennöl, in der Parfümerie, Seifenfabrikation und zur Verfälschung von Mandelöl Verwendung.

Spezifisches Gewicht bei 15° C	Erstarrungspunkt	Verseifungszahl	Jodzahl	Maumenésche Probe	Beobachter
0,9127	—8,7° C	—	—	—	Schädler
0,9160	—5 bis —6° C	191,48	100,4	44—45°	De Negri u. Fabris
0,9195	—	191,55	100,2	—	Micko

Fettsäuren.

Erstarrungspunkt	Schmelzpunkt	Verseifungszahl	Mittleres Mol.-Gewicht	Jodzahl	Beobachter
13—15° C	20—22° C	—	—	102	De Negri u. Fabris
—	12,4—18,1° C	200,47	279,3	104,2	Micko

Konz. Salpetersäure vom spez. Gew. 1,4 färbt Pflaumenkernöl orangefarben.

Biebers Reagens (gleiche Gewichtsmengen konz. Schwefelsäure, rauchende Salpetersäure und Wasser) erzeugt eine rote Färbung.

---

1) De Negri u. Fabris, Annali del Labor. chim. delle Gabelle **1891/92**, 173.

2) Micko, Zeitschr. d. österr. Apothekervereins **29**, 175 [1893]. — De Negri u. Fabris, Zeitschr. f. analyt. Chemie **33**, 588 [1894].

Aprikosenkernöl.

Marmottöl — Huile d'abriestia — Huile de marmotte — Apricot kernel oil — Olio di albicocche.

Vorkommen: Das Aprikosenkernöl findet sich in den Samenkernen der Aprikose einer Rosacee (*Armeniaca vulgaris* Lam. = *Prunus armeniaca* L. = *Prunus oleoginosa* Des.).
Darstellung: Das Öl wird durch Pressen gewonnen.
Der Ölgehalt der Kerne schwankt zwischen 29 und 40% [1]).
Physikalische und chemische Eigenschaften: In frischem Zustande ist Aprikosenkernöl fast farblos, es dunkelt beim Lagern etwas nach. Der Geschmack ist angenehm. Das Aprikosenöl dient als Speiseöl, ferner findet es in der Parfümerie, als Brennöl und zur Seifenfabrikation Verwendung. Das im Handel befindliche französische Mandelöl ist meistens Aprikosenkernöl.

Spezifisches Gewicht bei	Erstarrungs- punkt °C	Verseifungs- zahl	Jodzahl	Hehnerzahl	Reichert- Meißlzahl	Maumené- Probe	Butterre- fraktometer	Brechungs- index	Beobachter
15° C 0,915	—14	—	—	—	—	—	—	—	Schädler
15° C 0,9191	—	192,9	—	—	—	—	—	—	Valenta
15° C 0,9204	—20	—	—	—	—	—	—	—	Maben
15° C 0,9211	—	—193,1	108	—	—	—	—	—	Micko
15° C 0,9200	—	192,2	101	—	—	42,5	—	—	De Negri u. Fabris
—	—20	—	100	—	—	46°	—	—	Girard
15° C 0,915—0,9211 90° C 0,9010—0,9018	—	193,1 bis 215,13 (?)	100 bis 108,67	—	—	42—46°	25° C 65,5—67,0 40° C 58° 50° C 52,25	—	K. Dieterich
15,5° C / 15,5° C 0,9195	—	188	96,02	95,40	0,00	—	40° C 56,3	—	Crossley u. le Sueur
—	—	—	100	—	—	—	—	—	v. Hübl
—	—	—	—	—	—	—	25° C 65,6	—	Beckurts u. Seiler
—	—	—	—	—	—	—	25° C 66,6	—	Mansfeld
0,9172—0,9200	—	190,3 bis 198,2	107,4 bis 108,7	—	—	—	40° C 57,0—58,0	1,4715 bis 1,4725	Lewkowitsch
—	—	—	104,2 bis 104,7	—	—	—	—	—	Tortelli u. Ruggeri
—	—	—	100,1	—	—	—	—	—	Wijs
—	—	186,6—191,8	—	—	—	—	—	—	Tortelli u. Pergami
—	—	—	—	—	—	—	—	1,4708 bis 1,4717	Harvey

Fettsäuren.

Spezifisches Gewicht bei	Erstarrungs- punkt	Schmelz- punkt	Säurezahl	Verseifungs- zahl	Mittleres Mol.- Gewicht	Jodzahl	Butterrefrak- tometer	Beobachter
15° C 0,9095 90° C 0,8875	—	4,5° C	—	—	—	90,06 bis 99,82	25° C 50,25—56,5 40° C 50 50° C 41,5	K. Dieterich
—	0° C	4,5° C	—	—	—	—	—	v. Hübl
—	—	2—5° C	—	—	—	103,8	—	De Negri u. Fabris
—	—	13,4—18° C	—	194	288,6	102,6	—	Micko
—	—	—	182,9—199,5	200,1	280,5	—	—	Tortelli u. Pergami

[1]) Micko, Der Seifenfabrikant **1896**, 246; Chem. Revue über d. Fett- u. Harzindustrie **13**, 111 [1906]; Chem.-Ztg. Rep. **30**, 114 [1906].

Das optische Drehungsvermögen wurde zu $+0,14°$ bestimmt[1]).

Aprikosenkernöl färbt sich beim Zusammenbringen mit Salpetersäure vom spez. Gew. 1,4 orange.

Biebers Reagens gibt eine pfirsichblütenrote Farbe. Charakteristische Reaktion, auch zum Nachweis in Mandelöl geeignet[2]), doch muß der Zusatz über 33% betragen.

Pfirsichkernöl.

Huile de pêche — Peach kernel oil — Olio di pesco.

Vorkommen: Das Pfirsichkernöl kommt in den Kernen der Pfirsiche (*Amygdalus persica* L. = *Persica vulgaris* Mill. = *Prunus Persica* Benth. und Hook), einer Rosacee, vor.

Darstellung: Es wird durch Pressung gewonnen. Der Ölgehalt beträgt 32—35%.

Physikalische und chemische Eigenschaften: Das Pfirsichkernöl besitzt eine hellgelbe bis grünlichgelbe Farbe und einen charakteristischen Geschmack. Es liegt auch eine Beobachtung vor, daß frisch gepreßtes Öl schwach nach Blausäure riecht, doch gelang es bisher nicht, dieselbe nachweisen zu können.

Das Pfirsichkernöl dient besonders als Ersatz für Mandelöl und zu dessen Verfälschung.

Spezifisches Gewicht bei	Erstarrungspunkt	Verseifungszahl	Jodzahl	Maumené-probe	Butterrefraktometeranzeige	Beobachter
15° C 0,918	—	191,1—192,5	92,5—93,5	42—43° C	—	De Negri u. Fabris
15° C 0,9215	—	191,1	99,7	—	—	Micko
15,5° C 0,9232	Unter −20° C	189,1	—	—	—	Maben
90° C 0,8899	—	163—192,5	{ frisches Öl 109,7 (?) altes Öl 198,6 }	—	{ 25° C 65,7—67,2 40° C 57—58,5 50° C 51,5—52,2 }	K. Dieterich
—	—	—	99,5	—	25° C 66,1	Beckurts u. Seiler
—	—	—	—	—	25° C 66,5	Mansfeld
15,5° C 0,9198	—	191,4	95,24	—	40° C 57,5	Lewkowitsch
—	—	—	110,1	—	—	Wijs
—	—	—	94,8	—	—	Tortelli u. Ruggeri

Fettsäuren.

Schmelzpunkt	Erstarrungspunkt ° C	Verseifungszahl	Mittleres Molekulargewicht	Jodzahl	Acetylzahl	Beobachter
3—5° C	—	—	—	94,1	—	De Negri u. Fabris
10—18,9° C	—	200,9	278,8	102	—	Micko
—	—	—	276,5	—	6,4	Benedikt u. Ulzer
—	13—13,5	205,0	—	—	—	Lewkowitsch

Zur Erkennung von Pfirsichkernöl dienen nachstehende Reaktionen:

Salpetersäure vom spez. Gew. 1,4 gibt mit Pfirsichkernöl anfänglich eine gelblichbraune, dann schmutzigorange Färbung.

Biebers Reagens zeigt anfänglich keinerlei Einwirkung, erst nach zwölfstündigem Stehen tritt schwache Rotfärbung ein[3]).

Mandelöl.

Huile d'amandes — Almond Oil — Olio di mandole.

Vorkommen: Das Mandelöl kommt in den Samen des Mandelbaumes (*Prunus Amygdalus communis* = *Prunus Amygdalus* Stockes), einer Rosacee, vor. Es wird hauptsächlich aus den bittern Mandeln (*Prunus Amygdalus* var. *amara*), die ölreicher sind als die süßen, gewonnen.

---

[1]) Crossley u. le Sueur, Journ. Soc. Chem. Ind. **17**, 992 [1898].
[2]) Lewkowitsch, The Analyst **29**, 105 [1904].
[3]) Lewkowitsch, The Analyst **29**, 106 [1904]. — Micko, Chem.-Ztg. **17**, Rep. 78 [1893].

6*

	Spezifisches Gewicht bei	Erstarrungspunkt °C	Verseifungszahl	Jodzahl	Hehnerzahl	Maumené-Probe	Refraktometeranzeige im Butterrefraktometer bei	Refraktometeranzeige im Oleorefraktometer bei	Brechungsindex bei	Beobachter
Aus bittern Mandeln .	12° C 0,9168	—	—	—	—	—	—	—	—	Mills u. Akitt
Aus süßen Mandeln . .	12° C 0,9154	—	—	—	—	—	—	—	—	
—	15° C 0,917—0,920	—	—	—	—	—	—	—	—	Chateau
—	15° C 0,914—0,920	—	—	—	—	—	—	—	—	Allen
—	15° C 0,9180	—21,5	—	—	—	—	—	—	—	Maben
—	15° C 0,9186	—	195,4	—	—	—	—	—	—	Valenta
—	15° C 0,9183	—	—	—	—	—	—	—	—	Massie
Aus süßen Mandeln . .	15° C 0,9190—0,9195	—	190,5—191,2	93—95,4	—	51—52	—	—	—	De Negri u. Fabris
Aus bittern Mandeln .	15° C 0,9175—0,9195	—	189,5—191,7	94,1—96,5	—	51—53	—	—	—	
—	—	—10	—	—	—	—	—	—	—	Girard
—	—	—10 bis —20	—	—	—	—	—	—	—	Schädler
—	—	—	—	—	96,6	—	—	—	—	Westknight
Aus süßen Mandeln . .	—	—	187,9	98,4	—	—	—	—	—	Moore
—	—	—	190,9	96,2—101,9	—	—	25°C 64,0-64,8	—	—	E. Dieterich
—	—	—	190—192	—	—	—	—	—	66° C 1,4555	Thörner
—	—	—	193	98,5	—	—	—	—	—	Ulzer
—	—	—	—	98,4	—	—	—	—	—	v. Hübl
—	—	—	—	96,6—99,2	—	—	—	—	—	Beringer
—	—	—	—	—	—	52—54	—	—	—	Maumené
—	15° C 0,9190	—	—	97,5	—	53	25° C 64	—	—	Del Torre
—	—	—	—	—	—	—	—	—	—	Beckurts u. Seiler
—	—	—	—	—	—	—	—	+6	—	Jean
—	—	—	—	—	—	—	—	+7	—	Bruyn u. van Leent
—	15° C 0,9177—0,9185	—	—	—	95,8—101,26	(Temperaturerhöhung bei der Bromaddition) 20,6—21	—	—	—	Allen u. Brewis
—	15,5° C 0,9186	—	—	—	—	—	15,5° C 70,9	—	15,5° C 1,4728	Tolman u. Munson
—	—	—	—	98—99	—	—	—	—	—	Peters
Aus süßen Mandeln . .	—	—	—	—	95,8	—	—	—	—	Tortelli u. Ruggeri
—	—	—	—	—	—	17,6	—	—	—	Hehner u. Mitchell
—	—	—	—	—	—	20,25	—	—	—	Bromwell u. Meyer
—	—	—	—	—	—	—	—	22° C +8 bis +10,5	—	Pearmain
Aus süßen Mandeln . .	15,5° C 0,9178—0,91995	—	183,3—207,6	96,65—103,6	—	—	40°C 57-57,5	—	20° C 1,4710—1,4715	Lewkowitsch
Aus bittern Mandeln .	15° C 0,9180—0,9183	—	188,6—194,98	102,5—104,2	—	—	40° C 56,5—57,0	—	20° C 1,4712—1,4714	Lewkowitsch
—	20° C 0,9164	—	—	105,8 (Wijs)	—	—	—	—	—	H. L. Visser [1]
—	—	—	—	98,1 (Wijs)	—	—	25° C 64,3	—	—	Thomson u. Dunlop [2]
—	—	—	193,6	—	—	—	—	—	—	Tortelli u. Pergami
—	—	—	—	98,2—100,4	—	—	—	—	—	Wijs
—	—	—	—	—	—	—	—	—	20° C 1,4702—1,4709	Harvey

[1] H. L. Visser, Zeitschr. f. Unters. d. Nahr.- u. Genußm. 8, 419 [1904]; Chem. Revue über d. Fett- u. Harzindustrie 11, 254 [1904].
[2] Thomson u. Dunlop, The Analyst 31, 281 [1906]; Chem. Revue über d. Fett- u. Harzindustrie 13, 280 [1906].

Der Ölgehalt beträgt zwischen 38 und 45% [1]).

Charakteristisch für die bitteren Mandeln ist der Gehalt an **Amygdalin** und **Emulsin**. Daher ist beim Verarbeiten von bitteren Mandeln alles überschüssige Wasser zu vermeiden und empfiehlt es sich, die Samen vorher zu trocknen.

Physikalische und chemische Eigenschaften: Das Mandelöl zeigt blaßgelbe Farbe, angenehmen milden Geschmack und ist fast geruchlos. Das Öl der bitteren und süßen Mandeln zeigt keinerlei Unterschiede, vorausgesetzt, daß die bitteren Mandeln trocken verarbeitet wurden, andernfalls macht sich der Geruch von ätherischem Bittermandelöl bemerkbar. Die Blausäure ist nur als zufälliger Begleiter der Rosaceenöle anzusprechen [2]).

Die Fettsäuren des Mandelöls bestehen fast ausschließlich aus Ölsäure. Stearinsäure wurde nicht nachgewiesen, dagegen in geringen Mengen **Linolsäure**.

Die Angaben, daß Mandelöl leicht ranzig wird, sind unrichtig.

Das Mandelöl des Handels ist vielfach mit Pfirsich- oder Aprikosenkernöl verfälscht [3]).

Fettsäuren.

	Erstarrungspunkt °C	Schmelzpunkt °C	Säurezahl	Verseifungszahl	Mittleres Molekulargewicht	Jodzahl	Jodzahl der flüssigen Fettsäuren	Acetylzahl	Brechungsindex bei 60° C	Beobachter
—	5	14	—	—	—	—	—	—	—	v. Hübl
Aus süßen Mandeln	—	13—14	—	—	—	93,5—95,5	—	—	—	De Negri u. Fabris
„ bitteren „	—	13—14	—	—	—	94,1—96,5	—	—	—	De Negri u. Fabris
—	—	—	—	204	—	—	—	—	1,4461	Thörner
—	—	—	—	200,6	279,6	—	—	—	—	Tortelli u. Pergami
—	—	—	—	—	277,8	—	—	5,8	—	Benedikt u. Ulzer
Aus süßen Mandeln	9,5—10,1	—	195,8—207,8	200,7—207,6	—	—	101,7	—	—	Tortelli u. Ruggeri
„ bitteren „	11,3—11,8	—	196,8—197,1	203,1—203,2	—	—	—	—	—	Tortelli u. Ruggeri
„ süßen „	9,5—10,1	—	—	—	—	—	—	—	—	Lewkowitsch
„ bitteren „	11,3—11,8	—	—	—	—	—	—	—	—	Lewkowitsch

Mandelöl wird hauptsächlich in der Medizin und in der pharmazeutischen Industrie verwandt, ebenso in der Parfümerie. In geringerem Maße dient das Mandelöl als Schmieröl und in der Seifenfabrikation zur Herstellung von Toiletteseifen. Mandelöl zeigt die Eigenschaft, sich auf kaltem Wege zu verseifen.

Reines Mandelöl ist durch den niedrigen Schmelzpunkt der Fettsäuren ausgezeichnet.

Eine Verfälschung mit Mohnöl, Baumwollsamenöl, Sesamöl, Arachisöl, Olivenöl, Schmalzöl, die früher häufig angeführt wurden, soll nach der Ansicht von Lewkowitsch kaum mehr in Frage kommen. Eine Erkennung dieser Fälschungen erfolgt bei Mohnöl, Walnußöl, Baumwollsamenöl und Sesamöl durch die Erhöhung der Jodzahl, für Baumwollsamenöl durch die Halphensche Reaktion und den Schmelzpunkt der Fettsäuren und für Sesamöl durch die Baudouinsche Farbenreaktion.

Die hauptsächlichsten Verfälschungsmittel des Mandelöls sind, wie schon oben erwähnt, das Aprikosenkernöl und das Pfirsichkernöl. Das „französische Mandelöl" des Handels besteht fast nur als Aprikosenöl oder aus einer Mischung mit Pfirsichkernöl.

Echtes Mandelöl findet sich im Handel unter der Bezeichnung „Englisches Mandelöl". Es zeichnet sich obigen beiden Fälschungsmitteln gegenüber durch die niedrige Jodzahl aus. Es werden eine Reihe von Färbungsreaktionen zur Erkennung empfohlen, doch ist der genaue Nachweis dadurch erschwert, daß Mandelöle verschiedenen Ursprungs sich verschieden verhalten. Überhaupt ist der Nachweis von Pfirsichkernöl und Aprikosenöl in Mandelöl schon durch die nahe Verwandtschaft der drei Öle untereinander äußerst schwierig, wenn nicht unmöglich. Aus nachstehender Tabelle ergeben sich die geringen Unterschiede der chemischen und physikalischen Konstanten verschiedener Mandel- und verwandter Öle.

---

[1]) König, Chemie der Nahrungs- u. Genußmittel. 4. Aufl. Berlin 1903. **1**, 612.

[2]) De Negri u. Fabris, Zeitschr. f. analyt. Chemie **33**, 556 [1894].

[3]) K. Dieterich, Helfenberger Annalen **1903**, 16; **1905**, 18, 71. — Bieber, Zeitschr. f. analyt. Chemie **17**, 264 [1878]. — Lewkowitsch, The Analyst **29**, 105 [1904]; Chem. Revue über d. Fett- u. Harzindustrie **11**, 125 [1908].

Art des Öles	Spezifisches Gewicht	Verseifungszahl	Jodzahl	Butterrefraktometer bei 40° C Grade	Säurezahl	Fettsäuren		Farbenreaktionen	
						Neutralisationszahl	Verseifungszahl	Biebers Probe	Phloroglucinprobe
Mandelöl ausgepreßt aus:									
1. Süßen Valenciamandeln	0,91995	207,6	99,4	57,5	5,16	207,8	207,6	Farblos	Keine Färbung
2. Geschälten süßen Valenciamandeln	0,9182	191,7	103,6	57,5	2,9	196,4	201,7	„	Keine rote Färbung
3. Süßen sizilianischen Mandeln .	0,9178	183,3	100,3	57,0	0,79	198,8	202,2	„	„ „ „
4. Bitteren Mazaganmandeln ...	0,9180	188,6	102,5	56,5	3,1	196,8	203,1	„	Schwach rot
5. Kleinen indischen Mandeln ...	0,91907	189,2	96,65	57,0	2,9	195,8	200,7	„	„ „ „
6 Bitteren Mogadormandeln....	0,9183	194,98	104,2	57,0	1,3	197,1	203,2	„	Keine rote Färbung
7. Pfirsichkernöl...............	0,9198	191,4	95,24	57,5	3,0	196,8	205	Zuerst farblos, dann rot	Tiefrote Färbung
8. Aprikosenkernöl	0,9200	192,4	107,4	58,0	2,3	198,0	202,0	Rotfärbung	„ „
9. Aprikosenkernöl, Mogador ...	0,9172	198,2	107,9	57,0	2,8	194,0	200,7	Schwach rot	Weniger rot
10. Kalifornisches Aprikosenkernöl	0,92026	190,3	108,7	58,0	1,2	197,8	202,8	Sehr schwach rot	„ „

Nachstehende Reaktionen werden empfohlen:

Die Salpetersäureprobe. Beim Schütteln von Mandelöl mit Salpetersäure vom spez. Gewicht 1,4 tritt keine Farbenänderung ein, höchstens eine leichte Gelbfärbung (siehe Aprikosenöl und Pfirsichkernöl!).

Mit Bieberschem Reagens (5 Vol. Öl + 1 Vol. Reagens) tritt beim Durchschütteln ebenfalls keine Farbenveränderung ein. Es ist empfehlenswert, das Reagens (gleiche Gewichtsteile konz. Schwefelsäure, rauchende Salpetersäure und Wasser) immer frisch zu bereiten.

Die Farbreaktion, die bei Gegenwart von Aprikosenkernöl und Pfirsichkernöl durch $1/10$ proz. ätherische Phloroglucinlösung bei gleichzeitiger Anwesenheit von Salpetersäure von 1,45 spez. Gewicht hervorgerufen wird[1]), ist, wie aus obiger Tabelle hervorgeht, auch nicht zuverlässig.

Apfelsamenöl.

Huile de pommier — Apple seed oil — Olio di mela.

In den Samen des Apfelbaumes (*Pirus malus* L.) findet sich ein fettes Öl (20%) von dunkelgelber Farbe, das früher zu Speisezwecken dargestellt worden sein soll[1]).

Spezifisches Gewicht	Säurezahl	Verseifungszahl	Jodzahl	Hehnerzahl	Brechungsindex bei 21° C	Beobachter
0,9016 ·	57,4	202	135	93	1,47127	R. Meyer

Fettsäuren.

Verseifungszahl	Jodzahl	Brechungsindex	Beobachter
288	83—86	1,47937	R. Meyer

(Die Jod- und Verseifungszahlen bedürfen der Nachprüfung.)

Birnensamenöl.

Huile de poirier — Pear seed oil — Olio di pera.

Vorkommen: In den Samen der Birne (*Pirus communis* L.) finden sich 15% eines hellgelben, fetten Öles. Es zeigt nachstehende Konstanten[1]).

---

[1]) R. Meyer, Chem.-Ztg. **27**, 958 [1903]; Chem. Revue über d. Fett- u. Harzindustrie **10**, 254 [1903].

Physikalische und chemische Eigenschaften:

Spezifisches Gewicht	Säurezahl	Verseifungszahl	Jodzahl	Hehnerzahl	Brechungsindex bei 21° C	Beobachter
0,9177	39	113	121	91	1,47176	R. Meyer

Fettsäuren.

Erstarrungspunkt	Schmelzpunkt	Verseifungszahl	Jodzahl	Brechungsindex	Beobachter
16° C	25° C	196	101—104	1,47078	R. Meyer

(Auch bei diesem Öl bedürfen die Jod- und Verseifungszahlen einer Nachprüfung.) Das Öl soll zu Speise- und Brennzwecken benutzt werden.

Canariöl.

Javamandelöl — Huile de Canaria — Java almond oil.

Vorkommen: Das Canariöl findet sich in den Samen verschiedener Canariumarten, die zu den Burseraceen gehören (*Canarium commune* L. = *Bursera paniculata* Lam. *Colophonia mauritania* D. C.). Die Heimat der Pflanze sind die Molukken.

Physikalische und chemische Eigenschaften: Der Fettgehalt der Samen beträgt 68,6 bis 75% [1]. Das Fett zeigt eine schwach gelbe Färbung, angenehmen Geschmack und Geruch. Bei 15° C scheiden sich schon feste Fettkrystalle aus. Dieselben bestehen aus den Glyceriden der Palmitin-, Stearin-, Öl- und Linolsäure, auch Myristinsäure soll vorhanden sein [2].

Spez. Gewicht bei $\frac{40° C}{40° C}$	Erstarrungspunkt	Schmelzpunkt	Verseifungszahl	Jodzahl	Hehnerzahl	Reichert Meißlzahl	Acetylzahl	Maumené-probe	Butterre-fraktometer bei 40° C	Brechungsindex	Beobachter
0,8953	Beginn 15° C	—° C	193,5	64,7	95,5	0,1	8,4	59°	49,5	1,4589	Wedemeyer
0,9050	17° C	18 bis 28,5	194,3	65,1 bis 65,9	95,4 bis 95,7	0,0	—	—	51,1—51,3	—	Pastrovich

Fettsäuren.

Spez. Gewicht bei $\frac{50° C}{50° C}$	Erstarrungspunkt	Schmelzpunkt	Säurezahl	Verseifungszahl	Jodzahl	Jodzahl der flüssigen Fettsäuren	Acetylzahl	Mittleres Molekulargewicht	Refraktometeranzeige	Beobachter
—	37,2	40,4	191,1	—	—	—	—	—	—	Wedemeyer
0,8824 bis 0,8827	41,0	—	201,6	204,9 bis 205,2	66,1 bis 67,3	110,4	15,7 bis 16,4	273,7 bis 278,6	35,7—35,8	Pastrovich

Das Canariöl dient zu Brenn- und Speisezwecken.

Hartriegelöl.

Huile de Cornouiller — Dog wood oil.

Vorkommen: Das Hartriegelöl findet sich in den Früchten einer Cornacee, des roten Hartriegels (*Cornus sanguinea* L.) [3]. Der Fettgehalt ist schwankend.

Physikalische und chemische Eigenschaften: Es ist von grünlichgelber Farbe und erinnert im Geruch an minderwertiges Olivenöl. Es wird als Brennöl und in der Seifenfabrikation verbraucht.

[1] K. Wedemeyer, Seifensieder-Ztg. **34**, 26 [1907].
[2] Greshoff, Chem.-Ztg. **27**, 499 [1903]. — Pastrovich, Chem.-Ztg. **31**, 781 [1907].
[3] De Negri u. Fabris, Annali del Labor. chim. delle Gabelle **1891/92**, 181.

Spezifisches Gewicht bei 15° C	Erstarrungspunkt	Verseifungszahl	Jodzahl	Maumenéprobe	Beobachter
0,921	—15° C	192,05	100,8	52° C	De Negri u. Fabris

Fettsäure.

Erstarrungspunkt	Schmelzpunkt	Säurezahl	Jodzahl	Beobachter
29—31° C	34—37° C	195,1	102,75	De Negri und Fabris

Erdnußöl.

Arachisöl — Katjangöl — Huile d'arachide — Arachis oil — Peanut oil — Earthnut oil —
Olio di arachide.

Vorkommen: Das Erdnußöl kommt in den Früchten der Erdnuß (*Arachis hypogaea* L.),
einer Leguminose, vor. Dieselbe wird in Amerika, Afrika, Asien und Südeuropa angebaut. Der Fettgehalt der enthülsten Erdnüsse wechselt zwischen 30 und 52% [1]). Der
Ölgehalt ist um so höher, je tropischer das Klima ist, in dem sie wachsen. Nicht allein
die Quantität, auch die Qualität des Erdnußöles wird durch klimatische und Bodenverhältnisse beeinflußt. Das beste Öl liefern die afrikanischen, das schlechteste die ostindischen
Samen.

Darstellung: Die Erdnüsse werden vor der Verarbeitung enthülst, gemahlen und gepreßt. Die Öle der ersten und der zweiten Pressung werden zu Speisezwecken verwandt,
die Öle der dritten, warmen Pressung zu technischen Zwecken.

Physikalische und chemische Eigenschaften: Das Erdnußöl ist je nach der Herkunft
und Herstellungsweise ein farbloses bis rötlichbraunes Öl von eigenartigem Geruch, der bei
den minderwertigen Ölen am deutlichsten hervortritt.

Das Erdnußöl soll die Glyceride der Öl-, Palmitin-, Stearin-, Arachin-, Lignocerin- und
Hypogäasäure enthalten, doch wird das Vorkommen einzelner dieser Säuren von verschiedenen
Forschern bestritten. Kreiling[2]) konnte die von Caldwell[3]) gefundene Palmitinsäure nicht
nachweisen.

Die Hypogäasäure $C_{16}H_{30}O_2$ wurde von Hazura[4]) neben Ölsäure vermutet, von
Gößmann und Scheven[5]) und auch von Schröder[6]) nachgewiesen. Schön[7]) kam zur
gegenteiligen Ansicht. Die Lignocerinsäure $C_{24}H_{48}O_2$ wurde von Kreiling im Erdnußöl
aufgefunden[8]) und von anderen Forschern bestätigt[9]). Stearinsäure wurde in einer Probe
bis zu 7% nachgewiesen[10]). Der Gehalt an freien Säuren ist sehr schwankend, es finden sich
Angaben zwischen 0,32% (als Ölsäure berechnet)[11]) und 16,5%.

---

[1]) Schindler u. Waschata, Zeitschr. f. d. landw. Versuchsstationen in Österreich **7**, 643
[1904]; Landw. Anzeiger f. d. Regierungsbezirk Kassel **1886**, 654; Mitteil. d. Deutsch. Gesellschaft f. Natur- u. Völkerkunde Ostasiens **4**, Nr. 35; Bulletin d. landw. Versuchsstationen in Tennessee **4**, 53 [1891]; Experm. Stat. Rec. **3**, 146 [1891]. — Sadtler, Amer. Drugg. and Pharm. Record **31**,
No. 5 [1897].
[2]) Kreiling, Berichte d. Deutsch. chem. Gesellschaft **21**, 878 [1888].
[3]) Caldwell, Annalen d. Chemie u. Pharmazie **101**, 97 [1857].
[4]) Hazura, Monatshefte d. Chemie **10**, 242 [1889].
[5]) Gößmann u. Scheven, Annalen d. Chemie u. Pharmazie **94**, 230 [1855].
[6]) Schröder, Annalen d. Chemie u. Pharmazie **143**, 22 [1867].
[7]) Schön, Berichte d. Deutsch. chem. Gesellschaft **21**, 878 [1888]; Annalen d. Chemie u.
Pharmazie **244**, 253 [1888].
[8]) Kreiling, Berichte d. Deutsch. chem. Gesellschaft **21**, 878 [1888].
[9]) Renard, Zeitschr. f. analyt. Chemie **23**, 97 [1884]. — De Negri u. Fabris, Zeitschr.
f. analyt. Chemie **33**, 552 [1894].
[10]) Hehner u. Mitchell, The Analyst **21**, 328 [1896].
[11]) Tolman u. Munson, Journ. Chem. Soc. **25**, 954 [1906]; Zeitschr. f. analyt. Chemie **33**,
552 [1894]. — K. Dieterich, Helfenberger Annalen **71** [1905].

	Spezifisches Gewicht bei	Erstarrungspunkt	Verseifungszahl	Jodzahl	Hehnerzahl	Reichert-Meißlzahl	Maumené-Probe	Spezifische Reaktionstemperatur	Refraktometeranzeige im — Butterrefraktometer bei	Refraktometeranzeige im — Oleorefraktometer bei	Brechungsindex bei	Beobachter
	15° C 0,9163	—	—	—	—	—	—	—	—	—	—	Chateau
	15° C 0,917	—	—	—	—	—	—	—	—	—	—	Souchère
	15° C 0,922 99° C / 15,5° C 0,8673	—	—	—	—	—	—	—	—	—	—	Allen
	15° C 0,9193	—	191,3	—	—	—	—	—	—	—	—	Valenta
	15° C 0,9171—0,9209	—	189,3—192,1	98.4—98,7	—	—	—	105—137	—	—	—	Thomson u. Ballantyne
	15° C 0,9165—0,9200	—	189,4—193,1	92—101	—	—	45,5—51	—	—	—	—	De Negri u. Fabris
	15° C 0,9170—0,9200	—	190—197	92—101	—	—	—	—	25° C 65,8—67,5	—	—	Benedikt u. Wolfbauer
	15,5° C / 15,5° C 0,9195—0,9256	—	185,6—194,8	92,43—100,82	95,63	0,0	—	—	40° C 57,5	—	40° C 1,4642	Crossley u. le Sueur
	23° C 0,917—0,918	—	190,1—197,0	87,3—90,0	—	—	—	—	25° C 64,2 / 40° C 54,8	—	25°C 1,4686 / 40°C 1,4624	E. Dieterich
15. Muster	—	—	190,3—206,7	85,4—90,5	—	—	—	—	—	—	—	K Dieterich
	—	—	196,6	87,3	—	—	—	—	—	—	—	Moore
	—	—	194—196	94—96	—	—	—	—	—	—	60° C 1,4545	Thörner
	—	—	—	—	—	—	—	—	25° C 66,5	—	—	Beckurts u. Seiler
	—	—	—	—	—	—	—	—	25°C 65,8-67,5	—	—	Mansfeld
	—	—	192—196	87—101	—	—	—	—	—	—	—	Holde
	—	—	—	103	—	—	—	—	—	—	—	v. Hübl
	—	—	—	95,0	—	—	—	—	—	—	—	Erban
	—	—	—	97,7—98,7	—	—	—	—	—	—	—	Filsinger
	—	—	—	—	—	—	—	—	—	—	20° C 1,4698	Harvey
	—	—	—	98—103	—	—	—	—	—	—	—	Peters
	—	—	—	98,9	—	—	—	—	—	—	—	Wallenstein u. Finck
	—	—	—	87—99	—	—	—	—	—	—	—	Ulzer
	—	—	—	—	95,86	—	—	—	—	—	—	Bensemann
	—	—	—	—	—	—	67	—	—	—	—	Maumené
	—	—	—	—	—	—	44	—	—	—	—	Girard
	—	—	—	—	—	—	47—60	—	—	—	—	Archbutt
	15° C 0,9173	—	—	101,3	—	—	58	—	—	—	—	Del Torre
	15° C 0,911—0,9475	+2 bis +3	—	91,75—94,17	94,87—95,31	0,48-1,60	56—75	—	—	—	—	Sadtler
2 Proben . . .	15,5° C 0,9187	—	190,8	92	—	—	54,8	132,2	15,5° C 70,6	—	15,5° C 1,4577	Tolman u. Munson
20 Proben . . / I. Pressung . .	20° C 0,9118—0,9153	—	—	85,0—99,1	—	—	—	—	—	—	—	Wijs
15 Proben . . / II. Pressung .	20° C 0,9124—0,9155	—	—	85,5—96,9	—	—	—	—	—	—	—	Wijs
	—	—	—	—	—	—	—	—	—	—	15° C 1,4731	Procter
	—	—	—	—	—	—	—	—	—	+3,5 bis +6,5	—	Jean
	—	—	—	—	—	—	—	—	—	+4	—	Bryan u. van Leent
	—	—	—	—	—	—	—	—	—	+5 bis +7	—	Pearmain
	—	—	—	—	—	—	—	—	25° C 63,2 / 40° C 54,1	—	25°C 1,4679 / 40°C 1,4620	Utz
	22° C 0,911—0,916	—2,5	197,7—194,6	85,6—98,4	—	—	—	—	—	—	—	Schön
	—	—	—	83,3—84,1	—	—	—	—	—	—	—	Tortelli u. Ruggeri
	15° C 0,9164	—	191,4	87,5 (nach Wijs)	—	—	—	—	25° C 62,6	—	—	Thomson u. Dunlop
	—	—	188,9—191,0	90,2	—	—	—	—	—	—	—	Tortelli u. Pergami
	15,5° C 0,91795	0° bis +2° C	—	—	—	—	—	—	—	—	—	Lewkowitsch
	—	—	191—196	101—105	—	—	—	—	—	—	—	Oliveri
	—	—	—	96,55—98,98	—	—	—	—	—	—	—	Schweitzer u. Lungwitz

Fettsäuren.

	Spezifisches Gewicht bei	Erstarrungspunkt	Schmelzpunkt °C	Säurezahl	Verseifungszahl	Mittleres Molekulargewicht	Jodzahl	Jodzahl der flüssigen Fettsäuren	Acetylzahl	Butterrefraktometer bei 40°C	Brechungsindex bei 40°C	Beobachter
—	99°C / 15,5°C 0,8460	28,0°C	27,8—29,5	—	—	281,8	—	—	—	—	—	Allen
—	100°C 0,8475	—	—	—	—	—	—	—	—	—	—	Archbutt
—	—	23,8	27,7	—	—	—	—	—	—	—	—	v. Hübl
Farbloses Kronenöl	—	31	35,5	—	—	—	—	—	—	1,25	1,4532	E. Dieterich
Gelbes Kronenöl	—	29	31,5	—	—	—	—	—	—	—	—	E. Dieterich
—	—	22—25	27—31	—	—	—	96,5—103,4	—	—	—	—	De Negri u. Fabris
—	—	29—30	—	—	201,6	—	96—97	—	—	—	1,4461	Thörner
—	—	—	31	—	—	—	—	—	—	—	—	Bach
—	—	—	31—32 (Anfang)	—	—	—	—	—	—	—	—	Bensemann
—	—	—	34—35 (Ende)	—	—	—	—	—	—	—	—	Bensemann
—	—	—	—	—	—	281,7	—	—	3,4	—	—	Benedikt u. Ulzer
—	92,5°C 0,8436	—	—	—	—	—	95,5—96,9	—	—	—	—	Morawski u. Demski
—	98,5°C 0,8468	—	30	—	—	—	—	—	—	—	—	Schoen
—	—	27,5—32,5	29—34	—	—	—	—	—	—	—	—	Sadtler
—	—	—	—	—	—	—	—	128,5	—	—	—	Wallenstein u. Fink
—	—	—	—	—	—	—	—	111,0—119,5	—	—	—	Laue
—	—	—	—	—	—	—	—	104,7—123,4	—	—	—	Tortelli u. Ruggeri
—	—	—	35,5	—	—	—	—	114,6	—	—	—	Tolman u. Munson
—	—	—	—	—	—	—	—	—	—	40,8	1,4530	Utz
—	—	—	—	195,2 bis 195,5	200,1	280,4	—	—	—	—	—	Tortelli u. Pergami
—	—	28,1—29,2	—	—	—	—	—	—	—	—	—	Lewkowitsch

Beim Stehen der kalt gepreßten Öle scheidet sich bei niederer Temperatur (0° C) ein Gemisch von Lignocerin- und Arachinsäure ab, das den Namen **Margarine d'arachide** führt[1]). Diese Mischung ist schwer krystallinisch zu erhalten[2]). Der Schmelzpunkt beträgt 21,5° C.

Das optische Drehungsvermögen wurde zwischen $-0,07°$ und $+0,024°$ gefunden[3]).

Erdnußöl dient hauptsächlich als Speiseöl und Brennöl, auch findet dasselbe in der Seifenfabrikation Verwendung, besonders die Öle zweiter und dritter Pressung.

Erdnußöl wird vielfach zum Verschneiden von Olivenöl benutzt. Auch wird es vielfach mit Sesamöl vermischt, um das Öl kältebeständiger zu machen.

Kleine Mengen des letzteren Öles finden sich häufig im Erdnußöl, da die Fabriken häufig Erdnuß- und Sesamöl abwechselnd pressen.

Weitere Zusätze zu Fälschungszwecken sind Mohnöl, Baumwollsamenöl und Rüböl.

Der Nachweis von Erdnußöl in anderen Ölen geschieht durch Bestimmung der Arachinsäure, die zusammen mit der Lignocerinsäure abgeschieden wird. Ein aliquoter Teil des Öls (10,0) wird verseift, der Überschuß des Alkalis durch Essigsäure unter Zusatz von Phenolphtalein entfernt und ohne vorherige Isolierung der Fettsäuren durch Bleiacetat gefällt. Die Bleisalze werden zwecks Trennung der gesättigten von den ungesättigten Säuren im Soxhletapparat extrahiert. Die Bleisalze werden unter Äther mit Salzsäure zersetzt und die rohe Arachinsäure aus 90proz. Akohol umkrystallisiert. Der Schmelzpunkt liegt zwischen 70 und 72° C. Nach neueren Untersuchungen führt diese Methode zu einem Säuregemisch, dessen Schemlzpunkt 74—75° C beträgt.

---

[1]) Wijs, Zeitschr. f. Unters. d. Nahr.- u. Genußm. **6**, 692 [1903].
[2]) Lewkowitsch, Journ. Soc. Chem. Ind. **22**, 592 [1903].
[3]) Crossley u. le Sueur, Journ. Soc. Chem. Ind. **17**, 992 [1898].

Lewkowitsch bezeichnet das abgeschiedene Säuregemisch als „rohe Arachinsäure". Die wichtigsten Bestimmungsmethoden sind von Rênard[1]), Archbutt[2]), Tortelli und Ruggeri[3]), De Negri und Fabris[4]) empfohlen.

Die obenerwähnten Zusätze von Mohnöl, Rüböl und Baumwollsamenöl werden leicht durch die Spezialreaktionen der betreffenden Öle erkannt. Bei Mohnöl entscheidet das spez. Gewicht und die Jodzahl, bei Anwesenheit von Sesamöl ist die Furfurolreaktion anzuempfehlen, doch sei darauf hingewiesen, daß eine schwache Baudoinsche Reaktion noch nicht auf eine Verfälschung hinzudeuten braucht. Für die Anwesenheit von Rüböl entscheidet die niedrige Verseifungszahl und der eniedrigte Schmelz- und Erstarrungspunkt der Fettsäuren.

Californisches Muskatöl.

Huile de noix de California — Californian nutmeg oil — Olio di Noci di California.

Vorkommen: In den Früchten von *Tumion californicum*[5]).
Physikalische und chemische Eigenschaften:

Spezifisches Gewicht bei 15° C	Verseifungszahl	Jodzahl	Maumenésche Probe	Brechungsindex	Beobachter
0,9072	191,3	94,7	77°	1,4766	Blasdale

Fettsäuren.

Schmelzpunkt	Beobachter
19° C	Blasdale

Teesamenöl.

Huile de thé — Tea seed oil — Olio di té.

Vorkommen: Das Teesamenöl kommt in den Samen der verschiedenen Arten des Teestrauches vor. Es werden unterschieden:

1. Die Samen des echten Teestrauches (*Camellia theifera* Griff = *Camilla Thea* Link = *Thea chinensis* Linn.

2. Die Samen des ölgebenden Teestrauches (*Camellia oleifera* Abel = *Thea oleosa* Lour. = *Camellia sasanqua* Thumb.

3. Die Samen des steinfruchttragenden Teestrauches (*Camellia drupifera* Lour. = *Thea drupifera* Pierre.

4. Die Samen des japanischen Ziertees (*Camellia japonica* L. = *Thea japonica* Neis.

Die Samen des echten Tees können niemals eine Handelsbedeutung erlangen, da die gewöhnliche Kultur des Tees verhindert, daß eine Fruchtbildung eintritt.

Der Gehalt der Samen an Öl ist wechselnd, es finden sich Angaben zwischen 22,9% [6]) und 35—45% [3]).

Die Samen der Teearten enthalten viel Saponin, das auch in dem durch Pressen gewonnenen Öl vorhanden ist. Durch Extraktion gewonnenes Öl soll saponinfrei sein[7]).

Darstellung: Das Öl wird durch Pressen gewonnen.

Physikalische und chemische Eigenschaften: Teeöl, oder besser gesagt die Teesamenöle, sind hellgelb, von herbem oder scharfem Geschmack und aromatischem Geruch.

---

1) Rénard, Zeitschr. f. analyt. Chemie **23**, 97 [1884].
2) Archbutt, Journ. Soc. Chem. Ind. **17**, 1124 [1898].
3) Tortelli u. Ruggeri, Journ. Soc. Chem. Ind. **17**, 877 [1898]; Gazzetta chimica ital. **28**, II, 1 [1898].
4) De Negri u. Fabris, Zeitschr. f. analyt. Chemie **33**, 553 [1894].
5) Blasdale, Journ. Amer. Chem. Soc. **17**, 935 [1895].
6) Hooper, Pharmac. Journ. 605, 687 [1894/95].
7) Weil, Archiv d. Pharmazie **239**, 363 [1901]. — Semler, Tropische Agricultur. Wismar 1900. **2**, 525.

	Spezifisches Gewicht bei	Erstarrungs-punkt	Verseifungs-zahl	Jodzahl	Hehner-zahl	Brechungs-exponent	Beobachter
Chines. Öl	15°C 0,917—0,927	—5°C	—	—	—	—	Schädler
Assamöl .	15°C 0,920	—12°C	194	88	91,5	—	Itallie[1]
Japan. Öl	—	—	195,5	—	—	—	Davies[2]
—	20°C 0,9110	—	188,3	88,9	—	—	Wijs
—	—	—	—	—	—	+8 bis 22°C	Pearmain
—	—	—	—	90,49	—	—	Lane

Fettsäuren.

Schmelzpunkt °C	Säurezahl	Mittleres Mol.-Gewicht	Jodzahl	Beobachter
10—11	195,9	287,6	90,8	Wijs
—	—	—	Flüssige Fettsäuren 99,6—104,4	Lane

Alle im Handel befindlichen Teesamenöle ähneln einander so sehr in ihren chemischen und physikalischen Eigenschaften, daß sie kaum voneinander zu unterscheiden sind.

Das Teesamenöl dient als Brennöl, Schmieröl und in der Seifenfabrikation; trotz der giftigen Eigenschaften dient es in China in abgekochtem Zustande als Speiseöl.

Strophanthusöl.

Huile de Strophante — Strophantus seed oil — Olio di strofanto.

Vorkommen: In den Samen von *Strophanthus hispidus* D. C., einer Apocynacee. Öl-gehalt 22% [3]).

Darstellung: Durch Pressen oder durch Extraktion.

Physikalische und chemische Eigenschaften: Das Strophanthusöl ist ziemlich dickflüssig, von bräunlichgrüner Farbe und eigentümlich narkotischem Geruch. Es besteht aus den Glyceriden der Ölsäure, Stearin- und Arachinsäure. An flüchtigen Fettsäuren wurde Ameisensäure gefunden. Das Öl bleicht, dem Sonnenlicht ausgesetzt, sehr leicht. Es ist in allen Fettlösungsmitteln leicht löslich. An freien Fettsäuren wurden in einer Probe 12% aufgefunden[4]).

Spezifisches Gewicht bei	Erstarrungs-punkt	Schmelz-punkt	Verseifungszahl	Jodzahl	Reichert-Meißlzahl	Beobachter
15°C 0,9249	—6°C	+2°C	194,6	101,6	0,9	Bjalobrsheski
13°C 0,9254	—	—	187,9	73,02	0,5	Mjoën

Fettsäuren.

Schmelzpunkt	Beobachter
30,2°C	Bjalobrsheski

Divikaduroöl.

Vorkommen: In den Samen von *Tabernaemontana dichotoma* Roxb., einer Apocynacee.

---

[1]) Itallie, Journ. Soc. Chem. Ind. **13**, 79 [1894]. — Mann, Oil, Paint and Drug Rep. **60**, 15 [1902].
[2]) Davies u. Holmes, Chem. Revue über d. Fett- u. Harzindustrie **2**, 5 [1895].
[3]) Mjoën, Archiv d. Pharmazie **234**, 283 [1894].
[4]) Bjalobrsheski, Pharmac. Journ. **40**, 199 [1901].

Pistacienöl.

Huile de pistache — Pistachio oil — Olio di pistacci.

Vorkommen: In den Samen der echten Pistacie (*Pistacia vera* L.), einer Anacardiacee. Auch die Samen von *Pistacia lentiscus* L. und *Pistacia Cabulica* Stocks werden zur Ölgewinnung benutzt[1]).

Darstellung: Durch Pressung oder Extraktion.

Physikalische und chemische Eigenschaften: Kalt gepreßtes Öl zeigt eine goldgelbe Farbe und ist fast geruchlos. Extrahiertes Öl zeigt einen aromatischen Geruch und grünliche Färbung. Das Öl wird leicht ranzig. Es wird in der Konfitürenfabrikation verwendet[2]).

Spezifisches Gewicht bei 15° C	Erstarrungspunkt	Verseifungszahl	Jodzahl	Maumenésche Probe	Beobachter
0,9185	—8 bis —10° C	191,0—191,6	80,8—87,8	44,5—45°	De Negri u. Fabris

Fettsäuren.

Erstarrungspunkt	Schmelzpunkt	Jodzahl	Beobachter
13—14° C	17—20° C	88,9	De Negri u. Fabris

Akaschuöl.

Acajouöl — Huile de noix de Caju — Cashew apple oil.

Vorkommen: In den Samen des westindischen Nierenbaumes, Acajubaumes, einer Anacardiacee. (*Anacardium occidentale* L. = *Acajuba occidentalis* Gaertn. = *Cassuvium pomiferum* Lam.[3]). Die Samen enthalten 48—50% Fett.

Darstellung: Durch Pressung.

Physikalische und chemische Eigenschaften: Das Akaschuöl besitzt eine hellgelbe Farbe und mandelähnlichen Geschmack.

Bei gewöhnlicher Temperatur zeigen sich krystallinische Ausscheidungen, die in der Wärme sich lösen.

Das Öl dient in geringem Umfange als Speiseöl.

Spezifisches Gewicht	Verseifungszahl	Jodzahl	Beobachter
0,916	—	—	Schädler
—	179,5—180,2	60,6	Niederstadt

Rhusglabraöl.

Vorkommen: In den Samen von *Rhus glabra*, einer Anacardiacee. Dieselben enthalten 9% Öl[4]).

Darstellung: Durch Extraktion der schalenfreien Samen.

Physikalische und chemische Eigenschaften: Das durch Äther extrahierte Öl besitzt hellgelbe Farbe, angenehmen Geschmack und charakteristischen Geruch.

Die unverseifbaren Anteile bestehen aus einem höheren Alkohol der Cholesteringruppe.

In den Schalen finden sich auch noch 8,5% eines schwarzen, halbfesten Öles, dessen unverseifbare Anteile aus einem bei 63,5—64° C schmelzenden einwertigen Alkohol bestehen.

---

[1]) Schädler, Technologie der Fette u. Öle. 2. Aufl. Leipzig 1892. S. 541.

[2]) De Negri u. Fabris, Annali del Labor. chim. delle Gabelle **1893**, 220.

[3]) Schädler, Technologie der Fette u. Öle. 2. Aufl. Leipzig 1892. S. 541. — Semler, Tropische Agricultur. 2. Aufl. Wismar 1900. **2**, 520. — Niederstadt, Berichte d. Deutsch. pharmaz. Gesellschaft **12**, 144 [1902].

[4]) G. B. Frankforter u. A. W. Martin, Amer. Journ. of Pharmacy **76**, 151 [1904].

	Spez. Gewicht	Erstarrungspunkt	Verseifungszahl	Jodzahl	Brechungsindex
Fett aus geschältem Samen	0° C 0,9312 20° C 0,9203	24° C	194,7—195,3	85,96—87,86	0° C 1,48821 15° C 1,48228
Fett aus den mit Wasser ausgezogenen, getrockneten Samenschalen . .	20° C 0,9412 35° C 0,933	—	179,7	87,2	—

Anacardienöl.

Vorkommen: In den Samen des ostindischen Tintenbaumes (*Semecarpus Anacardium* L. = *Anacardium officinarum* Gaertn.), die als „ostindische Elefantenläuse" bekannt sind. Dieselben enthalten 48,53% Rohfett, von dickflüssiger Konsistenz, dessen spez. Gew. zu 0,930 beobachtet wurde[1]).

Spindelbaumöl.

Huile de fusain — Spindeltree Oil.

Vorkommen: In den Samen des Spindelbaumes (*Evonymus europaeus* L.). Der Ölgehalt beträgt 28—29%[2]).

Physikalische und chemische Eigenschaften: Das Spindelbaumöl zeigt eine dickflüssige Konsistenz, eine gelbe, in größerer Menge rotbraune Farbe.

Es enthält auch ein Harz: Evonymin.

Das Öl besteht aus den Glyceriden der Öl-, Stearin-, Palmitin-, Benzoe- und Essigsäure. Benzoesäure soll in freiem Zustande vorhanden sein, Essigsäure als Triacetin. Das Spindelbaumöl ist in Alkohol in geringer Menge löslich.

Spezifisches Gewicht	Erstarrungspunkt	Beobachter
0,938	—15° C	Schädler

Das Öl dient als Brennöl und als Mittel gegen Ungeziefer.

Haselnußöl.

Huile de noisette — Hazelnut Oil — Olio di noccinolo.

Vorkommen: In den Samen des Haselnußstrauches (*Corylus Avellana* L.), einer Betulacee. Der Ölgehalt beträgt 50—60%[3]). Neben der gewöhnlichen Haselnuß kommen noch die Lamberts-Haselnüsse (*Corylus tubulosa* L.) und die türkische Haselnuß (*Corylus Colura* L.) als Ausgangsmaterial in Frage.

Darstellung: Durch Auspressen der entschälten Samenkerne.

Physikalische und chemische Eigenschaften: Haselnußöl zeigt eine goldgelbe Farbe und deutlichen Haselnußgeruch.

Es enthält die Glyceride der Ölsäure, 85%, Palmitin-, 9%, und Stearinsäure, 1%[4]), auch Linolsäure soll vorhanden sein. Die unverseifbaren Anteile bestehen aus Phytosterin (0,5%). Haselnußöl wird in Rußland dargestellt. Es dient als Speiseöl, als Schmieröl für Uhrfedern und feine Maschinenteile, ferner zur Seifenfabrikation. Auch in der Parfümerie wird Haselnußöl verwandt.

---

[1]) A. Hefter, Technologie der Fette u. Öle, Berlin, **2**, 471 [1908].

[2]) Schädler, Technologie der Fette u. Öle. 2. Aufl. Leipzig 1892. S. 542.

[3]) Schädler, Technologie der Fette u. Öle. 2. Aufl. Berlin 1892. S. 650. — König, Chemie der Nahrungs- u. Genußmittel. Berlin 1903. 4. Aufl. S. 611.

[4]) Hanus, Chem.-Ztg. **23**, Rep. 226 [1899].

Spez. Gewicht bei 15° C	Erstarrungspunkt	Verseifungszahl	Jodzahl	Hehnerzahl	Reichert-Meißlzahl	Maumené-probe	Beobachter
0,9243	−17° C	—	—	—	—	—	Schädler
0,9170	—	—	—	—	—	—	Massie
0,9146	—	197,1	88,5	—	—	—	Filsinger
0,9170	—	192,8	86,3—86,9	—	—	35—36°	De Negri u. Fabris
0,9164	—	191,4	83,2	—	—	—	Soltsien
—	−20° C	—	88	—	—	38°	Girard
0,9169	—	193,7	90,2	95,6	0,99	36,2	Hanus
—	—	—	83,9	—	—	—	Tortelli u. Ruggeri
—	—	190,9	—	—	—	—	Tortelli u. Pergami
0,916	—	187	87	95,5	0,99	—	Schöttler
—	−10° C	—	—	—	—	—	Braconnot

Fettsäuren.

Erstarrungspunkt	Schmelzpunkt	Säurezahl	Verseifungszahl	Mittleres Molekulargewicht	Jodzahl	Jodzahl der flüssigen Fettsäure	Beobachter
9° C	17° C	—	—	—	—	—	Soltsien
—	25° C	—	—	—	—	—	Girard
—	22—24° C	—	—	—	90,1	—	De Negri u. Fabris
—	—	200,6	—	279,7	90,6	91,3	Hanus
—	—	197,6	199,7	280,9	—	—	Tortelli u. Pergami
—	—	—	—	—	—	97,6	Tortelli u. Ruggeri
19—20° C	—	—	—	—	—	—	Schöttler

Coulanußöl.

Huile de noix de Coula.

Vorkommen: In den Nüssen des Coulabaumes (*Coula edulis* Baillon), der im französischen Kongo vorkommt.

Der Fettgehalt wurde zu 22—28% gefunden[1]). Schädler gibt 35—40% an[2]).

Darstellung: Durch Auspressung der Samen.

Physikalische und chemische Eigenschaften: Das Coulanußöl ist von gelber Farbe. Es besteht fast ganz aus den Glyceriden der Ölsäure.

Spezifisches Gewicht bei 30° C	Erstarrungspunkt	Schmelzpunkt
0,913	±0° C	5—6° C

Ximeniaöl.

Huile de citron de mer — Huile d'elozy zégué.

Vorkommen: In den Samen von *Ximenia americana* L. = *Ximenia Russeliana* Wall.[3]), einer in allen Tropengegenden heimischen Oleacee. Der Ölgehalt des Samens beträgt 42% bzw, 39,25%, der des schalenfreien Kernes 69,30% bzw. 63,82%[4]). Die Kerne sind eßbar.

Darstellung: Durch Extraktion.

Physikalische und chemische Eigenschaften: Das Öl ist dickflüssig, von gelber Farbe und angenehmem Geschmack. Es bleibt auch im Winter völlig klar und sehr viskös. Der Ge-

---

[1]) Heckel, Les graines grasse nouvelles. Paris 1902. S. 9.
[2]) Schädler, Technologie der Fette u. Öle. 2. Aufl. Leipzig 1892. S. 662. — Möller, Dinglers polytechn. Journ. **238**, 430 [1880].
[3]) J. Möller, Dinglers polytechn. Journ. **238**, 430 [1880].
[4]) Cl. Grimme, Chem. Revue über d. Fett- u. Harzindustrie **17**, 157 (1910).

halt an Unverseifbarem wurde zu 2,91% gefunden. Der Gehalt an festen Fettsäuren beträgt 92,85%.

Das spez. Gew. wurde zu 0,925 bei 15° C gefunden.

Spez. Gewicht bei	Erstarrungspunkt	Verseifungszahl	Säurezahl	Jodzahl	Brechungsindex	Beobachter
$\frac{15°\,C}{15°\,C}$ 0,9248	+2° C	183,1	1,2	84,0	{ bei 20° C 1,4737	} Grimme[1]
15° C 0,925	—	—	—	—	—	Möller

Fettsäuren.

Schmelzpunkt	Jodzahl	Mittleres Mol.-Gewicht	Sättigungszahl	Brechungsindex	Beobachter
51—52° C	78,2	326,0	172,3	bei 60° C 1,4596	Grimme

Das Öl dient als Speisefett.

Olivenöl.

Baumöl — Provenceröl — Aixeröl — Huile d'olives — Huile de Provence — Olive Oil — Sweetoil — Olio d'oliva.

Vorkommen: In dem Fruchtfleisch des Olivenbaumes, einer Oleacee, von dem man eine wildwachsende und eine kultivierte Form unterscheidet.

Olea europaea var. silvestris L. = *Olea europaea var. oleaster* D. C. und *Olea europaea culta* L. = *Olea europaea var. sativa* D. C. Als Anbauländer kommen Italien, Südfrankreich, Nordafrika und Californien in Betracht.

Die Zusammensetzung der Olive ist je nach dem Reifegrade sehr verschieden. Der Ölgehalt im Fruchtfleisch schwankt zwischen 20—70%.

Die Oliven bilden in den Heimatländern des Ölbaumes ein sehr wichtiges Nahrungsmittel für die ärmere Bevölkerung.

Darstellung: Der Reifegrad der Olive bildet einen ausschlaggebenden Faktor für die qualitative und quantitative Ausbeute an Olivenöl.

Die Darstellung desselben geschieht durch Pressen und zerfällt in nachstehende Abschnitte.

Reinigen der Oliven, Zerkleinern derselben, Auspressen des Olivenbreies, Aufarbeiten der Preßrückstände, Klären des Öles, Entmargarinieren des Öles, Einlagern des Öles und Bleichen der Sulfuröle.

Es können zwei Wege bei der Verarbeitung der Oliven eingeschlagen werden, einmal ein Abtrennen des Fruchtfleisches von den Kernen oder eine Zerkleinerung der gesamten Früchte und Auspressung des enthaltenen Breies. Vor dem Pressen werden die Oliven häufig gelagert, wobei Erwärmung zu vermeiden ist, da durch ein in den Oliven enthaltenes Enzym, die Olease[2], eine Gärung mit nachfolgender Fettspaltung bedingt wird[3].

Bei der Olivenöldarstellung wird häufig zweimal gepreßt. Die Preßrückstände der ersten Pressung werden häufig nach der Zerkleinerung mit Wasser angerührt und erneut gepreßt, wodurch die Ausbeute erhöht wird. Die Qualität des Öles leidet besonders bei Anwendung warmen Wassers.

Das bei geringem Druck enthaltene Öl ist das beste (Jungfernöl).

Da die Preßrückstände (Sansa, Grignons, Bagassa) noch 10—20% Öl enthalten, werden dieselben noch mit Schwefelkohlenstoff oder Tetrachlorkohlenstoff extrahiert. Es resultieren sog. Sulfuröle oder Olivenkernöle.

Die Reinigung der gepreßten Öle geschieht durch Selbstklärung. Das sich abscheidende Vegetationswasser, das auch aus dem Fruchtfleisch stammt, wird in Cisternen gesammelt, einer Gärung unterworfen, wobei sich noch die letzten Ölreste abscheiden. Diese Öle heißen Höllenöle (Oli d'inferno, Huiles d'enfer).

---

[1] Cl. Grimme, Chem. Revue über d. Fett- u. Harzindustrie **17**, 157 (1910).
[2] G. Tolomei, Atti della Acad. dei Lincei [5] **5**, I, 122 [1896].
[3] Mastbaum, Chem. Revue **56** [1904].

Physikalische und chemische Eigenschaften: Die Olivenöle werden in Speiseöle und technische Öle unterschieden. Erstere sind die Öle erster und zweiter Pressung, alle übrigen gehören zu der letzten Kategorie. Auch hiervon unterscheidet man noch Brennöle, Tournantöle, Höllenöle, Nachmühlenöle, Sulfuröle und Satzöle. Tournantöle sind Öle mit einem hohen Gehalt (bis 26%) an freien Fettsäuren, aus vergorenen Oliven gewonnen. Dieselben emulgieren sich beim Schütteln mit Sodalösung vollständig.

Die einzelnen Produkte weichen stark in ihren physikalischen und chemischen Eigenschaften voneinander ab. Die Farbe der Speiseöle wechselt von farblos bis goldgelb, bei den übrigen Ölen ist dieselbe gelb bis braun, auch sind dieselben durch Chlorophyll grün gefärbt. Die Farbe soll übrigens auch durch die Olease (siehe oben) verändert werden.

Der Geschmack des reinen Olivenöls ist milde und angenehm, doch wird derselbe durch die Provenienz des Ausgangsmaterials mitbestimmt. In dem bitter schmeckenden Olivenöl aus Puglia wurde derselbe der Anwesenheit von Eugenol, Brenzcatechin, Tannin und Gallussäure zugeschrieben[1]). Ein längeres Lagern verbessert den Geschmack des Olivenöls.

Das Olivenöl enthält 5—17% fester Fettsäuren. Der Gehalt schwankt bei den einzelnen Produkten. Für tunesisches Olivenöl wurden 25% gefunden. Dieselben bestehen aus Palmitinsäure[2]) neben geringen Mengen von Arachinsäure. Stearinsäure soll nicht vorkommen[3]).

Reines Triolein bildet die Hauptmenge der flüssigen Olivenölglyceride (89,8—98,4%). Linolsäure wurde nur zu 6—7% gefunden. Außerdem wurden 1—2% eines Oleodimargarins aufgefunden[4]), dessen flüssige Fettsäure als Ölsäure erkannt wurde und dessen feste Fettsäure die Formel $C_{17}H_{34}O_2$ aufwies. Unverseifbare Bestandteile finden sich 1—1,5%, die aus Phytosterin bestehen[5]) und nicht, wie ältere Angaben lauten, aus Cholesterin.

Der Gehalt an freien Fettsäuren schwankt zwischen 1—3% bei Speiseölen und bis 10% bei technischen Ölen, je nach der mehr oder weniger sorgfältigen Darstellung. Bei letzteren kommen noch größere Mengen freie Fettsäuren vor. In ranzigen Olivenölen wurden nachgewiesen Önanthaldehyd, Ameisen-, Essig-, Önanthyl-, Azelain- und Korksäure[6]).

Das Olivenöl ist der typische Vertreter eines nichttrocknenden Öles, sowohl seiner Zusammensetzung als auch seinen chemischen Eigenschaften nach.

Das Olivenöl wird zu Speisezwecken benutzt, die technischen Öle finden ausgedehnte Verwendung in der Seifenfabrikation, zur Darstellung von Türkischrotöl und als Brennöl. Auch in der Medizin werden große Mengen Olivenöl verbraucht.

Olivenöl unterliegt häufig der Verfälschung mit Sesamöl, Rüböl, Baumwollsamenöl, Mohnöl, Arachisöl und Schmalzöl. Zur Erkennung dieser Zusätze werden nachstehende Untersuchungsmethoden herangezogen:

Die Bestimmung des spezifischen Gewichts, wobei zu bemerken ist, daß ein 0,917 übersteigender Wert auf einen Zusatz von Baumwollsamenöl, Sesamöl und Mohnöl hindeutet. Heiß gepreßte Öle zeigen leicht ein höheres spez. Gewicht bis 0,920—0,925, wegen des höheren Gehaltes an Palmitin.

Der Schmelz- und Erstarrungspunkt der Fettsäuren (Titertest) geben ebenfalls Anhaltspunkte für Fälschungen mit Cottonöl und Arachisöl, doch dürften die so gewonnenen Werte nie ausschlaggebend sein. Erdnußöl läßt sich am besten mit Hilfe des Tortelli-Renardschen Arachinsäureverfahren nachweisen[7]).

Die wertvollste Untersuchungsmethode ist die Bestimmung der Jodzahl, da dieselbe sehr niedrig ist und besonders niedriger als die entsprechenden Werte der zur Fälschung dienenden Öle. Die Jodzahl schwankt ja auch bei reinen Olivenölen innerhalb beträchtlicher Grenzen, doch ist die Annahme berechtigt, ein Olivenöl, dessen Jodzahl höher als 85 ist, als verdächtig zu bezeichnen. Als Vorproben sind die Färbungsreaktionen heranzuziehen.

Die Elaidinprobe liefert das härteste Elaidin. Auch diese Methode gibt Anhaltspunkte zur Erkennung von Verfälschungen.

---

[1]) Canzoneri, Gazzetta chimica ital. **27**, II, 1 [1897].
[2]) Tolman u. Munson, Journ. Amer. Chem. Soc. **6**, 956 [1893].
[3]) Hehner u. Mitchell, The Analyst **21**, 328 [1896].
[4]) Holde u. Stange, Berichte d. Deutsch. chem. Gesellschaft **34**, 2402 [1901].
[5]) Bömer u. Soltsien, Zeitschr. f. öffentl. Chemie **7**, 184 [1901]. — Gill u. Tufts, Journ. Amer. Chem. Soc. **25**, 498 [1903].
[6]) Scala, Staz. sperm. agrar. ital. **30**, 613 [1897].
[7]) F. Dietze, Chem. Revue über d. Fett- u. Harzindustrie **16**, 169 [1909].

Bezeichnung des Öles	Spezifisches Gewicht bei	Er-starrungs-punkt	Ver-seifungs-zahl	Jodzahl	Hehnerzahl	Reichert-Meißlzahl	Acetylzahl	Maumené-Probe	Spezifische Reaktions-temperatur	Refraktometeranzeige im Butter-refrakto-meter bei	Refraktometeranzeige im Oleo-refrakto-meter bei	Brechungs-index	Beobachter
—	12° C 0,9192 15° C 0,9177 25° C 0,9109 50° C 0,8932 94° C 0,9625-0,8632	—	—	—	—	—	—	—	—	—	—	—	Saussure
Bestes	15° C 0,9178	—	—	—	—	—	—	—	—	—	—	—	Gallipoli
—	15° C 0,9196	—	—	—	—	—	—	—	—	—	—	—	Clarke
—	15° C 0,914—0,917 15,5° C 0,914—0,917	—	191—196	—	—	—	—	41—43	—	—	—	—	Allen
Jungfernöl	15° C 0,9163	—	—	—	—	—	—	—	—	—	—	—	Pariser Laboratorium
Ordinäres	15° C 0,9160												
Italienisches (70 Proben)	15° C 0,916-0,918	—	185—196	82	—	—	—	32—37	—	—	—	—	De Negri u. Fabris
Jungfernöl	15° C 0,915-0,9175	—	188—196	82—85	—	—	—	—	—	25° C 62-62,5	—	—	Benedikt u. Wolfbauer
Gewöhnliches	15° C 0,9161-0,9181	—	189,5—196	83	—	—	—	—	—	—	—	—	Ulzer
Dalmatinisches	15° C 0,915-0,917	—	187,1—195,8	80,7—91,5	—	—	—	—	—	—	—	1,4703	Guozdenovic
Indisches	15,5° C 0,9203 15,5° C	—	190,9	93,67	95,14	0,3	—	—	—	40° C 56,4	—	40° C 1,4635	Crossley u. Le Sueur
Gelbgrünes	18° C 0,9144												
Blasses	18° C 0,9163	—	—	—	—	—	—	—	—	—	—	—	Stilurell
Dunkles	18° C 0,9199												
—	20° C 0,9127	—	—	—	—	—	—	—	—	—	—	—	Long
Provenceröl (Jungfernöl)	23° C 0,912—0,914	—	188,7—203,0	81,6—84,5	—	—	—	—	—	—	—	—	E. Dieterich
Baumöl	—	—	196—206	—	—	—	—	—	—	—	—	—	E. Dieterich
—	100° C 0,8640	—	191—193	82—83	—	—	—	—	—	—	—	60° C 1,4548	Thörner
—	—	Trübung bei +2° C, bei -6° C 28% Stearin	—	—	—	—	—	—	—	—	—	—	Chateau
—	—	—	191,8	—	—	—	—	—	—	—	—	—	Köttsdorfer
—	—	—	191,7	—	—	—	—	—	—	—	—	—	Valenta
—	—	—	185,2	83	—	—	—	—	—	—	—	—	Moore
—	—	—	190,5—195	79—83,2	—	—	—	—	—	—	—	—	Oliveri
—	—	—	—	82,8	—	—	—	—	—	—	—	—	v. Hübl
38 Proben	15° C 0,9157-0,9173	—	189,4—193,3	80—86,1	—	—	—	—	—	—	—	—	Eisenstein
—	—	—	187,4—197,9	78,3—86,04	—	—	—	—	—	—	—	—	K. Dieterich
—	—	—	—	—	—	—	—	—	—	—	—	—	West-Knights
—	—	—	—	—	—	0,3	—	—	—	—	—	—	Medicus u. Scheerer
—	—	—	—	—	—	—	—	42	—	—	—	—	Maumené
—	—	—	—	—	—	—	—	41—45	—	—	—	—	Archbutt
—	—	—	—	—	—	—	—	40	—	—	—	—	Baynes
—	—	—	—	—	—	—	—	—	—	25° C 62-62,8	—	—	Mansfeld
—	—	—	—	—	—	—	—	—	—	—	—	15° C 1,4698 20° C	Strohmer
—	—	—	—	—	—	—	—	—	—	—	—	1,4670-1,4705	Holde

Bezeichnung des Öles	Spezifisches Gewicht bei	Er-starrungs-punkt	Ver-seifungs-zahl	Jodzahl	Hehnerzahl	Reichert-Meißlzahl	Acetylzahl	Maumené-Probe	Spezifische Reaktions-temperatur	Refraktometeranzeige im Butter-refraktometer bei	Refraktometeranzeige im Oleo-refraktometer bei	Brechungs-index	Beobachter
—	—	—	—	—	—	—	—	—	—	—	0 bis +2	—	Jean
Italienisches Baumöl . . (18 Proben)	15ºC 0,9155-0,9180	—	189,6—192	79,2—86,1	—	—	—	39,6-49,1	95,6—104,7	15,5º C 67,3—68,5	—	15,5º C 1,4703-1,4713	Tolman u. Munson
Californisches Baumöl . (33 Proben)	15ºC 0,9162-0,9180	—	189,3—194,6	78,5—89,8	—	—	—	38—52,1	94,5—109,7	15,5º C 66,9—69,2	—	15,5º C 1,4703-1,4718	Tolman u. Munson
Französisches	15ºC 0,9169-0,9172	—	—	—	—	—	—	—	—	—	—	—	Milliau
Tunesisches	5ºC 0,91 70-0,9196	—	—	—	—	—	—	—	—	—	—	—	Milliau
Californisches	15ºC 0,9140-0,9185	—	—	—	—	—	—	—	—	—	—	—	Colby
Californisches (11 Proben)	15ºC 0,9161-0,9174	—	—	—	—	—	—	—	—	—	—	—	Blasdale
Marokkanisches aus schwarzen Oliven .	15ºC 0,9175	—	193,35	91,40—91,70	—	—	—	—	—	—	—	—	Ahrens u. Hett
aus grünen Oliven . .	15ºC 0,9170	—	194,10	87,45—87,87	—	—	—	—	—	—	—	—	Ahrens u. Hett
—	—	—	—	—	—	—	—	44	—	—	—	—	Tortelli
—	15ºC 0,9144-0,9161	—	190,7—195,6	83,20—89,1	—	—	—	—	—	25ºC 59,7-62,2	—	—	Thomson u. Dunlop
—	15ºC 0,91736	—	194	84,9	95,8	0,86	7,1	47,3	—	25º C 62,6	—	—	Henseval u. Deny
Algerisches Öl (14 Proben)	15ºC 0,9145-0,9169	− 2 bis +4ºC	—	79—89,9	95	—	—	—	—	—	—	—	Dugast
—	—	—	—	—	—	—	—	—	—	20º C 64,5	—	20º C 1,4688	Utz
—	—	—	—	85,0 (n. Wijs)	—	—	—	—	—	—	—	—	Visser
—	—	—	—	82—86,6	—	—	—	—	—	—	—	—	Wijs
—	—	—	—	—	—	—	—	—	—	—	—	20º C 1,4687-1,4693	Harvey
—	15,5º C 0,9141—0,9171	—	—	78,9—86,9	—	—	—	—	89—95	—	—	—	Thomson u. Ballantyne
Californisches Öl	15,5º C 0,9147—0,91797	—	—	—	—	—	—	—	—	—	—	—	Mörck
—	18ºC 0,9139-0,9141	—	—	—	—	—	—	—	—	—	—	—	} Long
—	19º C 0,9134	—	—	—	—	—	—	—	—	—	—	—	
—	21ºC 0,9119-0,9121	—	—	—	—	—	—	—	—	—	—	—	
—	22ºC 0,9112-0,9114	—	—	—	—	—	—	—	—	—	—	—	
—	23ºC 0,9106-0,9117	—	—	—	—	—	—	—	—	—	—	—	
—	24ºC 0,9101-0,9099	—	—	—	—	—	—	—	—	—	—	—	
—	25º C 0,9094	—	—	—	—	—	—	—	—	—	—	—	
—	30º C 0,9060	—	—	—	—	—	—	—	—	—	—	—	
—	35º C 0,9028	—	—	—	—	—	—	—	—	—	—	—	
Tunesisches Öl	—	+3 bis +4ºC	—	—	—	—	—	—	—	—	—	—	Bertainchaud
Tunesisches Öl	—	+9 bis +10ºC	—	—	—	—	—	—	—	—	—	—	Bertainchaud
—	—	—	—	79,18—82,3	—	—	—	—	—	—	—	—	Villavecchia
Californische Öle . . .	—	—	—	78,28—88,68	94,96	—	—	—	—	—	—	—	Lengfeld u. Paparelli
Portugiesische Öle . . .	—	—	—	83,3—86,1	—	—	—	—	—	—	—	—	Ferreira da Silva
Spanische Öle	—	—	—	78,6—87,2	—	—	—	—	—	—	—	—	} Tortelli u. Ruggeri
Griechisches Öl	—	—	—	84	—	—	—	—	—	—	—	—	
Türkisches Öl	—	—	—	79,1	—	—	—	—	—	—	—	—	
Öl aus der Halbinsel Krim	—	—	—	82,8	—	—	—	—	—	—	—	—	Shukoff
Persisches Öl	—	—	—	85	—	—	—	—	—	—	—	—	Shukoff
—	—	—	—	—	—	—	—	—	—	—	0 bis +1,5	—	Bruyn u. van Leent
—	—	—	—	—	—	—	—	—	—	—	+1 bis +3,5	—	Pearmain

Fette und Wachse.

Fettsäuren.

	Spezifisches Gewicht bei	Erstarrungspunkt °C	Schmelzpunkt °C	Säurezahl	Verseifungszahl	Mittleres Mol.-Gewicht	Jodzahl	Jodzahl der flüssigen Fettsäuren	Acetylzahl	Brechungsindex bei	Beobachter
—	$\frac{99°C}{15,5°C}$ 0,8430	21	23,98—26	—	—	279,4	—	—	—	—	Allen
—	$\frac{100°C}{100°C}$ 0,8749	—	—	—	—	—	—	—	—	—	Archbutt
—	—	21,2	26	—	—	—	—	—	—	—	v. Hübl
—	—	nicht unter 22	26,5—28,5	—	—	—	—	—	—	—	Bach
—	—	23,5—24,6	26—28,5	—	—	—	—	—	—	—	E. Dieterich
—	—	17—22	24—27	—	—	—	—	—	—	—	De Negri u. Fabris
—	—	21—22	26—28	—	193	—	87 bis 88	—	—	60°C 1,4410	Thörner
—	—	—	22	—	—	—	—	—	—	—	Pariser Labor.
—	—	—	Anfang des Schmelzens 23—24 Ende 26—27	—	—	—	—	—	—	—	Bensemann
—	—	—	—	—	197,1	284,1	—	—	4,7	—	Benedikt u. Ulzer
—	—	—	—	—	—	286	90,2	—	—	—	Morawski u.
—	—	—	—	—	—	—	86,1	—	—	—	Demski
Californisches Öl	—	—	19,2—31,0	—	—	—	—	88,9 bis 99,6	—	—	Tolman u. Munson
Italienisches Öl	—	—	21,6—29,3	—	—	—	—	89,9 bis 98,4	—	—	
—	—	21,2	26,7	200,0	210,6	—	87,7	—	10,75	—	Henseval u. Deny
Algerisches Öl	—	21—27	—	—	—	—	—	—	—	—	Dugast
—	—	—	19—23	—	—	—	—	—	—	—	Mörck
—	—	—	unter 28	—	—	—	—	—	—	—	Lengfeld u. Paparelli
Californisches Öl	—	—	21—26	—	—	—	—	—	—	—	Blasdale
Toskanische Öle	—	Titertest 16,9 bis 17,15	—	—	—	—	—	—	—	—	Lewkowitsch
	—	17,1—17,8	—	—	—	—	—	—	—	—	
	—	18,6—19,7	—	—	—	—	—	—	—	—	
	—	19,45 bis 20,0	—	—	—	—	—	—	—	—	
Technische Öle	—	23—25	—	—	—	—	—	—	—	—	
	—	20,1—21,2	—	—	—	—	—	—	—	—	
	—	19,75 bis 20,8	—	—	—	—	—	—	—	—	
	—	21—21,87	—	—	—	—	—	—	—	—	
	—	21,5—22,9	—	—	—	—	—	—	—	—	
	—	18,4—19,2	—	—	—	—	—	—	—	—	
	—	18,9—19,8	—	—	—	—	—	—	—	—	
	—	25,2—26,4	—	—	—	—	—	—	—	—	
—	—	—	—	—	—	286	90,2	—	—	—	Williams
—	—	—	—	—	—	—	—	96,4—97	—	—	Bömer
Italienische Öle	—	—	—	—	—	—	—	95,5 bis 101,5	—	—	Tortelli u. Ruggeri
Spanische Öle	—	—	—	—	—	—	—	95,5 bis 104,2	—	—	
Griechisches Öl	—	—	—	—	—	—	—	103,5	—	—	
Türkisches Öl	—	—	—	—	—	—	—	96,3	—	—	

Olivenkernöl.

Huile de noyaux d'olive — Olive kernel oil — Olio di noccioli d'oliva.

Vorkommen: In den Samen der Olivenkerne.

Darstellung: Durch Pressung oder Extrahieren mit Schwefelkohlenstoff.

Physikalische und chemische Eigenschaften: Kalt gepreßtes Olivenkernöl zeigt eine goldgelbe, heiß gepreßtes Öl eine grünliche Farbe. Extrahiertes Öl ist meistens grün gefärbt. Kalt gepreßtes Öl zeigt mandelähnlichen Geschmack. Im Gegensatz zu Olivenöl ist Olivenkernöl in Alkohol und Eisessig in jedem Verhältnis mischbar; wahrscheinlich wird diese Löslichkeit durch den hohen Gehalt an freien Fettsäuren bedingt (45%).

Spezifisches Gewicht bei 15° C	Verseifungszahl	Jodzahl	Reichert-Meißlsche Zahl	Acetylzahl	Brechungsexponent bei 25° C	Beobachter
0,9184—0,9191	182,3—183,8	87—87,8	1,6—2,35	—	1,4682—1,4688	Klein[1]
0,9202	188,5	—	—	—	—	Valenta
—	—	81,8	—	—	—	v. Hübl
—	—	—	—	22,5	—	Benedikt

Javaolivenöl.

Stinkbaumöl — Stinking bean oil.

Vorkommen: In den Samen des in Vorderindien, Neusüdwales, Ceylon heimischen Stinkbaumes (*Sterculia foetida* L.), einer Sterculiacee, die unter dem Namen Javaoliven oder Kaloempangbohnen im Handel sind. Auch die Samen von *Sterculia triphacea* R. Br. = *Sterculia appendiculata* K. Sch. und *Sterculia acuminata* P. R. kommen für die Ölgewinnung in Frage.

Darstellung: Das Öl wird durch Auspressen ungeschälter Javaoliven gewonnen[2].

Physikalische und chemische Eigenschaften: Das Javaolivenöl zeigt hellgelbe Farbe und angenehmen Geschmack. Es mischt sich mit Äther oder Benzin in jedem Verhältnis, nicht dagegen in abs. Alkohol.

Beim Erhitzen des Öles auf 240—244° C tritt unter Selbsterhitzung Polymerisation ein unter Bildung eines kirschharzähnlichen Körpers. Hierbei tritt sehr leicht Selbstentzündung oder Verkohlung ein. Wird die Temperatur durch Abkühlen auf 250° C gehalten, so entsteht eine faktisähnliche Masse. Das Öl soll als Speise- oder Brennöl dienen.

Spez. Gewicht bei 15° C	Verseifungszahl	Jodzahl	Hehnerzahl	Reichert-Meißlzahl	Acetylzahl der Fettsäure	Maumené-Probe	Brechungsindex bei 40° C	Viscosität nach Engler bei 20° C	Beobachter
0,9260	187,9	76,6	95,6	0,8	23,5	158°	1,4654	16,52	Wedemeyer[2]

Basiloxylonöl.

Vorkommen: In den Samen von *Basiloxylon brasiliensis* K. Schumann, einer Sterculiacee.

Physikalische und chemische Eigenschaften: Dunkelgelbes Öl, das krystallinischen, beim Erwärmen löslichen Bodensatz zeigt. Der Gehalt an freier Fettsäure wurde zu 8,34% (auf Ölsäure berechnet) gefunden[3].

Verseifungszahl	Jodzahl	Beobachter
196—198,5	76,4	Niederstadt

[1] Klein, Zeitschr. f. angew. Chemie **11**, 847 [1898].
[2] Konrad Wedemeyer, Zeitschr. f. Unters. d. Nahr.- u. Genußm. **12**, 210 [1906].
[3] Niederstadt, Berichte d. Deutsch. pharmaz. Gesellschaft **12**, 144 [1902].

Holunderbeerenöl.

Huile de sureau — Elderberry oil — Olio di sambuco.

Vorkommen: In den Beeren des roten Holunders (*Sambucus racemosa*), einer Caprifoliacee.

Darstellung: Durch Extraktion.

Physikalische und chemische Eigenschaften: Das Holunderbeerenöl zeigt eine gelbe Farbe, die nach einiger Zeit, besonders beim Erwärmen, nachdunkelt[1]). Es besitzt deutlichen Holundergeruch. Bei längerem Stehen scheiden sich weiße, wahrscheinlich aus Tripalmitin bestehende Massen ab.

Die Fettsäuren des aus den Früchten von *Sambucus racemosa arborescens* gewonnenen Öles bestanden aus 23% Palmitinsäure, 73,6% Öl- und Linolensäure und 3% Caprin-, Capron- und Caprylsäure[2]). Von anderer Seite wird die Anwesenheit von Linolensäure bestritten[1]). Auch Arachinsäure soll vorhanden sein[1]).

Der Gehalt an freien Fettsäuren wurde zu 6,65% und zu 1,59% (auf Ölsäure berechnet) bestimmt.

Unverseifbare Bestandteile wurden 0,66% gefunden. Dieselben krystallisierten in hexagonalen Tafeln, die den eigentümlichen Holundergeruch zeigen.

Spez. Gewicht bei 15° C	Erstarrungspunkt	Schmelzpunkt	Verseifungszahl	Jodzahl	Hehnerzahl	Reichert-Meißlzahl	Acetylzahl	Brechungsexponent bei 20° C	Beobachter
0,9072	—8° C	0° C	209,3	81,44	91,75	1,54	—	—	Byers u. Hopkins
0,9171	3—4° C	—	196,8	89,5	95,00	1,8	15,5	1,472	Zellner
—	—	—	—	110,6	—	1,3	—	—	Lewkowitsch

Fettsäuren.

Schmelzpunkt	Verseifungszahl	Jodzahl	Verseifungszahl	Jodzahl	Schmelzpunkt	Mittleres Molekulargewicht	Beobachter
			d. flüssigen Fettsäuren		der acetylierten Fettsäure		
38° C	—	—	—	—	—	—	Byers u. Hopkins
43° C	204,8	93	188,2	120,4	47—49° C	286	Zellner

Maulbeersamenöl.

Vorkommen: In den Samen des Maulbeerbaumes (*Morus alba*)[3]). Der Ölgehalt beträgt 33%.

Darstellung: Durch Pressung oder Extraktion.

Physikalische und chemische Eigenschaften: Maulbeeröl ist dickflüssig, von goldgelber Farbe, schwachem Geruch und angenehmem, charakteristischem Geschmack. Es löst sich in siedendem Alkohol (95%), in abs. Alkohol (1+1) bei 39° C und in Eisessig (1+1) bei 91° C.

	Spez. Gewicht bei	Refraktometerzahl	Wärmezahl Tortelli	Säurezahl	Verseifungszahl	Hehnerzahl	Jodzahl	Reichert-Meißlzahl	Beobachter
Extrahiertes Öl	15°C 0,9260 $\frac{100°C}{15°C}$ 0,8706	15° 78,2 25° 72,5 40° 63,9	94,8	20,1	190,1	94,95	140,4	0,35	Prussia
Gepreßtes Öl	15°C 0,9245 $\frac{100°C}{15°C}$ 0,8692	15° 77,7 25° 71,9 40° 63,6	95,6	28,2	191,3	95,57	143,3	0,10	Prussia

[1]) Zellner, Monatshefte f. Chemie **23**, 937 [1902]; Journ. Chem. Soc. Ind. **22**, 101 [1903].
[2]) Byers u. Hopkins, Journ. Amer. Chem. Soc. **24**, 771 [1902].
[3]) L. Prussia, Chem Revue über d. Fett- u. Harzindustrie **17**, 219 [1910].

Fettsäuren.

	Spez. Gewicht bei	Schmelzpunkt °C	Erstarrungspunkt °C	Refraktometerzahl	Säurezahl	Verseifungszahl	Jodzahl	Jodzahl d. flüssigen Fettsäuren	Mittl. Mol.-Gew.	Beobachter
Extrahiertes Öl	$\frac{100°C}{15°C}$ 0,8566	23,6—25	20,8—21,2	30° 63,2 40° 57,8 45° 55,5	—			146,5	279,4	Prussia
Gepreßtes Öl	$\frac{100°C}{15°C}$ 0,8544	22—23	19,2—19,6	30° 58,5 40° 53,3 45° 51	194	199,8	144,1	159,9	280,9	Prussia

Kaffeebohnenöl.

Huile de café — Coffee berry oil — Olio di caffe.

Vorkommen: In den Kaffeebohnen, den Samen von *Coffea arabica* L., einer Rubiacee. Die Samen enthalten 10—13%.

Darstellung: Durch Extraktion mit Äther.

Physikalische und chemische Eigenschaften: Das Kaffeebohnenöl zeigt eine grünbraune Färbung und schwachen Geruch nach ungebranntem Kaffee. Das Öl besteht aus den Glyceriden der Öl-, Palmitin- und Stearinsäure[1]. Der Gehalt an freien Fettsäuren wurde zu 2,25—2,29%[2] und 7%[1] bestimmt. Bei längerem Stehen wurde die Abscheidung von Coffein beobachtet[3].

Das Kaffeebohnenöl verändert sich wenig beim Rösten des Kaffees. Es treten durch diese Manipulation Verluste an Öl ein[4]. Mit Zucker glasierte Kaffeebohnen verlieren bis 20%[5].

Spez. Gewicht bei	Erstarrungspunkt	Verseifungszahl	Jodzahl	Reichert-Meißlzahl	Maumené-probe	Refraktometeranzeige bei 25° C	Brechungsindex	Beobachter
15°C 0,9510 bis 0,9525	3—6° C	165,1 bis 173,37	79 bis 87,34	—	53—55° C	—	—	De Negri u. Fabris
—	—	176,2 bis 177,3	83,5 bis 89,8	1,65—1,7	—	76,5—79,25	1,4777 bis 1,4778	Spaeth
24,5°C 0,942	5—6° C	177,5	85,0	—	—	—	—	Varnier

Fettsäuren.

Erstarrungspunkt	Schmelzpunkt	Verseifungszahl	Jodzahl	Beobachter
34—36° C	37—41° C	172—178	88,82—90,35	De Negri u. Fabris

Pillenbaumöl.

Vorkommon: In den Samen des Pillenbaumes (*Cleome viscosa* L. = *Polanisia viscosa* D. C.

Physikalische und chemische Eigenschaften: Dünnflüssiges Öl von 0,9080 spez. Gew. bei 15° C.

Myrobalanenöl.

Vorkommen: In den Früchten von *Terminalia bellerica* Roxb. = *Terminalia punctata* D. C. = *Terminalia chebula* Willd. Dieselben enthalten 43,97% Öl von hellgrüner Farbe, das beim Stehen ein weiches, butterartiges Fett absetzt.

Das Chebuöl, das aus den Samen von *Terminalia Chebula* Retz = *Terminalia tormentosa* Wright et Arn. = *Myrobalanus Chebula* Gaertn. gewonnen wird, wird auch als Myrobalanenöl bezeichnet. Dasselbe ist farblos und dünnflüssig.

---

[1] Hilger, Chem.-Ztg. **19**, 776 [1895].
[2] Spaeth, Zeitschr. f. angew. Chemie **8**, 469 [1895].
[3] De Negri u. Fabris, Zeitschr. f. analyt. Chemie **33**, 569 [1894]; Annali del Labor. chim. delle Gabelle **1893**, 253.
[4] Hilger u. Juckenack, Forschungsber. **119** [1897].
[5] Varnier, Chem. Revue über d. Fett- u. Harzindustrie **15**, 53 [1908].

Strychnosöl, Strychnussamenöl.

Vorkommen: In den Samen von *Strychnos nux vomica* L., einer Loganiacee, sind etwa 4% Öl enthalten.

Darstellung: Durch Extraktion mit Äther und Entfernung der Alkaloide durch Behandeln mit verdünnten Säuren.

Physikalische und chemische Eigenschaften: Das Strychnossamenöl zeigt gelbbraune Farbe und schwache Fluorescenz. Auch finden sich Angaben über tiefgrüne Farbe und starke Fluorescenz[1]. Auffallend hoch wurde der Gehalt an unverseifbarer Substanz gefunden, 16,93%[1]. Andere Autoren geben 12—12,4% an[2]. Der Gehalt an festen Glyceriden wird wechselnd angegeben, 8,6%[1] und 24,2%[2], während für flüssige Glyceride sich die Werte 74,47[1] und 58,4%[2] finden.

Die festen Fettsäuren sind wahrscheinlich Stearinsäure, die flüssigen Ölsäure. Außerdem wurden an flüchtigen Fettsäuren Buttersäure und Caprinsäure gefunden. Der Gehalt an freien Fettsäuren wird zu 8,46—9,59%[3], 6,9%, 35,4% und 56,7%[2] angegeben.

Spez. Gewicht bei	Schmelzpunkt	Verseifungszahl	Jodzahl	Hehnerzahl	Reichert-Meißlzahl	Reichert-Wollnysche Zahl	Beobachter
20° C 0,8826	28° C erweicht bei 29° C ist klar bei 31,2° C	159—160,3 (166,2 nach Entfernung der Alkaloide)	64,2 69,4	94,86	1,71—1,76	—	A. Schroeder
100° C 15,5° C 0,8638	—	168,9—170,6	73,8—79,3	95,2	—	0,70—1,33	Harvey u. Wilkie

Fettsäuren.

Säurezahl	Mittleres Molekulargewicht	Mittleres Molekulargewicht der lösl. Fettsäure	Jodzahl	Jodzahl der flüssigen Fettsäure	Acetylzahl	Beobachter
194,59	288	—	74,3	83,8	42,23	Schroeder
—	281,2	281	—	94—96,2	11,68—16,99	Harvey u. Wilkie

Ungnadiaöl.

Vorkommen: In den Samen der in Texas wachsenden *Sapindacee Ungnadia speciosa* Endl.[4].

Darstellung: Durch Pressung.

Physikalische und chemische Eigenschaften: Das Ungnadiaöl ist dünnflüssig, hellgelb, von angenehmem, an Mandeln erinnerndem Geschmack. Es dient als Speisefett. Die Fettsäuren bestehen aus Ölsäure, Palmitinsäure und Stearinsäure.

Spezifisches Gewicht bei 15° C	Erstarrungspunkt	Verseifungszahl	Jodzahl	Hehnerzahl	Beobachter
0,9120 bei 100° C 0,8540	—12° C —	191—192 —	81,5—82 —	94,12 —	Schädler

Fettsäuren.

Erstarrungspunkt	Schmelzpunkt	Jodzahl	Beobachter
10° C	19° C	86—87	Schädler

---

[1]) Schroeder, Archiv d. Pharmazie **243**, 628 [1905]; Chem. Revue über d. Fett- u. Harzindustrie **13**, 12 [1906].

[2]) Harvey u. Wilkie, Journ. Soc. Chem. Ind. **24**, 718 [1905]; Chem. Revue über d. Fett- u. Harzindustrie **12**, 189 [1905].

[3]) Sidney C. Gadd, Pharmaz. Journ. [4] **21**, 134 [1905].

[4]) Schädler, Pharmaz. Ztg. **34**, 340 [1889].

Sapindusöl.

Vorkommen: In den Samen von *Sapindus* Rarak D. C. Dieselben enthalten bis 26,17 % Öl [1]).

Physikalische und chemische Eigenschaften: Das Sapindusöl ist von gelblicher Farbe. Die Fettsäuren bestehen aus 80,5% Ölsäure, 15,6% Palmitinsäure, 3,9% Stearinsäure.

Spezifisches Gewicht bei 15° C	Verseifungszahl	Jodzahl	Hehnerzahl	Reichert-Meißlzahl
0,911	170,21	65,08	80,05	0,70

Paulliniaöl.

Vorkommen: In den Samen der Sapindacee *Paullinia trigona* Vell. (8,27%). Die Jodzahl wurde zu 57,6 bestimmt [2]).

Behenöl.
Benöl — Huile de Ben — Ben oil.

Vorkommen: In den Samen des indischen Meerrettichbaumes oder der Ölmoringie [3]) (*Moringa oleifera* Lamark. = *Moringa pterygosperma* Gaertn. = *Guilandina Moringa* L.). Auch die Samen von *Moringa aptera* Gaertn. und *Moringa arabica* Pers. werden zur Ölgewinnung benutzt.

Darstellung: Durch Auspressen der zerkleinerten Samen.

Physikalische und chemische Eigenschaften: Kalt gepreßtes Öl ist schwach gelblich, fast weiß, geruchlos, von angenehmem, süßlichem Geschmack. Warm gepreßtes Öl zeigt dunkle Färbung, scharfen bitteren Geschmack und abführende Eigenschaften. Echtes Behenöl wird auch als weißliche oder gelblichweiße durchscheinende Masse beschrieben [4]).

Das Behenöl enthält die Glyceride der Ölsäure, Palmitin- und Stearinsäure, ferner noch der Behensäure [5]) ($C_{22}H_{44}O_2$). Das Behenöl dient als Speiseöl, Heilmittel, Schmieröl (wegen der großen Haltbarkeit).

	Spezifisches Gewicht bei 15° C	Erstarrungs-punkt	Säurezahl	Versei-fungszahl	Jodzahl	Reichert-Meißlzahl	Hehnerzahl	Butterre-fraktometer 40° C	Beobachter
	0,9120	bei 7° C Ausscheidung von Krystallen, bei 0° C ganz erstarrt	—	—	—	—	—	—	Chateau
	0,9161	—	—	—	80,8 (aus der Bromzahl berechnet)	—	—	—	Mills
	0,9198	—	—	—	84,1(do.)	—	—	—	Mills
	bei 15,5° C 0,9127	8,8° C	—	187,7	72,2	—	—	50,0	Lewkowitsch
	0,9120	—	13,5 (6,890 Ölsäure)	187	72,4	0,49	95,2	—	Itallie u. Nieuwland [6])
Bei 0° fester Anteil .	bei 15,5° C 0,9184	—	—	185,6—186,17	109,9	—	—	59,0	Lewkowitsch
Bei 0° flüssiger Anteil	bei 15,5° C 0,9200	—	—	184,6	111,8	—	—	60,5	Lewkowitsch
Bei 10 bis 12° C flüssiger Anteil . . .	0,9129	—	9,9 (4,9% Ölsäure)	187,4	—	—	—	—	Itallie u. Nieuwland

[1]) O. May, Archiv d. Pharmazie **244**, 25 [1906].
[2]) Niederstadt, Berichte d. Deutsch. pharmaz. Gesellschaft **12**, 144 [1902].
[3]) R. Norman, Bulletin of Pharmacy **11**, Nr. 8 [1894].
[4]) Lewkowitsch, The Analyst **28**, 343 [1903].
[5]) Völker, Annalen d. Chemie u. Pharmazie **64**, 342 [1847].
[6]) Itallie u. Nieuwland, Archiv d. Pharmazie **244**, 159 [1906].

Fettsäuren.

Titertest	Beobachter
37,2—37,8	Lewkowitsch

Caŷ-docöl.

Vorkommen: In den Samen des Caŷ-doc-Baumes (*Garcinia tonkinensis*), einer Clusiacee.

Physikalische und chemische Eigenschaften: Das braune Öl ist dickflüssig, von schwachem Geruch. Es besteht aus den Glyceriden der Öl-, Myristin-, Palmitin- und Stearinsäure[1]). Außerdem ist noch ein Harz und ein ätherisches Öl vorhanden. Es dient zur Seifenfabrikation.

Verseifungszahl	Jodzahl	Reichert-Meißlzahl
198,3	67,14	0,53

Madolöl.

Vorkommen: In den Samen von *Garcinia echinocarpa* findet sich ein Öl, das als Brennöl und Wurmmittel verwendet wird.

Caricaöl.   Melonenbaumöl.

Vorkommen: In den Samen von *Carica Papaya* L. sind 7,4% eines fetten Öles von dunkelgelber Farbe enthalten[2]).

Physikalische und chemische Eigenschaften:

Spez. Gewicht bei	Verseifungszahl	Jodzahl	Säurezahl	Beobachter
25° C 0,8815	186,58	50,7	83,7	Niederstadt

Aegiphilaöl.

Vorkommen: Die Samen von *Aegiphila obducta Vellozo* enthalten 21,64% fettes Öl[3]).

Spezifisches Gewicht	Verseifungszahl	Jodzahl
bei 26° C 0,9579	198,8—200,0	64,1—64,2

Lindensamenöl.

Huile de graine de tilleul — Olio di semi di tiglio.

Vorkommen: Die Samen verschiedener Lindenarten, *Tilia parvifolia*, *Tilia ulmifolia*, enthalten 26,6—58% eines fetten Öles[4]).

Physikalische und chemische Eigenschaften: Das Lindensamenöl zeigt hellgelbe Farbe und angenehmen, milden, süßen Geschmack. Es wird nicht leicht ranzig. Es verträgt ziemlich tiefe Temperaturen. Bei —21,5° ist es noch flüssig. Das spez. Gewicht bei 20° C beträgt 0,926, die Verseifungszahl 184,8, die Jodzahl 123,9.

---

[1]) Les corps gras ind. **29**, Nr. 13 [1903]; Chem. Revue über d. Fett- u. Harzindustrie **10**, 83 [1903].

[2]) Peckolt, Berichte d. Deutsch. pharmaz. Gesellschaft **13**, 21 [1903]. — Niederstadt, Berichte d. Deutsch. pharmaz. Gesellschaft **12**, 144 [1902].

[3]) Peckolt, Berichte d. Deutsch. pharmaz. Gesellschaft **13**, 21 [1903].

[4]) Schädler, Technologie der Fette und Öle. 2. Aufl. S. 578; Chem. Revue über d. Fett- u. Harzindustrie **13**, 87 [1906]. — Fokin, Chem. Revue über d. Fett- und Harzindustrie **11**, 70 [1904].

Apeibaöl.

Vorkommen: In den Samen von *Apeiba Tibourbou* Aubl., einer in Südamerika heimischen Tiliacee, findet sich ein fettes Öl.

Physikalische und chemische Eigenschaften: Das Öl zeigt rote Farbe und angenehmen Geruch. Das spez. Gewicht wurde bei 17,5° C zu 0,908 gefunden[1]).

Tropäolumöl.

Kapuzinerkressenöl — Huile de cresson d'Inde — Tropaeolum oil — Olio di tropeolo.

Vorkommen: In den Samen von *Tropaeolum majus* L., einer Tropaeolacee.

Physikalische und chemische Eigenschaften: Butterartige Masse. Der Schmelzpunkt liegt wenig oberhalb der gewöhnlichen Temperatur. Beim Stehen scheiden sich Krystalle, die aus reinem Trieruein bestehen, aus. Die Jodzahl wurde zu 73,75 gefunden[2]), die sich wenig von der theoretischen Jodzahl des Trierueins (72,2) unterscheidet.

Inoyöl. Pogaöl.

Vorkommen: In den Samen von *Poga oleosa*. Die Samen enthalten ca. 60% Öl.

Physikalische und chemische Eigenschaften: Das Öl besitzt eine hellgelbe Farbe, unangenehmen Geschmack und eigenartigen Geruch[3]). Beim Stehen scheiden sich größere Mengen einer weißen festen Masse ab, deren Jodzahl zu 78,2 gefunden wurde. Der flüssige Anteil zeigte eine Jodzahl von 95,8.

Spezifisches Gewicht bei	Verseifungszahl	Jodzahl	Hehnerzahl	Reichert-Meißlzahl	Beobachter
15° C 0,896	184,49	89,75	93,0	1,45	—
20° C 0,9091	188	93,0	—	—	Edie

Teschelkrautsamenöl.

Huile de Cresson — Huile de thlaspi — Cassweed seed oil.

Vorkommen: In den Samen des Pfennig- oder Teschelkrautes, *Thlaspi arvensis* L., und von *Capsella Bursa Pastoris* L. Die Samen enthalten ungefähr 20% Öl, welches als Brennöl benutzt wird.

Carpatrochaöl.

Vorkommen: In den Samen von *Carpatrocha Brasiliensis* Endl.[4]). Das Öl zeigt bernsteingelbe Farbe und setzt sehr häufig einen krystallinischen Bodensatz ab. Der Geruch ist angenehm. Der Gehalt an freien Fettsäuren wurde, auf Ölsäure berechnet, zu 9,4% bestimmt.

Duhuduöl.

Vorkommen: In den Samen von *Celastrus Paniculatus*. Das Öl ist dunkelrot und erstarrt teilweise beim Stehen. Es soll als Heilmittel verwendet werden.

Iriyaöl.

Vorkommen: In der Rinde von *Myristica Iriya*. Es soll als Heilmittel Verwendung finden.

---

[1]) T. F. Hanausek, Zeitschr. d. österr. Apoth.-Vereins **13**, 202 [1877].
[2]) Gadamer, Archiv d. Pharmazie **237**, 471 [1899].
[3]) Edie, Oil and Colourm. Journ. **31**, 431 [1907]; Chem. Revue über d. Fett- u. Harzindustrie **14**, 58 [1907].
[4]) Niederstadt, Berichte d. Deutsch. pharmaz. Gesellschaft **12**, 144 [1903].

Kastanienöl.

Vorkommen: In den frischen Samen der Kastanien (*Castanea vulgaris* Lam.) sind ca. 2% Fett enthalten[1]; auch finden sich Angaben in der Literatur über einen Fettgehalt von 2,65—2,85% im Kastanienmehl[2].

Spez. Gewicht bei 18° C	Verseifungs-zahl	Jodzahl	Hehner-zahl	Reichert-Meißlzahl	Acetylzahl	Beobachter
0,9616	193,51 bis 194,14	81,65—82,05 78,13—78,61 nach Entfernung des Unverseifbaren	85,8	6,43	44,46	Schroeder

Doranaöl.

Vorkommen: In dem Holze von *Dipterocarpus glandulosus*. Das Öl stellt ein dunkelgelbliches, harziges Öl dar; es dient als Heilmittel gegen Lepra und zur Verfälschung von Gurjunbalsam.

Senegawurzelöl.

Huile de Polygala de Virginie — Senega root oil — Olio di Senega.

Vorkommen: In der Wurzel von *Polygala Senega* L., einer in Nordamerika heimischen Pflanze. Dieselben enthalten 4,5% Fett.

Physikalische und chemische Eigenschaften: Das Öl ist dickflüssig, zeigt tief dunkelbraune Farbe, milden Geschmack und schwach ranzigen Geruch. Das Öl besteht aus 7,93% Palmitin, 79,29% Olein, ferner aus flüchtigen Glyceriden (Essigsäure und Valeriansäure) und 12,78% unverseifbaren Bestandteilen[3].

Spez. Gewicht bei 18° C	Verseifungszahl	Jodzahl	Hehner-zahl	Reichert-Meißlzahl	Acetylzahl	Beobachter
0,9616	193,51—194,14	81,65—82,05 78,13—78,61 nach Entfernung des Unverseifbaren	85,8	6,43	44,46	Schroeder

Das Öl enthält eine harzartige Substanz, die in Petroläther unlöslich ist. Das Öl ist in fast allen Fettsolvenzien löslich, wenig löslich in Alkohol und Xylol.

Enzianöl.

Vorkommen: In der Wurzel des Enzians (*Gentiana lutea* L.). Durch Äther wird ein terpentinartiges, halbflüssiges Fett von scharfem bitteren Geschmack ausgezogen[4].

Bärlappöl. Lycopodiumöl.

Vorkommen: In den Sporen des Bärlapps (*Lycopodium clavatum* L.). Dieselben enthalten ca. 50% fettes Öl.

Physikalische und chemische Eigenschaften: Lycopodiumöl ist hellgelb und geruchlos. Das spez. Gewicht wurde bei 15° C zu 0,925 gefunden. Der Erstarrungspunkt beträgt —22° C. Das Öl besteht aus den Glyceriden der Öl-, Palmitin- und Lycopodiumsäure[5].

[1] Tomei, Staz. sperim. agrar. ital. **37**, 185 [1904].
[2] Comte, Journ. de Pharm. et de Chim. [2] **22**, 200 [1905].
[3] Schroeder, Archiv d. Pharmazie **243**, 628 [1905]; Chem. Revue über d. Fett- u. Harzindustrie **13**, 12 [1906].
[4] Hartwich u. Uhlmann, Archiv d. Pharmazie **240**, 474 [1902].
[5] Schädler, Technologie der Fette und Öle. 2. Aufl. Leipzig 1892. S. 657.

Catappaöl, wildes Mandelöl.

Vorkommen: In den Samen des Catappabaumes, indischen Mandelbaumes (*Terminalia Catappa* L.). Die Samenkerne enthalten ca. 63,43% fettes Öl[1]).

Physikalische und chemische Eigenschaften: Das Öl besteht aus Stearin und Olein und scheidet bei einer Temperatur von 5° beim Stehen schon Stearin ab. Das Öl zeigt eine hellgelbe bis bräunliche Farbe[2]). Es ist beinahe geruchlos und wird bei längerem Aufbewahren dick und scheidet reichlich Stearinsäure aus.

Spez. Gewicht bei	Erstarrungspunkt	Brechungsindex	Säurezahl	Verseifungszahl	Jodzahl	Unverseifbares	Fettsäuren %	Beobachter
15° C 0,9195	+7° C	1,4682 (20°)	4,1	185,7	77,0	1,87	93,95	Grimme
0,9206	Schmelzpunkt 35° C	—	—	203,04	81,8	—	95,2	Hooper

Fettsäuren.

Schmelzpunkt	Brechungsindex bei 50° C	Sättigungszahl	Jodzahl	Mittl. Mol.-Gewicht	Beobachter
48—49° C	1,4492	198,6	73,5	282,8	Grimme

Erdmandelöl.

Huile de souches — Cyperus oil.

Vorkommen: In den Wurzelknollen der fadenartigen Wurzeln des Riedgrases, Erdmandel, *Cyperus esculentus*, einer in Südeuropa, Nordafrika und der Levante heimischen Cyperacee. Der Fettgehalt beträgt 20—28%.

Physikalische und chemische Eigenschaften: Die Farbe des Öles ist bräunlichgelb, von angenehmem Geruch und Geschmack. Das Öl soll aus den Glyceriden der Ölsäure und Myristinsäure bestehen[3]).

Verwendung: Es dient als feines Speiseöl und in der Seifenfabrikation.

Spezifisches Gewicht bei 15° C	Erstarrungspunkt	Verseifungszahl	Jodzahl	Beobachter
0,924	unter 3° C	—	—	Schädler[3])
—	„ 0° C	—	—	Hell u. Twerdomedoff[4])
—	—	224—225,5	62,3	Niederstadt[5])

Farrenkrautöl.

Huile de fougère — Fern oil.

Vorkommen: In dem männlichen Farrenkraut (*Aspidium filix mas.*).

Physikalische und chemische Eigenschaften: Das Öl besteht aus den Glyceriden der Palmitin-, Cerotin- und Ölsäure[6]). Die festen Fettsäuren (Palmitin- und Cerotinsäure) sind nur zu 4,5% der Gesamtfettsäuremenge vorhanden. Die Jodzahl wurde zu 85,4 gefunden. Das feste Öl von *Aspidium spinulosum* enthält als Hauptbestandteil Triolein[7]). Außerdem sollen ca. 4% Linolsäure und etwas Isolinolensäure vorhanden sein. Feste Fettsäuren finden sich nur in Spuren, dagegen enthält das Öl noch Phytosterin als unverseifbaren Bestandteil.

---

[1]) Grimme, Chem. Revue über d. Fett- und Harzindustrie **17**, 181 [1910].

[2]) Rangoon Gazzette Oil, Paint and Drug Rep. **70**, 8 [1906]; Chem. Revue über d. Fett- u. Harzindustrie **13**, 283 [1906].

[3]) Schädler, Technologie der Fette und Öle. 2. Aufl. Leipzig 1892. S. 657.

[4]) Hell u. Twerdomedoff, Berichte d. Deutsch. chem. Gesellschaft **22**, 1742 [1889].

[5]) Niederstadt, Berichte d. Deutsch. pharmaz. Gesellschaft **12**, 144 [1902].

[6]) Katz, Archiv d. Pharmazie **236**, 655 [1898].

[7]) P. Farup, Archiv d. Pharmazie **242**, 17 [1904]; Chem. Revue über d. Fett- u. Harzindustrie **11**, 107 [1904].

Das Öl von Aspidium Athamanticum.

Vorkommen: In dem Pannarhizom von *Aspidium athamanticum.* Der Fettgehalt beträgt 3,4%.

Physikalische und chemische Eigenschaften: Das spez. Gewicht wurde bei 15° zu 0,917 ermittelt. Das Öl erstarrt bei 2,3° und schmilzt bei 11,5°[1]).

Öl von Moquilla tomentosa.

Vorkommen: In den Samen von *Moquilla tomentosa* Benth., einer in Brasilien heimischen Rosacee. Der Ölgehalt beträgt 48,26%.

Physikalische und chemische Eigenschaften: Das Öl ist stark dunkelbraun gefärbt und ist stark viscös[2]). Unverseifbare Substanzen sind 8,23% vorhanden.

Erstarrungs-punkt	Säurezahl	Verseifungs-zahl	Jodzahl	Brechungs-index	Beobachter
+14,5° C	18,3	196,5	81,5	bei 30° C 1,4921	Grimme

Fettsäuren.

Schmelzpunkt	Sättigungszahl	Mittl. Molekulargewicht	Jodzahl	Brechungsindex	Beobachter
64—67° C	183,9	305,4	102,4	bei 70° C 1,4857	Grimme

Öl von Acrocomia totai.

Vorkommen: In den Samen von *Acrocomia totai* Mart., einer in Amerika heimischen Palme. Der Fettgehalt beträgt 58,9%.

Physikalische und chemische Eigenschaften: Das Öl zeigt eine hellgelbe Farbe von angenehmem Geschmack. Es ist beinahe geruchlos. Bei Zimmertemperatur erhält es sich klar. Unverseifbare Bestandteile wurden 1,43% gefunden.

Erstarrungs-punkt	Säurezahl	Verseifungs-zahl	Jodzahl	Brechungsindex	Beobachter
+8° C	15,1	188,3	26,9	bei 25° C 1,4580	Grimme

Fettsäuren.

Schmelzpunkt	Brechungsindex	Sättigungszahl	Jodzahl	Mittl. Molekulargewicht	Beobachter
28—30° C	bei 30° C 1,4460	191,4	29,3	293,4	Grimme

Carapaöl.

Andirobaöl — Kundaöl — Huile de Carapa — Carapa oil — Olio di Andiroba.

Vorkommen: In den Samen des Carapabaumes (*Carapa guayanensis = Carapa procera* Aubl.), einer in Guayana, Kamerun, Senegambien, Brasilien und auf den Molukken heimischen Meliacee[2]). Der Fettgehalt wurde zu 55,25—57,26% gefunden. Neuere Untersuchungen geben 31,54% Öl an.

Darstellung: Durch Kochen der unenthülsten Früchte und nachheriges Aussetzen an der Luft. Die 8—10 Tage gelüfteten Samen werden entschält, zerkleinert und in Gefäßen der Sonne ausgesetzt und so das Öl gewonnen. Der Rückstand wird auch noch gepreßt. Auch

---

[1]) A. Altan, Journ. de Pharm. et de Chim. [6] **18**, 497 [1903].
[2]) Heckel, Les graines grasses nouvelles. Paris 1902, p. 145.

werden die Früchte direkt entschält und dann der Sonne ausgesetzt. Dieses Öl wird auch Touloumaca genannt.

Physikalische und chemische Eigenschaften: Carapaöl ist goldgelb, von flüssiger Konsistenz bei gewöhnlicher Temperatur und stark bitterem Geschmack. Es trübt sich bei längerem Stehen. Die Fettsäuren bestehen aus Öl- und Palmitinsäure. Das Öl soll Strychnin enthalten. (Unter dem Namen Carapaöl wird in Indien ein Öl gewonnen, das aus den Samen von *Carapa moluccensis* Lam. = *Carapa indica* Juss. = *Xylocarpus granatum* erhalten wird. Es ist ebenfalls bitter.)

	Spez. Gewicht bei	Erstarrungspunkt ° C	Schmelzpunkt ° C	Verseifungszahl	Jodzahl	Reichert-Meißlzahl	Butterrefraktometer	Beobachter
Kalt gepreßt	$\dfrac{40°C}{40°C}$ 0,9179 $\dfrac{15,5°C}{15,5°C}$ 0,9272	12	15—36	197,1	75,67	3,53	54,5	Lewkowitsch[1]
Warm gepreßt	$\dfrac{40°C}{40°C}$ 0,9174 $\dfrac{15,5°C}{15,5°C}$ 0,9327	14	15—48	196,4	71,25	3,14	—	Lewkowitsch
	15° C 0,9238	8—9	—	201,2	56,8	—	—	Grimme[2]

Fettsäuren.

	Neutralisationszahl	Mittl. Molekulargewicht	Jodzahl der flüssigen Fettsäuren	Jodzahl der festen Fettsäuren	Erstarrungspunkt (Titer)	Schmelzpunkt	Beobachter
Kalt gepreßt	192,4	291,5	107,4	16,56	35,45° C	—	Lewkowitsch
Warm gepreßt	192,0	292,1	108	17,87	36,15° C	—	
	181,4	310	60,9		—	43—45° C	Grimme

Verwendung: Carapaöl dient in Afrika als Brennöl, als Holzkonservierungsmittel und als Mittel zur Vertreibung von Insekten.

Mutterkornöl.

Huile de seigle ergoté — Secale oil — Olio di segale cornuta.

Vorkommen: In dem Mutterkorn (*Secale cornutum*).

Physikalische und chemische Eigenschaften: Das Öl zeichnet sich durch einen hohen Gehalt an Oxysäuren aus. Freie Fettsäuren, auf Ölsäure berechnet, wurden 2,49% aufgefunden[3]. Unverseifbare Substanz 0,36%. Das Öl besteht aus 68% Ölsäure-, 22% Oxyölsäure- und 5% Palmitinsäureglyceriden.

Spezifisches Gewicht bei 15° C	Verseifungszahl	Jodzahl	Hehnerzahl	Reichert-Meißlzahl	Acetylzahl	Beobachter
0,9454	178,4	71,08	96,31	0,20	62,9	Mjöen
0,9250	178,4	74,5	96,33	0,67	31,38	
—	180,2	74,1	95,84	0,61	27,43	Rathjen
—	179,3	73,4	96,6	0,61	28,56	

Fettsäuren

Schmelzpunkt	Mittleres Molekular-Gewicht	Jodzahl	Acetylzahl	Beobachter
39,5—42° C	306,8	75,09	75,1	Mjöen
38—39° C	—	77,31	—	Rathjen
—	—	71,10	—	

[1] Lewkowitsch, Chem. Revue über d. Fett- u. Harzindustrie **16**, 51 [1909].
[2] Cl. Grimme, Chem. Revue über d. Fett- u. Harzindustrie **17**, 179 [1910].
[3] Mjöen, Archiv d. Pharmazie **234**, 278 [1894]. — Rathjen, Schweizer Wochenschr. f. Pharm. u. Chem. **48**, 43, [1910].

Fliegenpilzöl.

Vorkommen: In dem Fliegenpilze (*Amanita muscaria* L.). Der Fettgehalt beträgt 6% des lufttrocknen Pilzes und 0,87% des frischen Pilzes.

Darstellung: Durch Extraktion mit Petroläther.

Physikalische und chemische Eigenschaften: Das Öl ist braun; aus frischen Pilzen dargestellt, hellgelb mit schwacher Fluorescenz. Das Fett besteht hauptsächlich aus freien Fettsäuren, dadurch bedingt, daß ein fettspaltendes Ferment vorhanden ist. Die Säurezahl wurde zu 177 gefunden[1]). Die Fettsäuren bestehen zu 90% aus Ölsäure und zu 10% aus Palmitinsäure. Außerdem wurden Buttersäureglyceride aufgefunden sowie Lecithin, Ergosterin und andere unverseifbare Substanzen. Ein ätherisches Öl von sehr starkem Geruch nach kochenden Pilzen findet sich ebenfalls in dem Rohöl vor. Durch konz. Schwefelsäure wird Fliegenpilzöl tief rotbraun gefärbt; durch Wasser schlägt die Farbe in Gelbgrün um. Die Elaidinreaktion ist positiv.

Spez. Gewicht bei 15°C	Erstarrungspunkt	Schmelzpunkt	Verseifungszahl	Jodzahl	Hehnerzahl	Reichert-Meißlzahl	Brechungsexponent
0,9166	8—9°C	8—9°C	227	82	97,93	4,4	1,460—1,470

Parasolpilzfett.

Vorkommen: In dem Parasolpilze (*Lepiota procera*). Der lufttrockne Pilz enthält 3,21% Fett.

Physikalische und chemische Eigenschaften: Das Öl zeigt eine hellgelbe Farbe und ziemlich feste Konsistenz. Die Verseifungszahl wurde zu 202,6, die Säurezahl zu 153,5 gefunden. 75,7% des Fettes waren gespalten. Die Fettsäuren sind halb fest, von weißer Farbe. Auch ein ergosterinartiger, unverseifbarer Körper wurde aufgefunden[2]).

Wollschwammfett.

Vorkommen: Im Wollschwamm (*Galorrheus vellerius*), einer Leukosporee. In lufttrocknem Zustande sind 8,46% Fett vorhanden.

Physikalische und chemische Eigenschaften: Das Öl zeigt ziemlich feste Konsistenz und gelbe Farbe. Die Verseifungszahl beträgt 174,2, die Säurezahl 131,6, woraus ersichtlich, daß 75,5% Fett gespalten waren. Unter den unverseifbaren Bestandteilen finden sich erhebliche Mengen eines ergosterinartigen Körpers. Die Fettsäuren sind gelb und zeigen feste Konsistenz[2]).

Samtfußfett.

Vorkommen: Im Samtfuß (*Rhymovis atrotomentosa*). Der Fettgehalt beträgt 3%.

Physikalische und chemische Eigenschaften: Das Fett hat eine ziemlich feste Konsistenz und eine gelbliche Farbe. Das Öl zeigt einen großen Gehalt an ergosterinartigen unverseifbaren Substanzen. Die Verseifungszahl wurde zu 150,2, die Säurezahl zu 75,1 gefunden; woraus ersichtlich ist, daß 50% des Fettes gespalten waren. Die Fettsäuren zeigen halbfeste Konsistenz und gelbliche Farbe[2]).

Eierschwammöl.

Vorkommen: Im Eierschwamm (*Cantharellus cibarius*). Die lufttrockne Substanz enthält 3,94%.

Physikalische und chemische Eigenschaften: Das Öl ist dunkelgelb, von charakteristischem Geruch und ziemlich dicker Konsistenz. Die Fettsäuren stellen ein gelbliches Öl dar. Die Verseifungszahl beträgt 214,4, die Säurezahl 102,9; mithin waren 48% des Fettes gespalten. Der Gehalt an unverseifbaren Bestandteilen ist sehr gering[2]).

---

[1]) Heinrich u. Zellner, Monatshefte f. Chemie **25**, 537 [1904]; **26**, 727 [1905].
[2]) Zellner, Monatshefte f. Chemie **27**, 295 [1906].

Löcherpilzfett.

Vorkommen: Im Löcherpilz (*Boletus elegans*) einer Polyporee[1]. In lufttrocknem Zustande enthält der Pilz 2,52% Fett.

Physikalische und chemische Eigenschaften: Dasselbe zeigt eine feste, krystallinische Konsistenz und dunkle Farbe. Die Verseifungszahl beträgt 176,6, die Säurezahl 132,5, woraus ersichtlich ist, daß 75% des Fettes gespalten waren. Ergosterinartige unverseifbare Substanzen sind ebenfalls vorhanden.

Semmelschwammöl.

Vorkommen: Im Semmelschwamm (*Polyperus confluens*), einer Polyporee, sind 22,82% Öl enthalten.

Physikalische und chemische Eigenschaften: Dasselbe zeigt eine dickflüssige Konsistenz und rotbraune Farbe. Der Gehalt an unverseifbaren Substanzen ist ungewöhnlich hoch. Letztere stellen einen harzartigen, alkohollöslichen Körper dar. Die Verseifungszahl betrug 76,17, die Säurezahl 45,06; mithin waren 59,1% des Fettes gespalten. Die Farbe der Fettsäuren ist blaßgelb[1]).

Stachelpilzöl.

Vorkommen: Im Stachelpilz (*Hydnum repandum*), einer Hydnee. In lufttrocknem Zustande enthält dieser Pilz 4,65% Öl.

Physikalische und chemische Eigenschaften: Dasselbe zeigt gelbe Farbe und scheidet beim Stehen einen krystallinischen Bodensatz ab. Ergosterinartige, unverseifbare Körper sind nachgewiesen. Die Verseifungszahl betrug 191,0, die Säurezahl 126,7; es waren mithin 66,3% gespalten. Die Fettsäuren zeigen halbfeste Konsistenz und gelbe Farbe[1]).

Bärentatzenöl.

Vorkommen: In der gelben Bärentatze (*Clavaria flava*), einer Clavariacee. Der Pilz enthält 3,06% Öl.

Physikalische und chemische Eigenschaften: Das Öl hat eine hellgelbe Farbe. Beim Stehen scheiden sich krystallinische Bestandteile aus. Die Verseifungszahl beträgt 228,2, die Säurezahl 122,4; mithin waren 53,6% gespalten. Unverseifbare, ergosterinartige Körper wurden nachgewiesen. Die flüssigen Fettsäuren sind überwiegend; sie zeigen gelbliche Farbe[1]).

Staubpilzöl.

Vorkommen: Im warzigen Staubpilz (*Lycoperdon gemmatum*), einer Gasteromycete. Der lufttrockne Pilz enthält 1,18% Öl.

Physikalische und chemische Eigenschaften: Das Öl hat halbfeste Konsistenz und gelbe Farbe. Die Verseifungszahl wurde zu 223,2, die Säurezahl zu 120,2, mithin der gespaltene Anteil zu 53,8% gefunden. Ergosterinartige, unverseifbare Körper wurden nachgewiesen. Die Konsistenz der Fettsäuren ist halbfest; sie besitzen eine blaßgelbe Farbe[1]).

Feste Pflanzenfette.

Palmöl, Palmfett, Palmbutter.

Huile de palme — Palm oil — Olio di palma.

Vorkommen: Palmöl wird aus dem Fruchtfleische mehrerer Palmenarten, besonders der Afrikaölpalme (*Elaeis Guineensis* Jacqu., *Elaeis Melanococca* Gaertn., *Alfonsia oleifera* Humb.) gewonnen. Dieselben sind in West- und Zentralafrika heimisch, werden aber auch in Amerika angebaut.

---

[1]) Zellner, Monatshefte f. Chemie **27**, 295 [1906].

Das Fruchtfleisch macht 20—70% der ganzen Frucht aus. Der Fettgehalt wechselt und wurden nachstehende Mengen festgestellt[1]). Die Proben stammten aus Togo.

| Das Fruchtfleisch enthält | 1 | 2 | 3 | 4 |
	De %	De-de bakui %	Se-de %	Afa-de %
Fett	66,5	58,5	59,2	62,9
Wasser	5,3	5,7	6,9	5,6

Die Untersuchung der Früchte zweier in Kamerun heimischer Palmen ergab nachstehende Werte[2]):

Varietät	Frucht-fleisch in der Frucht %	Palmöl in der Frucht %	Palmöl im Frucht-fleisch %	Kerne in der Frucht %	Palmkernöl in der Frucht %	Öl in den Kernen %
Kleinfrüchtige Lisombe . . .	71,0	32,66	46,0	9,54	4,91	49,2
Großfrüchtige Lisombe (reif) .	71,0	44,44	62,5	12,5	6,15	48,9
Großfrüchtige Lisombe (unreif)	64,5	40,35	60,5	17,27	8,5	49,2
Gewöhnliche Frucht	37,5	22,64	60,3	14,58	7,13	48,9

Darstellung: Die Gewinnung des Palmöles wird auf sehr primitive Weise durch die Eingeborenen besorgt. Die abgeernteten Früchte werden nach mehrtägigem Lagern von den Kernen befreit, durch Kneten, Schlagen oder Stampfen zerkleinert; alsdann wird kaltes oder warmes Wasser auf die Masse gegossen und die Kerne vollkommen von den Faserhüllen befreit. Wie schon oben erwähnt, ist diese Bereitungsweise sehr verlustreich und gehen $^2/_3$ des in den Früchten enthaltenen Öles verloren. Durch Filtrieren und Kochen wird das Öl von Verunreinigungen und Wasser befreit[3]). Erst in neuester Zeit sind Versuche gemacht worden, auf rationellem, maschinellem Wege die Palmölgewinnung auszuführen. Rohes Palmöl wird häufig gebleicht; anfänglich wurde durch Hitze, dann durch heiße Luft gebleicht, auch Ozon und die Bichromatsalzsäurebleiche wurden angewendet. Nicht alle Palmöle lassen sich bleichen.

Physikalische und chemische Eigenschaften: Palmöl ist orange- bis zinnoberfarbig, riecht in frischem Zustande genau wie das Fruchtfleisch der Palmpflanze nach Veilchenwurzel; es besitzt einen etwas süßlichen Geschmack. Frisches Palmöl zeigt bei mittlerer Temperatur Butterkonsistenz.

Das Palmöl besteht aus Palmitinsäure, Palmitin und Olein. Die festen Fettsäuren bestehen aus 98% Palmitinsäure, 1% Stearinsäure und 1% Heptadecylsäure. Der Gehalt der freien Fettsäuren ist auffallend hoch (bis zu 40%); häufig findet ein völliger Zerfall in Fettsäure und Glycerin statt. Außerdem sind noch Linolsäure[4]), Sativinsäure und Heptadecylsäure $C_{17}H_{34}O_2$ [5]) vorhanden. Die Konsistenz des Palmöles variiert zwischen der der Kuhbutter und des Rindstalges. Auch Stearinsäure wurde bis 1% aufgefunden.

Der im Palmöl enthaltene Farbstoff wird durch Verseifen mit Alkalien oder Kalk nicht verändert. An der Luft bleicht der Farbstoff (Lipochrom) sehr bald aus. Dieser Farbstoff des Palmöles ist die Ursache einer ganzen Reihe von Farbenreaktionen, die aber zur Identifizierung wertlos sind. Durch Schwefelsäure wird das Lipochrom blaugrün. Chlorzink bildet mit dem geschmolzenen Palmfette eine dunkelgrüne Färbung. Schwefelsaures Quecksilberoxyd bildet eine zinnobergelbe, zuletzt hellgelbe Färbung. Das Palmöl des Handels ist häufig durch Schmutz und Wasser verunreinigt. Eine Verfälschung mit anderen Fetten kommt kaum vor.

---

[1]) Fendler, Berichte d. Deutsch. pharmaz. Gesellschaft **13**, 115 [1903]; Chem.-Ztg. **27**, 128 [1903].

[2]) Preuß u. Strunk, Tropenpflanzer **6**, 465 [1902].

[3]) Semler, Tropische Agrikultur. 2. Aufl. Wismar 1900. **1**, 760. — Zippel-Thomé, Ausländische Kulturpflanzen. 2. Aufl. Braunschweig 1905. 3. Abt., S. 25.

[4]) Benedikt u. Hazura, Monatshefte f. Chemie **10**, 353 [1889].

[5]) Nördlinger, Zeitschr. f. angew. Chemie **8**, 19 [1895].

Spez. Gewicht bei	Erstarrungspunkt	Schmelzpunkt	Verseifungszahl	Jodzahl	Hehnerzahl	Reichert-Meißlzahl	Butter-refraktometer	Brechungsexponent	Beobachter
15° C 0,945	—	—	—	—	—	—	—	—	Schädler
15° C 0,947	—	32	—	—	—	—	bei 40° C 47	—	Marpmann
18° C 0,946	—	—	—	—	—	—	—	—	Stilurell
$\frac{50°\ C}{15°\ C}$ 0,8930 $\frac{98°\ C}{15°\ C}$ 0,8586	—	—	—	—	—	—	—	—	Allen
100° C 5,8600	—	36—37	201—202	51,5	—	—	—	1,4510	Thörner
—	—	30—42,5	—	—	—	—	—	—	Winnem
—	—	—	202—202,5	—	—	—	—	—	Valenta
—	—	—	196,3	—	—	—	—	—	Moore
—	—	—	—	51,5	—	—	—	—	v. Hübl
—	—	—	—	51—52,4	—	—	—	—	Wilson
—	—	—	—	—	95,6	—	—	—	Hehner
—	—	—	—	—	—	0,5	—	—	Medicus u. Scheerer
—	31—39	35—43	200,8 bis 205,52	53,18 bis 57,44	—	0,742—1,87	—	—	Fendler
—	—	—	196,4 bis 206,7	34,15 bis 58,50	94,97 bis 98,74	—	—	—	Eisenstein u. Rosauer
15° C 0,9209 bis 0,9245	—	—	—	—	94,2—97	—	—	—	Tate
—	—	—	—	53	—	—	—	—	Tolman u. Munson
—	—	—	—	56	—	—	—	—	Lewkowitsch

Fettsäuren.

Spez. Gewicht bei	Erstarrungspunkt	Schmelzpunkt	Verseifungszahl	Mittl. Mol.-Gewicht	Jodzahl	Beobachter
$\frac{98—99}{15,5°\ C}$ 0,8369	45,5° C	50° C	—	270	—	Allen
$\frac{100°\ C}{100°\ C}$ 0,8701	—	—	—	—	—	Archbutt
—	43° C	47,75° C	206,5—207,3	—	—	Valenta
—	42,7° C	47,8° C	—	—	—	v. Hübl
—	Durchschnitt 43,13° C, meist 44,5 bis 45° C, selten 39—41° C oder 45,5 bis 46,2° C	—	—	—	—	De Schepper u. Geitel
—	42—43° C	47—48	204	—	53,3	Thörner
—	—	—	—	273	—	Tate
—	—	—	—	263	53,4	Williams
—	—	—	—	270	—	Marpmann
—	42,0—49,15°C	—	—	—	—	Eisenstein u. Rosauer
—	45,4—45,5° C (Maximum)	—	—	—	—	Lewkowitsch
—	35,8—35,9° C (Minimum)	—	—	—	—	Lewkowitsch
					Jodzahl der flüssigen Fettsäuren	
—	—	—	—	—	94,6	Lewkowitsch
—	—	—	—	—	99	Tolman u. Munson

Der Wassergehalt, Schmutzgehalt, der Erstarrungspunkt der Fettsäuren und des Neutralfettes von Handelsmarken sind aus nachstehender Zusammenstellung ersichtlich[1]).

[1]) H. Yssol de Schepper u. A. Geitel, Dinglers Polytechn. Journ. **245**, 301 [1882].

Handelsname des Öles	Wasser %	Verunreinigungen %	Erstarrungspunkt der Fettsäuren %	Neutralfett %
Kongo	0,78—0,95	0,35—0,7	45,90	16—23
Saltpont	3,5—12,5	0,9—1,7	46,20	15—25
Addah	4,21	0,35	44,15	18
Appam	3,60	0,596	45,0	25
Winnebah	6,73	1,375	45,6	20
Fernando Po	2,68	0,85	45,90	28
Braß	3,05	2,00	45,1	35,5
New Calabar	3,82	0,86	45,0	40,0
Niger	3,00	0,70	45,0	40—47
Accra	2,2—5,3	0,60	44,0	53—76
Benin	2,03	0,20	45,0	59—74
Bonny	3,0—6,5	1,2—3,1	44,5	44—88,5
Grand Bassa	2,4—13,1	0,6—3,0	44,6	41—70
Kamerun	1,8—2,5	0,2—0,7	44,6	67—83
Kap Lahon	3,6—6,5	0,7—1,5	41,0	55—69
Kap Palmas	9,7	2,70	42,1	67
Half Jack-Jack	1,9—4,2	0,70—1,24	39—41,3	55—77
Lagos	0,5—1,3	0,3—0,6	45,0	58—68
Loanda	1,5—3,0	1,0—1,9	44,5	68—76
Old Calabar	1,3—1,6	0,3—0,8	44,5	76—83
Goldcoast	1,98	0,50	41,0	69
Sherboro	2,6—7,0	0,3—1,2	42,0	60—74
Gaboon	2,2—2,8	0,3—0,7	44,5	79—93

Verwendung: Palmöl dient zur Seifen- und Kerzenfabrikation; auch wird es in Afrika von den Eingeborenen als Speisefett sowie als Heilmittel gegen Gicht benutzt.

Aouaraöl.

Tucumöl — Huile de Tucum — Awara oil — Tucum oil — Olio di Tucum.

Vorkommen: In dem Fruchtfleische der Aouarapalme (*Astrocaryum vulgare* Mart.), die in Französisch-Guyana vorkommt. Der Fettgehalt beträgt 31%.

Physikalische und chemische Eigenschaften: Das Tucumöl ähnelt dem Palmöl, zeigt gelbrote Farbe, halbfeste Konsistenz. Die Säurezahl wurde zu 31,4 gefunden.

Spez. Gew. bei 15° C	Verseifungszahl	Jodzahl	Fettsäuren				Beobachter
			Schmelzpunkt	Erstarrungspunkt	Verseifungszahl	Mittl. Mol.-Gew.	
0,916	196,5—197,2	74,8—75,7	—	32,2° C	198,5—199,7	281	Bontoux

Kakaobutter, Kakaoöl.

Beurre de Cacao — Cocoabutter — Burro di Cacao.

Vorkommen: Die Kakaobutter kommt in dem Samen des Kakaobaumes (*Theobroma Cacao*), einer Sterculiacee, vor, die in Zentral- und Südamerika, auch in anderen Tropengegenden kultiviert wird. Auch *Theobroma bicolor* Humb. et Bonp, ferner *Theobroma angustifolium* Moc. et Sess., *Theobroma pentagonum* Bernh., *Theobroma microcarpium* Mart., *Theobroma Guayanense* Aubl., *Theobroma speciosum* Willd. und *Theobroma silvestris* Mart. kommen für die Gewinnung von Kakaobutter in Frage.

Der Fettgehalt beträgt zwischen 51 und 57%, wie aus nachstehender Tabelle ersichtlich ist:

Ursprung	Fett %
Ecuador, Arribe	54,66
„ andere Varietäten	52,87
Venezuela, Ost-Caracas	51,33
„ West-Caracas	53,05
Holländisch-Guinea, Surinam	56,37
Brasilien, Para	54,98
„ Bahia	54,33
Afrika, Westküste	54,18
Westindien, Trinidad	54,57
„ Grenada	55,30
„ Dominica	56,03
„ Santa Domingo Samana	55,38
Jamaika	56,57
Ceylon	53,36

Darstellung: Durch Auspressen der gerösteten, geschälten und zerkleinerten Bohnen in der Wärme. Der Rückstand bildet den entölten Kakao. Das Kakaofett kann als Nebenprodukt der Schokoladenfabrikation betrachtet werden.

Physikalische und chemische Eigenschaften: Kakaobutter ist eine weiße bis gelblichweiße Masse von ziemlich fester Konsistenz, etwa der des Rindstalges entsprechend, von angenehmem Geschmack und Geruch. Sie besteht aus Stearin-, Palmitin- und Arachinsäureglyceriden. Das Vorkommen der Laurinsäure[1]) konnte durch neuere Untersuchungen nicht bestätigt werden. Auch die in der Kakaobutter isolierte Theobrominsäure $C_{64}H_{128}O_2$ wurde als Arachinsäure[2]) erkannt. Der Gehalt an Stearinsäure wurde zu 40% bestimmt (Lewkowitsch). Auch Linolsäure[3]) konnte nachgewiesen werden. Durch neuere Untersuchugeg wurde die frühere Annahme der Gegenwart von Ameisen-Essig- und Buttersäure als irri erkannt.

Auch gemischte Glyceride, wie Oleopalmitostearin[4]) (Schmelzp. 37—38° C) und Oleodistearin (Schmelzp. 44° C) wurden aufgefunden[5]).

Die Angabe, daß Kakaobutter nicht ranzig wird, ist unrichtig, wie aus den Versuchen von Dietrich und Lewkowitsch[6]) nachgewiesen wurde. Die Säurezahl von Kakaobutter wechselt; es finden sich Angaben von 1,0—2,3 und 1,1—1,95. Auch noch höhere Werte finden sich in der Literatur (3,2—25,36).

Verwendung: Kakaobutter findet zur Herstellung geringerer Schokoladensorten, in der Pharmazie und der Parfümindustrie Verwendung. Auch zur Herstellung medizinischer Seifen wird Kakaofett verbraucht. Kakaobutter wird häufig durch Talg, Wachs, Stearinsäure oder Paraffin verfälscht. Auch gereinigtes Kokosöl ist ein häufiger Zusatz der Kakaobutter und befindet sich unter dem Namen Schokoladenbutter im Handel. Zum Nachweis dieser Zusätze dienen die quantitativen Reaktionen. Wachs und Paraffin lassen sich durch Bestimmungen des unverseifbaren Anteils nachweisen, auch deutet eine Erniedrigung der Verseifungszahl und Jodzahl auf diese Fälschungsmittel hin.

Kokosöl macht sich durch eine erhöhte Verseifungszahl und Reichert-Meißl-Zahl bemerkbar. Die Jodzahl ist hierbei erniedrigt. Pflanzenöle bedingen eine erhöhte Jodzahl, während Stearinsäure durch eine erniedrigte Jodzahl und eine erhöhte Säurezahl sich kenntlich macht. Andere Fette, besonders Talg, werden durch das verschiedene Verhalten gegen Lösungsmittel aufgefunden.

[1]) Traub, Wagners Jahresber. **1888**, 1159.
[2]) Kingzett, Journ. Chem. Soc. **1**, 38 [1878].
[3]) Benedikt u. Hazura, Monatshefte f. Chemie **20**, 353 [1889].
[4]) Klimont, Berichte d. Deutsch. chem. Gesellschaft **34**, 2636 [1901]; Monatshefte f. Chemie **23**, 51 [1902]; **25**, 929 [1904]; **26**, 536 [1905].
[5]) Fitzweiler, Arbeiten a. d. kaiserl. Gesundheitsamt **18**, 371 [1902].
[6]) Lewkowitsch, Journ. Soc. Chem. Ind. **8**, 557 [1899].

	Spez. Gewicht bei	Erstarrungspunkt °C	Schmelzpunkt °C	Verseifungszahl	Hehnerzahl	Jodzahl	Reichertzahl	Reichert-Meißlzahl	Refraktometerzahl bei 40°C	Brechungsindex bei	Kritische Lösungstemperatur	Beobachter
Frisch ... alt	15° C 0,950—0,952 0,945—0,946	—	—	—	—	—	—	—	—	—	—	Hager
	15° C 0,970	—	32,5	—	—	—	—	—	47	—	—	Marpmann
	15° C 0,964—0,976	—	30—32—34,5	—	—	27,9—37,5	—	—	—	—	—	E. Dieterich
	—	—	26,5—35,0	193,20 bis 203,72	—	33,89 bis 38,50	—	—	—	—	—	K. Dieterich
	50° C / 15,5° C 0,8920 98° C / 15,5° C 0,8577 100° C / 15° C 0,857	—	—	—	—	—	1,6	—	—	—	—	Allen
	100° C 0,8580	23	32—33	198 bis 200	—	34	—	—	—	60° C 1,4496	—	Thörner
	—	27,3	33,5	—	—	—	—	—	—	—	—	Rüdorff
	—	21,5	28—30	193,55	—	36,62	—	—	—	—	—	de Negri u. Fabris
	—	—	30—33	—	—	—	—	—	—	—	—	Herbst
	—	—	32,10—33,6	192 bis 202	—	33,4—37,5 meist 35 -37	—	—	—	—	—	Filsinger
	—	—	34—35,5	—	—	—	—	—	—	—	—	Wimmel
	—	—	29	—	94,59	—	—	—	—	—	—	Bensemann
Gepreßte Butter ..	—	—	34—35 selten 33—36	—	—	34—38	—	—	—	—	—	Welmans
Extrahierte Butter ..	—	—	32—34	—	—		—	—	—	—	—	
	—	—	—	—	—	34,5 (Wijs)	—	—	—	—	—	Visser
	—	—	28—33	191,8 bis 194,5	0,3	34,3—37	0,2 / 0,5 / 0,33 bis 0,38 / 0,83	—	—	—	—	Lewkowitsch
	—	—	—	—	—	34	—	—	—	—	—	v. Hübl
	—	—	—	—	—	34	—	—	46—46,5	—	—	Mansfeld
Bahia-Butter ..	—	—	—	—	—	41,7	—	—	46-47,8	40° C 1,4565 bis 1,4578	—	Strohl
	—	—	—	—	—	—	—	—	—	71,5 bis 74,5	—	Crismer
	20° C 0,9702	—	—	—	—	—	—	—	—	—	—	Rakusin
	—	—	—	—	—	—	—	—	41,8	40° C 1,4537	—	Utz

Fettsäuren.

Erstarrungspunkt °C	Schmelzpunkt °C	Verseifungszahl	Jodzahl	Brechungsexponent bei 40° C	Beobachter
51	52	—	—	—	v. Hübl
45—47	48—50	—	39,1	—	De Negri u. Fabris
46—47	49—50	190	32,6	1,422	Thörner
—	Beginn: 48—49 Ende: 51—52 Beginn: 49—50 Ende: 52—53	—	—	—	Bensemann
48,3 / 49,2 Titer	—	—	—	—	Lewkowitsch

Die Zusammensetzung einiger als Ersatzstoffe für Kakaobutter dienender Fette ist aus nachstehender Tabelle ersichtlich[1]):

	Reine Kakaobutter	Ersatzstoffe				
		Dikafett	Tangkawangfett	Illipefett	Kokosstearin	Kernölstearin
Schmelzpunkt . .	32—33°	38,9	37,5	24—29	29,3—29,5	31,5—32
Erstarrungspunkt .	23°	27,2—29,4	22	19—22	26,5	28
Jodzahl	33,4—37,5	5,2	30—31	53,4—60	4,01—4,51	8
Verseifungszahl . .	198	244,5	192,4—196	190,9	252	242
Reichert-Meißlzahl	0,30	0,42	—	0,44	3,4	2,2
Spez. Gew. bei 100° C	0,8577	—	0,8920	0,8943	0,8700	0,8700

Sterculia chicha-Fett.

Vorkommen: In den Samen von *Sterculia chicha*, St. Hil., einer Sterculiacee[2]).

Physikalische und chemische Eigenschaften: Das Fett ist fest krystallinisch und zeigt ranzigen Geruch. Der Säuregehalt wurde zu 11,41 bestimmt.

Verseifungszahl	Jodzahl	Beobachter
193,2—195,1	79,0	Niederstadt

Myricawachs, Myrtenwachs.

Cire de Myrica, Myrtle Wax — Lawrel wax, Bayberry Tallow.

Vorkommen: In den Früchten verschiedener Myricaarten: *Myrica cerifera, Myrica carolinensis, Myrica caracasana, Myrica cordifolia, Myrica laciniata.* Identisch mit Myricawachs dürfte das Kapbeerenwachs sein, das aus den Früchten von *Myrica quercifolia* und *Myrica serrata* gewonnen wird.

Diese Pflanzen sind in Nordamerika und in Südafrika heimisch. Auch andere Arten werden zur Fettgewinnung herangezogen. Die Myricafrucht ist mit einer ungefähr 0,1—0,3 cm dicken, schneeweißen Fett- oder Wachskruste überzogen. Die Fettkruste bildet keine zusammenhängende Masse, sondern besteht aus einem Haufwerk von Körnchen, Nadeln und Blättchen, die unter dem Polarisationsmikroskop doppelbrechend erscheinen[3]).

Darstellung: Durch Auskochen der Myricafrüchte mit Wasser.

Physikalische und chemische Eigenschaften: Das Myricafett zeigt grünliche, von Chlorophyll herrührende Farbe, die an der Luft gelblichgrau ausbleicht. Es besteht vornehmlich aus Glyceriden der Palmitinsäure (70%) und Myristinsäure (8%). Auch sollen Lauringlyceride (4,2%) aufgefunden worden sein. Stearinsäure konnte nicht nachgewiesen werden. Da dieses Wachs fast ausschließlich aus Triglyceriden besteht, muß es als Fett bezeichnet werden. Myricawachs ist in Äther und kaltem Alkohol wenig löslich, in heißem Äther lösen sich in 4 T. nur 1 T. Wachs. Bezüglich des Schmelzpunktes ist zu sagen, daß derselbe beim Lagern sich bedeutend ändert, was vielleicht auf ein Übergehen des Fettes in die krystallisierte Form zurückzuführen ist. Freie Fettsäuren wurden 3—4,4% aufgefunden[4]).

---

[1]) O. Sachs, Chem. Revue über d. Fett- u. Harzindustrie **15**, 33 [1908].

[2]) Niederstadt, Berichte d. Deutsch. pharmaz. Gesellschaft **12**, 144 [1902].

[3]) Wiesner, Rohstoffe des Pflanzenreichs. 2. Aufl. Leipzig 1900. **1**, 536.

[4]) Smith u. Wade, Journ. Amer. Chem. Soc. **25**, 629 [1903]; Chem. Revue über d. Fett- u. Harzindustrie **10**, 210 [1903].

	Spezifisches Gewicht bei	Erstarrungspunkt °C	Schmelzpunkt °C	Verseifungszahl	Jodzahl	Reichert-Meißl-zahl	Butter-refraktometer	Brechungsindex	Beobachter
	15°C 1,0135	—	48	—	—	—	55	—	Marpmann
	$\frac{98-99°C}{15,5°C}$ 0,875	39,5—43	40,5—44	205,7 bis 211,7	—	—	—	—	Allen
	—	—	—	—	10,7	—	—	—	Mills
Aus Myrica cerifera mit Petroläther extrahiert	$\frac{98-99°C}{15,5°C}$ 0,878 $\frac{22°C}{15,5°C}$ 0,9806	45	48	217	3,9	0,5	—	bei 80°C 1,4363	Smith u. Wade
	(Wasser bei 15,5 = 1) 15°C 0,995	—	—	—	—	—	—	—	Allen
	—	—	—	—	1,95	—	—	—	Lewkowitsch
Kapbeeren-wachs ..	99°C 0,8741	—	—	211,1	1,06	Säurezahl 4,09	—	—	

Fettsäuren.

	Spez- Gewicht bei	Erstarrungspunkt	Schmelzpunkt	Mittleres Mol.-Gewicht	Beobachter
	$\frac{99°C}{15,5°C}$ 0,8370	46,0°C	47,5°C	243,0	Allen
	—	—	—	243,0	Marpmann
Kapbeerenwachs	—	—	47,5°C	236	

Verwendung: Das Myricafett dient als Ersatz des Bienenwachses und zur Kerzenfabrikation.

Micheliafett.

Vorkommen: Das Fett stammt aus der Fruchtschale von *Michelia champaca*, einer in Niederländisch-Indien heimischen Magnoliacee[1]).

Physikalische und chemische Eigenschaften: Das Öl zeigt braunrote Farbe, ist klar mit krystallinischem Bodensatz und zeigt eigenartigen Geruch[2]). Es besteht aus 70% Triolein und 30% Tripalmitin.

Spezifisches Gewicht	Schmelzpunkt	Verseifungszahl	Jodzahl	Beobachter
0,903	44—45°C	—	—	J. Sack
—	—	196—199,36	66,0	Niederstadt

Chailletiafett.

Vorkommen: In den Früchten der in Sierra Leone heimischen *Chailletia toxicalia* Don., die sehr stark giftig sind (1,83%)[3]).

Physikalische und chemische Eigenschaften: Das Öl zeigt eine gelbe Farbe, enthält ein Oleodistearin vom Schmelzp. 43°, ferner Ölsäure, Stearinsäure, Ameisensäure und Buttersäure, auch Phytostearin vòm Schmelzp. 135—148°.

Chinesischer Talg. Stillingiatalg. Vegetabilischer Talg.

Suif d'arbre — Suif végétal de Chine — Vegetable tallow of China — Sego di Stillingia.

Vorkommen: In den Samen des chinesischen Talgbaumes (*Stillingia sebifera* Juss., *Croton sebifirum* Lin., *Sapium sebifirum* Roxb.), einer Euphorbiacee, die in China und Indien, ferner auch in Südkarolina und Florida angebaut wird.

---

1) J. Sack, Pharm. Weekblad **40**, 103 [1903]; Chem. Revue über d. Fett- u. Harzindustrie **10**, 83 [1903].

2) Niederstadt, Berichte d. Deutsch. pharmaz. Gesellschaft **12**, 144 [1902].

3) F. B. Power u. F. Tutin, Journ. Amer. Chem. Soc. **28**, 1170 [1906].

Darstellung: Der Fettgehalt schwankt zwischen 22 und 37%. Aus den Stillingasamen lassen sich 3 verschiedene Arten Öl gewinnen. Das auf der Samenschale abgelagerte feste Fett, das in den Samenkernen enthaltene flüssige Öl und das Gemisch dieser beiden, das durch Pressen der ganzen Samen erhalten wird. Letzteres steht bezüglich der Konsistenz zwischen dem Stillingiaöl und dem Stillingiatalg und kommt meist unter letzterer Bezeichnung in den Handel. Das reine Samenschalenfett wird durch Auspressen der entschälten Samen gewonnen. Das Gemisch von Stillingiafett und Stillingiaöl wird durch Auspressen des zerkleinerten ganzen Samens erhalten.

Physikalische und chemische Eigenschaften: Vegetabilischer Talg besteht aus Palmitin und Olein; Stearinsäure konnte nicht aufgefunden werden. Schmelzp. 29,2°. Es finden sich sogar Angaben, daß der vegetabilische Talg vornehmlich aus Oleodipalmitin und geringen Mengen Tripalmitin besteht. Auch Laurinsäure soll vorkommen. Freie Fettsäuren wurden zu 1,2%, in älteren Proben zu 2,8% gefunden, doch finden sich auch Angaben über 7,9 bis 22,5% freie Fettsäuren auf Ölsäure berechnet.

Stillingiatalg ist in warmem abs. Alkohol löslich. Beim Erkalten scheidet sich der größte Teil des Fettes wieder aus. In den übrigen fettlösenden Mitteln ist Stillingiatalg sehr leicht löslich.

Spezifisches Gewicht bei	Erstarrungspunkt °C	Schmelzpunkt °C	Verseifungszahl	Jodzahl	Hehnerzahl	Reichert-Meißlzahl	Acetylzahl	Butterrefraktometer bei	Brechungsexponent	Beobachter
15° C 0,9182—0,9217	27,2—31,1	36,5—44,1	198,5—202,2	28,5—37,74	—	—	—	—	—	De Negri u. Sburlati
15° C 0,9185	—	44	—	—	—	—	—	40° C 41	—	Marpmann
15° C 0,918	26,7	44,5	—	—	—	—	—	—	—	Thomson u. Wood
—	27—34	37—44	179	45,2—53	—	—	—	—	—	De Negri u. Fabris
—	—	—	196	28,1—48,9	—	—	—	—	—	Gianolio
—	—	—	—	44—46	—	—	—	—	1,4503	Mecke
—	—	36,4	203,5	27,6	—	—	—	—	—	Klimont
15° C 0,9186 100° C / 15° C 0,8600	37,3	52,5	231	19,0	93,45	0,69 (Wollny)	43,5	46° C 40 50° C 38	—	Zay u. Musciacco
—	—	—	205,8	40,33	—	—	—	—	—	Rosauer u. Eisenstein
15° C 0,915	—	35	—	—	—	—	—	—	—	Lemarié
15° C 0,915	—	53,2	—	38,3	—	—	—	—	—	Jean
—	24,2—26,2	46	200,3	32,1—32,2	—	—	—	—	—	Lewkowitsch
—	35	43—45	208,6	35,5	—	—	—	—	—	Hobein
—	32	39—42	203,3	28,5	—	—	—	—	—	Hobein
—	—	—	—	22,87	—	—	—	—	—	Hehner u. Mitchel

Fettsäuren.

Erstarrungspunkt °C	Schmelzpunkt °C	Verseifungszahl	Jodzahl	Mittleres Molekular-Gewicht	Jodzahl d. flüssigen Fettsäuren	Beobachter
34—42	39—47	181,2—182,1	47—54,8	—	—	De Negri u. Fabris
45,2—47,9	53—56,9	202,0—208,5	30,31—39,50	—	—	De Negri u. Sburlati
—	56—57	—	—	—	—	Mayer
52,5 (Titer)	—	—	—	—	—	Rosauer u. Eisenstein
53,0	55,0	240,1 (?)	34,2—34,3	231,4	97,04	Zay u. Musciacco
52,1—53,5	—	—	—	—	—	Lewkowitsch
41	51	207,9	38,1	—	—	Hobein
40	49	206,4	29,2	—	—	Hobein
56,4	56,8	—	—	—	—	Jean

Die physikalischen sowohl wie die chemischen Eigenschaften des Stillingiatalges sind großen Schwankungen unterworfen infolge der verschiedenen Gewinnungsweise desselben.

Verwendung: Stillingiatalg wird zur Herstellung von Kerzen verwendet; auch zur Seifenfabrikation werden große Mengen verarbeitet,

Malabartalg.

Vateriafett — Pinneytalg — Pflanzentalg — Suif de Piney — Piney tallow — Malabar tallow
Sego di Piney.

Vorkommen: In den Samen von *Vateria Indica* L., *Vateria Malabarica* Blum., *Elaeocarpus copaliferus* Retz, einer Dipterocarpacee, die in Malabar heimisch ist.

Darstellung: Durch Auskochen der zerkleinerten gerösteten Samen mit Wasser.

Physikalische und chemische Eigenschaften: Malabartalg ist fast geruchlos und geschmacklos, von grünlicher Farbe, die an der Luft rasch ausbleicht. Die Konsistenz ähnelt der des Hammeltalges. Das Handelsprodukt enthält etwa 2% eines flüchtigen, angenehm riechenden Öles, das durch Alkohol entzogen werden kann[1]).

Malabartalg besteht aus 19% freien Fettsäuren und 81% Glyceriden, die aus 75% Palmitin und 25% Olein bestehen sollen. Die nähere Zusammensetzung des Fettes ist noch nicht ermittelt.

Spezifisches Gewicht bei	Erstarrungspunkt	Schmelzpunkt	Verseifungszahl	Jodzahl	Hehnerzahl	ReichertMeißlzahl	Butterrefraktometer bei 40° C	Brechungsindex bei 40° C	Beobachter
15° C 0,915	—	—	191,9	—	—	—	—	—	Höhnel u. Wolfbauer
—	30,5	36,5	—	—	—	—	—	—	Vierthaler u. Bottura
100° C ⎰ 0,8900 bis / 100° C ⎱ 0,8907	—	37 bis 37,5	188,7 bis 189,3	37,82 bis 39,63	95,14 bis 95,21	0,22 bis 0,44	47,5	1,4575	Crossley u. Le Sueur
15° C 0,9160	—	36,5	—	—	—	—	42	—	Marpmann
—	—	—	—	30,5 bis 44,8	—	2,2	—	—	Pastrovich
9,4° C 0,9102	—	30,0	—	—	—	—	—	—	Dal Sie

Fettsäuren.

Erstarrungspunkt	Schmelzpunkt	Jodzahl	Beobachter
54,8° C	56,6° C	—	Höhnel u. Wolfbauer
51,8—57,3° C	—	474	Pastrovich

Verwendung: Malabartalg dient in seiner Heimat als Speisefett, außerdem in der Seifen- und Stearinfabrikation.

Borneotalg.

Tangkawang-Talg — Suif végétal de Borneo — Borneo tallow — Sego di Borneo.

Vorkommen: In den Früchten von Dipterocarpeen und Sapotaceen. Die wichtigsten dieser Bäume sind *Shorea stenoptera* Burck, ferner *Shorea hypochra* Hance, *Shorea aptera* Burck, *Shorea Gysbertiana*, *Shorea scaberrima*, *Hopea macrophylla* de Vriese, *Hopea balangera* de Vriese, *Hopea aspera* de Vriese, *Hopea lanceolata* de Vriese, *Isoptera borneensis* Scheff., *Diploknema sebifera*, *Pentacme siamensis* Kurz, *Shorea siamensis* Miqu.

Die Heimat dieser Bäume ist Holländisch-Ostindien und Indochina. Die Früchte enthalten ca. 40—50%, sogar bis 64,6% Fett[2]).

Darstellung: Die Früchte werden eine Zeit an einem feuchten Orte aufbewahrt, bis die Schale infolge der Keimung des Samens aufbricht. Dann werden dieselben an der Sonne getrocknet, die Kerne von dem Pericarp getrennt und in Körbe aus Bambusrohr gebracht, die man über einem Kochkessel aufhängt. Wenn die Kerne weich und teigig geworden sind, bringt man sie in Säcke und preßt dieselben aus. Das erhaltene Fett wird mit Wasser ausgeschmolzen und in das Innere von Bambusrohren gegossen, worin man es erstarren läßt. Hierdurch wird die zylindrische, walzenförmige Form, in der Borneotalg sich im Handel befindet, erklärt.

Physikalische und chemische Eigenschaften: Borneotalg bildet eine hellgelbgrüne, durch Lagern an der Luft weiß und krümlig werdende Masse. Der Borneotalg hat in frischem

---

[1]) Crossley u. Le Sueur, Journ. Amer. Chem. Soc. **18**, 991 [1899].
[2]) Clayton Beadle u. H. P. Stevens, Chem. News **100**, 173 [1909].

Zustande einen angenehmen, an Kokosbutter erinnernden Geruch; der Talg ist häufig krystallinisch. Die Oberfläche ist mit feinen weißen Stearinsäurenadeln bedeckt. Der Borneotalg enthält ca. 66% Stearinsäure und 34% Ölsäure[1]. In einer weiteren Probe (*Shorea aptera*) wurden 16,7% Ölsäure und 78,8% feste Fettsäure, in einer Probe (*Isoptera borneensis*) wurden 18% Ölsäure und 77,3% feste Fettsäuren[2]) gefunden. Ferner fanden sich Tristearin, Tripalmitin und Distearinsäureölsäureglyceride[3]) vor. Das Fett von *Isoptera borneenses* zeigte dieselben organoleptischen Merkmale, wie das von *Chorea aptera*, nur die Farbe war etwas grünlicher.

	Spez. Gew.	Erstarrungspunkt	Schmelzpunkt	Verseifungszahl	Jodzahl	Hehnerzahl	Refraktometer bei 40° C	Beobachter
	—	—	Beginn des Schmelzens 35—36° C Ende des Schmelzens 42° C	—	—	95,7	—	Geitel
Shorea aptera	—	—	31° C	191,2	15	95,5	—	Heim
Isoptera borneensis . . .	—	—	—	192,2	16	95,3	—	
	—	—	—	—	31	95,7	—	
	—	—	34,5—34,7° C	—	—	—	—	Klimont
Aus Niederl.-Indien . . .	0,963	bei 27° C schwache Trübung, erstarrt bei 26—27° C	36,5—41,5° C	191,5	29,2	—	45,7	Behrend
	100° C 0,8920	22° C	37,5° C	192,4—196	30—31	—	—	Sachs[4])
	—	—	42—45° C	193,8	29,4	—	45	Farnsteiner[5])

Fettsäuren.

	Erstarrungspunkt	Schmelzpunkt	Mittleres Molekular-Gewicht	Refraktometeranzeige bei 60° C	Beobachter
—	53,5—54° C	—	283,7	—	Geitel
Shorea aptera . . .	51° C	55° C	268	—	Heim
Isoptera borneensis	51° C	55° C	256	—	
Aus niederl. Indien	48,5—51° C	54—55° C	—	25,3	Behrend
	52° C	53,5° C	273,5	—	Sachs
	—	55—57° C	—	—	Farnsteiner

Verwendung: Auf den Sundainseln wird der Borneotalg von den Eingeborenen als Speisefett, als Schmiermittel und als Kerzenmaterial verwendet. In Europa verwendet man das Fett in der Seifen- und Stearinfabrikation.

Kokumbutter.

Goabutter — Beurre de Kocum — Huile de Madool — Kokumbutter — Mangosteen oil — Sego di Kokum.

Vorkommen: In den Samen der indischen Mangostane *Brindonia indica*. — *Garcinia indica* Chois, *Garcinia purpurea* Roxb., *Brindonia indica* Du Pet., ferner *Mangostana indica* Lin., die zur Familie der Guttiferen gehört. Die Heimat ist die Westküste Vorderindiens. Die Samen enthalten 20—25% Fett.

1) Geitel, Journ. Soc. Chem. Ind. **7**, 391 [1888].
2) Heim, Chem. Revue über d. Fett- u. Harzindustrie **9**, 14 [1902].
3) Klimont, Monatshefte f. Chemie **25**, 929 [1904]. **26**, 563 [1905].
4) Sachs, Chem. Revue über d. Fett- u. Harzindustrie **15**, 10 [1908].
5) Farnsteiner, Zeitschr. f. Unters. d. Nahr.- u. Genußm. **11**, 198 [1906].

Darstellung: Die Samen werden zerstoßen, mit Wasser ausgekocht, das erstarrte Fett abgeschöpft und mit der Hand in Kuchen geformt.

Physikalische und chemische Eigenschaften: Kokumbutter zeigt in frischem Zustande schmutzig weiße oder gelbliche Farbe, ist zerreiblich und krystallinisch. Der Geruch ist schwach kakaoartig, der Geschmack milde. Das Fett besteht hauptsächlich aus Oleodistearin, ferner finden sich auch geringe Mengen von Glyceriden flüssiger Fettsäuren. Der Gehalt an freien Fettsäuren schwankt zwischen 3,56 und 10,5% auf Ölsäure berechnet.

Spezifisches Gewicht bei	Erstarrungspunkt °C	Schmelzpunkt °C	Verseifungszahl	Jodzahl	Hehnerzahl	Reichert-Meißlzahl	Butterrefraktometer bei 40° C	Brechungsindex	Beobachter
40° C 0,8952 98° C 0,8574	37,6—37,9	41—42	191,3	33,1	95,59	1,54	—	bei 25° C 1,4628	Heise
$\frac{100° C}{100° C}$	—	42	186,8	34,21	94,59	0,11	46	bei 40° C 1,4565	Crossley u. Le Sueur
—	—	40	—	—	—	—	—	—	Hartwich
—	33,3	36,7	—	—	—	—	—	—	Redwood
—	27,5	42,5	—	—	—	—	—	—	Flückiger u. Hanbury
—	—	43	—	—	—	—	—	—	Hooper

Fettsäuren.

Erstarrungspunkt °C	Schmelzpunkt °C	Mittleres Molekulargewicht	Beobachter
59,4	60—61	282	Heise
—	61	—	Hooper

Verwendung: Kokumbutter dient als Surrogat für Walrat und zur Herstellung von Seifen, auch als Fälschungsmittel für Sheabutter.

Mkanifett.

Suif de Mkany — Mkanyi Fat — Sego di Mkany.

Vorkommen: In den Samen des Talgbaumes (*Stearodendron Stuhlmannii* Engl., *Allanblackia Stuhlmannii* Engl.), einer in Ostafrika heimischen Guttifere. Der Fettgehalt der Samen beträgt 54—55,5% [1].

Darstellung: Das Mkanifett wird auf sehr primitive Weise gewonnen und in großen kompakten Stücken von der Form der Straußeneier in den Handel gebracht.

Physikalische und chemische Eigenschaften: Das gelblich weiße Fett ist ziemlich hart, von schwach aromatischem Geschmack und Geruch. Es besteht hauptsächlich aus Oleodistearin [1]. Palmitinsäure konnte nicht nachgewiesen werden. Der Gehalt an freien Fettsäuren schwankt zwischen 5,8—10,35%.

Spezifisches Gewicht bei	Erstarrungspunkt	Schmelzpunkt	Verseifungszahl	Jodzahl	Hehnerzahl	Reichert-Meißlzahl	Beobachter
15° C 0,9298 100° C 0,8606	36° C	42° C	186,6 bis 191,7	38,7—41	—	—	Henriques u. Künne [2]
40° C 0,8926 98° C 0,85606 $\overline{15° C}$	30,4 bis 38° C	40—41° C	190,45	41,9	95,65	1,21	Heise
17,5° C 0,8736	—	43—46° C	188,6	37,48		Brechungsexponent bei 50° C 1,4503	Krause u. Dießelhorst [3]

---

[1] Heise, Arbeiten a. d. kaiserl. Gesundheitsamt **12**, 540 [1896]; Chem. Revue über d. Fett- u. Harzindustrie **6**, 45 [1899].

[2] Henriques u. Künne, Journ. Chem. Soc. Ind. **17**, 993 [1898].

[3] M. Krause u. Dießelhorst, Der Tropenpflanzer **13**, 281 [1909].

Fettsäuren.

Erstarrungspunkt	Schmelzpunkt	Jodzahl	Beobachter
61,4—61,6° C	61,5° C	42,1	Henriques u. Künne
57,5° C	59° C	—	Heise
—	60° C	38,25	Krause u. Dießelhorst

Verwendung: Mkanifett wird in Ostafrika von den Eingeborenen als Speisefett benutzt. Es eignet sich vorzüglich zur Seifenfabrikation und für Kosmetika, da das Fett die Eigenschaft hat, sich kalt in die Haut zu verreiben.

Sheabutter.

Galambutter — Vegetabilischer Talg — Beurre de Cé — Beurre de Shée — Suif de Noungon — Sheabutter — Burro di Seha.

Vorkommen: In den Samen des Schibaumes, Butterbaumes (*Bassia Parkii* D. C., *Butyrospermum* Parkii Kotschy), einer Sapotacee, die in den Haussaländern, im Sudan und im Togogebiete heimisch ist. Die Samen enthalten 42—52% Fett. Man unterscheidet im Handel Sheanüsse und Karitinüsse. Der Fettgehalt ist verschieden, ebenso der Schmelzpunkt, die Verseifungszahl und die Jodzahl.

	Fettzahl	Schmelzpunkt	Verseifungszahl	Jodzahl
Kariti-Suda . .	35,0	27° C	177,1	66,0
Kariti-Suda . .	32,7	25° C	175,3	67,0
Shea Bida. . .	53,6	30° C	183,4	56,2
Shea Nigerien .	49,8	27—28° C	173,9	54,8
Shea Nigerien .	51,3	30° C	177,8	57,5

Darstellung: Das Fruchtfleisch wird durch längeres Lagernlassen der Früchte in Erdgruben in einen Gärungszustand gebracht, wobei es sich vom Kerne loslöst. Die durch schwaches Rösten und Schlagen mit Holzstäben zum Entfernen der Schalen freigelegten Samenkerne werden zerkleinert und mit Wasser ausgekocht.

Physikalische und chemische Eigenschaften: Das Fett zeigt bei gewöhnlicher Temperatur Butterkonsistenz, graue oder grauweiße, auch rötliche Farbe und einen eigentümlichen Geruch, der besonders in der Wärme hervortritt. An Fettsäuren wurden in der Sheabutter Stearinsäure und Ölsäure, die im Verhältnis 7 : 3 vorhanden sein sollen, gefunden, ferner Laurinsäure[1]). Auch ein wachsartiger Körper soll in einer Menge von 3,5% vorhanden sein. Die Pfaffsche Angabe, daß Schibutter aus Tristearin und Triolein bestehe, konnte von anderen Autoren nicht bestätigt werden. Der Gehalt an freien Fettsäuren, auf Ölsäure berechnet, schwankt zwischen 4,61—14,5%. Das Fett ist in kaltem Alkohol beinahe unlöslich, löst sich dagegen in 40 T. heißem Alkohol und in Äther.

Spezifisches Gewicht bei	Erstarrungspunkt	Schmelzpunkt	Verseifungszahl	Jodzahl	Hehnerzahl	Refraktometer	Beobachter
15° C 0,953—0,955	23,5° C	28—29° C	—	—	—	—	Schädler
15° C 0,9552	—	29° C	—	—	—	bei 40° C 39	Marpmann
15° C 0,9175 (?)	17—18° C	25,3° C	192,3 (?)	—	94,76	—	Valenta
97—98° C / 15,5° C 0,859	—	28° C	—	—	—	—	Allen
—	—	23—23,3° C	—	—	—	—	Stohmann
—	—	26,5° C	186,5	53,8	—	—	Fischer
15° C 0,9177	—	—	—	67,2	—	—	Milliau
—	—	—	178,8	56,2—56,9	—	—	Lewkowitsch
—	—	—	182,4	—	—	—	Kassler
98—99° C 0,8963	27° C	31° C	181	52,5	—	bei 40° C 49	Schindler u. Waschata
0,861	20—21° C	29° C	178,7	57,6	93,8	—	Shouthcombe

[1]) J. Southcombe, Chem. Revue über d. Fett- u. Harzindustrie **16**, 168 [1909].

Fettsäuren.

Erstarrungspunkt	Schmelzpunkt	Verseifungszahl	Jodzahl	Beobachter
38° C	39,5° C	—	—	Valenta
—	56° C	—	—	Stohmann
52,5° C	56,5° C	—	—	Milliau
47° C	52° C	194	54,5	Schindler u. Waschata
53,75—53,8° C	—	—	56,0—57,2	Lewkowitsch
48,6° C	—	—	55,6	Kassler

Verwendung: Sheabutter dient in Afrika als Speisefett, ferner als Heilmittel gegen Rheumatismus, Sonnenbrand usw. In Europa wird dieselbe zur Kerzen- und Seifenfabrikation benutzt, wenn auch die große Masse unverseifbarer Substanz einer ausgedehnten Verwendung der Schibutter in der Seifenfabrikation im Wege steht.

Adjabbutter.

Njavebutter — Njariöl — Beurre de Njavé — Beurre de Djavé — Suif de Noumgou — Njaveoil — Njavebutter — Olio di Njave.

Vorkommen: In den Früchten einer in Kamerun heimischen Sapotacee, *Mimuscops* Djave = *Baillonella toxisperma*. Die Samenkerne enthalten bis 67% [1]) Fett.

Darstellung: Durch Auskochen der durch Rösten von der Schale befreiten Samen mit Wasser und Auspressen. Durch das Auskochen wird ein in den Samen enthaltener Giftstoff zerstört. In einzelnen Gegenden werden die Kerne auch sofort ausgepreßt. Die giftige Wirkung der Samen wird durch ein Saponin bewirkt.

Physikalische und chemische Eigenschaften: Das Adjabfett zeigt weiße bis gelbliche Farbe, die in geschmolzenem Zustande braun ist. Bei gewöhnlicher Temperatur ist das Fett von schmalzartiger Konsistenz. Der Gehalt an unverseifbaren Substanzen beträgt 2,20—3,66%.

Spezifisches Gewicht bei 15°C	Erstarrungspunkt	Säurezahl	Verseifungszahl	Jodzahl	Acetylzahl	Hehnerzahl	Reichert-Meißlzahl	Maumenésche Probe	Refraktometeranzeige	Brechungsindex	Beobachter
0,9139	bei 31° C zeigen sich Ausscheidungen, bei 19° C butterartiges Erstarren	38,1	185,3	56,1	13,4	96,1	1,2	55°	52,0	1,4606	Wedemeyer[2]
0,9160	—	13,8	182,45	56,0	15,68	—	0,7	—	—	—	Freundlich[3]
0,9172	—	18,2	188,6	57,2	—	94,2	0,8	—	—	—	Fickendey[4]

Fettsäuren.

Schmelzpunkt	Erstarrungspunkt	Säurezahl	Mittleres Mol.-Gew.	Beobachter
46,6° C	44,1° C	201,7	278,3	Wedemeyer
51° C	46,0° C	190,52	294,5	Freundlich
51° C	47° C	198,5	282,7	Fickendey

Verwendung: Adjabbutter zeigt große Ähnlichkeit mit der Sheabutter. Neben der Benutzung für die Herstellung von Speisefett kommt noch die Verwendung für die Stearin- und Kerzenfabrikation in Frage.

---

[1]) M. Krause, Der Tropenpflanzer **13**, 283 [1909].
[2]) K. Wedemeyer, Chem. Revue über d. Fett- u. Harzindustrie **14**, 35 [1907].
[3]) J. Freundlich, Chem. Revue über d. Fett- u. Harzindustrie **15**, 78, 106 [1908].
[4]) E. Fickendey, Chem. Revue über d. Fett- u. Harzindustrie **17**, 78 [1910].

Illipetalg.

Mahwabutter — Bassiaöl — Huile d'Illipe — Beurre d'Yllipe — Huile de Mowrah — Mahwabutter.

Vorkommen: In den Samen von *Bassia latifolia* Roxb. = *Illipe latifolia* Myll. = *Bassia villosa* Wall., die unter dem Namen Mahwabaum in Indien, besonders in Nordindien, heimisch sind. Die Samen enthalten 50—51% Fett.

Darstellung: Die Darstellung der Illipebutter ähnelt der Darstellung der Sheabutter (s. S. 125).

Physikalische und chemische Eigenschaften: Das Illipefett hat eine gelbe Farbe, die in geschmolzenem Zustande von Gelb bis Orange variiert, angenehm milden Geschmack und Geruch. Die darin enthaltenen Fettsäuren sind Ölsäure (63,5%) und Palmitinsäure (36,5%). Das nach Europa kommende Illipefett enthält große Mengen freier Fettsäuren (10—30%); auch flüchtige Fettsäuren wurden beobachtet.

Spezifisches Gewicht bei	Schmelzpunkt °C	Erstarrungspunkt °C	Säurezahl	Verseifungszahl	Jodzahl	Hehnerzahl	Reichert-Meißlzahl	Butterrefraktometer bei 40° C	Brechungsindex bei 40° C	Viscosität Sekunden bei 170° F	Viscosität Vergleich mit Wasser	Beobachter
15° C 0,9175	25,3	17,5-18,5	—	192	—	—	—	—	—	—	—	Valenta[1]
15° C	25,5	—	—	—	—	—	—	55	—	—	—	Marpmann
—	28—31	19—22	—	199,9	60,4	—	—	—	—	—	—	De Negri u. Fabris[2]
$\frac{100°\,C}{100°\,C}$ 0,8975	24	—	11,79	194,0	62,11	94,95	0,44	—		97,1	4,24	
,, 0,8962	26	—	19,15	192,60	64,88	—	—	51,8		93,8	4,10	
,, 0,8981	25	—	10,33	191,80	67,85	—	—	—		96,9	4,23	
,, 0,8970	26,5	—	4,83	190,90	58,53	—	—	—	1,4605 bis 1,4609	107,0	4,67	Crossley u. Le Sueur[3]
,, 0,8964	29	—	8,67	187,40	58,45	94,69	—	—		100,6	4,39	
,, 0,8969	23	—	21,20	189,50	63,51	—	—	—		93,9	4,10	
,, 0,8971	24	—	17,05	188,80	63,01	—	—	—		96,7	4,22	
,, 0,8943	25,5	—	70,82	193,20	58,59	—	0,88	—		90,4	3,95	
,, 0,8980	24	—	6,83	190,50	53,43	—	—	52,4		96,9	4,25	
,, 0,8854	35,5-36,5	24,6	—	194,04	29,93	—	—	—	—	—	—	Sachs[4]

Fettsäuren.

Erstarrungspunkt	Schmelzpunkt	Beobachter
38° C	39,5° C	Valenta

Verwendung: In Indien dient das Fett als Nahrungsmittel, zu Beleuchtungszwecken und als Heilmittel. In Europa wird dasselbe vornehmlich zu Stearin verarbeitet.

(Es sei hier bemerkt, daß eine große Verirrung in der Nomenklatur, welche zwischen Illipe- und Mahwafett einerseits und zwischen diesen beiden Fetten und der Sheabutter andererseits besteht, die in der Literatur ein sehr erhebliches Durcheinander hervorgerufen hat.)

Mowrahbutter.

Bassiaöl — Beurre de Mowrah — Huile de Mowrah — Mowrah seed oil — Mowrahbutter — Burro di Mowrah.

Vorkommen: In den Samen von *Bassia longifolia* L. = *Illepe mellabrorum* König, eines auf den Sundainseln heimischen Baumes. (Als Mowrahbutter oder Mowrahfett findet sich auch ein Gemisch der Fette von Bassia longifolia und Bassia latifolia, zuweilen auch nur das letztere allein, im Handel.) Die Samen enthalten 50—52% Fett.

[1] Valenta, Dinglers Polytechn. Journ. **251**, 461 [1884].
[2] De Negri u. Fabris, Zeitschr. f. analyt. Chemie **33**, 572 [1894].
[3] Crossley u. Le Sueur, Journ. Soc. Chem. Ind. **17**, 993 [1898].
[4] Sachs, Chem. Revue über d. Fett- u. Harzindustrie **15**, 33 [1908].

Darstellung: Die Darstellung ähnelt der für Sheabutter beschriebenen Schmelzmethode, auch wird durch Auspressen ein Öl gewonnen.

Physikalische und chemische Eigenschaften: In frischem Zustande ist die Mowrahbutter gelb, von bitterem Geschmack und aromatischem, an Kakaobohnen erinnerndem Geruch. Das Handelsprodukt enthält erhebliche Mengen freier Fettsäuren; es wurden bis zu 28,54% gefunden. Die freien Fettsäuren bestehen hauptsächlich aus Palmitinsäure. Unverseifbare Substanzen wurden 2,34% festgestellt; auch Ölsäure findet sich in erheblichen Mengen.

Spezifisches Gewicht bei 15° C	Erstarrungspunkt	Schmelzpunkt	Verseifungszahl	Jodzahl	Hehnerzahl	Reichert-Meißlzahl	Beobachter
0,9175	17,5-18,5° C	25,3° C	192,3	—	94,76	—	Valenta[1]
—	36° C	42° C	188,4	50,1	—	—	De Negri u. Fabris[2]
—	—	—	192,4	62	—	1,66	Lewkowitsch
—	—	—	190,8	63,9	—	—	Lewkowitsch

Fettsäuren.

Erstarrungspunkt	Schmelzpunkt	Jodzahl	Beobachter
38° C	39,5° C	—	Valenta
40° C	45° C	—	De Negri u. Fabris
39,7—40,3 (Titer)	—	56,6	Lewkowitsch

Verwendung: Die Mowrahbutter dient als Heilmittel in tropischen Ländern und wird in Europa in der Kerzen- und Seifenindustrie benutzt.

Phulwarabutter.

Fulwabutter — Gheabutter — Gheebutter — Ghibutter — Beurre de Phulwara — Fulwarabutter — Indianbutter.

Vorkommen: In den Samen des indischen Butterbaumes (*Illipe butyracea* L. = *Bassia butyracea* Roxb.), eines in Indien und in Afrika heimischen Baumes. Die Samen enthalten 50—52% Fett, das unter der Bezeichnung Kariti oder Karité im Handel vorkommt.

Darstellung: Durch Zerkleinern und Auskochen der Samen mit Wasser.

Physikalische und chemische Eigenschaften: Phulwarabutter ist ein weißes, geruchloses Fett von der Konsistenz des Schweineschmalzes und zeigt sehr angenehmen Geschmack. An freien Fettsäuren wurden, auf Ölsäure berechnet, 4,14—4,53% festgestellt. Feste Fettsäuren sind 76%, flüssige Fettsäuren 24% in dem Fett enthalten. Der Gehalt an Glycerin beträgt 8,85%.

	Spezifisches Gewicht bei	Schmelzpunkt	Verseifungszahl	Jodzahl	Hehnerzahl	Reichert-Meißlzahl	Butterrefraktometer	Oleorefraktometer	Brechungsexponent	Beobachter
	$\frac{100° C}{100° C}$ 0,8970	39° C	190,8	42,12	94,86	0,44	bei 40° C 48,2	—	1,4570	Crossley u. Le Sueur[3]
Durch Auskochen mit Wasser gewonnen .	—	30° C	175 (?)	19,75 (?)	91,2 (?)	1,19	—	+18° C	—	Jean[4]
Durch Petroläther extrahiert	—	30° C	175—176 (?)	—	—	2,6	—	+22° C	—	
	15° C 0,9550	40° C	—	—	—	—	43	—	—	Marpmann

[1] Valenta, Dinglers Polytechn. Journ. **251**, 461 [1884].
[2] De Negri u. Fabris, Zeitschr. f. analyt. Chemie **33**, 572 [1894].
[3] Crossley u. Le Sueur, Journ. Soc. Chem. Ind. **17**, 993 [1898].
[4] Jean, Annales de Chimie anal. appl. **11**, 201 [1906]; The Analyst **31**, 365 [1906]; Chem. Revue über d. Harz- u. Fettindustrie **13**, 221 [1906].

Fettsäuren.

Erstarrungspunkt	Beobachter
54,5° C (Titer)	Jean

Verwendung: Phulwarabutter dient als Speisefett und in der Kerzen- und Seifenfabrikation als Ausgangsmaterial. Auch als Verfälschungsmittel für Butter wird dieselbe verwendet.

Njatuotalg.

Vorkommen: In den Samen des Guttaperchabaumes (*Palaquium oblongifolium*), einer Sapotacee, die auf den Sundainseln heimisch ist. Die Samen enthalten 32,5% Fett[1]).

Physikalische und chemische Eigenschaften: Dasselbe besteht aus 57% Stearin, 36% Olein und 6,5% Palmitin. Es ist hart, von weißer Farbe.

Schmelzpunkt	Säure-zahl	Verseifungs-zahl	Jod-zahl	Hehner-zahl	Glycerin-gehalt	Beobachter
38—40° C	4,2	201,5	34,3	95,9	10,48	De Jong u. Tromp de Haas

Fettsäuren.

Schmelzpunkt	Säurezahl	Mittleres Mol.-Gewicht	Beobachter
60° C	203	276	De Jong u. Tromp de Haas

Das Fett dient auf Borneo als Butterersatz.

Balamtalg, Siaktalg.

Vorkommen: In den Samen von *Palaquium Pisang* Borck, eines auf Sumatra heimischen Baumes (Sapotacee). Dieselben enthalten 50—54% Fett; es kommt unter dem Namen Siaktalg in den Handel. Es zeigt gelbe Farbe und bitteren Geschmack[2]).

Sunteitalg.

Vorkommen: In den Samen von *Palaquium oleosum* Blanco, einer auf Sumatra heimischen Sapotacee.

Physikalische und chemische Eigenschaften: Weißes, weiches Fett von süßlichem Geschmack. Es dient in Indien als Braten- und Speiseöl[2]).

Kelakkifett.

Vorkommen: In den Samen von *Payena lancifolia* Burck.

Physikalische und chemische Eigenschaften: Das Kelakkifett ähnelt dem Njatutalg und findet die gleiche Verwendung[2]).

Bengkutalg.

Vorkommen: In den Samen von *Payena latifolia* Burck.

Physikalische und chemische Eigenschaften: Das Fett zeigt bittermandelähnlichen Geruch und angenehmen Geschmack.

---

[1]) A. W. K. de Jong u. W. R. Tromp de Haas, Chem.-Ztg. **28**, 780 [1904]; Chem. Revue über d. Fett- u. Harzindustrie **11**, 205 [1904].

[2]) J. Lewkowitsch, Chem. Revue über d. Fett- u. Harzindustrie **13**, 34 [1906].

Ketiauroöl.

Vorkommen: In den Samen von *Payena bankensis* Burck.

Physikalische und chemische Eigenschaften: Das Fett zeigt eine bei gewöhnlicher Temperatur feste Konsistenz. Die Farbe ist grünlich bis weiß.

Surinfett.

Vorkommen: In den Samen einer Palaquiumart. Auch das von *Payena lancifolia* Burck. gelieferte Fett dürfte mit Surinfett identisch sein[1]).

Physikalische und chemische Eigenschaften: Die Fettsäuren bestehen zu 58,2% aus Stearinsäure; der Rest ist wahrscheinlich Ölsäure. Freie Fettsäuren wurden 43,2% und unverseifbare Substanzen 4,54% aufgefunden.

Spez. Gewicht bei	Erstarrungspunkt	Schmelzpunkt	Verseifungszahl	Jodzahl	Reichert-Wollnyzahl	Unverseifbares	Beobachter
$\frac{60°\,C}{60°\,C}$ 0,9021	Beginn bei 48,9° C, fest bei 43,9° C	56,1° C	179,5	42,31	0,55	4,54%	Lewkowitsch

Fettsäuren.

Erstarrungspunkt	Mittleres Mol.-Gewicht	Beobachter
59,1° C	284,9	Lewkowitsch

Verwendung: In der Kerzenfabrikation.

Chironjiöl.

Huile de Chirongi.

Vorkommen: In den Samen von *Buchanania latifolia*. Der Fettgehalt beträgt ca. 50%.

Physikalische und chemische Eigenschaften: Das Fett zeigt eine orangebraune Färbung und ähnelt sehr dem aus Bassia latifolia gewonnenen Fette. Der Gehalt an freien Fettsäuren wird zu 3,78 und 10,09% angegeben.

Spez. Gewicht bei	Schmelzpunkt	Verseifungszahl	Jodzahl	Hehnerzahl	Reichert-Meißlzahl	Refraktometeranzeige bei	Brechungsindex	Beobachter
$\frac{100°\,C}{100°\,C}$ 0,8943	32° C	191,8 bis 195,4	54,73 bis 59,92	94,87 bis 95,80	0,33	40° C 48,8	1,4584	Crossley u. Le Sueur

Verwendung: Es dient in Indien als Speisefett.

Suarinußöl.

Sawarrifett — Sawaributter — Huile de Noix de Souari — Sawarri fat — Burro di noci di Souari.

Vorkommen: In den Samen von *Caryocar nuciferum* = *Caryocar tomentosum* Cuv. = *Pekea Guayensis*, den sogenannten Suarinüssen. Der Baum gehört zur Familie der Ternströmiaceen und ist in Holländisch-Guayana und St. Vincent heimisch[2]).

Darstellung: Durch Auspressen der Kerne.

Physikalische und chemische Eigenschaften: Es zeigt angenehmen Geschmack und Geruch. Der Gehalt an freien Fettsäuren wurde zu 2,4% gefunden. Es besteht aus den Triglyceriden der Palmitin- und Ölsäure und enthält auch eine hydroxylierte Fettsäure, die sich leicht in ein Lacton umwandeln läßt[3]).

---

[1]) J. Lewkowitsch, Chem. Revue über d. Fett- u. Harzindustrie **13**, 34 [1906].
[2]) Semler, Tropische Agrikultur. 2. Aufl. Wismar 1900. **2**, 519.
[3]) J. Lewkowitsch, Journ. Chem. Soc. Ind. **9**, 844 [1890]; Chem.-Ztg. **13**, 592 [1889].

Spez. Gewicht bei	Erstarrungspunkt	Schmelzpunkt	Verseifungszahl	Jodzahl	Hehnerzahl	Reichertzahl	Beobachter
$\frac{40\,^{\circ}\mathrm{C}}{15\,^{\circ}\mathrm{C}}$ 0,8981	23,3—29° C	29,5 bis 35,5° C	199,51	49,5	96,91	0,65	Lewkowitsch

Fettsäuren.

Erstarrungspunkt	Schmelzpunkt	Mittleres Mol.-Gewicht	Jodzahl	Beobachter
46—47° C	48,3—50,0° C	272,8	51,5	Lewkowitsch

Verwendung: Das Fett wird in Südamerika als Speiseöl benutzt.

Akeeöl.

Huile d'Akée — Akee Oil — Olio di akee.

Vorkommen: In dem Arillus (Samenmantel) von *Blighia sapida* König, einer Sapindacee, die in Westafrika und Jamaika heimisch ist[1]).

Physikalische und chemische Eigenschaften: Das aus den Früchten gewonnene Fett ist butterartig, von gelber Farbe und zeigt einen unangenehmen Geschmack und Geruch. Freie Fettsäuren, auf Ölsäure berechnet, wurden 10,05% aufgefunden. Die Fettsäuren bestehen aus 50% Ölsäure und 50% festen gesättigten Säuren.

Spez. Gewicht bei	Erstarrnngspunkt	Schmelzpunkt	Verseifungszahl	Jodzahl	Hehnerzahl	Reichert-Meißlzahl	Beobachter
$\frac{99-100\,^{\circ}\mathrm{C}}{15,5\,^{\circ}\mathrm{C}}$ 0,857	20° C	25—35° C	194,6	49,1	93	0,9	Holmes u. Garsed

Fettsäuren.

Spezifisches Gewicht bei	Erstarrungspunkt	Schmelzpunkt	Verseifungszahl	Jodzahl	Jodzahl der flüssigen Fettsäuren	Beobachter
$\frac{99-100\,^{\circ}\mathrm{C}}{15,5\,^{\circ}\mathrm{C}}$ 0,8365	38—40° C	42—46° C	207,7	58,4	82,4	Holmes u. Garsed

Makassaröl.

Macassaöl — Mangkassaöl — Huile de Macassar — Macassar oil — Olio di Macassar — Konöl — Ketjatkiöl.

Vorkommen: In den Samen des Khusumbaumes (*Schleicheria trijuga* Willd. = *Cassambium spinosum* = *Stadtmania sideroxylon* Bl. = *Mellicocca trijuga* Juss.), einer zur Familie der Sapindaceen gehörigen Pflanze, die in Indien, Südasien, am Himalaja und auf Java heimisch ist. Die ungeschälten Samen enthalten 36% Fett, die geschälten 68%.

Darstellung: Durch Auskochen und Auspressen der Samen.

Physikalische und chemische Eigenschaften: Bei gewöhnlicher Temperatur stellt das Makassaröl eine gelblichweiße Masse von butterartiger Konsistenz dar[2]). Es erinnert im Geruch schwach an Bittermandelöl. Es besteht aus den Glyceriden der Ölsäure, Palmitinsäure, Laurinsäure, Arachinsäure, Butter- und Essigsäure. 45% feste und 55% flüssige Säuren wurden aufgefunden; auch finden sich Angaben über 70% Ölsäure, 5% Palmitinsäure und 25% Arachinsäure. Charakteristisch für das Makassaröl ist ein geringer Gehalt an Blausäure (0,03—0,05%; die Samen enthalten 0,6% Blausäure). Der Gehalt an freien Fettsäuren, auf Ölsäure berechnet, wird zu 8,3—9,6% angegeben.

---

1) Holmes u. Garsed, Apoth.-Ztg. **16**, 51 [1901].
2) Lewkowitsch, Chem. Revue über d. Fett- u. Harzindustrie **13**, 174 [1906].

Spez. Gewicht bei 15° C	Erstarrungspunkt ° C	Schmelzpunkt ° C	Verseifungszahl	Jodzahl	Hehnerzahl	Reichert-Meißlzahl	Beobachter
0,924	—	{ Anfang 22 / Ende 28 } 230		53,0	91,4	—	van Itallie[1]
0,942	10	28	—	—	—	—	Glenck[2]
—	—	21—22	—	—	—	—	Thümmel[3]
—	—	{ Anfang 21 / Ende 28 }	—	—	—	—	Poleck[4]
—	—	22	215,3	55,0	91,55	9	Wijs[5]
—	—	—	—	69,1	—	—	Roelofsen[6]
—	—	—	221,5	48,3	—	—	Lewkowitsch

Fettsäuren.

Erstarrungspunkt ° C	Schmelzpunkt ° C	Verseifungszahl	Jodzahl	Jodzahl der flüssigen Fettsäuren	Beobachter
51,6—53,2	—	—	49,7—50,7	—	Lewkowitsch
—	54—55	—	—	—	van Itallie
—	52—54	191,2—192	58,9	103,2	Wijs

Verwendung: Makassaröl dient auf den Sundainseln als Brennöl und gegen Hautkrankheiten.

Rambutantalg.

Suif de Rambutan — Rambutan tallow — Sego di Rambutan.

Vorkommen: In den Samen der klettenartigen Zwillingspflaume (*Nephelium lappaceum* L.), die auf den Sundainseln, in China und Malakka heimisch ist. Die Samen enthalten ungefähr 40—48% Fett.

Physikalische und chemische Eigenschaften: Der Rambutantalg ist von gelber Farbe und zeigt krystallinische Struktur. Die Fettsäuren bestehen aus Arachinsäure, Ölsäure (45,5%) und wenig Stearinsäure. Palmitinsäure wurde nicht aufgefunden.

Spez. Gew. bei 18° C	Erstarrungspunkt ° C	Schmelzpunkt ° C	Verseifungszahl	Jodzahl	Hehnerzahl	Reichert-Meißlzahl	Acetylzahl	Beobachter
0,9236	38—39	42—46	193,8	39,4	92,00	2,2	10,3	Baczewski[7]

Fettsäuren.

Erstarrungspunkt ° C	Schmelzpunkt ° C	Verseifungszahl	Mittleres Mol.-Gewicht	Jodzahl	Beobachter
57	58—61	186,4	300,9	41,0	Baczewski

Mafuratalg.

Graisse de Mafouraire — Mafura tallow — Sego di Mafura.

Vorkommen: Der Mafuratalg kommt in den Samen des Mafurabaumes (*Mafureira oleifera* Bert. = *Trichilia emetica* Vahl.), einer in dem tropischen Afrika und auf Madagaskar heimischen Meliacee, vor. Die Samenkerne enthalten 68% Fett, die Schalen 14% [8]).

[1]) Van Itallie, Pharmaz. Ztg. **34**, 382 [1889].
[2]) Glenck, Chem.-Ztg. **18**, Rep. 9 [1894].
[3]) Thümmel, Apoth.-Ztg. **4**, 518 [1889].
[4]) Poleck, Pharmaz. Centralhalle **32**, 396 [1891].
[5]) Wijs, Zeitschr. f. physiol. Chemie **31**, 255 [1899].
[6]) Roelofsen, Amer. Chem. Journ. **16**, 467 [1896].
[7]) Baczewski, Monatshefte f. Chemie **16**, 866 [1895]. — Oudemans, Journ. f. prakt. Chemie **99**, 418 [1866].
[8]) De Negri u. Fabris, Ann. Labor. chim. delle Gabelle **1891/92**, 271.

Darstellung: Durch Auspressen oder Auskochen der Samenkerne.

Physikalische und chemische Eigenschaften: Das Fett ist gelblich gefärbt, zeigt strahliges Gefüge, ist geschmacklos, von kakaoähnlichem Geruch. Bei wiederholtem Umschmelzen entwickeln manche Sorten von Mafuratalg einen unangenehmen Geruch. Die Fettsäuren des Mafuratalges bestehen aus 55% Ölsäure und 45% Palmitinsäure.

Spez. Gewicht bei 15° C	Erstarrungs- punkt ° C	Schmelz- punkt ° C	Verseifungs- zahl	Jodzahl	Beobachter	
0,925	25—33	35—41	200,08	44,85	De Negri u. Fabris[1]	Im Laboratorium dargestellt
—	30—37	35,5—42	220,96	46,14	De Negri u. Fabris[1]	Handelsprobe
—	36	42	—	—	Schädler	—

Fettsäuren.

Erstarrungs- punkt ° C	Schmelzpunkt ° C	Jodzahl	Beobachter	
44—47	51—54	46,92	De Negri u. Fabris	Im Laborat. dargestellt
44—48	52—55	48,19	„ „ „ „	Handelsprobe

Verwendung: Mafuratalg dient als Kerzenmaterial und in der Seifenfabrikation. Auch wird er in seinem Ursprungslande als Mittel gegen Hautkrankheiten (Krätze) angewandt.

Tulucunaöl.

Tulucunafett — Huile de Touloucouna.

Vorkommen: In den Samen von *Carapa touloucouna* Guill. und Perr. = *Carapa procera* D. C. = *Personia guareoides* W., eines in Westindien und Guayana und an der westafrikanischen Küste heimischen Baumes. Dieselben enthalten 65,31% Fett.

Darstellung: Die Gewinnung des Tulucunafettes geschieht auf 2 verschiedene Arten. Die unenthülsten Früchte werden gekocht, 8—10 Tage der Luft ausgesetzt, von der Schale befreit, die Samen zerkleinert und in Gefäßen der Sonne ausgesetzt, wodurch ein Teil des Öles heraustritt. Die Rückstände werden zermahlen und gepreßt. Die Früchte werden bei der zweiten Ölgewinnung direkt entschält und der Sonne ausgesetzt.

Physikalische und chemische Eigenschaften: Das Tulucunaöl ist hellgelb, fast weiß, geruchlos, von bitterem Geschmack. Die Fettsäuren des Tulucunaöles bestehen aus Palmitin- und Ölsäure; auch Stearinsäure wurde aufgefunden.

(Es sei hier erwähnt, daß das Tulucunaöl sehr häufig unter dem Namen Carapafett beschrieben wird. Man versteht unter Carapafett nur das oben beschriebene Fett, während unter Carapaöl das Öl der Samenkerne von *Carapa guianensis* Aubl. zu verstehen ist[2]). Die in der Literatur beschriebenen Konstanten für Carapafett dürften alle bei der Untersuchung von Tulucunafett gewonnen sein.)

Spezifisches Ge- wicht bei	Erstar- rungspunkt	Schmelz- punkt	Verseifungs- zahl	Jodzahl	Hehner- zahl	Reichert- Meißlzahl	Beobachter
15° C 0,912	—	30,7° C	—	—	95,5	—	Milliau[3]
—	36° C	31° C	239 (?)	72,1 (?)	—	—	Hamann[4]
—	18° C	23-25° C	—	—	—	—	Schädler
$\frac{12,5° C}{12,5° C}$ 0,9225	—	—	195,6	(Bromzahl) 41 / Jodzahl aus der Bromzahl berechnet 65	93,7	2,2	Deering[5]

[1]) De Negris u. Fabris, Ann. Labor. chim. delle Gabelle **1891/92**, 271.
[2]) Hefter, Technologie der Fette **2**, 646 [1908].
[3]) Milliau, Les corps gras industr. **25**, 129 [1899].
[4]) Hamann, Ann. del Labor. chim. delle Gabelle **1891/92**, 271.
[5]) Deering, Journ. Soc. Chem. Ind. **17**, 1156 [1892].

Fettsäuren.

Schmelzpunkt	Beobachter
56,4° C	Milliau
38,9° C	Deering

Verwendung: Es findet dieselbe Verwendung wie Carapafett; teils zur Seifen-, teils zur Stearinfabrikation.

Pongamöl.

Korungöl — Kagooöl — Huile de Korung — Korung oil.

Vorkommen: In den Pongambohnen, den Früchten von *Pongamia glabra = Dalbergia arborea* Willd. = *Galedupa indica* Lam. = *Robinia mitis* L. = *Galedupa arborea* Roxb., einer in Ostindien, am Himalaja, auf Ceylon und Malakka heimischen Papilionacee. Der Fettgehalt der Samen wechselt; es finden sich Angaben von 27% bis 36,37% [1].

Darstellung: Durch Auspressen der Samen.

Physikalische und chemische Eigenschaften: Pongamöl ist von butterartiger Konsistenz, zeigt gelbe bis orangebraune Farbe und einen bitteren Geschmack, der durch die Gegenwart eines Harzes bedingt wird. Der Gehalt an unverseifbaren Substanzen beträgt 6—9,5%. Der Schmelzpunkt wurde bei $+2°$ C, der Erstarrungspunkt bei $+0°$ C gefunden, die Säurezahl zu 42,28.

	Spezifisches Gewicht bei	Verseifungszahl	Jodzahl	Reichert-Meißlzahl	Brechungsexponent — Butterrefraktometer	Beobachter
Indische Probe .	$\frac{15°\,C}{15°\,C}$ 0,93693 $\frac{40°\,C}{40°\,C}$ 0,9240	183,1	89,4	1,1	bei 40° C 70	Lewkowitsch
Im Laboratorium extrahiert . . .	$\frac{40°\,C}{40°\,C}$ 0,9352	178	94	—	78	Lewkowitsch
	30° C 0,9289	185,1	77,8 (Wijs)	—	Brechuugsindex bei 25° C 1,4770	Grimme [2]

Fettsäuren.

Erstarrungspunkt	Schmelzpunkt	Brechungsindex	Neutralisationszahl	Jodzahl	Mittleres Mol.-Gewicht	Beobachter
—	44,4° C	—	—	—	—	Lewkowitsch
42,5° C	43,8° C	1,4637 (50°)	180,1	78,8(Wijs)	308,7	Grimme

Verwendung: Das Öl dient in Indien als Arzneimittel und als Brennöl.

Chaulmugraöl.

Huile de Chalmogree — Huile de Lucraban — Beurre de Chaulmougra — Chaulmoogra Oil — Olio di chaulmugra.

Vorkommen: In den Samen von *Taraktogenos Kurzii* King. Die Samen enthalten etwa 55% Fett in den Kernen und 38% Fett in dem Gesamtsamen [3], auch ist ein hydrolytisch wirkendes Ferment vorhanden. Frische Samen enthalten freie Blausäure.

[1]) Lewkowitsch, The Analyst **28**, 342 [1903]; Chem. Revue über d. Fett- u. Harzindustrie **11**, 52 [1904].

[2]) Grimme, Chem. Revue über d. Fett- u. Harzindustrie **17**, 236 [1910].

[3]) Power u. Gornall, Proc. Chem. Soc. **20**, 135 [1904]; Journ. Chem. Soc. **85**, 835 [1904].

Darstellung: Durch Auspressen oder durch Extraktionen der Taraktogenossamen.

Physikalische und chemische Eigenschaften: Das Chaulmugraöl ist in frischem Zustande geruch- und geschmacklos von butterartiger Konsistenz. Die anfangs hellgelbe Farbe dunkelt sehr stark nach und nimmt den Geruch von gekochtem Terpentin an. An Fettsäuren wurden im Chaulmugraöl neben Palmitinsäure Säuren der Linolensäurereihe gefunden. Die betreffenden Säuren des Chaulmugraöles sind Isomere der Linolensäure. Es sind zyklische Verbindungen, die nur ein Paar doppeltgebundene Kohlenwasserstoffatome enthalten. Mehrere homologe Säuren dieser Reihe sind im Chaulmugraöl aufgefunden worden, rein wurde nur die **Chaulmugrasäure** $C_{18}H_{32}O_2$ isoliert. Dieselbe krystallisiert aus Petroläther in glänzenden Blättchen vom Schmelzp. 68° C. In dem Fett ist auch ein Körper von der Formel $C_{18}H_{32}O_2$ aufgefunden worden, der weder zu den Säuren noch zu den Lactonen oder Alkoholen gerechnet werden konnte. Auch ein Phytosterol $C_{26}H_{44}O$ wurde isoliert. Das Chaulmugraöl ist optisch aktiv und zwar rechtsdrehend.

	Spezifisches Gewicht bei	Schmelzpunkt	Verseifungszahl	Jodzahl	Optisches Drehungsvermögen	Beobachter
Gepreßtes Fett	25° C 0,951 45° C 0,940	22-23° C	213,0	103,2	$[\alpha]_D^{15} = +52{,}0$	Power u. Gornall[1]
Extrahiertes Fett	25° C 0,942	22-23° C	208,0	104,4	$[\alpha]_D^{15} = +51{,}3$	—
Gepreßtes Fett	25° C 0,951	—	204	90,4—90,9	—	Lewkowitsch[2]

Fettsäuren.

Schmelzpunkt	Säurezahl	Jodzahl	Optisches Drehungsvermögen	Beobachter
44—45° C	215	103,2	$[\alpha]_D = +52{,}0$	Power u. Gornall
Erstarrungspunkt 39,6	—	86,0	—	Lewkowitsch

In bezug auf das Chaulmugraöl herrscht in der Literatur eine recht große Verwirrung, da das Öl früher einer anderen Pflanze, *Gynocardia odorata* oder *Gynocardia Prainii* zugeschrieben wurde. Die Samen sind einander sehr ähnlich und infolgedessen immer verwechselt worden.

Verwendung: Das Chaulmugraöl dient als Heilmittel gegen Hautkrankheiten. Es unterliegt sehr häufig Verfälschungen mit Kokosfett, Palmfett oder Vaselin[3]. In den Preßkuchen findet sich ein amygdalinspaltendes Ferment.

Hydnocarpusöl.

Vorkommen: In den Samen von *Hydnocarpus Wightiana*, die in Ostindien, China und auf der Halbinsel Malakka heimisch sind. Der Fettgehalt beträgt 41,2%.

Darstellung: Durch Pressung der entschälten Samen.

Physikalische und chemische Eigenschaften: Das Fett ist bei gewöhnlicher Temperatur fest und zeigt einen starken eigentümlichen Geruch und gelbbraune Farbe. Es ähnelt sehr dem Chaulmugraöl. An Fettsäuren wurden in geringen Mengen aufgefunden: Öl-, Palmitin-, Stearin- und Laurinsäure. Der größte Teil der Fettsäuren besteht aus Chaulmugrasäure, ferner aus einer Säure $C_{15}H_{27}COOH$, die als Hydnocarpussäure beschrieben wird[4]. Gepreßtes Öl zeigt eine Drehung von $[\alpha]_D = +57{,}7°$, extrahiertes Öl $= +56{,}2°$.

Die Fettsäuren zeigen eine Drehung von $[\alpha]_D = 60{,}4°$ in Chloroform.

---

[1] Power u. Gornall, Proc. Chem. Soc. **20**, 135 [1904]; Journ. Chem. Soc. **86**, 835 [1904].

[2] Lewkowitsch, Journ. Chem. Soc. **87**, 896 [1905].

[3] Hirschsohn, Pharmaz. Centralhalle **44**, 627 [1903].

[4] Power u. Barowcliff, Journ. Chem. Soc. London **87**, 884 [1905].

	Spez. Gewicht bei	Schmelz- punkt °C	Ver- seifungs- zahl	Jod- zahl	Fettsäuren			Beobachter
					Schmelz- punkt °C	Versei- fungszahl	Jodzahl	
Gepreßtes Öl	25°C 0,958	22—23	207	101,3				Power u.
Extrahiertes Öl	—	—	—	102,5	41—44	214	106,3	Barrowcliff[1])

Verwendung: Das Fett wird zu medizinischen Zwecken (Wurmmittel) benutzt.

Lukraboöl.

Huile de Lukrabo — Lukrabo oil — Olio di lukrabo.

Vorkommen: In den Samen des in Siam heimischen Baumes *Hydnocarpus anthelminticus* Pierre. Der Fettgehalt beträgt 17,6%.

Physikalische und chemische Eigenschaften: Das Fett ist farblos, bei gewöhnlicher Temperatur fest und zeigt einen charakteristischen Geruch. Die spezifische Drehung beträgt in Chloroformlösung $[\alpha]_D = +42,5°$ (gepreßtes Öl), $+51°$ (extrahiertes Öl). Die Drehung er Fettsäure wurde zu $[\alpha]_D = 53,6°$ bestimmt. Es wurden Chaulmugrasäure, Hydnocarpussäure und Palmitinsäure gefunden.

	Öl				Fettsäuren			Beobachter
	Spez. Gewicht bei	Schmelz- punkt °C	Versei- fungszahl	Jod- zahl	Schmelz- punkt °C	Versei- fungszahl	Jod- zahl	
Gepreßtes Öl	25°C 0,953	24—25	212	86,4				Power u.
Extrahiertes Öl	25°C 0,952	23—24	208	82,5	42—43	202,5	87,8	Barrowcliff[1])

Calabarfett.

Vorkommen: In den Samen der Calabarbohne (*Physostigma venenosum* Balf.), einer in den Tropen heimischen giftigen Papilionacee. Dieselben enthalten einen phytosterinartigen Körper vom Schmelzp. 133°[2]), welcher aus einem Gemisch von dem bei 136—137° schmelzenden Sitosterin und einem bei 170° schmelzenden Stigmasterin besteht[3]).

Makulöl.

Vorkommen: In den Samen von *Hydnocarpus venenata*, einer Bixinacee, die in Indien heimisch ist.

Physikalische und chemische Eigenschaften: Das Öl zeigt butterähnliche Konsistenz und dient in Indien unter dem Namen Thertagöl oder Makulöl als Heilmittel gegen Lepra.

Pitjungöl.

Vorkommen: In den Samen von *Pangium edule* Reinw., einer im Malayischen Archipel heimischen Flacourtiacee[4]).

Darstellung: Durch Auspressen oder zum Teil auch durch Auskochen der getrockneten Samen. Die Früchte sind in frischem Zustande blausäurehaltig.

Physikalische und chemische Eigenschaften: Das Pitjungöl ist braun, von salbenartiger Konsistenz, geruchlos, frei von Blausäure. Es dient als Brennöl und zur Seifenfabrikation.

---

[1]) Power u. Barowcliff, Journ. Chem. Soc. London **87**, 884 [1905].
[2]) Hesse, Annalen d. Chemie u. Pharmazie **192**, 175 [1878].
[3]) Windaus u. Hauth, Berichte d. Deutsch. chem. Gesellschaft **39**, 4378 [1906].
[4]) Semler, Tropische Agrikultur. 2. Aufl. Wismar 1900. **2**, 527.

Gambogebutter.

Suif de Gamboge — Gamboge butter.

Vorkommen: In den Samen einer Guttifere, *Garcinia pictoria* Roxb., die in Indien heimisch ist. Der Fettgehalt wurde zu 29,25% gefunden. Es dient als Speise- und Brennöl.

Kanyabutter.

Afrikanische Pflanzenbutter — Beurre de Kanya — Beurre de Lamy — Sierra Leonebutter — Lamy butter.

Vorkommen: In den Samen des westafrikanischen Talg- oder Butterbaumes (*Pentadesma butyracea* Don). Der Fettgehalt beträgt 32—41%.

Physikalische und chemische Eigenschaften: Kanyabutter ist von fester Konsistenz, gelblichweißer Farbe, geruch- und geschmacklos. Das spez. Gewicht bei 15° C beträgt 0,917. Die Fettsäuren schmelzen bei 57,4°. Es dient als Speisefett und zur Stearinfabrikation.

Bouandjobutter.

Beurre de bouandjo du Congo française.

Vorkommen: In den Samen von *Allanblackia floribunda* Oliver, einer Guttifere, die in Kamerun vorkommt. Der Fettgehalt beträgt 46%.

Physikalische und chemische Eigenschaften: Bouandjobutter zeigt bei gewöhnlicher Temperatur feste Konsistenz, dunkelgelbe Farbe und bei 15° C ein spez. Gewicht von 0,9734. Die Fettsäuren schmelzen bei 60,8° C.

Kagnébutter.

Kanyébutter — Beurre de Kagné.

Vorkommen: In den Samen von *Allanblackia Sacleuxii*, einer in Zanguébar vorkommenden Guttifere.

Darstellung: Durch Auskochen der zerkleinerten Samen mit Wasser.

Physikalische und chemische Eigenschaften: Kagnébutter ähnelt der Bouandjobutter. Sie dient zu Speisezwecken und als Brennöl.

Odyendyébutter.

Beurre d'Odyendye.

Vorkommen: In den Samen von *Odyendyea Gabonensis* (Pierre) Engler = *Quassia Gabonensis* Pierre, eines am Kongo und Gabon wachsenden Baumes. Der Samen mit Schale enthält 24,50% Fett, der entschälte Same 61,25%.

Darstellung: Durch Auspressen der geschälten Samen.

Physikalische und chemische Eigenschaften: Odyendyébutter ist bei gewöhnlicher Temperatur fest, von gelber Farbe. Geschmolzenes Fett ist rot. Der Geschmack ist schwach bitter. Das spez. Gewicht wurde bei 15° C zu 0,980 gefunden. Der Schmelzpunkt der Fettsäuren liegt bei 54° C. Der bittere Geschmack wird durch Quassin bedingt.

Kadamöl oder Kadamfett.

Vorkommen: In den Samen von *Trichosanthes Kadam* Miq., einer auf Sumatra vorkommenden Pflanze. Der Fettgehalt beträgt 68,7%.

Physikalische und chemische Eigenschaften: Das Fett zeigt butterartige Konsistenz, braune Farbe und ist geruch- und geschmacklos. Es besteht aus Palmitin (20%) und Olein (80%) [1].

Spezifisches Gewicht	Schmelzpunkt	Verseifungszahl	Jodzahl	Beobachter
0,919	21° C	—	68,96	Sack
		197,6	66,00	Niederstadt

[1] J. Sack, Pharm. Weekblad **40**, 313 [1903].

Malukangbutter.
Malokangbutter.

Vorkommen: In den Samen von *Polygala butyracea* Heck., einer Flacourtiacee, die am oberen Nil, in Togo und Dahome wächst. Der Fettgehalt beträgt 35,20%.

Physikalische und chemische Eigenschaften: Malukangbutter ist ein gelbes, angenehm schmeckendes Fett, das bei 35° zu schmelzen beginnt und bei 52° völlig klar wird. Das Fett besteht aus 31,5% Triolein, 57,5% Tripalmitin, 6,2% Trimyristin und 4,8% freier Palmitinsäure. Geringe Menge Ameisen- und Essigsäure wurden ebenfalls aufgefunden. Das Fett oder die Samen dienen zum Würzen von Speisen.

Anisospermafett.

Vorkommen: In den Samen von *Anisosperma passiflora* Maus., einer Cucurbitacee. Dieselben enthalten 20,83% Fett. Das Fett ist von talgartiger Konsistenz und zeigt ein spez. Gewicht von 0,902 bei 22°.

Rübensamenfett.

Vorkommen: In den Samen der Zuckerrübe (*Beta vulgaris* L.) sind 17,82% Fett enthalten. Es enthält nur geringe Mengen freier Fettsäuren. Es ist fast völlig verseifbar[1]).

Psidium-Guajavafett.

Vorkommen: In den Blättern von *Psidium Guajava* Raddi = *Psidium sapidissimum* Jack., einer in Westindien und Südamerika vorkommenden Myrtacee. Der Fettgehalt beträgt 6%.

Physikalische und chemische Eigenschaften: Das Fett zeigt eine gelblichgrüne Farbe, Wachskonsistenz und einen aromatischen Geruch.

Niamfett.
Beurre de Niam — Grasso di Niam — Ménéöl — Meniöl — Beurre de méné.

Vorkommen: In den Samen von *Lophira alata* Banks, einer in Senegambien und im Sudan heimischen Pflanze, zur Familie der Ochnaceen gehörig. Der Fettgehalt beträgt 19,18%. Das Öl wird durch primitive Darstellung gewonnen.

Physikalische und chemische Eigenschaften: Das Niamfett zeigt butterartige Konsistenz. Der Gehalt an freier Säure wurde zu 9,33% bestimmt. Der Geschmack ist bitter harzig. Unverseifbare Substanzen wurden 1,49% gefunden.

Spezifisches Gewicht bei	Schmelzpunkt	Verseifungszahl	Jodzahl	Beobachter
$\frac{40°\,C}{40°\,C}$ 0,9063—0,9105	24° C	190,1—195,6	68,4—78,72	Lewkowitsch[2])

Fettsäuren.

Erstarrungspunkt	Mittleres Mol.-Gewicht	Beobachter
42,5° C	283,7	Lewkowitsch

Verwendung: Es dient zu Speisezwecken und als Haaröl bei den Eingeborenen.

Muskatbutter.
Beurre de muscade — Nutmag butter — Burro di noce moscata.

Vorkommen: In den Samen des Muskatnußbaumes (*Myristica fragrans* Houtt. = *Myristica moschata* Thunb. = *Myristica aromatica* Lam. = *Myristica officinalis* L.), einer auf den Molukken und den Sundainseln heimischen Myristicacee. Die Samen enthalten 38—40% Fett. Auch die Myristica argentea, die Papua-Muskatnuß, wird neuerdings zur Muskatbutterbereitung herangezogen[3]).

---

1) Strohmer u. Fallada, Österr. Zeitschr. f. Zuckerind. u. Landw. **35**, 12 [1906].
2) Lewkowitsch. Chem. Revue über d. Fett- und Harzindustrie **15**, 53 [1908].
3) Krasser, Zeitschr. d. österr. Apoth.-Vereins **35**, 824 [1897].

Darstellung: Durch Auspressen der zerkleinerten, gerösteten Muskatnüsse.

Physikalische und chemische Eigenschaften: Muskatbutter bildet ein gelblichbraunes bis rötliches Fett von talgartiger Konsistenz, das von weißen Massen durchsetzt ist. Im Handel wird indische und holländische Muskatbutter unterschieden.

Die Muskatbutter ist in kaltem Alkohol unter Hinterlassung von 45% festen Fettes (Trimyristin) löslich. Das Trimyristin schmilzt bei 55° C. Der flüssige Anteil des Fettes besteht aus freien Fettsäuren, Olein und einem unverseifbaren ätherischen Öl, dessen Anteil 4—8% beträgt. Das ätherische Öl der Muskatbutter, welches den charakteristischen Geruch derselben bedingt, besteht aus Pinen, Dipenten, Myristicol, Myristicin, Myristinsäure und einigen phenolartigen Körpern. Der Gehalt an freien Fettsäuren ist ziemlich beträchtlich (bis 20%). Muskatbutter unterliegt sehr häufig der Verfälschung durch Talg oder Wachs, auch der Fette von anderen Myristicaarten. Die Konstanten der Muskatbutter variieren bedeutend.

Spezifisches Gewicht bei	Erstarrungspunkt °C	Schmelzpunkt °C	Verseifungszahl	Jodzahl	Reichert-Meißl-zahl	Butter-refraktometer	Brechungsindex	Beobachter
15° C 0,945—0,996	—	38,5—51	154—161	40,1—52	—	—	—	E. Dieterich
15° C 0,994	—	50	—	—	—	bei 40° C 38	—	Marpmann
98—99° C / 15,5° C 0,898	—	—	—	—	—	—	—	Allen
—	41,7—41,8	47—48	—	—	—	—	—	Rüdorff
—	41,5—42	43,5—44	—	—	—	—	—	Wimmel
—	—	—	148,2—191,4	50,4—50,8	1—4,2	—	—	Späth[1]
—	—	—	—	31	—	—	—	v. Hübl
—	—	43—57	159,60-174,51	33,37—45,70	—	bei 50° C 58—59	—	K. Dieterich
—	—	—	—	—	—	bei 40° C 66,4—67,2	bei 40° C 1,4704	Utz[2]
—	—	—	—	60,7—64,6	—	—	—	} Wijs
—	—	—	—	48—65,1	—	—	—	
—	—	—	—	50,1—85,7	—	—	—	
—	trübt sich bei 33, Temp. steigt bis 41,5—44	43,5-44	—	—	—	—	—	Wimmel
—	—	—	—	59,3	—	—	—	Lewkowitsch

Fettsäuren.

Erstarrungspunkt	Schmelzpunkt	Beobachter
40° C	42,5° C	v. Hübl
35,5—35,05 (Titer)	—	Lewkowitsch

Verwendung: Muskatbutter dient auf den Molukken als Heilmittel und wird in der Pharmazie zur Herstellung von Salben und Pflastern verwendet.

Ukuhubafett.

Urucubafett — Becuhybafett — Graisse d'Ucuhuba — Beurre d'Ucu-uba — Becuiba tallow — Ucuhuba fat — Sego di Ucuhuba.

Vorkommen: In den Nüssen des Becuibabaumes (*Myristica bicuhyba* Humb. = *Myristica officinalis* = *Virola bicuhyba* Humb.), einer in Brasilien heimischen Myristicacee. In der Gesamtfrucht sind 59,6% Fett, in der Samenschale 2,6% Fett und in den Samenkernen 70% Fett vorhanden.

---

[1] E. Späth, Forschungsber. über Lebensm. u. ihre Bezieh. z. Hyg. **2**, 148 [1895].
[2] Utz, Chem. Revue über d. Fett- u. Harzindustrie **10**, 11 [1903].

Physikalische und chemische Eigenschaften: Das Ukuhubafett ist hellgelb gefärbt und überzieht sich beim Stehen an der Oberfläche mit einer weißen krystallinischen Lage. Es zeigt aromatischen, kakaoartigen Geruch und gewürzigen, talgartigen Geschmack. Es besteht aus Olein (10,5%), aus dem Glycerid der Myristinsäure[1]), einem ätherischen, mit Wasserdämpfen flüchtigen Öle, einem nach Perubalsam riechenden Harze und einer wachsartigen Substanz. Der Gehalt an freien Fettsäuren wurde zu 8,8% gefunden[2]).

Spezifisches Gewicht bei 15° C	Erstarrungspunkt	Schmelzpunkt	Verseifungszahl	Jodzahl	Hehnerzahl	Butterrefraktometer bei 40° C	Beobachter
0,9120	—	43° C	—	—	—	54	Marpmann
—	32—32,5° C	42,5—43° C	—	—	—	—	Nördlinger
—	—	39° C	219—220	9,5	93,4	—	Valenta

Fettsäuren.

Schmelzpunkt	Beobachter
42,5—43° C	Nördlinger
46° C	Valenta

Verwendung: Zur Seifen- und Stearinfabrikation.

Ochocobutter.

Beurre d'ochoco — Beurre d'osoko du Gabon-Congo.

Vorkommen: In den Ochoconüssen, den Samen einer Dipterocarpee. Als Stammpflanze werden bezeichnet *Dryobalanops* und *Syphocephalium ochocoa*. Auch *Ochococa Gabonii* wird als Stammpflanze angenommen. Der Fettgehalt des enthülsten Samens beträgt 80%.

Physikalische und chemische Eigenschaften: Die Ochocobutter ist weiß, gelb bis braun gefärbt, zeigt einen Schmelzpunkt von 53° C und erstarrt bei 37—42° C. Das Fett enthält Farbstoffe, welche aus einer Benzinlösung durch Filtrierpapier zurückgehalten werden und letzteres blau färben. Das Fett besteht aus 98% Myristin und 2% Olein[3])

Njavebutter, Njariöl.

Vorkommen: In den Samen von *Mimusops Njave*, einer in Kamerun heimischen Sapotacee, sind 64,42% Fett enthalten.

Physikalische und chemische Eigenschaften: Die Njavebutter zeigt weiche, schmalzartige Konsistenz, hellbraune Farbe (in geschmolzenem Zustande dunkelbraune) und süßlichen Geruch.

Spez. Gewicht	Schmelzpunkt	Erstarrungspunkt	Verseifungszahl	Jodzahl	Hehnerzahl	Reichert-Meißlzahl	Acetylzahl	Maumené-Probe	Butterrefraktometer	Beobachter
40° C 0,8979	—	bei 31° C zeigen sich Ausscheidungen, bei 19° C erstarrt.	185,3	56,1	96,1	1,2	13,4	55°	52	Wedemeyer[4])
36,5° C 0,9022 15° C 0,9160 15° C 0,9167	Erweicht unter 20° C bei 32° C klar	28° C	182,45	56,0		0,7	195,28	—	—	Freundlich[5])

[1]) Valenta, Zeitschr. f. angew. Chemie **2**, 1 [1889].
[2]) Nördlinger, Berichte d. Deutsch. chem. Gesellschaft **18**, 2617 [1897].
[3]) J. Lewkowitsch, Chem. Revue über d. Fett- und Harzindustrie **16**, 129 [1909].
[4]) K. Wedemeyer, Chem. Revue über d. Fett- und Harzindustrie **14**, 35 [1907].
[5]) J. Freundlich, Chem. Revue über d. Fett- und Harzindustrie **15**, 106 [1908].

Fettsäuren.

Schmelzpunkt	Erstarrungs-punkt	Neutralisations-zahl	Mittl. Molekulargewicht	Verseifungszahl	Beobachter
46,6° C	44,1° C	201,7	—	—	Wedemeyer
51° C	46° C	190,52	294,5	197,5	Freundlich

Otobafett.

Otobabutter — Suif d'otoba.

Vorkommen: In den Samen des Otobamuskatnußbaumes (*Myristica otaba* Humb.), der in Südamerika (Neugranada) heimisch ist.

Physikalische und chemische Eigenschaften: Gelblich; fast farbloses Fett von talgartiger Beschaffenheit und Geruch nach Muskatnüssen. Durch Lagern dunkelt die Farbe nach. Das Otabafett ähnelt sehr der Muskatbutter, zeigt ebenfalls unter dem Mikroskop die krystallinische Struktur. Der Schmelzpunkt wurde bei 38° C gefunden. Das Fett besteht aus Olein und Myristin. Außerdem wurde ein bei 133° C schmelzender krystallinischer Körper, das **Otobit** $C_{24}H_{26}O_5$, isoliert.

Kombobutter.

Beurre de Kombo du Gabon — Mutage d'Angola.

Vorkommen: In den Samen von *Myristica Kombo = Pycnanthus Kombo Baillon = Pycnanthus microcephala* Benth. = *Myristica angolensis* Welwitsch. Die Samen enthalten in schalenfreiem Zustande 56% Fett.

Physikalische und chemische Eigenschaften: Kombobutter zeigt rotbraune Farbe und aromatischen Geruch. Altes Fett riecht nach Trimethylamin. Kombobutter besteht fast ausschließlich aus Trimyristin.

Fett von Coelocaryum cuneatum Warbg.

Vorkommen: In den Samen von *Coelocaryum Klainii* Pierre = *Coelocaryum cuneatum* Warbg., einer in Kamerun und am Kongo heimischen Myristicacee.

Physikalische und chemische Eigenschaften: Das Fett zeigt ein spez. Gewicht von 0,997 bei 15° C. Es schmilzt bei 40° C und zeigt in seinen Eigenschaften und Zusammensetzung große Ähnlichkeit mit Muskatbutter.

Staudtiabutter.

Beurre de Staudtia Kamerunensis Warburg.

Vorkommen: In den Samen von *Staudtia Kamerunensis* Warbg. (Heimat Kamerun und Kongo). Der Fettgehalt beträgt 31,7% Fett.

Physikalische und chemische Eigenschaften: Staudtiabutter ähnelt im Aussehen dem Bienenwachse. Es zeigt aromatischen Geschmack und Geruch. Es besteht aus den Glyceriden der Öl- und Myristinsäure. Das Fettsäuregemisch schmilzt bei 39° C.

Virolafett.

Suif de Virola — Tallow of Virola — Sego di Virola.

Vorkommen: In den Samen von *Virola sebifera* Aublet. und *Myristica sebifera* Swartz. Unter dem Namen Virolafett faßt man aber auch zurzeit die Fette einer Reihe anderer ölhaltiger Samen zusammen, wie z. B. von *Virola Venezuelensis* und von *Virola Surinamensis*. Die *Virola sebifera*-Samen enthalten ca. 47,5% Fett (außerdem ist auch noch ein ätherisches Öl vorhanden). Der Fettgehalt der Samen von Virola Venezuelansis beträgt 62%, der Samen von Virola Guatemalensis 51,8%.

Darstellung: Durch Auskochen der Samen.

Physikalische und chemische Eigenschaften: Die Eigenschaften der als Virolatalg im Handel befindlichen Fette sind sehr verschieden. Derselbe bildet gewöhnlich eine talgartige

Masse, die bei 45—50° schmilzt. Beim Liegen an der Luft überzieht sich der Virolatalg mit einer perlmutterartig glänzenden krystallinischen Schicht. Durch Umkrystallisieren aus Äther läßt sich fast reines, bei 54—55° schmelzendes Trimyristin gewinnen. Das durch Extraktion aus den Samen von *Virola Surinamensis* gewonnene Fett zeigte einen Schmelzpunkt von 45° C und war von spröder, sehr harter Konsistenz. Ölsäure konnte nicht aufgefunden werden. In konz. Schwefelsäure lösen sich die Virolafette mit prachtvoller fuchsinroter Farbe auf.

Eine sehr ähnliche Zusammensetzung besitzt das aus Myristica Surinamensis dargestellte Fett, welches ebenfalls fast aus reinem Trimyristin besteht.

Die Zusammensetzung der Fette von *Virola Venezuelensis* Aubl. und *Guatemalensis* Warb. ist aus nachstehender Tabelle ersichtlich.

Art des Fettes	Spez. Gewicht bei	Schmelz-punkt °C	Erstarrungs-punkt °C	Brechungs-index bei	Säure-zahl	Ver-sei-fungs-zahl	Ester-zahl	Jodzahl (Wijs)	Fett-säuren	Un-ver-seif-bares	Gly-cerin	Beobachter
Virola Vene-zuelensis .	50° C 0,8966	47	44,5	40° C 1,4541	19,1	221,5	202,4	12,4	95,18	0,86	11,06	} Grimme [1]
Virola Guate-malensis .	50° C 0,9005	41,0	38,5	50° C 1,4539	27,96	244,0	216,0	13,8	94,83	1,13	11,85	

Fettsäuren.

Art des Fettes	Schmelz-punkt °C	Erstar-rungs-punkt °C	Brechungs-index bei	Neutra-lisations-zahl	Jod-zahl (Wijs)	Mittleres Molekular-gewicht	Beobachter
Virola Venezuelensis .	43,0	39,5	45° C 1,4482	221,8	12,9	253,2	} Grimme
Virola Guatemalensis .	38,0	36,8	50° C 1,4486	225,5	15,6	246,5	

Verwendung: Virolafette dienen besonders zur Stearin- und Seifenfabrikation.

Enkabangfett. [2]

Vorkommen: In den Samen von *Shorea Ghysbertiana,* einer Dipterocarpacee, die in Hinterindien heimisch ist. Der Fettgehalt der Nüsse beträgt 31,2%, der der lufttrocknen Kerne 46,7%.

Physikalische und chemische Eigenschaften: Das Fett ist gelbgrau, geschmolzen goldgelb, zeigt talgartigen Geruch, angenehmen Geschmack. Der Gehalt der flüchtigen Fettsäuren beträgt 1,4%.

	Spez. Gewicht	Schmelz-punkt	Erstarrungs-punkt	Verseifungs-zahl	Säure-zahl	Jod-zahl	Refrak-tometer bei 40° C	Be-obachter
Ausgepreßt	$\frac{100°\,C}{15,5°\,C}$ 0,854	35—43	} Fett bleibt	190,2	24,7	30,9	45,0	} Sachs
Durch CS$_2$ extrahiert	$\frac{100°\,C}{15,5°\,C}$ 0,856	33—37	über- schmolzen	190,8	—	30	46,1	

Fettsäuren.

Schmelzpunkt	Erstarrungspunkt	Jodzahl	Beobachter
55,5° C	53,5° C	31	Sachs

[1] Cl. Grimme, Chem. Revue über d. Fett- und Harzindustrie **17**, 235 [1910].
[2] O. Sachs, Chem. Revue über d. Fett- u. Harzindustrie **15**, 33 [1908].

Teglamfett[1]).

Vorkommen: In den Früchten von *Isoptera Borneenzii,* einer Dipterocarpacee. Die Nüsse heißen *Eukabang Changi.*

Physikalische und chemische Eigenschaften: Das Fett besitzt eine hellgelbe bis gelbgrüne Farbe, in geschmolzenem Zustande ist dasselbe gelb mit grünem Stich. Der Geschmack ist süß, butterartig.

Spez. Gewicht	Schmelzpunkt ° C	Verseifungszahl	Jodzahl	Säurezahl	Butterrefraktometer bei 40 ° C	Beobachter
$\frac{100\,°C}{15,5\,°C}$ 0,856	28—31	192,1	31,5	11,3	45,7	Sachs

Fettsäuren.

Mittleres Mol.-Gewicht	Erstarrungspunkt	Jodzahl	Beobachter
277	56° C	32,7	Sachs

Flüchtige Fettsäuren wurden 1,1% gefunden.

Kusuöl

Vorkommen: In den Samen von *Cinnamomum camphora* Nees, einer Lauracee. Dieselben enthalten 42,37% Fett.

Physikalische und chemische Eigenschaften: Das Fett zeigt feste Konsistenz, ähnelt dem Cocosöl.

Spez. Gewicht	Schmelzpunkt	Säurezahl	Verseifungszahl	Jodzahl Wijs	Reichert-Meißlzahl	Beobachter
25° C 0,9267 100° C 0,8760	22,8° C	4,70	283,76	4,49	0,53	Mitsumaru Tsujimoto[2])

Fettsäuren.

Spez. Gewicht	Schmelzpunkt	Neutralisationszahl	Mittl. Mol.-Gewicht	Jodzahl Wijs	Beobachter
100° C 0,8412	21° C	292,83	191,57	5,07	Mitsumaru Tsujimoto[2])

Palmkernöl.

Huile de palmiste — Huile de pepin du palme — Palmseed oil — Palmkernel oil — Olio di palmista.

Vorkommen: In den Samenkernen der Ölpalme *Elaeis Guineensis* Jacqu. und *Elaeis melanococca* Gärtn. Die Ölpalme findet sich hauptsächlich in West- und Zentralafrika, auf Ceylon und Java, ferner auch in Westindien und Südamerika.

Darstellung: Die Palmkerne machen, je nach der Varität der Palme, von der Schale befreit, 9—25% der ganzen Frucht aus. Ebenso wie das Gewichtsverhältnis zwischen Schale und Kern sehr wechselt, wechselt auch die Größe und das Gewicht der Samen und der Fettgehalt. Er schwankt bei den einzelnen Provenienzen bis zu 5%. Der Fettgehalt der wichtigsten Handelsmarken von Palmkernen ist aus nachstehender Tabelle ersichtlich[3])[4]).

[1]) O. Sachs, Chem. Revue über d. Fett- u. Harzindustrie **15**, 33 [1908].
[2]) Mitsumaru Tsujimoto, Chem. Revue über d. Fett- u. Harzindustrie **15**, 168 [1908].
[3]) Nördlinger, Zeitschr. f. angew. Chemie **8**, 19 [1895].
[4]) Fendler, Berichte d. Deutsch. pharmaz. Gesellschaft **13**, 115 [1903].

Varietät	Öl %	Wasser %
De	43,7	8,2
De-De-bakui.	49,1	6,5
Se-de	49,2	5,9
Afa-de	45,5	6,5
Kleinfrüchtige Lisombe	49,2	—
Großfrüchtige Lisombe (reif)	48,9	—
Großfrüchtige Lisombe (unreif)	49,2	—

Fettgehalt von Handelsvarietäten.

Palmkerne von	Fettgehalt %	Palmkerne von	Fettgehalt %
Sierra Leone	48,6	Togodistrikt (französ.) . . .	49,3
Insel Sherboro	46,7	Lagos	50,4
Liberia	49,4	Benin	49,8
Grand Bassa	50,2	Niger	50,5
Half Jack	50,8	Brass	52,5
Apollonia	47,2	Calabar	50,9
Dixcove	48,2	Bonny	51,0
Cape Coast Castle	50,2	Opobo	52,3
Winnebah	46,1	Kamerun	49,0
Quitta	48,4	Kongo	47,4
Togodistrikt (deutsch) . . .	52,1	Loanda	50,9

Die Entkernung der Palmsamen geschieht in Afrika durch Zerschlagen der Samenschale mittels eines Steines. In den Verbreitungsländern der Ölpalme werden nur selten die Samenkerne der Palmfrüchtee auf Öle verarbeitet; nur einige Distrikte Westafrikas und Brasiliens entölen die Palmkerne. Zu dem Zwecke werden dieselben in irdene Krüge gebracht, in die Erde versenkt und ein Feuer darüber angezündet, wodurch ein Teil des in den Samenkernen enthaltenen Fettes herausschmilzt. Die fabrikmäßige Verarbeitung der Palmkerne geschieht sowohl durch Pressen als auch durch das Extraktionsverfahren.

Physikalische und chemische Eigenschaften: Palmkernöl ist von weißer bis gelblicher Farbe, von Butterkonsistenz und eigenartigem Geruch. In ganz frischem Zustande ist das Öl ziemlich neutral und weist einen nußartigen Geschmack auf. Die Handelspalmkernöle zeigen aber meistens erhebliche Mengen freier Fettsäure und infolgedessen einen unangenehmen kratzenden Geschmack. Der Gehalt an freien Fettsäuren ist wechselnd und wurde zwischen 3 und 10%, ja sogar bis 15% gefunden. In der von Fendler untersuchten Probe stieg der Gehalt an freier Fettsäure bis 54,06%, 55,07%, 55,38% und 57,18%, auf Ölsäure berechnet.

Palmkernöl besteht aus:

Triolein	26,6%
Tristearin	
Tripalmitin	} 33 %
Trimyristin	
Trilaurin	
Trikaprin	
Trikaprylin	} 40,4%
Trikaproin	

Der Gehalt an flüchtigen Fettsäuren beträgt ungefähr 4,53%. Durch neuere Untersuchungen wurde nachgewiesen, daß die Menge des Oleins nur 12—20% beträgt, während die Hauptmenge des Palmkernöles aus Laurinsäure bestehend aufgefunden wurde[1]). Das Palmkernöl ähnelt sehr dem Kokosnußöl und besitzt wie dieses die Eigenschaft, größere Mengen von Alkalien zur Verseifung als andere Fette zu benötigen.

---

[1]) Valenta, Zeitschr. f. angew. Chemie **2**, 334 [1889].

Spez. Gewicht bei	Erstarrungspunkt °C	Schmelzpunkt °C	Verseifungszahl	Jodzahl	Hehnerzahl	Reichert-Meißlzahl	Butterrefraktometer bei 40°C	Brechungsexponent bei 60°C	Beobachter
15°C 0,952	20,5 { 25—26 / 27—28 }		—	—	—	—	—	—	Schädler
15°C 0,955	—	26	—	—	—	—	36	—	Marpmann
40°C / 15°C 0,9119 } 99°C / 15,5°C 0,8731 }	—	—	—	—	—	4,8	—	—	Allen
100°C 0,867	—	25—26	246—250	13—14	—	—	—	1,4431	Thörner
—	—	23—28	247,6	10,3—17,5	—	—	—	—	Valenta
—	—	—	249	14,2	—	5,6	—	—	Ulzer
—	—	—	241,4	15,7	—	4,9	—	—	Pastrovich
—	—	—	—	12,3	—	—	36,5	—	Beckurts u. Seiler
—	—	—	242,4–244,1	—	91,1	5,0	—	—	Lewkowitsch
—	23,0	30,0	248,8	14,9	—	5,85	—	—	Fendler[1]
—	24,0	28,5	249,4	16,8	—	6,34	—	—	—
—	23,0	29,0	250,0	15,6	—	6,22	—	—	—
—	24,0	28,0	246,3	15,4	—	6,82	—	—	—
—	—	—	247,9	15,4—16,8	—	5,41—5,96	—	—	Emmerling
—	—	—	—	13,4—13,6	—	—	—	—	Morawski u. Demski

Fettsäuren.

Erstarrungspunkt °C	Schmelzpunkt °C	Verseifungszahl	Mittleres Mol.-Gewicht	Jodzahl	Brechungsexponent	Beobachter
24,6	—	—	221	—	—	Pastrovich
—	25—28,5	258—265	211	13,4—13,6	—	Valenta
—	20,7	264	—	12	1,4310	Thörner
—	—	—	211	—	—	Marpmann
—	—	—	—	12,07	—	Morawski u. Demski
20—20,5 (Titer)	—	251,7	222,8	—	—	} Lewkowitsch
22,5—24,5 „	—	—	—	—	—	
23,5—24,5 „	—	—	—	—	—	
24,6—25,5 „	—	—	—	—	—	

Verwendung: Palmkernöl wird hauptsächlich in der Seifenfabrikation benutzt. In Afrika dient es als Brennöl. Kleinere Mengen sollen zur Herstellung von Pflanzenbutter verwendet werden; doch ist zu bemerken, daß das Geschmack- und Geruchlosmachen des Palmkernöles großen Schwierigkeiten unterliegt und ungleich schwieriger ist als beim Cocosöl.

Aourakernöl.

Huile d'amande d'Aoura — Awara kernel oil.

Vorkommen: In den Kernen von *Astrocaryum vulgare* Mart., der Aourapalme.

Darstellung: Durch Extraktion und durch Auskochen der Kerne mit Wasser.

Ursprüngliches Fett				Fettsäuren		Beobachter
Erstarrungspunkt	Schmelzpunkt	Verseifungszahl	Jodzahl	Neutralisationszahl	Mittleres Mol.-Gewicht	
26,2° C	29,3° C	242,5—243,3	10,4—11,2	248,4—249,8	225	Bontoux

In Guyana wird das Fett Qui-quio oder Thio-thio genannt.

[1] Fendler, Berichte d. Deutsch. pharm. Gesellschaft **13**, 115 [1903].

Cocosfett.

Cocosnußöl — Cocusöl — Cocosöl — Cocosfett — Cocosbutter — Huile de Coco — Cocoanut oil — Olio di Coco.

Vorkommen: Das Cocosfett kommt in den Samen der Cocospalme (*Cocos nucifera* L.) vor. Als Rohprodukt der Cocosfettgewinnung dient das getrocknete Fruchtfleisch der Cocosfrüchte, das unter dem Handelsnamen Kopra bekannt ist. Auch die Früchte von *Cocos butyracea* L. = *Elaeis butyracea* Kunth sollen zur Darstellung des Cocosöles benutzt werden. Die Kultur der Cocospalme wird am meisten in Ostindien, auf Ceylon, den Sundainseln, den Philippinen und Karolinen betrieben. Es werden eine ganze Reihe von Varitäten der Gattung *Cocos nucifera* beschrieben[1]).

Das für die Ölgewinnung in Betracht kommende Kernfleisch würde, des hohen Wassergehaltes wegen, sehr leicht verschimmeln, weshalb man vorgezogen hat, das Kernfleisch zu trocknen. Das in mehrere Stücke zerteilte getrocknete Endosperm führt im Handel den Namen Kopra und Kopperah. Das Austrocknen des Kernfleisches der Cocosnüsse wird in den Ländern mit trockenem Klima durch Sonnentrocknung bewirkt. Auch künstliche Trocknung wird ausgeübt. Je nach dem Trocknungsgrade schwankt der Fettgehalt der Kopra zwischen 60 und 70%. Die Zusammensetzung einer sonnengetrockneten und einer feuergetrockneten Kopra ist aus folgender Tabelle ersichtlich.

	Ceylonkopra sundried	Straitskopra not sundried
Wasser	3,88	3,52
Rohprotein	7,81	7,90
Rohfett	66,26	64,99
N-freie Extraktstoffe	13,63	14,82
Rohfaser	5,91	5,92
Asche	2,51	2,85

Darstellung: Durch Auspressen der gereinigten zerkleinerten Cocoskernschalen.

Physikalische und chemische Eigenschaften: Die Eigenschaften des Cocosöles schwanken in bezug auf Geschmack und Farbe außerordentlich. Die Konsistenz ist meistens butterartig. Die aus den besseren Koprasorten gepreßten Öle sind von weißer Farbe, angenehmem Geruch und mildem Geschmack. Aus minderwertigem Rohmaterial gewonnene Fette zeigen hell- bis bräunlichgelbe Farbe, unangenehmen Geruch und kratzigen, ranzigen Geschmack. Die Fettsäuren des Cocosöles bestehen aus Myristin-, Laurin-, Palmitin-, Stearin- und Ölsäure, ferner aus den flüchtigen Fettsäuren: Capron-, Capryl- und Caprinsäure. Die Menge der letzteren wechselt; es finden sich Angaben von 4—15,10%.

Nach neueren Untersuchungen besteht das Cocosfett aus folgenden Fettsäuren[2]):

> 0,25% Capronsäure,
> 0,25% Caprylsäure,
> 19,50% Caprinsäure,
> 40,00% Laurinsäure,
> 24,00% Myristinsäure,
> 10,60% Palmitinsäure,
> 5,40% Ölsäure.

Das Cocosöl enthält große Mengen von Glyceriden der Myristin-, Palmitin- und Laurinsäure[3]). Cocosnußöl löst sich in Alkohol in beträchtlicher Menge. 1 Vol. löst sich in 2 Vol. 90proz. Alkohol bei 60° und in 2 Vol. abs. Alkohol bei 32°C. Der Gehalt an freien Säuren, auf Ölsäure berechnet, beträgt 2,96—4,75%.

Verwendung: Cocosöl dient hauptsächlich zur Seifen- und Kerzenfabrikation; zur Gewinnung letzterer wird das Fett ausgepreßt und in ein Cocosnußolein, ein weiches Fett, und Cocosnußstearin, ein hartes Fett, zerlegt.

Cocosöl wird in größtem Maßstabe als Speisefett benutzt. Zu diesem Zwecke werden die freien Fettsäuren und der unangenehme Geruch entfernt. Diese Pflanzenfette repräsen-

---

[1]) Tschirch, Indische Nutz- und Heilpflanzen. Berlin 1900. S. 87.
[2]) Chem. Revue über d. Fett- u. Harzindustrie **14**, 199 [1907].
[3]) Ulzer, Chem. Revue über d. Fett- u. Harzindustrie **6**, 11 [1899]. — Haller u. Youssoufian, Compt. rend. de l'Acad. des Sc. **143**, 803 [1906].

tieren nichts anderes als reines, neutrales, sterilisiertes Cocosnußöl. Sie finden eine entsprechende Verwendung in der Bäckerei und dienen sehr häufig zur Verfälschung von Butter.

Unter folgenden Namen findet sich die sog. Pflanzenbutter, die aus Cocosfett besteht, im Handel: Vegetabilische Butter, Mannheimer Cocosnußbutter, Lactin, Vegetalin, Nuzolin, Laureol, Palmin, Kunerol, Gloriol, Mollerol, Ceres, Palmbutter, Kokol, Sanella, Palmona, Leto und Quisisana.

Cocosöl dient auch zur Herstellung des in der Parfümerie benutzten Cocoinäthyläthers. Cocosfett bildet auch häufig einen Bestandteil gemischter Speisefette, z. B. als Zusatz bei der Margarinefabrikation unter Zugabe von Milch, Eigelb, Kochsalz und Farbstoffen zu Cocosmargarine oder Cocosschmelzmargarine verarbeitet. Cocosfett dient auch zur Verfälschung von Kakaobutter. So findet sich unter dem Namen von Cacaolin ein Kakaobutterersatzmittel, das aus Cocosfett dargestellt ist. Das Fett von *Cocos acrocomoides* D. C. kommt ebenfalls im Handel vor; es ist hellgelb und klar[1]).

Verseifungszahl	Jodzahl	Beobachter
290,85—294,7	4,9	Niederstadt

Spez. Gew. bei	Erstarrungspunkt °C	Schmelzpunkt °C	Verseifungszahl	Jodzahl	Hehnerzahl	Reichertzahl	Reichert-Meißlzahl	Acetylzahl	Butterrefraktometer	Brechungsindex bei	Beobachter
18° C 0,9250	—	—	—	—	—	—	—	—	—	—	Stilurell
$\frac{40° C}{15,5° C}$ 0,9115 $\frac{99° C}{15,5° C}$ 0,8736 $\frac{100° C}{15° C}$ 0,863	16—20,5	20—28	—	—	—	3,5—3,7	—	—	—	—	Allen
100° C 0,8700	22—23	23—24	255—260	9—9,5	—	—	7,5	—	—	60° C 1,4410	Thörner
—	14—20	23—28	253,4—262	8—8,6	—	—	3—7	—	—	—	De Negri u. Fabris
—	15,7—19,5	—	257,3—268,4	—	—	—	—	—	—	—	Valenta
—	—	26,2—26,4	—	—	—	—	—	—	—	—	Filsinger
—	—	26,5	—	—	—	—	—	—	40° C 34,4	—	Marpmann
—	—	—	{ 250,3 gewaschen: 246,2 }	—	—	3,5—3,7	—	—	—	—	Moore
—	—	—	254—263,5	8,4—9,2	—	—	7,5—8,5	—	—	—	Ulzer
—	—	—	257,4	8	—	—	7,8	—	—	—	Pastrovich
—	—	—	—	8,9	—	—	—	—	—	—	v. Hübl
—	—	—	—	8,97—9,35	—	—	—	—	—	—	Wilson
—	—	—	—	9	—	—	—	—	40° C 33,5	—	Beckurts u. Seiler
—	—	—	—	—	83,75	—	—	—	—	—	Jean
—	—	—	—	—	—	3,7	—	—	—	—	Reichert
—	—	—	—	—	—	—	—	—	40° C 35,5	—	Mansfeld
—	—	—	—	7,68—8,08	—	—	—	—	—	—	Lane
100° C 0,863	25,5	26	—	8,7	—	—	—	—	—	—	Lahahe
30° C 0,9080	—	24,3	260,0	8,56	92,2	—	7,69	9,50	—	38,7° C 1,44931	Reijst
—	—	—	—	—	—	—	—	—	40° C 36,3	40° C 1,4497	Utz
—	—	—	—	8,3	—	—	—	—	—	—	Visser
—	—	—	—	8,16—9,32	—	—	—	—	—	—	Wijs
—	21	23	242,1	8,47	90,5	—	6,5	—	—	—	Haller u. Youssoufian
—	—	—	254,6—268,9	8,3—8,9	—	—	—	—	—	—	Eisenstein
15,5° C 0,9259	—	—	—	—	—	—	—	—	15,5° C 49,1	—	Tolman u. Munson
$\frac{100° C}{100° C}$ 0,9030	—	23,5—25	258,1	8,54	82,4	6,71	—	—	40° C 34,2	—	Crossley u. Le Sueur
„ 0,9040	—	—	255,6	8,41	—	6,79	—	—	—	—	
„ 0,9042	—	—	255,4	8,25	—	6,65	—	—	—	—	
37,8° 0,9100—0,9167	—	—	251—261	9—10	88,6—90,5	7,0	7,0	—	—	—	Lewkowitsch
—	—	—	—	—	85,25	—	—	—	—	—	Clapham

[1]) Niederstadt, Berichte d. Deutsch. pharmaz. Gesellschaft **12**, 144 [1902].

Fettsäuren.

Sez. Gewicht bei	Erstarrungspunkt °C	Schmelzpunkt °C	Verseifungszahl	Mittleres Molekular-Gewicht	Jodzahl	Jodzahl der flüssigen Fettsäuren	Acetylzahl	Brechungsexponent	Beobachter
$\frac{98-99°C}{15,5°C}$ 0,8354	—	—	—	—	—	—	—	—	Allen
—	20,4	24,6	—	—	—	—	—	—	v. Hübl
—	19—21,8	24,7	—	—	—	—	—	—	Valenta
—	16—18	24,25—27	—	—	8,62—8,92	—	—	—	de Negri u. Fabris
—	20	24—25	258	—	8,5—9,0	—	—	1,4295	Thörner
—	—	—	—	—	8,3	—	—	—	Pastrovich
—	—	—	—	203	—	—	—	—	Marpmann
—	—	—	—	—	8,39—8,79	—	—	—	Morawski u. Demski
—	—	—	—	—	—	54,0	—	—	Wallenstein
40°C 0,8800	— (Titer)	25,9	273,30	207,6	—	—	0,10	—	Reijst
—	21,2—22,55	—	—	211	—	—	—	—	Lewkowitsch
—	21,9—24,7	—	—	—	—	—	—	—	—
—	23,0—23,6	—	—	—	—	—	—	—	—
—	23,3—23,9	—	—	—	—	—	—	—	—
—	23,9—25,0	—	—	—	—	—	—	—	—
—	24,8—25,2 (Cochin)	—	—	—	—	—	—	—	—
—	—	—	—	196—204	—	—	—	—	Alder Wright
—	—	—	—	201	9,3	—	—	—	Williams
—	—	—	—	211	—	—	—	—	Lewkowitsch
—	—	—	—	—	—	36,3	—	—	Clapham
—	—	—	—	—	—	31,9	—	—	Tolman u. Munson

Die Verdaulichkeit der Cocosbutter ist dieselbe wie die des Butterfettes und der Margarine[1]).

Kohuneöl.

Cohuneöl — Cohune oil.

Vorkommen: In den Kernen der Kohunepalme (*Attalea cohune* Mart.), die in Zentralamerika und Britisch-Honduras heimisch ist. Die Kerne der Früchte ähneln den Cocosnüssen, besitzen aber nur die Größe der Muskatnuß. Der Ölgehalt beträgt ca. 40%.

Darstellung: Durch Auskochen der zerkleinerten Kerne mit Wasser und Abschöpfen des auf der Oberfläche schwimmenden Öles.

Physikalische und chemische Eigenschaften: Kohuneöl ist ein gelbes, festes Fett, das sehr dem Palmkernöl oder Cocosnußöl ähnelt.

Erstarrungspunkt	Schmelzpunkt	Jodzahl	Verseifungszahl
15—16° C	18—20° C	12,9—13,6	219,4—220,5

Die Fettsäuren schmelzen bei 27—30°.

Verwendung: Das Kohuneöl dient hauptsächlich als Brennöl.

---

1) Lührig, Zeitschr. f. Unters. d. Nahr.- u. Genußm. **2**, 622 [1899]. — Zerner, Centralbl. f. d. ges. Therapie **1895**, 13.

Maripafett.

Huile de Maripa — Maripa fat — Grease of Maripa — Sego di Maripa.

Vorkommen: In den Früchten von *Attalea maripa* Aubl. = *Attalea excelsa* Mart. = *Maximiliana maripa* Drude und *Attalea spectabilis*, Palmen, die in Westindien heimisch sind [1].
Darstellung: Das Fett wird durch Auskochen und Auspressen gewonnen.
Physikalische und chemische Eigenschaften: Das Fett ist farblos oder schwach gelb gefärbt und hat milden Geschmack und Geruch.

Spez. Gewicht bei	Erstarrungspunkt ⁰ C	Schmelzpunkt ⁰ C	Verseifungszahl	Jodzahl	Hehnerzahl	Reichert-Meißlzahl	Beobachter
$\frac{100°C}{15,5°C}$ 0,8686	—	23	259,5	9,49	—	—	Bassière
—	24—25	26,5—27	270,5	17,4	88,88	4,45	van d. Driessen-Marreeuw
30°C 0,8692	23	24,5	256,6	3,6 (Wijs)	—	—	Grimme [2])

Fettsäuren.

Spez. Gewicht bei	Erstarrungspunkt ⁰ C	Schmelzpunkt ⁰ C	Jodzahl	Beobachter
$\frac{100°C}{15,5°C}$ 0,9136	25	27,5—28,5	12,2	van der Driessen-Marreeuw
—	36,5	38,5	8,8 (Wijs)	Grimme

Verwendung: Es dient in Westindien und Französisch-Guyana als Speisefett und wird ferner in der Pharmazie benutzt.

Muritifett.

Huile de Muriti — Muriti fat — Burro di muriti.

Vorkommen: In den Früchten der Muriti-Wein- oder Moritzpalme (*Mauritia vinifera* = *Acrocomia vinifera* Oerst), einer im Gebiete des Amazonenstromes häufigen Palmenart. Dieselben enthalten 48,66% Fett [3].
Darstellung: Durch Pressen der Samen oder Fruchtkerne.
Physikalische und chemische Eigenschaften: Das Muritifett ist hellgelb, scheidet beim Stehen bei gewöhnlicher Temperatur federförmige Krystalle aus und erstarrt bei längerem Stehen vollständig. Die Fettsäuren bestehen wahrscheinlich aus Myristinsäure. Die Zusammensetzung des Muritifettes ähnelt der des Cocosfettes.

Spez. Gewicht bei	Erstarrungspunkt ⁰ C	Schmelzpunkt ⁰ C	Säurezahl	Verseifungszahl	Jodzahl	Reichert-Meißlzahl	Beobachter
0,9136	17	25	1,69	246,2	25,2	5,6	Fendler

Die Fettsäuren schmelzen bei 54,5° C.

Mocayaöl.

Mocajabutter — Makayaöl — Huile de Mocaya — Mocaya oil — Burro di Mocaya.

Vorkommen: In den Samen der Mocayapalme (*Acrocomia sclerocarpa* Mart. = *Cocos sclerocarpa* = *Cocos aculeata* Jacqu. = *Bactris minor* Gaertn.), einer auf Jamaika und in Guyana vorkommenden Pflanze. Die Kerne enthalten 60—70% Fett.

---

[1]) Van der Driesen-Marreeuw, Nederl. Tijdschr. v. Pharm. **12**, 245 [1899].
[2]) Grimme, Chem. Revue der Fett- und d. Harzindustrie **17**, 234 [1900].
[3]) Fendler, Zeitschr. f. Unters. d. Nahr.- u. Genußm. **6**, 1025 [1903]; Chem. Revue über d. Fett- u. Harzindustrie **11**, 52 [1904].

Darstellung: Durch Auspressen der getrockneten und zerkleinerten Samenkerne.

Physikalische und chemische Eigenschaften: Das Öl ist von weißer Farbe, angenehmem Geruch, der an Veilchen erinnert, und süßlichem Geschmack. Die Konsistenz ist butterähnlich. Das Öl besteht aus 17,5% Triolein und 82,5% Trilaurin.

Erstarrungspunkt °C	Schmelzpunkt °C	Verseifungs-zahl	Jodzahl	Reichert-Meißlzahl	Beobachter
22	24—29	240,6	24,63	7,0	De Negri u. Fabris
—	32,5	—	—	—	Sack

Fettsäuren.

Erstarrungspunkt °C	Schmelzpunkt °C	Verseifungszahl	Beobachter
20—22	23—25	254	De Negri u. Fabris

Verwendung: Es dient als Speisefett und zur Seifenfabrikation.

Affendornfett.

Vorkommen: In den Samenkernen von *Bactris Plumeriana* Mart., einer in Surinam heimischen Palme. Die Samen enthalten 34,8% Fett. Dasselbe besteht aus 13,6% Triolein und 86,4% Trilaurin. Der Schmelzpunkt wurde bei 32° bestimmt.

Gewürzbuschöl.

Fieberbuschsamenöl — Feverbush seed oil — Spice bush seed oil.

Vorkommen: In den Samen des Gewürz- und Fieberbusches (*Lindera benzoin = Benzoin odoriferum*), einer in den Vereinigten Staaten verbreiteten Pflanze. Die Samen enthalten ca. 45,6% Fett.

Physikalische und chemische Eigenschaften: Das Fett zeigt eine gelbe Farbe, ist von fester Konsistenz. Es besteht aus den Glyceriden der Laurin-, Caprin- und Ölsäure. Das Öl ähnelt sehr dem Cocosfett, ist in Alkohol, Benzol und Aceton leicht löslich.

Schmelzpunkt °C	Verseifungszahl	Reichert-Meißlzahl	Beobachter
26	284,4	1,3	Caspari[1])

Dikafett.

Dikabutter — Adikafett — Beurre de Dika — Huile de Dika — Dika oil — Oba oil — Wild Mango oil — Sego di Dika — Burro di Dika.

Vorkommen: In den Samen des Obabaumes *Irvingia Gabonensis* und *Irvingia Barteri*, einer an der Westküste von Afrika heimischen Simarubee. Die Kerne enthalten 54—67,8% Fett.

Darstellung: Das Fett wird durch Auskochen der Kerne mit Wasser und Abschöpfen des aufschwimmenden Öles gewonnen; nur vereinzelt werden die Samenkerne ausgepreßt.

Physikalische und chemische Eigenschaften: Das frische Dikafett zeigt rein weiße Farbe, süßlichen, angenehmen Geschmack und einen an Kakao erinnernden Geruch, der beim Erwärmen deutlicher hervortritt. Beim Lagern schlägt die Farbe sehr leicht in Gelb bzw. Braun um. Das Fett zeigt krystallinisches Gefüge. Die Fettsäuren bestehen aus Myristinsäure und Laurinsäure[2]). Außerdem wurde Ölsäure aufgefunden.

---

[1]) Caspari, Amer. Chem. Journ. **27**, 291 [1902]; Chem. Revue über d. Fett- u. Harzindustrie **9**, 211 [1902].

[2]) Ouedmans, Journ. f. prakt. Chemie **81**, 356 [1860].

Spezifisches Gewicht bei	Erstarrungspunkt °C	Schmelzpunkt °C	Verseifungszahl	Jodzahl	Reichert-Wollnyzahl	Unverseifbares	Butterrefraktometer bei 40° C	Beobachter
40° C 0,9140	27,2—29,4	38,9	244,5	5,2	0,42	0,73	—	Lewkowitsch[1]
—	34,8	41,6	173 (?)	—	—	—	—	Heckel
—	—	30—31	—	—	—	—	—	Hamel-Roos
—	—	29	—	—	—	—	—	Dieterich
15° C 0,9100	—	30	—	—	—	—	63	Marpmann
50° C 0,9125	39,9	41,3	241,2	4,3	—	1,43	Brechungsindex 1,4505 (50°)	Grimme[2]

Fettsäuren.

Schmelzpunkt	Erstarrungspunkt	Mittleres Mol.-Gewicht	Jodzahl	Brechungsindex	Neutralisationszahl	Beobachter
—	34,8° C	214	—	—	—	Lewkowitsch
40,8° C	38,1° C	218,3	14,5	1,4357 (50°)	254,8	Grimme

Verwendung: Es dient zur Herstellung von Seifen und Kerzen und als Speiseöl. Auch soll es als Ersatz für Kakaobutter Verwendung finden.

Irvingiabutter.

Cay-caybutter — Cochinchina-Wachs — Cay-Cay Fat.

Vorkommen: In den Samen von *Irvingia oliveri* Pierre und *Irvingia malayana* Oliv., eines auf Malakka und in Cochinchina heimischen Baumes. Die Samenkerne enthalten ca. 52% Fett.

Darstellung: Durch Auspressen der erwärmten und zerkleinerten Steinfrüchte.

Physikalische und chemische Eigenschaften: Die Irvingiabutter ist in frischem Zustande graugelb; sie bleicht sehr leicht an der Luft aus. Der Schmelzpunkt wurde zu 37,5—38° gefunden, der Erstarrungspunkt bei 35,5—36° bestimmt. Das Öl besteht aus 5% Olein, 30—35% Laurin und 60—65% Myristin[3]).

	Spez. Gewicht bei	Erstarrungspunkt °C	Schmelzpunkt °C	Verseifungszahl	Jod-Zahl	Reichert-Meißlzahl	Fettsäuren				Beobachter
							Erstarrungspunkt (Titer) °C	Schmelzpunkt °C	Verseifungszahl	Mittleres Mol.-Gewicht	
Extrahiertes Fett	$\frac{40°C}{40°C}$ 0,9133	31	39,7	235,3	6,7—6,8	0,62	36	38,8	250,2	224	Bontoux
Originalfett (Säurezahl 23,5)	$\frac{40°C}{40°C}$ 0,9128	31,2	38,2	236,3	4,1—4,2	0,75	—	—	—	—	
Originalfett (Säurezahl 34,9)	$\frac{40°C}{40°C}$ 0,9130	31,8	38,4	237,4	4,9—5,1	0,70	36,4	39	253,0	222	

Verwendung: Die Irvingiabutter dient zur Seifen- und Kerzenfabrikation.

Taririfett.

Vorkommen: In den Samen von *Picramnia Sow.* Aublet = *Picramnia Carpintera* Pollack und *Picramnia Cambrita* Engl., einer in Guatemala vorkommenden Simarubacee. Die Samen enthalten ca. 67—75,98% Fett.

---

[1]) Lewkowitsch, The Analyst **30**, 394 [1905]; Chem. Revue über d. Fett- u. Harzindustrie **13**, 13 [1906].

[2]) Grimme, Chem. Revue über d. Fett- u. Harzindustrie **17**, 236 [1910].

[3]) Bontoux, Bulletin des Sc. pharmacol. 78—82 [1910].

Physikalische und chemische Eigenschaften: Das Öl ist weiß, krystallinisch, fest. Es besteht aus den Glyceriden der Taririnsäure $C_{18}H_{32}O_2$, vom Schmelzp. 50°. Dieselbe ist identisch mit der aus Ölsäure dargestellten Stearolsäure. Das Taririfett ist in siedendem Äther löslich und krystallisiert daraus in perlmutterglänzenden Krystallen. Bei der Verseifung mit Alkalien entstehen 95—96,31% Fettsäuren und eine, einem Triglycerid entsprechende Menge Glycerin. Das Öl enthält 1,74% Unverseifbares.

Schmelzpunkt	Brechungsindex bei 50° C	Säurezahl	Verseifungszahl	Jodzahl	Beobachter
50--52° C	1,4624	3,6	156,2	63,9	Grimme[1])

Fettsäuren.

Schmelzpunkt	Brechungsindex bei 70° C	Sättigungszahl	Mittleres Mol.-Gewicht	Jodzahl	Beobachter
56—57° C	1,4538	192,0	292,5	87,0	Grimme

Japantalg.

Japanwachs — Sumachwachs — Cire da Japon — Japan wax — Japan tallow.

Vorkommen: Der fälschlich Japanwachs genannte Japantalg kommt in dem Fruchtfleische und den Samen des Wachs- oder Sumachbaumes, *Rhus succedanea* L. und *Rhus acuminata* D. C. vor, die in Japan und China heimisch sind; auch die Früchte von *Rhus vernicifera* D. C., *Rhus juglandifolia* und *Rhus sylvestris* liefern ebenfalls Japanwachs, wenn auch letztere Bäume mehr der Lackgewinnung halber angebaut werden und die Fettgewinnung nur nebensächlicher Natur ist. Das Fruchtfleisch der Beeren enthält 40—65% Fett.

Darstellung: Durch Auspressen der zerkleinerten Beeren. Das Fett des Fruchtfleisches ist das beste. Bei einer zweiten Pressung erhält man ein Gemenge von Fruchtfleisch und Samenkernfett. Dasselbe ist etwas geringer in der Qualität. Zum Zwecke der besseren Gewinnung des schwer schmelzbaren Japantalges benutzen die Japaner sehr häufig andere Öle als Zusätze, vornehmlich das Perillaöl. Das rohe Fett wird häufig einem Bleichverfahren an der Sonne unterzogen. Auch die Extraktion durch Schwefelkohlenstoff ist zur Gewinnung des Japantalges in Anwendung.

Physikalische und chemische Eigenschaften: Der Japantalg stellt eine blaßgelbe harte Substanz von schwach glänzendem, muscheligem Bruch dar. Der Geruch des gebleichten Produktes ist schwach und nicht unangenehm. Beim Lagern überzieht sich der Japantalg mit einer weißen Schicht mikroskopisch feiner prismatischer Nadeln und dunkelt nach. Die physikalischen und chemischen Eigenschaften des Japantalges sind je nach der verschiedenen Provenienz der Darstellungsweise und dem ev. erfolgten Zusatze von Perillaöl stark schwankend. Japantalg besteht hauptsächlich aus Tripalmitin und freier Palmitinsäure. Ferner finden sich noch Glyceride der Japansäure. Die Anwesenheit von Stearin- und Arachinsäure konnte durch neuere Untersuchungen nicht bestätigt werden. Lösliche Säuren, wahrscheinlich Isobuttersäure, sind auch vorhanden. Japansäure findet sich wahrscheinlich als ein gemischtes Glycerid von Japansäure und Palmitinsäure von der Formel

$$C_{20}H_{40}\begin{array}{c} CO \cdot O \\ CO \cdot O \\ C_{16}H_{31} \cdot OO \end{array}\Big\rangle C_3H_5 \ .$$

Der Gehalt an unverseifbaren Substanzen wechselt zwischen 1,1 und 1,63%.

Die unverseifbaren Bestandteile des Japantalges, die nach neuester Untersuchung mit 0,68% bestimmt wurden, zeigten nachstehende Zusammensetzung[2]):

1. 60% ungesättigte, sauerstoffhaltige, flüssige Produkte.
2. Myricylalkohol $C_{30}H_{62}O$ vom Schmelzp. 88° C.
3. Phytosterin mit einer Doppelbindung. Schmelzp. 139° C.
4. Cerylalkohol. Schmelzp. 79° C.
5. Ein gesättigter Alkohol vom Schmelzp. 65° C ($C_{19}H_{40}O$?).

---

[1]) Cl. Grimme, Chem. Revue über d. Fett- u. Harzindustrie **17**, 158 [1910].
[2]) H. Mathes u. W. Heintz, Chem. Revue über d. Fett- u. Harzindustrie **17**, 56 [1910].

Die Menge freier Fettsäuren variiert sehr stark; es finden sich Angaben zwischen 3,87%
und 16,4%. Japanwachs ist unlöslich in kaltem Alkohol, leicht löslich in siedendem Alkohol,
aus welchem er sich beim Erkalten vollständig in krystallinischer Form wieder abscheidet.
In allen übrigen Fettlösungsmitteln ist das Fett leicht löslich. Japanwachs unterliegt sehr
häufig der Verfälschung durch Stärke oder durch Einkneten von Wasser. Auch Verfälschungen
mit Rinds- oder Hammeltalg wurden beobachtet und werden durch einen niedrigen Schmelzpunkt und eine erhöhte Jodzahl erkannt.

	Spezifisches Gewicht bei	Erstarrungspunkt °C	Schmelzpunkt °C	Verseifungszahl	Jodzahl	Butterrefraktometer bei 40° C	Hehnerzahl	Beobachter
Sehr alte Probe {	15° C 0,977—0,978 15° C 0,963—0,964 }	—	—	—	—	—	—	Hager
	0,978	—	51	—	—	47	—	Marpmann
	0,975	—	—	220—232	7,8—8,8	—	—	K. Dieterich
Gebleicht. Wachs {	0,970—0,980 1,0—1,006 }	45,5—46	53,5—54,4	—	—	—	—	Schädler
	15° C 0,984—0,993 $\frac{60° C}{15,5° C}$ 0,9018 $\frac{98° C}{15,5° C}$ 0,8755 $\frac{100° C}{15,5° C}$ 0,873 }	53,0	—	214—221,3	—	—	—	Allen
	—	50,8	50,4—51,0	—	—	—	—	Rüdorf
	—	—	52,5—54,5	—	—	—	—	Wimmel
	—	—	50—53	218—222	9,1—10,5	—	—	Ulzer
	—	—	52,6—53,4	220—222,1	10,6—11,3	—	—	Bernheimer u. Schiff
	—	—	—	—	10,6 (nach Wijs)	—	—	Visser
	—	—	—	222,4	—	—	—	Becke
	—	—	—	220	4,2	—	—	v. Hübl
	—	—	—	222	—	—	—	Valenta
	—	—	—	216,7—220,1	—	—	—	} Ahrens u. Hett
Selbst extrahiert Gebleicht	—	—	—	206,6—212	11,9—12,8	—	—	
	—	—	—	—	7,6	—	—	
	22° C 0,9692	48,5	52—53	—	—	—	—	Eberhardt
	—	—	—	221,6	—	—	—	Henriques
	—	—	—	217,5—237,5	8,3—8,5	—	{ 90,62 bis 90,66 }	} Geitel u. van der Want
	—	—	—	—	4,9—6,6	—	89,8	Lewkowitsch
	1,0032	—	53—53,5	210,8	10,6	—	89,0	Mathes u. Heintz

(Reichert-Meißlzahl 3,1, Säurezahl 17,8, Esterzahl 193.)

Fettsäuren.

Spezifisches Gewicht bei	Erstarrungspunkt °C	Schmelzpunkt °C	Mittleres Mol.-Gewicht	Beobachter
$\frac{99° C}{15° C}$ 0,8482	53—56,5	56—57	265,3	Allen
—	57	—	—	Ulzer
—	—	—	265	Marpmann
—	58,8—59,4 (Titer)	—	—	Lewkowitsch
—	—	59—62	—	Eberhardt
—	—	—	257,6	Harris
—	—	—	262—263	Geitel u. van der Want

Der Japantalg zeigt einen doppelten Schmelzpunkt und die Eigentümlichkeit, bei einer
10—12° C unter dem Schmelzpunkt liegenden Temperatur durchsichtig zu werden.
Verwendung: Japanwachs dient zur Fabrikation von Kerzen und Seife, ferner zur
Herstellung von Wachszündhölzern und zum Bohnern der Fußböden.

Lorbeerfett.

Beurre de laurier — laurel oil — Burro di lauro.

Vorkommen: In den Samen des Lorbeerbaumes, *Laurus nobilis* L. Dieselben enthalten ca. 25% Fett[1]).

Darstellung: Durch Auspressen oder Auskochen der frischen Lorbeeren.

Physikalische und chemische Eigenschaften: Lorbeerfett besitzt eine grüne Farbe und bei gewöhnlicher Temperatur butterartige Konsistenz, von aromatischem Geschmack und Geruch. Das Lorbeerfett besteht hauptsächlich aus Trilaurin; daneben finden sich geringe Mengen von Myristin und Stearin, ferner ein Harz und Chlorophyll. Der aromatische, eigentümliche Geruch und Geschmack wird durch die Gegenwart eines ätherischen Öles bedingt. Lorbeeröl löst sich vollständig in siedendem Alkohol; beim Erkalten scheiden sich Krystalle von Trilaurin aus. Die unverseifbaren Bestandteile bestehen aus Myricylalkohol $C_{30}H_{60}$, einem Kohlenwasserstoff $C_{20}H_{42}$, dem Lauran und einem öligen Körper, der die Jodzahl 191,95 besitzt. Phytin wurde auch nachgewiesen.

Spezifisches Gewicht bei	Erstarrungspunkt	Schmelzpunkt	Verseifungszahl	Jodzahl	Reichertsche Zahl	Beobachter
15° C 0,93317	—	—	—	—	—	Cloëz
—	24° C	33—36° C	—	—	—	Villon
—	25° C	32—40° C	197,5	67,8	—	De Negri u. Fabris
$\frac{98,5° C}{15,5° C}$ 0,8806	—	—	198,9	—	1,6	Allen
—	—	—	—	49	—	v. Hübl
					Reichert-Meißlzahl	
25° C 0,9305 30° C 0,9260	—	—	201,68-208,74	73,9—74,6	3,0—3,1	Eisenstein
—	24° C	33—36° C	—	—	—	Villon
—	—	—	197,7—198,1	80,4—80,5	—	Lewkowitsch
—	—	—	—	75—78,4	—	Wijs
—	—	—	200,9	82,2—82,43	3,2	Matthes u. Sander[2])

Fettsäuren.

Erstarrungspunkt	Jodzahl	Beobachter
14,3—15,1° C (Titertest)	81,6—82,0	Lewkowitsch

Verwendung: Lorbeerfett wird häufig mit Talg und Schweinefett verfälscht, die mit Kupfer grün gefärbt sind. Es wird in der Veterinärheilkunde benutzt.

Lorbeertalg.

Vorkommen: In den Samen des Talglorbeerbaumes, *Tetranthera laurifolia* Jacq. = *Sebifera glutinosa*, eines in China und Cochinchina heimischen Baumes. Lorbeertalg zeigt eine feste Konsistenz und dient zur Kerzenfabrikation.

---

[1]) Schädler, Zeitschr. f. analyt. Chemie **33**, 569 [1894].
[2]) Matthes u. Sander, Archiv d. Pharmazie **246**, 165 [1908].

Tangkallakfett.

Vorkommen: In den Samen von *Lepidadenia Wightiana* Nees. = *Cylicodaphne sebifera* Ph., eines in Java und in Hinterindien einheimischen Baumes. Die Früchte enthalten 36,5% Fett. Auch finden sich noch höhere Zahlen bis 51%.

Physikalische und chemische Eigenschaften: Das Fett stellt eine weiße, spröde Masse dar, die aus nadelförmigen Krystallbüscheln besteht, ohne besonderen Geruch und Geschmack[1]). Dasselbe besteht aus Triolein 13,4% und Trilaurin 86,6%. Auch finden sich nachstehende Angaben über die Zusammensetzung des Fettes: 95,96% Trilaurin, 2,6% Triolein und 1,44% unverseifbare Substanz[2]). Unter den unverseifbaren Bestandteilen wurde Phytosterin aufgefunden.

Spez. Gewicht bei 41° C	Erstarrungspunkt °C	Schmelzpunkt °C	Verseifungszahl	Jodzahl	Reichert-Meißlzahl	Beobachter
0,8734	27	46,2	268,2	2,28	1,47	Schroeder
—	—	45	—	—	—	Lemarié
		37,0	—	11,54	—	Sack

Das Tangkallakfett dient als Ausgangsmaterial für Seifen- und Kerzenfabrikation.

Avocatoöl.

Avocatofett — Alligatorbirnenöl — Aguacatafett — Huile d'Avocatier — Alligator peer oil — Avocado oil.

Vorkommen: In dem Fruchtfleisch des Advokatenbaumes *Persea gratissima* Gaert. = *Laurus Persea* Linn., eines in den meisten tropischen Ländern heimischen Baumes.

Physikalische und chemische Eigenschaften: Das braungrüne Fett besteht aus Olein, Laurostearin und Palmitin. Es ähnelt dem Palmöl.

Verwendung: Als Speisefett und zur Seifenfabrikation.

Die animalischen Öle.

A. Öle der Seetiere. Fischöle.

Menhadenöl.

Menhadentran — Amerikanisches Fischöl — Huile de Menhaden — Menhaden oil — Olio di Menhaden.

Vorkommen: Im Fleisch des Menhadenfisches *Alosa Menhaden* = *Brevoortia tyrannus*, eines zur Familie der Heringe gehörigen Fisches, der an der atlantischen Küste Nordamerikas in ungeheuren Mengen vorkommt. Die Fische enthalten ca. 16% Fett.

Darstellung: Die Fische werden mit Wasser gekocht und die entstandene Masse ausgepreßt. Auch Extraktion ist in Anwendung.

Physikalische und chemische Eigenschaften: Menhadenöl wird unter nachfolgenden Marken gehandelt: Prime Crude, Brownstrain, Lightstrained (gebleichtes Winteröl), gebleichtes weißes Winteröl; letztere beiden Marken sind durch Filtration von Stearin getrennt. Diese Manipulation geschieht bei Winterkälte.

Der durch Abpressen der gekühlten Öle gewonnene Rückstand findet sich unter dem Namen Fischstearin, Fischtalg im Handel. Das Menhadenöl besitzt je nach dem Grade der Raffination eine hellgelbe bis dunkelbraune Farbe. Das Menhadenöl besteht aus Glyceriden, deren chemische Zusammensetzung noch unbekannt ist. Der Gehalt an unverseifbaren Substanzen schwankt zwischen 0,61 und 1,6%. Das Öl soll ca. 0,02% Jod enthalten.

---

[1]) Sack, Pharm. Weekblad **40**, 4 [1903].
[2]) Schroeder, Archiv d. Pharmazie **243**, 628 [1905]; Chem. Revue über d. Fett- u. Harzindustrie **13**, 11 [1906].

Spez. Gewicht bei	Säurezahl	Verseifungszahl	Jodzahl	Erstarrungspunkt $^{\circ}$ C	Reichertzahl	MaumenéProbe	Butterrefraktometer bei	Beobachter
15 °C 0,9311	—	188,8	172,6	—	—	—	—	} Bull
15 °C 0,9284	10,8	193,0	139,2	—	—	—	—	
15,5 °C 0,9311	—	189,3	160	—	—	—	—	Thomson u. Ballantyne
15,5 °C 0,9320	—	192	147,9	—	1,2	126	—	Allen
15,5 °C 0,9307 bis 0,9316	3,8	—	170,4 bis 178,8	—	—	—	—	Parker u. Mc Ilhiney
—	—	—	—	4	—	—	—	Jean
—	—	—	153,9	—	—	—	—	Schweitzer u. Lungwitz
—	—	—	147,9	—	—	123—128	—	Archbutt
—	—	—	—	—	—	—	25 °C 80,7	} Liverseege
—	—	—	—	—	—	—	40 °C 71,3	
—	—	—	—	—	—	—	40 °C 72	Lewkowitsch

Verwendung: Das Menhadenöl dient in der Lederindustrie zum Geschmeidigmachen des Leders, ferner als Schmieröl; auch zu Beleuchtungszwecken dient das raffinierte Öl. In der Seifenfabrikation, der Jutespinnerei und in der Farbenindustrie werden ziemlich große Mengen des Menhadenöles verbraucht. Das Menhadenöl besitzt eine erhebliche Trockenkraft, die größer ist als die des Mais- und Baumwollensamenöles.

Sardinenöl.

Japanisches Fischöl — Huile de sardine — Huile de Japon — Sardine oil — Japan fish oil — Olio di sardine — Olio di sardine di Giappone.

Vorkommen: Das Sardinenöl kommt in der Sardine, *Clupea Sardinus* L., einem im Mittelmeer vorkommenden Fisch, vor.

Darstellung: Es wird bei der Fabrikation der konservierten Sardinen erhalten, oder durch Auspressen der abgeschnittenen Köpfe der Sardinen hergestellt. Das japanische Sardinenöl wird von einer besonderen Sorte Sardinen gewonnen, der *Clupanodon melanosticta*, und zwar wird das Fleisch dieser Sardinen dazu benutzt. Die Fische werden zerkleinert, mit Wasser ausgekocht und ausgepreßt[1]). Es wird in Japan, Sibirien und Spanien gewonnen.

Physikalische und chemische Eigenschaften: Das Sardinenöl zeigt je nach der Qualität hellgelbe bis gelblichbraune Farbe. Die chemische Zusammensetzung des Sardinenöles ist nachstehende. Die festen Fettsäuren bilden ein Gemenge von Palmitinsäure und Stearinsäure. Die flüssigen Fettsäuren bestehen aus Jecorinsäure, einer den Linolensäuren isomeren Fettsäure von der Formel $C_{18}H_{30}O_2$. Physetölsäure, Ölsäure, Linolsäure und Linolensäure sind nicht vorhanden. Der Gehalt an Clupanodonsäure wurde zu 13,34—14,20 % bestimmt.

	Spezifisches Gewicht bei	Verseifungszahl	Jodzahl nach Wijs (W) nach Hübl (H)	Hehnerzahl	Oleofraktometer bei	Brechungsexponent	Schmelzpunkt	Beobachter
Sardinenöl {	15° C 0,9316—0,9138	194,81—196,16	180,5—187,3 (W)	—	—	1,4802—1,4808	—	Mitsumaru-Tsujimoto
	15° C 0.933	—	193,2 (H)	95,6—97,08	—	—	—	Fahrion
	15° C 0,9279—0,9338	190,6—193,7	156,2—171,3 (H)	—	—	—	—	Bull u. Lillejord
	—	—	—	—	45° C 50—53	—	—	Jean
Japanisches Fischöl {	15° C 0,9272—0,9283	189—191,4	134,1—138,3 (H)	—	—	—	—	Bull u. Lillejord
	15° C 0,916	—	100—164 (H)	95,52—97,04	—	—	—	Fahrion[2])
	15° C 0,916	189,8—192,1	121,5 (H)	—	40° C 56 40° C 61	—	—	} Lewkowitsch
—	—	—	—	—	—	—	20—22	Villon

1) W. Eitner, Dinglers Polytechn. Journ. **258**, 457 [1885].
2) Fahrion, Chem.-Ztg. **17**, 435, 521, 685, 848 [1893]; **23**, 161, 1048 [1899].

Fettsäuren.

	Schmelzpunkt °C	Säurezahl	Mittleres Mol.-Gewicht	Beobachter
Sardinenöl . . . . {	35,4—36,2	—	—	Mitsumaru-Tsujimoto
	27,6—28,2	—	—	Lewkowitsch
	—	177,2—185,2	285,7—299,5	Fahrion
Japanisches Fischöl	—	180,0—189,1	281,7—296,6	Fahrion

Verwendung: Das Öl dient in der Lederindustrie zur Schmierung von Leder, ferner in der Seifen- und Kerzenfabrikation.

Sprottenöl.

Huile d'Esprot — Sprat oil.

In der Sprotte, *Clupea sprattus* Cuv. = *Harengula sprattus* Bl., einem an der Belgischen Küste vorkommenden Fische.

Die Fische enthalten 10—14% Fett.

Darstellung: Die Sprotten werden auf Öl, entweder durch Extraktion oder durch Pressung verarbeitet. Hauptsächlich wird letztere Methode bevorzugt. Dieselbe zerfällt in 4 Phasen: das Kochen des Fisches, Pressen der gekochten Fischmasse, Dekantieren des Öles und Entstearinisieren. Letzterer Vorgang wird durch Abkühlen des Öles auf 0° herbeigeführt.

Physikalische und chemische Eigenschaften: Das Sprottenöl ist von gelber bis brauner Farbe und enthält ca. 3—4% freie Fettsäuren. Der Gehalt an unverseifbaren Substanzen wurde zu 1,36% gefunden.

Spezifisches Gewicht bei 15°C	Säure-zahl	Ver-seifungs-zahl	Jod-zahl	Hehner-zahl	Rei-chert-zahl	Acetyl-zahl	Mau-mené-Probe	Butter-refrakto-meter	Gly-cerin %	Beobachter
0,9274	6,885	194,5	122,5 bis 142	95,1	1,4	8,8	96,5°	bei 25°C 76	10,48	Henseval[1]

Fettsäuren.

Erstarrungs-punkt	Schmelz-punkt	Säurezahl	Verseifungs-zahl	Jodzahl	Acetylzahl	Beobachter
25,4° C	27,9° C	196,3	200,8	147,6	8,4	Henseval

Heringsöl.

Huile de hareng — Herring oil — Olio di Aringhe.

Vorkommen: In dem gemeinen Hering, *Clupea harengus*, oder dem Astrachanhering, *Clupea pontica*.

Dieses Öl kommt selten unter seinem eigentlichen Namen in den Handel; vielmehr findet es sich unter der Bezeichnung Fischöl oder Japantran.

Darstellung: Durch Kochen oder Auspressen. In besonders großem Maßstabe findet die Gewinnung an der Küste Sachalin und in Japan statt.

Physikalische und chemische Eigenschaften: Heringsöl zeigt je nach der Qualität eine hellgelbe bis dunkelbraune Farbe. Es enthält große Mengen freier Fettsäuren, bis 40% wurden beobachtet, während der Gehalt an unverseifbaren Bestandteilen bis 0,99% angegeben wird. In dem Heringsöl wurden 2 ungesättigte Fettsäuren $C_{20}H_{32}O_2$ und $C_{24}H_{40}O_2$ aufgefunden[2]. Auch eine Oxyfettsäure soll vorkommen.

[1] Henseval, Chem. Revue über d. Fett- u. Harzindustrie **10**, 204 [1903].
[2] Bull, Chem.-Ztg. **23**, 996, 1043 [1899].

Herkunft des Öles	Spez. Gewicht bei 15° C	Säurezahl	Verseifungs-zahl	Jodzahl	Brechungs-index	Beobachter
Deutschland	—	44,6	—	123,5	—	Fahrion[1]
England	0,9391	40,2	184,8	132,7	—	
Japan	0,9202—0,9310	10,8—15,7	184,7—193,7	131—142	—	} Bull u. Lillejord[2]
—	0,9215	1,8	170,9	131	—	
—	0,9222	8,2	175,9	141,4	—	
—	0,9251	2,02	190,46	123,44	1,4747	} Mitsumaru-Tsujimoto
—	0,9178	10,42	185,85	103,09	1,4720	

Fettsäuren.

Schmelzpunkt	Ätherunlösliche Fettsäuren	Beobachter
31,5° C	21,7	} Mitsumaru-Tsujimoto
30,5° C	12,68	

Verwendung: Es dient in der Seifenfabrikation zur Herstellung von Schmierseife und besonders in der Lederindustrie.

Lachsöl.

Huile de Saumon — Salmon oil — Olio di Salmone.

Vorkommen: In dem Fleische des Lachses, *Salmo Salar*.

Darstellung: Als Nebenprodukt der Lachskonserven-Industrie besonders in Britisch Columbia wird Lachsöl gewonnen.

Physikalische und chemische Eigenschaften: Lachsöl ist hellgoldgelb, zeigt milden Geruch und angenehmen Geschmack. An freien Fettsäuren wurden 2,5% und an unverseifbaren Bestandteilen 4,4% aufgefunden[3]).

Spez. Gewicht bei	Verseifungs-zahl	Jodzahl	Reichert-Meißlzahl	Butterrefrakto-meter bei	Jodzahl der Fettsäuren	Beobachter
15,5° C 0,92586	182,8	161,41	0,55	{ 25° 78 40° 69,5	197,4	Greiff[3]

Eulachonöl.

Candle fish oil.

Vorkommen: In dem Fleische des an der Küste von Britisch-Amerika und Alaska vorkommenden Eulachon oder Outachon *Thaleicthys pacificus*. Das Fleisch dieses Fisches ist so fettreich, daß es in getrocknetem Zustande wie eine Kerze brennt. Aus diesem Grunde bezeichnen auch die Engländer den Fisch als Candlefish.

Darstellung: Durch Auskochen und Auspressen des Fischfleisches.

Physikalische und chemische Eigenschaften: Das Eulachonöl besteht aus ca. 60% Ölsäure, 20% Palmitin- und Stearinsäure, 13% einer wachsartigen Verbindung und 7% Glycerin; es zeigt bei gewöhnlicher Temperatur salbenartige Konsistenz. Die wachsartige Substanz wurde bei gewöhnlicher Temperatur flüssig gefunden und zeigte bei 15° ein spez. Gewicht von 0,865—0,872. Dieselbe scheint eine dem Walrat ähnliche Zusammensetzung zu haben.

---

[1]) Fahrion, Chem.-Ztg. **23**, 162 [1899].
[2]) Bull u. Lillejord, Chem.-Ztg. **23**, 1043 [1899].
[3]) De Greiff, Chem. Revue über d. Fett- u. Harzindustrie **10**, 223 [1903].

Stichlingsöl.

Huile de trois épines — Stickle back oil.

Vorkommen: Im Fleisch des Stichlings, *Gasterosterus trachurus*.

Spez. Gewicht	Säurezahl	Verseifungszahl	Jodzahl	Hehnerzahl	Unverseifbares	Beobachter
—	21,6	183,2—190,7	162	95,78	1,73	Fahrion[1]

Fettsäuren.

Mittleres Mol.-Gewicht	Schmelzpunkt ⁰ C	Erstarrungspunkt ⁰ C	Beobachter
287,4	—	—	Fahrion

Weißfischöl.

Huile de cyprin — White fish oil — Olio di argentina.

Vorkommen: Im Fleisch der zur Gattung Weißfische (*Leuciscus*) gehörigen Fische.

Spez. Gewicht	Verseifungszahl	Jodzahl	Butterrefraktometer	Brechungsindex	Beobachter
0,9268	201,6	127,4	bei 25° C 76,5	bei 22°C 1,4795	Bull u. Lillejord[2]

Störöl.

Huile d'Esturgeon — Sturgeon oil.

Vorkommen: Im Fleisch des Störs, *Accipenser sturio*.

Spez. Gewicht	Säurezahl	Verseifungszahl	Jodzahl	Unverseifbares	Beobachter
bei 15° C 0,9236	0,23	186,3	125,3	1,78 (mit NaOH)	Bull u. Lillejord[2]

Königsfischöl.

Huile de Chrysotese — Sun fish oil.

Vorkommen: Im Fleisch des Königsfisches *Lampris luna*.

Spez. Gewicht	Säurezahl	Verseifungszahl	Jodzahl	Unverseifbares	Beobachter
0,901	2,15	147,6	102,7	24,12 (mit NaOH)	Bull u. Lillejord[2]

Karpfenöl.

Huile de carpe — Carp oil — Olio di carpione.

Vorkommen: Im Fleisch des Karpfens, *Cyprinus carpio*.

Spez. Gewicht bei	Säurezahl	Verseifungszahl	Jodzahl	Beobachter
27,2° C 0,917	—	202,3	84,3	Zdarek[3]

Fettsäuren.

Mittleres Mol.-Gewicht	Erstarrungspunkt	Schmelzpunkt	Beobachter
277,7	28° C	33,4	Zdarek

[1] Fahrion, Chem.-Ztg. **23**, 162 [1899].
[2] Bull u. Lillejord, Chem.-Ztg. **23**, 1043 [1899].
[3] Zdarek, Zeitschr. f. physiol. Chemie **39**, 460 [1903].

Weniger bekannte Fischöle.

	Französischer Name	Englischer Name	Tiername	Spezifisches Gewicht bei	Säure- zahl	Verseifungs- zahl	Jodzahl	Unver- seifbares	Beobachter
—	Huile de Centrolophe pompile	Black fish body oil	Centrolo- phus pompilus	15° C 0,9266	0,75	203,4	126,9	2,01 (mit NaOH)	Bull u. Lillejord
Hoiöl	—	Hoi oil	—	15° C 0,9186	—	164,7	116,60	15,06	Mann
—	—	Brusmer oil	Brosmius brosma	15,5°C 0,9222 bis 0,9230	0,3 bis 1,0	180,4 bis 183,0	130,1 bis 138,0	—	Liverseege
Zitter- rochenöl	Huile de torpille	Cramp fish oil	Torpedo marmorata	0,909	0,79	148,2	107,3	21,9	Bull u. Lillejord

Leberöle.

Dorschlebertran.

Kabeljauleberöl — Kabeljaulebertran — Stockfischleberöl — Huile de foie de morue — Huile de Bergen — Cod liver oil — Olio di fegato di merluzzo.

Vorkommen: In den Lebern der zur Familie der Weichflosser gehörenden Schellfische, *Gadus Morrhua* L. = *Asellus Major* Plin., besonders des Stockfisches und des Dorsches.

Der Stockfisch oder Kabeljau findet sich in allen Meeren der nördlichen Hemisphäre. Vornehmlich an den Küsten Frankreichs, Englands und Neufundlands und besonders in den norwegischen Gewässern finden sich ungeheure Mengen dieses Fisches. Der Dorsch, *Gadus Callarius* L. = *Asellus striatus* Plin., ein dem Stockfisch ähnlicher Fisch, dient ebenfalls zur Herstellung des Lebertranes.

Nach neueren Untersuchungen soll derselbe nur die Jugendform des Kabeljaus darstellen, keine eigene Spezies.

Auch die Lebern des Ling, *Gadus Molva* L. = *Lota Molva* Cuv. = *Molva vulgaris* Lep, ferner des eigentlichen Schellfisches (*Gadus aeglifinus* L.), des Merlen (*Gadus Merlangus* L. = *Merlangus vulgaris* Cuv.), des Köhlers- oder Kohlfisches (*Gadus carbonarius*), des See- oder Meerhechtes (*Merluccius vulgaris* = *Merluccius communis*) und des Pollacks (*Merlangus Pollachius* Cuv.) kommen für die Herstellung von Lebertran in Frage. Der Fettgehalt der Lebern ist großen Schwankungen unterworfen, ebenso die Ausbeute an Lebertranen.

Die im Januar und Februar gefangenen Fische zeigen einen bedeutend höheren Fettgehalt der Lebern als die zu späteren Zeitpunkten gefangenen Fische. Es finden sich Schwankungen zwischen 20% und 57,5%.

Darstellung: Während die Verarbeitung der Fischlebern früher auf sehr primitive Weise geschah, indem man die gesammelten Lebern der gefangenen Stockfische in Fässern sammelte und durch Zerfallenlassen der Lebern den Tran gewann, benutzt man heute die sogenannten Wasser- oder Dampfschmelzen, die darin bestehen, daß die Lebern in einem großen Wasserbad oder durch direktes Ausschmelzen in doppelwandigen, mit Dampf erhitzten Gefäßen ausgeschmolzen werden.

Zur Gewinnung des natürlichen Medizinallebertranes werden die Lebern in offenen Fässern gesammelt und hier einer natürlichen Zersetzung überlassen. Aus dem Zellgewebe tritt bald ein Teil des Fettes aus und sammelt sich an der Oberfläche, von der es abgeschöpft und in Fässern gesammelt wird. Die zuerst gewonnenen Öle sind hell, die Nachprodukte dunkler. Schon beim Abschöpfen wird eine Sortierung nach Geschmack und Farbe vorgenommen.

Bei dem durch den natürlichen Zerfall der Lebern gewonnenen Trane werden 3 Sorten im Handel unterschieden.

1. Helles Leberöl,
2. Hellbraunblankes Öl,
3. Braunblankes Öl.

Helles Leberöl und hellbraunblankes Leberöl werden beide in der Pharmazie verwendet. Wie oben erwähnt, werden zurzeit große Mengen von Medizinallebertran durch Erhitzen der Lebern mittels Dampfes dargestellt, sogenanntes Dampfleberöl. Hierzu werden ganz frische Lebern benutzt, welche dem lebend ans Land gebrachten Kabeljau entnommen und noch am selben Tage gedämpft werden.

Das braunblanke Öl des Handels wird gewonnen aus den Lebern von Kabeljaus, die nicht lebend ans Land gebracht werden; letztere werden in den Fischerbooten aufgeschnitten, die Lebern herausgenommen und in mehr oder weniger gefaultem Zustande an Land gebracht. Für Medizinalzwecke ist solches Öl völlig unbrauchbar und findet nur in der Lederindustrie ausgedehnte Verwendung.

Das durch Auskochen der Lebern bei hoher Temperatur gewonnene rohe Leberöl enthält große Mengen Stearin, welches durch Filtration getrennt wird, besonders im Winter und als Fischstearin oder Fischtalg in der Seifenfabrikation oder Gerberei Verwendung findet.

Im Handel finden sich noch eine ganze Reihe von besonderen Marken des Lebertranes; es sei nur an norwegisches Leberöl, oder neufundländisches Leberöl usw. erinnert. Bis vor kurzem gelangte fast aller Medizinallebertran aus Norwegen; in letzter Zeit kommen auch aus Neufundland, Irland und den Farörinseln Medizinallebertrane in den Handel.

Physikalische und chemische Eigenschaften: Der Dorschlebertran stellt je nach der Qualität eine hellgelbe bis braune Flüssigkeit dar, deren Geruch ebenfalls wechselt von einem schwachen, nicht direkt unangenehmen charakteristischen bis zu einem starken, an Tran erinnernden. Denselben Schwankungen unterliegt übrigens auch der Geschmack der Lebertransorten.

Was die chemische Zusammensetzung des Dorschlebertranes angeht, so gehen die Meinungen noch ziemlich weit auseinander. Neuere Untersuchungen stellten fest, daß der Lebertran ein Gemenge verschiedener Glyceride darstellt. So wurden von Glyceriden fester Fettsäuren die der Palmitin-, Myristin- und Stearinsäure in großen Mengen isoliert. Von ungesättigten Säuren konnte mit Sicherheit nur eine Säure $C_{16}H_{30}O_2$ vom Schmelzp. —1°, ferner Ölsäure, Gadoleinsäure $C_{20}H_{38}O_2$ vom Schmelzp. 24° und Erucasäure festgestellt werden. Auch werden Essigsäure, Buttersäure, Valerian- und Caprinsäure als Bestandteile des Lebertranes angegeben, doch finden sich auch Angaben, welche diese flüchtigen Säuren als sekundäre Entstehungsprodukte bei der Fäulnis der Lebern ansehen, wodurch auch eine Erklärung dafür gegeben ist, daß diese flüchtigen Fettsäuren in den feineren Lebertranen fehlen. Von stärker ungesättigten Fettsäuren wurden im Dorschlebertran beschrieben die Assellinsäure $C_{17}H_{32}O_2$ [1]. Auch finden sich Anhaltspunkte, daß die Therepinsäure $C_{17}H_{26}O_2$ im Lebertran enthalten ist, und zwar schloß man darauf aus der Existenz des Oktobromids, welches beim Bromieren der flüssigen Fettsäuren erhalten wurde. Auch Fettsäuren der Reihe $C_nH_{2n}-_6O_2$ kommen vor, dieselben sind aber verschieden von der Linolensäure.

Was das Vorkommen von Morrhuinsäure $C_9H_{13}NO_3$ anbetrifft, so bedarf dies noch einer weitgehenden Nachprüfung. Freie Fettsäuren sollen nur in geringen Mengen im Lebertrane vorkommen.

Unverseifbare Substanzen sind in dem mit Dampf ausgelassenen Lebertran 0,5—1%, in den technischen Ölen 1,5—3% aufgefunden worden. Als chemische Bestandteile derselben wurde im Lebertran Cholesterin aufgefunden. Die Menge variiert zwischen 0,46—1,32%. Als Durchschnittszahlen wurden angegeben 0,3%. Neuere Untersuchungen lassen darauf schließen, daß die Anwesenheit von unverseifbaren Substanzen in den letzten Jahren gestiegen ist, wodurch sich auch der Verdacht begründet, daß eine Verfälschung mit anderen Ölen vorzuliegen scheint. Weiterhin wurde im Dorschlebertran nachgewiesen: Butylamin, Isoamylamin, Hexylamin, Dihydrolutidin, Morrhuin $C_{19}H_{27}N_3$ und Assillin $C_{25}H_{32}N_4$. Spontan aus den Lebern ausfließendes Öl enthält nur geringe Menge von Ptomainen. Braunblanke Leberöle enthalten dagegen organische Basen und zwar bis zu einem Gehalt von 0,035—0,05%. Die erhöhte Anwesenheit dieser Basen, die zugleich mit dem Cholesterin bestimmt werden, scheinen die beträchtlichen Mengen des Unverseifbaren, eine Beobachtung, die von einigen Forschern gemacht wurde, zu bedingen, was einer übermäßigen Menge dieser Basen zuzuschreiben ist. Eiweißartige Körper, welche in geringer Menge im Leberöl aufgefunden wurden, müssen als Sekundärprodukte angesehen werden. Die von früheren Beobachtern angegebene Anwesenheit von Gallenfarbstoffen wurde nicht bestätigt. Die färbende Substanz des Dorschleberöles gehört nach neueren Untersuchungen zu den Lipochromen. Eisen, Mangan, Phosphorsäure, Calcium, Magnesium, Natrium, Chlor, Brom und Jod sind ebenfalls in geringen Mengen im Leberöl aufgefunden worden.

---

[1] Fahrion, Chem.-Ztg. **17**, 521 [1893].

Spezifisches Gewicht bei	Verseifungszahl	Jodzahl	Hehnerzahl	Erstarrungspunkt °C	Maumené-Probe	Butterrefraktometer	Oleorefraktometer bei 22°C	Brechungsindex	Beobachter
15° C 0,922—0,927	—	—	—	—	—	—	—	—	Kreml[1]
20° C 0,9202—0,9246	183,8—186,0	148,7—174,7	—	—	—	bei 25° C 75—78	—	—	Bull[2]
20° C 0,9223—0,9240	183,9—186,7	156,4—165,8	—	—	—	bei 25° C 76—78,5	—	—	Bull[3]
20° C 0,9218—0,9235	185,3—186,5	154—165,1	—	—	—	bei 25° C 76—78	—	—	Bull[4]
20° C 0,9217—0,9220	184,4—184,7	157,5—158,0	—	—	—	—	—	—	Bull[5]
15° C 0,9243—0,9273	—	151,6—168,0	—	—	—	—	—	—	Bull[6]
15° C 0,9240—0,9273	183—185,4	148—164,7	—	—	—	—	—	—	Bull[7]
15° C 0,9263	186,2	135	—	—	—	—	—	—	Bull[8]
15,5° C 0,923—0,930 99° C 0,8742	} 182—187	—	—	—	113°	—	—	—	Allen
15,5° C 0,9249—0,9265	—	158,7—166,6	—	—	—	—	—	—	Thomson u. Ballantyne
15° C 0,9228	—	134,8	—	—	—	—	—	—	Bull u. Sörvig[9]
—	—	135—167	95,3	—	—	—	40,3—48	—	Lewkowitsch
—	—	154,5—181,3	—	—	—	—	—	—	Wijs
—	—	153,5—168,4	—	—	—	—	—	—	Parry u. Sage
—	—	—	96,5	—	—	—	—	—	Fahrion[10]
—	—	—	95,12 bis 95,14	—	—	—	—	—	Bull u. Koch[11]
—	—	—	95,72	—	—	—	—	—	Bull u. Koch[12]
—	—	—	—	—	116°	—	—	—	Baynes
—	—	—	—	—	—	bei 15° C 81,3—86,7	—	1,4769 bis 1,4800	Utz
—	—	—	—	—	—	bei 20° C 77,5—83,2	—	—	Utz
—	—	—	—	—	—	bei 25° C 75	—	—	Mansfeld
—	—	—	—	—	—	bei 40° C 71	—	—	Mansfeld
—	—	—	—	—	—	—	38—53	—	Jean
—	—	—	—	—	—	—	38—40	—	Carcano
—	—	—	—	—	—	—	40—46	—	Pearmain
—	—	—	—	—	—	—	43,5—45	—	Dowzard
—	—	—	—	0 bis —10	—	—	—	—	Salkowski
—	—	176,9	—	—	—	—	—	—	Harvey
—	—	154,5	—	—	—	—	—	—	Harvey
—	—	—	—	—	—	—	—	1,4800 bis 1,4852	Strohmer
—	—	—	—	—	—	—	—	1,4621	Thörner
—	—	—	—	—	Spezifische Temperatur-Reaktion 243—272	—	—	—	Thomson u. Ballantyne
—	—	165,9	—	—	—	bei 25° C 78—79	—	—	Lewkowitsch
—	—	—	—	—	—	bei 40° C 68,5—70,5	—	—	
—	—	—	—	—	—	bei 25° C 77—80	—	—	
—	—	—	—	—	—	bei 40° C 68—71	—	—	
—	—	—	—	—	—	bei 25° C 75	—	—	
—	—	—	—	—	—	bei 40° C 60	—	—	

[1]) Medizinalöl.   [2]) Reines Dampfleberöl.   [3]) Helles natürliches Medizinalöl.
[4]) Blankes natürliches Medizinalöl.   [5]) Braunblankes natürliches Medizinalöl.
[6]) Reines Dampfleberöl.   [7]) Reines, blankes Medizinalöl.
[8]) Japanisches Dampfleberöl.   [9]) Deutscher Medizinallebertran.
[10]) Medizinalöl.   [11]) Medizinalöl.   [12]) Dampfleberöl.

Fettsäuren.

Art des Öles	Erstarrungspunkt °C	Schmelzpunkt der festen Fettsäuren °C	Neutralisationszahl	Mittleres Molekular-Gewicht	Jodzahl	Brechungsexponent	Beobachter
Medizinal . . .	17,5—18,4	—	—	—	—	—	Lewkowitsch
Coast cod. . .	18,7—19,3	—	—	—	—	—	
Norwegiges . .	13,3—13,9	—	—	—	—	—	
Dunkel, nicht filtriert . .	22,5—24,3	—	—	—	—	—	
—	—	21—25	—	287,6-292,5	164,9-170	—	Parry u. Sage
—	—	—	204,4	—	—	—	Dieterich
—	—	—	207	—	130,5	1,4521	Thörner

Eisen, Mangan und Phosphorsäure sollen mit den Albuminaten verbunden sein zu einer dem Lecithin ähnlichen Substanz, bei deren Verseifung Phosphorsäure, Glycerin und Morrhuinsäure entstehen. Der Gehalt an Jod, dem früher der therapeutische Wert des Lebertranes zugeschrieben wurde, ist aus nachstehender Tabelle ersichtlich:

Art des Öles	Jod in Proz.	Beobachter
hell	0,02	Andres
gelb	0,031	Andres
,,	0,00138—0,0434	Stanford
,,	0,0002	Heyerdahl

Lebertran unterliegt sehr häufig Verfälschungen und sind es besonders Fischtrane, Lein- und Baumwollsamenöl, ferner Rapsöl, auch andere Leberöle, die zu solchen Fälschungszwecken dienen.

Was die Untersuchung von Medizinallebertran angeht, so liefern die Säurezahl, die Jodzahl und auch die Reichert - Meißlsche Zahl bemerkenswerte Anhaltspunkte. Die Menge der unverseifbaren Substanz soll in der Regel 1,5% nicht überschreiten und gibt auch diese Feststellung Hinweise auf Zusatz anderer Leberöle, z. B. Haifischleberöl, welches einen hohen Gehalt an Walrat enthält.

Während der Gehalt an unverseifbaren Substanzen im Dorschleberöl zwischen 0,5 und 2,68 schwankt, steigt derselbe in anderen Leberölen bedeutend.

Leberöle	Farbe	Unverseifbares %	Beobachter
Haifischleberöl . . .	gelb, mit Dampf hergestellt	5,27	Fahrion
—	rötlich	4,44	
—	gelb	1,24	
—	gelblichrot	0,93	
japanisch	—	2,82	Allen
—	rot	8,70	
—	raffiniert	0,70	
—	—	10,25	
—	—	17,30	
—	—	10,34	
Seymus borealis	hellgelb	10,20	Lewkowitsch
japanisch	—	14,4—21,5	Bull
Sejleberöl	—	6,52	Mann
Thunfischleberöl . .	—	1,0—1,8	Fahrion
Lengleberöl	—	2,23	Bull
Schellfischleberöl. .	—	1,1	Lewkowitsch

Weniger bekannte Leberöle.

Leberöl von	Französischer Name	Englischer Name	Italienischer Name	Tiername	Spez. Gewicht bei	Verseifungszahl	Jodzahl	Hehnerzahl	Oxydierte Säuren	Mittleres Mol.-Gewicht der Fettsäuren	Acetylzahl	Säurezahl	Unverseifbares %	Brechungsexponent Öl bei	Brechungsexponent Fettsäuren bei	Beobachter
Meerengelleberöl	—	Skate liver oil	Olio di fegato di squadro angelo	Squatina vulgaris	15° C 0,9307	185,4	157,3	94,7	—	—	10,6	—	0,97	—	—	Lewkowitsch
Thunfischleberöl	Huile de foie de thon	Tunny liver oil	Olio di fegato di tonno	Thynnus vulgaris	—	—	155,9	95,79	3,11	290	—	0,2—34	1—1,8	—	—	Fahrion
Schellfischleberöl	—	Haddock liver oil	—	Merluccius aeglefinus	15° C 0,9298	188,8	154,2	93,3	—	—	—	—	1,1	—	—	Lewkowitsch
Sejleberöl	Huile de foie de merlan	Coal fish liver oil	Olio di fegato di merlango	Gadus merlangus vireus	15,5° C 0,934	193,0	179	—	—	—	—	—	—	25° C 84 / 48° C 74,3	40° C 60,7	Liverseege
					15° C 0,9272	186,1	139,1	—	—	—	—	1,21 bis 1,68	—	—	—	Mann
					0,925	177—181	123—137	—	—	—	—	7,2—21,6	—	—	—	Bull
					—	—	137—162	—	—	—	—	2,8	6,52	—	—	Kreml
Lengleberöl	Huile de foie de lingue	Ling liver oil	—	Molva vulgaris	15° C 0,9200	184,1	132,6	—	—	—	—	10,9	2,23	—	—	Bull
					15,5° C 0,9230	188,0	133,0	—	—	—	—	—	—	25° C 74 / 40° C 65	—	Liverseege
Haifischleberöl	Huile de foie de requin	Shark (Arctic) liver oil	Olio di fegato di pesce caul	Scymnus borealis	15° C 0,9163	161	114,8	86,9	—	—	11,9	—	10,2	—	—	Lewkowitsch
—	—	Shark (Arctic) liver oil	—	—	0,9105 bis 0,9130	146,1 bis 148,5	111,9 bis 114,9	—	—	—	—	2,6—6,2	20,8 bis 21,8	—	—	Bull
		Shark (Japan) liver oil	—	—	0,9156 bis 0,9177	163,4 bis 163,5	128,3 bis 136	—	—	—	—	0,88—1,5	14,4 bis 21,5	—	—	Bull
		Shark (Japan) liver oil	—	—	0,9158	157,2	90	—	—	—	—	—	—	—	—	Bull
Rochenöl	Huile de foie de raie	Ray liver oil	Olio di fegato di razza	Rajaclavata (batis)	15,5° C 0,9280	—	—	—	—	—	—	—	—	—	—	Eitner
Seehechtleberöl	—	Hake liver oil	Olio di fegato di lucio marino	Merluzzius communis (vulgaris)	15,5° C 0,9270	—	—	—	—	—	—	—	—	—	—	Eitner

Das Unverseifbare besteht fast nur aus Cholesterin.

Mineralöle lassen sich leicht durch Bestimmungen des Unverseifbaren und Untersuchungen der letzteren Substanzen nachweisen.

Vegetabilische Öle werden am besten durch die Phytosterinacetatprobe aufgefunden. Auch bietet die Hexabromidprobe einen guten Anhaltspunkt zum Nachweis vegetabilischer Öle, besonders des Leinöles.

Zur Unterscheidung der Fischöle und Trane von dem Leberöl sind eine Reihe von Farbreaktionen empfohlen worden. Es sei erwähnt, die Cholesterinprobe von Hager-Salkowski, welche auch in dem deutschen Arzneibuch als Identitätsreaktion aufgeführt ist. Nach Lewkowitsch ist übrigens diese Reaktion als Identitätsreaktion nicht anzusehen, da auch andere Leberöle dieselbe blaue violette Färbung geben. Sowohl ranzige Dorschleberöle, als auch andere Leberöle zeigen in ranzigem Zustande nicht die violettblaue Farbe, sondern geben die rote Farbe sofort.

Verwendung: Dorschlebertran bildet ein sehr geschätztes Heilmittel, die besseren Sorten dienen bei verschiedenen Krankheitszuständen zur Hebung der Ernährung und des Kräftezustandes des Körpers. Wegen des für viele Personen unangenehmen Geschmackes wird der Medizinallebertran häufig mit einem Geschmackskorrigens versetzt. So wird z. B. Brauselebertran, worunter man ein mit Kohlensäure unter Druck gesättigtes Dorschleberöl versteht, verwendet. Ferner findet sich eine Lebertranemulsion im Handel. In der Gerberei und verschiedenen anderen Industriebetrieben findet Lebertran, wenigstens die geringeren Sorten desselben, große Verwendung. Auch zur Seife wird er speziell in Rußland verarbeitet.

Der therapeutische Wert des Lebertranes wird durch die in demselben enthaltenen Fettsäuren bedingt und nicht durch den Jodgehalt, wie man früher annahm. Der Lebertran wird leicht emulgiert, gespalten und verdaut.

Trane.

Robbentran.

Seehundstran — Huile de phoque — Seal oil — Olio di foca.

Vorkommen: In dem Speck verschiedner Robbenarten (*Pinnipedia*) wie *Phoca vitulina*, *Phoca groenlandica*, *Phoca lagura*, *Phoca caspica*.

Darstellung: Zur Gewinnung des Robbentranes werden in Streifen geschnittene Speckteile in größeren Behältern aufgehängt, wobei das Öl durch den Eigendruck und die fortschreitende Fäulnis von selbst ausfließt. Ein Auskochen des Speckes liefert geringwertigere Trane.

Physikalische und chemische Eigenschaften: Die Farbe des Robbentranes schwankt nach der Gewinnungsmethode und der Beschaffenheit des Rohmaterials von Wasserhell bis Dunkelbraun. Im Handel unterscheidet man wasserhellen, strohgelben, gelben und braunen Robbentran. Die dunkelste Sorte ist am längsten mit dem Zellgewebe in Berührung gewesen und bei der höchsten Temperatur ausgeschmolzen. Die Fettsäuren des Tranes des kaspischen Seehundes bestehen aus 17% festen und 83% flüssigen Fettsäuren. Erstere bestehen aus Palmitin- und Stearinsäure, letztere aus Öl- und Physetölsäure. Das Vorkommen von Linolsäure konnte durch neuere Untersuchungen nicht bestätigt werden. In einem nordischen Robbentran wurde eine ungesättigte flüssige Fettsäure von hohem Jodabsorptionsvermögen aufgefunden. Die Bildung erheblicher Mengen ätherunlöslicher Fettsäurebromide (27,54—27,92) deuten auf stark ungesättigte Fettsäuren hin. Die Menge der freien Fettsäuren schwankt, ebenso der Gehalt an unverseifbaren Substanzen.

Fettsäuren.

Erstarrungspunkt °C	Schmelzpunkt °C	Neutralisationszahl	Brechungsexponent bei	Beobachter
15,5—15,9 (Titer)	—	—	—	Lewkowitsch
—	22—23	190,4—196,0	—	Chapmann u. Rolfe
—	—	—	40° C 49,7	Liverseege
17	14	196,5	20° C 74	
13—44	—	196—198	35° C 62,3	Schneider u.
—	—	—	20° C 74,1	Blumenfeld
—	—	—	35° C 64,3	

Spezifisches Gewicht bei	Verseifungszahl	Jodzahl	Hehnerzahl	Reichert-Meißlzahl	Maumené-Probe	Unverseifbares	Oleo-refraktometer	Butter-refraktometer	Beobachter
15° C 0,925	178—179	127—128	95,45	—	—	—	—	—	Kremel
15° C 0,9249—0,9270	183,9—190,5	148,4—159,4	94,7—95,46	—	—	0,6—0,65	—	—	Bull
15° C 0,9249—0,9263	190,7—196,2	129,5—141	92,8—94,2	0,07—0,22	—	—	—	—	Chapmann u. Rolfe
—	—	146,2	95,96	—	—	0,79	—	—	Fahrion
99° C 0,8733	—	—	—	—	—	—	—	—	Allen
15,5° C 0,9240—0.9240	—	—	—	—	92°	—	—	—	Allen
15,5° C 0,9244—0,9261	189,3—192,8	142,2—152,4	—	—	212—229°	0,38—0.50	—	—	Thomson u. Ballantyne
—	—	130,6	—	—	—	—	—	bei 25° C 74,0	Lewkowitsch
—	189—196	—	—	—	—	—	—	—	Stoddart u. Deering
—	—	—	—	—	—	—	8	—	Jean
—	—	—	—	—	—	—	15	—	Jean
—	—	—	—	—	—	—	30—36	—	Pearmain
—	—	—	—	—	—	—	32	—	Dowzard
—	—	—	—	—	—	—	—	bei 25° C 72,7	Liverseege
—	—	—	—	—	—	—	—	bei 40° C 64,0	Liverseege
15° C 0,9325	188,2	184,8	—	1,12—1,69	—	—	—	bei 20° C 85,9—87	Schneider u. Blumenfeld
15° C 0,9321—0,9336	188,5—189	191,4—193,3	—	0,96—1,55	—	—	—	bei 35° C 75,3—78,4	
—	—	162.6	—	—	—	—	—	bei 25° C 76,2	Thomson u. Dunlop
—	—	147,5	—	—	—	—	—	bei 25° C 74,0	Lewkowitsch

Verwendung: Robbenöl dient als Brennöl in Leuchttürmen; auch findet es in der Lederindustrie und der Seifenfabrikation Verwendung. Südseetrane und die stearinfreieren Archangeltrane werden gern zu Schmierölen verarbeitet. Robbentrane unterliegen häufig der Verfälschung mit Mineral- und Harzölen. Der Nachweis dieser Fälschungen ist sehr schwer, da weder die Jodzahl noch die Hexabromidprobe sichere Anhaltspunkte bieten.

Walfischtran.

Huile de baleine — Whale oil — Olio di balena.

Vorkommen: Walfischtran wird aus dem Speck verschiedener Walarten gewonnen; besonders dient hierzu der grönländische, echte oder Norwal (*Balaena mysticetus* L.), der im Nördlichen Eismeere, im Stillen Ozean und im Südlichen Eismeere vorkommt. Außerdem werden der sogenannte Südwal, im Stillen Ozean und Südlichen Eismeere lebend (*Balaena australis* Desmond = *Balaena antarctica* Loth), ferner der Schnabelfinnfisch (*Balaenoptera borealis*) zwecks Trangewinnung gefangen. Das Öl, das von dem grönländischen Walfisch geliefert wird, ist streng genommen als echter Walfischtran zu bezeichnen. Heute versteht man aber unter Tran einen generellen Namen und faßt daher auch die Trane der anderen Seetiere in diese Gruppe zusammen.

Darstellung: Die Gewinnung des Tranes aus dem Walspeck wird nicht mehr wie früher ausschließlich auf den Walfischfängern vorgenommen, sondern die europäischen Walfischfänger lassen ihre Beute in besonderen Fettschmelzereien auf den Lofoten oder in Finnmarken ausschmelzen. Auf den amerikanischen Walfischdampfern wird der Speck direkt an Bord ausgeschmolzen. Die Ausbeute an Tran, ebenso die Qualität desselben wechselt, bedingt durch die maschinellen Einrichtungen der Fabriken.

Zum Auskochen des zerkleinerten Speckes bedient man sich jetzt fast durchgängig des Dampfes. Nur auf kleinen amerikanischen Schiffen wird noch über freiem Feuer ausgeschmolzen. Je nach der Höhe der Temperatur, bei welcher der Tran gewonnen wird, unterscheidet man im Handel verschiedene Qualitäten, welche sich durch ihren Gehalt an freien Fettsäuren voneinander unterscheiden. Die besten Qualitäten sind wasserhell und nahezu frei von freien

Fettsäuren und flüchtigen Fettsäuren. Durch Raffinierung und Entfernung des Stearins, welches unter dem Namen **Walfischtalg** (Whale Tallow) speziell zur Seifenfabrikation in den Handel gebracht wird, werden die etwas geringwertigeren Qualitäten gereinigt. Der Gehalt an freien Fettsäuren steigt mit der Abnahme der Qualität. Die bei höherem Druck ausgekochten Öle zeigen eine dunkelbraune Farbe und einen stark ausgesprochenen Fischgeruch. Die Knochen werden in ähnlicher Weise verarbeitet. Auch das fetthaltige Walfleisch wird in zerkleinertem Zustande auf Tran verarbeitet.

Physikalische und chemische Eigenschaften: Die Trane zeigen verschiedenartige Farben, welche von der Art der Herstellung und von der Zeit, die zwischen dem Töten des Walfisches und dem Auskochen des Speckes liegt, abhängig ist.

Es kommen im Handel Trane von gelber Farbe bis zum Tiefdunkelbraun vor. Die Tranfettsäuren sind bisher noch nicht in genügender Weise aufgeklärt. Das durch Ausfrieren ausgeschiedene Stearin besteht zum großen Teil aus Palmitin; in frisch ausgekochtem Tran kommen flüchtige Fettsäuren nicht vor. In der Literatur finden sich Angaben über die Anwesenheit von Säuren der Ölsäurereihe, wie Erucasäure, Gadoleinsäure, Ölsäure und Margarolsäure, doch bedürfen diese Angaben alle der Nachprüfung. Durch neuere Versuche, die besonders von **Hehner** und **Mitchell**, ferner von **Walker** und **Warburton** und **Tsujimoto** ausgeführt wurden, konnte nachgewiesen werden, an der Hand der erhaltenen bromierten Glyceride, daß in dem Tran nur wenige Prozente von Fettsäuren der Zusammensetzung $C_nH_{2n-8}O_2$ oder $C_nH_{2n-10}O_2$ enthalten sind. Die erhaltenen Bromide waren ätherunlöslich und bei 200^c noch nicht geschmolzen. Clupanodonsäure wurde zu $8,39\%$ aufgefunden. Flüchtige Fettsäuren sind nicht vorhanden. Die Menge der unverseifbaren Bestandteile wechselt mit der Qualität des Tranes. Je größer die Menge der unverseifbaren Bestandteile, desto geringer ist die Qualität des Tranes. Es ist zurzeit sehr schwer, Waltran von dem Tran anderer Seetiere zu unterscheiden. Nur Geruch und Geschmack geben einigermaßen sichere Anhaltspunkte. Waltran unterliegt der Verfälschung mit Harzöl, dessen Nachweis durch Bestimmung der unverseifbaren Substanzen zu führen ist.

Spezifisches Gewicht bei	Verseifungszahl	Jodzahl	Reichertzahl	Hehnerzahl	Maumené-Probe	Oleorefraktometer	Butterrefraktometer	Beobachter
15° C 0,9170—0,9272	—	136,0	—	—	—	—	—	Bull
15,5° C 0,9307	bis 224,4	—	—	—	91° C	—	—	Allen
15,5° C 0,9221 bis 0,9225	187,9 bis 194,2	121,3 bis 127,7	—	—	—	—	—	Schweitzer u. Lungwitz
					Spezifische Temperat.-Reaktion			
15° C 0,9193	188,8	110,1	—	—	157	—	—	Thomson u. Ballantyne
—	193,1	—	—	—	—	—	—	Deering
—	188,5	—	—	—	—	—	—	Stoddart
—	188,5	117,7	0,7—2,04	93,5	—	bei 25° C 68	—	Lewkowitsch
—	—	—	—	—	—	bei 40° C 59	—	Lewkowitsch
—	—	—	—	—	85—86	—	—	Dobb
—	—	—	—	—	92	—	—	Archbutt
—	—	—	—	—	61	+30,5	—	Jean
—	—	—	—	—	—	+42 bis +48	—	Pearmain
—	—	—	—	—	—	—	bei 25° C 65	Liverseege
—	—	—	—	—	—	—	bei 40° C 56	Liverseege
						Brechungsindex bei 20° C		
15,5° C 0,9254	192,6	146,6	—	—	—	1,4762	—	Tsujimoto

	Spezifisches Gewicht bei 15° C	Säurezahl	Verseifungszahl	Jodzahl	Unverseifbares	Beobachter
Echter Südwaltran, amerik.	0,9275	0,56	183,1	136,0	1,46	Bull u. Lillejord
Waltran Nr. 1, roh, Finnmarken	0,9181	0,86	188,6	104,0	2,36	—
Raffiniert Glasgow	0,9214	1,4	184,7	113,2	2,33	—
Grönländer Waltran, raffiniert amerikanisch	0,9234	1,9	185,0	117,4	2,11	—
Roher, heller Waltran, amerik.	0,9222	2,5	183,9	127,4	1,37	—
Waltran Nr. 2, roh, Finnmarken	0,9182	3,6	188,3	—	3,3	—
Gelber Waltran, raffiniert Glasgow	0,9232	10,6	185,9	110,0	1,89	—
Waltran Nr. 3, raffiniert, Finnmarken	0,9162	26,5	185,7	96,0	2,42	—
Brauner Waltran, raffiniert Glasgow	0,9272	37,2	160,0	125,3	3,22	—
Waltran Nr. 4, roh, Finnmarken	0,9205	58,1	182,1	89,0	3,4	—
Dunkler Waltran, raffiniert Glasgow	0,9170	98,5	178,3	103,1	3,03	—

Fettsäuren.

Spezifisches Gewicht bei	Erstarrungspunkt ° C	Schmelzpunkt ° C	Jodzahl	Jodzahl der flüssigen Fettsäuren	Butterrefraktometer bei 40° C	Beobachter
$\frac{100°\,C}{100°\,C}$ 0,8922	—	—	—	—	—	Archbutt
—	22,9—23,9 (Titer)	—	—	—	—	Lewkowitsch
—	—	27	—	—	—	Jean
—	—	14—15	—	—	—	
—	—	16	130,3—132	—	—	Schweitzer
—	—	16,2	—	—	—	u. Lungwitz
—	—	18	—	—	—	
—	—	—	—	147,7	—	Clapham
—	—	—	—	—	43,3	Liverseege

Verwendung: Waltrane werden in der Lederindustrie, zur Herstellung von Degras, als Beleuchtungsmittel, als Schmiermittel und zum Einfetten von Jute- und Hanffasern vor dem Verspinnen benutzt. Die hellen Marken dienen auch zur Seifenfabrikation. Es ist beinahe unmöglich, den aus diesem Produkte hergestellten Seifen den Trangeruch zu nehmen. Aus diesem Grunde erfreuen sich die Trane keines allzu großen Ansehens in der Seifenindustrie.

Delphintran.

Huile de dauphin — Dolphin Oil — Blackfish Oil — Olio di delfino.

Vorkommen: Delphintran wird aus dem Speck des schwarzen Delphins (*Delphinus globiceps* Lam. = *Globicephalus globiceps* B. = *Phocaena melas* Trail.) gewonnen.

Darstellung: Delphintran wird in derselben Weise wie die übrigen Transorten durch Ausschmelzen des Speckes gewonnen.

Physikalische und chemische Eigenschaften: Delphintran zeigt gelbe Farbe und scheidet beim Stehen bei Temperaturen zwischen 3 und 5° Walrat (Palmitinsäurecethyläther) aus. Außerdem zeichnet sich der Delphintran durch den hohen Gehalt an flüssigen Fettsäureglyceriden aus (Valeriansäuretriglycerid). In einem Trane wurden 14,3% einer Säure gefunden, deren Jodzahl 285,5 betrug und deren Verseifungszahl 312 war. Besonders der Tran des Kopfes und des Kinnbackenspeckes ist durch den hohen Gehalt an flüssigen Glyceriden ausgezeichnet. Letzterer Tran ist klar, dünnflüssig und von hellgelber Farbe und nicht unangenehmem Geruch.

	Spez. Gewicht bei 15° C	Erstarrungspunkt	Verseifungszahl	Jodzahl	Reichertzahl	Hehnerzahl	Brechungsindex	Butterrefraktometer	Beobachter
Körperöl . .	0,9266	—	203,4	126,9	—	—	—	—	Bull
—	—	Scheidet zwischen 5 u. —3° C Walrat ab	—	—	—	—	—	—	Schädler
—	—	—	197,3	99,5	5,6	93,07	—	—	Moore
—	—	—	—	—	—	—	bei 15° C 1,4708	bei 15° C 67,7	Utz
—	—	—	—	—	—	—	bei 20° C 1,4682	bei 20° C 63,6	Utz
Kinnbackenöl	—	—	290	32,8	65,92	66,28	—	—	Moore

Verwendung: Delphintran wird in der gleichen Weise wie die übrigen Trane verwendet; nur das Kinnbacken- oder Kieferöl dient als Schmieröl für feine Maschinen, wie Uhren, Schreibmaschinen usw.

Meerschweintran.

Braunfischtran — Huile de Marsouin — Porpoise Oil — Olio di porco marino.

Vorkommen: Der Meerschweintran kommt in dem Fleische des Braunfisches oder Meerschweines (*Delphinus phocaena* L. = *Phocaena communis* Cuv.) vor, der im nördlichen atlantischen Ozean vorkommt.

Darstellung: Durch Auskochen des Fleisches. Die Kinnbacken liefern, ebenso wie beim Delphin, ein Öl anderer Zusammensetzung.

Physikalische und chemische Eigenschaften: Das Körperöl und das Kinnbackenöl sind hellgelb bis braun; beide ähneln in ihrer Zusammensetzung den entsprechenden Delphinölen. Meerschweintran ist als ein Zwischenglied zwischen den Tranen und den flüssigen Wachsen aufzufassen, infolge des hohen Gehaltes an walratähnlichen, unverseifbaren Bestandteilen. Auch der Meerschweintran enthält große Mengen flüssiger Glyceride, besonders Valeriansäureglycerid und ist es auch hier das Kinnbackenöl, welches große Mengen davon enthält. Bei 70° löst sich das Kinnbackenöl in Alkohol leicht auf. Unter den flüssigen Fettsäuren des Körperöles wurden von Bull 14,3% einer Säure isoliert, für welche die Säurezahl 313,2 und die Jodzahl 285,4 gefunden wurden. Außerdem sollen in dem Trane Palmitin-, Stearin-, Öl- und Physetölsäure aufgefunden sein.

	Spez. Gewicht bei	Verseifungszahl	Jodzahl	Reichertzahl	Hehnerzahl	Maumené-Probe	Beobachter
Körperöl . . .	15° C 0,9258	195	119,4	—	—	—	Bull
	—	—	—	23,45	—	—	Steenbuch
	15,5° C 0,9256	216—218,8	—	11—12	—	50	Allen
	16° C 0,937	—	—	—	—	—	Chevreul
	99° C 0,8714	—	—	—	—	—	Allen
	15,5° C 0,9352	256,6	88,3	20,35	—	—	Thomson u. Dunlop
Kinnbackenöl, filtriert . . .	—	253,7	49,6	47,77	72,05	—	Moore[1]
	—	272,3	30,9	56	68,41	—	Moore
	15° C 0,9258	269,3	21,5	—	—	—	Bull
	—	—	—	65,8	—	—	Steenbuch
Kinnbackenöl, nicht filtriert	—	143,9	76,8	2,08	96,5	—	Moore
Phocaena communis . . .	15° C 0,9334	224,8	111,2	—	—	—	Schneider u. Blumenfeld

Verwendung: Meerschweintran dient zu Schmierzwecken.

[1] Moore, Journ. Soc. Chem. Ind. 9, 331 [1890].

Dungongöl.

Huile de Camantin — Dugong Oil — Manatee Oil — Olio di vacca marina.

Vorkommen: Das Dungongöl wird aus dem Speck und dem Fett der Seekühe, einer zu den Walen gehörigen Seesäugetierfamilie gewonnen. Der Dujong oder Dungung (*Halicore australis* oder *Halicore indicus*) kommt vornehmlich im Indischen Ozean vor.

Das Dungongöl zeigt ein spez. Gewicht von 0,919—0,9203 bei 15°. Der Gehalt an freien Fettsäuren wurde zu 2,39 und der Gehalt an unverseifbaren Substanzen zu 3,74 bestimmt.

Die Verseifungszahl beträgt 197,5, die Jodzahl 66,6, die Reichertzahl 2,5, die Refraktometerangabe bei 25° C 60,3, bei 40° C 52,8.

Öle der Landtiere.

Ochsenklauenöl.

Rinderfußfett — Huile de pieds de boeuf — Neats foot oil — Olio di piede di bove.

Vorkommen: In den Rinderfüßen.

Darstellung: Klauenöl wird auf trocknem und nassem Wege hergestellt. Bei dem trocknen Verfahren werden sehr feine Öle gewonnen, während die Quantität zurücksteht. Zum Ausschmelzen aus den von den Hufen befreiten Füßen wird die Sonnenwärme benutzt. Außerdem bedient man sich, wie oben erwähnt, des nassen Verfahrens, indem die Rinderfüße mit Wasser ausgekocht oder mit heißem Dampf ausgeschmolzen werden.

Physikalische und chemische Eigenschaften: Das Ochsenklauenöl stellt ein hellgelbes, geruchloses Öl dar, von mildem, süßlichem Geschmack. Das Öl wird sehr wenig ranzig. Beim Stehen desselben scheidet sich Stearin aus. Das Ochsenklauenöl besteht aus den Glyceriden der Palmitin-, Stearin- und Ölsäure und zwar im Verhältnis von 80% Triolein und 20% Tripalmitin + Stearin. Die Menge an unverseifbaren Substanzen wurde zu 0,12—0,65% bestimmt. Reines Ochsenklauenöl ist sehr beständig, besonders beim Aufbewahren im Dunkeln. Bei Gegenwart von fremden Bestandteilen wird dagegen die Bildung von freien Säuren bewirkt. Der Gehalt an unverseifbaren Substanzen (Cholesterin) beträgt 0,12—0,60%.

Bei Belichtung des Öles geht anscheinend eine Oxydation der Ölsäure vor sich, gleichzeitig mit der Bildung mit Stearolacton. Die Handelsöle bestehen meist aus Gemischen von Ochsenklauenöl, Schafpfoten- und Pferdefußöl. Das Ochsenklauenöl wird häufig mit Rüböl und Baumwollsamenöl verfälscht. Auch Verfälschungen mit Fischölen kommen vor. Von den Verfälschungen lassen sich Trane, durch den Geruch die Jodzahl und die Temperaturerhöhung bei der Maumenéprobe und das Verhalten gegen Chlor, welches Klauenöle bricht, Trane hingegen schwärzt, nachweisen.

Vegetabilische Öle können bei der Untersuchung der unverseifbaren Bestandteile aufgefunden werden, welche bei Pflanzenölen aus Phytosterin, bei Klauenölen aus Cholesterin bestehen. Mineralöle lassen sich ebenfalls leicht durch Untersuchungen der unverseifbaren Bestandteile auffinden.

Spezifisches Gewicht bei	Erstarrungspunkt	Verseifungszahl	Jodzahl	Hehnerzahl	Reichert-Meißl-zahl	Maumené-Probe	Butter-refrakto-meter	Oleo-refrakto-meter	Brechungsindex	Beobachter
15° C 0,914—0,916	—	—	—	—	—	—	—	—	—	Allen
$\frac{99° C}{15,5° C}$ 0,8619	—	—	—	—	—	—	—	—	—	Allen
15,5° C 0,9163—0,9174	—	189—197	65,2—72,4	95,3—95,5	—	51—58	—	—	—	Coste u. Parry
18° C 0,9142	—	—	—	—	—	—	—	—	—	Stilurell
—	0—1,5° C	—	—	—	—	—	—	—	—	Schädler
—	—	194—199	66—77,6	—	—	—	—	—	—	Holde u. Stange
—	—	—	70—70,7	—	—	—	—	—	—	Wilson
15° C 0,9152—0,9165	10° C	—	—	—	—	47—50,5	—	3 bis −4	—	Jean
—	—	—	—	—	—	43	—	—	—	Archbutt
15,5° C 0,9164	—	197,1	70	95,2	1,00	—	64,2	—	1,4681	Coste u. Shelbourn
15° C 0,914—0,919	—	—	66—72,9	—	—	42,2—49,5	—	—	—	Gill u. Rowe
—	—	—	—	—	—	—	—	—	1,4677 bis 1,4687	Harvey
—	−3 bis −4° C	194,3	69,3—70,4	—	—	—	—	—	—	Lewkowitsch

Fettsäuren.

Spez. Gewicht bei 15,5° C	Erstarrungs- punkt ° C	Schmelz- punkt ° C	Verseifungs- zahl	Jodzahl	Beobachter
0,8742—0,8800	26,1	28,5—30	191,7—201,1	68,4—75,8	Coste u. Parry
0,8713—0,8749	—	—	202,9—206,3	63,6—77	Coste u. Shelbourn
—	—	29,8—30,8	—	61,98—63,26	Jean
—	16—26,5	—	—	63,6—69,5	Gill u. Rowe
—	26,1—26,5	—	—	—	Lewkowitsch

Verwendung: Ochsenklauenöl dient als Schmieröl, ferner in der Lederindustrie zum Einfetten von Fellen und Häuten.

Hammelklauenöl.

Huile de pieds de mouton — Sheeps foot oil. — Olio di piede di montone.

Vorkommen: In den Schafpfoten.

Darstellung: Durch Auskochen der vorher abgebrühten Hammelfüße.

Physikalische und chemische Eigenschaften: Das Hammelfußöl ähnelt dem Rinderklauenöl sehr.

Spez. Gewicht bei 15° C	Erstarrungs- punkt	Maumené- Probe	Oleore- fraktometer	Jodzahl	Verseifungs- zahl	Beobachter
0,9175	0—1,5° C	—	—	—	—	Schädler
—	—	49,5	0	—	—	Jean
—	—	—	—	74—74,4	194,75	Lewkowitsch

Der Erstarrungspunkt der Fettsäuren wurde zu 20—21° C (Titertest) gefunden.

Verwendung: Schafpfotenöl wird in der gleichen Weise wie Rinderfußöl in der Industrie zum Einfetten von Fellen und Häuten und als Schmiermittel benutzt.

Pferdefußöl.

Huile de pieds de cheval — Horses foot oil — Olio di piede di cavallo.

Vorkommen: In den Pferdefüßen.

Darstellung: Durch Auskochen der Pferdefüße.

Spez. Gewicht bei	Verseifungszahl	Jodzahl	Maumené-Probe	Beobachter
15° C 0,913	—	—	—	Schädler
15° C 0,927	—	90,3	—	Amthor u. Zink
—	—	—	38° C	Jean
—	195—196,8	73,7—73,9	—	Lewkowitsch

Fettsäuren.

Erstarrungspunkt (Titertest) ° C	Beobachter
27,1—28,6	Lewkowitsch

Verwendung: Pferdefußöl kommt rein im Handel nie vor, sondern meist in Mischungen und dient denselben Zwecken wie Rinderfußöl.

Eieröl.

Vorkommen: Das Eieröl kommt im Eidotter der Vögel vor.

Darstellung: Es wird durch Auspressen oder durch Extraktionen mittels Lösungsmitteln aus dem Dotter von hart gekochten Hühnereiern gewonnen. Im Eidotter finden sich ca. 20% Öl[1]), auch höhere Angaben (25—35%) finden sich in der Literatur. Die erhaltenen

---

[1]) Kitt, Chem.-Ztg. **21**, 303 [1897].

Zahlen schwanken je nach der Art des als Extraktionsmittel benutzten Lösungsmittels, wie nachstehende Zusammenstellung zeigt[1]):

Beim Extrahieren von gekochten Eidottern wurden erhalten:

mittels	Petroläther	48,24%
„	Schwefeläther	50,83
„	Schwefelkohlenstoff	50,45
„	Tetrachlorkohlenstoff	50,30
„	Chloroform	57,66

Die Schwankungen werden dadurch erklärt, daß durch die verschiedenen Extraktionsmittel auch große Mengen von Nichtfetten in Lösung gehen.

Physikalische und chemische Eigenschaften: Eieröl ist gelb gefärbt und scheidet beim Stehen Krystalle aus. Bei gewöhnlicher Temperatur ist dasselbe butterartig. Gepreßtes Öl zeigt etwas hellere Farbe, im Gegensatz zu dem extrahierten Öl, welches eine orangegelbe Farbe besitzt.

Die Fettsäuren des Eieröles bestehen aus Ölsäure, Palmitin- und Stearinsäure. Außerdem sind flüchtige Fettsäuren vorhanden neben Cholesterin und Lecithin[2]). Das Mengenverhältnis der einzelnen Säuren wurde wie folgt bestimmt:

	Ölsäure	81,8%
	Palmitinsäure	9,6
	Stearinsäure	0,6
	Oxyfettsäure	6,4
außerdem	Cholesterin	1,6

Eine andere Angabe bezeichnet die Ölsäuremischung in nachstehender Weise:

Ölsäure	40,00%
Palmitinsäure	38,04
Stearinsäure	15,21

Das Öl aus angebrüteten Eiern zeigte einen höheren Gehalt an freien Fettsäuren als das aus frischen Eiern gewonnene Öl. Enteneieröle zeichnen sich durch eine dunklere Farbe aus als Hühnereieröl. Der Farbstoff des Eieröles wird durch einen in die Gruppe der Lipochrome gehörigen Farbstoff bedingt. Eieröl gibt bei der Elaidinprobe eine feste Masse.

Spezifisches Gewicht bei	Erstarrungspunkt °C	Schmelzpunkt °C	Verseifungszahl	Jodzahl	Hehnerzahl	Reichert-Meißlzahl	Butterrefraktometer bei 25°C	Brechungsexponent bei 25°C	Beobachter
15°C 0,9144	—	—	190,2	72,1	95,16	0,4	—	—	Kitt
$\frac{100°C}{15°C}$ 0,881	—	—	184,4–186,7	68,5	—	0,66	68,5	1,4713	Späth
—	—	—	191,2	73,2	—	—	—	—	Ulzer
—	—	—	—	64—77	—	—	—	—	Laves
20°C 0,9156	8—10	22—25	185,2–186,7	81,2—81,6	—	—	—	—	Paladino u. Toso

Fettsäuren.

Schmelzpunkt °C	Verseifungszahl	Mittleres Mol.-Gewicht	Jodzahl	Acetylzahl	Beobachter
36—39	194—195,8	285	72,9—74,6	11,9	Kitt
36	—	—	72,6	—	Späth
34,5 – 35	—	—	—	—	Paladino u. Toso[3])

Verwendung: Eieröl wird in der Sämischgerberei, in der Pharmazie und Kosmetik benutzt.

[1]) Jean, Annales de Chim. analyt. appl. 8, 51 [1903].
[2]) Laves, Pharmaz. Ztg. 48, 814 [1903].
[3]) Paladino u. Toso, Journ. de Pharm. et de Chim. [6] 11, 247.

Alligatoröl.

Vorkommen: Im Fleische der Alligatoren.

Darstellung: Durch Auskochen desselben.

Physikalische und chemische Eigenschaften: Alligatorfett zeigt eine rötliche Farbe und besteht aus ca. 60% Olein. Außerdem finden sich darin 0,02% Jod. Das Fett der Alligatoren von Madagaskar soll eine feste Konsistenz und glycerinreicher sein als die übrigen. Es findet sich im Handel unter dem Namen Jacaré. Das spez. Gewicht wird zu 0,928 angegeben.

Verwendung: In der Sämischgerberei.

Schildkrötenöl.

Huile de tortue — Turtle oil — Olio di tartaruga.

Vorkommen: Im Fleische der grünen oder Riesenschildkröte (*Chelonia Mydas*) von den Ogasawara-Inseln in Japan [1]), sowie einer auf Jamaica vorkommenden Schildkröte *Chelonia Cachouana*. Auch liegen Angaben vor über das Körperfett *Thalassochelys corticata*; auch die Eier der *Padocuenus exparsa* sollen zur Darstellung des Schildkrötenöles dienen.

Physikalische und chemische Eigenschaften: Schildkrötenöl zeigt gelbliche Farbe, salbenartige Konsistenz von feinkörniger Beschaffenheit und ist fast geruch- und geschmacklos. Das Öl enthält Clupanodonsäure $C_{18}H_{28}O_2$.

	Spez. Gewicht bei	Erstarrungspunkt °C	Schmelzpunkt °C	Verseifungszahl	Jodzahl	Reichert-Meißlzahl	Beobachter
Thalassochelys corticata . .	42,5°C 0,9198	10,0	23,27	209	112	4,6	Zdarek [2])
Chelonia my-das Sinn. . .	15°C 0,9335	—	—	193,80	127,38	—	Mitsumaru Tsujimoto
—	25°C 0,9192	18—19	24—25	211,3	111	4,8	Sage

Fettsäuren.

	Erstarrungspunkt °C	Schmelzpunkt °C	Mittleres Mol.-Gewicht	Jodzahl	Beobachter
Thalassochelys corticata.	28,2	30,2	268	119	Zdarek
Chelonia mydas Sinn.	—	31,5	—	—	Mitsumaru Tsujimoto

Verwendung: Es soll einen vollwertigen Ersatz für Lebertran bilden.

Stinktieröl.

Vorkommen: In dem Fleische von *Mephitis varians*, eines zur Gattung der Wiesel gehörigen Tieres.

Physikalische und chemische Eigenschaften: Stinktieröl zeigt gelbe Farbe, milden Geschmack und fast gar keinen Geruch. Beim Stehen scheidet dasselbe Stearin aus. Das spez. Gewicht wurde zwischen 0,912 und 0,923 bestimmt. Der Gehalt an freien Säuren beträgt 1—15%.

Pinguinenöl.

Vorkommen: In dem Fleische der Pinguine, die auf den Aucklandsinseln und an der Westküste Tasmanias in riesigen Mengen vorkommen.

---

[1]) Mitsumaru Tsujimoto, Chem. Revue üb. d. Fett- u. Harzindustrie **16**, 84 [1909].
[2]) Zdarek, Zeitschr. f. physiol. Chemie **37**, 460 [1903].

Heuschreckenöl.

Vorkommen: In den Heuschrecken.

Darstellung: Durch Extraktion der getrockneten Heuschrecken. Dieselben enthalten ca. 8% Fett, das zur Seifenfabrikation benutzt werden soll.

Maikäferöl.

Zur Zeit großer Maikäferplage soll in Ungarn durch Auskochen mit heißem Wasser ein dickes salbenartiges Öl erhalten werden. Auch das Ausschmelzen der Körper in irdenen Gefäßen über freiem Feuer soll zur Herstellung dienen. Man benutzt das Öl in Ungarn zur Herstellung von Wagenschmiere.

Ameisenöl.

Das Öl wurde früher als Nebenprodukt bei der Herstellung von Ameisensäure aus Ameisen gewonnen. Es zeigt rötlichbraune Farbe und unangenehmen Geruch.

Chrysalidenöl.

Seidenspinnerpuppenöl.

Vorkommen: In den Seidenspinnerpuppen. Dieselben enthalten ungefähr 27% fettes Öl [1]).

Darstellung: Durch Extraktion.

Physikalische und chemische Eigenschaften: Das Öl ist dunkelgelb bis gelblichrot und scheidet beim Stehen reichliche Mengen von Krystallen aus. Es zeigt einen an Fischöl erinnernden Geruch. An unverseifbaren Bestandteilen wurden 4,86 bzw. 2,61% gefunden, die aus Cholesterin bestanden. Der Gehalt an freien Fettsäuren, auf Ölsäure berechnet, wurde zu 31,57 bzw. 13,82% gefunden [2]). Die Fettsäuren bestehen aus Palmitinsäure, Linolensäure, Ölsäure und Isolinolensäure [3]).

Spez. Gewicht bei	Verseifungszahl	Jodzahl	Beobachter
$\dfrac{40^\circ\,C}{40^\circ\,C}$ 0,9105	190—194,0	116,3—117,8	Lewkowitsch
15,5° C 0,9280	194,12	131,96 (Wijs.)	Mitsumaru Tsujimoto

Säurezahl 18,68, Hehnerzahl 94,5, Reichert-Meißlzahl 3,38, Acetylzahl 19,72, Refraktometerangabe bei 20° C 1,4757.

Fettsäuren.

Spez. Gewicht bei	Schmelzpunkt	Erstarrungs-punkt	Mittl. Mol.-Gewicht	Jodzahl	Beobachter
$\dfrac{100^\circ\,C}{15,5^\circ C}$ 0,8513	—	34,5° C	281,7	—	Lewkowitsch
	36,5° C	27—28° C	281,43	135,83	Mitsumaru Tsujimoto

Menschenfett.

Graisse d'homme — Human Fat — Grasso d'uomo.

Vorkommen: Durch Ausschmelzen oder Extrahieren des im menschlichen Körper vorhandenen Fettgewebes erhält man ein Fett von butterartiger Konsistenz und schwachgelblicher Farbe. Der Fettgehalt des menschlichen Körpers ist beträchtlichen Schwankungen unterworfen; er beträgt 9—23% des Körpergewichtes. Der Fettgehalt des Menschen schwankt nach Alter, Geschlecht und nach der Rasse.

---

[1]) Lewkowitsch, Zeitschr. f. Unters. d. Nahr.- u. Genußm. **12**, 659 [1906].

[2]) Lewkowitsch, Chem. Revue üb. d. Fett- u. Harzindustrie **14**, 170 [1907].

[3]) Mitsumaru Tsujimoto, Chem. Revue üb. d. Fett- u. Harzindustrie **15**, 168 [1908].

Zwischen der Zusammensetzung des Fettes Erwachsener und des Säuglings bestehen ziemlich große Unterschiede.

Physikalische und chemische Eigenschaften: Menschenfett zeigt bei Zimmertemperatur eine salbenartige Konsistenz; es befindet sich im lebenden Organismus in flüssigem, tröpfchenförmigem Zustande; es ist nahezu geruchlos und besteht fast nur aus den Glyceriden der Ölsäure, Palmitinsäure und Stearinsäure.

Nach den Untersuchungen von Jäckle[1]) besteht das aus Menschenfett abgeschiedene Fettsäuregemisch aus: 4,9—6,3% Stearinsäure, 16,9—21,1% Palmitinsäure und 65,6—86,7% Ölsäure. Nach neueren Untersuchungen besteht das Menschenfett aus Tripalmitin und Dioleostearin. Weder Laurinsäure, noch Myristinsäure wurden aufgefunden[2]). An unverseifbaren Bestandteilen wurden 0,33% und an Lecithin 0,084% aufgefunden. Der Gehalt an freien Fettsäuren, auf Ölsäure berechnet, wurde zu 0,19 und in einem anderen Falle in einer älteren Fettprobe zu 3,16% gefunden. Der Gehalt an Cholesterin betrug 0,24%.

Aus nachfolgender Tabelle ist ersichtlich, daß die Zusammensetzung des Menschenfettes Schwankungen unterworfen ist, welche durch Geschlecht und die Körperregion, der dasselbe entstammt, bedingt werden.

Fett des Erwachsenen.

	Spez. Gewicht bei	Erstarrungspunkt	Schmelzpunkt	Verseifungszahl	Hehnerzahl	Reichert-Meißlzahl	Jodzahl	Butterrefraktometer bei	Beobachter
—	25° C 0,9033	15° C	17,5° C	195	—	0,6	61,5	—	Mitchell
Bauchfellfett (Mann)	—	—	—	196,25	94,4	1,97	66,3	—	Partheil und Ferié[2])
Brustfett (Mann) .	—	—	—	193,6 bis 195,1	94,1–96	1,58 bis 2,12	64,45 bis 66,31	—	
Nierenfett (Mann) .	—	—	—	194,4	94,98	1,09	57,89	—	
Bauchfellfett (Frau)	—	—	—	194,2 bis 198,1	94,98 bis 95,52	1,12 bis 1,38	58,5 bis 63,2	—	
Brustfett (Frau) . .	—	—	—	195,0	93,92	2,07	57,21	—	
Fett des Unterhautzellgewebes . . .	0,9179	—	—	193,3 bis 193,9	—	0,25 bis 0,55	62,5 bis 73,3	40° C 50,2–52,5	Jäckle[3])
—	19° C 0,912	12–15° C	20–22° C	—	93,3	—	—	—	Lebedeff

Fettsäuren.

Erstarrungspunkt	Schmelzpunkt	Jodzahl	Jodzahl der flüssigen Fettsäuren	Beobachter
30,5° C	35,5° C	64,0	92,1	Mitchell

Wie oben erwähnt, unterscheidet sich das Fett des menschlichen Säuglings von dem Fett Erwachsener und sind es besonders der Schmelzpunkt und der höhere Gehalt an festen Fettsäureglyceriden, die das Säuglingsfett auszeichnen.

	Verseifungszahl	Säurezahl	Jodzahl	Ölsäure %	Freie Säure auf Ölsäure berechnet %	Reichert-Meißlzahl	Butterrefraktometer bei 40° C	Beobachter
Fett Erwachsener	193,3—199,9	0,22—1,03	62,5—73,3	66,9—81,6	0,19—0,52	0,25—0,55	50,2—52,3	Jäckle
„ Kind	204,2—204,4	0,72	47,3—58,1	52,7—64,7	0,36	1,75—3,40	47—48,8	

Mit zunehmendem Alter nimmt der Ölsäuregehalt zu, um ungefähr im 2. Lebensjahre den Ölsäurewert des Fettes der Erwachsenen zu erreichen. Der Gehalt steigt von 43,3% des

---

[1]) Jäckle, Chem.-Ztg. **21**, 163 [1897].
[2]) Partheil u. Ferié, Archiv d. Pharmazie **241**, 545 [1903]. — Mitchel, The Analyst **16**, 172 [1896].
[3]) Jäckle, Zeitschr. f. physiol. Chemie **36**, 53 [1902].

Neugeborenen bis 65% im 2. Lebensmonat[1]). Das Fett Neugeborener ist konsistenter als das der Erwachsenen. Der Schmelzpunkt wurde bei 51° C gefunden.

Die Zusammensetzung des Fettes unterliegt dem Einflusse der Ernährung und des Alters eines Individuums. Es konnte beobachtet werden, daß das Fett der Polynesier, deren Hauptnahrung aus Cocosnüssen besteht, sich in seiner Zusammensetzung dem des Cocosnußfettes nähert[2]), während beim Eskimo beobachtet werden konnte, daß das Fett sich dem Trane in seiner Zusammensetzung nähert. Die Ergebnisse neuerer Untersuchungen finden sich in nachstehender Tabelle zusammengestellt[3]).

		Schmelzpunkt °C	Konsistenz	Farbe	Das Fett enthält in Prozenten — Neutralfett	Das Fett enthält in Prozenten — Unverseifbares	Das Fett enthält in Prozenten — Fettsäure	Gesamtsäurezahl	Cholesteringehalt vor der Verseifung (freies Cholesterin) in Proz. — im Neutralfett	Cholesteringehalt vor der Verseifung (freies Cholesterin) in Proz. — bezogen auf Gesamtfett	Cholesteringehalt nach der Verseifung (freies Cholesterin + Cholesterinester) in Proz. — im Unverseifbaren	Cholesteringehalt nach der Verseifung (freies Cholesterin + Cholesterinester) in Proz. — bezogen auf Gesamtfett	Cholesteringehalt als Ester in Prozenten	Verhältnis zwischen freiem Cholesterin und Estern	Oxycholesterin	Isocholesterin
Sekretfett	Comedonenfett	53	talgig	gelblich-weiß	—	30,50	44,90	202	—	—	9,16	2,80	—	—	sehr viel	—
Sekretfett	Fußschweißfett	36,5	weich	braun	62,3	22,30	59,70	188	4,09	2,55	18,70	4,17	1,62	1,6:1	zieml. viel	—
Sekretfett	Handschweißfett	46,5	wachsartig	braungelb	71,4	28,40	55,40	192	0,891	0,64	5,40	1,43	0,79	0,8:1	sehr wenig	—
Zellenfett	Oberhautfett	48—49	„	bräunlich	88,4	32,20	54,75	181,5	15,88	14,04	50,00	16.10	2,06	7:1	„	—
Zellenfett	Hornschichtfett	51	„	gelblich	83,7	36,35	52,21	172	12,80	10,71	54,00	19,62	8,91	1,2:1	„	—
Zellenfett	Nagelfett	38	„	gelbbraun	—	41,64	50,20	—	—	—	43,75	18,22	—	—	zieml. viel	—
Zellenfett	Vernix caseosa	38—39	weich	weiß	92,6	36,00	60,00	188	8,44	7,82	45,00	16,20	8,38	0,93:1	—	—
Zellenfett	Ohrenschmalz	39	„	braun	94,2	20,43	53,65	196	3,08	2,90	17,20	8,50	0,60	4,8:1	—	—
Zellenfett	Sucutisfett	flüssig	flüssig	ölgelb	80,7	1.15	84,65	190	0,173	0,14	15,80	0,18	0,04	3,5:1	—	—

Durch Zersetzung des menschlichen Körpers wird das Fett in das sogenannte Adipocire oder Leichenwachs umgewandelt. Dasselbe besteht aus einer wachsartigen Substanz, die vornehmlich aus freien Fettsäuren besteht, neben Ammoniak und Kalkseifen. Über die Bildung dieses Produktes gehen die Ansichten auseinander. Die Zusammensetzung des Leichenwachses ist nachstehende:

Schmelzpunkt °C	Hehnerzahl	Unverseifbares %	Asche %	Säurezahl	Jodzahl	Beobachter
62,5	83—84	16,7	1,64—1,79	197	14—14,2	Schmelck

Fettsäuren.

Verseifungszahl	Jodzahl	Beobachter
202,8—203,4	14—14,2	Schmelck

Cerumen-Ohrenschmalz.

Über das Fett des Ohrenschmalzes finden sich nachstehende Angaben: Fettgehalt 40,6%, freie Fettsäuren 18,33%, Cholesterin 40,7% [4])[5]).

[1]) Knöpfelmacher, Jahrb. f. Kinderheilk. **45**, 177 [1897].
[2]) Rosenfeld, Chem.-Ztg. **26**, 1110 [1902].
[3]) L. Golodetz, Chem. Revue üb. d. Fett- u. Harzindustrie **16**, 238 [1909]. — Golodetz u. Unna, Biochem. Zeitschr. **20**, 469 [1909].
[4]) J. E. Petrequin, Compt. rend. de l'Acad. des Sc. **68**, 940 [1869]; **69**, 987 [1869].
[5]) Lamois u. Martz, Malys Jahresber. d. Tierchemie **27**, 40 [1898].

Haarfett.

Das auf dem menschlichen Haar abgelagerte Fett zeigt eine verschiedenartige Zusammensetzung gegenüber den im Innern des Körpers des Menschen abgelagerten Fetten. Haarfett ist von bräunlicher Farbe und charakteristischem Geruch des menschlichen Haupthaares. Die Haare enthalten ca. 2% Fett. Das spez. Gewicht beträgt bei 16° 0,9086. Die daraus abgeschiedenen Fettsäuren zeigen einen Schmelzpunkt von 35° und einen Erstarrungspunkt von 23°. Der Gehalt an unverseifbarer Substanz beträgt 3%. Letztere enthält erhebliche Mengen Cholesterin.

Spez. Gew. bei 16° C	Schmelzpunkt	Verseifungszahl	Hehnerzahl	Reichert-Meißlzahl	Jodzahl	Molekularrefraktion	Beobachter
0,9086	27° C	194,2—200	—	—	57,21—68,3	—	—
—	—	200	93	2,3	67	$n\frac{28}{D}=1,47009$	R. Meyer[1]

Fettsäuren.

Schmelzpunkt	Erstarrungspunkt	Verseifungszahl	Jodzahl	Beobachter
35° C	23° C	200	68	R. Meyer

Rinderfett, Rindstalg, Ochsentalg, Unschlitt.

Suif de boeuf — Beef tallow — Sego di bove.

Vorkommen: Talg wird aus dem Fettgewebe des Rindes gewonnen. Im Wassergehalt, Fettgehalt und Membransubstanzgehalt des Fettgewebes verschiedener Tiere bestehen erhebliche Schwankungen, wie aus nachstehender Tabelle ersichtlich ist:

	Wasser	Membran	Fett	Beobachter
Hammel	10,48%	1,64%	87,88%	E. Schulze u.
Ochse	9,96%	1,16%	88,88%	A. Reinecke[2]
Schwein	6,64%	1,35%	92,21%	

Das Fettgewebe verschiedener Körperstellen eines und desselben Tieres ergab nachstehende Werte:

	Wasser	Membran	Fett	Beobachter
Ochse: Nierengegend	5,0	0,85	94,15	E. Schulze
Netzgegend	4,89	0,80	94,31	und
Hodensack	8,34	1,63	90,03	A. Reinecke
Brust	30,85	4,88	64,27	

Über den Einfluß der Nahrung auf den Wassergehalt des Fettgewebes geben nachstehende Zahlen deutlichen Aufschluß:

	Wasser	Membran	Fett	Asche	Beobachter
Magerer Bulle	20,95	4,19	73,86	1,0	H. Grouven[3]
Halbfette Kuh	9,41	1,66	88,68	0,25	
Fette Kuh	5,29	0,97	93,74	—	

[1] R. Meyer, Zeitschr. d. österr. Apoth.-Vereins **43**, 978 [1905].
[2] Schulze u. Reinecke, Landw. Versuchsstationen **9**, 97 [1844].
[3] Grouven in Königs Chemie der Nahrungs- u. Genußmittel. Berlin 1904. **2**, 504.

Bei demselben Tier variiert die Zusammensetzung des Fettes verschiedener Körperstellen:

	Schmelzpunkt bei	Erstarrungspunkt bei	Beobachter
Fett von den Nieren	54—55° C	40,7—40,9° C	
Fett von Netz und Darm	52—52,9° C	39,2—39,7° C	Moser [1]
Fett der Fetthaut	49,5—49,6° C	34,1—34,9° C	

	Schmelzpunkt ° C	Erstarrungspunkt ° C	Beobachter
Eingeweidefett	50,0	35,0	
Lungenfett	49,3	38,0	
Netzfett	49,6	34,5	
Herzfett	49,5	36,0	L. Mayer [2]
Stichfett	47,1	31,0	
Taschenfett	42,5	35,0	

Auch der Gesundheitszustand, das Geschlecht, das Klima, auch die Verhältnisse, unter denen das Tier lebt und die Jahreszeit, in der es getötet wird, üben einen großen Einfluß auf die Beschaffenheit des Fettgewebes aus. In der Netz- und Nierengegend finden sich die fettreichsten Partien des Fettgewebes (94%), an der Brust die fettärmsten, beim Rind ca. 64%. Je schlechter das Tier ernährt, um so fettarmer und wasserreicher ist das Fettgewebe.

Darstellung: Durch Ausschmelzen über freiem Feuer oder durch Dampf im Autoklaven. Auch durch Kochen des Rohmaterials mit sehr verdünnter Schwefelsäure. Das Ausschmelzen über freiem Feuer bezeichnet man als trocknes Verfahren, die übrigen Methoden als nasse Verfahren.

Physikalische und chemische Eigenschaften: Rindstalg stellt in frisch ausgeschmolzenem Zustande ein weißes, schwachgelbliches bis hellbraunes Fett dar, von nicht unangenehmem Geruche. Überseeische Talge zeigen schwachgelbliche bis dunkelbraune Farbe; es kommen sogar starkgefärbte Talge aus Nordamerika und Australien im Handel vor.

Die Konsistenz des Talges schwankt, wie oben angeführt, nach Rasse des Tieres, Fütterung und der Körperstelle, von der das Fett entnommen ist.

Rindstalg besteht aus einem Gemenge von Palmitin, Stearin und Olein. Durch neuere Untersuchungen wurde festgestellt, daß auch Fettsäuren vorkommen, die einer Säurereihe angehören, deren Glieder weniger gesättigte Fettsäuren darstellen, als es die Ölsäure ist. Es ist nicht ausgeschlossen, daß durch die Fütterung von Ölkuchen die Zusammensetzung des Rindstalges beeinflußt wird; auch muß nach neueren Untersuchungen angenommen werden, daß Palmitin, Stearin und Olein nicht als einfache Glyceride im Talg vorkommen, da durch Umkrystallisieren aus dem Talge nachstehende gemischte Glyceride erhalten werden konnten:

Oleodipalmitin (Dipalmitoolein) $C_3H_5(O \cdot C_8H_{33}O)(O \cdot C_{16}H_{31}O)_2$, Schmelzp. 48°; Stearodipalmitin (Dipalmitostearin) $C_3H_5(O \cdot C_{18}H_{35}O)(O \cdot C_{16}H_{31}O)$, Schmelzp. 55°; Oleopalmitostearin (Stearopalmitoolein) $C_3H_5(O \cdot C_{18}H_{33}O)(O \cdot C_{16}H_{31}O)(O \cdot C_{18}H_{35}O)$, Schmelzp. 42°; Palmitodistearin (Distearopalmitin) $C_3H_5(O \cdot C_{18}H_{35}O)_2(O \cdot C_{16}H_{31}O)$, Schmelzp. 62,5°.

Bei der Untersuchung des aus verschiedenen Stellen entnommenen Fettes eines dreijährigen Ochsen wurden nachstehende Werte erhalten:

Talg aus	Fettsäuren %	Verseifungszahl des Fettes	Verseifungszahl der Fettsäuren	Schmelzpunkt (Pohl) ° C	Erstarrungspunkt (Pohl) ° C	Erstarrungspunkt der Fettsäuren (Dalican) ° C	Schmelzpunkt der Fettsäuren (Pohl) ° C	Stearinsäure von 54,8° C Schmelzpunkt %	Ölsäure von 5,4° C Erstarrungspunkt %	Beobachter
Eingeweide .	95,7	196,2	201,6	50,0	35,0	44,0	47,5	51,7	43,3	
Lunge . . .	95,4	196,4	204,1	49,3	38,0	44,4	47,3	51,1	48,9	
Netz	95,8	193,0	203,0	49,6	34,5	43,8	47,1	49,0	51,0	L. Mayer
Herz	96,0	196,0	200,3	49,5	36,0	43,4	46,4	47,5	52,5	
Stich	95,9	196,8	203,6	47,1	31,0	40,4	43,9	38,2	61,8	
Taschen . .	95,4	198,3	199,6	42,5	35,0	38,6	41,1	33,4	66,8	

[1] Moser, Bericht d. Tätigkeit d. Versuchsstation Wien, 1882/83, 8.
[2] Mayer, Wagners Jahresber. 1880, 884.

Neuere Untersuchungen ergaben die untenstehenden Werte:

Talgart	Verseifungszahl	Jodzahl	Reichert-Meißlzahl	Hehnerzahl	Schmelzpunkt %	Viscositätswert			Beobachter
						50° C	55° C	60° C	
Ochse, 5 Jahre alt,			—						
Nierenfett . .	196,57	34,74	—	95,30	47,8	34,65	28,31	25,35	
Eingeweidefett	194,65	37,17	—	94,65	47,8	34,60	28,90	25,35	M. Raffo u. G. Foresti[1]
Kalb, 40 Tage alt,									
Nierenfett . .	198,30	34,66	—	92,38	47,6	33,40	26,30	24,40	
Brustfett . . .	198,35	43,20	—	92,49	—	—	—	—	

Das Verhältnis von Olein zu Palmitin im Talge beträgt 1 : 1. Eine Probe zeigte nachstehende Zusammensetzung:

$$\begin{array}{lr}
\text{Olein} & 21,4\% \\
\text{Stearin} & 65,4\% \\
\text{Palmitin} & 13,2\%
\end{array}$$

Spezifisches Gewicht bei	Erstarrungspunkt ° C	Schmelzpunkt ° C	Verseifungszahl	Jodzahl	Hehnerzahl	Reichert-Meißlzahl	Maumené-Probe	Butterrefraktometer bei 40° C	Brechungsexponent	Beobachter
15° C 0,943—0,952	—	47,6—18,5	—	36,5—38,9	—	—	—	—	—	Dieterich
15° C 0,925—0,929	—	—	—	—	—	—	—	—	—	Hager
$\frac{50° C}{15,5° C}$ 0,8950 $\frac{98° C}{15,5° C}$ 0,8626	—	—	—	—	—	—	—	—	—	Allen
100° C 0,860—0,861	—	45—46 nie unter 40	—	—	—	—	—	—	—	Wolkenhaar
$\frac{100° C}{15° C}$ 0,860	—	—	—	—	—	—	—	—	bei 60° C	Königs
$\frac{100° C}{15° C}$ 0,860	37	43—49	195	38—40	—	—	—	—	1,4510	Thörner
—	37	—	—	—	—	—	—	—	—	Chateau
—	36—38	42,5—43	—	—	—	—	—	—	—	Wimmel
—	37	43—44,5	—	—	—	—	—	—	—	Beckurts u. Oelze
—	—	—	195,7—200	35,4—36,4	—	—	—	—	—	Filsinger
—	27—35	43,5—45	—	—	—	—	—	—	—	Rüdorff
—	—	—	193,2—198	—	—	—	—	—	—	Köttsdorfer
—	—	—	195—198,4	39—41,2	—	—	—	—	—	Ulzer
—	—	—	—	40	—	—	—	—	—	v. Hübl
—	—	—	—	43,3—44	—	—	—	—	—	Wilson
—	—	—	—	45,2	—	—	—	—	—	} Wallenstein
—	—	—	—	38,3	—	—	—	—	—	} u. Fink
—	—	—	—	—	95,6	—	—	—	—	Bensemann
—	—	—	—	—	95,4—96	—	—	—	—	Mayer
—	—	—	—	—	—	0.50	—	—	—	—
—	—	—	—	—	—	—	—	49	—	Mansfeld
—	—	—	—	—	—	—	—	45	—	Beckurts u. Seiler
—	—	—	190,6—198,4	32,7—43,6	94,7—96,1	—	—	—	bei 40° C	Eisenstein u. Rosauer
—	—	—	—	—	—	—	—	43,9	1,4551	Utz
—	—	—	—	41—47,5	—	—	—	—	—	Lewkowitsch

Der Gehalt an freien Fettsäuren des Talges schwankt nach Alter und dem Reinheitsgrade. In frisch ausgeschmolzenem Talg finden sich kaum mehr als $1/2\%$ freier Säuren, während in den Handelsproben der Gehalt an freien Fettsäuren bis 25% und darüber steigt. Je höher die Acidität, desto geringer der Wert des Talges. Oxydierte Fettsäuren wurden 0,13% in einer Talgprobe gefunden. Verfälschungen des Talges kommen relativ selten vor. Zwischen Nieren-, Netz- und Eingeweidetalg findet im Handel bei ausgeschmolzenem Talg kein Unterschied statt; es wird nur zwischen Land- und Stadttalg unterschieden. Ersterer ist weicher, letzterer härter und reiner, auch preiswerter als Landtalg.

[1] M. Raffo u. G. Foresti, Chem. Revue über d. Fett- u. Harzindustrie **17**, 80 [1910].

Fettsäuren.

Spezifisches Gewicht bei	Erstarrungspunkt °C	Schmelzpunkt °C	Mittleres Mol.-Gewicht	Jodzahl	Jodzahl der flüssigen Fettsäuren	Verseifungszahl	Brechungsexponent	Oleorefraktometer	Beobachter
$\frac{100°\,C}{100°\,C}$ 0,8698	—	—	—	—	—	—	—	—	Archbutt
—	43,5—45	—	—	—	—	—	—	—	Dalican
—	44,5	—	—	—	—	—	—	—	De Schepper u. Geitel
—	43—45	45	—	—	—	—	—	—	v. Hübl
—	43,9—45	—	—	—	—	197,2	—	—	Thörner
—	39,3—46,6	—	—	—	—	—	—	—	Shukoff
—	—	Anfang 43—44 Ende 46—47	—	—	—	—	—	—	Bensemann
—	—	44,5—46	—	—	—	—	—	—	Beckurts u. Oelze
—	—	—	270—285	—	—	—	—	—	Ald. Wright
—	—	—	—	41,3	—	—	—	—	Williams
—	—	—	—	25,9—32,8	—	—	—	—	Morawski u. Demski
—	—	—	—	54,6—57	—	92,2—92,4	—	—	Wallenstein u. Fink
—	38,7	—	284,5	—	—	201,6	—	—	Lewkowitsch
—	45,1	—	—	—	—	—	—	—	
—	41,1	—	—	—	—	—	—	—	
—	44,15	—	—	—	—	—	—	—	
—	42,95	—	—	—	—	—	—	—	
—	46,25	—	—	—	—	—	—	—	
—	38,3	—	—	—	—	—	—	—	
—	43,3	—	—	—	—	—	—	—	

Der Handelswert einer Talgprobe wird, abgesehen von der Farbe, nach dem Erstarrungspunkt der abgeschiedenen Fettsäuren (Titer) bestimmt. Je höher der Titer, desto wertvoller der Talg. Verfälschungsmittel lassen sich im Talg verhältnismäßig leicht nachweisen. Vegetarische Fette vermittels der Phytosterinacetatprobe.

Durch Auspressen des Talges bei niedriger Temperatur wird das **Talgöl** gewonnen. Dasselbe zeigt nachstehende Zusammensetzung:

Spezifisches Gewicht bei	Jodzahl	Eisessigprobe nach Valenta	Maumené-Probe	Spezifische Temperaturreaktion	Beobachter
100° C 0,794	55,8—56,7	71—75,7	35° C	72,9	Gill u. Rowe[1]
15° C 0,916	57,0	47,0	43° C	—	

Fettsäuren.

Erstarrungspunkt (Titer) °C	Jodzahl	Beobachter
34,5—37,5	54,6—57,0	Gill u. Rowe
39	—	—

Verwendung: Die feinen Talgsorten dienen als Speisefett oder, mit anderen Fetten zusammen, zur Herstellung von Kunstbutter. Relativ gering ist die Verwendung der weißen Talgsorten zur Kerzenfabrikation. Die größten Mengen des Talges werden in der Stearinindustrie und in der Seifenfabrikation verbraucht. Talg ist ein ideales Rohmaterial für Stearinfabriken.

[1] Gill u. Rowe, Journ. Amer. Chem. Soc. **24**, 466 [1902].

Hammeltalg.

Hammelfett — Schöpsentalg — Schaftalg — Suif de mouton — Mutton tallow — Sego di montone.

Vorkommen: Im Rohfett des Schafes (*Ovis aries*). Auch das Fett der Ziegen kommt im Handel vor.

Darstellung: Durch Ausschmelzen und Extraktion. Auch aus Schafhäuten wird Hammeltalg gewonnen, da die rohe Haut der Schafe bis zu 40% Fett enthält. Durch hydraulische Pressung oder durch Extraktion wird das Fett aus den Schafhäuten gewonnen.

Physikalische und chemische Eigenschaften: Hammeltalg zeigt eine beinahe weiße Farbe, ist härter als Rindstalg und brüchig.

Spez. Gewicht bei	Erstarrungspunkt °C	Schmelzpunkt °C	Verseifungszahl	Jodzahl	Hehnerzahl	Bromthermalprobe	Brechungsexponent bei	Beobachter
15° C 0,937–0,940	—	—	—	—	—	—	—	Hager
15° C 0,937–0,961	—	47—49	—	34,8-37,7	—	—	—	E. Dieterich
$\frac{100°\,C}{15°\,C}$ 0,860	—	—	—	—	—	—	—	Königs
$\frac{100°\,C}{15°\,C}$ 0,858	40—41	44—45	195,2	32,7	—	—	60° C 1,4501	Thörner
—	32—36 (steigt einige Grade)	46,5-47,4	—	—	—	—	—	Rüdorff
—	32—36	44—45,5	—	36	—	—	—	Beckurts u. Oelze
—	—	50—51	—	—	95,54	—	—	Bensemann
—	—	47—50,5	—	—	—	—	—	Wimmel
—	—	—	196,5	38,2-39,8	—	—	—	Ulzer
—	—	—	—	35,2-46,2	—	—	—	Wilson
—	—	—	—	38,6	—	—	—	Wallenstein u. Fink
—	—	—	—	30,96	93,91	—	—	Eisenstein u. Rosauer
—	—	—	—	—	—	—	40° C 1,4550	Utz
—	—	—	—	—	—	8,1	—	} Hehner u. Mitchell
—	—	—	—	—	—	7,6	—	
—	—	—	—	—	—	7,55	—	} Archbutt
—	—	—	—	—	—	8,9	—	

Fettsäuren.

Erstarrungspunkt °C	Schmelzpunkt °C	Verseifungszahl	Jodzahl	Jodzahl der flüssigen Fettsäuren	Brechungsexponent bei 60° C	Beobachter
45—46 auch 43,20	—	—	—	—	—	Dalican
46,1	—	—	—	—	—	Schepper u. Geitel
41,0	46—47	210	34,8	—	1,4374	Thörner
43,8—46,3	—	—	—	—	—	Ulzer
42,4—46,8	—	—	—	—	—	Shukoff
—	{ Anfang 49-50 } { Ende 53—54 }	—	—	—	—	Bensemann
—	45—47	—	—	—	—	Beckurts u. Oelze
—	—	—	—	92,7	—	Wallenstein u. Fink
49,8 (Titer)	—	—	31	—	—	Eisenstein u. Rosauer
41,5	—	—	—	—	—	Lewkowitsch
48,3	—	—	—	—	—	
42,35	—	—	—	—	—	
48,05	—	—	—	—	—	
45,9	—	—	—	—	—	
48,0	—	—	—	—	—	

Die Zusammensetzung des Fettes verschiedener Körperteile zweier Hammel ist aus nachstehender Tabelle ersichtlich:

Fett von	Schmelzpunkt ⁰ C	Erstarrungspunkt ⁰ C	Verseifungszahl	Beobachter
Nieren	54,0	40,9	195,2	
Netz und Darm . .	52,0	38,9	194,8	
Fetthaut	48,6	34,9	194,9	Mooser von
Nieren	55,0	40,7	194,8	Moosbruch
Netz und Darm . .	52,9	39,2	194,6	
Fetthaut	49,5	34,1	194,2	

Fettsäuren.

Fett von	Erstarrungspunkt	Schmelzpunkt	Beobachter
Nieren	50,9—51,9	56,2—56,5	Mooser von
Netz und Eingeweide .	50,4—50,6	54,9—55,9	Moosbruch
Fetthaut	43,7—46,2	50,7—51,1	

Hammeltalg wird leichter ranzig als Rindstalg, so daß er zur Fabrikation von Margarine und feiner Toilettenseifen nicht benutzt werden kann. Hammeltalg besteht aus ca. 80% festen und 20% flüssigen Triglyceriden. Mit diesen Angaben läßt sich aber die Jodzahl des Hammeltalges nicht in Einklang bringen.

Aus Hammeltalg wurden Distearopalmitin, Dipalmitostearin und Stearopalmitoolein, sowie Dipalmitoolein dargestellt.

Der Gehalt an freien Fettsäuren schwankt zwischen 0,72—1,8%. Bei älteren Proben steigt dieser Gehalt; es wurden 6,1—9,3% aufgefunden.

Verwendung: Hammeltalg wird in der Stearin- und Seifenfabrikation benutzt. Er kommt zumeist mit Rindstalg gemischt vor.

Ziegentalg.

Vorkommen: Im Fettgewebe der Hausziege (*Capra domestica*).

Physikalische und chemische Eigenschaften: Die Eigenschaften sind denen des Hammeltalges sehr ähnlich; nur zeigen Ziegen- und Bockstalg den eigentlichen Bocksgeruch, der durch Hircinsäure bedingt sein soll. Wahrscheinlich bedingt ein Gemenge von Butter-, Capron-, Capryl-, und Caprinsäur den eigenartigen Geruch.

Hirschtalg.

Graisse de cerf — Stag fat — Sego di cervo.

Vorkommen: Im Fettgewebe des Edel- und Damhirsches.

Physikalische und chemische Eigenschaften: Hirschtalg zeichnet sich durch den höheren Schmelzpunkt, den höheren Erstarrungspunkt der Fettsäuren und das verhältnismäßig hohe spezifische Gewicht vor den übrigen Talgarten aus.

	Spez. Gewicht bei	Erstarrungspunkt ⁰ C	Schmelzpunkt ⁰ C	Verseifungszahl	Jodzahl	Reichertzahl	Butterrefraktometer bei 40⁰ C	Beobachter
Edelhirsch	0,9670	39—40	51—52	199,9	25,7	1,66	44,5	Amthor u. Zink[1]
Damhirsch	0,9615	40	52—53	195,6	26,4	1,70	44,5	Amthor u. Zink[1]
—	—	48	49—49,5	—	20,5	—	44,5	Beckurts u. Oelze[2]

[1] Amthor u. Zink, Zeitschr. f. anal. Chemie **36**, 1 [1897].
[2] Bekurts u. Oelze, Archiv d. Pharmazie **233**, 249 [1895].

Säuren.

	Spez. Gewicht bei	Erstarrungspunkt °C	Schmelzpunkt °C	Verseifungszahl	Jodzahl	Acetylzahl	Beobachter
Edelhirsch .	0,9685	46—48	50—52	201,3	23,6	16,4	Amthor u. Zink
Damhirsch .	0,9524	47—48	50—53	201,4	28,2	18,4	Amthor u. Zink
—	—	—	49,5	—	—	—	Beckurts u. Oelze

Verwendung: Hirschtalg wurde früher wegen seiner Härte zu verschiedenen pharmazeutischen Zwecken benutzt, besonders zum Einfetten der Füße. Heute dürfte in den Apotheken unter dem Namen Hirschtalg nur noch Rindstalg benutzt werden.

Rehfett.

Graisse de chevreuil — Roebuck fat.

Vorkommen: Im Fettgewebe des Rehs.

Physikalische und chemische Eigenschaften: Das Rehfett ähnelt dem Hirschtalg in seinen Eigenschaften.

Spez. Gewicht bei 15° C	Erstarrungspunkt °C	Schmelzpunkt °C	Verseifungszahl	Jodzahl	Hehnerzahl	Reichertzahl	Beobachter
0,9659	39—41	52—54	199,0	32,1	95,8	0,99	Amthor u. Zink[1]

Fettsäuren.

Spez. Gewicht bei 15° C	Erstarrungspunkt °C	Schmelzpunkt °C	Verseifungszahl	Jodzahl	Acetylzahl	Beobachter
0,9622	49—50	62—64	200,5	27,9	12,5	Amthor u. Zink

Die Säurezahl wurde zwischen 1,74 und 3,3 gefunden.

Elchfett, Elentiertalg.

Graisse d'elan — Elk fat.

Spez. Gewicht bei 15° C	Erstarrungspunkt °C	Schmelzpunkt °C	Verseifungszahl	Jodzahl	Reichertsche Zahl	Beobachter
0,9625	37—38	49—52	191,1	35,0	0,78	Amthor u. Zink
—	—	—	200	35,9	—	Shukoff[2]

Fettsäuren.

Spez. Gewicht bei 15° C	Erstarrungspunkt °C	Schmelzpunkt °C	Verseifungszahl	Jodzahl	Acetylzahl	Beobachter
0,9584	48—50	53—55	201,4	27,8	16,2	Amthor u. Zink
—	46,7	—	—	—	—	Shukoff

Der Gehalt an freien Fettsäuren wurde zu 0,43%, in einer älteren Probe zu 1,65% gefunden.

---

[1] **Amthor u. Zink**, Zeitschr. f. anal. Chemie **36**, 1 [1897].
[2] **Shukoff**, Chem. Revue über d. Fett- u. Harzindustrie **8**, 229 [1901].

Renntierfett.

Reindeer fat.

Das Renntierfett besteht aus 61,1% Stearinsäure, 1,4% Palmitinsäure und 38,5%
Ölsäure. Der Säuregehalt wurde zu 2,19 resp. 2,67% freier Säure, als Ölsäure be-
rechnet, gefunden. Renntierfett dient zur Fabrikation von Kerzen und hauptsächlich als
Speisefett[1]).

Erstarrungspunkt	Schmelzpunkt	Verseifungszahl	Jodzahl	Jodzahl der Fettsäuren
45,73° C	47,8° C	194,4—198,8	31,36—35,80	34,5

Gemsenfett.

Graisse de chamois — Chamois fat.

Gemsenfett ist von graugelber Farbe, sehr harter Konsistenz und scharfem Geruch. Der Gehalt an freien Fettsäuren wurde zu 1,61%, auf Ölsäure berechnet, gefunden.

Spez. Gewicht bei 15° C	Erstarrungspunkt	Schmelzpunkt	Verseifungszahl	Jodzahl	Reichertzahl	Beobachter
0,9697	42—43° C	54—56° C	203,3	25	1,8	Amthor u. Zink[2])

Fettsäuren.

Spez. Gewicht bei 15° C	Erstarrungspunkt	Schmelzpunkt	Verseifungszahl	Jodzahl	Acetylzahl	Beobachter
0,9546	51—52° C	57—58° C	206,5	24,4	7,5	Amthor u. Zink

Pferdefett.

Graisse de cheval — Horse fat — Grasso di cavallo.

Vorkommen: In dem Fettgewebe des Pferdes. Es wird häufig auch als Kammfett bezeichnet.

Darstellung: Die Gewinnung des Pferdefettes geschieht in ähnlicher Weise wie die des
Rindstalges, vornehmlich in den Abdeckereien.

Physikalische und chemische Eigenschaften: Pferdefett zeigt eine gelbliche Farbe, jedoch muß bemerkt werden, daß die Farbe wechselt, je nach dem Körperteile, von dem es
stammt. So ist z. B. Nierenfett goldgelb, Kammfett tieforange, Speckfett goldgelb, Eingeweidefett braungelb, Brustfett hellgelb. Auch die Konsistenz und Zusammensetzung wechselt
je nach dem Körperteil, von dem es stammt, wie nebenstehende Tabelle zeigt.

Das Pferdefett des Handels ist gewöhnlich gelblich, von halbflüssiger, salbenartiger
Konsistenz. Frisches Pferdefett ist neutral. Das in den Abdeckereien gewonnene Fett wird
leicht ranzig, da die Herstellung desselben nicht so sorgfältig ausgeführt wird wie die der
anderen Tierfette. Stearinsäure konnte im Pferdefett nicht aufgefunden werden, dagegen
ließ sich Linolsäure nachweisen.

Verwendung: Pferdefett dient den ärmeren Klassen an Stelle von Schmalz als Nahrungsmittel. Es wird häufig als Maschinen- und Lederfett benutzt.

---

[1]) Tischtschenko, Journ. d. russ. techn. Gesellschaft **34**, 63 [1900]; Zeitschr. f. angew.
Chemie **13**, 167 [1900]. — Karassew, Chem.-Ztg. **23**, 159 [1899].
[2]) Amthor u. Zink, Zeitschr. f. analyt. Chemie **36**, 1 [1897].

Pferdefett aus	Konsistenz	Farbe	Spezifisches Gewicht bei	Erstarrungspunkt °C	Schmelzpunkt °C	Erstarrungspunkt der Fettsäuren °C	Schmelzpunkt der Fettsäuren °C	Verseifungszahl	Jodzahl Fett	Jodzahl Fettsäuren	Reichertzahl	Hehnerzahl	Säurezahl	Beobachter
Nieren . . .	salbenartig, weich	goldgelb	15° C 0,9320	22	39	30—30,5	36—37	198,7	81,09	83,88	0,33	95,47	1,73	Amthor u. Zink[1]
	—	—	—	—	—	—	—	—	85,4	—	—	—	—	Hehner u. Mitchell
	—	—	17,5° C 0,9212	47—48	53—55	—	—	187,6	82,6	84,0	—	—	—	Frühling
	—	—	50° C 0,8987	—	—	—	—	—	—	—	—	—	—	Frühling
Kamm . . .	frisch, harter Butter ähnlich	tief orangegelb	15° C 0,9330	30	34—45	32—33	41—42	199,5	74,84	74,41	0,22	95,42	2,44	Amthor u. Zink
Gekröse . . .	butterartig	goldgelb	15° C 0,9319	20	36—37	31—32,5	39—40,5	197,8	81,6	83,37	0,38	94,78	1,84	Amthor u. Zink
Rücken . . .	—	—	17,5° C 0,9159 / 50° C 0,8963	43—45	52—53	—	—	182,8	79,9	81,4	—	—	—	Frühling
Herz	—	—	15,5° C 0,9167 / 50° C 0,8948	32—34	40—41	—	—	184,7	77,4	78,3	—	—	—	Frühling
Eingeweidefett	—	braungelb	—	—	—	37,7	37,5	196,8	86,1	87,1	1,64	97,8	—	Kalmann
Brustfett . . .	—	hellgelb	—	—	—	37,3	39,5	195,1	86,1	83,0	2,14	96,0	—	Kalmann

(In der Reichertzahl-Spalte für Eingeweidefett und Brustfett: Reichert-Meißlzahl)

Spezifisches Gewicht bei	Erstarrungspunkt °C	Schmelzpunkt °C	Verseifungszahl	Jodzahl	Reichert-Meißlzahl	Butterrefraktometer bei 40°C	Maumené-Probe	Hehnerzahl	Spez. Temperaturreaktion	Beobachter
15° C 0,9189	—	15	197,1	84	—	—	—	—	—	Filsinger[2]
98—99° C / 15° C 0,861	—	—	—	—	—	—	—	—	—	Allen
—	20—30	34—39	197,8—199,5	78,84—81,60	0,44—0,76	—	—	—	—	Amthor u. Zink
—	—	20	—	—	—	—	—	—	—	Lenz[3]
—	—	—	195,1—196,8	86,1	1,64—2,14	—	—	96—97,8	—	Kalmann[4]
—	—	—	—	79	—	—	—	—	—	Mennicke
—	—	—	—	—	—	53,7	—	—	—	Mansfeld
—	—	—	—	65—94	—	51,5—59,8	—	—	—	Nußberger
—	—	—	—	54,3—90,7	—	54,3—68,8	—	—	—	Hefelmann u. Mauz
15° C 0,916—0,922 / 100° C 0,798—0,799	—	—	—	75,1—86,3	—	—	46—54,7°	—	95,8—114	Gill u. Rowe[5]
—	—	—	—	71,4—72,4	—	—	—	—	—	Lewkowitsch

[1] Amthor u. Zink, Zeitschr. f. analyt. Chemie 31, 381 [1892]. Chemie 28, 441 [1889]. [2] Filsinger, Chem.-Ztg. 16, 792 [1892]. [3] Lenz, Zeitschr. f. analyt. [4] Kalmann, Chem.-Ztg. 16, 922 [1892]. [5] Gill u. Rowe, Journ. Amer. Chem. Soc. 24, 466 [1902].

Fettsäuren.

Erstarrungspunkt °C	Schmelzpunkt °C	Jodzahl	Acetylzahl	Verseifungszahl	Beobachter
37,3—37,7	37,5—39,5	83—87,1	12—14	202,6—202,7	Kalmann
30—33	36—42	74,41—83,88	6,64—13,74	—	Amthor u. Zink
25—35	—	72,3—82,1	—	—	Gill u. Rowe

Pferdemarkfett.

Graisse de moelle de cheval — Horse marrow fat.

Pferdemarkfett entstammt den Röhrenknochen des Pferdes; die Säurezahl wurde zu 0,8—1,0 gefunden.

Spez. Gewicht bei 15° C	Erstarrungspunkt °C	Schmelzpunkt °C	Verseifungszahl	Jodzahl	Reichertzahl	Beobachter
0,9204—0,9221	20—24	35—39	199,7—200	77,6—80,6	1,0	Zink

Fettsäuren.

Spezifisches Gewicht bei 15° C	Erstarrungspunkt °C	Schmelzpunkt °C	Verseifungszahl	Jodzahl	Beobachter
0,9182—0,9289	34—36	42—44	210,8—217,6	71,8—72,2	Zink
—	—	33,5	208,1	75	Valenta

Kamelfett.

Graisse de chameau — Camel fat.

	Jodzahl	Erstarrungspunkt	Beobachter
Hautfett	38,7	34,5° C	Henriques u. Hansen
Omentfett	36,5	35,0° C	

Bärenfett.

Graisse d'ours — Bear fat.

Vorkommen: Bärenfett wird von dem schwarzen Bären oder dem gemeinen braunen Bären (*Ursus arctos* L.) gewonnen.

Fett vom	Spez. Gewicht bei	Erstarrungspunkt	Verseifungszahl	Jodzahl	Hehnerzahl	Reichert-Meißlzahl	Butterrefraktometer	Beobachter
Bauch . .	25° C 0,9104 15° C 0,9209	bei 0° C salbenartig	194,9	98,5	—	1,66	25° C 61,2 40° C 53	Rackow[1]
Nieren . .	15° C 0,9211	bei 0° C salbenartig	200,4	106,5 bis 107,4	—	1,15	25° C 61,2 40° C 53	
	15° C 0,9156	bei 15° C vaselinartig	191	80,7	94,5	0,33	20° C 60,8 50° C 45,5	Schneider u. Blumenfeld[2]

---

[1] Rackow, Chem.-Ztg. **28**, 273 [1904]; Chem. Revue über d. Fett- u. Harzindustrie **11**, 108 [1904].

[2] Schneider u. Blumenfeld, Chem.-Ztg. **30**, 53 [1906]; Chem. Revue über d. Fett- u. Harzindustrie **13**, 56 [1906].

Fettsäuren.

Fett von	Spezifisches Gewicht bei	Erstarrungspunkt °C	Schmelzpunkt °C	Säurezahl	Jodzahl	Acetylzahl	Butterrefraktometer bei	Beobachter
Bauch . . .	—	—	32—32,25	—	—	—	—	} Rackow
	—	—	30,5—31	—	—	—	—	
Nieren . . .	15° C 0,9347	36,1	37,5	203	76,5	5,7	{ 40° C 43,0 / 50° C 37,6	} Schneider u. Blumenfeld

Physikalische und chemische Eigenschaften: Bärenfett ähnelt frischem Schweinefett. Es ist ebenfalls von rein weißer Farbe und grobkörniger Struktur. Die Konsistenz schwankt auch je nach der Körpergegend, der das Fett entstammt.

Verwendung: Bärenfett soll verschiedene heilende Eigenschaften haben. Unter dem Namen Bärenfett kommen meist nur gefärbte Schweinefette in den Handel.

Hundefett.

Graisse de chien — Dog fat.

Vorkommen: In dem Fettgewebe des Hundes.

Physikalische und chemische Eigenschaften: Hundefett ist sehr weich, von weißer Farbe und körniger Konsistenz. Der Gehalt an freier Säure wurde bei frischem Hundefett zu 0,70 bis 1,10%, in einer älteren Probe zu 1,51%, auf Ölsäure berechnet, bestimmt.

Spezifisches Gewicht bei 15° C	Erstarrungspunkt °C	Schmelzpunkt °C	Verseifungszahl	Jodzahl	Hehnerzahl	Reichertzahl	Beobachter
0,9230	20—21	38—40	196,4	58,7	95,7	0,63	} Amthor u. Zink [1]
0,9229	22—25	37—40	194,4	58,3	95,6	0,51	
—	26	40	—	—	—	—	Schulze u. Reinecke [2]
—	—	—	—	79,7—82,6	—	—	Henriques u. Hansen
—	—	48—52	—	41—47	—	—	Rosenfeld

Fettsäuren.

Spez. Gewicht bei 15° C	Erstarrungspunkt	Schmelzpunkt	Verseifungszahl	Jodzahl	Acetylzahl	Beobachter
0,9248	34—35° C	39—40° C	198	50,2	9,5	} Amthor u. Zink
0,9309	35—36° C	39—41° C	200,3	50,1	12,3	
—	35° C	39—41° C	—	—	—	Abderhalden u. Brahm [3]

Fuchsfett.

Graisse de renard — Fox fat.

Vorkommen: Im Fettgewebe des Fuchses (*Canis vulpes* L.).

Physikalische und chemische Eigenschaften: Fuchsfett ist von ziemlich weicher Konsistenz, von weißer Farbe, körnig. Gehalt an freien Fettsäuren, auf Ölsäure berechnet, wurde zu 2,97% in frischem Fett und zu 7,99% in einer 2 Jahre alten Probe bestimmt.

Spez. Gewicht bei 15° C	Erstarrungspunkt	Schmelzpunkt	Verseifungszahl	Jodzahl	Reichertzahl	Beobachter
0,9412	24—26° C	35—40° C	191,7	75,3—84	1,3	Amthor u. Zink [1]

[1] **Amthor u. Zink**, Zeitschr. f. analyt. Chemie **36**, 1 [1897].
[2] **Schulze u. Reinecke**, Annalen d. Chemie u. Pharmazie **142**, 205 [1867].
[3] **Abderhalden u. Brahm**, Zeitschr. f. physiol. Chemie **65**, 331 [1910].

Fettsäuren.

Spez. Gewicht bei 15° C	Erstarrungspunkt	Schmelzpunkt	Verseifungszahl	Jodzahl	Acetylzahl	Beobachter
0,9492	36—37° C	41—43° C	205,7	65,4	43,1	Amthor u. Zink

Luchsfett.

Graisse de lynx — Lynx fat.

Vorkommen: Im Fettgewebe des Luchses (*Lynx europaeus*).

Physikalische und chemische Eigenschaften: Das Fett ist eine salbenartige, körnige Masse von unangenehmem Geruch. Der Gehalt an freien Fettsäuren beträgt 0,41%.

Spez. Gewicht bei 15° C	Verseifungszahl	Jodzahl	Hehnerzahl	Reichert-Meißlzahl	Butterrefraktometer bei	Beobachter
0,9248	190,22	110,6	95,77	0,43	{ 20° C 70 45° C 55,5	} Schneider u. Blumenfeld [1])

Fettsäuren.

Spez. Gewicht bei 15° C	Erstarrungspunkt	Schmelzpunkt	Säurezahl	Jodzahl	Acetylzahl	Butterrefraktometer bei	Beobachter
0,9412	35° C	35,5° C	202.7	111,8	7,67	{ 35° C 53,9 45° C 48,3	} Schneider u. Blumenfeld

Murmeltierfett

Graisse de Marmotte — Marmot fat — Grasso di marmotta.

Vorkommen: Im Fettgewebe des Murmeltieres (*Arctomys marmota*).

Physikalische und chemische Eigenschaften: Das Murmeltierfett ist flüssig, goldgelb, im Lichte verblassend. In der Kälte erstarrt es zu einer fein krystallinischen Masse.

Spez. Gewicht	Säurezahl	Verseifungszahl	Jodzahl	Butterrefraktometer bei 40° C	Reichert-Meißlzahl	Hehnerzahl	Beobachter
0,917—0,918	3,14—5,94	195,57 bis 198,68	106,7 bis 111,46	59—59,7	0,6	95,97	M. Grübler [2])

Hauskatzenfett.

Vorkommen: Im Fettgewebe der Hauskatze (*Felis domestica briess.*).

Physikalische und chemische Eigenschaften: Katzenfett stellt ein weiches, körniges, weiß- bis gelblichgraues Fett dar. Der Säuregehalt in frischem Fett wurde zu 1,16 und in einer älteren Probe (1 Jahr) zu 12,87%, auf Ölsäure berechnet, gefunden.

Spez. Gewicht bei 15° C	Erstarrungspunkt ° C	Schmelzpunkt ° C	Verseifungszahl	Jodzahl	Hehnerzahl	Reichertzahl	Beobachter
0,9304	24—26	39—40	190,7	54,5	96	0,9	Amthor u. Zink [3])
—	—	38	—	—	—	—	Schulze u. Reinecke

Fettsäuren.

Spez. Gewicht bei 15° C	Erstarrungspunkt ° C	Schmelzpunkt ° C	Jodzahl	Acetylzahl	Beobachter
0,9251	35—36	40—41	54,8	10	Amthor u. Zink

[1]) Schneider u. Blumenfeld, Chem.-Ztg. **30**, 53 [1906]; Chem. Revue über d. Fett- u. Harzindustrie **13**, 57 [1906].
[2]) M. Grübler, Zeitschr. d. Österr. Apothekervereins **45**, 745 [1907].
[3]) Amthor u. Zink, Zeitschr. f. analyt. Chemie **36**, 1 [1897].

Wildkatzenfett.

Vorkommen: Im Fettgewebe der Wildkatze (*Felis catus* L.).

Physikalische und chemische Eigenschaften: Dasselbe ähnelt in seiner Zusammensetzung dem Hauskatzenfett; zeigt schmutzig-gelbgraue Farbe, ist körnig und etwas fester als Schweinefett.

Spez. Gewicht bei 15° C	Erstarrungspunkt ° C	Schmelzpunkt ° C	Verseifungszahl	Jodzahl	Reichertzahl	Beobachter
0,9304	26—27	37—38	199,9	57,8	2,5	Amthor u. Zink[1])

Fettsäuren.

Spez. Gewicht bei 15° C	Erstarrungspunkt ° C	Schmelzpunkt ° C	Verseifungszahl	Jodzahl	Acetylzahl	Beobachter
0,9366	36—37	40—41	203,8	58,8	19,5	Amthor u. Zink[1])

Iltisfett.

Graisse de putois — Polecat fat.

Vorkommen: Im Fettgewebe des Iltis (*Putorius foetidus* Gray).

Physikalische und chemische Eigenschaften: Iltisfett zeigt schmutziggelbe Farbe, flüssige Konsistenz und grünliche Fluorescenz.

Fett	Fettsäuren		
Jodzahl	Erstarrungspunkt ° C	Schmelzpunkt ° C	Jodzahl	Beobachter
---	---	---	---	---
62,8	26—27	34—40	60,6	Amthor u. Zink

Edelmarderfett.

Graisse de martre — Pine Marten fat.

Vorkommen: Im Fettgewebe des Edelmarters (*Mustela martes* L.).

Physikalische und chemische Eigenschaften: Das Fett zeigt gelbbraune Färbung und salbenartige Konsistenz. In frischem Zustande zeigt dasselbe die Säurezahl von 11,9 bzw. 13,4.

Spez. Gewicht bei 15° C	Erstarrungspunkt ° C	Schmelzpunkt ° C	Verseifungszahl	Jodzahl	Hehnerzahl	Reichertzahl	Beobachter
0,9345	24—27	33—40	204	70,2	93	1,1	Amthor u. Zink[1])

Fettsäuren.

Erstarrungspunkt ° C	Schmelzpunkt ° C	Jodzahl	Beobachter
35—37	39—43	53	Amthor u. Zink

Dachsfett.

Graisse de blaireau — Badger fat.

Vorkommen: Im Fettgewebe des Dachses (*Meles taxus* Pall.).

Physikalische und chemische Eigenschaften: Das Fett ist von weicher, salbenartiger Konsistenz und hellcitronengelber Farbe. Beim Stehen trennt sich das Fett in einen festen und flüssigen Teil. Die Säurezahl wurde bei einer frischen Probe zu 5,3, in älteren Proben zu 7,2 bzw. 4,5 gefunden.

---

[1]) Amthor u. Zink, Zeitschr. f. analyt. Chemie **36**, 1 [1897].

Spez. Gewicht bei 15° C	Erstarrungspunkt ° C	Schmelzpunkt ° C	Verseifungszahl	Jodzahl	Hehnerzahl	Reichertzahl	Beobachter
0,9226	17—19	30—35	193,1	71,3	96	0,36	Amthor u. Zink [1]
0,9331	16—18	35—38	202,3	75,1	—	0,81	Amthor u. Zink

Fettsäuren.

Spez. Gewicht bei 15° C	Erstarrungspunkt ° C	Schmelzpunkt ° C	Verseifungszahl	Jodzahl	Acetylzahl	Beobachter
0,9230	28—30	34—36	193,7	73	13,1	Amthor u. Zink
0,9457	30—31	35—37	207,1	61,9	32,6	Amthor u. Zink

Vielfraßfett.

Graisse de glouton — Glutton fat.

Vorkommen: Im Fettgewebe des Vielfraßes (*Gulo borealis*).

Physikalische und chemische Eigenschaften: Das Vielfraßfett zeigt reinweiße Farbe (aus dem Unterhautgewebe) oder schwach gelbliche Färbung (Nierenfett). Dasselbe ist nicht sehr fest und zeigt einen schwachen Geruch. Freie Fettsäuren wurden zu 2,94% gefunden.

Spez. Gewicht bei 15° C	Erstarrungspunkt ° C	Schmelzpunkt ° C	Verseifungszahl	Jodzahl	Hehnerzahl	Reichert-Meißlzahl	Butterrefraktometer	Art des Fettes	Beobachter
0,9153	22—24	28—30	193,3	54,36	95,4	0,12	30° C 54,2 / 45° C 46,1	} Körperfett	} Schneider und Blumenfeld [2]
0,9230	—	—	193,3	50,82	95,8	—	45° C 45,2 / 50° C 42,7	} Nierenfett	

Fettsäuren.

Spez. Gewicht bei 15° C	Erstarrungspunkt ° C	Schmelzpunkt ° C	Säurezahl	Jodzahl	Acetylzahl	Butterrefraktometer	Art des Fettes	Beobachter
0,9118	37,5	40—41	203,4	55,5	3,0	45° C 31,9 / 50° C 29,2	} Körperfett	} Schneider und Blumenfeld
		40—41	203,3	52,8	—	45° C 31,7 / 50° C 29,0	} Nierenfett	

Hasenfett.

Graisse de lièvre — Hare fat.

Vorkommen: Im Fettgewebe des Hasen (*Lepus vulgaris* L.).

Physikalische und chemische Eigenschaften: Das Fett zeigt eine weiße bis orangegelbe Farbe und scheidet sich beim Stehen in 2 Schichten, ein dickes gelbes Öl und einen weißen, krystallinischen Niederschlag. Der Geruch ist ranzig und unangenehm. Die Säurezahl des frischen Fettes wurde zu 1,39—3,60, in einer älteren Probe zu 8,0 gefunden. Hasenfett zeigt deutlich trocknende Eigenschaften, bedingt durch die Anwesenheit der darin aufgefundenen Linolsäure.

Spez. Gewicht bei	Erstarrungspunkt ° C	Schmelzpunkt ° C	Verseifungszahl	Jodzahl	Hehnerzahl	Reichertzahl	Butterrefraktometer	Beobachter
15° C 0,9288 bis 0,9397	17—23	35—40	198,3—205,8	81,1—119,1	95,2	0,74—2,4	—	Amthor u. Zink [1]
100° C 0,861	28—30	44—46	—	—	95,5	Reichart-Meißlzahl 2,64	bei 40° C 49	Drumel

[1] Amthor u. Zink, Zeitschr. f. analyt. Chemie **36**, 1 [1897].

[2] Schneider u. Blumenfeld, Chem.-Ztg. **30**, 53 [1906]: Chem. Revue über d. Fett- u. Harzindustrie **13**, 57 [1906].

Fettsäuren.

Spez. Gewicht bei 15° C	Erstarrungs- punkt ° C	Schmelz- punkt ° C	Ver- seifungs- zahl	Jodzahl	Acetyl- zahl	Butterre- fraktometer bei 40° C	Beobachter
0,9361	36—40	44—47	209	88,4—97,9	34,8	—	Amthor u. Zink
—	39—41	48—50	—	—	—	36	Drumel

Hauskaninchenfett.

Graisse de lapin domestique — Tame rabbit fat.

Vorkommen: Im Fettgewebe des Kaninchens.

Physikalische und chemische Eigenschaften: Das Fett ist ziemlich fest, von körniger Konsistenz und weißer, schwach rötlicher Farbe; es trennt sich beim Stehen in einen festen und einen flüssigen Teil.

Spez. Gewicht bei	Erstarrungs- punkt ° C	Schmelz- punkt ° C	Ver- seifungs- zahl	Jodzahl	Reichert- zahl	Hehner- zahl	Beobachter
15° C 0,9342	22—24	40—42	202,6	69,6	2,8	—	Amthor u. Zink[1])
100° C 0,861	28—30	44—46	—	—	—	95,5	Drumel

Fettsäuren.

Spez. Gewicht bei 15° C	Erstarrungs- punkt ° C	Schmelz- punkt ° C	Verseifungs- zahl	Jodzahl	Acetylzahl	Beobachter
0,9264	37—39	44—46	218,1	64,4	31	Amthor u. Zink
—	39—41	48—50	—	—	—	Drumel

Die Säurezahl wurde zu 6,2 auf Ölsäure berechnet gefunden.

Wildkaninchenfett.

Graisse de lapin sauvage — Wild rabbit fat.

Vorkommen: Im Fettgewebe des wilden Kaninchens.

Physikalische und chemische Eigenschaften: Das Fett des wilden Kaninchens zeigt schmutziggelbe Farbe und sehr weiche Konsistenz. Beim Stehen scheidet sich ein dickes, gelbliches Öl ab. Von dem Fette des zahmen Kaninchens unterscheidet sich dasselbe durch die trocknenden Eigenschaften. Auch ist das Fett des wilden Kaninchens reich an Ölsäure und enthält außerdem noch Linolsäure. Außerdem unterscheidet sich das Fett des wilden Kaninchens von dem des Hauskaninchens durch die Jodzahl.

Spez. Gewicht bei 15° C	Erstarrungs- punkt	Schmelz- punkt	Ver- seifungszahl	Jodzahl	Reichert- zahl	Beobachter
0,9345—0,9435	17—22° C	35—38° C	198,3—200,3	96,9—102,8	0,7	Amthor u. Zink[1])

Fettsäuren.

Spez. Gewicht bei 15° C	Erstar- rungspunkt	Schmelz- punkt	Ver- seifungszahl	Jodzahl	Acetyl- zahl	Beobachter
0,9426	35—36° C	39—41° C	209,5	101,1	41,7	Amthor u. Zink

[1]) **Amthor u. Zink**, Zeitschr. f. analyt. Chemie **36**, 1 [1897].

Taubenfett.

Graisse de pigeon — Pigeon fat.

Fett	Fettsäuren		
Jodzahl	Erstarrungspunkt	Schmelzpunkt	Beobachter
82,1	33—34° C	38—39° C	Amthor u. Zink[1])

Das Taubenfett ist von salbenartiger Konsistenz und graugelber Farbe.

Hühnerfett.

Graisse de poule — Chicken fat.

Vorkommen: Im Fettgewebe des Haushuhnes.

Physikalische und chemische Eigenschaften: Das Hühnerfett zeigt eine körnige Beschaffenheit, salbenartige Konsistenz und hellgelbe Farbe. Der Gehalt an freien Fettsäuren, auf Ölsäure berechnet, wurde zu 0,6% gefunden. Die Zusammensetzung des Fettes ändert sich mit der Nahrung, die das Huhn aufnimmt. So konnte gezeigt werden, daß das Fett eines mit Milch und Mais gefütterten Huhnes höhere Werte gab als beim Fett eines nur mit Mais gefütterten Huhnes. Eine Ausnahme machen die Jodzahl, Hehnerzahl und die Refraktometeranzeige.

Das Hühnerfett zeigte in seiner Zusammensetzung nach Fütterung mit Vollmilch große Ähnlichkeit mit der Zusammensetzung des Butterfettes, mit Ausnahme der flüssigen Fettsäuren, deren Gehalt nicht vermehrt war.

Spez. Gewicht bei 15° C	Erstarrungspunkt	Schmelzpunkt	Verseifungszahl	Jodzahl	Reichertzahl	Beobachter
0,9241	21—27° C	33—40° C	193,5	66,2 65,3 77,2 58,0	1	Amthor u. Zink

Fettsäuren.

Spez. Gewicht bei 15° C	Erstarrungspunkt	Schmelzpunkt	Verseifungszahl	Jodzahl	Acetylzahl	Beobachter
0,9283	32—34° C	38—40° C	200,8	64,6	45,2	Amthor u. Zink

Truthahnfett.

Graisse de dindon — Turkey fat.

Vorkommen: Im Fettgewebe des Truthahnes (*Meleagris gallopavo* L.).

Physikalische und chemische Eigenschaften: Das Truthahnfett zeigt eine hellgelbe Farbe, salbenartige Konsistenz und scheidet nur geringe Mengen weißer, fester Bestandteile aus. Der Gehalt an freien Fettsäuren wurde zu 2% bestimmt.

Spez. Gewicht bei 15° C	Verseifungszahl	Jodzahl	Reichertzahl	Beobachter
0,9200	200,5	81,15	2,2	Amthor u. Zink

Fettsäuren.

Spez. Gewicht bei 15° C	Erstarrungspunkt	Schmelzpunkt	Verseifungszahl	Jodzahl	Beobachter
0,9385	31—32° C	38—39° C	210,1	70,7	Amthor u. Zink

[1]) Amthor u. Zink, Zeitschr. f. analyt. Chemie **36**, 1 [1897].

Auerhahnfett.

Graisse de coq bruyère — Wood cock fat.

Vorkommen: Im Fettgewebe des Auerhahnes (*Tetrao urogallus* L.).

Physikalische und chemische Eigenschaften: Auerhahnfett stellt ein hellgelbes Fett von sehr flüssiger Konsistenz dar. Nach längerem Stehen scheidet dasselbe krystallinische Bestandteile ab. Der Gehalt an freien Fettsäuren, auf Ölsäure berechnet, wurde zu 2,97 bestimmt. Auerhahnfett zeigt schwach trocknende Eigenschaften.

Spez. Gewicht bei 15° C	Verseifungszahl	Jodzahl	Reichertzahl	Beobachter
0,9296	201,6	121,1	2,1	Amthor u. Zink

Fettsäuren.

Spez. Gewicht bei 15° C	Erstarrungspunkt	Schmelzpunkt	Verseifungszahl	Jodzahl	Acetylzahl	Beobachter
0,9374	25—28° C	30—33° C	199,3	120	45,3	Amthor u. Zink

Wasserhuhnfett.

Vorkommen: Im Fettgewebe des Wasserhuhnes (*Fulica atra*).

Physikalische und chemische Eigenschaften: Das Wasserhuhnfett zeigt hellgelbe Farbe, salbenartige Konsistenz und scheidet sich nach einiger Zeit in einen gelben, flüssigen Anteil und einen festen, weißen Bodensatz.

Spez. Gewicht bei 15° C	Verseifungszahl	Jodzahl	Hehnerzahl	Reichert-Meißlzahl	Butterrefraktometer bei	Beobachter
0,9163	192,6	87,2	95,2	0,35	25° C 62,9 40° C 54,8	Schneider u. Blumenfeld

Fettsäuren.

Spez. Gewicht bei 15° C	Erstarrungspunkt	Schmelzpunkt	Jodzahl	Butterrefraktometer bei	Beobachter
0,9151	30,5° C	33,5—34,5° C	84,8	35° C 44,7 45° C 39,9	Schneider u. Blumenfeld[1])

Kranichfett.

Graisse de grue — Crane fat.

Vorkommen: Im Fettgewebe des Kranichs (*Grus cinerea*).

Physikalische und chemische Eigenschaften: Kranichfett zeigt weiße Farbe, weiche Konsistenz und ist geruchlos. An freien Fettsäuren, auf Ölsäure berechnet, wurden 4,69% gefunden.

Spez. Gewicht bei 15° C	Verseifungszahl	Jodzahl	Hehnerzahl	Reichert-Meißlzahl	Butterrefraktometer bei	Beobachter
0,9222	191,2	71,25	95,7	0,13	20° C 61,5 45° C 47,7	Schneider u. Blumenfeld

Fettsäuren.

Spez. Gewicht bei 15° C	Erstarrungspunkt ° C	Schmelzpunkt ° C	Säurezahl	Jodzahl	Acetylzahl	Butterrefraktometer bei	Beobachter
0,9005	29,3	31	201	73,5	1,35	30° C 40,8 45° C 32,8	Schneider u. Blumenfeld[1])

---

1) Schneider u. Blumenfeld, Chem.-Ztg. **30**, 53 [1906]; Chem. Revue über d. Fett- u. Harzindustrie **13**, 57 [1906].

Gänsefett.

Gänseschmalz — Graisse d'oie — Goose fat — Grasso d'oca.

Vorkommen: Im Fettgewebe der Hausgans (*Anser domesticus* L.).

Physikalische und chemische Eigenschaften: Das Gänsefett zeigt eine blaßgelbe Farbe, ist körnig und hat eine weiche, salbenartige Konsistenz. Es besteht aus Olein, Palmitin, Stearin und geringen Mengen flüchtiger Fettsäureglyceride.

Je nach dem Körperteil sind 61,2—68,7% Ölsäure, 21,2—32,8% Palmitin und Stearinsäure vorhanden[1]). Gänsefett besitzt einen angenehmen Geruch und Geschmack. Auch beim Gänsefett zeigt sich deutlicher Einfluß des Futters auf die Zusammensetzung des Fettes[2]). Der Gehalt an freien Fettsäuren wurde in frischem Gänsefett zu etwa 0,3%, in einer älteren Probe zu 2,61%, auf Ölsäure berechnet, gefunden. Die Menge der löslichen Fettsäuren schwankt zwischen 0,7 und 3,5%.

Spez. Gewicht bei	Erstarrungspunkt °C	Schmelzpunkt °C	Verseifungszahl	Jodzahl	Hehnerzahl	Reichert-Meißlzahl	Butterrefraktometer bei	Beobachter
15°C 0,9227	18—22	25—26	—	—	—	—	—	Schädler
15°C 0,9274	18—20	32—34	193,1	64,7 (Brustfett) 70,5 (Bauchfett)	—	1,96	—	Amthor u. Zink
15,5°C 0,9228 bis 0,9300	18,2	28,9—30,4 (Anfang)	191,2—193,0	58,7—66,4	94,5—95,3	0,2—0,3	40°C 50—50,5	Rözsényi[3])
37,8°C / 37,8°C 0,909	—	—	184—198	—	92,4—95,7	—	—	Young
—	—	33—34	—	—	95,88	—	—	Bensemann
—	—	—	192,6	—	—	—	—	Valenta
—	—	—	—	71,5	—	—	—	Erban u. Spitzer
15°C 0,9270	—	—	193	70,1	—	—	—	Klimont u. Meisels[4])
100°C / 15°C 0,8691	—	14,5	191,0	72,66	94,43	0,385	40°C 1,4594	Mayer[5])

Fettsäuren.

Spez. Gewicht bei 15°C	Erstarrungspunkt °C	Schmelzpunkt °C	Verseifungszahl	Jodzahl	Acetylzahl	Beobachter
0,9257	31—32	38—40	202,4	65,3	27 (Bauchfett)	Amthor u. Zink
—	—	35,2—39	—	—	—	Rözsényi
—	—	37—41	—	—	—	Bensemann
—	—	38,5	—	65,37	—	Mayer

Wildgansfett.

Graisse d'oie sauvage — Wild goose fat.

Vorkommen: Im Fettgewebe der Wildgans (*Anser ferus* Brünn.).

Physikalische und chemische Eigenschaften: Wildgansfett zeigt orangegelbe Farbe, flüssige Konsistenz. Bei längerem Stehen setzt sich ein weißer, krystallinischer Bodensatz ab. Wildgansfett zeigt einen höheren Gehalt an Triolein, bedingt durch die Fischnahrung. Es wurde Dipalmitostearin vom Schmelzp. 59° C isoliert[4]).

[1]) Lebedeff, Zeitschr. f. physiol. Chemie **6**, 142 [1882].
[2]) Weiser u. Zaitschek, Archiv f. d. ges. Physiol. **93**, 128 [1902].
[3]) Rözsényi, Chem.-Ztg. **20**, 218 [1896].
[4]) Klimont u. Meisels, Chem. Revue über d. Fett- u. Harzindustrie **16**, 232 [1909].
[5]) Mayer, Pharmac. Journ. **31**, 94 [1910].

	Spez. Gewicht bei 15° C	Erstarrungspunkt	Verseifungszahl	Jodzahl	Reichertzahl	Beobachter
Wildgans, 2 Jahre in Gefangenschaft gelebt	—	—	—	99,6	—	Amthor u. Zink[1]
	0,9158	18—20° C	196,0	67	0,59	Amthor u. Zink

Fettsäuren.

	Spez. Gewicht bei 15° C	Erstarrungspunkt	Schmelzpunkt	Verseifungszahl	Jodzahl	Acetylzahl	Beobachter
Wildgans, 2 Jahre in Gefangenschaft gelebt	0,9251	32° C	36—38° C	196,4	65,1	41,6	Amthor u. Zink
	—	33—34° C	34—40° C	—	—	—	Amthor u. Zink

Hausentenfett.

Graisse de canard — Domestic duck fat.

Vorkommen: Im Fettgewebe der Hausente.

Physikalische und chemische Eigenschaften: Hausentenfett zeigt hellgelbe Farbe, weiche, salbenartige, körnige Konsistenz. In dem Entenfett konnte ein Dipalmitostearin nachgewiesen werden, das den Schmelzp. 59° C zeigte.

Spez. Gew. bei	Erstarrungspunkt	Schmelzpunkt	Jodzahl	Verseifungszahl	Beobachter
—	22—24° C	36—39° C	58,5	—	Amthor u. Zink[1]
15° C 0,9270	—	27—28° C	71,7	193,6	Klimont u. Meisels[2]

Wildentenfett.

Graisse de canard sauvage — Wild duck fat.

Vorkommen: Im Fettgewebe der Wildente (*Anas boscas* L.).

Physikalische und chemische Eigenschaften: Das Wildentenfett zeigt orangegelbe Farbe, ölige Konsistenz und einen Säuregehalt von 1,5%.

Erstarrungspunkt	Verseifungszahl	Jodzahl	Reichertzahl	Beobachter
15—20° C	198,5	84,6	1,3	Amthor u. Zink[1]

Fettsäuren.

Erstarrungspunkt	Schmelzpunkt	Beobachter
30—31° C	36—40° C	Amthor u. Zink

Starfett.

Graisse d'etourneau — Starling fat.

Vorkommen: Im Fettgewebe des Stares (*Sturnus vulgaris* L.).

Physikalische und chemische Eigenschaften: Das Fett zeigt bräunlichgelbe Farbe und halbflüssige Konsistenz.

Erstarrungspunkt	Schmelzpunkt	Verseifungszahl	Jodzahl	Beobachter
15—18° C	30—35° C	209,2	83,7	Amthor u. Zink[1]

Fettsäuren.

Erstarrungspunkt	Schmelzpunkt	Jodzahl	Beobachter
30—31° C	38—39° C	79,4	Amthor u. Zink

[1] Amthor u. Zink, Zeitschr. f. analyt. Chemie **36**, 1 [1897].
[2] Klimont u. Meisels, Chem. Revue über d. Fett- u. Harzindustrie **16**, 232 [1909].

Schweinefett.

Schweineschmalz — Schmalz. — Schmer — Saindoux — Graisse de porc — Lard — Strutto
— Adeps suillus.

Vorkommen: In dem Eingeweide-, Netz- und Nierenfette des Schweines.

Darstellung: Zur Darstellung verwendet man die im Innern des Körpers angesetzten
Fettpartien, Eingeweidefett, Netzfett (Liesen, Flohmen). Nierenfett, Bauch und Rücken-
speck wird selten verwendet.

Die Darstellung von Schweinefett geschieht in Deutschland nur vereinzelt in großen
Betrieben, während in Amerika das Schweineschmalz in größtem Maßstabe in großen Schlacht-
häusern, Packing Houses, fabrikmäßig gewonnen wird.

Je nach der Herstellungsweise und dem Ausgangsmaterial werden nachstehende Schweine-
schmalzsorten unterschieden:

1. Neutralschmalz (Neutrallard Nr. 1) (Netz- und Gekrösefett) wird durch Ausschmelzen
bei 40—50° auf dem Wasserbade gewonnen; dient zur Margarinefabrikation.

2. Neutralschmalz (Neutrallard Nr. 2), Ausgangsmaterial, Speckabschnitte werden bei
etwas höherer Temperatur ausgeschmolzen. Es dient ebenfalls zur Margarinefabrikation.

3. Choice lard. Wird aus Liesen, die nicht für Neutralschmalz geeignet sind oder aus
den Rückständen derselben gewonnen. Es sollen nur Gekrösefett und Netzfettrückstände
benutzt werden. Die Darstellung geschieht in offenen, mit Dampfmantel versehenen Kesseln.

4. Prime Steam lard (Dampfschmalz) wird aus Abschnitten und anderen fetthaltigen
Teilen des Schweines durch Dampf in offenen Gefäßen oder in Autoklaven unter Druck hergestellt.

Zur Darstellung dieses Schmalzes werden alle Partien des Fettgewebes benutzt. Letztere
Qualität wird noch häufig mit Fullererde gebleicht.

Das so erhaltene Schmalz kommt unter dem Namen Pure lard in den Handel; es ist
blendend weiß und zeigt speckartige Konsistenz.

Physikalische und chemische Eigenschaften: Schweinefett ist bei gewöhnlicher Temperatur ein weißes, festes Fett von körnig krystallinischer oder amorpher Struktur. Im Schweinefett wurden Laurin-, Myristin-, Palmitin-, Stearin- und Ölsäure aufgefunden. Außerdem findet
sich in geringeren Mengen Linol- und Linolensäure[1]). Die Zusammensetzung wurde in nachstehender Weise festgestellt[2]):

	Stearinsäure	8,16— 8,64%
	Palmitinsäure	4,36— 4,59
	Myristinsäure	14,03—14,68
	Laurinsäure	10,27—13,08
ferner	ungesättigte Fettsäuren	53,73—54,37

Ein anderer Autor fand nachstehende Zusammensetzung:

Linolsäure	10,06%
Ölsäure	49,39
feste Säuren	40,55

Außerdem wurde an gemischten Glyceriden das Heptadecyldistearin isoliert. Der Gehalt
an unverseifbaren Bestandteilen wurde zu 0,5% bestimmt. Der Hauptsache nach bestehen
diese unverseifbaren Bestandteile aus Cholesterin. Freie Fettsäuren wurden in frischem
Schweinefett nur in ganz geringen Mengen, man kann sagen, beinahe gar nicht, aufgefunden.
Selbst durch langes Lagern nimmt die Acidität nur langsam zu. Der Gehalt des Schweinefettes an freien Fettsäuren hängt von der Behandlung des Rohfettes, von der Art des Aus-
schmelzens und den Einflüssen ab, welchen das ausgeschmolzene Fett ausgesetzt ist. Je nach
dem Körperteil, von dem das Fett gewonnen ist, zeigen sich Unterschiede in der Zusammensetzung, wie aus nachstehenden Tabellen ersichtlich ist[3]):

[1]) Fahrion, Chem.-Ztg. **17**, 610 [1893]. — Wallenstein u. Fink, Chem.-Ztg. **18**, 1189
[1894]. — Bömer, Zeitschr. f. Unters. d. Nahr.- u. Genußm. **1**, 538 [1898].

[2]) Partheil u. Ferié, Archiv d. Pharmazie **241**, 545 [1903].

[3]) Henriques u. Hansen, Skand. Archiv f. Physiol. **11**, 160 [1900]. — Windisch, Arbeiten
a. d. Kaiserl. Gesundheitsamt **12**, 621 [1896].

Europäische Schweinefette.

Fett von	Spez. Gewicht bei $\frac{100^\circ\,C}{15^\circ\,C}$	Schmelzpunkt		Jodzahl		Freie Fettsäure auf Ölsäure	Beobachter
		Fette °C	Fett-säuren °C	Fette °C	Fett-säuren °C		
Rücken . . .	0,8607	33,8	40,0	60,58	61,90	0,152	
Niere	0,8590	43,2	43,2	52,60	54,20	0,163	} Späth
Netz	0,8588	44,5	42,9	53,10	54,40	0,360	

Nordamerikanische Schweinefette.

Fett aus	Spez. Gewicht bei $\frac{100^\circ\,C}{15^\circ\,C}$	Jod-zahl	Maumené-Probe bei 40° C	Schmelzpunkt (Bensemanns Methode)		Butter-refrakto-meter bei 40° C	Beobachter
				Tropfen bil-deten sich bei °C	klar ge-schmolzen bei °C		
Kopf	0,8637	66,2	33	24	44,8	52,6	
	0,8629	66,6	32	24	44,8	52,5	
	0,8631	65,0	34	24	45,0	52,0	
Rücken . . .	0,8611	61,5	37	28,5	48,5	52,4	
	0,8621	65,0	35	28,5	48,5	51,8	
	0,8616	65,1	38	31,5	46,0	51,9	
Schmer . . .	0,8637	62,2	—	26	45	51,4	Dennstedt und Voigtländer
	0,8615	59,0	—	29	44	50,2	
	0,8700	63,0	30	28,5	44,5	52,0	
Fuß	0,8589	68,8	—	24	40	44,8	
Schinken . .	0,8641	68,4	38	26	45	51,9	
	0,8615	66,6	—	26	44	51,9	
	0,8628	68,3	—	26	44,5	53,0	
Schinken (deutsch)	0,8597	55	30	32	46	49,2	

Auch das Futter übt einen großen Einfluß auf die Zusammensetzung des Schweinefettes aus. So konnte gezeigt werden, daß durch Fütterung von Maiskeimmehl und Maiskuchen die Jodzahl erhöht, durch verfüttertes Fischmehl nach längerer Fütterung dieselbe erniedrigt wird. Nach Fütterung von Baumwollsaatmehl zeigt das Schweinefett die für Kottonöl typische Reaktion. Auch zwischen den Schweinefetten verschiedener Länder, amerikanischen und europäischen, finden sich erhebliche Unterschiede, wie aus obigen Tabellen ersichtlich wird. Wegen der bestehenden Unterschiede empfiehlt Lewkowitsch direkt zwischen amerikanischem und europäischem Schweinefett zu unterscheiden.

Schweinefett wird in größtem Maßstabe verfälscht, und zwar werden Rindstalg, Rindsstearin, Baumwollsamenöl, Baumwollstearin, Erdnuß- und Sesamöl sowie andere vegetabilische Öle zur Fälschung benutzt. Die Verfälschung mit Wasser, die in früheren Jahren sehr häufig beobachtet wurde, findet nicht mehr statt; desto mehr aber Zusätze von obengenannten vegetabilischen Fetten, Rindstalg und Oleomargarin. In Nordamerika wird die Fälschung von Schweinefett, besonders mit Baumwollsamenöl, in größtem Maßstabe betrieben; ja es wird sogar behauptet, daß durch den Zusatz eine Verbesserung der Qualität herbeigeführt würde. Die im Handel vorkommende Qualität (Refined lard) bestand aus einem Gemisch von Schweinefett und Baumwollsamenöl, dem zur Erhöhung der Konsistenz Rindsstearin zugesetzt war. Auch unter dem Namen Compound lard finden sich im Handel Kunstprodukte, Mischungen von Rindsstearin und Baumwollsamenöl oder Baumwollstearin. Um die Reinheit des Schweinefettes nachzuweisen bzw. die Anwesenheit von Verfälschungen, werden nachstehende physikalische und chemische Methoden angewandt:

1. Das spezifische Gewicht. Doch muß bemerkt werden, daß eine Reihe der zu Fälschungszwecken herangezogenen Öle dasselbe spezifische Gewicht aufweisen wie Schweineschmalze. Die Anwesenheit von Baumwollsamenöl und Arachisöl macht sich durch eine Erhöhung des spezifischen Gewichtes bemerkbar.

2. Der Schmelzpunkt. Derselbe bietet keine allzu großen Anhaltspunkte, doch läßt sich mit Hilfe des Schmelzpunktes feststellen, welcher Körperpartie das Fett entstammt.

Ursprung des Fettes	Spez. Gewicht bei	Erstarrungspunkt °C	Schmelzpunkt °C	Verseifungszahl	Jodzahl	Hehnerzahl	Butterrefraktometer	Oleorefraktometer	Brechungsindex	Beobachter
	15°C 0,931—0,932	—	—	—	—	—	—	—	—	Hager
	15°C 0,934—0,938 90°C 0,894—0,897	—	36—45,5	—	49,9 bis 63,8	—	—	—	—	E. Dieterich
	15°C 0,934—0,9380	—	36—40	—	46—64	—	bei 40° C 50—51,2	—	—	Benedikt u. Wolffbauer
	$\frac{40°C}{15°C}$ 0,8985 98°C 0,8608	—	—	—	—	—	—	—	—	Allen
	50°C 0,8818 60°C 0,8811 94°C 0,8624	—	—	—	—	—	—	—	—	Saussure
	50°C 0,890	—	—	—	—	—	—	—	—	Bockairy
	$\frac{100°C}{15°C}$ 0,861	—	42—48	—	—	—	—	—	—	Königs
	„ 0,8614	—	—	—	—	—	—	—	—	Gladding
	—	32	41,5—42	—	—	—	—	—	—	Wimmel
	—	26	—	—	—	—	—	—	bei 60° C 1,4539	Thörner
	—	27,1 bis 29,9	—	—	—	—	—	—	—	Goske
	—	—	40,5	—	—	—	—	—	—	Buff
	—	—	45—46	—	—	95,8	—	—	—	Bensemann
	—	—	—	195,8	—	—	—	—	—	Köttsdorfer
	—	—	—	195,3 bis 196,6	—	—	—	—	—	Valenta
Amerika	—	—	—	193—200	57—70	—	—	—	—	Geißenberger
Europa	—	—	—	—	47—60	—	—	—	—	
Amerika	—	—	—	195,5	61,5	95,1	bei 40° C 49,7—51	—	—	Pastrovich
	—	—	—	—	59,0	—	—	—	—	v. Hübl
	—	—	—	—	57,1 bis 60,0	—	—	—	—	Wilson
	—	—	—	—	56,9 bis 59,0	—	—	—	—	Engler u. Rupp
Amerika	—	—	—	—	62,4	—	—	—	—	Schweitzer u. Lungwitz
	—	—	—	—	59—62	—	bei 40° C 50,4 bis 51,2	—	—	Mansfeld
	—	—	—	—	bis 64	—	bei 25° C 56,8 bis 58,5	—	—	Spaeth
	—	—	—	—	—	96,15	—	—	—	Westknights
	—	—	—	—	—	—	bei 40° C 50	—	—	Beckurts u. Seiler
	—	—	—	—	—	—	—	12,5	—	Jean
	—	—	—	—	—	—	bei 40° C 51,9	—	bei 40° C 1,4606	Utz
	—	—	—	—	51,5 Nach Wijs	—	—	—	—	Visser
	50°C 0,89159 bis 0,90038	—	—	—	—	—	—	—	—	Fairley u. Cooke
	—	—	—	195,2 bis 196,2	53—76,9	—	—	—	—	Lewkowitsch
Amerika	—	—	—	—	60,4 bis 70,4	—	—	—	—	v. Raumer
China	—	—	—	—	58,1—85	—	bei 40° C 53,8-54,2	—	—	Farnsteiner

Fettsäuren.

Ursprung des Fettes	Spez. Gewicht bei	Erstarrungspunkt °C	Schmelzpunkt °C	Mittl. Mol.-Gewicht	Jodzahl	Jodzahl der flüssigen Fettsäuren	Brechungsindex bei 60° C	Beobachter
	$\frac{99°C}{15,5°C}$ 0,8445	39	44	278	—	—	—	Allen
	—	34	35	—	—	—	—	Mayer
	—	37—40	40—42,5	—	—	—	—	Benedikt u. Wolffbauer
	—	35	37—38	—	—	—	1,4395	Thörner
Amerika . . .	—	39,6	—	—	—	—	—	Pastrovich
	—	—	Anfang 43—44 Ende 46—47	—	—	—	—	Bensemann
	—	—	—	—	64,2	—	—	Williams
Europa. . . .	—	—	—	—	—	93—96	—	Wallenstein u. Fink
Amerika . . .	—	—	—	—	—	103—105	—	
	—	—	—	—	—	92	—	Mansfeld
Deutschland.	—	—	—	—	—	93,5—103,7	—	Bömer
Amerika . . .	—	—	—	—	—	95,2—104,9		
Amerika . . .	—	—	—	—	—	100—106	—	Geißenberger
	—	39	43	—	—	—	—	Terreil
	—	41,45—42 (Titer)	—	—	—	92—115,5	—	Lewkowitsch
Europa. . . .	—	—	—	—	—	89,4—90,7	—	Dieterich
	—	—	—	—	—	96,9—103,2	—	v. Raumer
Italien	—	—	—	—	—	97—99,8	—	Tortelli u. Ruggeri
China.	—	—	—	—	—	113—121,7	—	Farnsteiner
Japan	—	—	—	—	—	124,1—138	—	Farnsteiner

Auch der Erstarrungspunkt von Schweinefetten wurde zur Identifizierung von Schweineschmalz herangezogen. Mit Hilfe des spezifischen Gewichtes, des Schmelz- und Erstarrungspunktes des Fettes und des Erstarrungspunktes der Fettsäuren können nur grobe Verfälschungen aufgefunden werden.

3. Jodzahl. Dieselbe bewegt sich innerhalb weiter Grenzen infolge der Schwankungen des Olein- und Linoleingehaltes, der von der Fütterung abhängig ist. Der Gehalt an Olein und Linolein hängt auch davon ab, ob Schweineschmalz durch Ausschmelzen getrennter Fettpartien oder durch Ausschmelzen des ganzen Körperfettes gewonnen wird.

Aus den Untersuchungen geht hervor, daß Schweineschmalz, dessen Jodzahl außerhalb der Grenzen 50—66 liegt, als verdächtig angesehen werden muß, oder doch von minderwertiger Qualität ist. Eine normale Jodzahl darf nicht ohne weiteres als Beweis für die Reinheit eines Schweinefettes angesprochen werden, da auch bei Kunstschmalzen Jodzahlen, die innerhalb der oben angeführten Grenzen liegen, beobachtet worden sind. Auch die Jodzahl wurde zur Beurteilung herangezogen, um festzustellen, von welchem Teile des Tieres das Schmalz herrührt. Die Jodzahl gibt im allgemeinen nur geringen Aufschluß über die Reinheit eines Schweinefettes, ebensowenig die Bestimmung der Jodzahl der flüssigen Fettsäuren, weil sich im Laufe der letzten Jahre die hierfür beobachteten Werte völlig verschoben haben. Die refraktometrische Untersuchung wird ebenfalls als Vorprobe herangezogen, doch dürfte dieselbe nur bei groben Verfälschungen von Wert sein, während dieselbe bei geringen Zusätzen keinerlei Aufschluß gibt. Auch lassen sich mit Hilfe dieser Methoden keinerlei Unterschiede zwischen europäischen und amerikanischen Schweineschmalzen auffinden. Die Anwesenheit von vegetabilischen Ölen und Fetten läßt sich mit ziemlicher Sicherheit mit Hilfe der Phytosterinacetatprobe nachweisen, während Verfälschungen von Rindstalg, Oleomargarin und Rindsstearin sehr erhebliche Schwierigkeiten bieten.

Verwendung: Schweinefett wird neben der Butter als wichtigstes Speisefett benutzt. Auch zur Seifenfabrikation wird dasselbe, besonders verdorbener Partien oder Fett von kranken und verendeten Schweinen, benutzt. Durch Auspressen von Schweineschmalz wird das Schweinefettstearin und das Schmalzöl gewonnen.

Wildschweinfett.

Graisse de sanglier — Wild boar fat.

Vorkommen: Im Fettgewebe des Wildschweines (*Sus scrofa* L.).

Physikalische und chemische Eigenschaften: Das Wildschweinfett zeigt viel weichere Konsistenz als das Fett des zahmen Schweines. Die Farbe ist hellgelb bis grau. Wildschweinfett zeigt deutlich trocknende Eigenschaften. Der Gehalt an freien Fettsäuren wurde in frischem Zustande zu 1,31, in einer $1\frac{1}{2}$ Jahre alten Probe zu 2,26%, auf Ölsäure berechnet, gefunden.

Spez. Gewicht bei 15° C	Erstarrungspunkt	Schmelzpunkt	Verseifungszahl	Jodzahl	Reichertzahl	Beobachter
0,9424	22—23° C	40—44° C	195,1	76,6	0,68	Amthor u. Zink

Fettsäuren.

Spez. Gewicht bei 15° C	Erstarrungspunkt	Schmelzpunkt	Verseifungszahl	Jodzahl	Acetylzahl	Beobachter
0,9333	32,5—33,5° C	39—40° C	203,6	81,2	29,3	Amthor u. Zink

Rindermarkfett.

Medulla — Graisse de moelle de boeuf — Beef marrow fat — Grasso di medollo di bove.

Vorkommen: Das Rindermarkfett stammt aus den Markknochen der Rinder. Die Fettsäuren desselben bestehen aus 40% Ölsäure, 35% Stearinsäure und 25% Palmitinsäure. Medullinsäure, deren Vorkommen früher behauptet wurde, findet sich nicht; dieselbe besteht vielmehr aus einem Gemisch von Palmitin- und Stearinsäure. Die Säurezahl in frisch ausgelassenem Rindermarkfett wurde zu 1,6 bestimmt, die einer 8 Monate alten Probe zu 1,9.

Spez. Gewicht bei 15° C	Erstarrungspunkt	Schmelzpunkt	Verseifungszahl	Jodzahl	Reichertzahl	Beobachter
0,9311—0,938	29—31° C	37—45° C	195,8—198,1	39,2—50,9	1,1	Zink
—	—	—	199,6	55,4	—	Lewkowitsch

Fettsäuren.

Spez. Gewicht bei 15° C	Erstarrungspunkt ° C	Schmelzpunkt ° C	Verseifungszahl	Jodzahl	Beobachter
0,930—0,9399	38—40	44—46	204,5	—	Zink
—	—	45,1	201	44,3	Valenta
—	37,9—38	—	—	55,5	Lewkowitsch

Verwendung: In der Pharmazie zur Herstellung von Pomaden.

Kuhbutterfett.

Kuhbutter — Beurre de vache — Butterfat — Burro di vacca.

Vorkommen: Unter Butter versteht man das aus der Milch der Kühe durch geeignete Operationen abgeschiedene Fett. Im Handel unterscheidet man Streichbutter, welche einige Prozente Milch und auch verschiedentlich Kochsalz enthält; ferner Kochbutter, eine geringere Sorte, deren Güte durch längeres Lagern abgenommen hat. Unter Faktoreibutter versteht man eine durch Mischungen verschiedener Sorten hergestellte Butter, welche speziell zu Exportzwecken dient, welcher häufig durch Borax oder Alaun eine erhöhte Haltbarkeit erteilt wird. Unter Butterschmalz, auch Schmelzbutter, wird das durch Ausschmelzen der Butter bei möglichst niedriger Temperatur von Wasser und Eiweißstoffen ziemlich freie Butterfett verstanden. Dieses Produkt zeigt infolge des fehlenden Wassers und der Eiweißstoffe eine größere Haltbarkeit als die gewöhnliche Butter. Unter Kunstbutter versteht man eine Mischung von Oleomargarin mit Milch und Wasser. Renovated oder Prozeßbutter nennt man ein aus alter Butter, der durch Behandeln mit Natriumbicarbonat und Auswaschen mit Wasser die Ranzidität genommen ist, gewonnenes Produkt. Durch Emulgieren mit pasteurisierter Magermilch wird das fertige Produkt gewonnen.

Das Ausgangsmaterial für die Butter, die Milch, wird in den Milchdrüsen der weiblichen Säugetiere abgeschieden. Von der Ausbildung und Leistungsfähigkeit dieses Organes hängt es ab, bis zu welchem Grade die Menge und Zusammensetzung der Milch durch andere Faktoren, insbesondere durch die Nahrung, beeinflußt werden können. Die Drüse selbst, welche die ihr zufließenden Stoffe verarbeitet und sich aus ihnen erneuert, läßt sich in ihrer Leistungsfähigkeit nur dann dauernd erhalten und weiter ausbilden, wenn das Tier mit ausreichender, zweckmäßig zusammengesetzter Nahrung versehen wird.

In der Milch ist das Butterfett in Form kleiner, mit Wasser und den übrigen Bestandteilen der Milch emulgierter Fettkügelchen enthalten. Die Milch bildet eine undurchsichtige, bläuliche bis gelbliche Flüssigkeit von eigenartigem Geruch. Dieselbe besteht aus Wasser, Fett, Milchzucker, Eiweißstoffen und aus verschiedenen Salzen. Die Zusammensetzung der Milch, besonders der Gehalt an Fett, ist erheblichen Schwankungen unterworfen. Das Alter der Tiere, ihr Geschlechtsleben, die Rasse, das Futter, die Pflege, der Gesundheitszustand, die Körperbewegung, ferner Temperatur und Witterungsverhältnisse spielen dabei eine große Rolle. Die wichtigste, für die Butterbildung in Frage kommende Milch, die Kuhmilch, zeigt nachstehende Durchschnittswerte:

	Mittel	Maximum	Minimum
Wasser	87,75	89,50	87,50
Fett	3,40	4,30	2,70
Stickstoffsubstanz	3,50	4,0	3,0
Milchzucker	4,60	5,50	3,60
Salze	0,75	0,90	0,60

Welche Unterschiede in der Zusammensetzung der Milch verschiedener Rassen auftreten, ergibt sich aus einer nahezu 500 Analysen umfassenden Zusammenstellung J. Königs[1].

	Wasser %	Protein %	Fett %	Milchzucker %	Asche %
a) Niederungsvieh					
Angler u. Jütländer	88,15	—	3,14	—	—
Breitenburger, Holsteiner .	88,08	3,40	3,17	4,58	0,77
Holländer, Oldenburger . .	88,00	3,02	3,18	5,19	0,61
Ostfriesen	87,99	3,10	3,36	4,83	0,76
Mittel- u. Norddeutsches .	87,71	3,12	4,51	4,89	0,77
Normänner	86,42	3,83	4,17	4,87	0,71
Auvergner	87,07	5,01	3,43	3,67	0,32
Durham u. Shorthorn . . .	87,06	3,26	3,59	5,40	0,70
Ayrshire	86,96	3,41	3,57	5,42	0,64
Mittel	87,49	3,47	3,46	4,86	0,72
b) Höhenvieh					
Jersey, Alderney	85,76	3,42	4,43	5,65	0,74
Guernsey	85,39	3,96	5,11	4,42	1,12
Allgäuer	87,48	3,26	3,61	4,98	0,67
Mürztaler	87,04	3,24	4,16	4,83	0,73
Zillertaler	87,45	3,07	3,71	5,09	0,70
Vorarlberg	87,38	2,91	3,54	5,40	0,77
Simmentaler	87,33	3,15	3,83	4,98	0,71
Voigtländer, Miesbacher .	86,79	3,40	4,16	4,97	0,63
Mittel	86,83	3,30	4,07	5,04	0,73

[1] I. König, Die menschlichen Nahr.- u. Genußm. Berlin 1904. Bd. II. S. 607.

Das spez. Gewicht schwankt zwischen 1,028—1,0345 bei 15°. Der Gefrierpunkt ist 0,54—0,59°, im Mittel 0,563° und die molekulare Konzentration beträgt 0,298°. Die Milchkügelchen bestehen aus äußerst kleinen Fetttröpfchen, deren Anzahl nach Woll 1,06—5,75 Millionen in 1 ccm betragen soll, deren Durchmesser 0,0024—0,0046 mm, als Mittel 0,0037 mm beträgt. Die Milchkügelchen enthalten sämtliches in der Milch vorkommende Fett. Ob dieselben ausschließlich aus Fett bestehen oder daneben auch Eiweiß enthalten, ist eine streitige Frage. Man nahm an, daß die Fettkügelchen von einer zarten, unsichtbaren Eiweißhülle, einer sog. Haptogenmembran umgeben seien.

Diese Annahme von einer besonderen Eiweißmembran der Fettkügelchen in der Milch wurde fast allgemein verlassen. Man nimmt vielmehr an, daß in der Milch jedes Fettkügelchen durch Molekularattraktion von einer Schicht Caseinlösung umgeben sei, welche das Zusammenfließen der Kügelchen verhindere. Gegenüber diesen Anschauungen hat Storch gezeigt, daß die Kügelchen wahrscheinlich mit einer besonderen Membran von einer schleimigen Substanz umgeben sind. Dieselbe ist sehr schwer löslich und enthält 14,2—14,79% Stickstoff. Völtz hat in neuerer Zeit weitere Beweise für die Ansicht geliefert, daß die Milchkügelchen eine Hülle besitzen[1]. Die Annahme von Storch, daß die Milchkügelchen eine besondere, von dem gelösten Eiweißstoff der Milch wesentlich verschiedene Proteinsubstanz enthalten, ist in der allerneuesten Zeit durch Abderhalden und Völtz bestätigt worden, die bei der Hydrolyse des Milchkügelchenproteins Glykokoll auffinden konnten, das dem Lactalbumin und Casein fehlt[2].

Beim Stehen an der Luft scheidet sich die Milch in eine oben schwimmende, aus den kleinen Fetttröpfchen bestehende dickere Flüssigkeit (Rahm, Sahne) und in eine untere bläulich gefärbte, fettarme (entrahmte Milch, Magermilch).

Darstellung: Die Butter wird erhalten dadurch, daß man den von der Milch abgesonderten Rahm heftigen, mechanischen Bewegungen aussetzt und hierdurch die Emulsion zerstört; die mikroskopisch kleinen Fettkügelchen vereinigen sich und sondern sich in Form von Klümpchen ab. Bei Benutzung von frischem Rahm gewinnt man Süßrahmbutter, bei Benutzung von saurem Rahm die Sauerrahmbutter. Erstere ist wohlschmeckender und haltbarer als letztere, jedoch ist die Ausbeute eine geringere als bei letzterer Darstellungsweise.

Zur Gewinnung von Butter benutzt man sog. Butterfässer, während in großen Meiereien Butterungsmaschinen benutzt werden. Nach Abscheidung des Fettes aus der Sahne bzw. Milch wird die gewonnene Butter durch Durchkneten homogenisiert. Bei diesem Verfahren wird die von der Butter mechanisch eingeschlossene Buttermilch entfernt und dann häufig noch die so gewonnene Butter mit Wasser ausgewaschen. Der Prozeß der Butterdarstellung, der, wie oben erwähnt, in einer Vereinigung der kleinen Milchkügelchen besteht, beruht auf nachstehenden Vorgängen.

Durch die heftige Bewegung stoßen die Milchkügelchen kräftig aufeinander und bei geeigneter Temperatur verschmelzen sie zu den maulbeerförmigen Klümpchen, woraus die gelbe Butter besteht. Ist die Milch zu kalt, so erhält man selbst nach stundenlangem Buttern keine Butter, weshalb man warmes Wasser zuzusetzen pflegt. Ist dagegen die Milch zu warm (die Landleute sprechen in diesem Falle vom Verbrennen der Butter), so bilden sich kleine Körner, die sich aber nicht zu Klümpchen zusammenballen, und man erhält eine weiße, undurchsichtige, sehr weiche Masse, die in der Kälte zwar härter, aber weder gelb, noch durchscheinend wird. Dies kommt daher, weil die Fettsubstanz durch die Wärme geschmolzen ist; die Tröpfchen vereinigen sich zu Tropfen, aber nicht zu Klumpen, weil unter derartigen Umständen durch das Butterschlagen eine Emulsion erzeugt wird. Die Temperatur, bei der man gute und schöne Butter erhält, liegt innerhalb sehr enger Grenzen. Wiederholte Versuche haben ergeben, daß sie zwischen 20 und 22° zu suchen ist. In ganz Norddeutschland, in Holland und England, auch im übrigen nördlichen Europa wird sämtliche Butter, von der feinsten Tafelbutter bis zur geringsten Faßbutter, sogleich bei der Bereitung gesalzen, während in den übrigen südlichen Ländern alle Butter ungesalzen zum Verkaufe und zum Verbrauche gebracht wird. In diesen Gegenden versteht man unter gesalzener Butter eine Butter von geringerer Qualität, besonders Dauerbutter.

Das Salzen der Butter bezweckt eine Hemmung der Zersetzung des in der Butter vorhandenen Caseins, ferner des Milchzuckers sowie des Butterfettes selbst. Auch wird durch das Salzen der Austritt der in der Butter vorhandenen Buttermilch erleichtert. Durch das

<hr>

[1] Völtz, Archiv f. d. ges. Physiol. **102**, 373 [1904].
[2] Abderhalden u. Völtz, Zeitschr. f. physiol. Chemie **59**, 13 [1909].

Auskneten der Butter wird ungefähr das gleiche Gewicht Flüssigkeit daraus entfernt, entsprechend der zugesetzten Salzmenge, so daß von einer Gewichtsvermehrung durch das Salzen, wie häufig angenommen wird, nicht die Rede sein kann.

Die Zusammensetzung der Milch und der daraus gewonnenen Produkte und Nebenprodukte ist aus nachstehender Tabelle ersichtlich:

	Wasser %	Fett %	Käsestoff %	Eiweiß %	Milchzucker %	Aschenbestandteile %
Ganze Milch . . .	87,60	3,98	3,02	0,40	4,30	0,70
Rahm	77,30	15,45	3,20	0,20	3,15	0,70
Magermilch . . .	90,34	1,00	2,87	0,45	4,63	0,71
Butter	14,89	82,02	1,97	0,28	0,28	0,56
Buttermilch . . .	91,00	0,80	3,50	0,20	3,80	0,70
Käse	50,30	6,43	24,22	3,53	5,01	1,51
Molken	94,00	0,35	0,40	0,40	4,55	0,60

Aus nachstehender Tabelle erkennt man die Verteilung der einzelnen Milchbestandteile auf die Milchprodukte.

	100 Teile gehen über in:					
	Wasser %	Fett %	Käsestoff %	Eiweiß %	Milchzucker %	Aschenbestandteile %
Butter	2	73	6	4	1	5
Buttermilch	17	7	20	8	14	17
Käse	5	14	64	70	10	17
Molken	76	6	10	18	75	61

Physikalische und chemische Eigenschaften: Kuhbutter stellt bei gewöhnlicher Temperatur eine feste Fettmasse dar. Die Farbe wechselt zwischen weißlich und orangegelb; der Geschmack ist süßlich angenehm. Wasser und Buttermilch darf nicht in großer Menge darin vorhanden sein.

Butter besteht außer aus Fett vor allem aus Wasser, Casein, Milchzucker, Milchsäure und Mineralstoffen. Außerdem enthält gesalzene Butter noch $2^1/_2$—3% Kochsalz. Die Zusammensetzung von ungesalzener Kuhbutter ist die nachstehende nach König:

Wasser 13,59%

Casein 0,74%

Milchzucker 0,50%

Milchsäure 0,12%

Mineralstoffe 0,66%

Fett . . . . 84,39%.

Der Fettgehalt schwankt zwischen 70 und 91%, der Wassergehalt zwischen 8 und 18%.

Ist die Butter bei höherer Temperatur hergestellt, so enthält dieselbe häufig 25—35% Wasser. Der Höchstgehalt an Wasser ist in Deutschland laut gesetzlicher Verordnung für ungesalzene Butter auf 18% und für gesalzene Butter auf 16% festgesetzt. Der Gehalt der Butter an Casein, Milchzucker und Milchsäure hängt von der Bereitungsweise der Butter und der Zusammensetzung der als Ausgangsmaterial dienenden Milch ab. Mit dem Gehalt an Mineralstoffen verhält es sich ähnlich.

Das Butterfett besteht fast ausschließlich aus Triglyceriden der Stearin-, Palmitinund Ölsäure; auch Myristin-, Laurin- und Arachinsäure werden nach neueren Untersuchungen als Bestandteile angeführt.

Von flüchtigen Fettsäuren wurden isoliert: Butter-, Capron-, Capryl-, Caprin-, Ameisenund Essigsäure. Oxyfettsäuren wurden nicht aufgefunden, dagegen geringe Mengen von Mono- und Diglyceriden.

Die Mengenverhältnisse der verschiedenen Fettsäuren wurden wie folgt ermittelt:

Buttersäure 6,13%, Capron-, Capryl- und Caprinsäure 2,09%, Palmitin-, Stearin- und Myristinsäure 49,46%, Ölsäure 36,10%, Glycerin 12,54%.

Die Zusammensetzung des Fettes einiger Butterproben ist aus nachstehender Tabelle ersichtlich:

Glyceride	Gute Buttersorten			Geringere Buttersorten				
	%	%	%	%	%	%	%	%
	I	II	III	IV	V	VI	VII	VIII
Butyrin	6,94	6,09	6,28	5,76	5,28	5,49	5,45	5,00
Caproin	4,06	3,58	3,70	3,39	3,09	3,23	3,10	2,94
Glyceride anderer flüchtiger Fettsäuren	3,06	3,22	2,96	3,16	3,06	2,53	3,16	3,15
Glyceride nicht flüchtiger Fettsäuren	85,98	86,62	86,60	86,93	88,10	88,10	87,60	88,24

Nach der Lithiummethode gelangten Partheil und Ferié zu nachstehender Zusammensetzung der Fettsäuren von Butterfetten, welche die Jodzahlen 35,24 bzw. 36,43 und die Reichert-Meißlzahlen 33,1 und 28,6 hatten.

Stearinsäure	6,62 %	10,49 %
Palmitinsäure	18,24	14,45
Myristinsäure	11,08	11,88
Laurinsäure	16,40	14,88
Ungesättigte Säuren	30,67	33,14
Davon höher ungesättigt	5,70	4,15

Gemischte Glyceride kommen wahrscheinlich ebenfalls im Butterfett vor.

So wurde ein Glycerid von der Formel

$$C_3H_5 \diagdown \genfrac{}{}{0pt}{}{OC_4H_7O}{\genfrac{}{}{0pt}{}{OC_{16}H_{31}O}{OC_{18}H_{33}O}}$$

isoliert.

Auch soll ein krystallinisches Glycerid der Zusammensetzung

$$C_3H_5 \diagdown \genfrac{}{}{0pt}{}{OC_4H_7O}{\genfrac{}{}{0pt}{}{OC_{16}H_{31}O}{OC_{18}H_{35}O}}$$

isoliert worden sein.

Im Butterfett sind außerdem enthalten: Lecithin-, Cholesterin- und Farbstoffe. Der Gehalt an Lecithin wurde zu 0,15—0,17 bestimmt. Auch finden sich Angaben, welche das Vorkommen von Lecithin in Butter bestreiten. Cholesterin wurde zu 0,3—0,4% aufgefunden.

Die Farbe der Butter wechselt und hängt von der Fütterung der Kühe ab, deren Milch als Ausgangsmaterial verwendet wurde. Bei Fütterung von frischem Grase nimmt die Butter eine intensiv gelbe Färbung an.

Butter wird häufig künstlich mit Farbstoffen gefärbt, und zwar dienen hierzu Lösungen von Kurkuma, Safran, Mohrrüben, Orlean, Saflor in Erdnuß-, Sesam- und Rüböl. Wird Butter geschmolzen und langsam abkühlen gelassen, so findet eine teilweise Scheidung in feste und flüssige Glyceride statt. Man kann auf diese Weise neben festgewordener Butter auch ein flüssiges Produkt, sog. Butteröl, erhalten. Bei einem Versuch wurden 45,5% Butteröl und 54,5% festes Fett gewonnen.

Die Butter wird leicht ranzig, und zwar tritt dieser Prozeß früher auf als bei anderen Fetten, weil derselbe durch die Gegenwart von Wasser, Milchzucker und Casein beschleunigt wird. Ferner bilden auch sowohl das Casein als auch der Milchzucker einen äußerst günstigen Nährboden für Pilze und Bakterien. Durch die Spaltung des Milchzuckers in Milchsäure wird die Säuerung der Butter bedingt. Durch eine Oxydation der Butter an der Luft unter Mitwirkung von Licht wird das Talgigwerden bedingt. In der Butter wurden häufig auch pathogene Bakterien aufgefunden, so sehr häufig Tuberkelbacillen, infolge der Benutzung der Milch tuberkulöser Kühe.

Butter unterliegt sehr häufig der Verfälschung, und zwar kommen hier in Frage Ton-Gips, Kreide, Stärkemehl, Kartoffelbrei, weißer Käse usw. Ein besonders beliebtes Fälschungs, mittel ist die künstliche Erhöhung des Wassergehaltes, die bis zu 40% gesteigert werden kann, zum Teil durch Zusatz von Alaun, Borax, Wasserglas und Casein. Zur Haltbarmachung der Butter bedient man sich verschiedener Methoden, Entwässerung durch Umschmelzen, Abhaltung der Luft durch gute Verpackung, Bestreichen der Butter mit warmer Zuckerlösung (lackierte Butter, in England beliebt), Aufbewahren in der Kälte, Zusatz von Kon-

Beobachter	Spez. Gewicht bei	Erstarrungspunkt °C	Schmelzpunkt °C	Verseifungszahl	Jodzahl	Hehnerzahl	Reichert-Meißlzahl	Butterrefraktometer bei	Brechungsindex bei	Kritische Lösungstemperatur
Hager	15° C 0,936—0,940; 0,9270; 0,9260	—	—	—	—	—	—	—	—	—
Winter-Blyth	—	—	—	—	—	—	—	—	—	—
Casamajor	37,8° C 0,911—0,913	—	29,5—34,7	—	—	—	—	—	—	—
Bell	100° C 0,9094—0,9140	—	—	—	—	—	—	—	—	—
Königs	15° C 0,9041; 100° C 0,865—0,868; 99° C 0,8677	—	—	—	—	—	—	—	—	—
Allen	15,5° C 0,867—0,870; 15° C 0,9099—0,9132; 100° C 0,901—0,904; 100° C 0,9105—0,9138	—	—	—	—	—	25—30,4	—	—	—
Wolkenhaar	—	19,5—25,5	31—32,5	225—230	28—32	—	—	—	—	—
Muter	—	20—23	28—33	—	—	—	—	—	—	—
Wimmel	—	—	29,4—33,3	229,7	36,6	87,2	—	40° 43,4	60° C 1,445—1,448	—
Thörner	—	—	33,1	227	—	—	—	—	—	—
Cameron	—	—	—	221,5—223,4	—	—	—	—	—	—
Pastrovich	—	—	—	221—225	—	—	—	—	—	—
Köttstorfer	—	—	—	220—245	—	—	—	—	—	—
Valenta	—	—	—	—	—	—	—	—	—	—
Seyda u. Woy	—	—	—	—	—	—	—	—	—	—
Fischer	—	—	—	—	—	—	—	—	—	—
Strohmer	0,8665	—	31—31,5	227,7	26—35,1; 32,8—38; 19,5 (?); 25,7—37,9; 33,32; 33	88,6—89,2	24—32,8	—	—	—
v. Hübl	—	—	—	—	—	—	—	—	—	—
Moore	—	—	—	—	—	—	—	—	—	—
Moore	—	—	—	—	—	—	—	—	—	—
Woll	—	—	—	—	—	—	—	40° 40,5	—	—
Beckurts u. Seiler	—	—	—	—	—	—	—	—	—	—
Hehner	—	—	—	—	—	86,5—87,5; bis 90; 88,08	—	—	—	—
Fleischmann u. Vieth	—	—	—	—	—	—	—	—	—	—
West Knights	—	—	—	—	—	—	25,4—31,5	40° C 41,6—44,4 meist 43	—	—
Mansfeld	—	—	—	—	—	—	27,23—31,79; 26—31	—	—	—
Prager u. Stern	—	—	—	—	—	—	26,1—32,78	—	—	—
Sendtner	—	—	—	—	—	—	—	—	—	—
Seiler u. Heuß	—	—	—	—	—	—	—	—	—	—
van Rijn	—	—	—	—	30,6—50,3	—	auch unter 25	45° C 38,9—45,5; 35° C 48,8—47	—	—
Besana	—	—	—	—	—	—	—	Mittel 46	—	—
Delaite	—	—	—	—	—	—	—	40° C 40,5—44	—	—
Crismer	—	—	—	—	—	—	—	—	—	99—101
Utz	37,8° C 0,911—0,913	—	29,5—34,7	—	29—40	—	—	40° 41,3—41,7	40° C 1,4588—1,4586	—
Bell	0,9094—0,9140	—	—	—	—	—	—	—	—	—
Bell	37,8° C 0,9101—0,913	—	—	—	—	—	—	—	—	—
Thorpe	—	—	—	219,7—232,6	—	—	—	45° 37,6—42,5	—	—
Lewkowitsch	—	—	—	—	—	—	—	—	—	—
Skalweit	—	—	—	—	—	—	—	25° 52,5	—	—

Anmerkungen (Spez. Gewicht, linke Randvermerke):
- Sehr alte Butter . . (bei Strohmer, 0,8665)
- Mittel von 56 Proben (bei Woll)
- Niederländische Butter insbesondere Herbstbutter . . . . (bei van Rijn)

Fettsäuren

Erstarrungspunkt °C	Schmelzpunkt °C	Verseifungszahl	Jodzahl	Acetylzahl	Brechungsexponent bei 60° C	Spez. Gewicht bei $\frac{37,75° C}{15,5° C}$	Beobachter
35,8	38	—	—	—	—	—	v. Hübl
37,5—38	—	—	—	—	1,437—1,439	—	Pariser Laboratorium
33—35	38—40	210—220	28—31	—	—	—	Thörner
37,4	—	—	—	11,5	—	—	Pastrovich
—	Anfang 41—43 Ende 43—45	—	—	—	—	—	Bensemann
—	—	—	—	9,6	—	—	Wachtel
—	—	—	—	18,2 (?)	—	—	Bondzynski u. Rufi
—	39,1—40	—	—	—	—	—	Strohmer
—	—	—	—	—	—	0,9075 bis 0,9085	Leonard
—	—	—	—	—	—	0,90919bis 0,91357	Bell

servierungsstoffen, wie Borax, Salicylsäure, Formaldehyd, Glucose, Fluoride. Auch durch fremde Fette wird Butter häufig verfälscht: durch Oleomargarin, Schweineschmalz, Talg, Gänsefett, Cocosfett. Infolge der häufigen Verfälschungen durch Margarine und andere vegetarische und animalische Fette wurde durch Gesetz in Deutschland und Österreich angeordnet, daß Margarine einen Zusatz von 10% Sesamöl enthalten muß, dessen Nachweis mit Hilfe der Baudouinschen Reaktion leicht nachweisbar ist. Eine absolute Sicherheit gegen Butterfälschung bringt aber auch diese Verordnung nicht, da den Margarinen der übrigen Länder der obenerwähnte Zusatz von Sesamöl fehlt. In neuerer Zeit werden sogar zu Butterfälschungszwecken künstliche Glyceride dargestellt, welche Buttergeruch aufweisen und als Zusatz zur Kunstbutter dienen. Zu diesem Zwecke wurden Monoglyceride, z. B. Monopalmitin und Monoolein, dargestellt, welche wieder als Ausgangsmaterial für die gemischten Triglyceride, Dibutyromonostearin, Dicapronmonostearin, Dicaprylmonostearin, dienen. Diesen Fettmassen werden noch Butyro-, Isobutyro- und Capronaldehyd zugesetzt; auch wurden Kulturflüssigkeiten von Bacillus aromaticus zur Erzielung eines Naturbutteraromas in Fetten vorgeschlagen. Außer diesen Methoden, welche die Herstellung von Fälschungsmitteln mit frischem Butteraroma bezwecken, kennt man auch die Erzeugung von Produkten, welche das Brataroma, das beim Erhitzen der Naturbutter auftritt, aufweisen. Bekanntlich tritt dieses Aroma auf durch Verflüchtigung der Cholesterinester. Die Untersuchung der Butter erstreckt sich auf die Bestimmung des Wassergehaltes und der Nichtfette. Von den zahlreichen Methoden, welche zur Untersuchung des Butterfettes ausgearbeitet sind, geben das Reichert - Meißlsche Verfahren, die refraktometrische Untersuchung, die Methoden von Hehner, Köttsdorfer und Polenske wertvolle Anhaltspunkte, ebenso die Bestimmung des spezifischen Gewichtes. Die Methoden haben sich jedoch so stark vermehrt, daß ganze Spezialwerke darüber erschienen sind.

Unter Kunstbutter versteht man ein durch Verbuttern des Oleomargarins oder ähnlicher Fettgemenge mit Milch und nachheriges Auskneten erhaltenes streichfähiges, der Naturbutter ähnliches Produkt.

Verwendung: Butter dient als wichtiges Speisefett.

Ghee. Büffelmilchfett.

Unter Ghee versteht man geklärtes, öfters verfälschtes Fett von der Milch des Büffels, öfters auch von der gewöhnlichen indischen Kuh, Ziege oder Schaf.

Darstellung: Die Milch wird gleich nach dem Melken gekocht, nach dem Abkühlen mit saurer Milch geimpft und nach dem Gerinnen unter Zusatz von heißem Wasser gebuttert. Die Butter wird abgeschöpft, nachdem sie etwas, durch Erhitzen vom Wasser befreit, geklärt und noch warm in Krüge gefüllt[1]).

---

[1]) Richards Bolton u. Cecil Revis, Analyst. **35**, 343 [1910].

Spez. Gew. $\frac{99^{\circ}\,\text{C}}{15^{\circ}\,\text{C}}$	Erstarrungspunkt °C	Freie Fettsäuren	Verseifungszahl	Jodzahl (Wijs)	Reichert-Meißlzahl	Valentazahl	Polenskezahl	Butterrefraktometer bei 40°C	Beobachter
0,8631 bis 0,8632	24,5	2,59 bis 3,68	228,7 bis 229,1	29,6 bis 30,75	30,42 bis 31,5	23,5 bis 24,5	1,62 bis 2,42	41,4 bis 41,5	Richards Bolton u. Revis

Fett der Walfischmilch.

Vorkommen: In der Milch des Walfisches.

Physikalische und chemische Eigenschaften: Das Fett ist gelb, zeigt die Konsistenz der Kuhbutter. Der Geruch ist tranig.

Schmelzpunkt °C	Erstarrungspunkt °C	Reichert-Meißlzahl	Verseifungszahl	Jodzahl	Beobachter
32	21	1,6	195,0	95,9	Scheibe[1]

Knochenfett.

Suif d'os — Bone fat — Grasso d'ossa.

Vorkommen: Knochenfett wird bei der Herstellung von Knochenmehl und Knochenkohle als Nebenprodukt gewonnen. Knochenfett wird durch Auskochen oder Ausdämpfen von Knochen dargestellt oder durch Extraktion mit flüchtigen Lösungsmitteln gewonnen. Die Säugetierknochen und die Knochen der Vögel bestehen aus der Knorpelsubstanz, Knochensubstanz und dem Knochenmark. Das Knorpelgewebe enthält ca. 3—5% Fett. Die Knochensubstanz ist ziemlich fettarm; das meiste Fett enthält das Knochenmark, dessen Gehalt über 90% beträgt. Die Zusammensetzung von trocknen Rindsknochen ist aus nachstehender Tabelle ersichtlich:

	Leimgebende Knochensubstanz	Fett	Asche
Beckenknochen vom Rind	29,58	22,07	48,08
Rippe vom Rind	35,94	11,72	52,34
Schienbein vom Rind	30,23	0,50	69,24
Unterarm vom Rind	27,17	18,38	45,45
Röhrenknochen vom Ochsen	29,68	9,88	60,44
Unterschenkelknochen vom Rind	37,08	2,90	61,32
Rückenwirbel vom Rind	31,85	22,65	45,50

Der Fettgehalt der Knochen verschiedener Körperteile schwankt ganz bedeutend. Am fettreichsten sind die Beckenknochen, die Rückenwirbel und die verschiedenen anderen Röhrenknochen, am fettärmsten die Unterschenkelknochen und die Schienbeine der Säugetiere.

Darstellung: Durch Auskochen, Ausdämpfen oder durch Extraktion der zerkleinerten Knochen. Als Extraktionsmittel dienen Benzin und in neuerer Zeit besonders Tetrachlorkohlenstoff.

Physikalische und chemische Eigenschaften: Das durch Extraktion gewonnene Fett ist dunkelbraun (man nennt dasselbe Benzinknochenfett), von unangenehmem Geruch, herrührend von dem aus dem Benzin stammenden Kohlenwasserstoff. Benzinknochenfett enthält ganz erhebliche Mengen freier Fettsäuren, ferner Kalkseifen und färbende Bestandteile. Das durch Kochen oder Dämpfen gewonnene Knochenfett bezeichnet man als Naturknochenfett. Es ist gelblichweiß bis graugelb und zeigt einen schwachen, an Küchenfett erinnernden Geruch. Die besseren Marken dieses Fettes, welche aus frischen Knochen stammen, enthalten nur ganz geringe Mengen freier Fettsäuren, während die von alten verdorbenen Knochen herrührenden einen bedeutend höheren Säuregehalt und einen größeren Gehalt an Kalkseifen enthalten. Die Zusammensetzung des Knochenfettes ist aus nachstehender Tabelle ersichtlich:

[1] Scheibe, Chem. Revue üb. d. Fett- u. Harzindustrie **15**, 288 [1908].

Spez. Gewicht bei 15,5° C	Erstarrungspunkt ° C	Schmelzpunkt ° C	Verseifungs- zahl	Jodzahl	Beobachter
0,914—0,916	—	—	—	—	Allen
—	15—17	21—22	—	—	Schädler
—	—	—	190,9	48—55,3	Valenta
—	—	—	194—195	—	Lewkowitsch
—	—	—	—	46,3—49,6	Wilson

Fettsäuren.

Erstarrungspunkt	Schmelzpunkt	Jodzahl	Verseifungszahl	Beobachter
28° C	30° C	57,4	—	v. Hübl
—	—	55,7—57,3	—	Morawski u. Demski
—	—	—	200	Valenta

Die chemische Zusammensetzung des Knochenfettes ähnelt der des Rindertalges oder des Rindermarkfettes.

Verwendung: Das Knochenfett, besonders das Naturknochenfett, findet in der Seifenfabrikation eine ausgedehnte Verwendung. Das Extraktionsfett ist hierzu weniger geeignet; es wird mehr in der Stearinindustrie verbraucht.

Lederfett.

Unter Lederfett oder Lederextraktionsfett versteht man das aus Lederabfällen gewonnene Fett. Es ist dies nicht zu verwechseln mit dem künstlich dargestellten Gerberfett, welches ebenfalls unter der Bezeichnung Lederfett gehandelt wird. Der Fettgehalt der verschiedenen Lederabfälle schwankt zwischen 8,0—28%. Dasselbe wird durch Extraktion gewonnen.

Physikalische und chemische Eigenschaften: Das Lederextraktionsfett ist dunkelbraun bis braunschwarz, bei gewöhnlicher Temperatur fest und zeigt einen ausgesprochenen Geruch nach Gerberlohe. Der Gehalt an unverseifbaren Substanzen beträgt 10—18%. Freie Fettsäuren sind in größerer Menge vorhanden. Der Schmelzpunkt liegt bei 30—32°.

Säurezahl	Verseifungszahl	Ätherzahl	Glycerin	Unverseifbares	Jodzahl	Beobachter
73,7—85,7	165—177,4	84,4—96,9	4,61—5,30	11,1—15,3	62,3	Löb[1]

Fettsäuren.

Erstarrungspunkt (Titer)	Verseifungs- zahl	Beobachter
31—32° C	195—200	Löb

Verwendung: Es dient zur Seifenfabrikation und in der Stearinindustrie.

Leimfett.

Graisse de colle — Glue fat.

Leimfett wird bei der Darstellung von Lederleim gewonnen. Bei der Behandlung des Leimgutes mit verdünnter Kalkmilch, zwecks Entfernung von anhaftenden Blut-, Fleisch- und Fetteilchen, wird letzteres verseift und tritt in Form eines flockigen Schaumes auf die Oberfläche der Masse. Durch Zersetzung des rohen Leimfettes, das aus Kalkseifen besteht, wird das Leimfett des Handels gewonnen. Leimfett zeigt eine dunkelbraune Farbe und enthält einen erheblichen Gehalt an Wasser, Kalkseife und unverseifbaren Substanzen.

---

[1] Löb, Chem.-Ztg. **26**, 87 [1902].

Abdeckerfett.

Schinderfett — Kadaverfett.

Bei der Verarbeitung von Tierkadavern werden Fette gewonnen, die unter verschiedenen Namen in der Seifensiederei benutzt werden.

Wachse.

Vegetabilische Wachse.

Karnaubawachs.

Carnaubawachs — Cearawachs — Ceroxylin — Cire de Carnauba — Cire de Carnahuba — Carnauba Wax — Cera di Carnauba.

Vorkommen: Karnaubawachs entstammt der Wachs- oder Karnaubapalme (*Copernicia Cerifera* Mart. = *Corypha cerifera* Virey), einer in Brasilien und im ganzen tropischen Südamerika heimischen Palme.

Die Blätter tragen einen wachsartigen Überzug, das Karnaubawachs. Die jungen Blätter schwitzen einen pulverförmigen trocknen Stoff von aschgrauer Farbe aus, der nur lose anhängt und einfach durch Abschütteln entfernt werden kann. Wenn die Blätter weiter entwickelt sind, läßt sich das Wachs immer leichter abschütteln. Die Wachsschüppchen bestehen aus mikroskopisch kleinen zylindrischen oder prismatischen Stäbchen, die senkrecht auf der Blattoberfläche stehen[1]).

Darstellung: Die abgeschnittenen Blätter werden an der Sonne getrocknet, hierauf Blatt für Blatt mit einem Stocke vorsichtig abgeklopft und zwecks vollständiger Entfernung des Wachsüberzuges kräftig gebürstet. 100 Blätter liefern 2—3 kg Wachs. Die Reinigung des rohen Karnaubawachses gestaltet sich sehr schwierig; meistens nimmt man eine partielle Verseifung vor, wobei die gebildeten Seifenflocken den Farbstoff einhüllen; auch werden häufig vor dem Brechen große Mengen Paraffin zugefügt.

Physikalische und chemische Eigenschaften: Das rohe Karnaubawachs ist gelbgrün bis grau, in frischem Zustande geschmacklos, sehr hart und spröde, so daß es leicht gepulvert werden kann; in frischem Zustande zeigt es einen cumarinartigen Geruch, der sich mit der Zeit wieder verliert und beim Umschmelzen wieder auftritt. Gebleichtes Wachs ist fast weiß. Unter dem Mikroskop erscheint rohes Karnaubawachs als eine aus Stäbchen bestehende, auch radialfaseriges Gefüge zeigende Masse. Karnaubawachs löst sich vollständig in Äther und siedendem Alkohol, wenig in kaltem Alkohol. Konzentrierte Lösungen erstarren beim Abkühlen unter Abscheidung einer krystallinischen weißen Masse vom Schmelzp. 105° C. Karnaubawachs besteht hauptsächlich aus Myricylcerotat; daneben finden sich freie Cerotinsäure und Myricylalkohol.

Bei der genauen Untersuchung des Karnaubawachses, welche Stürcke[2]) vorgenommen, wurden darin nachstehende Körper gefunden:

1. ein bei 59° schmelzender Alkohol;
2. ein bei 76° schmelzender Alkohol der Formel $C_{26}H_{54}O$ (Cerylalkohol);
3. Myricylalkohol $(C_{29}H_{62}O)$;
4. ein zweisäuriger Alkohol $C_{23}H_{46}CH_2(OH)_2$;
5. eine der Lignocerinsäure isomere Fettsäure vom Schmelzp. 72,5°, $C_{23}H_{47}COOH$ (Karnaubasäure);
6. eine mit der Cerotinsäure isomere Fettsäure $C_{26}H_{53}COOH$, die bei 79° schmilzt;
7. eine hydroxylierte Säure $C_{19}H_{38}CH_2OH \cdot COOH$ oder deren Lacton $C_{19}H_{38}{<}^{CH_2}_{CO}{>}O$.

Karnaubawachs zeigt einen Aschengehalt von 0,83% in rohem und 0,51% in raffiniertem Zustande. Karnaubawachs läßt sich mit alkoholischer Kalilauge sehr schwer verseifen. Es finden sich Angaben, daß 54,87—55% unverseifbar sind.

Eine 5 proz. Chloroformlösung des Karnaubawachses dreht im 200 mm-Rohr $+0,1°$.

---

1) Wiesner, Rohstoffe des Pflanzenreiches. 2. Aufl. Leipzig 1900. **1**, 531.
2) Stürcke, Annalen d. Chemie u. Pharmazie **223**, 283 [1884].

Spez. Gewicht bei	Erstarrungspunkt °C	Schmelzpunkt °C	Säurezahl	Verseifungszahl	Ätherzahl	Jodzahl	Kritische Lösungstemperatur °C	Butterrefraktometer bei 40°C	Beobachter
15°C 0,999	—	—	—	—	—	—	—	—	Maskelyne.
15°C 0,990	—	—	—	—	—	—	—	—	Husemann u. Hilger
15°C 0,990	—	85	—	—	—	—	—	66	Marpmann
90°C / 15,5°C 0,8500 ; 98°C / 15,5°C 0,8422	—	85	4—8	80—84	76	—	—	—	Allen
—	frisch gereinigt 80—81, alt 86—87	85—86 / 90—91	—	—	—	—	—	—	Schädler
—	—	84,1	—	—	—	—	—	—	Mills u. Akitt
—	—	84	—	—	—	—	—	—	Wiesner
—	—	83—83,5	—	—	—	—	—	—	Stürcke
—	—	—	4	79	75	—	—	—	v. Hübl
—	—	—	6,5	86,5	80	10,1	—	—	Ulzer
—	—	—	—	93,1	—	—	—	—	Becker
—	—	—	—	94,5—95	—	—	—	—	Valenta[1]
—	—	—	—	—	—	—	154—154,5	—	Crismer
roh	—	84	6	88,3	—	—	—	—	Radcliffe[2]
gebleicht	—	61	0,56	33—34	—	13,17 (Wijs)	—	—	Radcliffe
—	—	—	3,4	78,4	—	—	—	—	Henriques
—	—	—	7,0	83,4	—	—	—	—	Henriques
—	—	—	0,3—0,5	—	—	—	—	65,7—69	Berg
—	—	—	1,97	79,68 bis 80,38	—	13,5	—	—	Lewkowitsch

Verwendung: Karnaubawachs wird zur Fabrikation von Kerzen, Polituren und zur Herstellung von Phonographenwalzen benutzt.

Palmwachs.

Ceroxylin — Cerosilin — Cera di Palma — Cire de Palmier — Palm tree Wax.

Vorkommen: Palmwachs wird von der in Südamerika heimischen Wachspalme, auch Andenpalme genannt (*Ceroxylon andicola* Humb. et Kunth), und der Klopstockpalme (*Klopstockia cerifera* Karsten), die in Columbia vorkommen, gewonnen.

Darstellung: Durch Abschaben des den Stamm der beiden Palmarten bis zu 6 mm Dicke überziehenden Wachses und Umschmelzen. Ein Baum liefert ungefähr 12,5 kg.

Physikalische und chemische Eigenschaften: Rohes Palmwachs stellt eine weiße bis gelbe Masse dar, welche in bezug auf ihre physikalischen Eigenschaften dem Karnaubawachs sehr ähnelt. Das Palmwachs ist ein Gemenge verschiedener wachsartiger Substanzen und Harze. Durch Auskochen mit Alkohol lassen sich die Wachsarten in krystallinischem Zustande gewinnen. Der Schmelzpunkt derselben liegt bei 72° und besteht hauptsächlich aus Cerin (Cerotinsäureceryläther), Myricin (palmitinsaurem Melissyläther). Das spez. Gewicht wurde bei 15°C zwischen 0,992 und 0,995 gefunden. Der Schmelzpunkt liegt zwischen 102 und 105°C. Bei Handwärme erweicht das Palmwachs sehr stark.

Verwendung: Palmwachs dient zur Kerzendarstellung und zur Fabrikation von Wachszündhölzern; es wird sehr häufig mit Talg verfälscht. Auch bestehen die Handelsmarken sehr häufig nur aus Karnaubawachs.

---

[1] Valenta, Zeitschr. f. analyt. Chemie **23**, 257 [1884].
[2] Radcliffe, Journ. Soc. Chem. Ind. **25**, 158 [1906]; Chem. Revue über d. Fett- u. Harzindustrie **13**, 86 [1906].

Raphiawachs.

Ruffiawachs — Cire de Raphia — Raphia wax.

Vorkommen: Auf den Blättern der Raphiapalme (*Raphia Ruffia* Mart. = *Raphia pedunculata* T. B.), welche auf Madagaskar vorkommt.

Darstellung: Die von den Palmen entfernten trocknen Blätter werden auf Matten gelegt, das herausfallende schuppenförmige Pulver gesammelt und über Wasser geschmolzen.

Physikalische und chemische Eigenschaften: Das Raphiawachs ähnelt in seinen physikalischen Eigenschaften dem Karnaubawachs. Es ist spröde und läßt sich pulvern. Das Rohprodukt stellt eine gelbe bis braune Masse dar, welche in Chloroform, Äther, Petroläther, abs. Alkohol, Benzin, Aceton und Schwefelkohlenstoff nur wenig löslich ist. Siedender Alkohol löst das Wachs. Aus der Lösung scheidet sich beim Erkalten eine schmalzartige Masse aus, die beim Trocknen wieder zerreiblich wird. Durch Destillation bei 280—300° unter 10 mm Druck wird ein Körper erhalten, welcher der Formel $C_{20}H_{42}O$ entspricht.

Spez. Gewicht	Schmelzpunkt	Beobachter
0,950	82° C	Jumelle[1]
—	80° C	Haller[2]

Pisangwachs.

Cire de pisang — Cire de bananier — Plantainwax.

Vorkommen: Auf den Blättern der wilden Pisangart (*Musa cera*).

Darstellung: Es wird in ähnlicher Weise wie das Karnaubawachs durch Abkratzen von den Blättern und Umschmelzen in siedendem Wasser gewonnen.

Physikalische und chemische Eigenschaften: Pisangwachs stellt eine weißgelbe oder hellgrüne Masse dar von krystallinischem Bruche, das sich ebenfalls leicht pulvern läßt. Durch kochenden Alkohol wird ungefähr 1% dieses Wachses aufgelöst; beim Abkühlen erstarrt die Lösung zu einer dicken Gallerte von mikroskopischen Nadeln und Kügelchen. Das Pisangwachs besteht hauptsächlich aus dem Pisangcerylester und der Pisangcerylsäure; auch sind 1—1,5% freie Fettsäuren darin beobachtet worden. Bei der trocknen Destillation geht bei 210—220° eine butterartige Masse über, welche durch Auspressen in einen flüssigen und einen festen Anteil getrennt werden kann. Ersterer stellt einen Kohlenwasserstoff der Zusammensetzung $C_{16}H_{34}$, letzterer einen Körper der Zusammensetzung $C_{27}H_{54}O_2$ dar, vom Schmelzp. 58°. Durch Umkrystallisieren aus Alkohol steigt der Schmelzpunkt auf 63,5°.

Spez. Gewicht bei	Schmelzpunkt	Säurezahl	Verseifungszahl	Beobachter
15° C 0,963—0,970	79—81° C	2—3	109	Creshoff u. Sack[3]

Gondangwachs.

Feigenwachs — Japanisches Wachs — Cire de Gondang — Godang wax — Fig wax — Getah wax.

Vorkommen: Im Milchsafte des Wachsfeigenbaumes (*Ficus ceriflua* Jungh = *Ficus cerifera* = *Ficus subracemosa* Bl.), einer auf Java, Sumatra und Ceylon heimischen Moracee.

Darstellung: Durch Eindicken des Milchsaftes über freiem Feuer und Einkochen mit Wasser. Hierbei scheidet sich das Wachs als graue Masse aus.

Physikalische und chemische Eigenschaften: Gondangwachs bildet eine graurötliche bis schokoladenbraune Masse von ziemlich harter und spröder Konsistenz und ist ebenfalls leicht zerreiblich. Das spez. Gewicht wurde bei 15° C zu 1,015 gefunden. Gondangwachs löst sich in Benzin, Benzol, Schwefelkohlenstoff, ferner in siedendem Äther, Alkohol und Amylalkohol. Durch Behandeln mit siedendem Alkohol kann man 70% einer weißen, krystallinischen Masse vom Schmelzp. 61° erhalten, die aus Ficoceryl und Ficocerylat besteht. Rohes Gondang-

---

[1] Jumelle, Compt. rend. de l'Acad. des Sc. **141**, 1251 [1905].
[2] Haller, Compt. rend. de l'Acad. des Sc. **144**, 594 [1907].
[3] Creshoff u. Sack, Recueil des travaux chim. des Pays-Bas **19**, 65 [1901]; Chem.-Ztg. **25**, 177 [1901].

14*

wachs schmilzt bei 60° zu einer zähflüssigen Masse, die sich in Fäden ausziehen läßt und beim Stehen sich in 2 Schichten, in geschmolzenes Wachs und in eine wässerige Schicht, trennt. Bei der trocknen Destillation entsteht Essigsäure, Propionsäure, ferner ein Kohlenwasserstoff $C_{14}H_{26}$, eine krystallinische Säure $C_{12}H_{24}O_2$, Schmelzp. 54°, und ein Alkohol $C_{44}H_{88}O$ vom Schmelzp. 51° [1]).

Verwendung: Gondangwachs dient zur Kerzenfabrikation.

Kuhbaumwachs.

Milchbaumwachs — Cow tree wax.

Vorkommen: In dem Milchsafte des amerikanischen Kuhbaumes (*Calactodendron americanum* L. = *Calactodendron utile* Kunth = *Brosium Calactodendron* Don.), einer in Südamerika heimischen Moracee.

Darstellung: Durch Einschnitte in den Stamm wird der Milchsaft gewonnen. Durch Kochen mit Wasser scheidet sich daraus ein wachsartiger Stoff ab.

Physikalische und chemische Eigenschaften: Das Kuhbaumwachs ist durchscheinend, knetbar, vom Schmelzp. 50—52°. Es erinnert in seinen Eigenschaften an Bienenwachs.

Verwendung: Zur Kerzenfabrikation.

Okubawachs.

Ocubawachs — Cire d'Ocuba = Ocuba wax.

Vorkommen: In den Früchten des Okubamuskatnußbaumes (*Myristica ocuba* Humb. und Bonpl.), einer in Brasilien und Guayana heimischen Myristicacee.

Darstellung: Durch Auskochen der etwa haselnußgroßen Früchte des Okubastrauches mit Wasser und Abschöpfen der aufschwimmenden wachsartigen Masse. Die Samen enthalten ca. 20% Wachs.

Physikalische und chemische Eigenschaften: Okubawachs gleicht im Aussehen ungebleichtem Bienenwachse und läßt sich durch Bleichen in eine karnaubawachsähnliche Masse umwandeln. Okubawachs zeigt ein spez. Gewicht von 0,920 bei 50°. Es ist in kaltem Alkohol wenig, leicht löslich in heißem Alkohol; ebenso löslich in Äther. Schmelzp. 40°. Okubawachs scheint ein Gemenge eines Fettes, Wachses und eines Harzes zu sein, kein reines Wachs.

Verwendung: Es dient zur Herstellung von Kerzen.

Okotillawachs.

Ocotillawachs — Okotilla wax.

Vorkommen: In der Rinde des Okotillabaumes (*Fouquiera splendens* Engelm.).

Darstellung: Durch Extrahieren der Rinde.

Physikalische und chemische Eigenschaften: Okotillawachs zeigt einen Schmelzpunkt von 84°. Das spez. Gewicht beträgt 0,984. Es löst sich in warmem abs. Alkohol, Benzol und Schwefelkohlenstoff leicht auf. Melissylalkohol und Cerotinsäure konnten daraus isoliert werden.

Rhimbawachs.

Vorkommen: Entstammt wahrscheinlich einem auf Madagaskar heimischen Baume, dessen Name bisher noch nicht bekannt ist.

Physikalische und chemische Eigenschaften: Es stellt kleine tafelförmige Stückchen dar. Das Wachs ist leicht zerbrechlich, von schwach bitterem Geschmack, aromatischem Geruch und gelber Farbe. Der Schmelzpunkt liegt bei 60°. Das Wachs löst sich in heißem Alkohol und bis zu 80% in kaltem Alkohol. Das Rhimbawachs stellt ein Gemenge verschiedener wachs- und harzartiger Stoffe dar.

---

[1]) Creshoff u. Sack, Recueil des travaux chim. des Pays-Bas **19**, 65 [1901]; Chem.-Ztg. **25**, 177 [1901].

Balanophorenwachs.

Cire de Balanophore — Balanophore wax.

Vorkommen: In *Balanophora elongata* und *Langsdorffia hypogaea* Mart., Pflanzen, welche in Südamerika und auf Java heimisch sind.

Darstellung: Durch Auskochen dieser Pflanzen. Zum Teil werden auch die ganzen Pflanzen direkt als Kerzen benutzt.

Physikalische und chemische Eigenschaften: Feste graugelbe Masse, leicht löslich in Äther, wenig löslich in Alkohol. Das spez. Gewicht beträgt bei 15° 0,995. Der Schmelzpunkt wurde etwa bei 100° festgestellt. Die chemische Zusammensetzung des Balanophorenwachses ist noch unbekannt.

Flachswachs.

Cire de lin — Flax wax.

Vorkommen: Auf der Oberfläche der unversponnenen Flachsfaser. Der Gehalt an Wachs beträgt 0,5—1%.

Darstellung: Durch Extraktion.

Physikalische und chemische Eigenschaften: Weißgelbe bis grünlichbraune Masse von eigentümlichem, fast unangenehmem Flachsgeruch. Das spez. Gewicht beträgt bei 15° 0,9083. Der Schmelzpunkt wurde bei 61,5° gefunden. Durch Reinigung mit Benzin läßt sich das Wachs als feine, grünliche, weißkrystallinische Masse gewinnen. Es ist spröde und brüchig. Flachswachs löst sich sehr schwer in Chloroform, wenig in Alkohol, leicht in den übrigen Fettlösungsmitteln. Der unverseifbare Rückstand des Flachswachses, welcher über 80% beträgt, besteht großenteils aus einem bei 68° schmelzenden Kohlenwasserstoff, dessen Dichte zu 0,9941 gefunden wurde. Außerdem finden sich Phytosterin und Cerylalkohol. Der verseifbare Rest besteht aus einem Gemisch von Stearin-, Palmitin-, Öl-, Linol- und Linolensäure.

Spez. Gewicht bei 15° C	Schmelzpunkt ° C	Ver- seifungszahl	Jodzahl	Hehner- zahl	Reichert- Meißlzahl	Beobachter
0,9083	61,5	101,5	9,01	98,3	9,27	Hoffmeister [1]

Baumwollwachs.

Vorkommen: In der Baumwollfaser; dasselbe bildet einen Überzug der Faser.

Darstellung: Durch Extraktion.

Physikalische und chemische Eigenschaften: Der Schmelzpunkt wurde bei 86° gefunden. Der Erstarrungspunkt liegt bei 81—82°. Baumwollwachs ist im Wasser unlöslich, leicht löslich in Alkohol und Äther. Durch Umkrystallisieren aus heißem Alkohol wird das Baumwollwachs in Form einer weißen Gallerte gewonnen, welche aus mikroskopisch feinen Nadeln bestehen. Bei der Verseifung konnte eine bei 85° schmelzende und bei 77° erstarrende Fettsäure gewonnen werden.

Curcaswachs.

Vorkommen: Auf der Rinde von *Jatropha curcas*. Dieses Wachs besteht aus einem Gemenge von Melissylalkohol und Melisinsäureester des Melissylalkohols.

Schellackwachs.

Vorkommen: Im Körnerlack oder Schellack des Handels.

Darstellung: Durch Extraktion von Schellack mit Alkohol.

Physikalische und chemische Eigenschaften: Schellackwachs bildet schokoladenbraune, feste Massen von ziemlicher Härte und einem an Schellack erinnernden Geruch. Der Schmelzpunkt liegt bei 85—90°. Schellackwachs besteht aus einer Mischung von Cerylalkohol und Myricylalkohol, welche an Stearinsäure, Palmitinsäure und Ölsäure gebunden sind [2].

[1] Hoffmeister, Berichte d. Deutsch. chem. Gesellschaft **36**, 1047 [1903].
[2] Benedikt u. Ulzer, Monatshefte f. Chemie **6**, 579 [1888].

Jasminblütenwachs.

Vorkommen: In den Blütenblättern des Jasmin *Jasminum officinale.*

Darstellung: Durch Extraktion mit niedrig siedendem Petroläther und Behandeln des Rückstandes mit Alkohol.

Physikalische und chemische Eigenschaften: Gelbbraunes Wachs, von harter Konsistenz und schwachem Jasmingeruch. Die Fettsäuren stellen eine harte weiße Masse dar.

Erstarrungs-punkt (Titer)	Säure-zahl	Versei-fungs-zahl	Jodzahl (Wijs)	Butter-refraktometer-anzeige bei	Mittl. Mol.-Gew. d. Fettsäuren	Jodzahl d. Fett-säuren	Schmelz-punkt der Fettsäuren	Beobachter
56—57° C	2,8	68,8	52—53	84° 30 74° 33 70° 36 65° 38 62° 40 60° 42 56° 44	398	39	57—65	Radcliffe u. Allen [1]

Die unverseifbaren Bestandteile krystallisieren in weißen Nadeln vom Schmelzp. 64° C.

Candelillawachs.

Vorkommen: Auf sämtlichen Pflanzenteilen von *Euphorbia antisyphilitica*, einer in Mexiko heimischen Pflanze.

Physikalische und chemische Eigenschaften: Das Wachs ist durchscheinend, von brauner Farbe, hart und spröder als Bienenwachs.

Spez. Gewicht bei	Schmelz-punkt	Erstarrungs-punkt	Verseifungs-zahl	Jodzahl	Säurezahl	Beobachter
15° C 0,9473	77,4° C	—	104,1	5,23	0,03	—
$\frac{15° C}{15° C}$ 0,9825	67—68° C	64,5° C	64,9	36,8	52,4	Hare u. Bjerre-gaard [2]

Das Wachs macht 3,7—5,2% des Trockengewichtes der Pflanze aus.

Der Aschengehalt wurde mit 0,34 % bestimmt. Die Refraktion im Butterrefraktometer betrug bei 71,5° C 1,4555. Unverseifbare Substanzen wurden 91,2 % gefunden.

Tuberkelwachs.

Vorkommen: In trocknen Tuberkelbacillenleibern, welche bei der Darstellung des Tuberkulins erhalten werden. Im Tuberkelwachs wurden nachstehende Verbindungen nachgewiesen [3]:

Freie Fettsäuren 14,38%

Ester 77,25%

Wachsalkohole. 39,10%

Wasserlösliche Stoffe . . . . 7,3%.

Der Schmelzpunkt der Wachsalkohole liegt zwischen 43,5 und 44%. Das Tuberkelwachs ist sehr schwer verseifbar.

Schmelzpunkt	Verseifungszahl	Jodzahl	Hehnerzahl	Reichert-Meißlzahl	Beobachter
46° C	60,7	9,92	74,23	2,01	Kreßling

[1] Radcliffe u. Allen, Chem. Revue über d. Fett- und Harzindustrie **16**, 140 [1910].

[2] Hare u. Bjerregaard, Journ. Ind. Enj. Chem. **2**, 203 [1910]; Chem. Revue über d. Fett- u. Harzindustrie **17**, 188 [1910].

[3] Kreßling, Arch. des Sc. biol. de St. Pétersbourg **9**, 359 [1903].

Außer den bisher beschriebenen Wachsarten sind noch nachstehende, die eine geringere Wichtigkeit erlangt haben, zu nennen: Kagawachs von *Cinnamomum pedunculatum*, einer in Japan vorkommenden Lauracee, das Wachs von *Bacharis confertifolia Colla* und das Zuckerrohrwachs[1]).

Animalische Wachse.

Flüssige, animalische Wachse.

Walratöl.

Walöl — Pottwaltran — Pottfischtran — Spermacetiöl — Kaschelottran — Cachelotöl — Huile de cachalot — Huile de spermaceti — Cachalot oil — Spermaceti oil — Olio di spermaceti — Oleum cetacei.

Vorkommen: In der Kopfhöhlenmasse des Pottwales, eines zur Familie der Delphinodeen gehörenden Seesäugetieres.

Darstellung: Das dem Kopfe des Pottwales entnommene Öl ist anfänglich durchsichtig und hell, trübt sich nach einiger Zeit unter Ausscheidung weißer Massen. Rohes Walratöl wird raffiniert, indem es 10—14 Tage bei 0° stehen bleibt und die erstarrte Masse dann durch hydraulische Pressen in der Kälte abgepreßt wird. Der Preßrückstand ist roher Walrat von brauner Farbe und zeigt einen Schmelzpunkt von 43—46°.

Pysikalische und chemische Eigenschaften: Walratöl ist in raffiniertem Zustande hellgelb, dünnflüssig und fast geruchlos. Was die Zusammensetzung und die Natur der Fettsäuren, aus denen das Walratöl besteht, angeht, so sind dieselben bisher nicht bekannt. Auch ist die Natur der Alkohole des Walratöles noch nicht aufgeklärt. Lewkowitsch konnte in dem Alkoholgemisch nachweisen, daß sich weder Dodekatylalkohol noch Pentadecylalkohol darin vorfinden. Nach Ansicht dieses Forschers gehören die Walratölalkohole wahrscheinlich völlig der Äthylenreihe an.

Freie Fettsäuren sind im Walratöl nur wenig vorhanden. Die Angaben schwanken zwischen 0,55—2,64%.

Spez. Gewicht bei	Verseifungszahl	Jodzahl	Reichertzahl	Maumené-probe	Oleorefraktometer	Brechungsindex bei 20°C	Beobachter
15,5°C 0,875—0,884 99°C 0,833 15,5°C	—	—	1,3	45—47°	—	—	Allen
15,5°C 0,875—0,890	—	—	—	—	—	—	Lobry de Bruyn
—	123—147	—	—	—	—	—	Deering
—	132,5	81,3	—	—	—	—	Thomson u. Ballantyne
—	117	—	—	—	—	—	Holde
—	—	84	—	51°	—	—	Archbutt
—	—	—	—	—	—12 bis —17,5	—	Jean
—	—	—	Reichert-Meißl-Zahl	—	—	1,4646 bis 1,4655	Harvey
20°C 0,8781	150,3	62,2	0,6	—	—	—	Fendler
15°C 0,8799—0,8835	129,2 bis 136,9	85,7 bis 90,1	—	—	—	—	Bull
—	125,2	—	—	—	—	—	Lewkowitsch
—	127,9	—	—	—	—	—	Lewkowitsch
—	132,6	—	—	—	—	—	Lewkowitsch
—	120	—	—	—	—13	—	Archbutt u. Deeley
—	—	86,5	—	—	—	—	Mc Ilhiney

[1]) Wynberg, Chem. Revue über d. Fett- u. Harzindustrie **17**, 36 [1910].

Fettsäuren.

Spez. Gewicht bei 15° C	Schmelzpunkt °C	Mittl. Mol.-Gewicht	Jodzahl	Erstarrungspunkt °C	Beobachter
0,899	—	281—294	—	—	Allen
—	13,3	305	88,1	—	Williams
0,8999	18,8	237,7	68,64	—	Fendler
—	—	—	—	16,1	Archbutt u. Deeley
—	—	—	83,2—85,6	11,1—11,9	Lewkowitsch

Südliche und arktische Öle verläßlichen Ursprungs	Kältepunkt °C	Spez. Gew. °C	Wachsalkohole °/₀	Jodzahl (Wijs)	Verseifungszahl	Butterrefraktometer 25° C	Freie S. als Ölsäure	Wachsalkohole usw.		Zeiß-refraktometer	
								Jodzahl (Wijs)	Schmelzpunkt °C	25°	40°
1. Cachelotöl vom Kopf[1]	9,5	0,8779	42,28	76,30	140,2	49,7	4,60	60,43	32—32,5	—	35,0
1a. „ „ Rumpf	8,5	0,8772	42,14	92,85	124,8	54,8	1,42	83,17	24,5—25,5	47,0	39,0
2. „ „ Kopf	7,0	0,880	41,16	70,35	144,4	50,0	1,39	53,7	31,5—32,5	—	35,0
2a. „ „ Rumpf	7,0	0,8757	44,30	87,90	122,0	54,6	1,07	79,77	23—24	47,0	—
3. Arctic Sperm. (bottlenose)	—	0,8806	38,02	88,75	129,0	55,2	0,73	88,35	23,5—24	46,7	38,7
4. „ „ „	—	0,8786	39,22	82,80	124,8	55,3	1,43	69,4	23	46,2	38,2
5. Southern Sperm......	—	0,8791	41,16	84,35	129,7	54,6	1,16	68,5	26,5	45,7	37,7
6. „ „	—	0,8798	39,20	84,37	129,0	—	2,53	69,37	—	—	—
7. Waltran..........	—	0,9241	—	136,30	192,8	70,5	6,28	—	—	—	—

Unverseifbare Substanzen.

Schmelzpunkt	Erstarrungspunkt	Jodzahl	Beobachter
25,5—27,5° C	22—23,4° C	64,6—65,8	Lewkowitsch

Verwendung: Walratöl dient als Schmieröl, besonders als Spindelöl; es unterliegt sehr der Verfälschung infolge des verhältnismäßig hohen Preises; doch gelingt der Nachweis solcher Verfälschungen, die in fetten Ölen und Kohlenwasserstoffen bestehen. Infolge des niedrigen spezifischen Gewichtes des Walratöles zeigt ein hohes spezifisches Gewicht die Verfälschungen mit fetten Ölen an. Auch die niedrige Verseifungszahl des Walratöles bietet eine leichte Handhabe zum Nachweis zugesetzter fetter Öle und Trane. Auch empfiehlt sich die Bestimmung der Jodzahl und des Glyceringehaltes.

Döglingstran.

Döglingöl — Entenwalöl — Huile de rorqual rostré — Arctic sperm oil — Bottlenose oil — Olio di spermaceti artico.

Vorkommen: Döglingsöl entstammt den in der Kopfhöhle des Entenwales oder Zwergwales (*Hyperoeodon rostratus* und *Hyperoeodon diodon*) vorkommenden Fettmassen, einer an den Küsten von Nordamerika und besonders zwischen Island und den Bäreninseln heimischen Walart.

Darstellung: Ähnlich wie die Gewinnung des Walöles erfolgt auch die Gewinnung und Reinigung des Döglingstranes. Die durch Abkühlen abgeschiedenen festen Massen kommen unter dem Namen Spermacet in den Handel.

Physikalische und chemische Eigenschaften: Das flüssige sog. Süßöl ist hellgelb und besitzt einen angenehmen Geruch, zeigt aber eine stärkere Neigung zum Verharzen als das Walöl. Immerhin ähnelt das Döglingsöl des Handels so sehr dem Walratöl, daß es beinahe unmöglich ist, auf chemischem Wege dieselben allein zu unterscheiden. Döglingsöl gibt bei der Elaidinprobe ein viel weicheres Elaidin als Walratöl. Die Menge freier Fettsäuren wechselt;

---

[1] Harry Dunlop, Chem. Revue über d. Fett- u. Harzindustrie **15**, 55 [1908].

es finden sich Angaben von $^1/_2$—5%. Der Döglingstran soll aus dem Dodekatyläther der Döglingsäure bestehen; ferner ist die Anwesenheit des Palmitinsäurecetylesters im Döglingsöl bestätigt worden. Beide Beobachtungen bedürfen übrigens der Nachprüfung.

Spez. Gewicht bei	Verseifungs- zahl	Jodzahl	Reichert- zahl	Maumené- probe	Beobachter
15° C 0,880	—	—	—	—	Goldberg
15,5° C 0,8808					
$\dfrac{98—99° C}{15,5° C}$ 0,8274	126	—	1,4	41—47	Allen
15° C 0,8799	130,4	82,1	—	—	Thomson u. Ballantyne
—	123—134	80,4	—	42	Archbutt
—	121,5—122,3	—	—	—	Bull
—	—	80—85	—	—	Winnem
15,5° C 0,8797	128,4—135,9	—	—	—	Lewkowitsch
—	126	—	—	—	Deering

Fettsäuren			Alkohole			
Erstarrungs- punkt ° C	Schmelz- punkt ° C	Jodzahl	Erstarrungs- punkt ° C	Schmelz- punkt . ° C	Jodzahl	Beobachter
10,1	16,1	—	—	—	—	Archbutt u. Deeley
8,3—8,8 (Titer)	10,3—10,8	82,2—83,3	21,7—22,0	23,5—26,5	64,8—65,2	Lewkowitsch

Verwendung: Döglingsöl findet die gleiche Verwendung wie Walöl und wird auch häufig als Verfälschungsmittel des Walöles benutzt.

Bürzeldrüsenöl.

Vorkommen: In der Bürzeldrüse.

Physikalische und chemische Eigenschaften: Gelbliches, neutrales Öl, welches beim Stehen feste Verbindungen ausscheidet. Es enthält nur wenig Glyceride und ist frei von Cholesterin und Cholesterinestern. Die Fettsäuren sind großenteils an Oktadecylalkohol gebunden. Letzterer beträgt 40—45% des Bürzeldrüsenextraktes. An Fettsäuren wurden gefunden Ölsäure, Caprylsäure, Palmitinsäure, Stearinsäure, Laurin- und Myristinsäure.

Wollfett.

Wollschweißfett — Suintine — Wool fat — Wool grease — Grasso di lana.

Vorkommen: Wollfett findet sich in der Schafwolle. Dasselbe wird von den Hautdrüsen des Schafes abgesondert. Die Menge des in der Wolle enthaltenen Fettes, das seiner Zusammensetzung nach als Wachs bezeichnet werden muß, ist wechselnd und hauptsächlich abhängig von der Rasse des Schafes und von dem Klima. Der Gehalt schwankt zwischen 6,6 und 34,19%.

Darstellung: Zur Gewinnung des Wollfettes wird das Extraktionsverfahren mit flüssigen Lösungsmitteln benutzt (Tetrachlorkohlenstoff, Schwefelkohlenstoff, Benzin, Äther, Amylalkohol, Naphtha). Auch das Waschen mit verdünnter Seifenlösung (Sodalösung) wird zur Gewinnung des rohen Wollfettes benutzt. Die Wollwaschwässer werden in großen Zisternen gesammelt, durch Säure zersetzt, wobei das rohe Wollfett oder rohe Wollschweißfett nach oben steigt. Bei der Extraktion der Wolle werden freie Fettsäuren, neutrale Ester und freie Alkohole zusammen mit Kalisalzen von Fettsäuren gewonnen. Das gereinigte Wollfett kommt unter dem Namen Adeps lanae (wasserfreier Zustand) oder Lanolin (wasserhaltiger Zustand) in den Handel. Die Namen Aguin Alapurin, Laniol, Anaspalin, Vellolin bezeichnen auch ebenfalls Handelsprodukte des Wollschweißfettes. An Stelle der Zersetzung der Wollwaschwässer durch Säure werden auch durch Fällung mit Chlorcalcium aus demselben unlösliche Kalkseifen gewonnen und das Gemisch von Wollfett und Kalkseife durch Salzsäurezusatz in eine Mischung von Wollfett und freie Fettsäuren umgewandelt. Die Reinigung geschieht durch Kochen mit Wasser und Schwefelsäure.

Physikalische und chemische Eigenschaften: Wasserfreies Wollfett stellt eine hellgelbe, durchscheinende Substanz von schwachem, nicht unangenehmem Geruch dar. Das rohe Wollfett bildet eine schmierige, unangenehm riechende, gelbe oder braune Masse, welche sich dadurch auszeichnet, daß sie die Fähigkeit besitzt, große Mengen Wasser in sich aufzunehmen (80%). Die Zusammensetzung des Wollfettes wechselt und hängt von der Darstellung ab; während, wie oben erwähnt, das durch Extraktion gewonnene Kalisalze von Fettsäuren enthält, finden sich bei der Gewinnung durch Auswaschen mit verdünnten Seifenlösungen die Fettsäuren der zum Waschen verwendeten Seife, welche 20—28% davon ausmachen. Das Wollfett ist in Wasser unlöslich, leicht löslich in Chloroform, Äther und Essigäther. Das Lanolin des Handels enthält 22—25% Wasser. Durch wässerige Ätzalkalien gelingt es nicht, Wollfett völlig zu verseifen, ebensowenig durch langes Kochen mit alkoholischem Kali. Erst Natriumalkoholat oder abs. Alkohol und metallisches Natrium oder alkoholisches Kali unter Druck bewirken eine rasche Verseifung. Über die chemische Zusammensetzung des Wollwachses gehen die Ansichten noch auseinander. Dasselbe besteht anscheinend aus einem Gemisch von Fettsäureester, einwertigen Alkoholen, freien Fettsäuren und freien Alkoholen. Cholesterin und Isocholesterin kommen darin in beträchtlicher Menge vor. Die chemischen Bestandteile des Wollschweißfettes finden sich in nachfolgender Tabelle zusammengestellt.

Wollfett durch Amylalkohol in 2 Anteile zerlegt:

A) Harter Bestandteil (10—15% des Wollfettes) besteht aus		B) Weicher Bestandteil (85% des Wollfettes) besteht aus			
			b) Alkoholen (55—60%) zerlegt durch Methylalkohol in 2 Fraktionen		
			I. Fraktion zerlegt in 2 Gruppen		II. Fraktion enthaltend
a) Säuren (60%)	b) Alkoholen	a) Säuren (40—50%)	Gruppe I	Gruppe II	
1. Lanocerinsäure	1. Cerylalkohol	1. Ölige Säure (40%)	Cerylalkohol	Neben wenig Ceryl-	Alkohol 2a
2. Lanopalminsäure	2. Karnaubylalkohol	2. Myristinsäure	Karnaubylalkohol	u. Karnaubylalkohol	Alkohol 2b
3. Myristinsäure	3. Cholesterin	3. Karnaubasäure		Isocholesterin,	Alkohol 2c
4. Karnaubasäure		(Keine Lanocerin-		verschieden von	2a 3—4% von B
5. Ölige Säure		säure und Lanopal-		Schulzes	2b 6—7% von B
6. Flüchtige Säure		minsäure)		Isocholesterin	2c 50—54% von B

Spez. Gewicht bei	Erstarrungspunkt °C	Schmelzpunkt °C	Verseifungszahl	Jodzahl	Fettsäuren %	Alkohole %	Beobachter
17°C 0,9449	—	—	—	—	—	—	Rosauer
17°C 0,9413	—	—	—	—	—	—	Rosauer
$\frac{98,5°C}{15,5°C}$ 0,9017	—	—	98,3	—	—	—	Allen
—	30—30,2 {	31—35 / 39—45 }	102,4	25,9—26,8	59,8	43,6	Lewkowitsch
—	—	39—42,5	—	—	—	—	Stöckhardt
—	—	36—41	—	—	—	—	Benedikt
—	—	—	—	25,8—28,9	—	51,8	Lewkowitsch
—	—	—	—	17,1—17,8	—	—	Lewkowitsch

Fettsäuren.

Erstarrungspunkt	Schmelzpunkt	Mittleres Mol.-Gewicht	Jodzahl	Beobachter
40°C	41,8°C	327,5	17	Lewkowitsch

Alkohole.

Erstarrungs-punkt	Schmelzpunkt	Mittleres Mol.-Gewicht	Jodzahl	Acetylzahl	Beobachter
28° C	33,5° C	239	{ 36 / 26,4 }	143,8	Lewkowitsch

Neutrale Ester.

Verseifungszahl	Fettsäuren	Alkohole	Beobachter
96,9	56,66	47,55	Lewkowitsch

Wollfett ist optisch aktiv. Es wurden beobachtet: $[\alpha]_D = +6,7°$, $[\alpha]_D^{35} = +8,55$ in 25 proz. Chloroformlösung. $[\alpha]_D = +2,8$ in 25proz. Benzinlösung.

Verwendung: Wollfett wird in der Pharmazie zur Herstellung von Salben benutzt.

Feste animalische Wachse.

Bienenwachs.

Cire des abeilles — Beeswax — Cera d'api.

Vorkommen: Das Bienenwachs ist das Verdauungsprodukt der Haus- oder Honigbiene (*Apis mellifica* oder *Apis mellifera*); dieselbe scheidet das Wachs, das zum Aufbau ihrer Waben benutzt wird, aus.

Was die Bildung des Wachses angeht, so war man früher der Ansicht, daß das Wachs fertig in den Blüten gebildet vorkomme. Seit etwa 100 Jahren ist es bekannt, daß die Bildung des Wachses erst im Organismus der Biene vor sich geht. Die Wachserzeugung der Bienen geht auf Kosten der Produktion des Honigs, und zwar rechnet man für jedes Kilo Wachs eine Minderausbeute von 10—14 kg Honig.

Die Frage, welche Nährstoffe den Bienen zur Produktion des Wachses dienen, ist noch nicht gelöst. Sowohl die Eiweißnahrung als auch kohlehydratreiche Nahrung wird als Quelle der Wachsbildung angesehen. Besonders die jungen Bienen liegen der Wachsbildung ob und die Insekten sondern das Wachs in sog. Spiegeln ab, die in Gestalt länglich runder dünner Blättchen am Bauche hervortreten. Die Wachsabsonderung hängt von der Willkür der Biene ab.

Zur Unterstützung der Bienen bei ihrem Wabenbau setzt man in die Bienenstöcke Holzrahmen ein, die je eine Wabe aufnehmen, die nach Belieben in den Bienenstock eingesetzt oder wieder entfernt werden kann. Man gibt auch nicht selten Kunstwaben in die Stöcke, zu deren Herstellung Ceresin benutzt wird.

Darstellung: Das Bienenwachs wird aus den durch Ausschleudern oder Zentrifugieren der vom Honig befreiten Wachswaben durch Umschmelzen in heißem Wasser und Ausgießen in hölzerne Gefäße in Form von verschiedengestaltigen Broten oder Kuchen erhalten.

In neuerer Zeit geschieht die Darstellung durch Schmelzen der Honigwaben, Abfiltrieren des Wachses und Auspressen der Rückstände, die einer zweiten Auskochung, ev. einer Extraktion unterworfen werden. Es wird so die Wasserschmelze und die Dampfschmelze unterschieden. In allen Bienenstöcken unterscheidet man drei verschiedene Abteilungen: Honiggefüllte Waben, welche das beste Wachs liefern, leere Waben (geringeres Wachs) und schlechte oder schwarze Wachsteile. Die Bienen benutzen zum Zusammenkitten der Waben ein sog. Vorwachs oder Propolis, welches direkt von den Pflanzen zu stammen scheint. Dasselbe enthält nach neueren Untersuchungen 84% aromatisches Harz und 12% Wachs. Das Harz erwies sich als ein Körper der Zusammensetzung $C_{26}H_{26}O_8$ (Propolisharz), das Wachs bestand aus Cerotinsäure[1]).

---

[1]) Borisch, Pharmaz. Centralhalle **48**, 929 [1907]. — Dieterich, Chem. Ztg. **32**, 79 [1907].

Physikalische und chemische Eigenschaften: Ausgepreßtes Bienenwachs zeigt mannigfache Färbungen, herrührend von den Blüten, aus denen das Wachs aufgesammelt wurde. Es finden sich hellgelbe, dunkelgelbe und dunkelbraune Wachsfarben. Besonders die nicht europäischen Ursprungs zeichnen sich durch eine grünlich-rötliche oder braune Farbe aus. Der Geruch des Bienenwachses ist ebenso verschieden. Europäische Wachse zeigen einen honigähnlichen Geruch, ostindische und italienische Wachse Fliedergeruch, während ausländische Sorten meist einen muffigen Geruch zeigen. Das Bienenwachs ist beinahe geschmacklos. Dasselbe klebt beim Kauen nicht an den Zähnen (Unterschied zwischen reinem und verfälschtem Wachs; Kauprobe der Wachsindustriellen). Bienenwachs zeigt bei niedriger Temperatur einen feinkörnigen, schwach krystallinischen Bruch, ist spröde bei niedriger Temperatur und läßt sich schon durch Handwärme erweichen und leicht kneten. Heiß auf Papier aufgetragen, gibt Wachs einen bleibenden, durchscheinenden Fettfleck. Durch öfteres Umschmelzen unter Wasser, Aussetzen am Sonnenlicht in der Form von Tropfen, Streifen oder Bändern erhält man weißes Wachs. Dasselbe zeigt eine weiße oder nur schwach gelbliche Farbe, ist geruch- und geschmacklos. Weißes Wachs ist spröder als gelbes, auch zeigt es ein höheres spezifisches Gewicht. Der Bruch des weißen Wachses ist glatt, nicht körnig. Zur Bleichung des Wachses verwendet man auch Tierkohle, Kaliumpermanganat, Schwefelsäure und auch Wasserstoffsuperoxyd. Die chemischen Veränderungen, denen das Bienenwachs beim Bleichen unterliegt, sind bei der Naturbleiche geringer als bei den chemischen Methoden. Die stärksten Veränderungen bewirkt die Chlorbleiche. Das durch Extraktion gewonnene Bienenwachs unterscheidet sich ganz erheblich von dem durch Pressen erhaltenen. Es stellt eine dunkelbraune, weiche, sich fettig anfühlende Masse von unangenehmem Geruche dar. Durch Auskochen mit Wasser kann demselben ein gelber Farbstoff entzogen werden. Gegenüber dem ausgepreßten Wachse zeigt das Extraktionswachs eine höhere Säurezahl (23,3—27,1) und eine beträchtlich höhere Jodzahl von 31,2—39,6. Das Extraktionswachs kommt im Handel kaum vor. Bienenwachs ist in Wasser und kaltem Alkohol unlöslich. Von heißem Alkohol und kaltem Äther wird es zum Teil gelöst. Benzin, Schwefelkohlenstoff, Chloroform und ätherische Öle lösen das Wachs vollständig. Auch mit Fetten und Ölen und vielen Harzen läßt sich durch Zusammenschmelzen eine Mischung in jedem Verhältnisse herbeiführen. Wachs brennt mit helleuchtender, nicht rußender Flamme. Durch Überhitzen des Wachses entsteht kein Akroleingeruch. Durch das Bleichen des Wachses verändert sich das spezifische Gewicht, ferner der Schmelz- und Erstarrungspunkt ein wenig. Das Bienenwachs ist nicht als einheitlicher Körper, sondern als ein Gemenge verschiedener Körper aufzufassen. Der Hauptsache nach besteht dasselbe aus Cerotinsäure $C_{25}H_{51}COOH$ (Schmelzp. 78,5°), ferner aus Myricin (Palmitinsäuremyricylester $C_{15}H_{31}COO \cdot C_{30}H_{61}$). Daneben finden sich noch geringe Mengen freier Melissinsäure $C_{30}H_{60}O_2$ oder $C_{31}H_{62}O_2$, ferner Myricylalkohol $C_{30}H_{62}O_2$ oder $C_{31}H_{64}O$, Cerylalkohol $C_{26}H_{54}O$. Auch Kohlenwasserstoffe bilden einen normalen Bestandteil des Bienenwachses. So wurden das Heptacosan $C_{27}H_{56}$ (Schmelzp. 60,5°) und das Hentriacontan $C_{31}H_{64}$ (Schmelzp. 67°), auch Spuren ungesättigter Fettsäuren wurden aufgefunden. Das Verhältnis der freien Cerotinsäure zu Myricin beträgt 14 : 86. Die Menge der Kohlenwasserstoffe, die im Bienenwachse vorkommen, wurde zu 12—17% gefunden.

Durch Behandeln von Bienenwachs mit kaltem Alkohol wird ein Teil der Cerotinsäure gelöst; heißer Alkohol löst die gesamte Cerotinsäure und etwas Myricin. Diese Lösungen röten Lackmuspapier nur schwach; dagegen werden Phenolphthaleinlösungen sofort entfärbt. Beim Erkalten heißer, alkoholischer Wachsauszüge scheidet sich die Cerotinsäure nach einigem Stehen in dünnen Nadeln völlig ab. Auf Wasserzusatz tritt nur eine ganz geringe Opalescenz ein (Unterschied von Stearinsäure). Durch Behandeln mit Natriumcarbonat oder Natronlauge läßt sich die freie Cerotinsäure nicht aus dem Wachs ausziehen. Die entstehende Seifenlösung bildet nämlich mit den Wachsestern eine vollständige Emulsion, die selbst nach minutenlangem Stehen sich nicht trennt. Durch trockne Destillation des Bienenwachses entsteht ein öliges Filtrat von empyreumatischem Geruch, das nach einigem Stehen eine salbenähnliche Substanz ausscheidet und nach kurzer Zeit sich dunkel färbt. Dieses sog. Wachsöl besteht aus Palmitinsäure und Kohlenwasserstoff $C_{15}H_{30}$. Auch durch Destillation von Wachs über Kalk entsteht dasselbe Produkt.

Das Bienenwachs unterliegt vielfachen Verfälschungen. Besonders beliebt sind Zusätze von Talg, Paraffin, Ceresin und ähnlichen Stoffen. Auch Mischungen aus Paraffin, Japantalg und Ceresin kommen als Bienenwachs in den Handel.

Spez. Gewicht bei	Erstarrungspunkt °C	Schmelzpunkt °C	Säurezahl	Verseifungszahl	Jodzahl	Reichert-Meißl-zahl	Alkohole u. Kohlenwasserstoffe (Unverseifbares)	Fettsäuren %	Brechungsexponent (Butter-refraktometer)	Beobachter
15° C 0,965—0,975	—	—	—	—	—	—	—	—	—	Hager
15° C 0,962—0,966	—	—	—	87,8—96,2	—	—	—	—	—	Dieterich[1]
15° C 0,964—0,968	—	—	18,6	90,4—96,2	—	—	—	—	—	Dieterich[2]
15° C 0,959—0,966	60,5—62,8	63—64,4	19,04—20,9	—	—	—	—	—	—	Camilla[3]
15° C 0,959	—	62,5—63,6	20,9—21,2	—	—	0,34—0,41	—	—	—	Camilla[4]
15° C 0,964—0,970	—	—	18,37—20,94	90,1—98,99	—	0,54	—	—	—	Hett u. Ahrens[1]
80° C / 15,5° C 0,8356	—	—	—	—	—	—	—	—	—	
99° C / 15,5° C 0,8221	60,5	63	—	—	—	—	—	—	—	Allen[1]
98—99° C 0,827	62	63,5	—	—	—	—	—	—	—	
98—99° C 0,818	61,5	63	—	—	—	—	—	—	—	
—	61,9—64,3	—	—	—	—	—	—	—	—	Mastbaum
—	—	65	—	—	—	—	—	—	—	Barfoed
—	—	69—70	—	—	—	—	—	—	—	Lapage
—	—	—	· 20	95	—	—	—	—	—	Hübl
—	—	—	19,02—20,6	—	8,3—11	—	—	—	—	Buisène[1]
—	—	—	20,6—21,09	93,5—97,1	—	—	55,58	46,77	—	Lewkowitsch[1]
—	—	—	—	97—107	—	—	—	—	—	Becker
—	—	—	—	—	7,9—8,9	—	—	—	—	Guyer
—	—	—	—	—	—	—	55,25	—	—	Schwalb
—	—	—	—	—	—	—	52,38	—	—	Allen u. Thomson
—	—	—	—	—	—	—	—	—	bei 40° C 42,9—45,6	Berg
15° C 0,9627—0,9656	—	—	20,6 - 21,09	93,5—97,1	—	—	—	—	—	Lewkowitsch[2]
—	—	—	17—21,8	94,2—97,6	—	—	—	—	—	Lewkowitsch[3]

Verwendung: Bienenwachs diente früher ausschließlich als Kerzenmaterial. Durch den Verbrauch von Paraffin, Ceresin und Stearin, die heute ausschließlich zur Kerzenerzeugung dienen, ist der Verbrauch von Wachs zu Beleuchtungszwecken wesentlich herabgesetzt worden. Immerhin gibt es noch eine ganze Reihe ritueller Vorschriften, die Kerzen aus echtem Bienenwachs verlangen und hierdurch dem Wachs einen dauernden Verbrauch in der Kerzenfabrikation sichern. In Kunst, Technik, in der Hauswirtschaft und in der Medizin wird das Bienenwachs noch vielfach benutzt, zur Herstellung von Wachsfiguren, Wachsblumen, Wachsmassen, zum Polieren, Glätten, Appretieren, Wachssalben, Pflastern und Pomaden.

Die Untersuchung des Wachses auf Verfälschung beruht auf den Ergebnissen, die bei der quantitativen hydrolytischen Spaltung oder Verseifung mit alkoholischer Kalilauge erhalten werden. Einerseits wird hierbei festgestellt die Menge der zum Absättigen der freien Wachssäuren (Cerotinsäure) benötigten Kalilauge (Säurezahl), andererseits diejenigen Mengen Kaliumhydroxyd, in Milligramm ausgedrückt, welche zur Hydrolyse des Palmitinsäuremelissylesters (Äther- oder Esterzahl) für 1 g Wachs nötig sind. Die Summe dieser Säure- und Ätherzahl bildet die Verseifungszahl. Als Vorproben zum Nachweis von Wachsverfälschungen wird Wachs in Chloroform gelöst. Reines Bienenwachs ist löslich; Ceresin, Paraffin, Wal- und Karnaubawachs sind in Chloroform unlöslich. Es sei bemerkt, daß auch weißes, gebleichtes Wachs in Chloroform unlöslich ist. Auch die Bestimmung des spezifischen Gewichtes dürfte zur Erkennung von Verfälschungen heranzuziehen sein. Eine sichere Entscheidung ist auch durch diese Vorprüfung nicht möglich, da auch leicht Kunstwachse von dem typischen spezifischen Gewicht dargestellt werden können.

Wie schon oben bemerkt, geben die Säure- und Verseifungszahlen die besten Anhaltspunkte über die Reinheit einer bestimmten Wachsprobe. Liegt die Verseifungszahl unter 92, während die Verhältniszahl mit der eines reinen Bienenwachses übereinstimmt, ist der Schluß auf die Anwesenheit von Paraffin oder Ceresin berechtigt. Bei einer höheren Verhältniszahl als 3,8 darf Japantalg, Karnaubawachs oder auch Talg vermutet werden. Liegt die Säurezahl

[1]) Gelbes Wachs.
[2]) Gebleichtes Wachs.
[3]) Weißes Wachs.
[4]) Italienisches Wachs.

unter 20, dann ist Japantalg nicht vorhanden. Wird die Verhältniszahl unter 3,8 gefunden, darf auf die Anwesenheit von Kolophonium oder Stearinsäure geschlossen werden. Eine höhere Säurezahl des Bienenwachses (25—30%) kann schon bedingt werden durch die Benutzung stearinsäurehaltiger Kunstwaben seitens der Bienenzüchter. Auch die Bestimmung von Glyceriden, der Nachweis von Stearinsäure, der Nachweis von Ceresin und Paraffin, nach der Methode von Weinwurm, haben sich als zuverlässige Proben für reines Bienenwachs erwiesen. Auf die Anwesenheit von Harz gibt die Liebermann - Storchsche Farbenreaktion gute Anhaltspunkte, während Karnaubawachs durch die refraktometrische Untersuchung, die Chloroformprobe und die Weinwurmsche Probe nachgewiesen werden kann. Die quantitative Bestimmung des Karnaubawachses ist sehr schwierig und umständlich auszuführen; ebenso der Nachweis von Insektenwachs. Nur durch eingehende Untersuchung der neutralen Ester kann diese Frage gelöst werden.

Insektenwachs.

Chinesisches Wachs — Chinesisches Baumwachs — Cire d'insectes — Cire d'arbre — Insecte white wax — Chinese wax — Chinese vegetable wax — Japanese wax — Vegetable Spermaceti — Tree wax.

Vorkommen: Das chinesische Wachs wird von der auf der chinesischen Esche (*Fraxinus chinensis*) vorkommenden Wachscoccidie (*Coccus ceriferus* Fabr. = *Coccus pela* Westwood) produziert.

Physikalische und chemische Eigenschaften: Dieses chinesische Insektenwachs soll nichts anderes sein, nach den Untersuchungen von Sasaki, als die weißen Kokons der männlichen Larven. Insektenwachs zeigt gelblichweiße Farbe, ein glänzendes, an Walrat erinnerndes Aussehen und krystallinische Struktur. Es ist hart und faserig und zeigt einen an Talg erinnernden Geruch; es ist pulverisierbar. Das Insektenwachs löst sich wenig in Alkohol oder Äther, leicht dagegen in Benzol. Es besteht aus Cerotinsäurecerylester $C_{26}H_{53}C_{26}H_{51}O_2$. Durch wiederholte Umkrystallisation aus Petroläther läßt sich die Verbindung in krystallisiertem Zustande gewinnen. Außerdem sollen noch andere Verbindungen darin vorkommen. Insektenwachs ist sehr schwer verseifbar.

Verwendung: Es dient als Kerzenmaterial, ferner zum Appretieren und Glänzendmachen von Seide und Papier; auch zur Firnisdarstellung und zum Polieren von Möbeln wird dasselbe benutzt.

Spez. Gewicht bei	Erstarrungspunkt	Schmelzpunkt	Verseifungszahl	Fettsäuren	Alkohole	Jodzahl	Beobachter
15° C 0,926	—	—	—	—	—	—	Gehe
15° C 0,970	80,5–81 °C	80,5–81 °C	—	—	—	—	Allen
$\frac{99° C}{15° C}$ 0,810	—	—	—	—	—	—	Allen
—	—	81,5–83 °C	93	—	—	—	Henriques
—	—	—	80,5	—	—	—	Henriques
—	—	—	91,65	51,54	49,51	1,4	Lewkowitsch
—	—	—	80,4	—	—	—	Lewkowitsch

Psyllawachs.

Vorkommen: Dasselbe stellt ein Ausscheidungsprodukt des auf den Blättern von *Alnus incana* lebenden Insektes (*Psylla alni*) dar. Durch Extraktion dieser Insekten mit heißem Äther (zur Entfernung der Glyceride) oder Chloroform wird das Wachs in Form seideglänzender Nadeln vom Schmelzp. 96° gewonnen. Dasselbe besteht aus dem Psyllostearylester des Psyllostearinalkohols. Das Wachs ist in heißem Äther unlöslich, wenig löslich in kaltem Chloroform, leicht löslich in heißem Chloroform und Benzol.

Weniger bekannte animalische Wachse.

Wachs von	Spez. Gewicht	Schmelzpunkt °C	Butter-refrakto-meter	Säure-zahl	Ver-sei-fungs-zahl	Differenz 5—4	Verhält-niszahl	Jodzahl	$\frac{1}{10}$ n-KOH für die in 80 % Alkohol lösl. Säure erforderl. nach Buchners Verfahren ccm	Kohlen-wasserstoffe	Beobachter
Hummelbiene { Max. .	—	63	51,6	19,39	95,90	76,65	4,00	16,10	9,18	—	} Berg
Mittel	—	62	50—51	19—19,2	95—95,5	76,0—76,5	3,95—4,0	15,8—15,9	5,0—7.0	—	
Min. .	—	62	49,50	18,41	92,12	73,71	3,93	15,76	4,92	—	
Hummelbiene	0,973	—	—	7,8	48,3	40,5	5,2	—	—	25,1	} Ahrens u. Helt
Cicade I	0,965	—	—	7,8	95,9	88,1	11,29	—	—	10,6	
Cicade II	0,965	—	—	7,3	97,95	90,65	12,41	—	—	8,2	
Ceroplastus ceriferus, ausgepreßt.	1,04	60	—	—	—	—	—	—	—	—	—
extrahiert	—	55	—	—	—	—	—	—	—	—	—
Ceroplastus rubeus, bei 23°C ausgepreßt.	1,03	60	—	—	—	—	—	—	—	—	—
extrahiert	—	55	—	—	—	—	—	—	—	—	—

Walrat.

Weißer Amber — Sperma Ceti — Cetaceum — Cétine — Adipocire — Ambre blanc — Blanc de Baléine — Spermaceto.

Vorkommen: Walrat entstammt den in der Kopfhöhle des gemeinen Pottfisches oder Cachelot (*Physeter macrocephalus*), einem zur Familie der Wale gehörigen Seesäugetiere, sich vorfindenden öligen Massen. Auch aus dem Speck dieser Wale wird Walrat gewonnen. Beim Erkalten des in den Kopfhöhlen befindlichen Öles scheiden sich feste Massen aus, welche durch Abfiltrieren und Abpressen gewonnen werden. Nach Reinigung mittels verdünnter Natronlauge wird der rohe Walrat umgeschmolzen und in Formen gegossen.

Spez. Gewicht bei	Erstarrungs-punkt °C	Schmelz-punkt °C	Säure-zahl	Verseifungs-zahl	Jod-zahl	Kritische Lösungs-temperatur °C	Beobachter
15°C 0,960	—	—	—	—	—	—	K. Dieterich
15°C 0,943	—	—	—	—	—	—	Schädler
15°C 0,905 bis 0,945	—	42—47	0—5,17	125,8—136,6	—	—	Lymann u. Kebler[1]
$\frac{15,5°C}{60°C}$ 0,8358	48,0	49,0	—	128	—	—	Allen
98°C 0,8086	43,4—44,2	43,5—44,1	—	—	—	—	Rüdorff
—	—	44—44,5	—	—	—	—	Wimmel
—	—	45	—	—	—	—	Barford
—	—	—	—	108,1	—	—	Becker
—	—	—	—	130,6—131,4	—	—	Henriques
—	—	—	—	—	—	117	Crismer
—	—	—	—	—	5,9 (Wijs)	—	Visser
15°C 0,8922	—	—	—	—	—	—	Rakusin
15°C 0,942	—	42	—	134,0	9,3 (v.Hübl)	—	Fendler[2]

Physikalische und chemische Eigenschaften: Walrat bildet eine schön glänzende, weiße, durchscheinende, blätterige, spröde Masse, welche in geschmolzenem Zustande auf Papier einen Fettfleck hinterläßt. Walrat ist beinahe geruchlos und geschmacklos; in kaltem 90 proz. Alkohol unlöslich, in 96 proz. Alkohol schwer löslich, leicht löslich in siedendem Alkohol. Aus dieser Lösung scheidet sich beim Abkühlen die Hauptmenge krystallinisch wieder aus.

[1] Lymann u. Kebler, Amer. Journ. of Pharmacy **68**, 7 [1896]; Chem.-Ztg. **20**, 83 [1896].
[2] Fendler, Chem.-Ztg. **29**, 555 [1905].

Den Hauptbestandteil des Walrates bildet das Cetin, der Palmitinsäurecetylester. Außerdem wurden die Glyceride der Laurinsäure, Myristinsäure und Stearinsäure darin aufgefunden, doch bedürfen diese Angaben der Bestätigung. Cetin kann schon durch Umkrystallisieren aus Alkohol aus dem Walrat entfernt werden. Durch alkoholische Kalilauge wird Walrat leicht verseift und beim Verdünnen dieser Lösung mit Wasser fällt Cetylalkohol aus. Lewkowitsch glaubt, daß im Walrat freie Wachsalkohole vorkommen. Der Walrat wird selten verfälscht, da durch diese Zusätze die physikalischen Eigenschaften stark verändert werden. Freie Fettsäuren sind darin nur in geringer Menge vorhanden. Zum Nachweis von Stearinsäure behandelt man eine geschmolzene Probe Walrat mit etwas Ammoniak, läßt erkalten und säuert mit Salzsäure an, wodurch die Stearinsäure ausgeschieden wird; noch 1% Stearinsäure läßt sich auf diese Weise nachweisen.

Reines Spermaceti.

Spermaceti	Schmelz-punkt °C	Erstar-rungs-punkt °C	Jod-zahl	Wachs-alkohol %	Fett-säuren °C	Schmelz-punkt der Fett-säuren °C	Freie Säuren auf Ölsäure berechnet %	Versei-fungs-zahl	Wachsalkohol Schmelz-punkt °C	Jod-zahl
1. Cachelotöl vom Kopf[1] (selbst extrahiert) . . .	41—41,5	41	—	54,22	49,78	32—33	—	129,0	46—46,5	—
2. Cachelotöl vom Kopf (selbst extrahiert) . . .	41—42	—	9,33	53,20	—	—	—	129,0	45,5—46	6,35
3. Verläßlichen Ursprungs, raffiniert	44—44,5	44	7,21	53,00	50,58	39,5—40	—	120,6	47—47,5	4,26
4. Verläßlichen Ursprungs, raffiniert	45,5—46	45,7	5,32	51,56	—	—	0,10	121,8	47,5—48	3,41
5. Verläßlichen Ursprungs, raffiniert	45—45,5	45	5,50	—	—	—	0,24	120,6	47,5—48	2,98

Verwendung: Walrat dient zur Fabrikation von Kerzen, zur Herstellung von Appreturmitteln und in der Pharmazie.

---

[1] Harry Dunlop, Chem. Revue über d. Fett- u. Harzindustrie **15**, 55 [1908].

Phosphatide.

Von

Ivar Bang-Lund.

Definition: Unter dem Namen Phosphatide versteht man nach Thudichum[1]) Phosphorsäureester, welche ein oder mehrere Moleküle Phosphorsäure, einen Alkohol — gewöhnlich Glycerin — ein oder mehrere Fettsäureradikale, eine oder mehrere stickstoffhaltige Verbindungen — gewöhnlich Cholin oder Verwandte — enthalten. Hieraus ist ersichtlich, daß eine große Anzahl Phosphatide existieren kann und tatsächlich auch vorkommt. Sie sind sämtlich unvollständig studiert.

Vorkommen: Phosphatide kommen in jeder Zelle vor und gehören demgemäß zu den primären Zellbestandteilen. Weiter treten sie jedenfalls sehr verbreitet in den tierischen Flüssigkeiten auf. Von den verschiedenen Phosphatiden nimmt man gewöhnlich an, daß einzelne, besonders das Lecithin, in sämtlichen Zellen vorkommen, ohne daß jedoch irgendwelcher exakter Beweis hierfür (eher aber dagegen) geliefert worden ist. Andere Phosphatide sollen nur in bestimmten Organen auftreten und stellen also organspezifische Phosphatide vor. Drittens hat man artspezifische Phosphatide beschrieben, welche bei einigen Tierarten vorkommen sollen und bei anderen fehlen. Zuletzt hat man Körper gefunden, die vielleicht zu den Phosphatiden gehören, welche jedenfalls in mehreren Organen vorkommen und auch in den verschiedenen Tierarten existieren. Trotzdem aber ihre chemischen Eigenschaften übereinstimmen, zeigen diese in bezug auf physiologisches Verhalten eine ausgesprochene Artspezifizität.

Bildung:[2]) A. In den Pflanzen. Hoppe-Seyler[3]) hat zuerst den Phosphatidgehalt des Chlorophylls erwiesen. Während der Belichtung nahmen die Phosphatide in den Blättern in dem Maße zu, in dem sich die Chlorophyllkörper vermehren (Stoklasa)[4]). Aus den Blättern wandern sie in die verschiedenen Organe und besonders in die Blüten über. Aus den Blütenblättern in die Fruchtknoten. Das Pollenkorn ist das phosphatidreichste Organ. In den keimenden Pflanzen nimmt der Gehalt zu, jedenfalls in den ersten Stadien. In den letzten Stadien kommt in einigen Pflanzen eine Vermehrung, in anderen, wenn die Reservestoffe verbraucht sind, ein Verbrauch vor [Maxwell[5]) u. a.].

B. Im tierischen Organismus. Bei der Bebrütung des Eies geht parallel mit der Umbildung der Phosphatide eine Neubildung derselben (Maxwell). Nach Plimmer und Scott[6]) findet bei der Bebrütung nur ein Verbrauch statt. Tichomiroff[7]) fand, daß unentwickelte Eier vom Seidenspinner weniger Phosphatide enthielten als die entwickelten Larven. Nach Siwertzeff[8]) und Glikin[9]) bringen neugeborene Tiere und Menschen einen großen Vorrat

---

[1]) Thudichum, Die chem. Konstitution des Gehirns usw. Tübingen 1901.

[2]) In den Lehrbüchern und Spezialabhandlungen findet nur die Bildung des Lecithins Erwähnung. In sämtlichen Untersuchungen werden aber nur die Gesamtphosphatide berücksichtigt, und ein Versuch zur Ausforschung der Bildung der einzelnen Phosphatiden — in casu Lecithin — ist überhaupt noch nicht angestellt worden.

[3]) Hoppe-Seyler, Zeitschr. f. physiol. Chemie **3**, 340 [1879]; **4**, 193 [1880]; **5**, 75 [1881].

[4]) Stoklasa, Berichte d. Deutsch. chem. Gesellschaft **29**, 2761 [1896].

[5]) Maxwell, Amer. chem. Journal **15**, 185. Gute Übersicht bei Hiestand, Historische Entw. uns. Kenntn. über d. Phosphatide. Zürich 1906.

[6]) Plimmer u. Scott, Journ. of Physiol. **38**, 247 [1808/09].

[7]) Tichomiroff, Zeitschr. f. physiol. Chemie **9**, 518 [1885].

[8]) Siwertzeff, Biochem. Centralbl. **1903**, Nr. 1302.

[9]) Glikin, Biochem. Zeitschr. **4**, 235 [1907].

von Phosphatiden mit auf die Welt, der mit dem Wachstum abnimmt. Bokay[1]) und Hasebrock[2]) vermißten Phosphatide in Faeces und folgern an eine Resorption. Nach Slowtzoff[3])
gehen sie in die Lymphe über. Franchini[4]) fand bei der Fütterung von Phosphatiden eine
Vermehrung in der Leber, nicht aber im Gehirne. Heffter[5]) sah dagegen keine Änderung
der Leberphosphatide durch Ernährung. Im Darmkanal sollen die Phosphatide von Steapsin
[P. Mayer[6]), Schumoff-Simanowski[7])] und von Darmsaft [Bergell[8])] verseift werden,
was Stassano und Billon[9]), Kalaboukoff und Terroine[10]) bestreiten. Während
P. Mayer und Schumoff-Simanowski mit schlechten, verdorbenen Präparaten arbeiteten,
benutzten Kalaboukoff und Terroine frisch dargestellte, jedenfalls ziemlich reine Phosphatide des Eigelbs. Da tierische Phosphatide von den Pflanzenphosphatiden verschieden
sind, können die letztgenannten jedenfalls nicht unverändert im Tierorganismus aufgenommen und abgelagert werden. Nach Henriques und Hansen[11]) bleibt die Jodzahl
des Eilecithins unverändert bei Fütterung mit verschiedenen Fettarten.

Die synthetische Darstellung von Phosphatiden ist nicht gelungen.

Nachweis: Mit Hilfe der Phosphorreaktion im Äther- (Alkohol-, Chloroform-, Benzol-
oder Aceton-) Extrakte. Da aber auch andere Phosphorverbindungen hier vorkommen können,
ist erst die Darstellung der charakteristischen $CdCl_2$-Verbindungen zu empfehlen (nur die
Myeline reagieren nicht hiermit).

Bestimmung: Die Bestimmung der Gesamtphosphatide geschieht auf indirekte Weise
durch P-Bestimmung der quantitativen Fettextrakten. Gewöhnlich werden die Phosphatide
als Lecithin berechnet. Hierbei ist aber erstens zu erinnern, daß die Extrakte andere P-Ver-
bindungen, darunter auch Phosphaten, enthalten. Zwar kann man die Phosphatide durch
Acetonfällung reinigen, nach den Untersuchungen von Erlandsen[12]), Fränkel[13]) u. a. bleiben
Phosphatide in der Acetonlösung zurück, und Verluste sind also hierbei vorauszusehen. Zweitens
ist die quantitative Extraktion noch schwieriger durchzuführen als für die Fettarten. Für
das Vitellin des Barscheies mußte Hammarsten[14]) nach der Erschöpfung mit Äther die
tägliche Alkoholextraktion zwei Monate fortsetzen, um die Extraktion zu Ende führen zu
können. Weiter zeigte Liebermann[15]), daß man aus einer Mischung von P-freiem Eiweiß
mit Lecithin (s. Phosphatiden) durch Extraktion im Soxhletschen Apparate mit Alkohol
während mehrerer Tagen das Phosphatid nur sehr unvollständig extrahieren konnte.

Aus dem Angeführten ist ersichtlich, daß die quantitative Bestimmung der Gesamtphosphatide keine ganz exakte sein kann.

Physiologische Eigenschaften: 1. Hauptsächlich wegen des Gehalts an Fettsäureradikalen
sind die Phosphatide als Nahrungsstoffe zu betrachten. Da der Gehalt gewisser Organe
an Phosphatiden ein recht beträchtlicher ist [Herzmuskel ca. 8%, Niere ca. 8%, Extremitätsmuskeln ca. 4% (Trockensubstanz Rubow)[16]), Leber ca. 8% (Trockensubstanz Heffter)[17]),
Eidotter ca. 10% (feucht Parke)[18]), Gehirn ca. 20% (feucht nach Thudichums Angaben
berechnet)], spielen die Phosphatide als Nahrungsmittel eine nicht ganz unbedeutende Rolle.
Dies um so mehr, als dieselben einen besonders günstigen Einfluß auf die Ernährung und
das Wachstum jugendlicher Individuen ausüben sollen [Desprez und Zaky[19]), Serono[20]),

---

[1]) Bokay, Zeitschr. f. physiol. Chemie **1**, 162 [1877/78].
[2]) Hasebrock, Zeitschr. f. physiol. Chemie **12**, 148 [1888].
[3]) Slowtzoff, Beiträge z. chem. Physiol. u. Pathol. **7**, 509 [1906].
[4]) Franchini, Biochem. Zeitschr. **6**, 210 [1907].
[5]) Heffter, Archiv f. experim. Pathol. u. Pharmakol. **28**, 97 [1891].
[6]) P. Mayer, Biochem. Zeitschr. **1**, 34 [1906[.
[7]) Schumoff-Simanowski, Zeitschr. f. physiol. Chemie **49**, 50 [1906].
[8]) Bergell, Centralbl. f. allg. Pathol. u. pathol. Anat. **12**, 633 [1901].
[9]) Stassano u. Billon, Compt. rend. d. l. Soc. d. Biol. **60**, 482, 924 [1903].
[10]) Kalaboukoff u. Terroine, Compt. rend. d. l. Soc. d. Biol. **66**, 176 [1909].
[11]) Henriques u. Hansen, Skand. Arch. f. Physiol. **14**, 390 [1903[.
[12]) Erlandsen, Zeitschr. f. physiol. Chemie **51**, 71 [1907].
[13]) Fränkel, Biochem. Zeitschr. **9**, 45 [1908].
[14]) Hammarsten, Skand. Arch. f. Physiol. **17**, 113 [1905/06].
[15]) Liebermann, Archiv f. d. ges. Physiol. **54**, 573 [1893].
[16]) Rubow, Archiv f. experim. Pathol. u. Pharmakol. **52**, 173 [1905].
[17]) Heffter, Archiv f. experim. Pathol. u. Pharmakol. **28**, 97 [1891]. '
[18]) Parke, Hoppe-Seylers Med.-chem. Untersuchungen 209 [1866/71].
[19]) Desprez u. Zaky, Compt. rend. d. l. Soc. d. Biol. **54**, 501; **57**, 392.
[20]) Serono, Arch. ital. de biol. **27**, 349.

Slowtzoff[1] u. a.]. Bei Versuchen am überlebenden Herz hat Danilewski[2] einen günstigen Einfluß der Phosphatide (in Ringerlösung) gesehen. Heffter fand, daß der Phosphatidgehalt der Kaninchenleber während Inanition stark abnahm. Nach Rubow bleibt der Phosphatidgehalt des Herzens bei Hunger unverändert, während die übrigen Muskeln eine dem Fette proportionale Abnahme zeigten. Bei Phosphorvergiftung fand Heffter eine starke Abnahme der Leberphosphatide, während nach Rubow Vergiftungen mit Chloroform und Phosphor keine Änderung der Phosphatide bewirken. Glikin[3] hat eine starke Verminderung der Phosphatide des Knochenmarks unter pathologischen Zuständen (Tabes und Dementia paralytica) gefunden.

2. Nach Overton[4] besitzen alle Zellen eine biologisch äußerst wichtige Grenzmembran, welche aus Phosphatiden und Cholesterin besteht. Diese „Lipoidmembran“ ist für den Stoffwechsel, osmotische Eigenschaften, Irritabilität und Fortpflanzung der Zelle von maßgebender Bedeutung. Die Theorie Overtons, welche auf der Übereinstimmung zwischen der Vitalfärbung und Löslichkeit der Farbstoffe in Cholesterin-Phosphatidengemisch experimentell begründet ist, ist mehrfach auf lebhaften Widerspruch gestoßen. Ruhland[5], dessen Befunde Höber[6] nur zum Teil bestätigen konnte, fand keine Übereinstimmung zwischen den zwei Faktoren, Vitalfärbung und Lipoidlöslichkeit. Da indessen Overtons Theorie in allen anderen Beziehungen sich bewährt hat, sagen diese Einwände nichts Besonderes, und um so weniger, weil Ruhlands und Höbers Untersuchungen nur mit Cholesterin angestellt worden sind, während wahrscheinlich die Phosphatide die wichtigste Rolle spielen (was Overton auch betreffs der Farbstoffe hervorhebt). So hebt Overton für die Osmose des Wassers die Bedeutung der Phosphatide hervor, indem diese ein Lösungsmittel für Wasser sind, Cholesterin dagegen nicht. Eine Schwierigkeit macht allerdings die Aufnahme von Eiweißkörpern und Zucker in die Zelle, da diese nicht diosmieren können. Dies ist aber eine experimentell bewiesene Tatsache, welche nichts mit der Theorie zu tun hat. Da wir nun wissen, daß die Nahrungsstoffe trotzdem aufgenommen werden, sind zwei Möglichkeiten vorhanden. Entweder gehen sie, mit anderen Körpern verbunden, als lipoidlösliche hindurch (und wir wissen, daß besonders die Phosphatide die Löslichkeit der meisten Körper stark verändern können. Bei Gegenwart von Phosphatiden werden Eiweiß und Zucker z. B. ätherlöslich). Oder auch muß die Membran vorübergehend permeabel werden. Eben eine solche momentane Änderung der Permeabilität gegenüber Salzen hat Overton[7] besonders für die Muskeln erwiesen und hierdurch eine einfache Erklärung des Aktionsstroms und Demarkationsstroms geben können. In dieser Beziehung hat man wieder an die große Reaktionsfähigkeit der Phosphatide zu denken. Diese Eigenschaft wird auch von anderen Gesichtspunkten aus bei Koch[8] hervorgehoben, indem er für die Phosphatide (mit den Eiweißkörpern zusammen) die Grundlage für die Herstellung der nötigen Viscosität vindiziert, „durch die Leichtigkeit, mit welcher sie von Ionen beeinflußt werden“.

3. Nach Overton[9] und H. Meyer[10] ist die Wirkung der Zellgifte von dem Vorhandensein von Phosphatiden mit anderen Lipoiden in den Zellen abhängig. Abgesehen von der notwendigen Löslichkeit in die Lipoidmembran, um überhaupt diosmieren zu können, ist die relative Löslichkeit des Giftes in Phosphatiden-Cholesterin, d. h. der Teilungskoeffizient für das Gift zwischen diesen und Wasser maßgebend für die Giftwirkung. Dies ist von Overton für die indifferenten Narkotica und Alkaloide exakt bewiesen und trifft auch für andere Zellgifte wie Antiseptica, Antipyretica usw. zu. Weiter kommt für die absolute Giftaufnahme der Phosphatidgehalt der Zellen in Betracht. Gehirn und Nervenzellen müssen demgemäß die größte Giftquantität aufnehmen.

4. Nach Küttners[11] u. a. Untersuchungen reagieren die Phosphatide mit Enzymen und können sowohl als Aktivatoren wie Hemmungskörper auftreten. A. Schmidts[12] zymo-

[1] Slowtzoff, Beiträge z. chem. Physiol. u. Pathol. 8, 370 [1906].
[2] Danilewski, Journ. d. physiol. e. d. path. générale 9, 909 [1907].
[3] Glikin, Biochem. Zeitschr. 19, 270 [1909].
[4] Overton, Jahrb. f. wissensch. Botanik 34, 669 [1900].
[5] Ruhland, Jahrb. f. wissensch. Botanik 46, 1 [1908].
[6] Höber, Biochem. Zeitschr. 20, 56 [1909].
[7] Overton, Archiv f. d. ges. Physiol. 92, 115 [1902]; 105, 176, 346 [1904].
[8] Koch, Zeitschr. f. physiol. Chemie 37, 181 [1902/03]; Journ. of biol. Chemistry 3, 53 [1907].
[9] Overton, Studien über die Narkose. Jena 1901.
[10] H. Meyer, Archiv f. experim. Pathol. u. Pharmakol. 42, 109 [1898].
[11] Küttner, Zeitschr. f. physiol. Chemie 50, 472 [1906/07].
[12] A. Schmidt, Zur Blutlehre. Leipzig 1902.

plastische Substanzen, welche sowohl eine Fibrinfermentbildung aus dem Zymogen hervorrufen als auch für das gebildete Ferment Aktivatoren darstellen, sind auch jedenfalls zum Teil Phosphatide. Woolridge konnte dieselben (Alkoholextrakte der Organe) mit Phosphatiden ersetzen. (Das verwendete „Lecithin" war ein Phosphatidgemisch.) Nach Buchner und Antony[1]) sind Phosphatide Aktivatoren der Zymase. Auf Grund der großen Reaktionsfähigkeit der Zellphosphatide ist es deswegen plausibel, daß die im Dienste der enzymatischen Zellarbeit treten können und die intracellulär wirkenden Enzyme in Gang setzen oder die Wirkung zum Stillstand bringen.

5. Koch[2]) weist auf die Möglichkeit einer Beteiligung der Phosphatide mittels ihrer ungesättigten Fettsäuren am Stoffwechsel hin, und zwar als Sauerstoffüberträger. Erlandsen[3]) hebt diese Möglichkeit besonders für die Phosphatide des Herzmuskels hervor. Besonders Stoklasa[4]) hat die Bedeutung der Phosphatide als Bestandteil des Chlorophylls hervorgehoben. Diese „Chlorolecithine" setzt er in Beziehung zur Kohlensäureassimilation.

6. Einwirkung auf verschiedene Immunitätsvorgänge. Nach A. Schmidt[5]) können subcutan eingespritzte Phosphatide (durch Reizwirkung?) ein höchst wesentliches Ansteigen des Fibrinfermentgehaltes im zirkulierenden Blute veranlassen. Bang und Forssman[6]) beobachten nach Injektion von Lipoiden aus Blutkörperchen eine artspezifische Hämolysinbildung. Takakis[7]) Untersuchungen machen nicht unwahrscheinlich, daß vielleicht diese Lipoide Phosphatide darstellen. Über einen günstigen Einfluß von Phosphatidzusatz bei Immunisierungsversuchen mit Bakterien berichtet Bassenge[8]). Pick und Schwarz[9]) haben dies bestätigen können. Bei Wassermanns Syphilisreaktion spielen Phosphatide möglicherweise eine wichtige Rolle.

Außer den obenerwähnten Funktionen, welche man vorläufig als mehr oder weniger allgemeine Eigenschaften der Phosphatide aufstellen muß, weil die Untersuchungen nicht mit bestimmten Phosphatiden, sondern meistens mit Mischungen von vielen angestellt worden sind, muß man auch die speziellen Funktionen der einzelnen Phosphatide berücksichtigen, obwohl man zugeben muß, daß die Identität der verwendeten Phosphatide oft sehr zweifelhaft gewesen ist.

Physikalische und chemische Eigenschaften: Die meisten (und sämtliche ungesättigte) Phosphatide lassen sich nicht zur Krystallisation bringen. Trocken stellen sie wachsartige Massen dar, welche gewöhnlich sich nicht pulverisieren lassen. Beim Erhitzen schmelzen sie unter Zersetzung. Sie sind brennbar. Viele (die ungesättigten) sind sehr hygroskopisch und verfließen an feuchter Luft. Sie sind farblos und ohne Geruch und Geschmack. Oft sind sie mit gelben, schwer zu trennenden Farbstoffen verunreinigt. Beim Liegen in evakuierten Röhrchen, geschützt vor Licht, werden sie langsam, bei Gegenwart von Licht, Luft und Wasser schnell gelb bis braun gefärbt, ein Zeichen eingetretener Dekomposition. Solche Präparate riechen unangenehm ranzig. Mehrere sind autoxydabel. Ebenfalls sind einige empfindlich gegen Kathodenstrahlen. Nach Rehns[10]) soll die Radiumwirkung einer Intoxikation der Dekompositionsprodukte der Phosphatide entsprechen. Sie sind gewöhnlich optisch aktiv.

Phosphatide sind nur ausnahmsweise in Wasser löslich, bilden aber mit Wasser opalescierende kolloidale Lösungen, aus welchen sie durch Zusatz von vielen Salzen wieder ausgeflockt werden [Koch[11]), Neubauer und Porges[12])]. Sämtliche sind in organischen Solventien wie Äther, Alkohol, Chloroform, Benzol usw. löslich. Ein Körper, welcher in allen solchen Lösungsmitteln unlöslich ist, kann also kein Phosphatid darstellen. Einige sind in sämtlichen oder den meisten solchen Lösungsmitteln löslich, andere dagegen nur in ganz speziellen, z. B. Benzol. Die Löslichkeit der Phosphatide wird stark durch die Gegenwart anderer Körper beeinflußt. Entweder werden sie hierdurch in ihren gewöhnlichen Lösungsmitteln

[1]) Buchner u. Antony, Zeitschr. f. physiol. Chemie **46**, 136 [1905].
[2]) Koch, Zeitschr. f. physiol. Chemie **37**, 181 [1902/03]; Journ. of biol. Chemistry **3**, 53 [1907].
[3]) Erlandsen, Zeitschr. f. physiol. Chemie **51**, 71 [1907].
[4]) Stoklasa, Berichte d. Deutsch. chem. Gesellschaft **29**, 2761 [1896].
[5]) Schmidt, Zur Blutlehre. Leipzig 1902.
[6]) Bang u. Forssman, Beiträge z. chem. Physiol. u. Pathol. **8, 238** [1906].
[7]) Takaki, Beiträge z. chem. Physiol. u. Pathol, **11**, 274 [1908].
[8]) Bassenge, Deutsche med. Wochenschr. **1908**, Nr. 4 u. 29.
[9]) Pick u. Schwarz, Biochem. Zeitschr. **15**, 453 [1909].
[10]) Rehns, Compt. rend. d. l. Soc. d. Biol. **57**, 206 [1904].
[11]) Koch, Zeitschr. f. physiol. Chemie **37**, 181 [1902/03]; Journ. of biol. Chemistry **3**, 53 [1907].
[12]) Neubauer u. Porges, Biochem. Zeitschr. **7**, 153 [1908].

unlöslich oder können sie im Gegensatz zu anderen löslich werden. Es liegt nahe, anzunehmen, daß die Phosphatide hierbei mit den betreffenden Körpern in Verbindung getreten sind. Mag dies auch in einigen Fällen sein, sprechen doch mehrere Tatsachen — und besonders die analytischen Befunde — oft gegen die Annahme einer echten chemischen Verbindung.

Sie sind sehr unbeständig und werden durch Einwirkung von verdünnten Säuren und Alkalien leicht verseift. Eine partielle Verseifung tritt auch durch Einwirkung mehrerer Metallsalze ($CdCl_2$ und $PtCl_4$) ein. Inwieweit eine teilweise Zersetzung durch Einwirkung von heißem Alkohol stattfindet, ist unentschieden.

Phosphatide, welche ungesättigte Fettsäureradikale enthalten, geben Pettenkofers (Raspails) Probe mit Schwefelsäure und Rohrzucker.

Verbindungen: Mit vielen anorganischen und organischen Körpern. Näher untersucht sind folgende: **$PtCl_4$-Verbindungen.** Schon Strecker[1]) und Gilson[2]) beobachteten für die Phosphatide des Eigelbs (welche sie damals mit Lecithin identifizierten; tatsächlich lagen viele verschiedene vor) bei der Einwirkung von $PtCl_4$ eine Cholinabspaltung. Die $PtCl_4$-Verbindungen sind in Alkohol schwer löslich. **$CdCl_2$-Verbindungen.** Nach Thudichum in Alkohol unlöslich. Nach Erlandsen ist die Fällung „nicht annähernd quantitativ". Die $CdCl_2$-Verbindungen der verschiedenen Phosphatide verhalten sich gegenüber anderen organischen Lösungsmitteln verschieden, auf welchem Verhältnis Thudichum sein Trennungsverfahren der Phosphatide basiert. Erlandsen hat aber sowohl für Phosphatide mit ungesättigten wie mit gesättigten Fettsäureradikalen eine Fettsäureabspaltung durch die Einwirkung von $CdCl_2$ gefunden. Da weiter nach Erlandsen das Trennungsverfahren und die Regenerationsmethoden schon an sich weitere Zersetzungen bewirken, ist die $CdCl_2$-Methode unbrauchbar. Ulpianis[3]) Untersuchungen über das Lecithin-$CdCl_2$ stimmen hiermit überein. Mac Lean[4]) fand für das Lecithin des Herzmuskels durch $CdCl_2$ eine Abspaltung stickstoffhaltiger Verbindungen (vgl. Streckers und Gilsons Befunde mit $PtCl_4$). Heubners[5]) Beobachtungen bestätigen Erlandsens Befunde.

Einteilung: Nach Thudichum werden die Phosphatide nach ihrem Gehalt an N und P klassifiziert. Ein anderes Prinzip wäre die Einteilung nach der Verwandtschaft der Bausteine. Hierbei kommen in erster Linie die Fettsäureradikale in Betracht, welche für die Natur und Eigenschaften der Phosphatide maßgebend sind. Es scheint demgemäß rationell, mit Fränkel[6]) die Phosphatide in zwei Gruppen zu trennen, nämlich Phosphatide, welche ungesättigte Fettsäureradikale und solche, welche nur gesättigte Fettsäuren (und Oxyfettsäuren) enthalten. Hier soll Thudichums Klassifikation befolgt werden, was übrigens nicht mit dem Fränkelschen Einteilungsprinzip in Widerspruch steht, wie gleich gezeigt werden soll.

Gruppe I, die Monamino[mono]phosphatide mit 1 Atom N auf 1 Atom P.
Gruppe II, die Monaminodiphosphatide (1 N : 2 P).
Gruppe III, die Diamino[mono]phosphatide (2 N : 1 P).
Gruppe IV, die Diaminodiphosphatide (2 N : 2 P).
Gruppe V, die Triamino[mono]phosphatide (3 N : 1 P).
Gruppe VI, die Triaminodiphosphate (3 N : 2 P).

Hierzu kommen noch andere, sehr unvollständig studierte Phosphatide, nämlich ein Phosphatid der Galle mit 4 N : 1 P, ein Phosphatid des Eigelbs mit 8 N : 1 P. Gegenüber diesen und überhaupt allen Phosphatiden mit höheren N-Werten als 2 bleibt der Verdacht, daß Mischungen mit N-haltigen, aber P-freien Körpern (Cerebrosiden) vorliegen. Für das Protagon, welches nach Liebreich, Gamgee und Blankenhorn 5 N : 1 P besitzt, ist dies mit großer Wahrscheinlichkeit nachgewiesen worden. Weiter hat Hammarsten[7]) für ein Phosphatid der Eisbärgalle mit 2 N : 3 P nachgewiesen, daß hier eine Mischung von zwei oder mehreren Phosphatiden vorgelegen hat. Zuletzt kommen Verbindungen, welche mit größerer oder geringerer Wahrscheinlichkeit zu den Phosphatiden gehören und welche noch nicht oder ungenügend quantitativ analysiert worden sind.

[1]) Strecker, Annalen d. Chemie **148**, 77 [1868].
[2]) Gilson, Zeitschr. f. physiol. Chemie **27**, 265 [1899].
[3]) Ulpiani, Atti della Reale Acad. dei Lincei **1901**, 1° Sem. 368.
[4]) Mac Lean, Zeitschr. f. physiol. Chemie **59**, 223 [1909].
[5]) Heubner, Arch. f. experim. Pathol. u. Pharmakol. **59**, 420 [1908].
[6]) Fränkel, Ergebnisse d. Physiol. **8**, 212 [1909].
[7]) Hammarsten, Bidrag till kännedomen om gallans kem. beståndsdelar. Inbjudningsskrift, Upsala 1902, S. 47; Zeitschr. f. physiol. Chemie **36**, 528 [1902].

Die Gruppen I, II und VI enthalten Phosphatide mit ungesättigten Fettsäureradikalen, III und V nur Phosphatide mit gesättigten. Durch die Raspail-Pettenkofersche Probe kann man sich deswegen rasch orientieren, ob Phosphatide der Gruppen I, II, VI oder III und V vorliegen, wenn Fett und Cerebrosiden zuerst entfernt worden sind. Ebenfalls durch die Jodaddition.

Die tierischen und Pflanzenphosphatide sollen jede für sich behandelt werden.

A. Tierische Phosphatide.

I. Gruppe.   Monaminophosphatide.

1. Lecithin.

Mol.-Gewicht 773 (Thudichums Lecithin), 785 (Erlandsens Lecithin), 771 (Thierfelders und Sterns Lecithin)[1]).

Zusammensetzung:

	Thudichum	Erlandsen	Thierfelder und Stern	Baskoff[2])
C	66,75	65,70	64,63	64,64
H	18,67	10,21	10,96	10,71
N	1,81	1,79	1,79	1,95
P	4,00	3,95	3,95	4,00

$C_{44}H_{90}NPO_9$ (Diakonow; aus Eigelb)[3]).
$C_{43}H_{84}NPO_8$ (Thudichum; aus Gehirn).
$C_{43}H_{80}NPO_9$ (Erlandsen; aus Herzmuskel).
$C_{42}H_{78}NPO_9$ (Eigelb; berechnet aus Thierfelders und Sterns Analysen)[4]).

$$
\begin{array}{ccc}
 & O\!-\!\!-\!\!-\!\!-\!\!-C_2H_4 & \\
O\!=\!P\!-\!OH & & (CH_3)_3\!=\!N \\
 & O\!-\!CH_2 & OH \\
 & CHO\cdot R & \\
 & CH_2O\cdot R &
\end{array}
$$

Betreffs der Elementarformel ist Diakonows Lecithin aus den Spaltungsprodukten berechnet. Thudichums scheint aus den Analysen des $CdCl_2$-Lecithins berechnet. Es ist schwer zu verstehen, wie er zu den entsprechenden Werten gekommen ist. Diakonows Präparate mußten der Darstellung nach nur relativ Lecithin und viele andere Phosphatide enthalten. Thierfelder und Stern und Baskoff benutzten Erlandsens Methode (Baskoffs Lecithin war aus der Leber dargestellt). Keine waren rein. Erlandsens Lecithin gab in alkoholischer Lösung Reaktion auf Myelin. Thierfelder[5]) erklärt, daß er bis jetzt nicht zu reinem Lecithin gekommen ist. Es ist weiter fraglich, ob Lecithin aus verschiedenen Tierarten oder Organen identisch ist. Für das Lecithin des Herzens konnten Erlandsen und Mac Lean[6]) nur 42% N als Cholin-N identifizieren. Baskoff fand für Leber-Lecithin 58%. Für das Lecithin aus Eigelb dagegen 66% (Mac Lean). Die Jodzahl des Herzmuskel-Lecithin war 100,5 (Erlandsen), der Leber 63 (Baskoff) und des Eigelbs 48,7 (Thierfelder und Stern). Nach Mac Lean[7]) ist Lecithin aus verschiedenen Gebieten nicht identisch. Die Cholinmenge ist verschieden. Eigelb-Lecithin 65% des Total-N s, Herz-Lecithin 42%. Cholin ist nicht das einzige N-haltige Spaltungsprodukt des Lecithins. Allerdings ist Lecithin autoxydabel. Oxydiertes Lecithin aus Herz zeigte ca. 27% J (Erlandsen). Diako-

---

[1]) Hiestand (Dissertation Zürich 1906) hat eine Molekulargewichtsbestimmung von allerdings unreinem Eigelb-L. ausgeführt. M = 1446. Wäre dies richtig, muß man also die Formel verdoppeln.

[2]) Baskoff, Zeitschr. f. physiol. Chemie **53**, 395 [1907].

[3]) Diakonow, Hoppe-Seylers Med.-chem. Untersuchungen 209, 217 u. 221 [1866/71].

[4]) Thierfelder u. Stern, Zeitschr. f. physiol. Chemie **53**, 379 [1907].

[5]) Thierfelder, Hoppe-Seylers Handbuch usw. 8. Aufl. Berlin **1909**, 194.

[6]) Mac Lean, Zeitschr. f. physiol. Chemie **59**, 223 [1909].

[7]) Mac Lean, Biochemical Journ. **4**, 240 [1909].

now stellt den Fettsäuren nach 3 Lecithine auf: Distearyl-, Dipalmityl- und Dioleyl-Lecithin. Nach Thudichum kommt überall Ölsäure vor: Oleo-Stearo-Lecithin, Oleo-Palmito-Lecithin und Oleo-Margaro-Lecithin. Henriques und Hansen[1]), Cousin[2]) und Erlandsen haben Linolsäure, vielleicht auch Linolensäure nachgewiesen. Aus den Silbersalzen der Fettsäuren aus Leber-Lecithin schließt Baskoff auch an das Vorkommen in der homologen Reihe niedriger stehender Säuren. Mac Leans Untersuchungen machen weiter die Existenz anderer N-haltiger Spaltungsprodukte als Cholin im Lecithin wahrscheinlich. Otolski[3]) macht auf Pyridin aufmerksam (positive Isonitrilreaktion). Rollett[4]) folgert aus seinen jodimetrischen Untersuchungen, daß im Lecithin-Molekül außer den Fettsäuren noch eine andere Quelle der Jodaddition vorhanden ist. — Unter solchen Umständen darf man der aufgestellten Konstitutionsformel keine größere Bedeutung zumessen. Hierzu kommt der Gehalt des Lecithin an unorganischen Stoffen Ca und Cl (Thierfelder und Stern) und Fe (Glikin)[5]) wozu niemals bei der Berechnung der Analysen Rücksicht genommen ist.

Definition: Da man also lange nicht die Konstitution des Lecithin kennt, läßt sich vorläufig Lecithin nur als ein Monoaminphosphatid definieren, welches durch Ätherextraktion der Organe erhalten werden kann und in den üblichen organischen Lösungsmitteln, mit Ausnahme von Aceton, leicht löslich ist. Es besteht aus Glycerinphosphorsäure und unbekannten, zum Teil ungesättigten Fettsäuren, Cholin und vielleicht anderen N-haltigen Verbindungen. Inwieweit auch andere Bestandteile vorkommen, ist unbekannt. Ebenfalls ob die unorganischen Körper Ca, Cl und Fe einen integrierenden Bestandteil des Moleküls ausmachen oder nicht.

Vorkommen: Da die älteren Untersuchungen, welche die Gesamtphosphatide mit Lecithin identifizierten, unbrauchbar sind, haben wir augenblicklich keinen sicheren Überblick über das Vorkommen desselben. Gefunden ist Lecithin in Herz- und Extremitätsmuskeln (Erlandsen), Eigelb (Thierfelder und Stern) und Leber (Baskoff). Nach Thudichum im Gehirn. Fränkel[6]) konnte kein Lecithin aus dem Gehirne durch Thudichums Methode (CdCl$_2$-Fällung und Auflösung des Niederschlages in Benzol) darstellen, sondern ein vom Lecithin differentes Monophosphatid. Koch[7]) fand es im Gehirn reichlich (indirekte Bestimmung aus den abspaltbaren Methylgruppen). Fränkel[8]) bemerkt, daß er vergebens in mehreren Organen (darunter der Niere) nach Lecithin gesucht hat.

Darstellung: 1. Nach Erlandsen. Die Organe werden getrocknet und erst mit Äther erschöpft. Lecithin geht in die ätherische Lösung quantitativ über. Trennung vom Fette durch Aceton. Aus dem Rückstand wird Lecithin durch abs. Alkohol extrahiert. Erlandsen zeigte, daß durch die folgende Extraktion des Organpulvers mit Alkohol Verbindungen losgemacht werden, welche dieselbe Löslichkeit wie Lecithin besitzen. Deshalb ist eine primäre Alkoholextraktion unmöglich.

2. Fränkel behandelt die Organe mit Aceton. Dann folgt anstatt der Ätherextraktion Behandlung mit Petroläther. Inwieweit Aceton ein indifferentes Mittel ist, hat Fränkel nicht erwiesen. Es fragt sich weiter, ob Petroläther die Ätherextraktion ersetzen kann. Aus dem Petroläther wird das Lecithin durch Alkohol ausgelöst und als CdCl$_2$-Verbindung weiter nach Thudichum gereinigt.

3. Thudichum schlägt die Gesamtphosphatide aus alkoholischer Lösung mit CdCl$_2$ nieder. CdCl$_2$-Lecithin ist die einzige in Benzol lösliche Verbindung, was nach Erlandsen und Fränkel unrichtig ist.

4. Hoppe-Seyler und Diakonow entfernen zuerst das Fett mit Äther und extrahieren das Lecithin aus dem Rückstand mit Alkohol. Nur insofern die primäre Ätherextraktion unvollständig gewesen ist, kann das Alkoholextrakt Lecithin enthalten. Von anderen Methoden ist zu erwähnen das Verfahren von Gilson[9]) (Ätherextrakt mit Petroleumäther extrahiert und das Lecithin in Alkohol aufgenommen) und von Zuelzer[10]) (Ätherextrakt

---

[1]) Henriques u. Hansen, Skand. Arch. f. Physiol. **14**, 390 [1903].
[2]) Cousin, Journ. d. Pharm. e. d. Chemie **18**, 102 [1903]; **23**, 225 [1906].
[3]) Otolski, Biochem. Zeitschr. **4**, 124 [1907].
[4]) Rollett, Zeitschr. f. physiol. Chemie **61**, 210 [1909].
[5]) Glikin, Biochem. Zeitschr. **4**, 241 [1907].
[6]) Fränkel, Biochem. Zeitschr. **19**, 262 [1909].
[7]) Koch, Amer. Journ. of Physiol. **11** [1904].
[8]) Fränkel, Biochem. Zeitschr. **16**, 366 [1909].
[9]) Gilson, Zeitschr. f. physiol. Chemie **12**, 585 [1888].
[10]) Zuelzer, Zeitschr. f. physiol. Chemie **27**, 265 [1899].

mit Aceton gefällt und das Lecithin mit Alkohol extrahiert). Bergell[1]), Schulze und Winterstein[2]) benutzten die $CdCl_2$-Methode mit einigen Modifikationen.

Physikalische und chemische Eigenschaften: Lecithin nach Erlandsen dargestellt bildet orangegelbe Massen halbspröder Konsistenz, die sich einigermaßen zerteilen lassen. Im trockenen Zustande fühlt es sich etwas klebrig an. Beim Stehen an der Luft nimmt es mit Begierde Wasser auf, bis es vollständig dünnflüssig wird. Das frische Präparat hat einen schwachen, eigentümlichen (nicht ranzigen) Geruch. Leicht löslich in den gewöhnlichen organischen Solvenzien mit Ausnahme von Methylacetat und Aceton. Löst sich doch im kochenden Aceton(?). Wird von einer wässerigen Lösung der gallensauren Alkalien gelöst (Bayer)[3]). Mit viel Wasser quillt es und zerteilt sich langsam zu einer trüben, schleimigen Flüssigkeit. Thudichum führt auch eine wasserlösliche Modifikation an. Schmelzpunkt ca. 60°. Erst beim Erhitzen bis 110° fängt es an braun zu werden und sich zu zersetzen. Gibt die Pettenkofersche Reaktion. In Berührung mit Wasser wird Lecithin bei gewöhnlicher Temperatur langsam, schneller beim Erhitzen zerstört. Bei einstündigem Erhitzen mit 10% Schwefelsäure wird alles Cholin abgespaltet (Maruzzi)[4]). Nach Mac Lean[5]) auch durch 2—3% Salzsäure. Durch Alkalien und Ätzbaryt wird nach den genannten Forschern auch alles Cholin schnell abgespaltet. Besonders vorteilhaft soll Natriumalkoholat sein. Nach Erlandsen führt die Verseifung mit Alkalien, Ätzbaryt oder Natriumalkoholat nicht zur Bildung von reinen Fett-säuren. Rollett kriegte die berechnete Quantität durch Kochen mit methylalkoholischer Salzsäure und Destillation der Methylester („Alkoholyse"). Inwieweit Lecithin von Steapsin verseift wird oder als solches resorbiert, ist unentschieden. Nur Kalaboukoff und Terroine haben natives Lecithin und mit negativem Erfolge hierauf untersucht. Neuberg und Rosenberg[6]) haben in Schlangengift, Rizin u. a. Lecithin-spaltende Enzyme gefunden. Diese Forscher benutzten aber ebensowenig wie P. Mayer, Schumoff-Simanowski natives Lecithin. Lecithin ist nach Erlandsen autoxydabel. $C_{43}H_{80}NPO_9 + O_2 = C_{43}H_{80}NPO_{11}$. Ist rechtsdrehend. Nach P. Mayer[7]) kommt auch ein linksdrehendes Lecithin vor (Racemisierung beim Erhitzen in alkoholischer Lösung. Mayer hat aber kein natives Lecithin untersucht; zudem lagen Mischungen vor).

Verbindungen: Als Lecithin-Verbindungen paradiert eine ganze Menge, wovon nur äußerst wenige als solche anerkannt werden können. Teils ist zur Darstellung ein Phosphatidgemisch verwendet worden, und es ist absolut nicht erwiesen, daß hierbei ausschließlich, hauptsächlich oder überhaupt Lecithin als Phosphatidbestandteil der Verbindung eingetreten ist. Teils sind auch ganz unreine, oft verdorbene Präparate (die Handelspräparate) benutzt worden, und die Möglichkeit ist von vornherein nicht ausgeschlossen, daß eben die Verunreinigungen der biologischen Bedeutung der betreffenden „Lecithide" zukommen. Nur die $CdCl_2$-Verbindung des reinen Lecithin ist genau untersucht worden. Nach Thudichum ist die Zusammensetzung $C_{43}H_{84}NPO_9$ $CdCl_2$ mit 80,87% Lecithin und 19,13% $CdCl_2$. Erlandsen fand dagegen 28,63% $CdCl_2$ und dementsprechend 1 N : 1 P : 1,5 $CdCl_2$. Ulpiani[8]) 1 N : 1 P : 1,25 $CdCl_2$ mit ca. 22% $CdCl_2$. Strecker[8]) fand zwischen 21% und 24% $CdCl_2$. Dies stimmt gut mit Erlandsens Befunde überein, daß eine Fettsäureabspaltung bei der Einwirkung des $CdCl_2$ stattgefunden hat. Ursprüngliches Lecithin = $C_{43}H_{80}NPO_9$ und $CdCl_2$-Verbindung $C_{37}H_{69}NPO_8 + 1,5$ $CdCl_2$ (Erlandsen). Weiter fand beim Herzmuskel-Lecithin Mac Lean ca. 42% N als Cholin-N, während $CdCl_2$-Lecithin ca. 66% Cholin-N ergab. Fortgesetzte Untersuchungen über die $CdCl_2$-Verbindung sind sehr von nöten. Eigenschaften: $CdCl_2$-Lecithin ist im Alkohol schwer löslich. Der Niederschlag ist nach Auswaschen mit Alkohol im kalten Benzol und Äther löslich. Nach dem Trocknen selbst in kochendem Äther unlöslich, dagegen löst er sich fortwährend in (kochendem) Benzol und bleibt nach Abkühlung in Lösung (Thudichum und Erlandsen). Dies Verhalten, nach Thudichum für das Lecithin-$CdCl_2$ charakteristisch, ist von Erlandsen auch bei anderen Phosphatiden (ein Diaminomonophosphatid des sekundären Alkoholextraktes) gefunden. Die Verbindung ist krystallinisch. Dasselbe hat auch Fränkel gefunden.

[1]) Bergell, Berichte d. Deutsch. chem. Gesellschaft **33**, 2584 [1900].
[2]) Schulze u. Winterstein, Zeitschr. f. physiol. Chemie **40**, 107 [1903/04].
[3]) Bayer, Biochem. Zeitschr. **5**, 368 [1907].
[4]) Moruzzi, Zeitschr. f. physiol. Chemie **55**, 352 [1908].
[5]) Mac Lean, Zeitschr. f. physiol. Chemie **59**, 223 [1909].
[6]) Neuberg u. Rosenberg, Berl. klin. Wochenschr. [1907]. (Orth-Nummer Januar.)
[7]) P. Mayer, Biochem. Zeitschr. **1**, 39 [1907].
[8]) Ulpiani, Atti delle Reale Acad. dei Lincei **1901**, 1° Sem. 368.

Eine alkoholische Lecithin-Lösung wird auch von $PtCl_4$ gefällt. Die Verbindung ist nur von Thudichum untersucht, welcher die Formel $2\,(C_{43}H_{82}NPO_8) + 2\,HCl + PtCl_4$ aufstellt. Thudichums Angaben sind der Bestätigung sehr bedürftig. Verbindungen mit anderen Salzen wie Sublimat, NaCl, Na-Lactat, Na-Acetat und Butyrat sind von Bing[1]) erwähnt, nicht aber näher untersucht. Bings Lecithin war nicht rein. Mit Molybdänoxyd (Ehrenfeld)[2]). Mit Salzsäure $C_{43}H_{84}NPO_8HCl$ (?) (Thudichum). Mit Kali (?) und Silberoxyd (?) (Thudichum).

Bei Gegenwart von unreinem Lecithin wird die Löslichkeit vieler Körper wie Eiweiß, Zucker, Glykoside, Alkaloide, Saponine und Kobragift stark verändert. Eiweiß und Zucker z. B. ätherlöslich. Es bleibt noch zu untersuchen, ob das Lecithin selbst hierfür verantwortlich ist. Noch zweifelhafter ist die Frage, inwieweit chemische Verbindungen gebildet sind. Bing zeigte, daß der Zuckergehalt der Lecithin-Glykose sehr inkonstant ist. P. Mayers[3]) Angaben über den Zuckergehalt der Lecithin-Glykose stimmen mit den Analysen nicht überein. Nach Baskoff[4]) existiert keine Lecithin-Glykose, sondern eine Verbindung mit Glykose und den Zersetzungsprodukten des Lecithins (sehr plausibel, denn das verwendete Agfa-Lecithin besteht selbst aus zersetzten Phosphatiden). Ähnliche Schwankungen der Zusammensetzung zeigte die Verbindung zwischen Kobragift und Lecithin, das sog. „Kobralecithid" (Kyes)[5]), welches aus Kobragift und Handels-Lecithin gebildet wird. Bei Verwendung des reinen, aus Eigelb dargestellten Lecithin konnte Bang[6]) zeigen, daß Lecithin kein Aktivator des Kobragiftes ist, und daß dementsprechend kein „Kobralecithid" im Sinne Kyes' existieren kann. Dasselbe dürfte wohl auch mit den übrigen „Lecithiden", Bienengift-Lecithin (Morgenroth und Carpi)[7]), Pankreashämolysin (Wohlgemuth)[8]) und Ricin (Paseucci)[9]) der Fall sein.

Als präformiert im Organismus vorkommende Lecithin-Verbindungen sind einige Lecithin-Eiweißverbindungen und Lecithin-Zuckerverbindungen seit lange gerechnet.

1. Ovovitellin.

Ist nach Hoppe-Seyler ein solches Lecithin-Eiweiß. Da man aber zur Darstellung des Ovovitellins erst das Eigelb mit Äther erschöpft, ist es ganz klar, daß Lecithin, welches hierdurch quantitativ extrahiert wird, nichts mit dem Ovovitellin zu tun hat. Wenn überhaupt eine Eiweiß-Phosphatidverbindung, muß also das Ovovitellin andere Phosphatide als Lecithin enthalten. Die „Lecithoalbumine" Liebermanns[10]), welche besonders für die Salzsäuresekretion des Ventrikels von Bedeutung sein sollen, lassen sich nicht aufrecht halten (Bang)[11]).

2. Jecorin.

Ist nach Drechsel[12]) eine Substanz, welche aus Lecithin, Zucker und anderen Verbindungen bestehen soll. Zusammensetzung (nach Drechsel) C 51,4%, H 8,2%, N 2,86%, S 1,4%, Na 2,72%. Andere Forscher haben hiervon abweichende Zusammensetzung gefunden. Die Angaben der verschiedenen Forscher stimmen auch nicht überein. Ist gefunden in Leber [Drechsel, Meinertz[13]), Baskoff[14]) u. a.], Milz, Gehirn (Baldi)[15]), Blut [Baldi, Henriques)[16]), P. Mayer[3]), Letsche[17]) u. a.], Muskel (Extremitäten) (Baldi, Erlandsen), Herz (Erlandsen), Knochenmark (Otolski)[18]), Nebennieren

[1]) Bing, Skand. Arch. f. Physiol. **11**, 166 [1901].
[2]) Ehrenfeld, Zeitschr. f. physiol. Cemie **56**, 89 [1908].
[3]) P. Mayer, Biochem. Zeitschr. **4**, 545 [1907].
[4]) Baskoff, Zeitschr. f. physiol. Chemie **60**, 426 [1909].
[5]) Kyes, Biochem. Zeitschr. **4**, 99 [1907]; Berl. klin. Wochenschr. **1903**, Nr. 42 u. 43.
[6]) Bang, Biochem. Zeitschr. **11**, 521 [1908].
[7]) Morgenroth u. Carpe, Biochem. Zeitschr. **4**, 248 [1907].
[8]) Wohlgemuth, Biochem. Zeitschr. **4**, 271 [1907].
[9]) Paseucci, Beiträge z. chem. Physiol. u. Pathol. **7**, 457 [1906].
[10]) Liebermann, Archiv f. d. ges. Physiol. **54**, 573 [1893].
[11]) Bang, Ergebnisse d. Physiol. **6**, 168 [1907].
[12]) Drechsel, Zeitschr. f. Biol. **33**, 85 [1896].
[13]) Meinertz, Zeitschr. f. physiol. Chemie **46**, 376 [1905].
[14]) Baskoff, Zeitschr. f. physiol. Chemie **53**, 395 [1907].
[15]) Baldi, Archiv f. Anat. u. Physiol. Physiol. Abt. 1887, Supplbd. **100**.
[16]) Henriques, Zeitschr. f. physiol. Chemie **23**, 244 [1897].
[17]) Letsche, Zeitschr. f. physiol. Chemie **53**, 31 [1907].
[18]) Otolski, Biochem. Zeitschr. **4**, 124 [1907].

(Manasse)[1]), Galle (Hammarsten)[2]). Bei Verseifung bilden sich Glycerinphosphorsäure, Cholin, Fettsäuren, Zucker und Schwefelwasserstoff. Es ist anzunehmen, daß ein
Gemenge von organischen und unorganischen, stickstoffhaltigen und N-freien Substanzen
vorliegt und unter denen ein Phosphatid die führende Rolle spielt. Daß aber dies Phosphatid
dem Lecithin entspricht, ist ganz unbewiesen. Das Jecorin hat nämlich keine konstante
Zusammensetzung. Auch das Verhalten des Zuckers ist unter den verschiedenen Jecorinen
sehr variabel. Das Reduktionsvermögen wurde vermißt beim Nebennierenjecorin, einem
Leberjecorin, einem Muskeljecorin. Bei einigen trat das Reduktionsvermögen nach Hydrolyse auf, bei anderen nicht. Einmal tritt mit Hefe Gärung ein, ein anderes Mal nicht.
Bisweilen ist die Vergärung quantitativ, bisweilen nimmt das Reduktionsvermögen nur ab
(Jacobsen)[3]).

Bildung: Wahrscheinlich ein Kunstprodukt, welches sich bei der Darstellung bildet,
ebenso wie man auch aus Lecithin (s. Phosphatidengemisch) und Zucker die sog. Lecithin-
Glykose mit ähnlichen Eigenschaften bekommt. Auch diese Lecithin-Glykose soll präformiert im Blute vorkommen. Mehrere Forscher brauchen für die Verbindungen des Blutes
Lecithin-Glykose und Jecorin als Synonyme, obwohl die elementare Zusammensetzung beider
verschieden ist. Übrigens wird das Vorkommen von Jecorin im Blute von mehreren ge-
leugnet, während andere den Gehalt konstant gefunden haben — auch im Hunger. Man
bekommt den Eindruck, daß die Darstellungsmethode den bestimmenden Einfluß auf die
Eigenschaften des Jecorins ausübt.

Darstellung: Drechsel gewann das Jecorin aus der konzentrierten Alkoholextraktion
durch Fällung mit abs. Alkohol. Wird weiter in wasserhaltigem Äther aufgenommen und mit
Alkohol unter großen Verlusten niedergeschlagen. Baskoff fand in der Leber sowohl ätherlösliche wie ätherunlösliche Jecorine. Bei Erlandsens Methode befindet sich das Jecorin
in dem sekundären Alkoholextrakte und läßt sich durch abs. Alkohol extrahieren und mit
Aceton niederschlagen.

Trocknes Jecorin bildet eine poröse, erdige, feste Masse oder feines, fast farbloses Pulver,
sehr hygroskopisch. Ist im wasserhaltigem Äther, bisweilen auch im Wasser klar löslich.
Andere Jecorine quellen im Wasser zu einer mehr oder weniger stark opalescierenden Lösung.
Wird durch konzentrierte Salzlösungen gefällt. Gibt mit Kupferacetat und Silbernitrat Niederschläge. Die Silberfällung wird in überschüssiger Jecorinlösung wieder gelöst zu opalescieren-
der Flüssigkeit, welche durch Erhitzen mit Ammoniak portweinrot gefärbt wird. (Ist mit
Unrecht als Identitätsreaktion angesehen.)

Derivate des Lecithins: Bei der Verseifung durch Alkalien zerfällt das Lecithin in
Glycerinphosphorsäure, Cholin und vielleicht andere stickstoffhaltige Verbindungen und
Fettsäuren. Diakonow[4]) berichtet über das Auftreten von Distearylphosphorsäure, also
Lecithin -·- Cholin, was Gilson[5]) nicht bestätigen konnte. Auch läßt sich diese Verbindung
nicht synthetisch darstellen (Lüdecke)[6]).

Glycerinphosphorsäure.

Mol.-Gewicht: 171.
Zusammensetzung: 21,05% C, 4,68% H, 18,13% P, 56,14% O.

$$C_3H_9PO_6 \, .$$

<table>
<tr><td>CH_2OH
CHOH
CH_2————— O
        OH⟶P＝O
        OH</td><td>CH_2OH
CH————— O
CH_2OH OH⟶P＝O
          OH</td></tr>
<tr><td align="center">Asymmetrische Formel.</td><td align="center">Symmetrische Formel.</td></tr>
</table>

Vorkommen: Kommt in sehr geringer Menge im normalen Harn vor, ferner im Blut,
Eiter, im leukämischen Blut, Transsudaten, Colostrum, im Gehirn und Nerven, im Eidotter
und Harn etwas mehr. Ist wohl überall als Zersetzungsprodukt von Phosphatiden aufzu-

[1]) Manasse, Zeitschr. f. physiol. Chemie **20**, 478 [1895].
[2]) Hammarsten, Zeitschr. f. physiol. Chemie **36**, 528 [1902].
[3]) Jacobsen, Skand. Archiv f. Physiol. **6**, 262 [1895].
[4]) Diakonow, Hoppe-Seylers Med.-chem. Untersuchungen 209, 217 u. 221 [1866/71].
[5]) Gilson, Zeitschr. f. physiol. Chemie **12**, 285 [1888].
[6]) Lüdecke, Zur Kenntn. d. Glycerinphosphorsäure usw. Diss. München 1905.

fassen. Soll nach P. Mayer[1]) bei der Steapsinverdauung des Lecithins auftreten (siehe oben). Entsteht bei der Verseifung mit Alkalien aus vielen Phosphatiden. Läßt sich auch synthetisch darstellen.

Darstellung: Aus Lecithin am besten nach Lüdecke[2]) durch Verseifung mit alkoholischer Barytlauge. Zu einer kochenden Lösung von etwas mehr als der berechneten Menge Bariumhydroxyd (2 Mol. in ca. 80% Alkohol) gießt man die alkoholische Lecithinlösung und schüttelt tüchtig. Nach 5—10 Minuten saugt man den aus Bariumsalzen der Glycerinphosphorsäure und Fettsäuren bestehenden Niederschlag ab, befreit vom Alkohol und extrahiert das glycerinphosphorsaure Barytsalz mit Wasser. Ausbeute nach Reinigung ca. 85% der Theorie. Man kann auch die $CdCl_2$-Verbindung des Lecithins zur Darstellung benutzen. Die Verseifung findet auch in der Kälte, obwohl langsamer, statt. Aus dem Barytsalz wird die freie Säure durch Schwefelsäure freigemacht. Man titriert bis zur sauren Reaktion auf Helianthin (Bildung von saurem Barytsalz, welches neutral auf Helianthin ist) und setzt die gleiche Menge Schwefelsäure hinzu.

Die synthetische Glycerinphosphorsäure wurde zuerst von Pelouze[3]) dargestellt und mit der natürlichen identifiziert (Gobley). Besonders die Untersuchungen von Willstätter und Lüdecke[4]) haben erwiesen, daß die synthetische nicht mit der natürlichen, optisch aktiven, (linksdrehenden) identisch ist. Nach Tutin und Hann[5]) sind aber beide ein Gemisch der symmetrischen und unsymmetrischen Glycerinphosphorsäure. Nach Lüdecke findet die Veresterung zwischen Glycerin und Phosphorsäure bei 130°—140° in vacuo oder durch Verwendung von scharfgetrockneter Phosphorsäure schon bei 100° statt. Es bildet sich ein Gemenge von Estern (darunter Diester oder Pyroester, Carré[6]), welches durch Kochen mit verdünnter Schwefelsäure alle zum Monoester hydrolysiert wird. Tutin und Hann[5]) stellten die unsymmetrische α-Glycerinphosphorsäure (aus β-Dichlorhydrin) und die symmetrische β-Glycerinphosphorsäure (aus α-Dichlorhydrin) dar.

Nachweis: Gründet sich auf die Wasserlöslichkeit des Barytsalzes und Nachweis der Phosphorsäure nach Zerlegung.

Physiologische Eigenschaften: Ohne Berechtigung wird die Glycerinphosphorsäure jetzt als Arzneimittel reklamiert, obwohl sie keine Bedeutung besitzt. Daß der Organismus die präformierte Glycerinphosphorsäure zur Darstellung seiner Phosphatide brauchen muß, und nicht selber die Synthese ausführen kann, ist völlig unbewiesen. Wird vollständig resorbiert und das Glycerin wahrscheinlich verbrannt (Marfori)[7]). Auch die subcutan eingespritzte Glycerinphosphorsäure wird verbraucht und erscheint nicht als solche im Harn (Bülow)[8]). Die übrigen Spaltungsprodukte des Lecithins werden in anderen Kapiteln dieses Lexikons behandelt.

Physikalische und chemische Eigenschaften: Die freie Säure ist eine sirupöse Flüssigkeit, welche beim Erhitzen sich allmählich in ihre Komponenten zerlegt. Ihre Salze krystallisieren. Bariumsalz $C_3H_7PO_6Ba + \frac{1}{2} H_2O$ (lufttrocken Tutin und Hann). Nach Lüdecke enthält das natürliche, lufttrockene Salz $1 H_2O$, das synthetische $\frac{1}{2} H_2O$. Das aus Wasser auskrystallisierte und bei 100° getrocknete Ba-Salz $\frac{1}{2} H_2O$ (nat.) und $\frac{1}{4} H_2O$ (synth.). Aus Alkohol krystallisiert und bei 100° getrocknet $\frac{1}{4} H_2O$ (beide). Beim Erhitzen bis 130° entweicht alles Krystallwasser. Ist löslich in Wasser, und zwar leichter in kaltem als in wärmerem. 100 g gesättigte Lösung enthält 5,5 g Ba-Salz (Tutin und Hann), 13,6 g (nat.) und 2,8 g (synth.) (Lüdecke). Unlöslich in Alkohol. Ca-Salz $C_3H_7PO_6Ca + \frac{1}{4} H_2O$ (Lüdecke nat. und synth.). Verhält sich wie Ba-Salz, ist aber weniger löslich. Beide sind nach Willstätter und Lüdecke linksdrehend. Am stärksten drehen die durch Verseifung bei gewöhnlicher Temperatur gewonnenen Präparate. Na-Salz $C_3H_7PO_6Na_2$ (Lüdecke). Hygroskopisch, zerfließt an der Luft. Krystallisiert aus Alkohol in Nädelchen. Silbersalz $C_3H_7PO_6Ag_2$ (Lüdecke). Wasserlöslich, lichtempfindlich. Beim Erhitzen mit Wasser zersetzt es sich unter Abscheidung von Silber.

[1]) P. Mayer, Biochem. Zeitschr. **1**, 39 [1907].
[2]) Lüdecke, Zur Kenntn. d. Glycerinphosphorsäure usw. Diss. München 1905.
[3]) Pelouze, Journ. f. prakt. Chemie **36**, 254.
[4]) Willstätter u. Lüdecke, Berichte d. Deutsch. chem. Gesellschaft **37**, 3753 [1904].
[5]) Tutin u. Hann, Journ. Chem. Soc. **89**, 2, 1749 [1906].
[6]) Carré, Compt. rend. de l'Acad. des Sc. **137**, 1070 [1903].
[7]) Marfori, Archivio di Fisiol. **2**, 217 [1905].
[8]) Bülow, Archiv f. d. ges. Physiol. **57**, 89 [1894].

2. Kephalin.

Mol.-Gewicht: 839.

Zusammensetzung:

	Thudichum	Koch	Thirfelder und Stern	Neubauer[1]
C	60,00	59,5	59,68	62,18
H	9,38	9,8	9,74	9,90
N	1,68	1,75	1,57	1,54
P	4.27	3,83	3,64	3,41

$C_{42}H_{82}NPO_{13}$ [Thudichum, Koch[2]), Gehirn; Thierfelder und Stern, Eigelb].
$C_{47}H_{90}NPO_{13}$ (Neubauer), Gehirn.
$C_{42}H_{80}NPO_{12}$ (aus den Spaltungsprodukten berechnet).

$$O \text{--------} C_2H_4$$
$$O = P - OH \qquad (CH_3) - N$$
$$O - CH_2 \qquad OH$$
$$CHOC_{18}H_{31}O_2$$
$$CH_2OC_{18}H_{35}O_2$$

In noch höherem Grade, als es beim Lecithin der Fall ist, sind die Angaben betreffs Kephalin streitig. Außer den angeführten Analysen von Thudichum, Thierfelder und Stern, Koch und Neubauer, welche abgesehen von Neubauers Analysen ziemlich gut übereinstimmen (zwei andere Präparate Neubauers zeigten ganz andere Werte, welche besser mit Thudichums übereinstimmten; sie wurden doch als weniger rein bezeichnet), hat Zuelzer[3]) ein Kephalin mit 60,27% C, 9,8% H, 3,8%—5,7% N und 2,7% P dargestellt. Er bestreitet die Identität desselben mit Thudichums Kephalin. Falk[4]) fand für Kephalin des Nerven 55,7% C, 9.7% H, 4,4% P und 1,94% N. Dagegen hat Falk[5]) für Kephalin von Gehirn andere Werte gefunden, welche 2 N : 1 P entsprechen, trotzdem er hier dieselbe (von der gewöhnlichen abweichende) Methodik benützte. Thierfelder und Stern bekamen weiter nach demselben Untersuchungsgang aus Eigelb ein normales Kephalin und ein atypisches mit dem Verhältnis 1 P : 0,77 N. Es stimmte sonst ganz mit dem anderen Präparat überein. Nach Mac Lean[6]) liegt hier eine Mischung von Kephalin mit einem Monaminodiphosphatid vor. Thudichum fand außer dem eigentlichen Kephalin im Gehirn ein **Oxykephalin** $C_{42}H_{79}NPO_{14}$ und **Peroxykephalin** $C_{42}H_{79}NPO_{15}$, weiter ein **Kephaloidin** und **Oxykephaloidin**. Die Oxy- und Peroxykephaline sind offenbar durch die Ätherbehandlung oxydierte Produkte des Kephalins. Es scheint jedenfalls, als ob man unter Kephalin mehrere Varietäten zusammenfaßt. Nach Thudichum ist Kephalin präformiert mit verschiedenen unorganischen Körpern, vorwiegend Kalk- und Kalisalzen, verbunden. Thierfelder und Stern haben dasselbe für das Eigelb-Kephalin konstatieren können. Es ist denkbar, daß hierdurch die recht großen Differenzen zum Teil erklärt werden können. Auch betreffs den Eigenschaften. Thudichums Kephalin war nur schwer in kaltem und relativ leicht in kochendem Alkohol löslich. Kochs Präparat aber hierin ganz unlöslich, auch in der Wärme. Ebenso Neubauers. Daß anderseits sicher mehrere Phosphatide unter dem Kephalin zusammengefaßt sind, zeigen die Spaltungsprodukte. Thudichum fand außer Neurin Oxäthylamin (oder Dimethylammoniumhydroxyd) und eine Base mit der Formel $C_5H_{14}N_2O$. Nach Koch kommt nur eine Monomethylbase (von Neubauer bestätigt) vor. Cousin[5]) fand weiter nur Cholin. Die Fettsäuren sind Stearinsäure und eine ungesättigte Säure, die **Kephalinsäure**, nach Cousin[7]) aus der Linolsäurereihe, welche sich nicht mit bekannten Säuren identifizieren ließ. Nach Thudichum hat sie aber die Formel $C_{17}H_{28}O_3$. Nach den sorgfältigen Untersuchungen von Parnas[8]) ist die Kephalinsäure

1) Fränkel, Biochem. Zeitschr. **21**, 321 [1909].
2) Koch, Zeitschr. f. physiol. Chemie **36**, 134 [1902].
3) Zuelzer, Zeitschr. f. physiol. Chemie **27**, 265 [1899].
4) Falk, Biochem. Zeitschr. **13**, 153 [1908].
5) Falk, Biochem. Zeitschr. **16**, 185 [1909].
6) Mac Lean, Zeitschr. f. physiol. Chemie **57**, 304 [1908].
7) Cousin, Journ. d. Pharm. e. d. Chemie. **24**, 101 [1906]; **25**, 177 [1907].
8) Parnas, Biochem. Zeitschr. **20**, 411 [1909].

mit **Linoelsäure** $C_{18}H_{32}O_2$ identisch. Die Linoelsäure ist wahrscheinlich mit der gewöhnlichen isomer. Die andere Fettsäure war Stearinsäure. Nach Dimitz[1]) liegen im Gehirn zwei Kephaline, Palmityl- und Stearyl-Kephalin, vor. Weiter kommt Glycerinphosphorsäure vor, welche nach Dimitz nicht mit der Lecithin-Glycerinphosphorsäure identisch sein soll. Nach den Angaben von Thudichum und Cousin läßt sich Kephalin schwieriger verseifen als Lecithin. Parnas konnte die Existenz von Thudichums Kephalophosphorsäure bestätigen.

Definition: Kephalin ist ein Monaminophosphatid, welches durch Ätherextraktion der Organe erhalten werden kann und welches zum Unterschied vom Lecithin im Alkohol schwer oder unlöslich ist. Es besteht aus Glycerinphosphorsäure, einer gesättigten und einer ungesättigten Fettsäure (Kephalinsäure); die stickstoffhaltigen Spaltungsprodukte sind ungenügend charakterisiert. Wahrscheinlich kommen mehrere Kephaline vor.

Vorkommen: Nach Thudichum stellt Kephalin das Hauptphosphatid des Gehirns dar. Nach Versuchen von Koch und Woods[2]) kommt Kephalin sehr verbreitet im Organismus vor, und zwar in größerer Menge als Lecithin. Die Methodik dieser Verfasser zur Trennung des Kephalins vom Lecithin ist nicht einwandfrei, und die Verunreinigung mit anderen Phosphatiden, besonders Monaminodiphosphatiden, ist voraussichtlich. Tatsächlich fanden die Verf. für Herzmuskel $1,0\%$ Kephalin, während Erlandsen das Kephalin hier ganz vermißte. Nach Baskoff enthält die Leber ein vom Kephalin differentes Phosphatid, welches Koch und Woods als Kephalin bestimmt haben. Im Eigelb kommen beide Phosphatide vor. Wenn aber Koch und Woods seine Menge im Eigelb als die doppelte des Lecithins schätzen, dürfte dies nach meinen Erfahrungen ganz plausibel sein. Nach Falk enthalten die Nerven Kephalin. Fränkel[3]) beschreibt ein Kephalin aus der Rinderniere.

Darstellung: Thudichum geht von dem Alkoholextrakt des Gehirns „der weißen Materie" aus und extrahiert mit Äther. Aus dem Ätherextrakt wird Kephalin mit abs. Alkohol zum Teil niedergeschlagen. Der lösliche Teil des Kephalins wird mit Bleizucker und Ammoniak gefällt und als Bleiverbindung durch Äther ausgezogen. Besser ist, mit Zuelzer, Thierfelder und Stern die trockenen Organe mit Äther zu erschöpfen und nach Reinigung mit Aceton das Kephalin mit Alkohol zu fällen. Ein ähnliches Verfahren hat Koch[4]) früher benutzt. Hierbei begegnet man aber der Schwierigkeit, daß Kephalin mit dem Monaminodiphosphatid zusammen niedergeschlagen wird. Allerdings kommt im Herzmuskel nur das Monaminodiphosphatid und kein Kephalin vor, im Eigelb aber beide. Nach Mac Lean[5]) gelingt hier die Trennung durch Verwendung von warmem Alkohol ($60°$), welcher das Kephalin auslöst, während das Monaminodiphosphatid zurückbleibt. Wie sich andere Organe verhalten, ist unbekannt. Es ist aber bemerkenswert, daß Baskoff in der Leber ein alkoholunlösliches „Hepatophosphatid" mit 1 N : 1,5 P fand. Neubauer hat verschiedene Methoden verwendet. Kontrolluntersuchungen fehlen hier ganz. Parnas extrahierte Kephalin aus Gehirn durch Petroläther. Auch nicht dies Kephalin war ganz rein.

Nachweis: Aus dem Angeführten ist ersichtlich, daß man nicht das Kephalin nur aus den Löslichkeitsverhältnissen identifizieren kann. Nur wenn ein ätherlösliches, in Alkohol unlösliches Phosphatid, welches 1 N : 1 P enthält, vorliegt, darf man an Kephalin folgern.

Physikalische und chemische Eigenschaften: Ist eine harzige, leicht pulverisierbare, hygroskopische Substanz von heller Farbe. Wird aus seinen Lösungen als schnell fest und zerreiblich werdender Niederschlag gefällt. (Lecithin bildet eine wachsartige, plastische Masse.) Löslich in Äther (nach Parnas nur in wasserhaltigem Äther), Clororform und CS_2, Benzol, Petroleumäther. Die Lösungen in Benzol und Chloroform sind nach Parnas ausgesprochen kolloidal. Löslich in heißem Essigäther und kann durch Abkühlen ausgeschieden werden. (Die Monaminodiphosphatide verhalten sich ebenso.) Unlöslich in Aceton und Alkohol. Nach Koch erhöht eine geringe Menge Salzsäure die Löslickeit in Alkohol ganz bedeutend. In Wasser quillt es und es entstehen kolloidale Lösungen. Eine ätherische Lösung in Wasser getröpfelt erstarrt zu einem Gelee. Das in Wasser gequollene Kephalin kann nicht durch Äther ausgeschüttet werden. Schmilzt bei ca. $100°$ zu einem dunkelroten Öl, wahrscheinlich unter Zersetzung. Gibt die Pettenkofersche Probe. Ist autoxydabel und wird besonders in

---

[1]) Fränkel, Biochem. Zeitschr. **21**, 337 [1909].
[2]) Koch u. Woods, Journ. of biol. Chemistry **1**, 203 [1905/06].
[3]) Fränkel, Biochem Zeitschr. **16**, 370 [1909].
[4]) Koch, Zeitschr. f. physiol. Chemie **36**, 134 [1902].
[5]) Mac Lean, Zeitschr. f. physiol. Chemie **57**, 304 [1908].

Ätherlösung schnell oxydiert. Oxydiertes Kephalin ist gefärbt. Wird von Säuren und Alkalien hydrolysiert. Verhalten zu Enzymen ist unbekannt. Verhalten als wässerige Emulsion gegenüber Säuren und Salzen wie Lecithin (Thudichum, Koch). Jodzahl 80 (Neubauer), 70,4 (Thierfelder und Stern).

Verbindungen: $CdCl_2$-Verbindung ist ätherlöslich (im Gegensatz zu Lecithin-$CdCl_2$), aber in Alkohol unlöslich. Enthält nach Thudichum 89,38% Kephalin und 10,62% $CdCl_2$, während die Theorie 17,97% $CdCl_2$ verlangt. Kann durch H_2S nicht vom Cd befreit werden; Kephalin hält aber das Schwefelcadmium in Lösung. Die $PtCl_4$-Verbindung enthält nur 3,6% Pt gegen die theoretische 9,5% (Thudichum). Weißgelb in Äther löslich, in Alkohol unlöslich.

Wie sich Kephalin gegenüber organischen Verbindungen verhält, ist unbekannt. Nach Kyes und Sachs[1] stellt das Kephalin einen Aktivator des Kobragiftes dar, was Bang[2] bestätigen konnte. Bang hebt aber die Möglichkeit vor, daß die aktivierende Wirkung von Verunreinigung mit Spuren von Fettsäuren abhängig wäre. Nach Meyerstein[3] ist Kephalin kein Aktivator, sondern im Gegenteil ein Hemmungskörper gegen Kobragift. Voraussichtlich hat Kephalin in noch höherem Grade als Lecithin das Vermögen, die Löslichkeit organischer Stoffe (Zucker, Eiweiß usw.) — besonders gegenüber organischen Lösungsmitteln — zu ändern. Das Verhalten der Cd- und Pt-Verbindungen zum Äther spricht hierfür (sie sind z. B. ätherlöslich im Gegensatz zu den entsprechenden Lecithinverbindungen).

Spaltungsprodukte wie Lecithin. Über die Kephalophosphorsäure siehe S. 1/2.

3. Paramyelin (?).

Mol.-Gewicht: 720 (?).

Zusammensetzung: 62,6% C, 10,54% H, 2,04% N, 4,31% P, 20,5% O (?) (Thudichum).

$$C_{38}H_{25}NPO_9 (?) \quad (Thudichum).$$

Konstitution: Glycerinphosphorsäure, 2 Fettsäuren und Neurin. (?)

Ist nur von Thudichum studiert. Wird aus der $CdCl_2$-Verbindung durch H_2S regeneriert, und zwar als krystallisiertes, salzsaures Paramyelin. Da indessen nach Erlandsen die Phosphatide schon durch $CdCl_2$ allein und noch mehr durch die zur Trennung notwendige Benzolbehandlung und schließlich durch H_2S stark verändert werden, dürfen wir die Angaben Thudichums betreffs Paramyelin vorläufig nur mit Reservation aufnehmen. Die Formel des Paramyelin-$CdCl_2$ stimmt ganz gut mit Erlandsens oben erwähnter von Lecithin-$CdCl_2$ überein, und Thudichum hat nur die $CdCl_2$-Verbindung des Paramyelins analysiert.

Vorkommen: Ist nur vom Gehirne dargestellt.

Darstellung: Als $CdCl_2$-Verbindung. Ist nach Thudichum außer Lecithin-$CdCl_2$ die einzige im kochenden Benzol lösliche Phosphatid-$CdCl_2$-Verbindung. Nach Abkühlen wird sie wieder ausgeschieden, während Lecithin-$CdCl_2$ in Lösung bleibt. Da aber Thudichum auf einer anderen Stelle (l. c., S. 154) angibt, daß die $CdCl_2$-Verbindung teilweise inLösung bleibt, ist es schwer zu verstehen, wie die Trennung der beiden $CdCl_2$-Verbindungen ihm gelungen ist.

Physikalische und chemische Eigenschaften: Ein weißer, fester Körper, welcher aus kochendem Alkohol in Täfelchen und Nadeln krystallisieren soll. Längere Zeit aufbewahrt, zersetzt es sich. Gibt die Pettenkofersche Probe. Wird durch Kochen mit Baryt zersetzt. Besteht aus Glycerinphosphorsäure, Neurin und zwei Fettsäuren, wovon die ungesättigte aus Alkohol in festen, weißen Krystallen ausgeschieden wird.

4. Myelin.

Mol.-Gewicht: 770.

Zusammensetzung: 63,41% C, 9,83% H, 1,79% N, 4,09% P, 20,87% O (Thudichum).

$$C_{40}H_{75}NPO_{10}.$$

Konstitution unbekannt.

Ist nur von Thudichum untersucht. Besitzt charakteristische Reaktionen, weshalb seine Identität ziemlich sichergestellt scheint.

[1] Kyes u. Sachs, Berl. klin. Wochenschr. **1903**, Nr. 2 u. 4.
[2] Bang, Biochem. Zeitschr. **11**, 521 [1908].
[3] Meyerstein, Archiv f. experim. Pathol. u. Pharmakol. **32**, 258 [1910].

Vorkommen: Nur im Gehirn und in nicht sehr großen Mengen gefunden. Doch ist seine Existenz im Herzmuskel von Erlandsen durch die Bleireaktion wahrscheinlich gemacht.

Darstellung: Kommt wahrscheinlich, obwohl nur schwer in Äther löslich, im primären Ätherextrakt vor (vgl. Erlandsen). Wird von Thudichum aus der „weißen Materie" durch Äther extrahiert. Das konzentrierte Ätherextrakt wird als wässerige Emulsion mit Bleizucker und Ammoniak behandelt und der Niederschlag mit kochendem Alkohol ausgezogen. Myelin-Blei bleibt zurück. Ist auch zum Unterschied von Kephalin-Blei in Äther unlöslich. Ebenso in Benzol. Aus der Bleiverbindung wird Myelin durch H_2S freigemacht und aus Alkohol umkrystallisiert.

Nachweis: Das einzige Phosphatid, welches aus alkoholischer Lösung nicht von $CdCl_2$ oder $PtCl_4$ gefällt wird. Gibt dagegen mit alkoholischem Bleizucker einen Niederschlag.

Physikalische und chemische Eigenschaften: Krystallisiert aus Äther oder Alkohol in Kugeln oder Schüppchen. Bildet weiße, pulverisierbare Massen. Löslich in kochendem Alkohol und wird nach Abkühlen größtenteils wieder ausgeschieden. Ist nur wenig in Äther löslich. Nach Erschöpfen der Cerebrin-Mischung (und Organe?) mit Äther bleibt viel Myelin zurück (Thudichum). Mit Wasser bildet es Emulsion. Schmilzt bei Erhitzen. Gibt Pettenkofers Probe. Einzige bekannte Verbindung ist Myelin-Blei, welches in Äther und Alkohol unlöslich ist. Enthält 80,24% Myelin und 19,76% Pb, was mit 1 N : 1 P : 1 Pb übereinstimmt. Ist nach Thudichum eine zweibasische Säure. Die Zusammensetzung des Myelins ist noch unbekannt.

5. Vesalthin.

Zusammensetzung: 46,85% C, 7,69% H, 1,71% N, 3,87% P [1]), 17,57% O, 13,72% Cd, 8,65% Cl (Pari)[2]).

$$C_{32}H_{63}NPO_9 \cdot CdCl_2.$$

Konstitution: Wahrscheinlich Glycerinphosphorsäure, Myristinsäure, ungesättigte Fettsäure, unbekannte Base.

Ist nur als $CdCl_2$-Verbindung bekannt. Die Möglichkeit liegt vorhanden, daß ein denaturiertes Phosphatid analysiert worden ist.

Darstellung: Aus Rinderpankreas. Befindet sich in dem von Fränkel verwendeten primären Acetonextrakt und ist also ein acetonlösliches Phosphatid (solche sind vorher von Erlandsen u. a. gefunden). Wird als $CdCl_2$-Verbindung niedergeschlagen, in heißem Benzol gelöst — in welchem es nach Abkühlung bleibt — und durch Alkohol niedergeschlagen.

Physikalische und chemische Eigenschaften: Unbekannt. Ist optisch aktiv (+118,4° aus der Drehung der $CdCl_2$-Verbindung berechnet). Enthält zwei Fettsäuren, Myristinsäure ($C_{14}H_{28}O_2$) und eine ungesättigte mit geringerer Kohlenstoffzahl als die Ölsäure besitzt. Das Vorhandensein von Glycerinphosphorsäure wird vorausgesetzt, ist aber nicht erwiesen. Die Base scheint nicht mit Cholin identisch zu sein, indem 4 Methyle abgespalten werden (gegen 3 beim Cholin). Die Pt-Verbindung der Base stimmt betreffs Pt-Gehalt mit Cholinplatinat überein, zeigte aber einen anderen Schmelzpunkt (254° gegen 240°) (Linnert und Pari)[3]). Jodzahl des freien Phosphatids 53,04, aus derselben der $CdCl_2$-Verbindung berechnet (41,18).

6. Acetonlösliches Monophosphatid aus Herzmuskel.

Zusammensetzung: 47,00% C, 7,46% H, 1,81% N, 3,69% P, 15,34% O, 12,05% Pt, 12,65% Cl (Erlandsen).

$$(C_{33}H_{62}NPO_8)_2H_2PtCl_6.$$

Kommt im primären Ätherextrakt vor und wird durch Aceton ausgelöst. Aus dem konzentrierten Acetonextrakt ließ es sich durch Äther und Alkohol extrahieren, welche Lösungen nicht von Aceton niedergeschlagen wurden. Ist nur als Pt-Verbindung analysiert.

---

[1]) Unrichtig. Soll 3,78% sein.
[2]) Fränkel u. Pari, Biochem. Zeitschr. **17**, 68 [1909].
[3]) Linnert u. Pari, Biochem. Zeitschr. **18**, 37 [1909].

Darstellung: Das konzentrierte Acetonextrakt würde mit Alkohol ausgezogen und die Lösung mit $PtCl_4$ niedergeschlagen, die Fällung mit Alkohol ausgewaschen und im Exsiccator getrocknet.

Physikalische und chemische Eigenschaften: Unbekannt. Ist kaum mit Lecithin identisch. Dagegen stimmen die analytischen Befunde mit denselben der Vesalthin-$CdCl_2$-Verbindung ganz gut überein, und es ist nicht ohne Interesse, daß beide acetonlösliche Phosphatide darstellen.

II. Gruppe.   Monaminodiphosphatide.

1. Cuorin.

Mol.-Gewicht: 1358.

Zusammensetzung: 61,33% C, 9,02% H, 1,01% N, 4,47% P, 24,17% O (Erlandsen)[1].

$$C_{71}H_{125}NP_2O_{21}.$$

Konstitution: 2 Glycerinphosphorsäuren, 3 Fettsäuren und 1 Base. Sonst unbekannt.

Stellt wohl das beststudierte Phosphatid dar und ist das einzige, welches wahrscheinlich rein dargestellt worden ist. Stellt vielleicht ein organspezifisches Phosphatid vor, jedenfalls ist bemerkenswert, daß es in reichlicher Menge im Herzmuskel vorkommt, während Extremitätsmuskeln nur sehr wenig enthalten. — Gegenüber der Formelberechnung läßt sich bemerken, daß keine Rücksicht auf ein eventuelles Vorkommen von anorganischen Stoffen wie Ca und Cl genommen ist, während anderseits Thudichum, Thierfelder und Stern u. a. die Existenz von solchen in anderen Phosphatiden erwiesen haben. Speziell ist die Möglichkeit zu berücksichtigen, ob eine Mischung von Phosphat vielleicht vorgelegen hat, was Thierfelder und Stern für ihr Eigelbkephalin diskutieren. Es ist zu bemerken, daß Cuorin sich in vielen Beziehungen wie Kephalin verhält, obwohl auch Differenzen vorkommen.

Definition: Cuorin ist ein Monaminodiphosphatid, welches im Herzmuskel und in kleinen Mengen in Extremitätsmuskeln vorkommt. Ist in Alkohol und Aceton unlöslich, in den übrigen organischen Solvenzien löslich. Enthält drei Fettsäureradikale, vorwiegend ungesättigte.

Darstellung: Kommt im primären Ätherextrakt vor. Bleibt nach Extraktion mit Aceton, kaltem und heißem abs. Alkohol zurück. Wird aus Essigäther umkrystallisiert.

Nachweis: Da die Lösungsverhältnisse mit Kephalin übereinstimmen, müssen die Analysen entscheiden. (Vgl. doch die Darstellung des Kephalins.)

Physikalische und chemische Eigenschaften: Ist eine gelbbraune, transparente, fast geruchlose Substanz, welche nach dem Trocknen von harter, fast harziger Konsistenz ist und sich ziemlich leicht pulverisieren läßt. Sehr hygroskopisch. Schmilzt bei 115—120° unter Zersetzung. Löslich in Äther, Chloroform, CS_2 und Petroläther. Bei höherer Temperatur auch in Eisessig, Amylalkohol und Essigäther. Unlöslich in Alkohol. Mit Wasser Emulsion, welche durch Zusatz von Alkalien vollkommen klar wird. Gibt Pettenkofers Reaktion.

Ist autoxydabel. Das oxydierte Cuorin entspricht der Formel $C_{71}H_{125}NP_2O_{30}$ und hat also 9 Atome O aufgenommen. Jodzahl des frischen Cuorins ist 100,4%, des oxydierten 22,3%. Die Eigenschaften werden auch durch die Oxydation geändert: Die Konsistenz wird härter, die Ätherlöslichkeit hört auf. Wird ebenfalls in den übrigen Lösungsmitteln schwerer löslich. Dagegen löst es sich jetzt in Wasser.

Wird leicht durch kochende, alkoholische Kalilauge verseift unter Bildung von Glycerinphosphorsäure, drei Fettsäuren und einer Base. Die Fettsäuren zeigen eine Jodzahl von 130 und haben einen niedrigen Schmelzpunkt (47°—48°). Die Fettsäuren waren immer phosphorhaltig und der Verdacht bleibt, daß sie als Lipophosphorsäuren wie beim Kephalin abgespalten werden. Gehören entweder ganz oder teilweise zu der Linolsäure- oder Linolensäurereihe. Die Base, welche nur in geringer Ausbeute erhalten wurde, ist nicht mit Cholin identisch (37,3% Pt gegen 31,6% Pt für Cholin).

Eine ätherische Cuorinlösung gibt mit $PtCl_4$ und $CdCl_2$ Niederschläge, nur die $PtCl_4$-Verbindung zum Teil analysiert (1 N : 2 P : 2 Pt).

---

[1] Erlandsen, Zeitschr. f. physiol. Chemie **51**, 71 [1907].

2. Heparphosphatid (?).

Zusammensetzung: C 61,12%, H 8,95%, N 1,23%, P 4,00%, O 24,04%, S 0,6%, Asche 10,88% (Baskoff)[1].

Wurde aus der Leber nach Erlandsens Methode dargestellt. Befand sich in der „Cuorinfraktion". Ergab die Reaktionen des Cuorins und hatte dieselben Eigenschaften, dagegen enthielt es nur 4% P gegen 1,23% N (1 N : 1,5 P). Bemerkenswert ist der S-Gehalt des Heparphosphatids (0,6%). Es scheint demgemäß, als ob dies Phosphatid vielleicht nicht ganz rein dargestellt worden ist (z. B. von Kephalin und Sulphatiden verunreinigt). Das Heparphosphatid reagiert nicht mit Zucker (Baskoff)[2]. Versucht man nach Bings Darstellungsmethode der sog. Lecithinglykose eine ähnliche Verbindung des Heparphosphatids zu erzielen, kriegt man nur das Phosphatid wieder ohne Glykose zurück.

3. Monaminodiphosphatid des Eigelbs.

Zusammensetzung, abgesehen von N und P (0,82% N und 3,62% P): unbekannt.

Kommt nach Mac Lean[3] im Eigelb und in ungefähr gleicher Menge wie das Kephalin vor.

Darstellung: Im primären Ätherextrakt, dessen „alkoholschwerlösliche" Fraktion nach Thierfelder und Stern. Durch die Behandlung mit Alkohol von 65°—70° geht das Kephalin in Lösung und das Monaminodiphosphatid bleibt zurück. Inwieweit aber die Einwirkung des heißen Alkohols ganz unschädlich ist, verdient eine besondere Berücksichtigung, weil man betreffs „Protagon" hierdurch eine Zersetzung glaubt gefunden zu haben.

Eigenschaften unbekannt.

Die zwei ersten Gruppen bestehen also nur aus Phosphatiden, welche ungesättigte Fettsäuren enthalten. Da weiter aller Wahrscheinlichkeit nach der Äther sämtliche ungesättigte Phosphatide extrahiert und weiter nur solche auslöst, lassen sich die ungesättigten Phosphatide von den gesättigten hierdurch trennen. (Außer der ersten und zweiten Gruppe kommt auch ein ungesättigtes Triaminodiphosphatid vor, von welchem man allerdings noch nicht weiß, inwieweit es in die primäre Ätherlösung übergeht.) Es ist weiter wichtig, zu erinnern, daß auch ätherlösliche, gesättigte Phosphatide vorkommen. Nur lassen sie sich nicht aus trockenen Organen durch Äther direkt extrahieren.

Die folgenden Phosphatide befinden sich in dem sekundären Alkoholextrakt des mit Äther erschöpften Organpulvers. Oft ist doch leider direkt ohne hervorgehende Ätherbehandlung mit Alkohol extrahiert worden, in welchem Falle man nicht beurteilen kann, welcher Fraktion die betreffenden Phosphatide zugehören, und auch nicht, ob die Trennung von Phosphatiden der primären Ätherfraktion vollständig gelungen ist.

III. Gruppe.   Diamino[mono]phosphatide.

1. Amidomyelin (?).

$C_{44}H_{92}N_2PO_{10}$ (?)   und $C_{44}H_{84}N_2PO_{10}$ (?) (Thudichum).

Konstitution unbekannt.

Ist von Thudichum aus dem Gehirn und Blutkörperchen isoliert. Das freie Phosphatid ist aus der $CdCl_2$-Verbindung regeneriert worden. Thudichum macht hier besonders auf die Gefahr einer Zersetzung aufmerksam und spricht ausdrücklich von der Möglichkeit einer Fettsäureabspaltung. Trotzdem sieht er in den verschiedenen analytischen Befunden ein Vorkommen mehrerer Amidomyeline. Die Existenz des Amidomyelins steht jedenfalls nicht außer Zweifel.

Darstellung: Die „butterige Materie" des Gehirns (s. Filtrat des Alkoholextraktes aus Gehirn) wird mit Alkohol verdünnt, Myelin und Kephaloidin durch Bleizucker und Ammoniak entfernt und aus dem Filtrate das Amidomyelin durch $CdCl_2$ niedergeschlagen.

---

[1] Baskoff, Zeitschr. f. physiol. Chemie **57**, 395 [1908].
[2] Baskoff, Zeitschr. f. physiol. Chemie **60**, 426 [1909].
[3] Mac Lean, Zeitschr. f. physiol. Chemie **57**, 304 [1908].

Die Niederschläge von $CdCl_2$-Verbindungen des Lecithins, Paramyelins und Amidomyelins werden nach dem Erschöpfen mit kaltem und kochendem Äther mit Benzol ausgekocht. Allein Amidomyelin-$CdCl_2$ bleibt zurück. Nach Erlandsens Nachprüfung dieser Methode[1]) dürfte sie indessen ganz unbrauchbar sein, und sollten Erlandsens Befunde sich bestätigen lassen, ist es ganz unbegreiflich, wie Thudichum diese Trennung durchgeführt hat. Aus der $CdCl_2$-Verbindung wird das Amidomyelin durch H_2S oder Dialyse regeneriert.

Physikalische und chemische Eigenschaften: Krystallisiert in weißen Tafeln und Nadeln. Trocken läßt es sich bis zu 100° ohne Veränderung erhitzen. Ist im Wasser löslich, im Alkohol schwer löslich. Das Verhalten zum Äther ist nicht angegeben. Gibt Pettenkofers Reaktion und enthält also ungesättigte Fettsäuren. Sonst ist nichts über die Konstitution bekannt.

2. Sphingomyelin.

Mol.-Gewicht: 1035 (?).

Zusammensetzung: 65,37% C, 11,29% H, 2,96% N, 3,24% P, 17,14% O (?) (Thudichum); 62,90% C, 11,54% H, 3,33% N, 3,46% P, 18,77% O (Rosenheim und Tebb)[2]).

$$C_{52}H_{104}N_2PO_9 + H_2O \ (?).$$

Konstitution: Phosphorsäure, der Alkohol Sphingol, Neurin, Sphingosin, Sphingostearinsäure, unbekannte Fettsäure (??).

Von Thudichum und Rosenheim und Tebb aus Gehirne dargestellt. Ein ähnlicher Körper soll auch nach Rosenheim und Tebb in der Nebenniere vorkommen. Obwohl die Existenz dieses Phosphatids wohl außer jedem Zweifel steht, sind die Angaben über seine Konstitution wahrscheinlich nicht ganz richtig. Thudichums Reindarstellung ist über die $CdCl_2$-Verbindung gegangen, und was hier Thudichum über die Fraktionierungen durch Äther und Alkohol berichtet, erinnert sehr an die Zersetzungen, die Erlandsen durch eine ähnliche Prozedur seines Diaminophosphatids kriegte. Die Vorsicht fordert, daß man sich vorläufig abwartend stellt, um so mehr, als die Analysen der verschiedenen Verfasser nicht übereinstimmen. Gegen die Methode von Rosenheim und Tebb haben Wilson und Cramer[3]) Einwände gemacht.

Darstellung: Sphingomyelin ist nach Thudichum das hauptsächliche Phosphatid, welches übrigbleibt, wenn man die „weiße Materie" mit Äther erschöpft. Der Rückstand wird mit Alkohol ausgezogen. Sphingomyelin bleibt nach der Auskrystallisierung der Cerebroside in der Lösung zurück und wird durch $CdCl_2$ niedergeschlagen. Die aus Alkohol umkrystallisierte Verbindung wird mit Äther erschöpft und durch Dialyse von $CdCl_2$ befreit (das abdissoziierte Salz geht durch und das kolloidale Phosphatid bleibt zurück). Auch H_2S wurde hierzu verwendet. Die Darstellung soll mit großen Schwierigkeiten verbunden sein. Rosenheim und Tebb gehen von dem durch die Alkoholmethode dargestellten Protagon aus und fraktionieren mit Pyridin. Das Sphingomyelin bleibt ungelöst zurück.

Physikalische und chemische Eigenschaften: Krystallisiert aus Alkohol in Nadeln, Tafeln und Sternen. Pulverisierbar. Opak nicht wachsartig. Schwer löslich in kaltem, leicht in heißem Alkohol. Unlöslich in Äther. Bildet mit Wasser Emulsion. Ist nach Rosenheim und Tebb[4]) als Suspension lävogyr („Sphärorotation"). Bei $+30°$ dagegen dextrogyr. Die Angaben sind der Bestätigung bedürftig.

Verbindungen: Mit Salzsäure. Sie ist in Alkohol löslicher als freies Phosphatid. Mit $CdCl_2$ zwei Verbindungen, $C_{52}H_{104}N_2PO_{10} + CdCl_2$ mit 16,4% $CdCl_2$ und $C_{52}H_{104}N_2PO_{10} + 2\ CdCl_2$ mit 28% $CdCl_2$ [5]), die letzte Verbindung soll ein Molekül $CdCl_2$ an jedes der zwei stickstoffhaltigen Radikale binden. Beide Verbindungen können aus Alkohol umkrystallisiert werden. $PtCl_4$-Verbindung ist wenig in Alkohol und Äther löslich. Durch Verseifung mit Baryt bekommt man keine Glycerinphosphorsäure, da Glycerin fehlt, sondern Phosphorsäure und einen Alkohol, Sphingol $C_9H_{18}O$ oder $C_{28}H_{36}O_2$. Außer dem Neurin kommt ein reines Alkaloid Sphingosin von schwankender Zusammensetzung vor. Die Fettsäuren waren eine reine Stearinsäure mit Schmelzpunkt 57° (die gewöhnliche schmilzt bei 69,5°). Ihr Bleisalz

---

[1]) Erlandsen, Zeitschr. f. physiol. Chemie **51**, 71, 134 [1907].
[2]) Rosenheim u. Tebb, Quart. Journ. of exp. Physiol. **1**, 297 [1908].
[3]) Wilson u. Cramer, Quart. Journ. of exp. Physiol. **1**, 97; **2**, 91 [1909].
[4]) Rosenheim u. Tebb, Journ. of Physiol. **37**, 348 [1908]. — Biochem. Zeitschr. **25**, 151 [1910].
[5]) Thudichum schreibt $C_{51}H_{99}\ldots$ für beide Formeln (!).

war in Alkohol und Äther unlöslich. Die andere unbekannte, aber gesättigte Säure liefert ein ätherlösliches Barytsalz. Bei der Zusammenfassung der Ergebnisse über Sphingomyelin spricht aber Thudichum nur über eine — die erste — Fettsäure.

3. Diaminophosphatid aus Muskeln.

Zusammensetzung: 40,95% C, 6,42% H, 2,40% N, 2,65% P, 16,38% O, 19,12% Cd, 12,09% Cl (Erlandsen).

$$C_{40}H_{75}N_2PO_{12} \cdot 2\,CdCl_2.$$

Konstitution: Glycerinphosphorsäure, 1 Fettsäure, Basen.

Ist nur als $CdCl_2$-Verbindung untersucht. Das freie Phosphatid ist nicht dargestellt worden.

Darstellung: Das mit Äther erschöpfte Muskelpulver (Herz- und Extremitätsmuskeln) wird mit Alkohol extrahiert, die Lösung eingedunstet, mit Äther behandelt und die ätherische Lösung mit Aceton fraktioniert. Aus der Fällung wird das Phosphatid mit abs. Alkohol extrahiert und als $CdCl_2$-Verbindung niedergeschlagen. Durch Behandlung mit Äther und Benzol zur Reinigung traten Zersetzungen ein. Ebenso bei Regenerationsversuchen mit H_2S und Silberoxyd. Es verdient eine besondere Berücksichtigung, daß das Phosphatid ätherlöslich ist und trotzdem nicht in dem primären Ätherextrakt sich befindet. Offenbar muß es im Muskel mit anderen Körpern verbunden vorkommen. Diese Verbindungen werden nicht durch Äther, wohl aber von Alkohol zerlegt. Wenn man also z. B., wie Fränkel vorgeschlagen hat, die Organe zuerst mit Aceton zu entwässern und von Fett befreien will, ist es unbedingt notwendig, erst festzustellen, inwieweit Aceton nicht diese Verbindungen der Diaminophosphatide spaltet. Ist nämlich dies tatsächlich der Fall, müssen also Diaminophosphatide in das primäre Ätherextrakt übergehen, und einmal hier angekommen, lassen sie sich nur schwierig — wenn überhaupt — von dem Lecithin trennen.

Die **physikalischen und chemischen Eigenschaften** des Phosphatids sind sonst unbekannt. Bei der Verseifung mit Barytwasser entsteht Glycerinphosphorsäure. Es ist nicht abgemacht, daß diese mit derselben aus Lecithin identisch ist. Analysen des Bleisatzes waren nicht ganz mit der gewöhnlichen übereinstimmend. Nur eine Fettsäure kommt vor, eine **Oxyfettsäure** $C_{22}H_{39}O_4$ (71,61% C und 10,68% H). Die Möglichkeit bleibt doch, daß die Verbindung mit $CdCl_2$ unter Abspaltung einer Fettsäure stattgefunden hat. Die Basen ergaben mit $PtCl_4$ teils lange nadelförmige Prismen, teils polyedrische Krystalle. Beim Glühen gab das Produkt Geruch von Trimethylamin. Pt-Gehalt war 32,61%. Cholin stellt jedenfalls nicht die einzige Base dar.

4. Diaminomonophosphatid aus Eigelb.

Zusammensetzung:

1. 68,43% C, 11,83% H, 2,96% N, 3,27% P, 23,57% O   } (Thierfelder und Stern).
2. 68,24% C, 12,01% H, 2,95% N, 3,27% P, 23,53% O   }

$$1.\ C_{54}H_{111}N_2PO_8 \quad \text{oder} \quad 2.\ C_{54}H_{113}N_2PO_8.$$

Konstitution unbekannt.

Ist zwar in dem primären Ätherextrakt gefunden, kommt aber hier mit Eiweiß zusammen und bildet die „ätherschwerlösliche Fraktion". Es liegt nahe, anzunehmen, daß die Gegenwart anderer Körper dem Übergang im Ätherextrakt verantwortlich ist, was besonders bei Filtration des Ätherextraktes aus Eigelb oft passiert. Thierfelders Präparate sollen nicht ganz rein gewesen sein. Trotzdem hat man für alle Daten hier größere Garantie als sonst, weil das Phosphatid krystallisiert, nicht autoxydabel ist und als native Verbindung dargestellt und untersucht worden ist.

Darstellung: Das primäre Ätherextrakt wird mit Aceton gefällt und der Niederschlag mit Äther extrahiert. Das Diaminophosphatid bleibt zurück und wird durch Alkohol ausgelöst, die alkoholische Lösung eingeengt und mit Aceton niedergeschlagen. Ausbeute sehr gering (aus 100 Eiern $^3/_4$ g).

Physikalische und chemische Eigenschaften: Krystallisiert in Nadeln. Läßt sich leicht pulverisieren und behält dauernd seine weiße Farbe bei. Ist kaum hygroskopisch. Wenig in Äther löslich. In Alkohol besonders in der Wärme löslich und scheidet sich nach Erkalten krystallinisch aus. In Chloroform leicht löslich. Quillt nicht im Wasser auf. Schmilzt bei 169°—170° zu einem braunroten Öl. Wird durch $CdCl_2$ und Bleiacetat gefällt. Jodzahl etwa 34.

5. Diaminophosphatid aus der Niere.

Zusammensetzung: 38,20% C, 6,93% H, 2,62% N, 2,90% P, 14,97% O, 20,05% Cd, 13,28% Cl (Fränkel und Nogueira)[1]).

$$C_{34}H_{74}N_2PO_{10} \cdot 2\ CdCl_2.$$

Ist nur als $CdCl_2$-Verbindung bekannt.

Darstellung: Die Nierensubstanz wurde erst mit Aceton und „schwachem Alkohol" ausgekocht. Der Rückstand wurde weiter mit reichlichen Mengen Alkohol von 96%, 85% und 75% ausgekocht. Die Lösungen wurden auf 1 Liter konzentriert und mit $CdCl_2$ niedergeschlagen.

Physikalische und chemische Eigenschaften: Die $CdCl_2$-Verbindung ist in Wasser, abs. Alkohol und Äther unlöslich. In heißem Benzol schwer löslich. Das Phosphatid selbst addiert keine Salzsäure. Jodzahl 25,81. Enthält Cholin.

6. Apomyelin aus Menschengehirn.

Zusammensetzung: 67,01% C, 11,35% H, 3,00% N, 3,23% P, 14,69% O.

$$C_{54}H_{109}N_2P_1O_9.$$

Ist von Thudichum gefunden. Nähere Angaben fehlen.

7. Diaminophosphatid aus Eisbärgalle.

Von Hammarsten[2]) als $CdCl_2$-Verbindung isoliert.

IV. Gruppe. Diaminodiphosphatide (?).

Assurin (?).

$$2\ (C_{46}H_{94}N_2P_2O_9HCl)_2PtCl_4\ (?).$$

Ist von Thudichum aus dem Gehirn dargestellt. Seine Existenz dürfte aber sehr zweifelhaft sein, und da die Gruppe nur das einzige Phosphatid umfaßt, bleibt es deshalb auch zweifelhaft, ob man sie aufrechterhalten kann.

Darstellung des Assurins: Kommt in den Alkoholextrakten nach Entfernung des Myelins, Sphingomyelins und der Cerebroside vor. Wird nach Ansäuern mit Salzsäure von $PtCl_4$ niedergeschlagen, welcher Niederschlag „beim Kochen unlöslich wird". Es ist aber sonderbar, daß das Phosphatid nicht mit dem Sphingomyelin von $CdCl_2$ gefällt, wenn es mit $PtCl_4$ eine unlösliche Verbindung gibt.

Über die Eigenschaften ist nur bekannt, daß es mit einem anderen Körper, Istarin (eine N-haltige, P-freie Substanz), aus dem eingeengten Alkoholextrakt krystallisieren kann. Konstitution unbekannt.

V. Gruppe. Triaminomonophosphatide.

Neottin (?).

Zusammensetzung: 67,57% C, 11,52% H, 2,81% N, 2,07% P (Fränkel und Bolaffio)[3]).

$$C_{84}H_{172}N_3PO_{15}\ (?).$$

Konstitution unbekannt.

[1]) Fränkel u. Nogueira, Biochem. Zeitschr. **16**, 366 [1909].
[2]) Hammarsten, Zeitschr. f. physiol. Chemie **36**, 528 [1902].
[3]) Fränkel u. Bolaffio, Biochem. Zeitschr. **9**, 44 [1908].

Aus Eigelb. Der Darstellung nach dürfte man Verunreinigungen von **Thierfelders** Diaminophosphatid befürchten, da dies sich gegenüber Reagenzien genau wie Neottin verhält und außerdem ebenfalls nur gesättigte Fettsäuren enthält. Eine Formel für Neottin mit 2 Atomen N fordert 2,01% N gegenüber dem gefundenen Wert von durchschnittlich 2,78%. Auch der C-Gehalt des Neottins ist bedeutend größer als bei **Thierfelders** Phosphatid (84 Atomen C gegen 54). **Fränkel** und **Bolaffio** erwähnen nicht die Möglichkeit, daß hier eventuell eine Mischung von Diaminophosphatid mit Cerebrosiden vorliegen könnte. Es ist nicht ersichtlich, ob sie mehrere Präparate dargestellt haben, und selbst in diesem Falle dürften die Verhältnisse des Protagons zu besonderer Vorsicht auffordern.

Darstellung: Aus dem mit Aceton erschöpften Eidotter wird Neottin durch heißen Alkohol extrahiert. Fällt nach Abkühlung aus und wird aus Alkohol umkrystallisiert.

Physikalische und chemische Eigenschaften: Läßt sich leicht pulvern. Das Pulver besteht aus feinen Nadeln. Unlöslich in Wasser, Äther, Aceton, Petroläther und kaltem Alkohol. Löslich in heißem Alkohol, Chloroform, Benzol, Xylol, Toluol und Tetrachlorkohlenstoff. Schmilzt bei 91°. Jodzahl 16,2. **Pettenkofer** negativ. Ist optisch inaktiv. Gefrierpunktserniedrigung in Naphthalin ergab eine Depression entsprechend 1483. Von den Spaltungsprodukten wurden Stearinsäure, wahrscheinlich Palmitinsäure und vielleicht **Cerebronsäure** (obs.) gefunden. Cholin vorhanden. Ein Stickstoffatom in Form von Cholin gefunden. Inwieweit Glycerinphosphorsäure vorlag, wurde nicht untersucht.

Dies Phosphatid ist vorläufig nur mit Reservation aufzunehmen.

VI. Gruppe. Triaminodiphosphatid.

1. Triaminodiphosphatid aus der Niere.

Zusammensetzung: 47,77% C, 6,87% H, 2,03% N, 3,04% P, 17,35% O, 11,55% Cd, 11,11% Cl (**Fränkel** und **Nogueira**)[1]).

$$C_{78}H_{133}N_3P_2O_{21}Cd_2Cl_6.$$

Ist nur als $CdCl_2$-Verbindung bekannt. Aus der Formel, welche **Fränkel** und **Nogueira** nur mit aller Reserve aufgestellt haben, geht weiter hervor, daß die Verbindung Salzsäure addiert (wovon diese aber herstammt, ist nicht ersichtlich). Aus der Darstellung hat man keine Garantie, daß wir hier einem reinen Phosphatid gegenüberstehen. Da es nicht ersichtlich ist, ob mehrere Präparate analysiert worden sind (dagegen bemerken die Verfasser, daß für die Wiederholung der Analyse keine genügenden Mengen zur Verfügung standen), bleibt der Verdacht, daß wir es hier mit einem Gemenge von Cadmiumverbindungen der Phosphatide zu tun haben, denn die Löslichkeit derselben in Benzol sagt nur sehr wenig. Abgesehen von **Erlandsens** Befunden, hat **Fränkel** selbst andere benzollösliche Phosphatid-$CdCl_2$-Verbindungen gefunden. Und nach **Thudichum** ist nur das Lecithin-$CdCl_2$ hierin löslich.

Darstellung: Aceton- und Alkoholextrakte der Niere setzen eine Fällung ab, welche in Äther gelöst wird. Durch Alkohol schlägt man das Kephalin nieder. Im Filtrate gibt $CdCl_2$ einen Niederschlag, welcher in siedendem Benzol löslich ist. Hieraus schlägt Alkohol die $CdCl_2$-Verbindung des Triaminodiphosphatids nieder.

Physikalische und chemische Eigenschaften der $CdCl_2$-Verbindung: Leichtgelbliche pulverige Masse, nicht krystallinisch. Schmelzpunkt 205°. Unlöslich in Alkohol und Aceton. Löslich in Äther und Benzol. Jodzahl 82. Scheint zwei Moleküle Cholin zu enthalten. Keine anderen Spaltungsprodukte sind bekannt.

2. Sahidin.

Zusammensetzung: 48,81% C, 8,31% H, 2,14% N, 3,15% P, 16,59% Cd, 10,47% Cl (**Fränkel**)[2]).

$$C_{80}H_{167}N_3P_2O_{12} \, 3\,CdCl_2.$$

Aus dem Gehirn. Nur als $CdCl_2$-Verbindung bekannt. Seine Existenz ist demgemäß nicht sicher erwiesen. Nach **Fränkel** ist Sahidin früher mit Lecithin verwechselt worden.

---

[1]) **Fränkel** u. **Nogueira**, Biochem. Zeitschr. **16**, 366 [1909].
[2]) **Fränkel**, Biochem. Zeitschr. **24**, 268 [1910].

Darstellung: Durch Fraktionierung des petrolätherischen Extrakts mit Alkohol, Entfernung des Myelins mit Blei und Fällung des Sahidins mit $CdCl_2$. Der Niederschlag wird in kochendem Benzol aufgenommen und mit Alkohol hieraus niedergeschlagen (vgl. Erlandsens Angaben).

Physikalische und chemische Eigenschaften: Lichtgelbes, krystallinisches Pulver. Schmelzp. 243°. Ist optisch aktiv $[\alpha]_D = +8,03°$. Enthält gesättigte und ungesättigte Fettsäuren, Glycerinphosphorsäure, Cholin und andere Basen. Bei Einwirkung von H_2S entsteht eine P-freie Substanz, welche N und Cl enthält.

B. Pflanzenphosphatide.

Während man früher ein allgemeines Vorkommen des Lecithins in Pflanzen und Samen aus ihren reichlichen Phosphatidmengen folgerte, ist die Auffassung über die Natur der Pflanzenphosphatide in der letzten Zeit erheblich anders. Zwar haben Schulze und Mitarbeiter [Schulze und Steiger[1]), Schulze und Likiernik[2])] Phosphatide mit 3,7% P dargestellt, welche allem Anschein nach aus Lecithin bestanden und außerdem die Spaltungsprodukte des Lecithins, Glycerinphosphorsäure, Cholin und Fettsäuren, enthielten. — Schulze und Likiernik außerdem ein Phosphatid vom Typus des Kephalins. Dagegen bemerkt ein so erfahrener Forscher wie Winterstein[3]), daß es ihm nicht gelungen ist, aus grünen Pflanzenteilen das Lecithin darzustellen.

Es hat sich weiter herausgestellt, daß das früher gewöhnlich als Lecithin bezeichnete Phosphatid tatsächlich überall ein Gemenge zahlreicher Phosphatide ist, dessen Reindarstellung nur zum geringsten Teil gelungen ist. Die Verhältnisse dürften an Pflanzen noch schwieriger sein als beim tierischen Organismus. Um so mehr entbehrt man eine rationelle Methode zur Darstellung derselben. Die Erlandsensche Methode ist hier noch nicht zur Verwendung gekommen. Nur gelegentlich bemerkt Hiestand[4]) betreffs Weizenmehl, daß das sekundäre Alkoholextrakt 4,4% des Mehles ausmachte, das Ätherextrakt nur 1,25% mit 0,13% P gegen ca. 0,8% P im Alkoholextrakt. (Beim Herzmuskel verteilen sich die Phosphatide ungefähr gleichmäßig in beiden Extrakten.)

Zuletzt sind jedenfalls die meisten Pflanzenphosphatide sicher von den tierischen recht verschieden, indem sie gewöhnlich Zucker, und zwar Glykose, Galaktose und Pentose (Hiestand), enthalten. Gegenüber Jecorin u. dgl. kommt wahrscheinlich der Zucker im Phosphatid-Molekül selbst vor und ist nicht wie beim Jecorin mehr oder weniger lose damit verbunden. Diese zuckerhaltigen Phosphatide sind nämlich ganz stabile Körper mit konstanten Eigenschaften und geben nur den Zucker nach recht energischer Hydrolyse ab. Solche Phosphatide sind von Hiestand aus Triticum vulgare, Avena sativa, Lupinusarten, Alnus viridus (Pollen), Pinus montana (Pollen), Solanum tuberosum (Knollen), Aesculus hypocastanum (Blätter) und Boletus edulis isoliert. Der Zuckergehalt war recht schwankend unter den verschiedenen Phosphatiden. Winterstein und Stegmann[5]) und Winterstein und Smolenski[6]) haben ähnliche Phosphatide beschrieben. Außerdem scheint es in Anbetracht der geringen P- und N-Werte, als ob auch andere unbekannte Bestandteile oft vorkommen sollen, indem der Zucker allein nicht zur Erklärung hierzu genügt (Hiestands Phosphatide). Hierbei muß man aber auch an Verunreinigungen denken. Andererseits enthält Wintersteins Phosphatid trotz 16% Zucker etwa 3,6% P.

Von übrigen Spaltungsprodukten hat Hiestand Glycerinphosphorsäure, Cholin und andere stickstoffhaltige Komponenten gefunden. Winterstein und Smolenski fanden Cholin, wahrscheinlich Trigonellin, Ammoniak (nach Reinigung waren Hiestands Präparate NH_3-frei). Außer den Basen entstehen noch andere nichtbasische Stickstoffverbindungen. Die Fettsäuren sind nicht untersucht. Die meisten und beststudierten Phosphatide sind aus Weizensamen isoliert.

---

[1]) Schulze u. Steiger, Zeitschr. f. physiol. Chemie **13**, 365 [1889].
[2]) Schulze u. Likiernik, Zeitschr. f. physiol. Chemie **15**, 405 [1891].
[3]) Winterstein u. Stegmann, Zeitschr. f. physiol. Chemie **58**, 527 [1908/09].
[4]) Hiestand, Dissertation Zürich 1906.
[5]) Winterstein, Zeitschr. f. physiol. Chemie **58**, 500 [1908/09].
[6]) Winterstein u. Smolenski, Zeitschr. f. physiol. Chemie **58**, 506 [1908/09].

Die Phosphatide der Weizensamen.

Hiestands Phosphatide aus dem (durch Äther) entfetteten Weizenmehle waren sicher Mischungen. Auch differierten Präparate verschiedener Darstellung erheblich.

Winterstein und Stegmann haben aus dem Alkoholextrakt ein „alkoholschwerlösliches Phosphatid" gewonnen, welches bei der Spaltung „Galaktose neben anderen Glykosen" lieferte. Sie fassen es als eine Verbindung von eigentlichem Lecithin mit Kohlehydratresten auf. Dies stimmt aber schlecht mit den Analysen (P 3,61%, N 0,94%) überein, welche die Gegenwart eines Monaminodiphosphatids eher anzeigen. (1 N : 2 P fordern etwa 0,88% N und 3,87% P.) Hiermit stimmen aber nicht die gefundenen 16% Zucker gut überein, indem 1 Molekül Dextrose etwa 10% entspricht. Trotz der guten Übereinstimmung der Analysen von verschiedenen Präparaten muß der Zuckerwert einen Zweifel an der Reinheit des Phosphatids hervorrufen.

Außer diesem Phosphatid haben Winterstein und Smolenski zahlreiche andere Phosphatide aus Weizenmehl dargestellt (32 Fraktionen), wovon mehrere zuckerhaltig. Sie sind sämtlich nur unvollständig untersucht.

Ein interessantes Phosphatid hat Smolenski[1]) aus Weizenkeimen isoliert. Dies kommt in der acetonlöslichen Fraktion des Alkoholextraktes vor und krystallisiert nach und nach aus der Acetonlösung (zwei Fraktionen, wahrscheinlich beide identisch). Ist in Äther leicht, in Alkohol und Aceton schwer löslich. Mit Wasser bildet es eine kolloidale Lösung, welche auf Lackmus stark sauer reagiert. Schmelzpunkt scharf bei 82°—83°. P-Gehalt nicht weniger als 5,48% (andere Präparate etwas mehr, diese waren nicht ganz rein; enthielten Spuren von Zucker). N = 2,09% (nicht ganz reines Präparat). N : P = ca. 1 : 1. Das Phosphatid kann also sehr wohl ein Monophosphatid darstellen. In diesem Falle wäre das Molekulargewicht geringer als bei den übrigen Phosphatiden.

Aus Ricinusblättern haben Winterstein und Stegmann ein Phosphatid dargestellt, welches vielleicht mit dem vorhergehenden verwandt ist (P = 5,27%). Dies enthielt nicht weniger als 6,7% Ca. (Smolenskis Phosphatid reagierte stark sauer!) Enthält wahrscheinlich Fettsäuren, keinen Zucker.

Anhang.

1. Stickstofffreie Monophosphatide.

Mit diesem Namen bezeichnet Thudichum Verbindungen aus (Glycerin-) Phosphorsäure und Fettsäuren. Solche treten teils nach Thudichum bei partieller Hydrolyse von Kephalin (und Sphingomyelin) auf, indem die Basen zuerst abgespaltet werden sollen. Die „Kephalophosphorsäure" hat also eine mit Diakonows früher erwähnten (S. 234) Distearylphosphorsäure übereinstimmende Konstitution. Wie bemerkt, haben Nachprüfungen Diakonows Angaben nicht bestätigen können. Es klingt auch sonderbar, daß bei Verseifung mit kochender Natronlauge eben die Fettsäuren persistieren sollen. Der Körper ist aber analysiert worden und entsprach als Bleisalz der Formel $C_{36}H_{70}PbPO_9$. Die Konstitution wird angegeben als Glycerinphosphorsäure mit Kephalinsäure und Stearinsäure verbunden. Thudichums Angaben sind in der letzten Zeit von Parnas bestätigt worden. Wahrscheinlich kommen ähnliche Spaltungsprodukte viel häufiger vor, als jetzt angenommen wird. Nach Verseifung mit Lauge und Baryt waren Erlandsens Phosphatide phosphorhaltig. Aus Cuorin ließen sich überhaupt keine P-freien Fettsäuren darstellen.

Teils kommen nach Thudichum solche Körper im Gehirn präformiert vor (Lipophosphorsäure und Butophosphorsäure). Die Lipophosphorsäure schmilzt und erstarrt wie eine Fettsäure und krystallisiert aus Alkohol. Gibt ein Bleisalz mit 37,49% Pb. Ist übrigens nicht weiter untersucht. Auch nicht die Darstellungsmethode ist angegeben. Ihre Existenz als solche scheint nicht außer jedem Zweifel gestellt.

---

[1]) Smolenski, Zeitschr. f. physiol. Chemie **58**, 522 [1908/09].

2. Phytin.[1]

Mol.-Gewicht: 714.

Zusammensetzung: 16,08% C, 3,36% H, P 26,07%, 60,49% O (Posternak)[2].

$$C_6H_{24}P_6O_{27}.$$

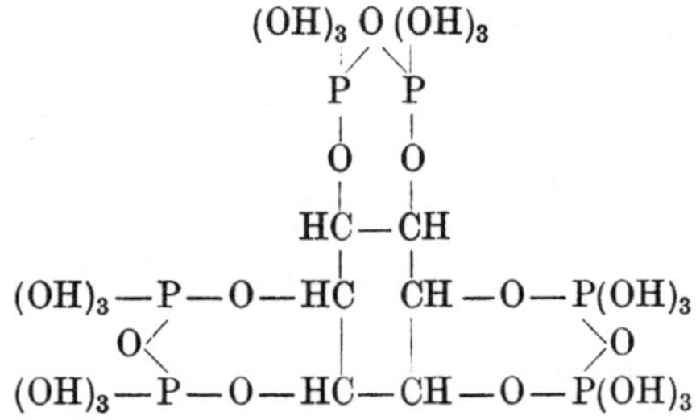

<pre>
            (OH)_3 O (OH)_3
                \ / \
                 P   P
                 | |
                 O   O
                 | |
                HC — CH
                 | |
(OH)_3 — P — O — HC   CH — O — P(OH)_3
       O< | | >O
(OH)_3 — P — O — HC — CH — O — P(OH)_3
</pre>

Ist von **Schulze** und **Winterstein**[3]), **Winterstein**[4]) und **Posternak** aus vielen Pflanzen dargestellt. Erst **Posternak** gelang die Reindarstellung. **Posternaks** Molekulargewichtsbestimmung ergab mit der Formel $C_2H_8P_2O_9$ annähernd übereinstimmende Werte, weshalb **Posternak** die Konstitution als Anhydro-Oxymethylen-Diphosphorsäure auffaßte. **Neuberg**[5]) hat später bewiesen, daß Inositphosphorsäure mit der oben angeführten Formel (oder einer ähnlichen) vorliegt. Dieser Auffassung stimmt auch **Winterstein**[6]) bei. Nach **Levene**[7]) sollen auch Kohlehydrate vorkommen, was **Neuberg**[8]) zurückweisen konnte.

Vorkommen: Ausschließlich in Pflanzen und hier besonders in Samen, dessen hauptsächliche organische Phosphorverbindung Phytin darstellt. So sind nach **Posternak** bei Leguminaceen 70—80% des Gesamt-P. Phytin. Bei Sinapis rubra ist sogar 90—96% des Gesamt-P. Phytin (**Posternak**). Nach **Suzuki** und **Yoshimura**[9]) enthält Reiskleie 85% des totalen P. in Form von Phytin. Die entsprechenden Werte bei anderen Samen waren: Weizenkleie 57%, Sesamum indicum 18,6%, Ricinus communis 42%, Ölkuchen von Brassica Napus 49,5%, Kleie von Hordeum vulgare 60,4%, von Pannicum frumentaceum 47,5%.

Darstellung: Aus Ölsamen nach **Posternak**. Das entfettete Samenpulver wird mit sehr verdünnter Salzsäure extrahiert, ein Überschuß von Natriumacetat wird zum Filtrate gesetzt und das Phytin mit Kupferacetat niedergeschlagen. Die Kupferverbindung wird mit H_2S zerlegt und aus dem konzentrierten Filtrat das Phytin durch Alkohol niedergeschlagen. Aus Cerealien extrahiert **Posternak** das Phytin mit Sodalösung und schlägt es durch $CaCl_2$ nieder. Der Niederschlag wird in verdünnter Salzsäure gelöst usw., wie oben behandelt.

Physiologische Eigenschaften: Ist nach **Posternak** eine Verbindung von Formaldehyd und Phosphorsäure und stellt also eine wertvolle Bestätigung der Hypothese **Bayers** dar. Da sich aber bei der Hydrolyse nur Inosit und zwar quantitativ bildet (auch bei Kochen unter Druck mit Natronlauge)[6]), ist es unwahrscheinlich, anzunehmen, daß eine Kondensation des Formaldehyds stattfindet.

Dagegen kann man wohl dem anderen Satz **Posternaks** beipflichten, daß Phytin das zunächst entstehende organische Produkt der Verarbeitung der Phosphorsäure sei (**Belincka-Iwanowska**)[10]). Wenn man also hiernach das Phytin als Muttersubstanz der Phosphatide und P-haltigen Eiweißkörper annimmt, haben andererseits **Suzuki** u. **Takaishi**[11]) in Pflanzensamen ein phytinspaltendes Enzym, die „Phytase", welche das Phytin in Inosit

---

[1]) Mit „Phytin" bezeichnete man ursprünglich ein saures Ca-Mg-Salz der Säure, welche „Phytinsäure" genannt wurde. Jetzt wird wohl gewöhnlich die Säure selbst als Phytin bezeichnet.

[2]) **Posternak**, Compt. rend. de l'Acad. des Sc. **137**, 202, 337 u. 439 [1903].

[3]) **Schulze** u. **Winterstein**, Zeitschr. f. physiol. Chemie **22**, 90 [1896/97]; **40**, 120 [1903/04].

[4]) **Winterstein**, Berichte d. Deutsch. chem. Gesellschaft **30**, 2299 [1897].

[5]) **Neuberg**, Biochem. Zeitschr. **9**, 557 [1908].

[6]) **Winterstein**, Zeitschr. f. physiol. Chemie **58**, 118 [1908/09].

[7]) **Levene**, Biochem. Zeitschr. **16**, 397 [1909].

[8]) **Neuberg**, Biochem. Zeitschr. **16**, 406 [1909].

[9]) **Suzuki** u. **Yoshimura**, Bull. coll. agric. Tokio **7**, 495 [1907].

[10]) **Belincka-Iwanowska**, Malys Jahresber. **36**, 741 [1906].

[11]) **Suzuki** u. **Takaishi**, Bull. coll. agric. Tokio **7**, 403 [1907].

und Phosphorsäure zerlegt, gefunden. Über das Verhalten im tierischen Organismus sind die Angaben schwankend. Nach Giacosa[1]) soll Phytin giftig sein, und die Phosphorsäure wird viel leichter abgespalten als in den Phosphatiden. Bei Fütterungen an Kaninchen fand Maestro[2]) eine geringe Resorption des Phytins. Nach Horner[3]) steigt die P-Ausscheidung im Harne nach Phytinverabreichung erheblich. Andererseits war auch der P-Gehalt der Faeces erheblich, ein Zeichen unvollständiger Resorption. Giacosa[4]) konnte dagegen nach Verabreichung von 10 g Phytin keine vermehrte P-Ausscheidung im Harne konstatieren. Eine Retention im Körper haben Gilbert und Posternak[5]) sowie Gilbert und Lippmann[6]) gefunden.

Physikalische und chemische Eigenschaften: Die freie Säure ist eine klare, durchsichtige, gelbliche Flüssigkeit, welche nicht zur Krystallisation gebracht werden kann. Beim Abkühlen wird sie viscos, fadenziehend. Ist leicht in Wasser und Alkohol löslich, unlöslich in Äther, Chloroform, Benzin und Eisessig. Beim Erhitzen, sogar unter 100° wird sie braun gefärbt unter Dekomposition, bei 125° bilden sich Melanine. Die essigsauren Lösungen koagulieren beim Erhitzen. Wird leicht von Mineralsäuren zersetzt. Resistent gegen Alkalien, auch in der Wärme. Sie ist eine zwölfbasische Säure[7]) von stark saurer Reaktion. Gibt mit Eiweißkörpern (von Tier und Pflanzen) Niederschläge. Wird von Uranylacetat und Magnesiamixtur gefällt, nicht aber von Molybdänlösung. Die Alkalisalze krystallisieren nicht, sondern bilden durchsichtige Lamellen. Sie sind wasserlöslich. Die Salze mit zweiwertigen Metallen sind in Wasser unlöslich. Mg-, Ca-, Ba- und Sr-Salze sind amorph. Die Lösungen der Alkalisalze besitzen die Fähigkeit, die unlöslichen Verbindungen der Mg-, Ca-, Ba- und Sr-Salze in Lösung zu halten. Bei Konzentration dieser Lösungen krystallisieren die Doppelsalze zu schönen Nadeln aus. Das Na-Ca-Salz krystallisiert mit 8 Molekülen Krystallwasser. $C_6H_{12}Na_8Ca_2P_6O_{27} + 8H_2O$. [Posternak führt $2(C_2H_4P_2O_9Na_4) + C_2H_4P_2O_9Ca_2 + Aqua$ an.] Phytin kommt nach Posternak in Pflanzen zum Teil mit Eiweiß verbunden vor.

---

1) Giacosa, Giorn. d. R. Acc. d. med. di Torino **70**, 290 [1907].
2) Maestro, Lo Sperimentale **59**, 456 [1905].
3) Horner, Biochem. Zeitschr. **2**, 428 [1907].
4) Giacosa, Giorn. d. R. Acc. d. med. di Torino **68**, 369 [1905].
5) Gilbert u. Posternak, Monographies cliniques No. 36. Paris, Masson et Cie. 1903.
6) Gilbert u. Lippmann, Extrait de la Presse medicale No. 69 u. 73, 1904.
7) Posternak benennt sie vierbasisch.

Protagon, Cerebroside und verwandte Substanzen.

Von

W. Cramer-Edinburgh.

Allgemeines. Definition. Einteilung. Die Lipoide (nach Abzug des Cholesterins) werden gewöhnlich im Anschluß an Thudichum eingeteilt in 1. die phosphorhaltigen, galaktosefreien Phosphatide und 2. die phosphorfreien, galaktosehaltigen Cerebroside. Diese Einteilung ist jedoch nicht zureichend, da sie die Existenz von Verbindungen, welche zugleich galaktosehaltig und phosphorhaltig sind, nicht in Betracht zieht. Solche Verbindungen liegen in dem kürzlich entdeckten Carnaubon und in dem Protagon, welches Thudichum für eine Mischung von Phosphatiden und Cerebrosiden hielt, vor. Man könnte nun die beiden letztgenannten Körper zu den Phosphatiden rechnen. Eine solche Einteilung ist jedoch nicht befriedigend, da die Gegenwart resp. Abwesenheit von Galaktosegruppen von ebenso großer Bedeutung für die Konstitution der Lipoide ist wie die Gegenwart resp. Abwesenheit von Phosphorsäuregruppen. Ferner ist die Einteilung entsprechend dem Verhältnis N : P, die für die Phosphatide so zweckmäßig ist, irreführend, wenn es sich um eine Substanz wie das Protagon handelt, in welcher der Stickstoff zum Teil in einer Cerebrosidgruppe enthalten ist.

Die folgende Einteilung erscheint den bisher bekannten Tatsachen am besten gerecht zu werden:

I. Phosphatide. Stickstoffhaltige Fettsäureester der Glycerophosphorsäure, enthalten keine Galaktose. Der Stickstoff ist zum größten Teil in Form einer Base — meist Cholin — enthalten. Es sollen auch Phosphatide vorkommen, in welchen das Glycerin durch einen anderen unbekannten Alkohol ersetzt ist. Sollten sich die Angaben bestätigen, so würde es zweckmäßig sein, die Phosphatide nach dem mit der Phosphorsäure verbundenen Alkoholradikal weiter zu klassifizieren.

II. Galakto-Phosphatide. Ähnlich konstituiert wie die (Glycero-)Phosphatide, nur tritt an Stelle des Glycerins die Galaktose.

Von dieser Gruppe ist bisher nur das Carnaubon isoliert worden.

III. Cerebroside. Phosphorfreie Verbindungen der Galaktose mit Fettsäuren und stickstoffhaltigen Basen.

IV. Phospho-Cerebroside. Verbindungen, welche Phosphatide und Cerebroside in chemischer Bindung enthalten. Von dieser Gruppe ist bisher nur das aus dem Gehirn isolierte Protagon[1]) mit genügender Sicherheit isoliert worden. Da das Protagon die einzige schwefelhaltige Lipoidsubstanz ist, die bisher isoliert werden konnte, so deckt sich vorläufig die Gruppe der Phospho-Cerebroside mit der der Cerebro-Sulfatide.

In diesem Kapitel sind die Gruppen II, III und IV behandelt. Alle zu diesen Gruppen gehörenden Substanzen enthalten Galaktose und zeigen eine große Ähnlichkeit. Es sind weiße, krystallinische, an der Luft nicht veränderliche Substanzen, die gesättigte Fettsäuren enthalten. Alle Substanzen sind kaum löslich in heißem Äther und Aceton, schwer löslich in kaltem Alkohol, leicht löslich in heißem Alkohol, aus dem sie sich beim Abkühlen ausscheiden. Sie finden sich daher in dem Niederschlag, der beim Abkühlen eines heißen alkoholischen Gewebsauszugs ausfällt. Zahlreiche andere organische Lösungsmittel (Methyl-, Amylalkohol, Eisessig, Chloroform, Benzol, Pyridin usw.) verhalten sich ähnlich wie Alkohol.

---

[1]) In der Literatur findet sich öfters die Definition: das Protagon sei die in heißem Alkohol lösliche, in kaltem Alkohol schwer lösliche Fraktion der vom Cholesterin befreiten Lipoide, ebenso wie das Kephalin oft definiert wird als die in kaltem Alkohol lösliche, in Äther unlösliche Fraktion der Lipoide. Diese Definition ist falsch und hat zu zahlreichen Irrtümern Anlaß gegeben (weiteres s. unter Protagon).

Phospho-Cerebroside.

Protagon.

Mol.-Gewicht und Formel s. S. 255.

Zusammensetzung: 66,51% C, 10,98% H, 2,39% N, 0,93% P, 0,73% S (Cramer)[1]; 66,30% C, 10,47% H, 2,29% N, 1,03% P, (Gamgee)[2].

Vorkommen: In der weißen Substanz des Gehirns und Rückenmarks und im peripheren Nerven, wahrscheinlich in der Markscheide, neben anderen phosphorhaltigen Lipoiden (Lecithin, Kephalin usw.)[3][4]. Der geringe Gehalt der grauen Substanz des Gehirns an Protagon ist wahrscheinlich auf das Vorhandensein markhaltiger Fasern zurückzuführen. Das embryonale Gehirn enthält während der frühesten Stadien kein Protagon[5]; mit zunehmender Entwicklung nimmt die Menge des Protagons zu[3]. Im degenerierten Nerven nimmt der Protagongehalt ab[3]. Alle diese Angaben beruhen auf Bestimmung der Cerebroidgruppe des Protagons durch Bestimmung der mit Schwefelsäure abgespaltenen Galaktose[3] (s. unten quantitative Bestimmung).

Material	Herkunft	Protagonmenge	
		in Prozenten des feuchten Gewebes	in Prozenten des trockenen Gewebes
Rückenmark, weiße Substanz .	Ochs	8,15—8,96	22,75—25,02
Gehirn, „ „ .	„	5,98—6,34	19,83—21,39
Rückenmark, „ „ .	Mensch	5,84	22,13
Gehirn „ „ .	„	5,69—6,33	19,42—20,79
Nucleus candatus.	Ochs	0,92	4,84
Großhirnrinde	Mensch	0,19	1,20
Nerv. ischiadicus	Pferd	2,41	7,47

Das Gehirn der Vögel enthält Protagon, das der Fische dagegen nicht[6]. Über die zuerst für Protagon gehaltene Substanz aus Rindernieren s. dieses Kapitel unter Carnaubon (S. 257) Auch im Thymus[7], in Eiterzellen[8], in den Nebennieren[9], im Stroma der Erythrocyten und im Sputum[10] soll Protagon vorkommen. Diese Angaben bedürfen jedoch genauerer Nachprüfung, da die erhaltenen Substanzen nicht genauer untersucht worden sind. Bei der Phosphorvergiftung sollen sich in der Leber, die normalerweise nur geringe Mengen Protagon enthält, beträchtliche Mengen Protagon anhäufen[11]. Auch hier ist die Identität der isolierten Substanz mit dem Protagon nicht überzeugend. Die doppeltbrechenden Myelinkörnchen, die bei der regressiven Metamorphose normaler Gewebe und bei der fettigen Degeneration pathologischer Gewebe sowie in Carcinomen und Sarkomen beobachtet worden sind, sind ebenfalls als Protagon angesprochen worden[12], meistens auf Grund ihrer mikrochemischen Eigenschaften. In den Fällen, in welchen eine chemische Untersuchung ausgeführt wurde, hat sich die betreffende Substanz als Cholesterinester verschiedener Fettsäuren erwiesen[13]. Die von dem Entdecker des Protagons[14] gemachte Annahme, dasselbe sei die Muttersubstanz aller Lipoide, ist bereits von Gamgee[15] und Noll widerlegt worden.

[1] Cramer u. Wilson, Quart. Journ. of exp. Physiol. **1**, 91 [1908].
[2] Gamgee u. Blankenhorn, Zeitschr. f. physiol. Chemie **3**, 260 [1879].
[3] Noll, Zeitschr. f. physiol. Chemie **27**, 370 [1899]. — Falk, Biochem. Zeitschr. **13**, 153 [1908].
[4] Wlassak, Archiv f. Entwicklungsmechanik **6**, 453 [1898].
[5] Raske, Zeitschr. f. physiol. Chemie **10**, 340 [1886].
[6] Argiris, Zeitschr. f. physiol. Chemie **57**, 289 [1908].
[7] Lilienfeld, Zeitschr. f. physiol. Chemie **18**, 475 [1893].
[8] Kossel u. Freytag, Zeitschr. f. physiol. Chemie **17**, 431 [1893].
[9] Orgler, Salkowski-Festschrift, Berlin, Hirschwald, 1904.
[10] A. Schmidt u. F. Müller, Berl. klin. Wochenschr. **35**, 73 [1898]; siehe auch Sahli, Lehrbuch d. klin. Untersuchungsmethoden. 4. A., 1905, S. 765.
[11] Waldvogel u. Tintemann, Centralbl. f. Pathol. **15**, 97 [1904].
[12] Orgler, Virchows Archiv **176**, 413 [1904].
[13] Panzer, Zeitschr. f. physiol. Chemie **48**, 518 [1906]; **54**, 239 [1908].
[14] Liebreich, Annalen d. Chemie u. Pharmazie **134**, 29 [1865].
[15] Gamgee, Textbook on the Physiol. Chemistry of the animal body. Vol. 1. London 1880.

Darstellung: Aus dem Gemisch von Gehirnlipoiden, welches beim Abkühlen eines warmen oder heißen alkoholischen Gehirnextraktes ausfällt und aus Cholesterin, Protagon, Cerebron und Phosphatiden besteht. Durch mehrmaliges Umkrystallisieren aus warmem oder heißem Alkohol und Waschen mit kaltem Äther läßt sich das Protagon von dem schwerer löslichen Cerebron und den etwas leichter löslichen Phosphatiden völlig trennen, so daß beim weiteren Umkrystallisieren seine chemische Zusammensetzung und physikalischen Konstanten unverändert bleiben. Beim Umkrystallisieren und bei der Extraktion ist zu beachten, daß eine längere Behandlung mit Alkohol vermieden werden muß, da das Protagon durch Alkohol schon bei geringer Wärme (40°) langsam zersetzt wird.

Für die Darstellung des Protagons ist es gleichgültig, ob man das Nervengewebe direkt mit warmem Alkohol extrahiert[1]) oder ob man dasselbe erst durch Extraktion mit kaltem Alkohol und kaltem Äther erschöpft[2])[3])[4]). Bei der Verarbeitung großer Mengen ist die letztere Methode vorzuziehen[4]). Man kann auch durch Kochen des Gewebes mit konz. Na_2SO_4-Lösung das Protagon koagulieren und dasselbe aus dem Koagulum mit Alkohol extrahieren[5]).

Quantitative Bestimmung: 1. Durch Bestimmung der durch Salzsäurespaltung aus den durch Alkoholextraktion erhaltenen Gehirnlipoiden abgespaltenen Galaktose[6]). 2. Da das Protagon die einzige schwefelhaltige Lipoidsubstanz ist, die bisher aus dem Gehirn isoliert werden konnte, so ließe sich das Protagon auch durch Bestimmung des Lipoidschwefels berechnen[7]). (Über Technik der Lipoidschwefelbestimmung siehe Koch)[8]). Solche Berechnungen sind noch nicht ausgeführt worden.

Die Nollsche Methode setzt voraus, daß sämtliche galaktoseabspaltenden Lipoidgruppen im Protagon gebunden sind. Die Berechnung aus dem Lipoidschwefel setzt voraus, daß sämtliche schwefelhaltigen Lipoidgruppen im Protagon gebunden sind und nicht frei im Nervengewebe existieren. Diese Voraussetzungen scheinen für die weiße Substanz erfüllt zu sein, da hier diese beiden Gruppen in dem gleichen Mengenverhältnis vorhanden sind wie im Protagon[9]). Die graue Substanz ist arm an Cerebrosidgruppen und an schwefelhaltigen Lipoidgruppen.

Physikalische und chemische Eigenschaften: Nach dem Trocknen in vacuo ist es ein weißes, stäubendes, nicht hygroskopisches Pulver. Mit Wasser quillt es auf und bildet eine Emulsion. Durch Kochen mit konzentrierten Neutralsalzlösungen (z. B. Natriumsulfat) wird es koaguliert und läßt sich aus dem Koagulum wieder durch Alkohol ausziehen.

In den meisten Lösungsmitteln ist es kalt schwer löslich. Löst sich bei gelinder Wärme (30°) in Pyridin und in einer Mischung von Methylalkohol und Chloroform. Leicht löslich in heißem Methyl-, Äthylalkohol, Eisessig. In kochendem Äther und Aceton nicht leicht löslich. In cholesterinhaltigem oder kephalinhaltigem Äther soll es schon in der Kälte löslich sein. Diese Angaben bedürfen jedoch der Bestätigung, da die aus solchen Lösungen erhaltenen Produkte zwar dem Protagon ähnlich sind, aber eine etwas andere Zusammensetzung aufweisen (s. Zusammensetzung).

Reines Protagon läßt sich mit kaltem Alkohol und Äther waschen und läßt sich wiederholt aus großen und kleinen Mengen Alkohol umkrystallisieren, ohne sich in seiner Zusammensetzung zu ändern.

Beim Veraschen liefert es eine stark saure Asche, die aus Metaphosphorsäure besteht. Alkalien sind nicht vorhanden[10])[11]). Beim Schmelzen mit Kali entsteht Kaliumsulfat[12]). Durch anhaltendes Kochen mit Alkohol und Äther wird es zersetzt[1])[2]).

Diese Zersetzung tritt schon, wenn auch langsamer, bei mäßiger Wärme (40°) ein[4])[13]).

---

[1]) Gamgee u. Blankenhorn, Zeitschr. f. physiol. Chemie **3**, 260 [1879].

[2]) Baumstark, Zeitschr. f. physiol. Chemie **9**, 158 [1885].

[3]) Lochhead u. Cramer, Biochem. Journ. **2**, 350 [1907].

[4]) Wilson u. Cramer, Quart. Journ. of exp. Physiol. **1**, 91 [1908].

[5]) Cramer, Journ. of Physiol. **31**. 36 [1904].

[6]) Noll, Zeitschr. f. physiol. Chemie **27**, 370 [1899].

[7]) Cramer, Im Handb. d. biochem. Arbeitsmethoden, herausgegeben von Abderhalden **1910**, 2.

[8]) Koch, u. Mann, Archives of Neurol. **4**, 174 [1909].

[9]) Koch, Zeitschr. f. physiol. Chemie **53**, 496 [1907].

[10]) Roscoe, Proc. Roy. Soc. **13**, 111, 365 (1880).

[11]) Ruppel, Zeitschr. f. Biol. **31**, 86 [1895].

[12]) Kossel u. Freytag, Zeitschr. f. physiol. Chemie **17**, 431 [1899].

[13]) Chittenden, Proc. Amer. Phys. Soc. Science **5**, 901 [1897].

Schmelzpunkt: Beim Erhitzen wird es gelblich bei 150°, erweicht bei 180° und schmilzt scharf bei 200° zu einer dunkelbraunen öligen Flüssigkeit.

Schmelzpunkt nach Gamgee[1]) 200°; Ruppel[2]) 200—203°; Cramer[3]) 196°; Baumstark[4]) 200°; Cramer[5]) 192,5°.

Spezifisches Drehungsvermögen[6])[7]) $[\alpha]_D^{30} = +6,9$ (in 3 proz. Lösung), $+7,7$ (in 4,5-proz. Lösung) in Pyridin.

Brechungskoeffizient[6]) einer 3 proz. Pyridinlösung bei 30° = 1,5034 (Pyridin = 1,5062).

Spaltung: 1. Durch Kochen mit verdünnten **Säuren** wird Galaktose abgespalten. 2. Durch andauernde Behandlung mit **warmem Alkohol** werden Substanzen abgespalten, die phosphorreicher oder phosphorärmer sind als Protagon. Dieselben lassen sich durch kalten Alkohol und Äther vom Protagon trennen, resp. hinterbleiben als schwerlöslicher Rückstand, wenn das so zersetzte Protagon aus warmem Alkohol umkrystallisiert wird.

Zuverlässige Angaben über die durch Alkoholspaltung aus dem Protagon gebildeten Produkte stehen noch aus. Die Angaben von Thudichum[8]) sind nicht ohne weiteres anwendbar, da er mit einem Rohprodukt, der „weißen Materie“, gearbeitet hat, welche durch Auskochen des Gehirns mit Alkohol erhalten wurde. Da dieses Produkt dann mit einer heißen ammoniakalischen Bleizuckerlösung in alkoholischer Lösung behandelt wurde, so sind wahrscheinlich noch andere Zersetzungen eingetreten. Nach dieser Behandlung des Rohproduktes erhielt Thudichum[8]) die folgenden Substanzen, die zum Teil wohl als Spaltungsprodukte des Protagons anzusehen sind.

I. Cerebroside.	1. **Phrenosin.**	S. dieses.
	2. **Kerasin.**	S. dieses.
II. Diaminomonophosphatid.	3. **Sphingomyelin.**	Zerfällt durch Baryt in 1. Phosphorsäure, 2. Cholin, 3. Sphingosin (s. dieses), 4. Sphingostearinsäure (Isomeres der Stearinsäure), 5. Sphingol (Alkohol, isomer mit der Stearinsäure).
III. Diaminodiphosphatid.	4. Assurin.	Nicht genau untersucht.
IV. Amidolipotid.	5. Istarin.	Stickstoffhaltiges, phosphorfreies Fett; nicht genau untersucht.
V. Cerebrosulfatid.	6. Cerebrosulfatid.	S. dieses.
VI. Cerebrinacide.	7. Sphärocerebrin.	S. diese, nicht einheitliche Substanzen.
	8. Cerebrinsäure.	Wahrscheinlich sekundäre Zersetzungsprodukte.

Nur die drei durch Druck hervorgehobenen Substanzen machen den Eindruck einheitlicher Substanzen. Neuerdings[9]) sind wieder aus dem durch Alkohol zersetzten Rohprodukt zwei dem Cerebron und dem Sphingomyelin ähnliche Substanzen isoliert worden. Die Analysen zeigen geringe Abweichungen. Die Darstellungsweise ist nicht angegeben.

3. Durch Kochen mit wässeriger oder methylalkoholischer **Barytlösung** wird Protagon gespalten[10]) in Cerebroside (Cerebrin und Homocerebrin, s. dieses Kapitel), ferner in Glycerophosphorsäure (s. S. 234), in Fettsäuren (Stearinsäure?) und in Cholin[11]). $^1/_5$ des Protagonstickstoffs wird als Cholin abgespalten[11]). Neurin wird gar nicht gebildet[11]). Sphingosin soll auch gefunden worden sein[12]), jedoch fehlen experimentelle Belege.

---

[1]) Gamgee u. Blankenhorn, Zeitschr. f. physiol. Chemie **3**, 260 [1879].

[2]) Ruppel, Zeitschr. f. Biol. **31**, 86 [1895].

[3]) Cramer, Unveröffentlichte Beobachtungen.

[4]) Baumstark, Zeitschr. f. physiol. Chemie **9**, 158 [1885].

[5]) Cramer, Journ. of Physiol. **31**, 36 [1904].

[6]) Wilson u. Cramer, Quart. Journ. of exp. Physiol. **1**, 91 [1908].

[7]) Wilson u. Cramer, Quart. Journ. of exp. Physiol. **2**, 91 [1909].

[8]) Thudichum, Chemische Konstitution des Gehirns der Menschen und Tiere. Tübingen 1901.

[9]) Rosenheim u. Tebb, Quart. Journ. exp. Physiol. **1**, 297 [1908]; Journ. of Physiol. **37**, 348 [1908].

[10]) Liebreich, Annalen d. Chemie u. Pharmazie **134**, 29 [1865].

[11]) Cramer, Journ. of Physiol. **31**, 36 [1904].

[12]) Rosenheim u. Tebb, Journ. of Physiol. **36**, 17 [1907].

Nr.	Autor	Um-krystallisiert	C %	H %	N %	P %	S %	Bemerkungen über Methoden usw.
1	Liebreich....	1 mal	66,74	11,74	2,80	1,23	nicht bestimmt	Mittel von 15 Analysen
2	Gamgee und Blankenhorn	2 mal	66,52	10,84	2,45	1,05	nicht bestimmt	Direkte Extraktion des Gehirns mit warmem Alkohol
3		2 mal	66,35	10,67	2,40	1,05	„	
4		3 mal	66,30	10,47	2,29	1,03	„	
5	Baumstark ..	1 mal	66,54	10,99	2,28	1,05	nicht bestimmt	Extraktion mit warmem Alkohol nach vorheriger Erschöpfung des Gehirns mit kaltem Äther und Alkohol
6		2 mal	66,74	10,93	—	1,08	„	
7		4 mal	66,56	11,16	2,42	1,06	„	
8	Kossel und Freytag	0 mal	66,25	11,13	3,25	0,97	0,51	Gamgees Methode. Das analysierte Produkt war nicht durch Umkrystallisieren gereinigt
9	Ruppel......	3 mal	66,51	10,88	2,55	1,14	0,0	Gamgees Methode
10		4 mal	66,29	10,75	2,32	1,13	0,10	
11	Noll	3 mal	67,15	11,12	2,57	1,16	0,65	Gamgees Methode
12	Lessem und Gies	2 mal	66,11	10,90	2,02	1,23	0,77	Gamgees Methode
13		2 mal	66,55	10,66	2,19	0,89	0,72	
14		2 mal	65,82	10,60	1,98	1,26	0,67	
15		2 mal	65,62	10,84	2,03	1,23	0,72	
16	Cramer......	3 mal	66,37	10,82	2,29	1,04	nicht bestimmt	Koagulieren des Gehirns mit konz. $Na_2 SO_4$-Lösung, Ausziehen und Umkrystallisieren aus kochendem Alkohol
17		3 mal	66,42	11,06	—	—	0,71	
18		3 mal	64,69	10,83	2,54	1,16	0,61	
19	Dunham.....	—	65,76	10,66	2,51	0,97	1,33	Cramers Methode
20	Cramer und Wilson	4 mal	66,64	10,92	2,41	0,92	nicht bestimmt	Ausziehen und Umkrystallisieren mit kochendem oder mit warmem Alkohol nach vorheriger Erschöpfung des Gehirns durch kalten Alkohol und Äther
21		5 mal	66,51	10,98	2,39	0,93	0,73	
22		4 mal	66,40	11,01	2,33	0,97	nicht bestimmt	
23		3 mal	66,40	10,71	2,55	1,02	0,68	

Zusammensetzung: Die Tabelle enthält sämtliche in der Literatur angegebenen vollständigen Elementaranalysen verschiedener Protagonpräparate, die durch Alkoholextraktion aus dem Gehirn gewonnen worden sind (Doppelanalysen eines Präparates sind als Durchschnittswerte angegeben). Außerdem existieren noch zwei Analysen: 1. eine Analyse eines aus dem Ätherextrakt erhaltenen Präparates[1]), welches einen etwas höheren Stickstoffgehalt

---

[1]) Zuelzer, Zeitschr. f. physiol. Chemie **27**, 225 [1899].

hat und daher wohl nicht mit dem Protagon identifiziert werden kann; 2. die Analyse einer aus dem Paranucleoprotagon erhaltenen Substanz[1]), welche dieselbe Zusammensetzung zeigt wie das Protagon. Die Präparate von Rosenheim und Tebb[2]) sind nicht berücksichtigt worden. Da diese Präparate keinen scharfen Schmelzpunkt haben, beträchtliche Mengen Kalium enthalten und beim einfachen Umkrystallisieren aus Alkohol in phosphorreiche und phosphorarme Fraktionen zerfallen[3]), so können sie nicht mit dem Protagon identisch sein.

Die Analysen der Präparate Nr. 3, 4, 20 und 21, in welchen je ein Präparat vor und nach dem Umkrystallisieren aus Alkohol und Waschen mit Äther analysiert worden und vollkommene Übereinstimmung gefunden worden ist, geben die zuverlässigsten Werte an.

Präparat Nr. 8 bezieht sich auf ein Rohprodukt, welches absichtlich nicht umkrystallisiert wurde, da es zu Spaltungszwecken benutzt werden sollte. Präparat 9, welches merkwürdigerweise keinen Schwefel enthielt, war aus einem menschlichen Gehirn dargestellt worden.

Präparat Nr. 18 zeigt einen auffallend niedrigen C-Gehalt bei gleichem P-, N- und S-Gehalt. Falls man dies nicht auf die energische Darstellungsmethode zurückführen will, wäre anzunehmen, daß hier ein Homologes des Protagons, ein Homoprotagon, vorliegt.

Aus den Analysen läßt sich unter der einfachsten Annahme, daß das Atomverhältnis $P : S = 2 : 1$ ist, die Formel $C_{320}H_{616}N_{10}P_2SO_{68}$ (Molekulargewicht 5778) berechnen. Der gefundene Schwefelgehalt ist jedoch für eine solche Annahme etwas zu hoch und deutet eher auf ein Atomverhältnis $P : S = 3 : 2$.

Individualität des Protagons: Über die Frage, ob das Protagon eine Mischung von Phosphatiden, Cerebrosiden und Cerebrosulfatiden ist, oder ob es einen komplizierteren Körper von höherem Molekulargewicht darstellt, der die genannten Substanzen in chemischer Bindung enthält, ist seit seiner Entdeckung eine erbitterte Kontroverse geführt worden. Dieselbe ist dadurch ermöglicht worden, daß von verschiedenen Autoren verschiedene Substanzen mit dem Namen Protagon bezeichnet worden sind, was in der Literatur zu eklatanten Widersprüchen über die einfachsten Eigenschaften des Protagons geführt hat. Den Anlaß dazu bot die von Liebreich irrtümlich gemachte Annahme, daß das Protagon die Muttersubstanz aller Gehirnlipoide sei.

Gamgee, der diesen Irrtum erkannte, hat die beim Abkühlen eines warmen alkoholischen Gehirnextraktes ausfallende Substanz (welche mit der „weißen Materie" von Vauquelin identisch ist) durch Äther von Cholesterin befreit und aus dem so erhaltenen Rohprodukt (welches ungefähr dem „Cerebrot" von Conerbe entspricht) durch Umkrystallisieren zwei Substanzen isoliert: **Cerebron** und **Protagon**. Außerdem erkannte er noch die Gegenwart von **Phosphatiden**. Die von Gamgee Protagon genannte Substanz schmilzt scharf bei 200°, enthält kein Kalium und läßt sich aus viel oder wenig Alkohol umkrystallisieren und mit Äther waschen, ohne ihre Zusammensetzung zu ändern. Viele Forscher, welche diese Angaben übersehen haben, verstehen aber auch heute noch unter dem Protagon die Muttersubstanz der Gehirnlipoide und sprechen von einem „Protagonbegriff". Sie nennen deshalb alles, was sich aus einem heißen alkoholischem Exrakt absetzt, „Protagon" und erhalten so Rohprodukte von veränderlicher Zusammensetzung, welche schon in ihren Analysenresultaten, im Schmelzpunkt und in ihrer Löslichkeit vom Protagon abweichen und welche unzweifelhaft Gemische sind. So erhielt Thudichum eine Substanz, von ihm Protagon genannt, welche keinen scharfen Schmelzpunkt hat, 0,7% Kalium enthielt und durch Umkrystallisieren aus Alkohol und Waschen mit Äther in phosphorreiche und phosphorarme Fraktionen zerlegt wurde. Ähnliche Irrtümer sind neuerdings von Autoren gemacht[4]) worden, die sogar das Protagon definieren als die beim Abkühlen eines heißen alkoholischen Gehirnextraktes ausfallende Substanz.

Angaben über derartige Produkte beweisen nur, daß es den betreffenden Autoren nicht gelungen ist, Protagon darzustellen und müssen aus der Protagonliteratur ausgeschlossen werden. Beschränkt man die Diskussion auf die Frage, ob das von Gamgee untersuchte Protagon ein Gemisch von Phosphatiden und Cerebrosiden ist, so läßt sich die Kontroverse jetzt entscheiden.

---

[1]) Ulpiani u. Lelli, Gazetta chimica ital. **32**, 466 [1902].

[2]) Rosenheim u. Tebb, Quart. Journ. exp. Physiol. **2**, 317 [1909].

[3]) Cramer, Quart. Journ. exp. Physiol. **3**, 119 [1910].

[4]) Rosenheim u. Tebb, Proc. phys. Soc. **1908**; Quart. Journ. exp. Physiol. **1**, 297 [1908]; **2**, 317 [1909].

Ein Gemisch der Cerebroside und Phosphatide, die im Protagon vorkommen, läßt sich nach Thudichum und Gies durch kalten Alkohol und kalten Äther teilweise in seine Bestandteile trennen. Nun bleibt aber die Zusammensetzung des Protagons unverändert, wenn man dasselbe aus einem großen oder kleinen Volumen warmen oder kochenden Alkohols umkrystallisiert und nach dem Abkühlen auf 27° oder 0° mit kaltem Äther wäscht[1]. Ferner läßt sich Protagon aus dem Gehirn auch nach vorheriger Erschöpfung des Gehirns mit kaltem Alkohol und Äther und durch Extraktion und Umkrystallisieren aus kochendem Alkohol darstellen. Diese Angaben sind von Baumstark, Ruppel, Gies, Cramer u. a. bestätigt worden, so daß an der Richtigkeit derselben kein Zweifel besteht. Diese Tatsachen schließen nun die Möglichkeit aus, daß das Protagon ein Gemisch von Phosphatiden und Cerebrosiden im Sinne von Gies und Thudichum ist. Dagegen läßt sich das Protagon leicht in ein solches Gemisch verwandeln. Nach andauernder Behandlung mit warmem Alkohol bei 40° tritt eine Änderung der physikalischen Konstanten ein[2], und ein Protagonpräparat, welches vor der Behandlung weder durch kalten Alkohol noch durch kalten Äther in seiner Zusammensetzung verändert wird, gibt nach der Behandlung mit warmem Alkohol an kaltem Alkohol eine phosphorreichere, an kaltem Äther eine phosphorärmere Substanz, während zugleich beträchtliche Mengen eines phosphorarmen Rückstandes hinterbleiben, welcher in warmem Alkohol schwerer löslich ist als das Protagon[3][4][5].

Das Protagon ist also eine zersetzliche Substanz, die sich aus Phosphatiden und Cerebrosiden, die es in chemischer Bindung enthält, aufbaut. Bei der Behandlung mit warmem Alkohol zerfällt es langsam in diese Bausteine.

Kossel[6] und Cramer[7] haben darauf hingewiesen, daß das Protagon vielleicht ein Gemisch von homologen Protagonen ist, und Fränkel[8] ist dieser Ansicht beigetreten. Diese Frage kann vorläufig noch nicht entschieden werden. Eine solche Annahme würde es verständlich machen, daß das aus der Formel berechnete Molekulargewicht so auffallend groß ist. Diese Anschauung ist jedoch grundsätzlich verschieden von der Auffassung des Protagons als eines Gemisches von Phosphatiden und Cerebrosiden.

Biochemische und histochemische Eigenschaften: Protagon verbindet sich, wie andere Lipoide es auch tun, mit Tetanusgift[9]. Diese Verbindung ist im Tierkörper ziemlich beständig und spaltet nur langsam das Gift ab. Die tetanustoxinbindende Gruppe ist die Cerebrosidgruppe[10] des Protagons und in dieser wiederum die Cerebronsäure[10]. Außer dem Protagon existieren noch andere toxinbindende Substanzen im Nervengewebe, da die graue Substanz, die arm an Protagon ist, noch stärker giftbindend wirkt als die weiße Substanz (siehe unter Cerebrosiden, S. 260).

Protagon wird weder durch Osmiumsäure[11] noch durch ein Gemisch von Osmiumsäure und Kaliumbichromat geschwärzt, sondern nur gelb gefärbt, im Gegensatz zum Lecithin und Kephalin, welche sich mit Osmiumsäure schwarz färben. Auch durch vorhergehende Chrombeize (Marchis Methode) wird es der Färbung durch Osmiumsäure nicht zugänglich gemacht[12]. Dagegen wird es durch die Weigertsche Hämatoxylinfärbung nach vorangegangener Beizung mit Kaliumbichromat und Chromalaun in typischer Weise gefärbt[12]. Die allmähliche Ablagerung des Protagons im embryonalen Nervengewebe läßt sich so mikrochemisch verfolgen[12]. Protagon reißt vital färbende Farbstoffe aus ihren wässerigen Lösungen an sich[13]. Es färbt sich rasch und dauerhaft durch basische Farbstoffe, nicht aber durch saure Farbstoffe[14].

---

[1] Cramer, Quart. Journ. exp. Physiol. **3**, 129, 1910.

[2] Wilson u. Cramer, Quart. Journ. exp. Physiol. **1**, 97 [1908]; **2**, 91 [1909].

[3] Chittenden u. Frisell, Proc. Amer. Phys. Soc. Science **5**, 901 [1897].

[4] Lessem u. Gies, Amer. Journ. of Physiol. **8**, 183 [1902].

[5] Posner u. Gies, Journ. of biol. Chemistry **1**, 59 [1905].

[6] Kossel u. Freytag, Zeitschr. f. physiol. Chemie **17**.

[7] Cramer, Journ. of Physiol. **31**, 36 [1904]; Wilson and Cramer, Quart. Journ. exp. Physiol. **1**, 97 [1908]; **2**, 91 [1909].

[8] Fränkel, Ergebnisse d. Physiol. **8**, 251 [1909].

[9] Landsteiner u. Botteri, Centralbl. f. Bakt. **42**, 562 [1906]. — Siehe dagegen Ignatonski, Centralbl. f. Bakt. **35**, 158 [1903].

[10] Takaki, Beiträge z. chem. Physiol. u. Pathol. **11**, 288 [1908].

[11] Kossel u. Freytag, Zeitschr. f. physiol. Chemie **17**, 436 [1893].

[12] Wlassak, Archiv f. Entwicklungsmechanik **6**, 453 [1898].

[13] Overton, Jahresberichte f. wissenschaftl. Botanik **34**, 669 [1900].

[14] Le Goff, Compt. rend. de la Soc. de Biol. **50**, 369 [1898].

Paranucleoprotagon.

Vorkommen: Das Protagon soll in dieser Form, an einen Eiweißkörper gebunden, im nervösen Gewebe vorhanden sein[1]).

Darstellung: Zerriebenes Gehirn wird mit Chloroform extrahiert und das Paranucleoprotagon aus dem Chloroformextrakt durch Essigäther niedergeschlagen. Durch andauernde Behandlung mit 80% Alkohol bei 45° soll Protagon abgespalten werden, während Paranuclein zurückbleibt. Das Paranuclein gibt die Millonsche und Biuretprobe und spaltet keine Purinbasen bei der Säurehydrolyse ab. Durch Kalilauge wird es in Phosphorsäure und Albumin gespalten.

Analysen:

	C	H	N	P
Paranucleoprotagon	60,79%	8,74%	6,20%	1,62%
Paranuclein	54,43%	7,71%	11,41%	1,88%.

Alle diese Substanzen sind nicht sehr gut charakterisiert. Nachprüfung der Angaben hat zum Teil andere Resultate ergeben[2]).

Galakto-Phosphatide.

Carnaubon.[3])[4])

Hypothetische Formel (aus den Spaltungsprodukten ermittelt): $C_{74}H_{150}N_3PO_{13}$.
Zusammensetzung: 67,24% C, 11,47% H, 3,19% N, 2,35% P.
Vorkommen: In der Rinderniere.
Darstellung: Das zerkleinerte Gewebe wird einmal mit Alkohol gekocht, das Extrakt verworfen; der Rückstand wird wiederholt mit heißem Alkohol extrahiert. Der beim Abkühlen ausfallende Niederschlag wird in Benzol gelöst, die Lösung nach dem Einengen mit Äther versetzt. Der ausfallende Niederschlag wird aus Alkohol wiederholt umkrystallisiert und mit Äther gewaschen. Ausbeute 6 g aus 35 kg feuchten Nierengewebes.
Physikalische und chemische Eigenschaften: Weiße, geruch- und geschmacklose Substanz. Luftbeständig. Fällt aus seinen Lösungen in Form konchoidaler Scheiben aus. Wohldefinierte Krystalle wurden nicht beobachtet.

Leicht löslich in einem Gemisch von Chloroform und Methylalkohol (2 : 1), schon bei Zimmertemperatur. In Methyl-, Äthyl-, Amylalkohol nur in der Wärme löslich; scheidet sich beim Abkühlen aus. Ebenso verhalten sich Eisessig, Essigester, Benzol, Toluol, Chloroform und Pyridin. In kochendem Äther und Aceton nur wenig löslich. Schmelzp. 189°.

Spezifisches Drehungsvermögen: $[\alpha]_D^{25} = +10,2$ in Chloroform-Methylalkohol. Analyse (Mittel) 67,12% C, 11,54% H, 2,84% N, 2,18% P. Die Abweichungen von den Werten für die theoretisch berechnete Formel (s. oben) wird auf teilweise Zersetzungen zurückgeführt. Es ist auch möglich, daß das Carnaubon ein Gemenge homologer Substanzen ist.
Spaltung: 1. Mit verdünnter Salpetersäure werden Fettsäuren erhalten, nämlich Stearinsäure, Palmitinsäure und eine neue Fettsäure Carnaubinsäure $C_{24}H_{48}O_2$. Schmelzp. 72—72,5°. 2. Mit Säuren oder Alkalien wird Cholin erhalten. 3. Mit Schwefelsäure wird Galaktose abgespalten. Glycerin wurde niemals erhalten.
Konstitution: Carnaubon wird aufgefaßt als eine Aminogalaktose, welche verbunden ist mit je einem Molekül der oben angegebenen drei Fettsäuren und mit einem Molekül Phosphorsäure, an welcher 2 Cholingruppen haften.
Formel: $C_6H_9NO \cdot C_{24}H_{47}O_2 \cdot C_{18}H_{35}O_2$, $C_{16}H_{31}O_2$, $PO_4(C_5H_{14}NO)_2$, woraus sich ein Molekulargewicht 1319 berechnet.
Diese Auffassung stützt sich auf quantitative Bestimmung der Spaltungsprodukte.

---

[1]) Ulpiani u. Lelli, Gazetta chimica ital. **32**, 466 [1902].
[2]) Steel and Gies, Amer. Journ. of Physiol. **20**, 378 [1907/08].
[3]) Dunham, Journ. of biol. Chemistry **4**, 297 [1907].
[4]) Dunham u. Jacobson, Zeitschr. f. physiol. Chemie **64**, 303 [1910].

	Berechnet:	Gefunden:
Carnaubinsäure	27,90%	
Stearinsäure	21,23%	
Palmitinsäure	19,41%	
Gesamte Fettsäuren	68,54%	68,64%
Cholin	18,35%	12,62%
Methyl	6,83%	6,017%
Galaktose	13,64%	13,78%

Man kann das Carnaubon daher als ein Phosphatid auffassen, welches Galaktose an Stelle von Glycerin enthält. Oder man kann es zu den Cerebrosiden (Galaktosiden) rechnen und eine besondere Gruppe der „phosphorhaltigen Cerebroside" dafür einrichten.

Cerebroside.

I. Cerebroside des Nervengewebes.

Allgemeines: Zu dieser Gruppe gehören eine Reihe von Substanzen, welche entweder direkt aus dem Gehirn oder aus dem Protagon erhalten worden sind, und zwar entweder durch Behandlung mit warmem oder kochendem Alkohol oder durch Kochen mit Barytlösung. Hierzu gehören: die Cerebrine verschiedener Autoren, das dem Cerebrin nahestehende Homocerebrin oder Kerasin und das Enkephalin, das Pseudocerebrin, das Cerebron und das Phrenosin. Nach Ansicht des Verfassers sind diese Substanzen in folgender Weise zu gruppieren und werden dementsprechend abgehandelt:

Das Pseudocerebrin und Cerebron, über deren von Cramer[1]) aufgedeckte Identität kein Zweifel besteht[2]), scheinen reine Präparate zu sein. Diese Substanz wird unter dem Namen Cerebron behandelt.

Das von Parcus und das von Kossel und Freytag durch Barytspaltung erhaltene Cerebrin (resp. Homocerebrin) zeigen vollkommene Identität und scheinen ebenfalls reine Präparate zu sein. Dieses Cerebrin ist dem Cerebron sehr ähnlich, unterscheidet sich jedoch von letzterem durch Unterschiede im Schmelzpunkt und Stickstoffgehalt. Man kann dasselbe daher nicht ohne weiteres mit dem Cerebron identifizieren, wie Gies[3]) will. Es ist vielmehr wahrscheinlich, daß diese Substanz aus dem Cerebron durch Einwirkung starker Reagenzien (Baryt) bei der Darstellung entstanden ist. Die Cerebrine anderer Autoren [Müller[4]), Geoghegan[5])] sind als stark verunreinigte Präparate aufzufassen und werden deshalb nicht weiter behandelt werden. Das von Koch[6]) durch Kochen mit Alkohol erhaltene und Cerebrin benannte Produkt steht dem Cerebron am nächsten und wird dort behandelt werden. Das Phrenosin ist entweder ein unreines Cerebrin oder ein unreines Cerebron[7]).

Zu der Gruppe gehören auch noch das Aminocerebrininsäureglykosid, welches dem Homocerebrin am ähnlichsten ist und dort Erwähnung findet, und die Cerebrinacide, welche jedenfalls ganz unreine Produkte sind.

Die Analysen und Schmelzpunkte sind in der oben gemachten Anordnung in nebenstehender Tabelle zusammengestellt, in welcher die zweifellos einheitlichen Produkte in der letzten Spalte durch starken Druck hervorgehoben sind.

Typische Reaktionen. Vorkommen. Quantitative Bestimmung: Sämtliche Cerebroside geben mit konz. Schwefelsäure verrieben zuerst Gelbfärbung, die ungelösten Flocken färben sich allmählich purpurrot. Mit konz. Schwefelsäure und Rohrzuckerlösung tritt sofort Purpurfärbung auf. Diese Reaktion beruht auf dem Vorhandensein der Sphingosingruppe und einer Zuckergruppe im Molekül. Sie geben eine positive Orcinreaktion, die auf dem Vorhandensein der Galaktose (und nicht einer Pentose, wie irrtümlich angegeben) beruht[8]).

---

[1]) Cramer, Journ. of Physiol. **31**, 36 [1904].

[2]) Thierfelder, Zeitschr. f. physiol. Chemie **43**, 21 [1904]; Lochhead u. Cramer, Biochem. Journ. **2**, 353 [1907].

[3]) Posner and Gies, Journ. of biol. Chemistry **1**, 59 [1905].

[4]) Müller, Liebigs Annalen **105**, 361 [1858].

[5]) Geoghegan, Zeitschr. f. physiol. Chemie **3**, 332 [1879].

[6]) Koch, Zeitschr. f. physiol. Chemie **36**, 134 [1902].

[7]) Thierfelder, Zeitschr. f. physiol. Chemie **46**, 518 (1905).

[8]) Fränkel u. Linnert, Biochem. Zeitschr. **26**, 41 [1910].

Autor und Datum	Name der Substanz	Analysenzahlen			Berechnete Formel	Schmelzpunkt	Vom Verfasser vorgeschlagene Nomenklatur
		C	H	N			
Gamgee (1880)[1]	Pseudocerebrin	68,89	11,87	1,83	—	210^0	Cerebron
Thierfelder (1900)[2]	Cerebron	69,16	11,54	1,76	$C_{48}H_{93}NO_9$	$209\text{—}212^0$	
Koch (1902)[3]	Cerebrin	68,73	11,83	1,62	—	192^0	
Müller (1858)[4]	Cerebrin	68,45	11,20	4,60	—	—	Nicht einheitliche Produkte
Geoghegan (1879)[5]	Cerebrin	68,74	10,91	1,44	—	—	
Parcus (1881)[6]	Cerebrin	69,08 / 68,84	11,47 / 11,61	2,13	$C_{70}H_{140}N_2O_{13}$ oder $C_{76}H_{154}N_2O_{14}$ oder $C_{80}H_{160}N_2O_{15}$	170^0	Cerebrin
Kossel und Freytag (1893)[7]	Cerebrin	68,99	11,52	2,25	$C_{70}H_{140}N_2O_{13}$	176^0	
Thudichum (1874)[8]	Kerasin	68,45	11,39	1,74	$C_{46}H_{91}NO_9$	—	
Parcus (1881)[6]	Homocerebrin	70,06	11,59	2,23	Obige Formeln von Parcus für Cerebrin $-H_2O$	155^0	Homocerebrin
Kossel und Freytag (1893)[7]	Kerasin	70,00	11,69	2,24	$C_{70}H_{138}N_2O_{12}$	156^0	
Bethe (1902)[8]	Amidocerebrininsäureglykosid	70,19	11,08	1,86	$C_{44}H_{81}NO_8$	179^0	?
Thudichum (1874)[9]	Phrenosin	66,60	11,20	2,30 (0,7% P)	$C_{34}H_{67}NO_8$	—	Unreines phosphorhaltiges Produkt
Thudichum (1880)[10]	Phrenosin	67,96	11,43	2,00	$C_{41}H_{79}NO_8$	—	Unreines Cerebrin oder unreines Cerebron
Thudichum (1901)[11]	Phrenosin	Analysenzahlen nicht angegeben			$C_{41}H_{79}NO_8$	176^0	
Parcus (1881)[6]	Enkephalin	68,40	11,60	3,09	$C_{102}H_{206}N_4O_{19}$	150^0 Vor dem Schmelzen bei 125^0 tritt Zersetzung ein	Wahrscheinlich Zersetzungsprodukt des Cerebrins oder Kerasins

[1] Gamgee, Textbook on the Physiological Chemistry of the animal body **1**, 441 [1880].

[2] Wörner u. Thierfelder, Zeitschr. f. physiol. Chemie **30**, 542 [1900]. Thierfelder, ib. **43**, 21 [1904]; **44**, 366 [1905]; **49**, 286 [1906].

[3] Koch, Zeitschr. f. physiol. Chemie **36**, 134 [1902].   [4] Müller, Liebigs Annalen **105**, 361 [1858].

[5] Geoghegan, Zeitschr. f. physiol. Chemie **3**, 332 [1879].   [6] Parcus, Journ. f. prakt. Chemie **24**, 310 [1881].

[7] Kossel u. Freytag, Zeitschr. f. physiol. Chemie **17**, 431 [1893].

[8] Bethe, Archiv f. experim. Pathol. u. Pharmakol. **48**, 73 [1902].

[9] Thudichum, Reports of the Medical Officer of the Privy Council and Local Governement Board. New Series No. III, 194—196. London 1874.

[10] Thudichum, Ninth Annual Report of the Local Governement Board [1879/80], Supplement contaning the Report of the Medical Officer for 1879, 143. London 1880.

[11] Thudichum, Chemische Konstitution des Gehirnes der Menschen u. der Tiere. Tübingen 1901; siehe auch Thierfelder, Zeitschr. f. physiol. Chemie **46**, 518 [1905].

Sämtliche Cerebroside spalten beim Kochen mit verdünnter Schwefelsäure Galaktose ab[1]). Diese Reaktion wird zur quantitativen Bestimmung der Cerebroside benutzt[2]). Unter der Annahme, daß sämtliche Cerebroside des Nervengewebes im Protagon gebunden sind, kann diese Reaktion auch zur quantitativen Bestimmung des Protagons (s. dort) verwendet werden. Da die meisten Angaben über das Vorkommen des Protagons auf dem Nachweis der Cerebrosidgruppe beruhen, so gelten sämtliche dort gemachten Angaben über die Verteilung im Nervengewebe eo ipso auch für die Cerebroside, z. B. die Zunahme der Cerebroside mit zunehmender Entwicklung[3]). Über das Vorkommen von Cerebrosiden in anderen Organen s. S. 266.

Biologische Eigenschaften:[4]) Die Cerebroside verbinden sich mit Kobragift und mit Tetanusgift. Die giftbindende Wirkung beruht auf dem Vorhandensein der Fettsäuregruppe im Cerebrosidmolekül. 1 g Cerebronsäure soll das 12 000 fache der für Mäuse tödlichen Dose Tetanusgift binden. Sphingosin dagegen ist unwirksam.

Pseudocerebrin[5]).

Das erste in reinem Zustand isolierte Cerebrosid. Es ist identisch mit dem später unabhängig von Thierfelder isolierten und genau untersuchten Cerebron (s. dieses). Es ist zweckmäßiger, diese Substanz mit dem Namen Cerebron zu bezeichnen.

Darstellung: Aus der Mischung, welche beim Abkühlen eines heißen, alkoholischen Gehirnextraktes ausfällt, durch wiederholtes Umkrystallisieren des schwerer löslichen Anteils aus Alkohol.

Weitere Angaben siehe Cerebron.

Cerebron.
$C_{48}H_{93}NO_9$ (69,65% C, 11,24% H, 1,70% N.)

Vorkommen: In der weißen Substanz des nervösen Gewebes wahrscheinlich mit Phosphatidgruppen verbunden als Protagon, aus welchem es durch Behandlung mit warmem Alkohol abgespalten wird[6]). Ob Cerebron auch als solches präformiert vorkommt, steht noch nicht fest.

Darstellung: Aus der weißen Materie, die beim Abkühlen eines heißen alkoholischen Gehirnextraktes ausfällt und außer Cerebron noch Protagon und Phosphatide enthält, entweder durch wiederholtes Umkrystallisieren des schwerer löslichen Anteils aus Alkohol (siehe Pseudocerebron) oder durch wiederholtes Kochen mit Alkohol und Umkrystallisieren aus Eisessig[7]) oder durch wiederholtes Umkrystallisieren aus einer Chloroform-Methylalkoholmischung. Die weitere Reinigung erfolgt durch eine heiße methylalkoholische Lösung von Zinkhydroxyd[8]).

Quantitative Bestimmung: Durch Bestimmung der durch Kochen mit verdünnter Salzsäure abgespaltenen Galaktosemenge[2]).

Physikalische und chemische Eigenschaften: Spezifisches Drehungsvermögen $[\alpha]_D^{50} = +7,6$ in Chloroform-Methylalkohol[9]). Schmelzpunkt 209—212°, wird bei 130° feucht und bedeckt sich allmählich mit feinsten Tröpfchen, wird bei 200° gelblich[9]).

In reinem sowie in benzol- oder chloroformhaltigem Alkohol in der Wärme löslich. Beim Erkalten scheidet es sich in knollenartigen Gebilden aus. Aus chloroformhaltigem Aceton in konzentrisch angeordneten Nädelchen. Beim einstündigen Erwärmen auf 50° in alkoholischer Lösung lagern sich die knollenartigen Gebilde allmählich in nadel- oder blätterförmige Krystalle um. Bei dieser charakteristischen Umlagerung wird Wasser aufgenommen.

---

[1]) Thierfelder, Zeitschr. f. physiol. Chemie **14**, 209 [1890].

[2]) Koch, Amer. Journ. of Physiol. **11**, 303 [1904].

[3]) Koch u. Mann, Proc. Phys. Soc. **1907**, 36; Journ. of Physiol. **36**.

[4]) Takaki, Beiträge z. chem. Physiol. u. Pathol. **11**, 288 [1908]. — Pascucci, Beiträge z. chem. Physiol. u. Pathol. **6**, 543 [1905].

[5]) Gamgee, Textbook on the Physiological Chemistry of the animal body. London [1880]. **1**, 441.

[6]) Wilson and Cramer, Quart. Journ. of exp. Physiol. **1**, 97 [1908].

[7]) Koch, Zeitschr. f. physiol. Chemie **36**, 134 [1902].

[8]) Kitagawa u. Thierfelder, Zeitschr. f. physiol. Chemie **49**, 286 [1906].

[9]) Wörner u. Thierfelder, Zeitschr. f. physiol. Chemie **30**, 542 [1900].

Durch einstündiges Kochen mit Baryt wird es nicht verändert. Das in Chloroform gelöste Cerebron addiert Brom. Mit konz. Schwefelsäure gibt es die typische Cerebrosidreaktion (Purpurfärbung).

Spaltung des Cerebrons: Bei der Spaltung durch Schwefelsäure in wässeriger Lösung[1]) entstehen **Cerebronsäure, Galaktose** und eine stickstoffhaltige Base **Sphingosin** nach der Gleichung $C_{48}H_{93}NO_9 + 2 H_2O = C_{25}H_{50}O_3 + C_{17}H_{35}NO_2 + C_6H_{12}O_6$[2]).

Bei der Spaltung durch Schwefelsäure in methylalkoholischer Lösung[3]) wurden neben dem Sphingosin noch geringe Mengen einer anderen Base erhalten, die noch keinen Namen erhalten hat und deren Beziehung zum Sphingosin noch nicht aufgeklärt ist. Spaltungsprodukte s. S. 262—263.

Cerebrin und Homocerebrin[4]) (Kerasin).

Mol.-Gewicht des Homocerebrins: Durch Siedepunktserhöhung = 945 (972, 1027).

Vorkommen: Im markhaltigen Nervengewebe als Spaltungsprodukte des Protagons.

Darstellung: Durch Erhitzen des Protagons mit Barythydrat, am besten in methylalkoholischer Lösung. Sie können auch direkt aus der Gehirnmasse durch kurzes Kochen mit Baryt gewonnen werden' (Parcus). Beim Erkalten krystallisiert zuerst hauptsächlich Cerebrin, nach längerem Stehen der Mutterlauge hauptsächlich Homocerebrin aus.

Die weitere Trennung erfolgt durch Umkrystallisieren aus Alkohol.

Quantitative Bestimmung: Durch Bestimmung der abgespaltenen Galaktosemenge wie beim Cerebron.

Physikalische und chemische Eigenschaften: Schmelzpunkt und Analysen siehe Tabelle.

Spezifisches Drehungsvermögen: Siehe Tribromderivat.

Cerebrin und Homocerebrin geben die typischen Cerebrosidreaktionen — Purpurfärbung mit konz. Schwefelsäure und Abspaltung von Galaktose beim Kochen mit Salzsäure. Sie quellen mit Wasser auf, werden durch Kochen der wässerigen Lösung nicht zersetzt. Mit Barytwasser bilden sie lockere Bariumverbindungen und werden durch andauerndes Kochen mit Barytwasser zersetzt.

Cerebrin krystallisiert aus Alkohol in schwach lichtbrechenden, radiär gestreiften Knöllchen mit glatten Rändern. Aus Aceton fällt es in Flocken aus. Getrocknet ist es ein weißes, lockeres, schwach hygroskopisches Pulver, leicht löslich in kochendem Alkohol sowie in heißem Benzol, Chloroform, Aceton, Eisessig. Unlöslich in heißem Äther.

Homocerebrin. Löst sich in allen Lösungsmitteln des Cerebrins, außerdem noch in heißem Äther. Es ist in absolutem Alkohol leichter löslich als Cerebrin und scheidet sich beim raschen Abkühlen aus diesem Lösungsmittel in Flocken, beim langsamen Abkühlen in Form von Gallerten ab, was für diese Substanz charakteristisch ist. Diese Gallerten bestehen aus mikroskopisch feinen, langen Nadeln. Nach dem Trocknen ist es eine wachsartige, schwer zerreibliche Masse (Unterschied von Cerebrin), welche Alkohol zurückhält.

Spaltung: Bei der Spaltung mit Salpetersäure wird eine Fettsäure gebildet, die als Stearinsäure angesprochen wurde. Schmelzpunkt 67—70°. Bariumsalz enthält 19,23% Ba.

Menge der abgespaltenen Stearinsäure: Aus Cerebrin 68%, aus Homocerebrin 74%, was 3 Molekülen Stearinsäure aus 1 Molekül Cerebrin resp. Homocerebrin entspricht.

Eine systematische Untersuchung der Spaltungsprodukte des Cerebrins und Homocerebrins ist noch nicht ausgeführt worden. Unter Anwendung der für die Spaltung des Cerebrons angegebenen Methoden wäre es möglich, festzustellen, in welcher Beziehung sich das Cerebron vom Cerebrin und Homocerebrin unterscheidet.

Derivate: Cerebrin und Homocerebrin in Benzol aufgeschwemmt addieren Brom und gehen in Lösung. Nach dem Verdunsten des Benzols an der Luft bleiben die Bromverbindungen als glasige, durchsichtige, leicht pulverisierbare Schicht zurück. Sie wird in Äther, Alkohol und Benzol löslich.

Brombestimmungen: Tribromcerebrin = 16,60% und 16,30%, Tribromhomocerebrin = 17,25% und 16,93%.

Spezifisches Drehungsvermögen: Tribromhomocerebrin (in Benzollösung) $[\alpha]_D = -12,48°$ bei Zimmertemperatur.

---

[1]) Thierfelder, Zeitschr. f. physiol. Chemie **44**, 366 [1905].

[2]) Kitagawa u. Thierfelder, Zeitschr. f. physiol. Chemie **49**, 286 [1906].

[3]) Thierfelder, Zeitschr. f. physiol. Chemie **43**, 21 [1904].

[4]) Parcus, Journ. f. prakt. Chemie **24**, 310 [1881]. — Kossel u. Freytag, Zeitschr. f. physiol. Chemie **17**, 431 [1893].

Spaltungsprodukte

| Spaltungs-produkt | Derivate | Analysen | | Schmelzpunkt |
		Gefunden (Mittel)	Berechnet für	
Cerebron-säure		$C_{25}H_{50}O_3$		99^0
		C 75,33%	75,38%	
		H 12,50%	12,56%	
	Natronsalz		$C_{25}H_{49}NaO_3$	
		Na $\begin{cases} 5,25\% \\ 5,63\% \end{cases}$	5,48%	
	Acetyl-verbindung	Analysiert als Natronsalz	$C_{25}H_{48}O_3Na(CH_3CO)$	
		C 70,00%	70,13%	
		H 11,30%	11,04%	
		Na 5,14%	4,98%	
	Methylester		$C_{25}H_{49}O_3 \cdot CH_3$	65^0
		C 75,85%	75,73%	
		H 12,53%	12,62%	
Galaktose	—	—		—
Sphingosin				
	Sulfat		$(C_{17}H_{35}NO_2)_2H_2SO_4$	Bei 240—250^0 unter Gasent-wicklung zer-setzt, ohne zu schmelzen
		C 61,09%	61,08%	
		H 10,87%	10,78%	
		N 4,08%	4,19%	
		H_2SO_4 14,85%	14,67%	
Namenlose Base (aus unreinem Sphingosin-sulfat isoliert)		$C_{19}H_{39}NO_2$		87^0
		C 72,58%	72,76%	
		H 12,68%	12,54%	
	Chlorid		$C_{19}H_{39}NO_2HCl$	132—133^0
		C 65,54%	65,18%	
		H 11,46%	11,52%	
		N 4,14%	4,01%	
		Cl 10,27%	10,13%	
	Sulfat			

des Cerebrons.

Eigenschaften und Krystallform	Löslichkeit	Ausbeute
Schneeweiße, leicht pulverisierbare, nicht hygroskopische Substanz. Runde oder ovale, manchmal gelappte, radiär gestreifte Gebilde	Leicht löslich in Äther bei saurer Reaktion und in warmem Alkohol	48,10%
Schneeweiße, stark elektrische Substanz. Aus Alkohol in Nadeln, zu Sternen vereinigt oder, wenn einzeln liegend, stark gebogen. Auch in knollenartigen Gebilden	In Wasser unlöslich, in heißem Alkohol schwer löslich	(Freie Säure und Methylester)
Die konzentrierte alkoholische Lösung erstarrt beim Erkalten zu einer Gallerte, die aus sehr feinen, langen Fäden besteht. Das Natronsalz krystallisiert aus Alkohol in sehr feinen Nädelchen oder Prismen	Leicht löslich in Alkohol, Methylalkohol, Äther, Chloroform	
Aus 96 proz. Alkohol in langen, geraden, zu lockeren Sternen vereinigten Nadeln. Nicht hygroskopisch	Löslich in Äther, auch bei alkalischer Reaktion, und in warmem Alkohol	
—	—	21,83%
Weiße, undeutlich krystallinische Masse von alkalischer Reaktion. Krystallisiert nicht. Die alkoholische Lösung gibt mit Schwefelsäure einen Niederschlag, der beim geringsten Überschuß der Schwefelsäure wieder verschwindet. Beim Erhitzen auf dem Platinblech tritt ·ein Geruch nach verbranntem Fett auf	Leicht löslich in Äther, Alkohol, Methylalkohol, Aceton, Petroläther. In Wasser unlöslich	
Weiße, stark hygroskopische Substanz, die in ganz trockenem Zustande sich leicht pulverisieren läßt. Krystallisiert aus Alkohol in spießigen, mit kleinen Nadeln besetzten Krystallen oder in zu Rosetten vereinigten Nädelchen. Addiert Brom	In Wasser und Äther unlöslich, in kaltem Chloroform wenig, in warmem leicht löslich. In kaltem Alkohol schwer löslich; Zusatz einiger Tropfen H_2SO_4 bewirkt sofortige Lösung. In heißem Alkohol leicht löslich	41,37% (rohes Sphingosinsulfat, verunreinigt mit etwa 4% des Sulfates der namenlosen Base)
Aus warmem Äther in großen, zentimeterlangen nadelförmigen Krystallen, welche aus langen schmalen Blättchen bestehen. Leicht pulverisierbar. Die alkoholische Lösung addiert Brom. Beim Erhitzen tritt ein Geruch nach verbranntem Fett auf	In Wasser unlöslich, in kaltem Äther schwer, in warmem Äther leicht löslich	
Krystallisiert aus Alkohol in großen, glashellen, durcheinander geschobenen, rechtwinkeligen Tafeln mit geraden Begrenzungslinien. Mikroskopisch und makroskopisch dem Cholesterin ähnlich. Im trockenen Zustande eine zusammenhängende, stark silberglänzende Masse, die sich nur schwer zerreiben läßt. Addiert Brom	In Wasser und Äther unlöslich, in kaltem Alkohol etwas, in warmem Alkohol leicht löslich	4%
In knolligen drüsigen Massen aus Alkohol	Leichter löslich in heißem Alkohol als Sphingosinsulfat	

Enkephalin.

Diese Substanz ist bisher nur einmal erhalten worden neben Cerebrin und Homocerebrin in genügenden Mengen[1]). Es ist wahrscheinlich ein sekundäres Zersetzungsprodukt.

Physikalische und chemische Eigenschaften: Schmelzpunkt und Analyse siehe Tabelle.

Es verhält sich in bezug auf seine Löslichkeit wie Homocerebrin und kann wie dieses aus dem Alkohol als Gallerte ausfallen. In reinem Zustand krystallisiert es aus Alkohol in leichtgekrümmten Blättchen. Mit heißem Wasser bildet es einen Kleister, der auch nach dem Erkalten bestehen bleibt.

Kerasin.

Die von Thudichum unter dem Namen Kerasin beschriebene Substanz[2]) ist mit dem Homocerebrin identisch. Die ersten Analysen des Kerasins[3]) (s. Tabelle) beziehen sich auf ein ziemlich unreines Produkt. Der Name Homocerebrin erscheint in Anbetracht der nahen Beziehung zum Cerebrin zweckmäßiger.

Kerasin soll mit Mercurinitrat eine durch Licht und Wärme leicht zersetzliche Verbindung geben, die in kaltem Benzol löslich ist. (Unterschied vom Phrenosin, dessen entsprechende Verbindung in kaltem Benzol unlöslich ist.) Bei der Spaltung mit alkoholischer Schwefelsäure sollen neben Galaktose und einer Fettsäure Sphingosin und Psychosin entstehen. Diese Angaben sind jedoch sehr unbestimmt.

Phrenosin.

Die ursprünglich[4]) von Thudichum mit dem Namen Phrenosin bezeichnete Substanz war ihrer Darstellung nach ein stark verunreinigtes phosphorhaltiges Produkt, dessen Phosphorgehalt übersehen wurde. Später[5]) wurde zugegeben, daß diese Präparate bis 0,78% Phosphor enthielten und der unten angegebene Weg zur Entfernung der Phosphatide eingeschlagen. Der Name Phrenosin wurde dann ohne weiteres auf dieses ganz verschiedene phosphorarme Präparat übertragen. Die Reindarstellung ist jedoch nie völlig gelungen, und die Zusammensetzung wurde aus den Spaltungsprodukten ermittelt. Die späteren Angaben von Thudichum über das Phrenosin machen es wahrscheinlich, daß dasselbe entweder ein unreines Cerebron[6]) oder ein unreines Cerebrin ist. Es hat denselben Schmelzpunkt wie Cerebrin, 176°. Es widersprechen einer solchen Annahme nur die Angaben über die bei der Säurespaltung abgespaltene Fettsäure (Neurostearinsäure), die weder auf die Cerebronsäure aus dem Cerebron noch auf die Stearinsäure aus dem Cerebrin stimmen. Nachprüfungen der Thudichumschen Angaben sind hier erforderlich. Jedenfalls liegt kein Grund vor, den Namen Phrenosin auf das viel besser definierte Cerebron oder Cerebrin zu übertragen.

Darstellung:[7]) Aus der Mischung von Gehirnlipoiden, die man erhält, wenn Gehirn mit Alkohol ausgekocht wird und die alkoholische Lösung abgekühlt wird. Die Trennung erfolgt durch Bleizucker in alkoholischer Lösung und Auskochen des Niederschlags mit Alkohol. Das Phrenosin wird vom Homocerebrin durch fraktionierte Krystallisation getrennt.

Physikalische und chemische Eigenschaften:[7]) Analyse siehe Tabelle.

Es gibt die typischen Cerebrosidreaktionen.

Es krystallisiert aus der heißen, absolut alkoholischen Lösung in charakteristischer Weise an der Oberfläche aus. Die Krystalle vereinigen sich zu größeren Rosetten, die untersinken. Die einzelnen Krystalle lassen keine bestimmte Form erkennen. Mit Mercurinitrat

---

[1]) Parcus, Journ. f. prakt. Chemie **24**, 310 [1881].

[2]) Thudichum, Chemische Konstitution des Gehirns der Menschen u. der Tiere. Tübingen 1901.

[3]) Thudichum, Reports of the Medical Officer of the Privy Council and Local Governement Board New Series No. III, 194. London 1874.

[4]) Thudichum, Reports of the Medical Officer of the Privy Council and Local Governement Board, New Series No. III. London 1874.

[5]) Thudichum, Ninth Annual Report of the Local Governement Board [1879/80]. Supplement containing the Report of the Medical Officer for 1879. London 1880.

[6]) Thierfelder, Zeitschr. f. physiol. Chemie **46**, 518 [1905].

[7]) Thudichum, Chemische Konstitution des Gehirns der Menschen u. der Tiere. Tübingen 1901. S. 182.

in alkoholischer Lösung geht es unter teilweiser Zersetzung und Reduktion eine Verbindung ein, die in kochendem Benzol unlöslich ist (Unterschied von Kerasin).

Durch Baryt wird es beim Kochen zersetzt.

Spaltung:[1]) Bei der Spaltung mit Schwefelsäure entsteht neben Sphingosin (siehe beim Cerebron) und Galaktose eine der Stearinsäure isomere Säure: Neurostearinsäure. Schmelzpunkt 84°. Analyse 75,88% C; 12,85% H.

Bei der Spaltung mit Salpetersäure entstehen Neurostearinsäure, Schleimsäure und Phrenylin, welches aus Alkohol in gekrümmten Nadeln krystallisiert, bei 115—130° schmilzt, 2% N enthält und die Pettenkofersche Reaktion gibt.

Bei der partiellen Hydrolyse des Phrenosins durch alkoholische Schwefelsäure öder durch Erhitzen mit Barythydrat soll Psychosin gebildet werden, welches bei weiterem Erhitzen in Sphingosin und Galaktose zerfällt. Das salzsaure Salz dieser schwachen Base ist in Wasser leichter löslich als das Chlorid des Sphingosins und kann so von dem immer gleichzeitig entstehenden Sphingosin getrennt werden. Psychosin gibt mit konz. Schwefelsäure Purpurfärbung. Analyse: 61,59% C, 10,09% H, 2,96% N.

Für das Sphingosin gibt Thudichum zahlreiche Reaktionen und Verbindungen an[2]), die jedoch noch der Durchprüfung bedürfen.

Physiologische Eigenschaften: Besonders merkwürdig ist die Angabe, daß dem Sphingosinnitrat außerordentliche Wirkungen besonders bei nervösen Erkrankungen zukommen soll[3]).

Aminocerebrininsäureglykosid.

Diese anscheinend dem Homocerebrin ähnliche Substanz wurde von Bethe[4]) durch eine eigentümliche Kupfermethode erhalten.

Physikalische und chemische Eigenschaften: Krystallisiert aus neutralem Alkohol in Sternen, aus saurem Alkohol in Sphärokrystallen. Löslich in Benzol, Chloroform und heißem Alkohol, schwer löslich in kaltem Alkohol, unlöslich in Äthyläther und Petroläther. Bildet Salze mit Barium und Kupfer, welche in heißem Alkohol unlöslich sind. Schmelzpunkt und Analyse s. Tabelle.

Spaltung: Durch $^3/_4$stündiges Kochen mit Salzsäure im Kohlensäurestrom wird außer Galaktose 1. eine stickstofffreie Säure und 2. ein stickstoffhaltiger Körper erhalten. Bei zu langem Kochen mit Salzsäure treten weitergehende Zersetzungen auf.

1. Die stickstofffreie Säure, welche den Namen Cerebrininsäure erhielt, soll mit Thudichums Neurostearinsäure identisch sein. Sie zeigt die folgende Zusammensetzung und Schmelzpunkt:

	C	H	Schmelzpunkt
Gefunden	76,96	12,71	78°
	76,99	13,50	80°
Berechnet für $C_{19}H_{36}O_2$	77,02	12,16	—

Die Reinheit dieses Produktes wird vom Verfasser selbst bezweifelt.

2. Die stickstoffhaltige Substanz hat schwach basische und schwach saure Eigenschaften und soll mit dem Sphingosin identisch sein. Es wird als salzsaures Salz erhalten (Schmelzpunkt 105—107°), welches in Äther unlöslich, in heißem Alkohol löslich ist und daraus beim Erkalten in Sphärokrystallen oder -Nadeln sich ausscheidet. Beim Kochen mit Kalilauge wird Ammoniak abgespalten und bei 84° schmelzende Cerebrininsäure bleibt zurück, so daß also die stickstoffhaltige Substanz Amidocerebrininsäure ist.

Cerebrinacide.[5])

Die Substanzen bilden Verbindungen mit Schwermetallen und finden sich in dem Niederschlag, der, wie bei der Darstellung des Phrenosins beschrieben, durch Bleizucker in der heißen alkoholischen Lösung der Cerebroside hervorgebracht wird. Nachdem das Phrenosin und das

---

[1]) Thudichum, Chemische Konstitution des Gehirns der Menschen u. der Tiere. Tübingen 1901. S. 182.

[2]) Thudichum, Chemische Konstitution des Gehirns der Menschen u. der Tiere. Tübingen 1901. S. 188—192.

[3]) Thudichum, Progress of Medical Chemistry, 178. London 1896.

[4]) Bethe, Archiv f. experim. Pathol. u. Pharmakol. 48, 73, [1902].

[5]) Thudichum, Chemische Konstitution des Gehirns der Menschen u. der Tiere. Tübingen 1901. S. 220—224.

Homocerebrin durch kochenden Alkohol aus diesem Niederschlag ausgezogen worden sind, bleibt ein unlöslicher Rückstand der Bleisalze der Cerebrinacide.

Cerebrinsäure. Ein Teil der Bleisalze wird durch kalten Benzol ausgezogen. Das Benzol wird abdestilliert, der Rückstand in heißem Alkohol aufgeschwemmt und durch Schwefelwasserstoff zersetzt. Aus der heißen alkoholischen Lösung krystallisiert beim Erkalten die Cerebrinsäure in Nadeln aus. Mit konz. Schwefelsäure gibt es nur schwache Purpurfärbung.

Analyse: 67,00% C, 11,36% H, 1,59% N.

Sphärocerebrin. Der in Benzol unlösliche Teil der Bleisalze wird durch Kochen mit Oxalsäure zersetzt, heiß filtriert, die ausgeschiedene krystallinische Masse nach dem Trocknen mit kaltem Benzol ausgezogen und aus heißem Benzol auskrystallisiert. Die ausgeschiedenen Krystalle wurden dann in absolutem Alkohol gelöst und auf 38° abgekühlt, wobei sich schwere, dem Glas anhängende Sphärokrystalle absetzen.

Die Krystalle bestehen aus runden Ballen, die sich durch leichten Druck in drei keilförmige Segmente spalten lassen, welche aus fächerförmig zusammenliegenden Nadeln gebildet sind.

Mit konz. Schwefelsäure gibt es nur schwache Purpurfärbung.

Analyse: 62,75% C, 11,08% H, 1,23% N.

Thudichum gibt selbst an, daß diese beiden Cerebrinacide jedenfalls nicht in reinem Zustande erhalten wurden. Sie sind nur in sehr geringen Mengen im Nervengewebe vorhanden und sind wahrscheinlich Zersetzungsprodukte.

Cerebrosulfatide.

Thudichum[1]) und neuerdings Koch[2]) haben versucht, eine schwefelhaltige Lipoidsubstanz aus dem Nervengewebe zu isolieren. Alle diese Bemühungen sind bis jetzt erfolglos gewesen. Hätten sich diese Forscher nicht so sehr von vorgefaßten Meinungen über das Protagon leiten lassen, so hätten sie in dieser Substanz das Cerebrosulfatid, nach dem sie suchten, gefunden. In der Tat ist die einzige wohldefinierte schwefelhaltige Lipoidsubstanz, die Koch isolieren konnte, eine Substanz von der Zusammensetzung des Protagons gewesen. Koch fand ferner, daß die weiße Substanz Lipoidschwefelgruppen und Cerebrosidgruppen in demselben Mengenverhältnis enthält wie das Protagon. Die graue Substanz enthält nur wenig Lipoidschwefel.

II. Cerebroside aus nichtnervösem Gewebe.

Da Cerebroside aus dem Protagon durch Alkohol oder Baryt abgespalten werden, so läßt sich erwarten, daß Cerebroside sich aus allen den Organen darstellen lassen, in welchen Protagon gefunden worden sein soll, nämlich Thymus[3]), Eiter[4]), Niere[5]), Nebenniere[6]) Leber bei Phosphorvergiftung[7]) usw. (s. Protagon S. 251). Cerebroside sollen erhalten worden sein aus Milz[8]), Spermatozoen[4]), Eiter[4]), Adipocire[4]), Thymus[3]), Nebenniere[9]), Leber bei Phosphorvergiftung[7]), Stroma der roten Blutkörperchen[10]). Die Angaben über diese Cerebroside sind jedoch meist ebenso unbestimmt wie die über die Phospho-Cerebroside aus nichtnervösem Gewebe und beschränken sich gewöhnlich auf den positiven Ausfall der typischen Cerebrosidreaktionen (Abspaltung von Galaktose und Purpurfärbung mit konz. Schwefelsäure). Es muß also vorläufig noch dahingestellt bleiben, in welcher Beziehung die Cere-

---

[1]) Thudichum, Chemische Konstitution des Gehirns der Menschen u. der Tiere. Tübingen 1901. S. 225.

[2]) Koch, Zur Kenntnis der Schwefelverbindungen des Nervensystems. Zeitschr. f. physiol. Chemie, **53**, 496 [1907]. — Some chemical observations on the nervous system in certains forms of insanity. Archives of Neurol. **3**, 331 [1907].

[3]) Lilienfeld, Zeitschr. f. physiol. Chemie **18**, 475 [1893].

[4]) Kossel u. Freytag, Zeitschr. f. physiol. Chemie **17**, 431 [1893].

[5]) Dunham, Proc. Soc. Biol. med. 19. April 1905.

[6]) Orgler, Salkowski-Festschrift. Berlin 1904.

[7]) Waldvogel u. Tintemann, Centralbl. f. Pathol. **15**, 97 [1904].

[8]) Hoppe-Seyler, Medizinisch-chemische Untersuchungen, S. 486 [1866—71].

[9]) Rosenheim u. Tebb, Proc. phys. Soc. **1909**, 54; Journ. of Physiol. **38**.

[10]) Bang u. Forssman, Beiträge z. chem. Physiol. u. Pathol. **8**, 249 [1906].

broside und die Phospho-Cerebroside des nichtnervösen Gewebes zu den genau untersuchten Cerebrosiden und dem Protagon des Nervengewebes stehen.

Am genauesten untersucht worden sind die Cerebroside des Eiters[1][2]). Die Zusammensetzung derselben wechselt in den verschiedenen Eiterarten. In einigen Eiterarten kommen die Cerebroside im freien Zustand vor, in anderen Fällen existieren sie in Verbindung mit einem phosphorhaltigen Komplex.

Am besten charakterisiert sind die beiden folgenden Cerebroside.

Pyosin und Pyogenin.[1])

Darstellung: Eiter wird mit Alkohol ausgekocht, der beim Abkühlen ausfallende Niederschlag mit Äther gewaschen und durch methylalkoholische Barytlösung, wie beim Protagon angegeben, zersetzt. Durch Umkrystallisieren lassen sich zwei Cerebroside voneinander trennen, welche ungefähr dieselben Löslichkeitsverhältnisse haben wie das Cerebrin und Homocerebrin und wie diese mit Baryt lockere Verbindungen liefern. Sie bilden feinkörnige weiße Pulver. Sie lassen beim Verbrennen keine Asche zurück.

Pyosin. Der in Alkohol schwerer lösliche Körper.

Schmelzpunkt: 238°, bei 217° tritt leichte Gelbfärbung ein.

Analyse: 64,34% C, 10,43% H, 2,64% N. Berechnete Formel $C_{58}H_{110}N_2O_{15}$.

Pyogenin. Schmelzpunkt: 221—222°. Bei 201° sintert es unter leichter Gelbfärbung.

Analyse: 62,62% C, 10,45% H 2,47% N. Berechnete Formel $C_{65}H_{128}N_2O_{19}$.

---

[1]) Kossel u. Freytag, Zeitschr. f. physiol. Chemie **17**, 475 [1893].
[2]) Hoppe-Seyler, Medizinisch-chemische Untersuchungen, S. 486 [1866—71].

Sterine.

Von

A. Windaus-Freiburg i. B.

Als Sterine[1]) sollen eine Anzahl natürlich vorkommender Verbindungen bezeichnet werden, von denen das Cholesterin der bekannteste Vertreter ist. Die Sterine haben etwa die folgenden gemeinschaftlichen Eigenschaften: Es sind hochmolekulare, ungesättigte, wasserstoffreiche Alkohole, die in bezug auf das Verhältnis von Kohlenstoff- zu Wasserstoffatomen den Polyterpenen nahestehen. Sie krystallisieren aus Äther wasserfrei in Nadeln, aus verdünntem Alkohol in Blättchen, die 1 Mol. Krystallwasser enthalten; mit Essigsäureanhydrid und konz. Schwefelsäure sowie mit einigen anderen Reagenzien liefern sie ziemlich charakteristische Farbenreaktionen; sie wirken entgiftend auf Saponine und geben, soweit die bisherigen Untersuchungen reichen, mit Digitonin unlösliche Additionsprodukte.

Hier behandelt werden: Cholesterin sowie die andern im Tierreich gefundenen Sterine (Zoosterine): Bombycesterin, Clionasterin, Spongosterin. Ferner Koprosterin und Isocholesterin, die vielleicht Umwandlungsprodukte des Cholesterins darstellen.

Von den Phytosterinen: Sitosterin, Stigmasterin, Brassicasterin, Ergosterin, Fungisterin. Bei den anderen Phytosterinen, die vermutlich keine chemischen Individuen darstellen, ist kurz die Literatur angegeben.

Bei einer großen Anzahl hochmolekularer Verbindungen läßt sich auf Grund der bisherigen Untersuchungen nicht entscheiden, ob sie der Gruppe der Sterine beizuzählen sind oder nicht[2]).

Unter den Harzen und den aromatischen Alkoholen werden abgehandelt: α- und β-Amyrin, Gurjuresinol, Homosterin, Lupeol, Euphorbon, Onocerin, Arnidiol, α- und β-Lactucerol, Casimirol.

Cholesterin.

Mol.-Gewicht 386,35.
Zusammensetzung: 83,86% C, 12,00% H.

$$C_{27}H_{46}O.$$

$$(CH_3)_2CHCH_2CH_2C_{17}H_{26} - CH : CH_2.$$

$$CH_2 - CHOH - CH_2$$

Vorkommen: Das Cholesterin ist nachgewiesen bei den Vertebraten, den Mollusken, den Arthropoden, den Würmern, den Anthozoen[3])[4]). Es findet sich in allen Geweben und in fast allen tierischen Flüssigkeiten[5]). Über die quantitativen Verhältnisse gibt die folgende Tabelle Aufschluß:

---

[1]) Vgl. hierzu Emil Abderhalden, Lehrb. d. physiol. Chemie (II. Aufl.) 1908, S. 154.

[2]) Hierher gehören Ambrain, Castorin, Urson, Vitin, Echitin, Echitein, Echicerin, Paltreubin, Brein, Icacin, Masopin, Sycocerylalkohol, Mochylalkohol und andere.

[3]) Dorée, Biochem. Journ. **4**, 72 [1909].

[4]) Welsch, Über das Vorkommen und die Verbreitung der Sterine im Tier- und Pflanzenreich. Diss. Freiburg i. B. 1909.

[5]) Eine ziemlich vollständige Literaturangabe findet man bei Glikin, Biochem. Centralbl. **7**, 289, 357 [1908].

Cholesterin

Kaninchen (Gesamttier), nicht getrocknet[1]) 0,117%
Junge Hühnchen (nicht getrocknet)[2]) 0,527
Menschenhirn (nicht getrocknet)[3]). 2,22
Menschenhirn (wasserfrei)[4]). 10,96
Nervus ischiadicus (wasserfrei)[5]) 5,61
Retina vom Ochsen (nicht getrocknet)[6]). 0,65
Niere (nicht getrocknet) 0,24
Muskel (trocken)[7]). 0,23
Fett[8]) (Butter, Schweinefett, Rindstalg) . . . . 0,10—0,35
Blut vom Rind (nicht getrocknet)[9]). 0,194
Erythrocyten des Hundes (wasserfrei)[10]) 0,55
Leukocyten aus der Thymusdrüse des Kalbs (wasserfrei)[11]) . 4,40
Samen des Rheinlachses[12]) 2,2
Hühnereier (nicht getrocknet)[13]) 0,49
Galle des Menschen[14]) (nicht getrocknet) . . . . 0,06—0,16
Frauenmilch[15]) (nicht getrocknet) 0,0318

Bei diesen Bestimmungen ist in den meisten Fällen nicht untersucht worden, ob das Cholesterin als freier Alkohol oder als Ester vorhanden ist. Im Gehirn und in den roten Blutkörperchen findet sich nur freies Cholesterin; in der Haut und im Blutserum sowie in der Nebenniere sind Cholesterinester nachgewiesen[16]).

Pathologisch findet sich das Cholesterin in Gallensteinen, ferner in vielen alten Transsudaten und Cystenflüssigkeiten, in Atherombälgen, im Eiter und höchst selten im Harn[17]). Auch Cholesterinester finden sich in fettig entarteten Organen[18])[19]).

Darstellung: Gallensteine werden gepulvert und mit Alkohol, Äther oder Benzol extrahiert; zur vollständigen Reindarstellung des Cholesterins werden die extrahierten Massen aus Alkohol umkrystallisiert. — Gehirn wird zerkleinert, mit wasserfreiem Gips gemischt und gepulvert; die trockne Masse wird mit kaltem Aceton extrahiert und das beim Verdunsten des Acetons ausfallende Cholesterin aus Alkohol umkrystallisiert[20]).

Nachweis. Farbenreaktionen. Salkowskis Reaktion[21]): Löst man eine Probe trocknes Cholesterin in etwas Chloroform und fügt das gleiche Volumen konz. Schwefelsäure hinzu, so färbt sich die Chloroformlösung blutrot, dann allmählich purpurfarbig, während die Schwefelsäure unter der Chloroformschicht eine deutliche grüne Fluorescenz zeigt.

[1]) Dorée, Biochem. Journ. 4, 101 [1909].

[2]) Ellis u. Gardner, Proc. Roy. Soc. 81, 132 [1909].

[3]) Tebb, Journ. of Physiol. 34, 107 [1906].

[4]) Fränkel, Biochem. Zeitschr. 19, 258 [1909].

[5]) Chevalier, Zeitschr. f. physiol. Chemie 10, 97 [1886]. — Falk, Biochem. Zeitschr. 13, 153 [1908].

[6]) Cahn, Zeitschr. f. physiol. Chemie 5, 215 [1881].

[7]) Dormeyer, Archiv f. d. ges. Physiol. 65, 99 [1896]. — Frisches Fleisch (nicht getrocknet) 0,0765% Cholesterin. Kusumoto, Biochem. Zeitschr. 14, 411 [1908].

[8]) König, Chemie der menschlichen Nahrungs- und Genußmittel (IV. Aufl.) 2, 104.

[9]) Abderhalden, Zeitschr. f. physiol. Chemie 25, 106 [1898]. Daselbst Angaben über den Cholesteringehalt des Blutes bei anderen Haustieren.

[10]) Hepner, Archiv f. d. ges. Physiol. 73, 595 [1898]. — Manasse, Zeitschr. f. physiol. Chemie 14, 437 [1890].

[11]) Lilienfeld, Zeitschr. f. physiol. Chemie 18, 485 [1894].

[12]) Miescher, Berichte d. Deutsch. chem. Gesellschaft 7, 376 [1874].

[13]) Ellis u. Gardner, Proc. Roy. Soc. 81, 132 [1909].

[14]) Hammarsten Lehrb. d. physiol. Chemie (VI. Aufl.), S. 328.

[15]) Tolmatscheff, Jahresber. über d. Fortschritte d. Chemie 1867, 811.

[16]) Über Cholesterinester im Lanolin s. Schulze, Berichte d. Deutsch. chem. Gesellschaft 5, 1075 [1872]; 6, 251 [1873].

[17]) Hoppe-Seyler, Handbuch der chemischen Analyse (VIII. Aufl.), S. 311.

[18]) Panzer, Zeitschr. f. physiol. Chemie 48, 519 [1906]; 54, 239 [1907].

[19]) Pringsheim, Biochem. Zeitschr. 15, 52 [1909].

[20]) Rosenheim, Journ. of Physiol. 34, 104 [1906].

[21]) Salkowski, Archiv f. d. ges. Physiol. 6, 207 [1872].

Liebermann - Burchards Reaktion[1]): Versetzt man eine Lösung von Cholesterin in trocknem Chloroform mit wenig Essigsäureanhydrid und dann mit einigen Tropfen konz. Schwefelsäure, so wird die Flüssigkeit erst rosenrot, dann blau, schließlich dunkelgrün.

Obermüllers Reaktion[2]): Trocknes Cholesterin, das mit einigen Tropfen Propionsäureanhydrid erhitzt wird, gibt beim Abkühlen der Schmelze eine schöne Farbenerscheinung, besonders beim Betrachten gegen einen dunklen Hintergrund. Die nacheinander auftretenden Farben sind violett, blau, grün, grau, orange, carminrot, kupferrot.

Golodetz' Reaktion[3]): Mit einem Gemisch von 5 T. konz. Schwefelsäure und 3 T. ca. 30 proz. Formaldehydlösung färben sich Cholesterinkrystalle schwarzbraun. Die Reaktion hat darum Interesse, weil Cholesterinester sich hierbei indifferent verhalten[4]).

Lifschütz' Reaktion[5]): Fügt man zu einer Lösung von Cholesterin in Eisessig einige Körnchen Benzoylsuperoxyd hinzu und kocht auf, so färbt sich auf Zusatz von wenig konz. Schwefelsäure die Lösung violettrot, dann blau und ganz allmählich grün. Hat man einen Überschuß von Benzoylsuperoxyd angewandt, so tritt die grüne Färbung sofort auf.

Zum Nachweis des Cholesterins eignen sich ferner die folgenden Reaktionen: Bildung des Cholesterindibromids[6]): Eine geringe Menge Cholesterin wird in möglichst wenig Äther gelöst und mit einer Auflösung von Brom in Eisessig bis zur deutlichen Gelbbraunfärbung versetzt. Alsbald beginnt die Abscheidung des Cholesterindibromids, das in Nadeln vom Schmelzp. 123—124° krystallisiert.

Bildung des Cholesterylisobutyrats[7]): Beim Erhitzen von Cholesterin mit Isobuttersäureanhydrid entsteht das Isobutyrat, das in meßbaren Krystallen vom scharfen Schmelzp. 128,5° krystallisiert.

Bildung des Cholesterylbenzoats[8]): Beim Behandeln von Cholesterin mit trocknem Pyridin und überschüssigem Benzoylchlorid entsteht das Benzoat, das in kaltem Alkohol fast unlöslich ist und bei 145,5° zu einer trüben Flüssigkeit schmilzt, die bei 178—180° klar wird. Beim Abkühlen zeigt sich eine schöne und charakteristische Farbenreaktion.

Die drei letzten Reaktionen eignen sich besonders dazu, das Cholesterin von den andern Zoosterinen und den Phytosterinen zu unterscheiden.

Bildung des Digitonin - Cholesterids[9]): Eine alkoholische Lösung des Cholesterins gibt mit einer alkoholischen Digitoninlösung ein unlösliches Additionsprodukt. Cholesterinester liefern die Reaktion nicht.

Bestimmung: Zur quantitativen Gewinnung des Cholesterins und der anderen Sterine aus Tier- oder Pflanzenmaterial ist die erschöpfende Extraktion mit Äther oder Petroläther vorgeschlagen worden. Die Methoden, die sich meist nur durch geringe Modifikationen unterscheiden, sind ausführlich besprochen bei Ritter[10]). Eine neue, ausgedehnte Untersuchung stammt von Kumagawa und Suto[11]).

Zur quantitativen Bestimmung des Cholesterins sind vorgeschlagen worden: eine colorimetrische Methode[12]); die Titration mit Brom- oder Hübls Jodlösung[13])[14]); die Bestimmung der Acetylzahl[14])[15]).

---

[1]) Liebermann, Berichte d. Deutsch. chem. Gesellschaft **18**, 1804 [1885]. — Burchard, Beiträge zur Kenntnis der Cholesterine, Diss. Rostock 1889.

[2]) Obermüller, Zeitschr. f. physiol. Chemie **15**, 41 [1891].

[3]) Golodetz, Chem.-Ztg. **32**, 160 [1908]. Daselbst noch andere Farbenreaktionen auf Cholesterin.

[4]) Weitere Farbenreaktionen auf Cholesterin: Neuberg, Zeitschr. f. physiol. Chemie **47**, 335 [1906]. Vgl. Udransky, Zeitschr. f. physiol. Chemie **12**, 355 [1888]. — Tschugaeff, Malys Jahresber. d. Tierchemie **30**, 62 [1900]. — Hirschsohn, Malys Jahresber. d. Tierchemie **32**, 63 [1902]. — Schiff, Liebigs Annalen **104**, 332 [1857]; **115**, 313 [1860].

[5]) Lifschütz, Berichte d. Deutsch. chem. Gesellschaft **41**, 252 [1908].

[6]) Windaus, Chem.-Ztg. **30**, 1011 [1906].

[7]) Jäger, Recueil des travaux chim. des Pays-Bas **25**, 344 [1906].

[8]) Dorée u. Gardner, Proc. Roy. Soc. **80**, 228 [1908].

[9]) Windaus, Berichte d. Deutsch. chem. Gesellschaft **42**, 244 [1909].

[10]) Ritter, Zeitschr. f. physiol. Chemie **34**, 430 [1902].

[11]) Kumagawa u. Suto, Biochem. Zeitschr. **8**, 315 [1908]. — Dorée, Biochem. Journ. **4**, 75 [1909].

[12]) Schulze, Zeitschr. f. physiol. Chemie **14**, 494 [1890].

[13]) Obermüller, Zeitschr. f. physiol. Chemie **16**, 143 [1892].

[14]) Lewkowitsch, Berichte d. Deutsch. chem. Gesellschaft **25**, 65 [1892].

[15]) Im Fett ist die Bestimmung der Acetylzahl zur quantitativen Bestimmung des Cholesterins unbrauchbar. Nukada, Biochem. Zeitschr. **14**, 424 [1908].

Dore é und Gardner[1]) verwenden zur quantitativen Bestimmung des Cholesterins die Überführung in das in Alkohol sehr wenig lösliche Benzoat. Windaus[2]) hat vorgeschlagen, das Cholesterin in alkoholischer Lösung mit einer alkoholischen Digitoninlösung als unlösliches Digitonincholesterid auszufällen. Endlich sei noch einer eigenartigen, quantitativen Methode gedacht, die auf der Tatsache beruht, daß Saponine durch Cholesterin ihr hämolytisches Vermögen einbüßen. Mittels Cholesterin gelingt es, eine Saponinlösung (für das verwendete Blut) auf Cholesterin einzustellen und mit dieser ausgewerteten Lösung exakte Cholesterinbestimmungen durchzuführen[3])[4]).

Physiologische Eigenschaften: Das mit der Nahrung zugeführte Cholesterin findet sich nur zum Teil in den Faeces wieder[5])[6]). Es muß also eine gewisse Menge im Darmkanal entweder zerstört oder resorbiert werden. Pribram[7]) hat gezeigt, daß nach Verfütterung von Cholesterin oder Cholesterinestern an Kaninchen der Cholesteringehalt des Blutes deutlich zunimmt. Daß das Cholesterin im Darmkanal resorbiert werden kann, zeigen die ausführlichen, aber noch nicht abgeschlossenen Versuche von Gardner, Dorée, Fraser und Ellis[8]).

Das nicht resorbierte Cholesterin wird in den Faeces teils als Cholesterin teils als Koprosterin ausgeschieden[6])[8]). Bei reiner Milchdiät wird nur Cholesterin ausgeschieden[9]), während bei Fütterungsversuchen mit Hirn die Faeces sehr reich an Koprosterin sind[8]). Die Bildung des Koprosterins scheint mit der Intensität der Fäulnisvorgänge im Darm zusammenzuhängen.

Das Cholesterin der Galle stammt vielleicht zu einem mehr oder minder großen Teil von den roten Blutkörperchen ab, die in der Leber zugrunde gehen[10]). Eine einfache Beziehung zwischen dem Cholesteringehalt der Galle und dem der aufgenommenen Nahrungsstoffe findet bestimmt nicht statt[11])[12]). Bei eiweißreicher Nahrung ist der Cholesteringehalt der Galle vermehrt[13]). Das mit der Galle in den Darm ergossene Cholesterin wird vermutlich wieder resorbiert. Jedenfalls findet sich bei Pflanzenfressern, deren Galle Cholesterin enthält, kein Cholesterin oder Koprosterin in den Faeces[14]). Über das weitere Schicksal des Cholesterins im Organismus ist nichts bekannt. Nach Lifschütz sollen sich im Blut neben gewöhnlichem Cholesterin auch Oxydationsprodukte des Cholesterins finden, die durch charakteristische Farbenreaktionen ausgezeichnet sind[15]). Wiederholt ist die Vermutung ausgesprochen worden, daß die Cholsäure ein Oxydationsprodukt des Cholesterins sei[16]).

Was die Bedeutung des Cholesterins für den Organismus betrifft, so hat Liebreich[17]) die Vermutung geäußert, daß die sehr beständigen Cholesterinester eine Schutzhülle für die Haut darstellten.

Neuerdings ist man noch auf eine bedeutsame und eigenartige Eigenschaft des Cholesterins aufmerksam geworden. Das Cholesterin besitzt nämlich die Fähigkeit, eine Anzahl

---

[1]) Dorée u. Gardner, Proc. Roy. Soc. **81**, 113[1909].
[2]) Windaus, Berichte d. Deutsch. chem. Gesellschaft **42**, 244 [1909].
[3]) Pribram, Biochem. Zeitschr. **1**, 422 [1906].
[4]) Fraser u. Gardner, Proc. Roy. Soc. **81**, 230 [1909].
[5]) Jankau, Archiv f. experim. Pathol. u. Pharmakol. **29**, 237 [1891].
[6]) Kusumoto, Biochem. Zeitschr. **14**, 411 [1908].
[7]) Pribram, Biochem. Zeitschr. **1**, 413 [1906].
[8]) Gardner, Dorée, Fraser u. Ellis, Proc. Roy. Soc. **80**, 227 [1908]; **81**, 109, 230, 505, [1909].
[9]) Müller, Zeitschr. f. physiol. Chemie **29**, 129 [1900]. — Bondzynski u. Humnicki, Zeitschr. f. physiol. Chemie **22**, 396 [1896].
[10]) Kusumoto, Biochem. Zeitschr. **13**, 354 [1908]; **14**, 407 [1908].
[11]) Stadelmann, Zeitschr. f. Biol. **34**, 62 [1896].
[12]) Doyon u. Dufour, Malys Jahresber. d. Tierchemie **26**, 469 [1896].
[13]) Goodman, Beiträge z. chem. Physiol. u. Pathol. **9**, 91 [1907].
[14]) Gardner, Dorée, Fraser u. Ellis, Proc. Roy. Soc. **80**, 227 [1908]; **81**, 109, 230, 505 [1909]. Vgl. dagegen König u. Schluckebier, Zeitschr. f. Untersuchung d. Nahrungs- u. Genußmittel **15**, 654 [1908].
[15]) Lifschütz, Zeitschr. f. physiol. Chemie **53**, 140 [1907]; **58**, 175 [1908].
[16]) Vgl. dagegen Goodman, Beiträge z. chem. Physiol. u. Pathol. **9**, 101 [1907].
[17]) Liebreich, Jahresber. über d. Fortschritte d. Chemie **1886**, 2164.

hämolytischer Gifte unwirksam zu machen[1])[2])[3])[4])[5]). Dies deutet darauf hin, daß ihm
eine gewisse entgiftende Rolle zukommt und es geeignet ist, „den Organismus vor der Einwirkung endogener oder von außen zugeführter, hämolytisch wirkender Substanzen zu
schützen"[6]). In letzter Zeit ist sogar das Cholesterin als Mittel gegen perniziöse Anämie
empfohlen worden[7]).

Physikalische und chemische Eigenschaften: Das Cholesterin ist eine farblose, geruchlose, sich fettig anfühlende Verbindung. Es ist unlöslich in Wasser, in Alkalien und in verdünnten Mineralsäuren, doch gelingt es, eine kolloidale Lösung des Cholesterins in Wasser
darzustellen[8]). In fettsauren und in gallensauren Salzen löst sich Cholesterin in geringem
Maße[9]). In Chloroform, Äther, Essigäther, Schwefelkohlenstoff und Benzol ist Cholesterin
leicht löslich, etwas schwerer in Aceton, Petroläther, Äthyl- und Methylalkohol. 100 T. abs.
Alkohol lösen bei 18° 2,28 T. Cholesterin[10]).

Das Cholesterin krystallisiert aus trocknem Äther, Chloroform, Petroläther oder Benzol
in feinen Nadeln, aus 95 proz. Alkohol in Tafeln, die 1 Mol. Krystallwasser enthalten. Aus
Eisessig krystallisiert es mit 1 Mol. Essigsäure, auch mit anderen Fettsäuren soll es Molekular-
verbindungen liefern. Das Cholesterin schmilzt bei 148,5° (korr.). Es ist sublimations-
fähig und soll im Vakuum unzersetzt destillieren. Das spez. Gew. ist 1,046. Die molekulare
Verbrennungswärme beträgt 3836,4 Cal (bei konstantem Volumen). Das Cholesterin ist linksdrehend: $[\alpha]_D^{15} = -29{,}92$ (4,6 g in 100 ccm Äther)[11]). Das spezifische Drehungsvermögen
erscheint fast unabhängig von der Konzentration der Lösung.

Die Formel des Cholesterins ist wahrscheinlich $C_{27}H_{46}O$ [12]); von Mauthner und Suida
wird die Formel $C_{27}H_{44}O$ [13]) bevorzugt. Das Sauerstoffatom ist als Hydroxylgruppe vorhanden; denn das Cholesterin liefert Ester mit anorganischen und organischen Säuren[14])
und auch viele andere Derivate, die für einen Alkohol charakteristisch sind. Daß das Cholesterin ein sekundärer Alkohol ist, ergibt sich aus der Geschwindigkeit der Esterbildung[15])
und ferner daraus, daß es bei der Oxydation in das entsprechende Keton, das Cholestenon,
verwandelt werden kann.

Beim Liegen an der Luft erleidet das Cholesterin, wenn das Licht Zutritt hat, eine Veränderung, die sich in einer Gelbfärbung und einer Erniedrigung des Schmelzpunktes kund-
gibt[16]). Es handelt sich um einen Oxydationsprozeß. Das Oxydationsprodukt zeigt, wie
Lifschütz beobachtet hat, eine Farbenreaktion mit Eisessig und konz. Schwefelsäure[17]);
chemisch ist es noch nicht untersucht worden. Verbindungen, welche dieselbe Farbenreaktion
liefern, entstehen auch, wenn man Cholesterin andauernd mit alkoholischer Kalilauge kocht
oder mit Benzoylsuperoxyd oder anderen Oxydationsmitteln behandelt[18]).

Cholesterin addiert glatt 1 Mol. Chlor, Brom[19]) oder Chlorjod; es enthält also mindestens
eine Doppelbindung; bei andauernder Behandlung mit Ozon nimmt Cholesterin 2 Mol. Ozon

---

[1]) Ransom, Deutsche med. Wochenschr. **1901**, 194.
[2]) Pascucci, Beiträge z. chem. Physiol. u. Pathol. **6**, 543 [1905].
[3]) Hausmann, Beiträge z. chem. Physiol. u. Pathol. **6**, 567 [1905].
[4]) Abderhalden u. Le Count, Zeitschr. f. experim. Pathol. u. Ther. **2**, 199 [1905].
[5]) Windaus, Berichte d. Deutsch. chem. Gesellschaft **42**, 238 [1909].
[6]) Pribram, Biochem. Zeitschr. **1**, 413 [1906].
[7]) Therapeut. Monatshefte **1908**, 590.
[8]) Porges u. Neubauer, Biochem. Zeitschr. **7**, 152 [1908].
[9]) Gérard, Malys Jahresber. d. Tierchemie **35**, 516 [1905].
[10]) Willstätter u. Mayer, Berichte d. Deutsch. chem. Gesellschaft **41**, 2201 [1908].
[11]) Burian, Monatshefte f. Chemie **18**, 555 [1897].
[12]) Reinitzer, Monatshefte f. Chemie **9**, 421 [1888].
[13]) Mauthner u. Suida, Monatshefte f. Chemie **15**, 362 [1894].
[14]) Berthelot, Annales de Chim. et Phys. **56**, 51 [1856].
[15]) Willstätter u. Mayer, Berichte d. Deutsch. chem. Gesellschaft **41**, 2201 [1908].
[16]) Schulze u. Winterstein, Zeitschr. f. physiol. Chemie **43**, 316 [1904/05]; **48**, 546
[1906].
[17]) Lifschütz, Zeitschr. f. physiol. Chemie **53**, 140 [1907].
[18]) Darmstädter u. Lifschütz, Berichte d. Deutsch. chem. Gesellschaft **31**, 1126 [1898].
— Lifschütz, Zeitschr. f. physiol. Chemie **50**, 436 [1906]; **58**, 180 [1908]. — Die von Lifschütz beschriebenen Oxydationsprodukte werden hier nicht berücksichtigt, — da sie zwar mit
Formeln und Namen versehen sind, aber amorphe Harze darstellen und nicht einmal analysiert
worden sind.
[19]) Wislicenus u. Moldenhauer, Liebigs Annalen **146**, 175 [1868].

auf[1][2]) und hieraus wird geschlossen, daß Cholesterin vermutlich sogar zwei Doppelbindungen besitze.

Anmerkung: Die Angabe, daß Cholesterin bei der Oxydation Arachinsäure liefere, ist unrichtig[3]).

Vor kurzem haben Schrötter[4]) und seine Mitarbeiter mitgeteilt, daß bei der Oxydation von Cholesterin, Cholsäure, Pinen, Campher mit konz. Schwefelsäure dasselbe Oxydationsprodukt, die Rhizocholsäure, entstehe, und haben hieraus weitgehende Schlüsse gezogen. Seitdem haben sie gefunden, daß die Rhizocholsäure eine Polycarbonsäure (oder ein Gemisch von Polycarbonsäuren) des Benzols ist, wie sie aus Kohle oder aus allen Substanzen, die mit konz. Schwefelsäure verkohlen, beim Erhitzen mit konz. Schwefelsäure gebildet werden. Die Bildung der Rhizocholsäure beweist also gar nichts für die Konstitution des Cholesterins oder die Zusammengehörigkeit von Cholesterin und Cholsäure. Dies muß besonders hervorgehoben werden, weil in letzter Zeit wiederholt falsche Schlüsse aus den Arbeiten von Schrötter gezogen worden sind.

Derivate des Cholesterins (Umlagerung des Cholesterins):

β - Cholesterin.

Mol.-Gewicht 386,35.

Zusammensetzung: 83,86% C, 12,00% H.

$$C_{27}H_{46}O = C_{27}H_{45}(OH).$$

Bildung[5]): Durch Erhitzen von Cholesterin auf 310—315°; gleichzeitig wird Cholestenon gebildet; wahrscheinlich sind für den Eintritt der Reaktion geringe Mengen von Eisen- oder Zinkverbindungen notwendig. — Durch Reduktion von Cholestenon mit Natrium und Äthylalkohol.

Physikalische und chemische Eigenschaften: Es krystallisiert aus Aceton in dünnen, ziemlich breiten Prismen. Schmelzp. 160°; verhält sich gegen Lösungsmittel ähnlich wie Cholesterin.

Beim Erhitzen mit Benzoylchlorid auf 190—195° liefert es das Benzoat des gewöhnlichen Cholesterins; mit Natrium und Amylalkohol entsteht α-Cholestanol. β-Cholesterin ist vermutlich ein Stereoisomeres des Cholesterins.

Additionsverbindungen des Cholesterins: Das Cholesterin bildet sehr leicht Additionsverbindungen; es krystallisiert mit 1 Mol. Wasser und nach Craven Moore[6]) auch mit Alkohol oder Essigester. Es liefert mit Ameisensäure, Essigsäure, Propionsäure, Buttersäure, Palmitinsäure, Stearinsäure, Ölsäure und anderen Säuren lockere Additionsprodukte. Auch mit den Saponinen gibt es Komplexverbindungen, die mehr oder minder beständig sind.

Cholesterin-Essigsäure.[7])

$$C_{27}H_{46}O + CH_3COOH.$$

Bildung: Beim Auflösen von Cholesterin in Eisessig.

Physikalische und chemische Eigenschaften: Die Verbindung krystallisiert in langen, dünnen Nadeln vom Schmelzp. 110°. Beim Übergießen mit Alkohol wird die Verbindung zersetzt.

Cholesterin-Oxalsäure.[8])

$$2 C_{27}H_{46}O + C_2H_2O_4.$$

Bildung: Beim Zusammenbringen von Cholesterin und wasserfreier Oxalsäure in ätherischer Lösung.

Physikalische und chemische Eigenschaften: Die Verbindung krystallisiert in flachen Nadeln, die bei 172° sintern und unscharf gegen 200° schmelzen; durch heißes Wasser wird die Verbindung zersetzt.

[1]) Molinari u. Fenaroli, Berichte d. Deutsch. chem. Gesellschaft **41**, 2785 [1908].
[2]) Dorée, Journ. Chem. Soc. **95**, 638 [1909].
[3]) Pickard u. Yates, Journ. Chem. Soc. **93**, 1680 [1908].
[4]) Schrötter, Monatshefte f. Chemie **29**, 245, 395, 749 [1908].
[5]) Diels u. Linn, Berichte d. Deutsch. chem. Gesellschaft **41**, 260 [1908].
[6]) Craven Moore, Medical Chronicle, Manchester **47**, 204 [1907].
[7]) Hoppe-Seyler, Journ. f. prakt. Chemie **90**, 331 [1863].
[8]) Mauthner u. Suida, Monatshefte f. Chemie **24**, 664 [1903].

Cholesterin-Digitonin. [1]

$C_{27}H_{46}O + C_{55}H_{94}O_{28}$.

Bildung: Beim Zusammenbringen von Cholesterin und Digitonin in alkoholischer Lösung scheidet sich die Komplexverbindung unlöslich ab.

Physikalische und chemische Eigenschaften: Die Verbindung krystallisiert in feinen Nädelchen, die leicht löslich sind in Pyridin, sehr wenig löslich in Alkohol, unlöslich in Wasser, Aceton, Äther, Benzol. Das Additionsprodukt ist sehr beständig.

Andere Cholesterin-Saponinverbindungen, z. B. das Cyclamin-Cholesterin [1]), werden viel leichter gespalten und geben ihr Cholesterin schon bei der Extraktion mit Äther ab.

Metallderivate des Cholesterins:

Natriumcholesterylat. [2]

$C_{27}H_{45}(ONa)$.

Bildung: Beim Eintragen von metallischem Natrium in eine gesättigte Lösung von Cholesterin in Petroleum.

Physikalische und chemische Eigenschaften: Die Verbindung krystallisiert aus Chloroform in seidenglänzenden Nadeln, die bei 150° schmelzen und sich bei etwa 180° zersetzen. Von Wasser wird sie langsam, von Alkohol rasch zersetzt. Das Natriumcholesterylat ist mit Äthyljodid und mit Cholesterylchlorid in Umsetzung gebracht worden. — Auch ein Kaliumcholesterylat [3]) ist in ätherischer Lösung aus Cholesterin und metallischem Kalium bereitet worden. Es verhält sich wie die Natriumverbindung.

Äther des Cholesterins:

Cholesteryläther. [4]

$C_{54}H_{90}O = C_{27}H_{45}\text{-}O\text{-}C_{27}H_{45}$.

Bildung: Aus Cholesterin und entwässertem Kupfersulfat bei 200°. — Aus Cholesterylchlorid und Zinkoxyd bei 200°.

Physikalische und chemische Eigenschaften: Die Verbindung krystallisiert aus Benzolalkohol als Filzwerk feiner Nadeln, die bei 188° sintern und bei 195° schmelzen. Sie ist leicht löslich in Benzol und Chloroform, schwer in Äther, fast unlöslich in Alkohol. Sie liefert ein schön krystallisiertes Cholesteryläthertetrabromid $C_{54}H_{90}OBr_4$. Vielleicht identisch mit dem Cholesteryläther ist eine Verbindung, die beim Erwärmen des Cholesterins mit alkoholischer Schwefelsäure entstehen soll [5]).

Vor kurzem hat Minovici [5]) einen isomeren Cholesteryläther vom Schmelzp. 74,5° beschrieben, der beim andauernden Kochen des Cholesterins mit alkoholischer Salzsäure entstehen soll. Da Molekulargewichtsbestimmungen der Verbindung nicht ausgeführt worden sind, ist es zweifelhaft, ob es sich um einen Cholesteryläther handelt.

Cholesterylbenzyläther. [6]

$C_{34}H_{52}O = C_{27}H_{45}OCH_2C_6H_5$.

Bildung: Aus Natriumcholesterylat und Benzylchlorid bei 100°.

Physikalische und chemische Eigenschaften: Die Verbindung krystallisiert aus Ätheralkohol in dünnen Blättchen vom Schmelzp. 78°.

Stickstoffhaltige Derivate des Cholesterins: Ein Cholesterylamin ist von Loebisch [7]) beschrieben worden. Die Existenz dieser Verbindung ist zweifelhaft.

---

[1]) Windaus, Berichte d. Deutsch. chem. Gesellschaft **42**, 240 [1909].
[2]) Lindenmeyer, Journ. f. prakt. Chemie **90**, 327 [1863].
[3]) Obermüller, Zeitschr. f. physiol. Chemie **15**, 38 [1891].
[4]) Mauthner u. Suida, Monatshefte f. Chemie **17**, 38 [1896].
[5]) Minovici, Berichte d. Deutsch. chem. Gesellschaft **41**, 1562 [1908].
[6]) Obermüller, Zeitschr. f. physiol. Chemie **15**, 44 [1891].
[7]) Loebisch, Berichte d. Deutsch. chem. Gesellschaft **5**, 513 [1872].

Cholesterylanilin.[1]

$$C_{33}H_{51}N = C_{27}H_{45}NHC_6H_5.$$

Bildung: Aus Cholesterylchlorid und Anilin bei 180°.

Physikalische und chemische Eigenschaften: Die Verbindung krystallisiert in Tafeln, die bei 187° schmelzen. Sie liefert ein salzsaures und ein schwefelsaures Salz.

Auch aus p-Toluidin und α-Naphthylamin sind die entsprechenden Kondensationsprodukte[1] dargestellt worden.

Cholesterylphenylurethan.[2]

$$C_{34}H_{51}O_2N = C_{27}H_{45}OCONHC_6H_5.$$

Bildung: Beim Erhitzen von Cholesterin mit Phenylisocyanat auf 180°.

Physikalische und chemische Eigenschaften: Die Verbindung ist leicht löslich in Äther, Benzol, Chloroform, Schwefelkohlenstoff, schwer löslich in Alkohol und Petroläther. Sie krystallisiert in Nadeln vom Schmelzp. 168—169°. $[\alpha]_D^{19°} = -28,89°$ (2,07 g in 100 ccm Benzol). Beim Erhitzen im Rohr zerfällt sie in Kohlendioxyd, Anilin und einen Kohlenwasserstoff, der vielleicht mit dem Cholesterilen identisch ist.

Additionsprodukte von Halogen und Halogenwasserstoffsäure an Cholesterin:

Cholesterindichlorid.[3]

$$C_{27}H_{46}OCl_2.$$

Bildung: Aus Cholesterin und Chlor in Chloroformlösung.

Physikalische und chemische Eigenschaften: Die Verbindung krystallisiert aus Alkohol in Nadeln die bei 125° sintern, aber erst bei 136° ganz geschmolzen sind; sie ist sehr beständig gegen alkoholische Kalilauge.

Cholesterindibromid.[4][5]

$$C_{27}H_{46}OBr_2.$$

Bildung: Aus Cholesterin und Brom in Schwefelkohlenstoff oder Petroläther[6]. — Aus Cholesterin in Äther mit Brom in Eisessig[7].

Physikalische und chemische Eigenschaften: Die Verbindung existiert in zwei Modifikationen, von denen die eine bei 109—111°, die andere bei 123—124° schmilzt. Beim Behandeln der Dibromide mit Natriumamalgam wird Cholesterin zurückgebildet. Das Cholesterindibromid liefert mit Cholesterin eine Additionsverbindung[8], die sehr beständig ist.

Cholesterinhydrochlorid.[9]

$$C_{27}H_{47}OCl.$$

Bildung: Aus Cholesterin und Chlorwasserstoff in alkoholisch-ätherischer Lösung.

Physikalische und chemische Eigenschaften: Die Verbindung krystallisiert aus Äther-Alkohol oder Chloroform-Petroläther in feinen Nadeln, die bei 150° sintern und bei 154—155° unter Gasentwicklung schmelzen. Sie ist ziemlich leicht löslich in Chloroform, Äther, Benzol, Schwefelkohlenstoff, schwer löslich in Alkohol; sie addiert kein Brom. Beim Erwärmen mit einer alkoholischen Kaliumacetatlösung liefert sie in schlechter Ausbeute Cholesterin zurück.

[1]) Walitzky, Berichte d. Deutsch. chem. Gesellschaft **11**, 1937 [1878].
[2]) Bloch, Bulletin de la Soc. chim. **31**, 71 [1904].
[3]) Mauthner u. Suida, Monatshefte f. Chemie **15**, 101 [1894].
[4]) Wislicenus u. Moldenhauer, Liebigs Annalen **146**, 178 [1868].
[5]) Bondzynski u. Humnicki, Zeitschr. f. physiol. Chemie **22**, 407 [1896].
[6]) Die Polyhalogenverbindungen, die von verschiedenen Seiten aus dem Cholesterin erhalten worden sind, sind sämtlich schlecht charakterisierte, amorphe Substanzen und werden hier nicht berücksichtigt. — Schwendler u. Meißner, Liebigs Annalen **59**, 107 [1846]. — Mauthner u. Suida, Monatshefte f. Chemie **15**, 102 [1894]; **24**, 660 [1903]. — Schrötter, Monatshefte f. Chemie **24**, 220 [1903].
[7]) Windaus, Berichte d. Deutsch. chem. Gesellschaft **39**, 518 [1906].
[8]) Cloez, Compt. rend. de l'Acad. des Sc. **124**, 864 [1897].
[9]) Mauthner, Monatshefte f. Chemie **27**, 306 [1906].

Ester des Cholesterins: Die Ester des Cholesterins sind dadurch ausgezeichnet, daß sie fast alle imstande sind, in flüssig-krystallinischen Formen aufzutreten. — Bei einigen Estern des Cholesterins ist das natürliche Vorkommen unter normalen oder pathologischen Verhältnissen mit Sicherheit erwiesen.

Cholesterylchlorid. [1][2)
$$C_{27}H_{45}Cl.$$

Bildung: Aus Cholesterin mit Phosphorpentachlorid oder Thionylchlorid[3]).

Physikalische und chemische Eigenschaften: Die Verbindung krystallisiert aus Alkohol in langen Nadeln vom Schmelzp. 97°. Sie ist leicht löslich in Äther, schwer löslich in Alkohol und sehr beständig gegen alkoholische Kalilauge. Beim Kochen mit Zinkstaub und Essigsäure liefert sie Cholesterylacetat. Bei der trocknen Destillation zerfällt sie in eine Anzahl Kohlenwasserstoffe[4]). Beim Erhitzen mit einer alkoholischen Silbernitratlösung liefert sie einen stickstoffhaltigen Körper vom Schmelzp. 81—82°[5]).

Das Cholesterylchlorid addiert 1 Mol. Chlor[6]), Brom[7]) oder Chlorwasserstoff[8]) unter Bildung krystallisierter Produkte.

Cholesterylnitrit. [9])
$$C_{27}H_{45}O_2N = C_{27}H_{45}ONO(?).$$

Bildung: Aus Cholesterin und nitrosen Gasen in ätherischer Lösung.

Physikalische und chemische Eigenschaften: Die Verbindung krystallisiert in Nadeln vom Schmelzp. 94—95°.

Cholesterylacetat.
Mol.-Gewicht 428,37.
Zusammensetzung: 81,24% C, 11,29% H.
$$C_{29}H_{48}O_2 = C_{27}H_{45}OCOCH_3.$$

Bildung: Aus Cholesterin und Essigsäureanhydrid[10)[11]). — Aus Cholesterylchlorid beim Erwärmen mit Zink und Eisessig[12]).

Physikalische und chemische Eigenschaften: Die Verbindung krystallisiert aus Äther-Alkohol in Tafeln oder Nadeln, die krystallographisch gemessen sind; der Schmelzpunkt liegt bei 114°. Das Acetat liefert mit Chlor[13]) und mit Brom[14]) krystallisierte Additionsprodukte, die ausführlich untersucht worden sind.

Cholesterylpropionat. [15)[16])
$$C_{30}H_{50}O_2 = C_{27}H_{45}OCOCH_2CH_3.$$

Bildung: Beim Erwärmen von trocknem Cholesterin mit Propionsäureanhydrid.

Physikalische und chemische Eigenschaften: Die Verbindung krystallisiert in Blättchen, die nach Jäger bei 93° zu einer trüben Flüssigkeit schmelzen, die bei 107° klar wird. Obermüller gibt den Schmelzp. 98° an. Die klar geschmolzene Masse liefert beim Abkühlen ein schönes Farbenspiel. Das Cholesterylpropionat ist leicht löslich in Äther, Benzol und Schwefelkohlenstoff, schwer in Alkohol. Es gibt ein krystallisiertes Dibromadditionsprodukt[15]).

1) Planer, Liebigs Annalen **118**, 26 [1861].
2) Mauthner u. Suida, Monatshefte f. Chemie **15**, 87 [1894].
3) Diels u. Abderhalden, Berichte d. Deutsch. chem. Gesellschaft **37**, 3102 [1904].
4) Mauthner u. Suida, Monatshefte f. Chemie **17**, 41 [1896].
5) Mauthner u. Suida, Monatshefte f. Chemie **17**, 46 [1896].
6) Mauthner u. Suida, Monatshefte f. Chemie **15**, 100 [1894].
7) Raymann, Bulletin de la Soc. chim. **47**, 900 [1887].
8) Mauthner, Monatshefte f. Chemie **27**, 312 [1906].
9) Mauthner u. Suida, Monatshefte f. Chemie **24**, 649 [1903].
10) Raymann, Bull. de la Soc. chim. **47**, 899 [1887].
11) Reinitzer, Monatshefte f. Chemie **9**, 425 [1888].
12) Mauthner u. Suida, Monatshefte f. Chemie **15**, 370 [1894].
13) Mauthner u. Suida, Monatshefte f. Chemie **15**, 103 [1894].
14) Reinitzer, Monatshefte f. Chemie **9**, 432 [1888].
15) Obermüller, Zeitschr. f. physiol. Chemie **15**, 39 [1891].
16) Mauthner u. Suida, Monatshefte f. Chemie **15**, 368 [1894].

Cholesterylisobutyrat.[1])

$$C_{31}H_{52}O_2 = C_{27}H_{45}OCOCH(CH_3)_2.$$

Bildung: Beim Erhitzen von trocknem Cholesterin mit Isobuttersäureanhydrid. — Aus Cholesterin und Isobutyrylchlorid[2]).

Physikalische und chemische Eigenschaften: Die Verbindung krystallisiert in langen Nadeln vom Schmelzp. 128,5°; sie läßt sich nicht in den krystallinisch-flüssigen Zustand umwandeln. $[\alpha]_D = -31,05°$[2]).

Auch die Ester des Cholesterins mit Ameisensäure[3]), Buttersäure[4]), Valeriansäure[4]), Isovaleriansäure[4]), Capronsäure[4]), Önanthylsäure[4]), Caprylsäure[4]), Pelargonsäure[4]), Caprinsäure[4]), Laurinsäure[2])[4]), Myristinsäure[4]), α-Bromisovaleriansäure[2]), Chloressigsäure[2]), α-Bromisocapronsäure[2]) und Glykokoll[2]) sind bereitet worden[2]).

Cholesterylpalmitat.

Mol.-Gewicht 624,58.
Zusammensetzung: 82,61% C, 12,26% H.

$$C_{43}H_{76}O_2 = C_{27}H_{45}OCOC_{15}H_{31}.$$

Vorkommen: Im Blutserum[5]); in der Nebenniere[6]); in der Epidermis[7]); in doppeltbrechenden Substanzen aus pathologischen Organen, z. B. in der großen, weißen Niere.

Darstellung[5]): Blutserum wird mit Alkohol versetzt und die abgeschiedene Masse zur Entfernung des Cholesteryloleats mit Alkohol bei 30—40° extrahiert. Zur Gewinnung des Palmitats extrahiert man darauf mit einem Gemisch von Alkohol und Äther; statt des letzteren kann man auch warmes Aceton verwenden.

Bildung[5])[7]): 1 T. Cholesterin wird mit 2 T. Palmitinsäure 3 Stunden auf 200° erhitzt. Durch Einleiten von trocknem Kohlendioxyd verhindert man den Zutritt der Luft zu der erhitzten Schmelze. — Aus Cholesterin und Palmitylchlorid[2]).

Physikalische und chemische Eigenschaften: Das Cholesterylpalmitat krystallisiert in Blättchen, die bei 78—80° schmelzen. Es ist leichtlöslich in Chloroform, ziemlich leicht in Äther, schwer löslich in kaltem Aceton, sehr wenig löslich in Alkohol. $[\alpha]_D = -24,2°$[2]).

Cholesterylstearat.[8])

Mol.-Gewicht 652,61.
Zusammensetzung: 82,74% C, 12,35% H.

$$C_{45}H_{80}O_2 = C_{27}H_{45}OCOC_{17}H_{35}.$$

Vorkommen: Nach Rosenheim und Tebb findet sich Cholesterylstearat in der Nebenniere[6]). — Nach Hürthle ist das Vorkommen von Cholesterylstearat im Blutserum sehr unwahrscheinlich[8]).

Darstellung: Getrocknete Nebennieren werden erst mit kaltem, dann mit heißem Aceton extrahiert. In dem mittels heißem Aceton gewonnenen Auszug soll sich Cholesterylstearat neben Cholesterylpalmitat finden.

Bildung: Durch Erhitzen von trocknem Cholesterin mit überschüssiger Stearinsäure[8]). — Aus Cholesterin und Stearylchlorid[2]).

Physikalische und chemische Eigenschaften: Das Cholesterylstearat krystallisiert aus Äther-Alkohol in weißen Blättchen, die bei 82° schmelzen. Es ist fast unlöslich in abs. Alkohol und auch in Aceton, Äther und Chloroform schwerer löslich als das Palmitat.

Cholesteryloleat.

Mol.-Gewicht 650,59.
Zusammensetzung 83,00 %C, 12,08% H.

$$C_{45}H_{78}O_2 = C_{27}H_{45}OCOC_{17}H_{33}.$$

[1]) Jäger, Recueil des travaux chim. des Pays-Bas **25**, 344 [1906].
[2]) Emil Abderhalden u. Karl Kautzsch, Zeitschr. f. physiol. Chemie **65**, 69 [1910].
[3]) Bömer u. Winter, Zeitschr. f. Untersuchung d. Nahrungs- u. Genußmittel **4**, 865 [1901].
[4]) Jäger, Recueil des travaux chim. des Pays-Bas **25**, 334 [1906]; **26**, 311 [1907].
[5]) Hürthle, Zeitschr. f. physiol. Chemie **21**, 342 [1895/96].
[6]) Rosenheim u. Tebb, Journ. of Physiol. **38**, Proc. 2 [1909].
[7]) Salkowski, Arbeiten a. d. Pathol. Inst. zu Berlin **1906**, 2.
[8]) Hürthle, Zeitschr. f. physiol. Chemie **21**, 345 [1895/96].

Vorkommen: In dem Blutserum von Hund, Schwein, Hammel, Rind und Pferd[1]).
— In den doppeltbrechenden Substanzen aus pathologischen Organen ist vermutlich ebenfalls Cholesteryloleat vorhanden[2]).

Darstellung: S. unter Cholesterylpalmitat.

Bildung[3]): Durch Erhitzen von Cholesterin mit überschüssiger Ölsäure auf 200°. Durch Einleiten von trocknem Kohlendioxyd ist der Zutritt der Luft auszuschließen.

Physikalische und chemische Eigenschaften: Die Verbindung krystallisiert in langen, dünnen Nadeln, für welche der Schmelzpunkt zwischen 41—46° angegeben ist. Sie ist leicht löslich in Äther, Chloroform, Benzol und heißem Aceton, schwer löslich in Alkohol. 100 ccm abs. Alkohol lösen etwa 0,4 g. In Wasser, in verdünnten Mineralsäuren oder Alkalien ist das Cholesteryloleat unlöslich. $[\alpha]_D^{(?)} = -18° 48'$ (7,94 g in 100 ccm gleicher Teile Chloroform und Alkohol).

Cholesteryl - elaidinsäureester.[4])

$$C_{45}H_{78}O_2 = C_{27}H_{45}OCOC_{17}H_{33}.$$

Bildung: Beim Erhitzen von Cholesterin und Elaidinsäure auf 200°.

Physikalische und chemische Eigenschaften: Die Verbindung krystallisiert aus heißem Aceton in kurzen, dicken Prismen vom Schmelzp. 47°; sie ist unlöslich in Wasser, schwer löslich in Alkohol und kaltem Aceton, leicht löslich in Äther, Benzol und Chloroform.

Cholesterylbenzoat.

$$C_{34}H_{50}O_2 = C_{27}H_{45}OCOC_6H_5.$$

Bildung: Aus Cholesterin durch Erhitzen mit Benzoesäureanhydrid oder Benzoylchlorid[5])[6])[7]). — Cholesterin wird in Pyridin gelöst, mit überschüssigem Benzoylchlorid versetzt, dann nach mehreren Stunden das Cholesterylbenzoat durch Wasser ausgefällt[8]).

Physikalische und chemische Eigenschaften: Der Ester krystallisiert aus Äther-Alkohol in Tafeln, die krystallographisch gemessen worden sind. Er ist ziemlich leicht löslich in Äther, wenig löslich in heißem Alkohol. Beim Erhitzen schmilzt er bei 146,5° zu einer trüben, doppeltbrechenden Flüssigkeit, die bei 178° klar wird. Beim Abkühlen der Schmelze zeigt sich ein Farbenspiel. Beim Behandeln einer Schwefelkohlenstofflösung des Cholesterylbenzoats mit Brom bildet sich eine Verbindung, welche die Zusammensetzung eines Monobromcholesterylbenzoats zu besitzen scheint[7]).

Auch die Ester des Cholesterins mit Glykolsäure[9]), Glycerinsäure[10]), Oxalsäure[11]), Phthalsäure[12]), Zimtsäure[13]), Salicylsäure[14]) sind dargestellt worden.

Ungesättigte Kohlenwasserstoffe aus Cholesterin:

Cholesterilen. [15])

Mol.-Gewicht 368,33.
Zusammensetzung: 87,96% C, 12,04% H.

$$C_{27}H_{44}.$$

[1]) Hürthle, Zeitschr. f. physiol. Chemie **21**, 332 [1895/96].
[2]) Panzer, Zeitschr. f. physiol. Chemie **48**, 519 [1906]; **54**, 239 [1907].
[3]) Hürthle, Zeitschr. f. physiol. Chemie **21**, 340 [1895/96].
[4]) Panzer, Zeitschr. f. physiol. Chemie **48**, 526 [1906].
[5]) Schulze, Journ. f. prakt. Chemie **7**, 171 [1873].
[6]) Reinitzer, Monatshefte f. Chemie **9**, 435 [1889].
[7]) Obermüller, Zeitschr. f. physiol. Chemie **15**, 42 [1891].
[8]) Dorée u. Gardner, Proc. Roy. Soc. **80**, 228 [1908].
[9]) Gaubert, Compt. rend. de l'Acad. des Sc. **145**, 722 [1907].
[10]) Gaubert, Compt. rend. de l'Acad. des Sc. **145**, 722 [1907]; Chem. Centralbl. **1909**, I, 1974.
[11]) Mauthner u. Suida, Monatshefte f. Chemie **24**, 665 [1903].
[12]) Obermüller, Zeitschr. f. physiol. Chemie **15**, 43 [1900].
[13]) Bondzynski u. Humnicki, Zeitschr. f. physiol. Chemie **22**, 403 [1896/97].
[14]) Golodetz, Chem.-Ztg. **31**, 1215 [1907].
[15]) Mauthner u. Suida, Monatshefte f. Chemie **17**, 29 [1896]. — Daselbst finden sich kritische Bemerkungen über die von Zwenger erhaltenen Kohlenwasserstoffe, die Cholesteriline und Cholesterone (Liebigs Annalen **66**, 5 [1848]; **69**, 347 [1849]).

Bildung: Aus Cholesterylchlorid mit Chinolin[1]) oder mit einer alkoholischen Natrium-äthylatlösung[2]). — Aus Cholesterin mit entwässertem Kupfersulfat bei 200°[3]).

Physikalische und chemische Eigenschaften: Das Cholesterilen krystallisiert aus Alkohol, in dem es schwer löslich ist, in Nadeln und Prismen, die krystallographisch gemessen worden sind. Der Schmelzpunkt liegt bei 79,5—80,5°. Es addiert nur 1 Mol. Brom oder Chlorjod. Durch Natrium und Äthylalkohol wird es nicht reduziert. Bei der trocknen Destillation zerfällt es in eine Anzahl Kohlenwasserstoffe[4]).

Cholesten[5]) (Hydrocholesterylen).

Mol.-Gewicht 370,35.

Zusammensetzung: 87,49% C, 12,51% H.

$$C_{27}H_{46} = C_{23}H_{39} - CH : CH_2.$$
$$\diagdown\!\!\!\diagup$$
$$CH_2 - CH_2$$

Bildung: Aus Cholesterylchlorid mit Natriumamalgam[2]) oder besser mit Natrium und Amylalkohol.

Physikalische und chemische Eigenschaften: Das Cholesten krystallisiert aus Äther-Alkohol in farblosen Nadeln vom Schmelzp. 89—90°. $[\alpha]_D = -56°28'$ (3,909 g in 100 ccm Chloroform).

Das Cholesten unterscheidet sich vom Cholesterin dadurch, daß die (OH) Gruppe des Cholesterins durch Wasserstoff ersetzt ist. Das Cholesten addiert 1 Mol. Wasserstoff, Chlorwasserstoff, Chlor und Brom. Das Cholestendichlorid[6]) und das Cholestendibromid[7]) sind schön krystallisierte, genau untersuchte Verbindungen.

Cholestenhydrochlorid.[8])

$$C_{27}H_{47}Cl.$$

Bildung: Aus Cholesten und Chlorwasserstoff in alkoholisch-ätherischer Lösung.

Physikalische und chemische Eigenschaften: Das Cholestenhydrochlorid existiert in zwei Modifikationen. Beide liefern bei der Abspaltung von Chlorwasserstoff denselben ungesättigten Kohlenwasserstoff, der vom Cholesten verschieden ist und Pseudocholesten genannt worden ist.

Pseudocholesten.[9])

$$C_{27}H_{46}.$$

Bildung: Beim Erwärmen des Cholestenhydrochlorids mit einer alkoholischen Kaliumacetatlösung.

Physikalische und chemische Eigenschaften: Das Pseudocholesten ist ein Isomeres (Stereoisomeres?) des Cholestens; es krystallisiert aus Äther-Alkohol in flachen Nadeln vom Schmelzp. 78—79°. $[\alpha]_D^{23°} = +64,86°$ (3,176 g in 100 ccm Chloroform). Die Löslichkeitsverhältnisse sind dieselben wie beim Cholesten. Das Pseudocholesten addiert 1 Mol. Brom unter Bildung eines krystallisierten Pseudocholestendibromids[9]), das ausführlich untersucht ist.

[1]) Mauthner u. Suida, Monatshefte f. Chemie **24**, 667 [1903].
[2]) Walitzki, Berichte d. Deutsch. chem. Gesellschaft **9**, 1310 [1876].
[3]) Mauthner u. Suida, Monatshefte f. Chemie **17**, 34 [1896].
[4]) Mauthner u. Suida, Monatshefte f. Chemie **17**, 44 [1896].
[5]) Mauthner u. Suida, Monatshefte f. Chemie **15**, 86 [1894].
[6]) Mauthner u. Suida, Monatshefte f. Chemie **15**, 95 [1894].
[7]) Mauthner u. Suida, Monatshefte f. Chemie **15**, 90 [1894].
[8]) Mauthner, Monatshefte f. Chemie **27**, 313 [1906]; **28**, 1114 [1907].
[9]) Mauthner, Monatshefte f. Chemie **28**, 1117 [1907].

Derivate des Cholesterins, in denen die Vinylgruppe zur Äthylgruppe reduziert ist:

Dihydrocholesterin oder β-Cholestanol.

Mol.-Gewicht 388,37.

Zusammensetzung: 83,45% C, 12,45% H.

$$C_{27}H_{48}O = C_{23}H_{39}-CH_2CH_3 .$$
$$\overset{\diagup \quad \diagdown}{CH_2-CHOH}$$

Bildung: Beim Einleiten von Wasserstoff in eine mit Platinmohr versetzte ätherische Lösung des Cholesterins[1]). — Bei der Reduktion des Cholestenons mit Natrium und Amylalkohol[2]).

Physikalische und chemische Eigenschaften: Die Verbindung krystallisiert aus Alkohol in sechseckigen Blättchen, die 1 Mol. Krystallwasser enthalten. Die wasserfreie Verbindung schmilzt bei 141,5—142° (korr.). 100 T. abs. Alkohol lösen bei 18° 1,60 T. In Schwefelkohlenstoff, Chloroform und Äther ist sie leicht löslich. $[\alpha]_D^{+22} = +28,8°$ (4 g in 100 ccm Äther).

Die Messung der Geschwindigkeit der Esterbildung nach dem Verfahren von Menschutkin ergibt, daß sich das β-Cholestanol wie ein sekundärer Alkohol verhält. Das β-Cholestanol ist als das normale Reduktionsprodukt des Cholesterins aufzufassen, das an Stelle der Vinylgruppe eine Äthylgruppe enthält. Mit dem im Darm entstehenden Umwandlungsprodukt des Cholesterins, dem Koprosterin, das wahrscheinlich dieselbe Formel besitzt, ist es nicht identisch. Die charakteristischen Farbenreaktionen des Cholesterins liefert das Dihydrocholesterin nicht mehr. Brom addiert es nicht, dagegen nimmt es 1 Mol. Ozon[3]) auf und liefert mit Digitonin ein unlösliches Additionsprodukt. Mit Essigsäureanhydrid entsteht ein krystallisiertes Acetat[1]) vom Schmelzp. 110,5—111°.

β-Cholestanon. [2])

$$C_7H_{46}O = C_{23}H_{39}-CH_2CH_3 .$$
$$\overset{\diagup \quad \diagdown}{CH_2-CO}$$

Bildung: Aus β-Cholestanol mit Chromsäure und Eisessig.

Physikalische und chemische Eigenschaften: Das β-Cholestanon fällt aus Aceton in Krystallen vom Schmelzp. 128—129° aus. Es reagiert sehr leicht mit Brom; ob Addition oder Substitution stattfindet, ist unentschieden[4]). Auch mit Ozon reagiert das β-Cholestanon, und zwar scheint es etwa 2 Mol. Ozon zu addieren[4]).

β-Cholestylchlorid. [5])

$$C_{27}H_{47}Cl = C_{23}H_{39}-CH_2CH_3 .$$
$$\overset{\diagup \quad \diagdown}{CH_2-CHCl}$$

Bildung: Aus β-Cholestanol mit Phosphorpentachlorid.

Physikalische und chemische Eigenschaften: Die Verbindung bildet weiße Nadelbüschel, welche bei 92° zu einer trüben Flüssigkeit schmelzen, die bei 100° klar wird. Die Verbindung ist leicht löslich in Äther, Essigäther, Benzol und Petroläther, schwerer löslich in Aceton, Alkohol und Eisessig. Bei der Reduktion mit Natrium und Amylalkohol liefert sie β-Cholestan.

Chlorcholestan.

$$C_{27}H_{47}Cl\ [6]) = C_{23}H_{39}-CH_2CH_3 .$$
$$\overset{\diagup \quad \diagdown}{CH_2-CHCl}$$

Die Verbindung ist vermutlich mit der vorhergehenden Verbindung stereoisomer.

---

[1]) Willstätter u. Mayer, Berichte d. Deutsch. chem. Gesellschaft **41**, 2199 [1908].

[2]) Diels u. Abderhalden, Berichte d. Deutsch. chem. Gesellschaft **39**, 889 [1906].

[3]) Dorée, Journ. Chem. Soc. **95**, 644 [1909].

[4]) Dorée, Journ. Chem. Soc. **95**, 648 [1909].

[5]) Diels u. Linn, Berichte d. Deutsch. chem. Gesellschaft **41**, 548 [1908].

[6]) Mauthner, Monatshefte f. Chemie **30**, 641 [1909].

Bildung: Durch Einleiten von Wasserstoff in eine mit Platinmohr versetzte ätherische Lösung von Cholesterylchlorid.

Physikalische und chemische Eigenschaften: Die Verbindung krystallisiert aus Benzolalkohol in flachen Prismen vom Schmelzp. 115—116°. Sie liefert nicht die Farbenreaktionen der Cholesterinkörper. Mit Natrium und Amylalkohol wird sie zu β-Cholestan reduziert. Beim Erwärmen mit Chinolin liefert sie einen neuen Kohlenwasserstoff, das Neocholesten [1])

$$C_{27}H_{46} = \underset{\diagup\quad\diagdown}{C_{23}H_{39} - CH_2CH_3},$$
$$CH = CH$$

das durch ein Dibromadditionsprodukt charakterisiert ist.

β-Cholestan. [2])

Mol.-Gewicht 372,37.

Zusammensetzung: 87,01% C, 12,99% H.

$$C_{27}H_{48} = \underset{\diagup\quad\diagdown}{C_{23}H_{39} - CH_2CH_3}.$$
$$CH_2 - CH_2$$

Bildung: Durch andauerndes Einleiten von Wasserstoff in eine mit Platinmohr versetzte ätherische Lösung von Cholesten oder Neocholesten [3]). — Durch Reduktion von β-Cholestylchlorid oder Chlorcholestan mit Natrium und Amylalkohol [2]).

Physikalische und chemische Eigenschaften: Das β-Cholestan krystallisiert aus Ätheralkohol in Blättchen, die bei 80° schmelzen. Es ist leicht löslich in Äther, Petroläther, Chloroform und Benzol, etwas schwerer in Essigester und Aceton, schwer löslich in Alkohol. $[\alpha]_D^{210} = +24,42°$ (3,0307 g in 100 ccm Chloroform). Die Verbindung liefert nicht die Farbenreaktionen der Cholesterinkörper, sie addiert kein Brom und wird weder durch rauchende Salpetersäure noch durch konz. Schwefelsäure verändert. Das β-Cholestan ist sehr wahrscheinlich als der gesättigte Stammkohlenwasserstoff aufzufassen, von dem sich das Cholesterin ableitet.

Pseudocholestan.

$$C_{27}H_{48}.$$

Bildung: Bei der Reduktion von Pseudocholesten mit Platinmohr und Wasserstoff in ätherischer Lösung [4]).

Physikalische und chemische Eigenschaften: Das Pseudocholestan krystallisiert aus Äther-Alkohol in Nadeln, die bei 69—70° schmelzen. Gegen Lösungsmittel und Reagenzien verhält es sich ähnlich wie β-Cholestan. $[\alpha]_D^{220} = +25,56°$ (3,012 g in 100 ccm Chloroform). Das Pseudocholestan ist vielleicht mit β-Cholestan stereoisomer. Ein Gemisch der beiden Isomeren schmilzt schon bei 50—51°.

Anhang:

α-Cholestanol oder Cyclocholesterin. [5][6][7])

$$C_{27}H_{48}O \text{ oder } C_{27}H_{46}O.$$

Bildung: Beim Erwärmen von Cholesterin mit Natrium und Amylalkohol oder mit einer amylalkoholischen Lösung von Natriumamylat [8]).

[1]) Mauthner, Monatshefte f. Chemie **30**, 643 [1909].

[2]) Diels u. Linn, Berichte d. Deutsch. chem. Gesellschaft **41**, 548 [1908].

[3]) Mauthner, Monatshefte f. Chemie **30**, 638 [1909].

[4]) Mauthner, Monatshefte f. Chemie **30**, 639 [1909].

[5]) Diels u. Abderhalden, Berichte d. Deutsch. chem. Gesellschaft **39**, 884 [1906].

[6]) Neuberg, Berichte d. Deutsch. chem. Gesellschaft **39**, 1155 [1906].

[7]) Windaus, Berichte d. Deutsch. chem. Gesellschaft **40**, 2637 [1907].

[8]) Neben dem α-Cholestanol sollen bei der Reduktion des Cholesterins mit Natrium und Amylalkohol nach Wilenko und Motylewski (Chem. Centralbl. **1909**, I, 832) noch zwei weitere Verbindungen entstehen, das γ-Cholesterin und das l-Koprosterin, von denen die erstere schwerer, die letztere leichter in Alkohol löslich sein soll als das α-Cholestanol. Die Annahme, daß in der mit l-Koprosterin bezeichneten Verbindung der optische Antipode des natürlich vorkommenden d-Koprosterins vorliege, ist unwahrscheinlich. Vermutlich sind weder „γ-Cholesterin" noch „l-Koprosterin" chemische Individuen.

Das α-Cholestanol ist sicher nicht das normale Reduktionsprodukt des Cholesterins. Ob bei seiner Bildung überhaupt eine Reduktion oder vielleicht nur eine Umlagerung einer olefinischen Bindung in eine cyclische stattfindet, ist ungewiß. Je nach der einen oder der anderen Auffassung kommt dem α-Cholestanol die Formel $C_{27}H_{47}(OH)$ oder $C_{27}H_{45}(OH)$ zu.

Physikalische und chemische Eigenschaften: Das α-Cholestanol krystallisiert aus Alkohol in Prismen und Tafeln, die unscharf zwischen 119—126° schmelzen. Es ist leicht löslich in Chloroform, Benzol, Toluol, Äther, schwer löslich in Alkohol. $[\alpha]_D = +18{,}35°$. Gegenüber Brom erweist es sich als gesättigt, von Ozon[1]) wird es gar nicht angegriffen, mit Digitonin liefert es keine Komplexverbindung. Beim Erwärmen mit Benzoylchlorid entsteht ein krystallisiertes Benzoat[2]).

α- Cholestanon. [2])

$C_{27}H_{46}O$ oder $C_{27}H_{44}O$.

Bildung: Bei der Oxydation von α-Cholestanol mit Chromsäure und Eisessig.

Physikalische und chemische Eigenschaften: Das Keton krystallisiert aus Aceton in dünnen Prismen, die bei 118—119° schmelzen. Es ist leicht löslich in Äther, schwer löslich in kaltem Aceton.

α-Cholestylchlorid. [3])

$C_{27}H_{47}Cl$ oder $C_{27}H_{45}Cl$.

Bildung: Aus α-Cholestanol und Phosphorpentachlorid.

Physikalische und chemische Eigenschaften: Die Verbindung krystallisiert aus Alkohol in glänzenden Blättchen, die bei 116° schmelzen. Sie ist leicht löslich in Äther, Essigäther, Benzol, Petroläther; schwer löslich in Alkohol.

α- Cholestan. [3])

$C_{27}H_{48}$ oder $C_{27}H_{46}$.

Bildung: Durch Reduktion von α-Cholestylchlorid mit Natrium und Amylalkohol.

Physikalische und chemische Eigenschaften: Der Kohlenwasserstoff krystallisiert aus Aceton in langen, durchsichtigen Nadeln vom Schmelzp. 72°. Die Löslichkeitsverhältnisse sind dieselben wie beim β-Cholestan. Das α-Cholestan addiert kein Brom.

Nitroderivate des Cholesterins: Beim Behandeln des Cholesterins und seiner Derivate mit rauchender Salpetersäure werden Mononitroderivate gebildet, die sich aber wahrscheinlich nicht vom Cholesterin, sondern von einem um zwei Wasserstoffatome ärmeren Körper, einem Dehydrocholesterin, ableiten. Wahrscheinlich findet bei der Bildung dieser Dehydrokörper ein neuer Ringschluß statt, wie dies die folgenden Formeln andeuten

$$
\begin{array}{c}
C_{23}H_{39}\!-\!-\!-\!CH \\
\diagup\ \diagdown\quad \| \\
CHOH\!-\!CH_2\ \ CH_2
\end{array}
\ +\ O\ =\
\begin{array}{c}
C_{23}H_{39}\!-\!-\!CH \\
\diagup\ \diagdown\quad \| \\
CHOH\!-\!CH\!-\!CH
\end{array}
$$

$$
+\ \text{rauchende Salpetersäure} \qquad
\begin{array}{c}
C_{23}H_{39}\!-\!-\!CNO_2 \\
\diagup\ \diagdown\quad \| \\
CHOH\!-\!CH\!-\!CH
\end{array}
$$

Nitrodehydrocholesterylacetat.

$$
C_{29}H_{45}O_4N\ =\
\begin{array}{c}
C_{23}H_{39}\!-\!-\!-\!CNO_2\ (?) \\
\diagup\ \diagdown\quad \| \\
CH(OCOCH_3)\!-\!CH\!-\!CH
\end{array}
$$

Bildung: Aus Cholesterylacetat mit wasserfreier Salpetersäure und Natriumnitrit[4]) oder rauchender Salpetersäure und Essigsäureanhydrid[5]).

[1]) Dorée, Journ. Chem. Soc. **95**, 647 [1909].
[2]) Diels u. Abderhalden, Berichte d. Deutsch. chem. Gesellschaft **39**, 884 [1906].
[3]) Diels u. Linn, Berichte d. Deutsch. chem. Gesellschaft **41**, 547 [1908].
[4]) Mauthner u. Suida, Monatshefte f. Chemie **24**, 652 [1903].
[5]) Windaus, Über Cholesterin, Habilitationsschrift Freiburg i. B. 1903, S. 20.

Physikalische und chemische Eigenschaften: Die Verbindung krystallisiert aus Alkohol in Blättchen und Nadeln, die bei 103—104° schmelzen. Bei der Reduktion liefert sie Dehydrocholestanon-olacetat (s. dort).

Nitrodehydrocholesterin.

$$C_{27}H_{43}O_3N = C_{23}H_{39} \overset{}{\underset{}{}} \text{---CNO}_2 \; (?)$$
$$\text{CHOH---CH---CH}$$

Bildung: Durch Verseifung des Nitrodehydrocholesterylacetats mit alkoholischer Salzsäure[1].

Physikalische und chemische Eigenschaften: Das Nitrodehydrocholesterin krystallisiert aus Alkohol in sehr feinen Nadeln, die bei 123—124° schmelzen. Es ist ziemlich leicht löslich in Alkohol, Eisessig und Aceton, wenig löslich in Petroläther. Mit konz. Salpetersäure verwandelt es sich in den sehr schwer löslichen, charakteristischen salpetersauren Ester, den man auch direkt aus dem Cholesterin mit rauchender Salpetersäure erhalten kann. Beim Erwärmen mit Essigsäureanhydrid liefert das Nitrodehydrocholesterin das obenerwähnte Acetat zurück. Beim Behandeln mit Kaliumcyanid addiert es 1 Mol. Blausäure unter Bildung eines krystallisierten Produktes.

Nitrodehydrocholesterylnitrat.

$$C_{27}H_{42}N_2O_5 = C_{23}H_{30}\text{---CNO}_2 \; (?)$$
$$\text{CH(ONO}_2)\text{---CH---CH}$$

Bildung: Beim Eintragen von Cholesterin in ein gekühltes Gemisch von Eisessig und rauchender Salpetersäure[2][3]. — Beim Behandeln von Nitrodehydrocholesterin mit konz. Salpetersäure.

Physikalische und chemische Eigenschaften: Das Nitrat krystallisiert aus Alkohol in Nadeln vom Schmelzp. 128°. Es ist leicht löslich in Petroläther, Äther, Benzol, Chloroform, sehr schwer löslich in Eisessig und Alkohol, unlöslich in Wasser. Beim Erwärmen mit alkoholischem Kali spaltet die Verbindung Salpetersäure ab. Bei der Reduktion mit Zinkstaub und Essigsäure liefert sie Dehydrocholestanon-ol $C_{27}H_{44}O_2$. Bei vorsichtigem Erwärmen mit einer alkoholischen Kaliumcyanidlösung addiert sie 1 Mol. Blausäure[4].

Nitrodehydrocholesterylchlorid. [5][6]

$$C_{27}H_{42}O_2NCl = C_{23}H_{39}\text{---CNO}_2 \; (?)$$
$$\text{CHCl---CH---CH}$$

Bildung: Aus Cholesterylchlorid mit wasserfreier Salpetersäure und Natriumnitrit oder mit rauchender Salpetersäure[7].

Physikalische und chemische Eigenschaften: Die Verbindung krystallisiert aus Alkohol in Nadeln vom Schmelzp. 149°. Sie liefert bei der Reduktion α-Dehydrochlorcholestanon.

---

[1] Windaus, Über Cholesterin, Habilitationsschrift Freiburg i. B. 1903, S. 21.

[2] Windaus, Über Cholesterin, Habilitationsschrift Freiburg i. B. 1903, S. 10.

[3] Das Nitrodehydrocholesterylnitrat ist identisch mit dem Dinitrocholesterin von Preis und Raymann, Berichte d. Deutsch. chem. Gesellschaft 12, 225 [1879].

[4] Windaus, Über Cholesterin, Habilitationsschrift Freiburg i. B. 1903, S. 11.

[5] Preis u. Raymann, Berichte d. Deutsch. chem. Gesellschaft 12, 225 [1879].

[6] Mauthner u. Suida, Monatshefte f. Chemie 15, 104 [1894].

[7] Aus Cholesterylchlorid entsteht mit Chlor und nitrosen Gasen eine krystallisierte Verbindung, $C_{54}H_{89}O_3N_3Cl_4$, die beim Erwärmen mit Kaliumacetatlösung in eine krystallisierte Verbindung $C_{54}H_{89}O_4N_3Cl_2$ übergeht. (Mauthner u. Suida, Monatshefte f. Chemie 15, 104 [1894].)

Nitrodehydrocholesten.

$$C_{27}H_{43}O_2N.$$

Bildung: Aus Cholesten mit wasserfreier Salpetersäure und Natriumnitrit[1]).

Physikalische und chemische Eigenschaften: Das Nitrodehydrocholesten krystallisiert aus Alkohol in warzenförmigen Krystallaggregaten vom Schmelzp. 105°.

Das Keton des Cholesterins, das Cholestenon, und seine Abbauprodukte:

Cholestenon.

Mol.-Gewicht 384,33.
Zusammensetzung: 84,30% C, 11,54% H.

$$C_{27}H_{44}O = C_{23}H_{39} - CH.$$
$$CH_2 - CO \quad CH_2$$

Bildung: Aus Cholesterin und Kupferoxyd bei 280—300°[2]). — Durch Oxydation des Cholesterindibromids zum Cholestenondibromid und Reduktion des letzteren mit Zinkstaub[3]).

Physikalische und chemische Eigenschaften: Das Cholestenon schmilzt bei 81°; es ist in den meisten organischen Lösungsmitteln (Äther, Benzol, Petroläther, Schwefelkohlenstoff) schon in der Kälte leicht löslich, etwas schwerer in Methylalkohol. Aus Essigester krystallisiert es in durchsichtigen, farblosen Säulen, die krystallographisch gemessen sind[4]). Bei der Reduktion mit Natrium und Äthylalkohol liefert das Cholestenon β-Cholesterin, das leicht in gewöhnliches Cholesterin umgewandelt werden kann; bei der Reduktion mit Natrium und Amylalkohol gibt es Dihydrocholesterin oder β-Cholestanol, das normale Reduktionsprodukt des Cholesterins. Beim Erhitzen mit Natriumamylat geht das Cholestenon in α-Cholestanol über[5]). Bei andauernder Behandlung mit Ozon liefert es ein Ozonid, dem vielleicht die Formel $C_{27}H_{44}O \cdot O_7$ zukommt und das bei 80° oder beim Behandeln mit kaltem Alkohol einen Teil seines Sauerstoffs verliert[6])[7]). Beim Erwärmen von Cholestenon (oder Cholesterin) mit Eisessig und konz. Salpetersäure entsteht eine schön krystallisierte Verbindung, der vermutlich die Formel eines Trinitrocholestenons zukommt[8]). Letztere ist sehr wahrscheinlich mit dem von Latschinoff[9]) als Trinitrocholesterilen bezeichneten Körper identisch. Das Cholestenon liefert zahlreiche Derivate, die es als Keton charakterisieren. Schwer löslich ist das Semicarbazon; auch ein Oxim, ein Phenylhydrazon und ein p-Nitrophenylhydrazon[10]) sind dargestellt worden. Mit Piperidin liefert es ein Kondensationsprodukt. Beim Behandeln mit Natriumamalgam entsteht eine pinakonartige Verbindung:

Verbindung $C_{54}H_{90}O_2$.[11])

$$C_{26}H_{44}C(OH)C(OH)C_{26}H_{44}.$$

Physikalische und chemische Eigenschaften: Das Pinakon krystallisiert aus Benzolalkohol in feinen Nadeln vom Schmelzp. 221°. Es reagiert nicht mit Phenylhydrazin oder mit Hydroxylamin, gegenüber Brom erweist es sich als ungesättigt. Beim Erwärmen mit Essigsäureanhydrid liefert es unter Abspaltung von 2 Mol. Wasser einen sehr schwer löslichen, krystallisierten Kohlenwasserstoff von der Formel $C_{54}H_{86}$.

[1]) Mauthner u. Suida, Monatshefte f. Chemie **15**, 109 [1894].
[2]) Diels u. Abderhalden, Berichte d. Deutsch. chem. Gesellschaft **37**, 3099 [1904].
[3]) Windaus, Berichte d. Deutsch. chem. Gesellschaft **39**, 518 [1906].
[4]) Jäger, Zeitschr. f. Krystallographie **44**, 567 [1908].
[5]) Diels u. Linn, Berichte d. Deutsch. chem. Gesellschaft **41**, 260, 549 [1908].
[6]) Dorée u. Gardner, Journ. Chem. Soc. **93**, 1328 [1908].
[7]) Diels, Berichte d. Deutsch. chem. Gesellschaft **41**, 2596 [1908].
[8]) Windaus, Berichte d. Deutsch. chem. Gesellschaft **39**, 520 [1906].
[9]) Beilstein, 3. Aufl., **2**, 1074.
[10]) Diels u. Abderhalden, Berichte d. Deutsch. chem. Gesellschaft **37**, 3100 [1904].
[11]) Windaus, Berichte d. Deutsch. chem. Gesellschaft **39**, 521 [1906].

Oxydativer Abbau des Cholestenons:

$$\text{Säure } C_{26}H_{42}O_3 \,.[1]$$

Mol.-Gewicht 402,32.
Zusammensetzung: 77,55% C, 10,52% H.

$$\begin{array}{c} C_{23}H_{39}-COOH\,. \\ / \quad \backslash \\ CH_2-CO \end{array}$$

Bildung: Bei der Oxydation des Cholestenons mit Kaliumpermanganat entsteht als Hauptprodukt die Säure $C_{26}H_{42}O_3$.

$$\begin{array}{c} C_{23}H_{39}-CH \\ / \quad \backslash \ \parallel \\ CO-CH_2 \ CH_2 \end{array} + 5\,O = H_2O + CO_2 + \begin{array}{c} C_{23}H_{39}-COOH \\ / \quad \backslash \\ CO-CH_2 \end{array}$$

Neben dieser Säure bildet sich in kleiner Menge eine Säure von der Formel $C_{27}H_{44}O_4$ [1]. Beim Kochen des Cholestenonozonids mit Wasser zerfällt es in Kohlendioxyd und die Säure $C_{26}H_{42}O_3$ [2]. Die Doppelbindung des Cholestenons muß sich also in einer endständigen Vinylgruppe befinden.

Physikalische und chemische Eigenschaften: Die Säure krystallisiert aus Benzol-Petroläther in vierseitigen Blättchen, die bei 155° schmelzen. Sie ist in den organischen Lösungsmitteln außer in Petroläther leicht löslich. Sie liefert ein krystallisiertes Oxim[1] und ein krystallisiertes Monobromsubstitutionsprodukt[1]. Durch weitere Oxydation geht sie in die Säure $C_{26}H_{42}O_6$ über.

$$\text{Säure } C_{26}H_{42}O_6 \,.[3]$$

$$C_{23}H_{39}(COOH)_3\,.$$

Bildung: Bei der Oxydation der Säure $C_{26}H_{42}O_3$ mit unterbromigsaurem Kalium.

$$\begin{array}{c} C_{23}H_{39}-COOH \\ / \quad \backslash \\ CO-CH_2 \end{array} + 3\,O = \begin{array}{c} C_{23}H_{39}-COOH \\ / \quad \backslash \\ COOH \ COOH \end{array}$$

Der Verlauf dieser Oxydation beweist, daß die Carbonylgruppe des Cholestenons in einem hydrierten Ringe steht.

Physikalische und chemische Eigenschaften: Die Säure ist leicht löslich in Alkohol und Äther, schwer löslich in Benzol und 50proz. Essigsäure. Sie krystallisiert aus Benzol in feinen Nädelchen, die nach vorherigem Sintern bei 130° schmelzen.

Umwandlungsprodukte der Nitroderivate des Cholesterins:

Bei der Reduktion der Nitroderivate des Cholesterins mit Zinkstaub und Essigsäure entstehen gesättigte Ketone, während der Stickstoff in Ammoniak verwandelt wird. Vermutlich geht die folgende Reaktion vor sich:

$$\begin{array}{c} C_{23}H_{39}-\!\!-\!\!-CNO_2 \\ / \quad \backslash \ \parallel \\ CHOH-CH-CH \end{array} + 6\,H = \begin{array}{c} C_{23}H_{39}-\!\!-\!\!-CO \\ / \quad \backslash \ | \\ CHOH-CH-CH_2 \end{array} + NH_3 + H_2O\,.$$

$$\text{Dehydrocholestanon-ol.}[4][5]$$

$$C_{27}H_{44}O_4 = \begin{array}{c} C_{23}H_{39} \qquad CO \\ \backslash \qquad | \\ CHOH-CH-CH_2 \end{array}$$

Bildung: Durch Reduktion von Nitrodehydrocholesterin oder Nitrodehydrocholesterylnitrat mit Zinkstaub und Essigsäure.

[1] Windaus, Berichte d. Deutsch. chem. Gesellschaft **39**, 2010 [1906].
[2] Dorée u. Gardner, Journ. Chem. Soc. **93**, 1330 [1908].
[3] Windaus, Berichte d. Deutsch. chem. Gesellschaft **39**, 2013 [1906].
[4] Mauthner u. Suida, Monatshefte f. Chemie **24**, 654 [1903].
[5] Windaus, Berichte d. Deutsch. chem. Gesellschaft **36**, 3754 [1903]. — Die Verbindung wurde früher als Cholestanon-ol bezeichnet.

Physikalische und chemische Eigenschaften: Der Ketoalkohol (früher Chole-stanon-ol genannt) krystallisiert aus verdünntem Alkohol in langen, feinen Nadeln vom Schmelzp. 143°. Er ist leicht löslich in den üblichen organischen Lösungsmitteln mit Ausnahme von Petroläther. In Wasser ist er unlöslich. Bei der Oxydation mit Chromsäure liefert er das Dehydrocholestandion, mit unterbromigsaurem Kalium die Säure $C_{27}H_{42}O_5$.

Zur Charakterisierung der Hydroxyl- und der Carbonylgruppe sind aus dem Dehydro-cholestanon-ol bereitet worden ein Formiat, ein Acetat, ein Benzoat, ein p-Nitrophenyl-hydrazon[1]).

α-Chlordehydrocholestanon.[2])

$$C_{27}H_{43}OCl = C_{23}H_{39} \quad CO$$
$$CHCl - CH - CH_2$$

Bildung: Bei der Reduktion des Nitrodehydrocholesterylchlorids mit Zinkstaub und Essigsäure.

Physikalische und chemische Eigenschaften: Die Verbindung krystallisiert aus Alkohol in feinen, farblosen Nadeln vom Schmelzp. 128,5—129°. Bei der Oxydation mit rauchender Salpetersäure liefert sie eine Säure vom Schmelzp. 264°.

β-Chlordehydrocholestanon.

$$C_{27}H_{43}OCl = C_{22}H_{37} - CO$$
$$CH_2 - CHCl - CH - CH_2$$

Bildung: Aus Dehydrocholestanon-ol mit Phosphorpentachlorid[3]).

Physikalische und chemische Eigenschaften: Die Verbindung krystallisiert aus Eisessig in derben Nadeln vom Schmelzp. 180—181°. Sie ist leicht löslich in Chloroform und Benzol, schwer löslich in Alkohol und Eisessig. Sie liefert ein krystallisiertes Oxim und ein krystallisiertes Monobromsubstitutionsprodukt[4]).

Gegen Chromsäure, unterbromigsaures Kalium und Ammonpersulfat ist sie sehr widerstandsfähig, von rauchender Salpetersäure wird sie leicht angegriffen.

Säure $C_{27}H_{43}O_4Cl$.[5])

$$C_{22}H_{37} - COOH$$
$$CH_2 - CHCl - CH - COOH$$

Bildung: Bei der Oxydation von β-Chlordehydrocholestanon in Eisessig mit rauchender Salpetersäure.

$$C_{22}H_{37} - CO \qquad\qquad C_{22}H_{37} - COOH$$
$$CH_2 - CHCl - CH - CH_2 \quad + 30 = \quad CH_2 - CHCl - CH - COOH$$

Aus dem Verlauf dieser Oxydation geht hervor, daß die bei der Reduktion der Nitro-körper entstehende Carbonylgruppe in einem hydrierten Ringe steht.

Physikalische und chemische Eigenschaften: Die Säure krystallisiert in büschel-förmig angeordneten Nadeln vom Schmelzp. 243°; sie ist in den üblichen organischen Lösungs-mitteln sehr schwer löslich, unlöslich ist sie in Petroläther und in Wasser. Sie liefert einen krystallisierten Äthyläther und ein Anhydrid; das Chloratom tauscht sie leicht gegen die Hydroxylgruppe aus. Hierbei entsteht die

---

[1]) Mauthner u. Suida, Monatshefte f. Chemie **24**, 654 [1903]. — Windaus, Berichte d. Deutsch. chem. Gesellschaft **36**, 3754 [1903].

[2]) Mauthner u. Suida, Monatshefte f. Chemie **24**, 656 [1903]. — Die Verbindung ist dort als Chlorcholestanon bezeichnet.

[3]) Windaus u. Stein, Berichte d. Deutsch. chem. Gesellschaft **37**, 3702 [1904]. — Die Verbindung wurde früher β-Chlorcholestanon genannt.

[4]) Windaus u. Stein, Berichte d. Deutsch. chem. Gesellschaft **37**, 3702 [1904].

[5]) Windaus u. Stein, Berichte d. Deutsch. chem. Gesellschaft **37**, 3704 [1904].

Säure $C_{27}H_{44}O_5$.[1])

$C_{22}H_{37}$ - - - - -COOH

CH_2—CHOH—CH—COOH

Bildung: Beim Erwärmen der Säure $C_{27}H_{43}O_4Cl$ mit wässeriger Kalilauge.

Physikalische und chemische Eigenschaften: Die Säure krystallisiert aus Aceton in Tafeln vom Schmelzp. 239—240°. Sie löst sich leicht in Alkohol und Aceton, schwer in Benzol und Chloroform, gar nicht in Petroläther. Sie liefert ein krystallisiertes Bariumsalz und ein krystallisiertes Anhydrid. Bei der Oxydation liefert sie die

Säure $C_{27}H_{42}O_5$.[1])

$C_{22}H_{37}$ COOH

CH_2—CO—CH—COOH

Bildung: Bei vorsichtiger Oxydation der Säure $C_{27}H_{44}O_5$ mit Chromsäure in Eisessig.

$C_{22}H_{37}$ - - - -COOH $\qquad$ $C_{22}H_{37}$ - - - COOH

CH_2—CHOH—CH—COOH $+ O =$ CH_2—CO—CH—COOH $+ H_2O$.

Physikalische und chemische Eigenschaften: Die Ketosäure krystallisiert aus verdünntem Alkohol in langen Nadeln vom Schmelzp. 255°. Sie löst sich leicht in Aceton und Alkohol, schwer in Benzol. Mit Hydroxylamin liefert sie eine krystallisierte Oximsäure.

Säure $C_{27}H_{42}O_8$.[1])

$C_{22}H_{37}$ COOH

COOH CH—COOH

COOH

Bildung: Bei der Oxydation der Säure $C_{27}H_{44}O_5$ oder $C_{27}H_{42}O_5$ mit Chromsäure in der Wärme.

$C_{22}H_{37}$ COOH $\qquad$ $C_{22}H_{37}$ -----COOH

CH_2—CO—CH—COOH $+ 3O =$ COOH CH—COOH

COOH

Physikalische und chemische Eigenschaften: Die Tetracarbonsäure krystallisiert aus Äther-Benzol in sternförmig angeordneten Nadeln vom Schmelzp. 174°. Sie löst sich leicht in Alkohol und Essigäther, sehr schwer in Benzol, gar nicht in Petroläther. Beim Erwärmen spaltet sie Kohlendioxyd ab.

Einwirkungsprodukte von Chromsäure auf Cholesterin: Bei der Oxydation von Cholesterin mit Chromsäure[2]) entstehen drei Verbindungen, das Dehydrocholestenon-ol $C_{27}H_{42}O_2$ (früher als „α-Oxycholestenol" bezeichnet), das Dehydrocholestendion $C_{27}H_{40}O_2$ (früher „Oxycholestenon") und das Dehydrocholestandion-ol $C_{27}H_{42}O_3$ (früher „Oxycholestendiol"). Von dem Dehydrocholestendion sind sehr zahlreiche Umwandlungsprodukte dargestellt worden.

Dehydrocholestenon-ol[3]) (α-Oxycholestenol).

$C_{27}H_{42}O_2$.

Bildung: Aus Cholesterin und Chromsäure. Die Oxydation geht vielleicht nach folgender Gleichung vor sich:

$C_{23}H_{39}$ CH $\qquad$ $[\,C_{23}H_{39}$ - - - -CO$]$ $\qquad$ $C_{23}H_{39}$ —CO

CHOH—CH_2 CH_2 $+ 3O =$ $[\,$CHOH—CH_2 OCH$]$ $+ H_2O \rightarrow$ CHOH—C$=$CH

---

[1]) Windaus u. Stein, Berichte d. Deutsch. chem. Gesellschaft **37**, 3704 [1904].

[2]) Die von Loebisch erhaltene Oxycholalsäure ist amorph und wird hier nicht berücksichtigt (Berichte d. Deutsch. chem. Gesellschaft **5**, 510 [1872]).

[3]) Mauthner u. Suida, Monatshefte f. Chemie **17**, 582 [1896].

Physikalische und chemische Eigenschaften: Die Verbindung krystallisiert in farblosen Nadeln vom Schmelzp. 180° und ist in den organischen Lösungsmitteln leicht löslich. Sie gibt nicht die Cholestolfarbenreaktion des Cholesterins. Beim Erwärmen mit Essigsäureanhydrid liefert sie ein krystallisiertes Acetat vom Schmelzp. 101—102°.

Dehydrocholestendion. [1]

Mol.-Gewicht 396,30.
Zusammensetzung: 81,76% C, 10,17% H.

$$C_{27}H_{40}O_2 = \begin{array}{c} C_{23}H_{39} - CO \\ \diagup \diagdown \quad | \\ CO - C = CH \end{array}$$

Bildung: Bei der Oxydation des Cholesterins oder des Dehydrocholestenon-ols mit Chromsäure. — Aus dem Dehydrocholestandion-ol oder seinem Isomeren durch Wasserabspaltung mittels gasförmigem Chlorwasserstoff[2][3][4]). — In sehr kleiner Menge bei der Oxydation des Cholesterilens mit Chromsäure[5]).

Physikalische und chemische Eigenschaften: Das Dehydrocholestendion („Oxycholestenon") krystallisiert aus Alkohol in gelblichen Blättchen vom Schmelzp. 122 bis 123°. Es ist in den meisten organischen Lösungsmitteln ziemlich leicht löslich. Bei der Reduktion mit Zinkstaub und Essigsäure addiert es 1 Mol. Wasserstoff und liefert Dehydrocholestandion[6]).

$$\begin{array}{c} C_{23}H_{39} - CO \\ \diagup \diagdown \quad | \\ CO - C = CH \end{array} + H_2 = \begin{array}{c} C_{23}H_{39} - CO \\ \diagup \diagdown \quad | \\ CO - CH - CH_2 \end{array}$$

Zum Nachweis des Dehydrocholestendions eignet sich das in Alkohol fast unlösliche Monophenylhydrazon, das in goldgelben Nadeln vom Schmelzp. 271° krystallisiert[7]). Die eine Carbonylgruppe des Dehydrocholestendions vermag in der Enolform zu reagieren; mit abs. Alkohol und Chlorwasserstoff entsteht ein Enoläther, mit konz. Kalilauge ein gelbes, zersetzliches Salz. Weiter sind aus dem Dehydrocholestendion ein Hydrazon, ein Schwefelsäureadditionsprodukt sowie ein eigenartiges Kondensationsprodukt mit o-Phenylendiamin dargestellt worden[6]). Wichtig ist das Additionsprodukt von Brom an Dehydrocholestendion, das

Dehydrocholestendiondibromid.

$$C_{27}H_{40}O_2Br_2 = \begin{array}{c} C_{23}H_3 \quad\ CO \\ \diagup \diagdown \quad | \\ CO - CBr - CHBr \end{array}$$

Bildung: Aus Dehydrocholestendion mit 1 Mol. Brom in Schwefelkohlenstoff[8]). — Aus Dehydrocholestandion mit 2 Mol. Brom in Chloroformlösung[9]). In dem ersten Fall findet Addition von Brom, in dem zweiten Substitution von Wasserstoff durch Brom statt. Als Nebenprodukt bildet sich ein Tribromdehydrocholestandion $C_{27}H_{39}O_2Br_3$.

Physikalische und chemische Eigenschaften: Das Dibromid krystallisiert aus Alkohol in langen Nadeln, die sich bei 167—168° zersetzen. Die Tatsache, daß das Dibromadditionsprodukt des Dehydrocholestendions mit dem Dibromsubstitutionsprodukt des Dehydrocholestandions identisch ist, ist für die Formulierung dieser Ketone von Bedeutung.

[1]) Mauthner u. Suida, Monatshefte f. Chemie **17**, 584 [1896].
[2]) Mauthner u. Suida, Monatshefte f. Chemie **17**, 592 [1896].
[3]) Windaus, Habilitationsschrift S. 33; Berichte d. Deutsch. chem. Gesellschaft **40**, 261 [1907].
[4]) Pickard u. Yates, Journ. Chem. Soc. **93**, 1684 [1908].
[5]) Windaus, Berichte d. Deutsch. chem. Gesellschaft **39**, 2261 [1906].
[6]) Windaus, Berichte d. Deutsch. chem. Gesellschaft **39**, 2252 [1906].
[7]) Mauthner u. Suida, Monatshefte f. Chemie **17**, 586 [1896].
[8]) Mauthner u. Suida, Monatshefte f. Chemie **17**, 588 [1896].
[9]) Windaus, Berichte d. Deutsch. chem. Gesellschaft **39**, 2254 [1906].

Dehydrocholestandion-ol.

$$C_{27}H_{42}O_3 = C_{23}H_{39}-CO$$
$$CO-CH-CHOH$$

Bildung: Bei der Oxydation des Cholesterins mit Chromsäure, Permanganat oder Salpetersäure[1][2]).

$$C_{23}H_{39}-CH \quad \Big| \quad + 4O = \Big[C_{23}H_{39}-CO \Big] + 2H_2O \rightarrow C_{23}H_{39}-CO$$

Bei der Oxydation des α-Dehydrocholestantriols mit Chromsäure[3]).

Physikalische und chemische Eigenschaften: Das Dehydrocholestandion-ol krystallisiert aus abs. Alkohol in kleinen Prismen vom Schmelzp. 231°. Es ist fast unlöslich in Benzol, sehr schwer löslich in Chloroform und Schwefelkohlenstoff. Mit wasserentziehenden Mitteln spaltet es leicht Wasser ab und liefert Dehydrocholestendion.

Dehydrocholestandion.

Mol.-Gewicht 398,32.
Zusammensetzung: 81,34% C, 10,62% H.

$$C_{27}H_{42}O_2 = C_{23}H_{39}-CO$$
$$CO-CH-CH_2$$

Bildung: Beim Erwärmen von Dehydrocholestendion mit Zinkstaub und Essigsäure[4]). — Bei der Oxydation des Dehydrocholestanon-ols $C_{27}H_{44}O_2$ mit Chromsäure[5])

$$C_{22}H_{37}-CO \quad \Big| \quad + O = H_2O + \quad C_{22}H_{37}-CO$$
$$CH_2-CHOH-CH-CH_2 \qquad CH_2-CO-CH-CH_2$$

Physikalische und chemische Eigenschaften: Das Dehydrocholestandion krystallisiert aus Alkohol in prächtigen, farblosen Nadeln vom Schmelzp. 170—171°; es wird von den meisten organischen Lösungsmitteln nur sehr schwer aufgenommen. Von Oxydationsmitteln wird es zu einer Reihe krystallisierter Säuren abgebaut, die genau untersucht worden sind.

Mit Hydroxylamin liefert es ein krystallisiertes Dioxim, mit Ammoniak ein krystallisiertes Kondensationsprodukt, dem vielleicht die Formel $C_{54}H_{85}O_3N$ zukommt[4]). Die mit Brom entstehenden Derivate sind bereits beim Dehydrocholestendion angeführt. Wichtig ist das Kondensationsprodukt mit Hydrazin, die

Verbindung $C_{27}H_{42}N_2$.[6])

Bildung: Beim Erhitzen von Dehydrocholestandion mit Hydrazin.

Physikalische und chemische Eigenschaften: Die Verbindung krystallisiert aus Benzol-Methylalkohol in sechsseitigen Blättchen, die gegen 188° zusammensintern. Es handelt sich sehr wahrscheinlich um ein Pyridazinderivat, woraus sich die 1,4-Stellung der beiden Carbonylgruppen im Dehydrocholestandion ergibt.

---

[1]) Mauthner u. Suida, Monatshefte f. Chemie **17**, 588 [1896].
[2]) Van Oordt, Über Cholesterin, Diss. Freiburg i. B. 1901.
[3]) Pickard u. Yates, Journ. Chem. Soc. **93**, 1684 [1908].
[4]) Windaus, Berichte d. Deutsch. chem. Gesellschaft **39**, 2252 [1906].
[5]) Windaus, Berichte d. Deutsch. chem. Gesellschaft **36**, 3755 [1903].
[6]) Windaus, Berichte d. Deutsch. chem. Gesellschaft **39**, 2258 [1906].

Oxydationsprodukte des Dehydrocholestandions:

Säure $C_{27}H_{44}O_4$

$C_{22}H_{37}$——CO
|
CH_2OH CH—CH_2
|
$COOH$

Bildung: Aus Dehydrocholestandion mit Ammonpersulfat in Eisessig[1]).

$C_{22}H_{37}$——CO $C_{22}H_{37}$——CO
| $+ O + H_2O =$ |
CH_2—CO——CH—CH_2 CH_2OH CH—CH_2
|
$COOH$

Physikalische und chemische Eigenschaften: Die Monocarbonsäure krystallisiert aus Eisessig in Prismen, die bei 185° zu sintern beginnen, aber erst bei 217° völlig geschmolzen sind. Sie ist leicht löslich in Chloroform, mäßig löslich in Alkohol und Eisessig, wenig löslich in Äther, Aceton, Benzol, unlöslich in Petroläther und Wasser. Sie liefert ein krystallisiertes Natriumsalz sowie einen krystallisierten Methylester, aus dem ein krystallisiertes Oxim dargestellt worden ist[1]). Durch Chromsäure wird die primäre Alkoholgruppe leicht in die Carboxylgruppe verwandelt.

Säure $C_{27}H_{42}O_5$

$C_{22}H_{37}$——CO
|
COOH CH—CH_2
|
COOH

Bildung: Bei der Oxydation des Dehydrocholestanon-ols, des Dehydrocholestandions sowie der Monocarbonsäure $C_{27}H_{44}O_4$ mit Chromsäure in der Wärme[2]).

$C_{22}H_{37}$——CO $C_{22}H_{37}$——CO
| $+ 3 O =$ |
CH_2—CO——CH—CH_2 COOH CH—CH_2
|
COOH

Physikalische und chemische Eigenschaften: Die Ketodicarbonsäure krystallisiert aus Essigsäure in Blättchen, die bei 217—219° schmelzen. Sie ist unlöslich in Wasser und in Petroläther, leicht löslich in Alkohol, Aceton, Chloroform, Eisessig, schwer löslich in Benzol. Beim Kochen mit Acethylchlorid spaltet die Säure Wasser ab. Mit Brom gibt sie ein Monobromsubstitutionsprodukt, das unten beschrieben wird.

Zur Charakterisierung der Säure eignen sich ein krystallisiertes Magnesiumsalz und vor allem ein Dimethylester vom Schmelzp. 113—114°[2]). Letzter ist auch in ein Oxim verwandelt worden, wodurch die Carbonylgruppe in der Säure $C_{27}H_{42}O_5$ nachgewiesen ist.

Monobromderivat der Säure $C_{27}H_{42}O_5$

$C_{27}H_{41}O_5Br$ [3]).

Bildung: Beim Bromieren der Säure $C_{27}H_{42}O_5$ in Eisessig unter Zusatz von etwas Jod.

Physikalische und chemische Eigenschaften: Die Säure krystallisiert aus Alkohol in Blättchen, die bei 151° unter Zersetzung schmelzen.

In Eisessiglösung spaltet sie Bromwasserstoff ab und bildet eine Lactonsäure $C_{27}H_{40}O_5$.

[1]) Windaus, Berichte d. Deutsch. chem. Gesellschaft **37**, 2029 [1904].
[2]) Windaus, Berichte d. Deutsch. chem. Gesellschaft **36**, 3756 [1903]; **37**, 2031 [1904].
[3]) Windaus, Berichte d. Deutsch. chem. Gesellschaft **37**, 2032, 4753 [1904].

Lactonsäure.

$$C_{27}H_{40}O_5\,{}^1).$$

Physikalische und chemische Eigenschaften: Die Lactonsäure krystallisiert aus Alkohol in langen Nadeln, die bei 192—193° schmelzen. Beim Erwärmen mit 2 Mol. Natronlauge wird sie zu einer Oxyketodicarbonsäure aufgespalten, welche beim Ansäuern die Lactonsäure sofort zurückbildet. Beim Erhitzen mit überschüssiger Kalilauge entsteht dagegen eine isomere Oxyketodicarbonsäure $C_{27}H_{42}O_6$, die nicht mehr zur Lactonbildung befähigt ist. Vermutlich handelt es sich um cis-trans-Isomere. Die Oxyketodicarbonsäure kann auch direkt aus der Säure $C_{27}H_{41}O_5Br$ beim Erwärmen mit überschüssiger Kalilauge erhalten werden.

Oxyketodicarbonsäure.[1]

$$C_{27}H_{42}O_6\,.\,{}^1)$$

Bildung: s. oben unter Lactonsäure $C_{27}H_{40}O_5$.

Physikalische und chemische Eigenschaften: Die Säure krystallisiert aus Benzol in feinen Nädelchen, die bei 174—175° schmelzen. Sie ist leicht löslich in Alkohol, schwerer in 80proz. Essigsäure, in Benzol und Chloroform.

Oxydationsprodukte aus Cholesterylacetat und Chromsäure:

β-Oxycholestenolacetat.[2]

$$C_{29}H_{44}O_3 = C_{24}H_{38} > CO$$
$$CH_2 \text{---} CH(OCOCH_3)$$

Bildung: Bei der Oxydation des Cholesterylacetats mit Chromsäure. Als Nebenprodukt bildet sich eine Verbindung von der Formel $C_{29}H_{46}O_4$ oder $C_{29}H_{44}O_4$[3].

Physikalische und chemische Eigenschaften: Die Verbindung $C_{29}H_{44}O_3$ (β-Oxycholestenolacetat) krystallisiert aus Alkohol in viereckigen Täfelchen vom Schmelzp. 152 bis 153°. Sie addiert kein Brom. Mit Hydroxylamin liefert sie ein krystallisiertes Oxim vom Schmelzp. 185—186°[4].

β-Oxycholestenol.[5]

$$C_{27}H_{42}O_2 = C_{24}H_{38} > CO$$
$$CH_2 \text{---} CHOH$$

Bildung: Bei vorsichtiger Verseifung des β-Oxycholestenolacetats mit verdünnter Natriummethylatlösung.

Physikalische und chemische Eigenschaften: Das β-Oxycholestenol krystallisiert aus 75proz. Methylalkohol in Form eines Filzwerkes äußerst feiner Nadeln, die bei 157° schmelzen. Beim Erwärmen mit alkoholischer Salzsäure spaltet es sehr leicht Wasser ab und liefert ein ungesättigtes Keton, das Oxycholesterylen.

Oxycholesterylen.[5]

$$C_{27}H_{40}O = C_{26}H_{40} > CO.$$

Bildung: Bei der Verseifung des β-Oxycholestenolacetats mit alkoholischer Kalilauge.

Physikalische und chemische Eigenschaften: Das Oxycholesterylen krystallisiert aus Alkohol in farblosen Blättchen vom Schmelzp. 112°. Es liefert ein krystallisiertes Dibromadditionsprodukt.

---

[1] Windaus, Berichte d. Deutsch. chem. Gesellschaft **37**, 4753 [1904].
[2] Mauthner u. Suida, Monatshefte f. Chemie **17**, 594 [1896].
[3] Auch bei der Oxydation des Cholesterylchlorids mit Chromsäure findet eine Einwirkung statt, es entsteht das „Oxychlorcholesten", dem vielleicht die Formel $C_{27}H_{41}OCl$ zukommt. (Mauthner u. Suida, Monatshefte f. Chemie **17**, 599 [1896].)
[4] Windaus, Berichte d. Deutsch. chem. Gesellschaft **39**, 2260 [1906].
[5] Mauthner u. Suida, Monatshefte f. Chemie **17**, 595 [1896].

Verbindung $C_{29}H_{46}O_4$ oder $C_{29}H_{44}O_4$.

Bildung: s. unter β-Oxycholestenolacetat[1]).

Physikalische und chemische Eigenschaften: Die Verbindung krystallisiert aus 75 proz. Methylalkohol in Form feiner Nadeln, die nach vorherigem Sintern bei 145° schmelzen.

Über die Struktur der Verbindung ist nichts bekannt. Bei der Verseifung liefert sie einen Alkohol von der Formel $C_{27}H_{44}O_3$ oder $C_{27}H_{42}O_3$, der unscharf gegen 217° schmilzt.

Oxydationsprodukte, die bei der Einwirkung von Wasserstoffsuperoxyd oder Kaliumpermanganat [2]) auf Cholesterin entstehen:

α-Dehydrocholestantriol.

$$C_{27}H_{46}O_3 = C_{23}H_{39}\!\!-\!\!CHOH$$
$$CHOH-CH-CHOH$$

Bildung: Bei der Oxydation von Cholesterin mit Wasserstoffsuperoxyd in Eisessiglösung oder besser durch Oxydation von Cholesterylacetat mit Wasserstoffsuperoxyd und Verseifung des Reaktionsproduktes[3]).

$$\begin{array}{ccc}
C_{23}H_{39}\!\!-\!\!CH & \left[C_{23}H_{39}\!\!-\!\!CHOH\right] & C_{23}H_{39}\!\!-\!\!CHOH \\
CHOH-CH_2\ CH_2 \quad +2\,O = & \left[CHOH-CH_2\ OCH\right] = & CHOH-CH-CHOH
\end{array}$$

Physikalische und chemische Eigenschaften: Das α-Dehydrocholestantriol krystallisiert aus Methylalkohol in langen, glänzenden Nadeln vom Schmelzp. 239°. Es ist leicht löslich in den meisten organischen Lösungsmitteln, schwer löslich in Benzol, Chloroform und Petroläther. Es addiert kein Brom. Beim Erhitzen mit Essigsäureanhydrid oder Propionsäureanhydrid liefert es, obschon es ein dreiwertiger Alkohol ist, nur Diacylverbindungen. Bei der Oxydation mit Chromsäure entsteht das Dehydrocholestandion-ol $C_{27}H_{42}O_3$.

α-Dehydrocholestantriolmonoacetat. [3])

$$C_{29}H_{48}O_4 = C_{23}H_{39}\!\!-\!\!CHOH$$
$$CH(OCOCH_3)-CH-CHOH$$

Bildung: Bei der Oxydation des Cholesterylacetats mit Wasserstoffsuperoxyd.

Physikalische und chemische Eigenschaften: Das Monoacetat krystallisiert aus Alkohol in kleinen, glänzenden Nadeln vom Schmelzp. 212°. Es ist löslich in den gebräuchlichen organischen Lösungsmitteln außer in Petroläther. Bei der Oxydation liefert es das Monoacetat eines Dehydrocholestanon-diols.

Dehydrocholestanon-diol. [3])

$$C_{27}H_{44}O_3 = C_{23}H_{39}\!\!-\!\!CO$$
$$CHOH-CH-CHOH$$

Bildung: Bei der Oxydation des α-Dehydrocholestantriolmonoacetats mit Chromsäure und Verseifung des Reaktionsproduktes.

$$\begin{array}{cc}
C_{23}H_{39}\!\!-\!\!CHOH & C_{23}H_{39}\!\!-\!\!CO \\
CH(OCOCH_3)-CH-CHOH \quad +O= & CH(OCOCH_3)-CH-CHOH
\end{array}$$

$$+H_2O \rightarrow \begin{array}{c} C_{23}H_{39}\!\!-\!\!CO \\ CHOH-CH-CHOH \end{array} +CH_3COOH.$$

---

[1]) Mauthner u. Suida, Monatshefte f. Chemie **17**, 595 [1896].

[2]) Die von Latschinoff mit Kaliumpermanganat aus Cholesterin erhaltenen Oxydationsprodukte (Cholestensäure, Oxycholestensäure, Dioxycholestensäure, Trioxycholesterin, Trioxycholesterindiacetat) sind amorph und werden hier nicht berücksichtigt (Berichte d. Deutsch. chem. Gesellschaft **9**, 1311 [1876]; **10**, 82, 232, 2059 [1877]; **11**, 1941 [1878]). Auch die von Mauthner und Suida mit Kaliumpermanganat und anderen Oxydationsmitteln dargestellten amorphen Säuren sind nicht angeführt worden, weil sie nicht als chemische Individuen gekennzeichnet sind (Monatshefte f. Chemie **24**, 175 [1903]).

[3]) Pickard u. Yates, Journ. Chem. Soc. **93**, 1679 [1908].

Physikalische und chemische Eigenschaften: Das Dehydrocholestanondiol krystallisiert aus Methylalkohol in langen Nadeln vom Schmelzp. 232°. Bei der Oxydation mit Chromsäure liefert es ebenso wie das Triol in glatter Reaktion das Dehydrocholestandion-ol.

$$C_{23}H_{39}\text{---}CO \quad\quad C_{23}H_{39}\text{---}CO$$
$$CHOH\text{---}CH\text{---}CHOH + O = H_2O + CO\text{---}CH\text{---}CHOH$$

Das Dehydrocholestanon-diol ist durch ein Monoacetat und ein Phenylhydrazon charakterisiert worden.

β-Dehydrocholestantriol.

$$C_{27}H_{46}O_3 = C_{23}H_{39}\text{---}CHOH$$
$$CHOH\text{---}CH\text{---}CHOH$$

Bildung: Bei der Oxydation des Cholesterins mit Kaliumpermanganat in alkalischer Lösung[1]. Ausbeute nur 4%.

Physikalische und chemische Eigenschaften: Das β-Cholestantriol ist vermutlich ein Stereoisomeres des α-Triols. Es krystallisiert aus verdünntem Alkohol in feinen Nadeln, die bei 236° schmelzen. Es ist sehr schwer löslich in Äther und in Benzol, leicht löslich in heißem Alkohol. Mit Essigsäureanhydrid oder Propionsäureanhydrid liefert es Diacylverbindungen, die sich in ihrem Schmelzpunkt von den entsprechenden Derivaten des α-Triols unterscheiden. Bei der Oxydation mit Chromsäure liefert das β-Triol einen Diketoalkohol, der mit dem aus dem α-Triol entstehenden Dehydrocholestandion-ol isomer ist.

Iso-dehydrocholestandion-ol. [1]

$$C_{27}H_{42}O_3 = C_{23}H_{39}\text{---}CO$$
$$CO\text{---}CH\text{---}CHOH$$

Bildung: Bei der Oxydation des β-Dehydrocholestantriols mit Chromsäure.

Physikalische und chemische Eigenschaften: Die Verbindung krystallisiert aus Chloroform in langen Nadeln vom Schmelzp. 253°, sie ist in allen Lösungsmitteln schwer löslich. Durch Abspaltung von Wasser geht sie leicht in dasselbe Dehydrocholestendion über, das auch aus dem Dehydrocholestandion-ol entsteht. Das Dehydrocholestandion-ol und das Iso-dehydrocholestandion-ol sind also wahrscheinlich stereoisomer.

Einwirkungsprodukte von geschmolzenem Kaliumhydroxyd auf Cholesterin:

Oxymonocarbonsäure.

$$C_{27}H_{46}O_3{}^{[2]}.$$

Bildung: Beim Zusammenschmelzen von Cholesterin und Kaliumhydroxyd entstehen in geringer Menge zwei saure Produkte, eine Oxymonocarbonsäure $C_{27}H_{46}O_3$

$$\left(\begin{matrix} C_{23}H_{39}\text{------}CH_2\,? \\ CHOH\text{---}CH_2\quad COOH \end{matrix} \right)$$

und eine Dicarbonsäure $C_{26}H_{44}O_4$, die sich durch ihre verschiedene Löslichkeit in Essigäther voneinander trennen lassen.

Physikalische und chemische Eigenschaften: Die Monocarbonsäure krystallisiert aus Essigester in kleinen Prismen vom Schmelzp. 241°. Sie ist unlöslich in Wasser und Benzol, wenig löslich in Aceton und Methylalkohol, löslich in heißem Eisessig und in Äther. Sie addiert kein Brom und reduziert nicht eine neutrale Kaliumpermanganatlösung. Sie liefert einen Äthylester und eine an der Hydroxylgruppe acetylierte Säure, die beide gut krystallisieren.

---

[1] Windaus, Berichte d. Deutsch. chem. Gesellschaft **40**, 257 [1907].
[2] Pickard u. Yates, Journ. Chem. Soc. **93**, 1685 [1908].

Dicarbonsäure.

$$C_{26}H_{44}O_4 {}^{1)} = C_{24}H_{42}(COOH)_2.$$

Bildung: s. unter Monocarbonsäure $C_{27}H_{46}O_3$.

Physikalische und chemische Eigenschaften: Die Dicarbonsäure $C_{26}H_{44}O_4$ krystallisiert aus Eisessig in kleinen Nadeln vom Schmelzp. 190°. Sie ist unlöslich in Petroläther, löslich in den meisten anderen organischen Lösungsmitteln. Sie addiert kein Brom und wird von einer verdünnten Kaliumpermanganatlösung nicht verändert.

Oxydationsprodukte aus Cholesterin und unterbromigsaurem Kalium: Die Säure $C_{27}H_{44}O_4$ und ihre Umwandlungsprodukte:

Säure $C_{27}H_{44}O_4$.

Mol.-Gewicht 432,33.
Zusammensetzung: 74,94% C, 10,25% H.

$$\begin{array}{c} C_{22}H_{37}-CH:CH_2 \\ \diagup \quad \diagdown \\ COOH \quad CH_2 \\ \diagdown \\ COOH \end{array}$$

Bildung: Durch Oxydation von Cholesterin mit unterbromigsaurem Kalium [2]. Bei der Oxydation des Cholesterins mit Chromsäure als Nebenprodukt [3].

$$\begin{array}{c} C_{22}H_{37}-CH:CH_2 \\ \diagup \quad \diagdown \\ CH_2-CHOH-CH_2 \end{array} + 4\,O = H_2O + \begin{array}{c} C_{22}H_{37}-CH:CH_2 \\ \diagup \quad \diagdown \\ COOH \quad CH_2 \\ \diagdown \\ COOH \end{array}$$

Physikalische und chemische Eigenschaften: Die Säure ist sehr schwer löslich in den üblichen Lösungsmitteln. Sie schmilzt beim Erhitzen im Capillarröhrchen bei 290° (korr. 297°) unter Zersetzung. Aus Methyläthylketon krystallisiert sie in charakteristischen Krystallen, die gemessen worden sind. Die Säure addiert kein Brom, beim Behandeln mit Ozon bildet sie, je nach der Dauer der Einwirkung, verschiedene Ozonide, welche beim Kochen mit Wasser unter Abgabe von Kohlendioxyd zersetzt werden [4].

Aus der Säure ist ein krystallisiertes Silbersalz dargestellt worden; ferner sind ein saurer Methylester vom Schmelzp. 125°, ein saurer Äthylester und ein neutraler Methylester beschrieben [2].

Bei der Oxydation mit Kaliumpermanganat entstehen krystallisierte Abbauprodukte, die Säuren $C_{27}H_{40}O_5$ und $C_{27}H_{40}O_8$.

Säure $C_{27}H_{40}O_5$. [5]

$$\begin{array}{c} C_{22}H_{37}-CO \\ \diagup \quad \diagdown \quad \| \\ COOH \quad C=CH \\ \diagdown \\ COOH \end{array}$$

Bildung: Aus der Säure $C_{27}H_{44}O_4$ mit einer drei Atomen Sauerstoff entsprechenden Menge Kaliumpermanganat.

$$\begin{array}{c} C_{22}H_{37}-CH \\ \diagup \quad \| \\ COOH \quad CH_2 \quad CH_2 \\ \diagdown \\ COOH \end{array} + 3\,O = H_2O + \left[\begin{array}{c} C_{22}H_{37}-CO \\ \diagup \quad \diagdown \quad | \\ COOH \quad CH_2 \quad OCH \\ \diagdown \\ COOH \end{array} \right] \rightarrow \begin{array}{c} C_{22}H_{37}-CO \\ \diagup \quad \diagdown \quad | \\ COOH \quad C=CH \\ \diagdown \\ COOH \end{array}$$

---

[1] Pickard u. Yates, Journ. Chem. Soc. **93**, 1685 [1906].
[2] Diels u. Abderhalden, Berichte d. Deutsch. chem. Gesellschaft **36**, 3179 [1903]; **37**, 3092 [1904].
[3] Windaus, Berichte d. Deutsch. chem. Gesellschaft **39**, 2251 [1908].
[4] Dorée, Journ. Chem. Soc. **95**, 643 [1909].
[5] Windaus, Berichte d. Deutsch. chem. Gesellschaft **41**, 614 [1908].

Physikalische und chemische Eigenschaften: Die ungesättigte Ketodicarbonsäure $C_{27}H_{40}O_5$ krystallisiert aus verdünnter Essigsäure in kurzen Prismen, die bei 216—217° schmelzen. Sie ist leicht löslich in Äther, Essigäther, Aceton, Alkohol, Chloroform, schwerer löslich in Eisessig und Benzol. Zur Charakterisierung dient der saure Methylester vom Schmelzpunkt 136—137°. Gegenüber Brom oder Kaliumpermanganat erweist sie sich als ungesättigt, beim Erwärmen mit Zinkstaub und Essigsäure nimmt sie ein Molekül Wasserstoff auf. Hierbei bildet sich die gesättigte Ketodicarbonsäure $C_{27}H_{42}O_5$, welche durch einen sauren Methylester und ein Oxim charakterisiert ist[1]).

$$C_{22}H_{37}\!\!\diagup\!\!\begin{array}{c} CO \\ | \\ C=CH \end{array}\diagdown COOH \underset{\diagdown COOH}{} + H_2 = C_{22}H_{37}\!\!\diagup\!\!\begin{array}{c} CO \\ | \\ CH-CH_2 \end{array}\diagdown COOH \underset{\diagdown COOH}{}$$

Säure $C_{27}H_{40}O_8$.

Mol.-Gewicht: 492,30.
Zusammensetzung: 65,82% C, 8,19% H.

$$C_{22}H_{37}\!-\!CO \diagup COOH \quad CO \quad COOH \diagdown COOH$$

Bildung: Aus der Säure $C_{27}H_{44}O_4$ oder $C_{27}H_{40}O_5$ mit Kaliumpermanganat. Das Rohprodukt der Oxydation muß durch Auflösen in Eisessig und Fällen mit konz. Salzsäure gereinigt werden[1]).

$$C_{22}H_{37}\!-\!CO,\ C=CH,\ COOH,\ COOH + 3\,O = C_{22}H_{37}\!-\!CO,\ CO,\ COOH,\ COOH$$

Physikalische und chemische Eigenschaften: Die Diketotricarbonsäure $C_{27}H_{40}O_8$ krystallisiert aus Eisessig-Salzsäure in glänzenden, an den Enden zugespitzten Prismen, die bei 230—231° schmelzen. Sie ist leicht löslich in Alkohol, Äther, Aceton, Essigäther, etwas schwerer in Eisessig, sehr wenig löslich in Benzol, Chloroform, Xylol, Petroläther. Mit Wasser quillt sie auf und gibt eine stark schäumende, kolloidale Lösung. Sie liefert krystallisierte saure Salze des Kaliums und des Rubidiums; mit Hydroxylamin entsteht ein Monoximderivat, das ebenfalls saure krystallisierte Salze gibt.

Bei der Oxydation mit unterbromigsaurem Kalium wird die Säure $C_{27}H_{40}O_8$ zu einer Säure $C_{26}H_{40}O_7$, die ein krystallisiertes saures Kaliumsalz bildet[2]), abgebaut.

$$C_{22}H_{37}\!\!\diagup\!\!\begin{array}{c}COOH \\ COCOOH \\ COCOOH\end{array} + O = C_{22}H_{37}\!\!\diagup\!\!\begin{array}{c}COOH \\ COOH \\ COCOOH\end{array} + CO_2 .$$

Bei der Oxydation mit Chromsäure entsteht die Säure $C_{25}H_{40}O_6$.

Säure $C_{25}H_{40}O_6$.

Mol.-Gewicht: 436,30.
Zusammensetzung: 68,76% C, 9,24% H.

$$C_{22}H_{37}(COOH)_3 .$$

Bildung: Bei der Oxydation der Säuren $C_{27}H_{40}O_8$ oder $C_{26}H_{40}O_7$ mit Chromsäure oder Salpetersäure in Eisessig[3]).

$$C_{22}H_{37}COCOOH \diagup COOH \diagdown CO \underset{\diagdown COOH}{} + 2\,O = C_{22}H_{37}\!-\!COOH \diagup COOH \diagdown COOH + 2\,CO_2 .$$

---

1) Windaus, Berichte d. Deutsch. chem. Gesellschaft **41**, 615 [1908].
2) Windaus, Berichte d. Deutsch. chem. Gesellschaft **42**, 3771 [1909].
3) Windaus, Berichte d. Deutsch. chem. Gesellschaft **41**, 619, 2558 [1908].

Physikalische und chemische Eigenschaften: Die Tricarbonsäure krystallisiert aus verdünnter Essigsäure in Form feiner, verfilzter Nadeln, die 1 Mol. Krystallwasser enthalten, Sie schmilzt bei 204—205° unter Zersetzung. Sie ist leicht löslich in Alkohol, Aceton, Äther. Essigäther, Chloroform, schwer löslich in Benzol, fast unlöslich in Wasser und Petroläther. Sie liefert saure krystallisierte Salze des Kaliums, Rubidiums und Caesiums. Beim Behandeln mit rauchender Salpetersäure entsteht ein sehr schwer lösliches Trinitrosubstitutionsprodukt von der Formel $C_{25}H_{37}O_{12}N_3$ [1]).

Der oxydative Abbau der Säure $C_{25}H_{40}O_6$ führt zu den Säuren $C_{22}H_{32}O_8$ und $C_{21}H_{30}O_8$.

Säure $C_{22}H_{32}O_8$.
$$C_{18}H_{28}(COOH)_4.$$

Bildung: Beim Erhitzen mit Chromsäure zerfällt die Tricarbonsäure $C_{25}H_{40}O_6$ in Aceton und die Tetracarbonsäure $C_{22}H_{32}O_8$ [2]).

$$(CH_3)_2CHCH_2C_{18}H_{28}(COOH)_3 + 4\,O = (CH_3)_2CO + COOHC_{18}H_{28}(COOH)_3 + H_2O.$$

Physikalische und chemische Eigenschaften: Die Tetracarbonsäure $C_{22}H_{32}O_8$ krystallisiert aus Wasser in breiten Prismen, die 1 Mol. Krystallwasser enthalten. Sie ist unlöslich in Petroläther, Benzol und Chloroform, schwer löslich in kaltem Wasser, leicht löslich in Alkohol, Eisessig und Äther. Die wasserfreie Verbindung schmilzt nach vorherigem Sintern bei 194°. Gegen Reagenzien ist die Säure sehr widerstandsfähig. Sie liefert ein krystallisiertes, saures Caesiumsalz.

Säure $C_{21}H_{30}O_8$. [3])
$$C_{17}H_{26}(COOH)_4.$$

Bildung: Bei der Oxydation mit rauchender Salpetersäure zerfällt die Tricarbonsäure $C_{25}H_{40}O_6$ in α-Oxyisobuttersäure und in eine Tetracarbonsäure $C_{21}H_{30}O_8$.

$$(CH_3)_2CHCH_2CH_2C_{17}H_{26}(COOH)_3 + 6\,O = (CH_3)_2C(OH)COOH + COOHC_{17}H_{26}(COOH)_3 + H_2O.$$

Physikalische und chemische Eigenschaften: Die Tetracarbonsäure $C_{21}H_{30}O_8$ krystallisiert aus Wasser in langen Nadeln, die 13,5% Krystallwasser enthalten und bei etwa 70° in ihrem Krystallwasser schmelzen. Aus kochendem Wasser krystallisiert die Säure in wasserfreien Tafeln, die bei 234° unter Zersetzung schmelzen. Gegen Lösungsmittel verhält sich die Säure $C_{21}H_{30}O_8$ sehr ähnlich wie ihr nächsthöheres Homologes $C_{22}H_{32}O_8$. Charakteristisch ist auch hier ein saures Caesiumsalz.

Bemerkenswert ist die ungewöhnliche Widerstandsfähigkeit der Säure. Schmelzendes Kaliumhydroxyd wirkt bei 270° noch nicht ein; auch durch Ozon, durch flüssiges Brom, durch Chromsäure in der Hitze und durch rauchende Salpetersäure bei Zimmertemperatur wird die Säure nicht verändert.

Isocholesterin.
$$C_{27}H_{46}O\,(?)\quad oder\quad C_{26}H_{44}O\,(?).$$

Vorkommen: Im Wollfett der Schafe neben Cholesterin und anderen Verbindungen [4]). Ob sich Isocholesterin in der Vernix caseosa findet oder nicht, ist unentschieden [5])[6]). — Sehr überraschend und bemerkenswert ist die Angabe von Cohen [7]), daß ein aus afrikanischem Rubber isoliertes Phytosterin mit dem Isocholesterin identisch ist.

---

[1]) Das Trinitrosubstitutionsprodukt gibt bei der Reduktion eine Anzahl von Umwandlungs- und Zerfallsprodukten, die ausführlich untersucht worden sind. Auf diese sei nur hingewiesen (Windaus, Berichte d. Deutsch. chem. Gesellschaft **41**, 2559 [1908]).

[2]) Windaus, Berichte d. Deutsch. chem. Gesellschaft **42**, 3773 [1909].

[3]) Windaus, Berichte d. Deutsch. chem. Gesellschaft **41**, 2564 [1908].

[4]) Schulze, Journ. f. prakt. Chemie **7**, 169 [1873]. — Schulze u. Barbieri, Journ. f. prakt. Chemie **25**, 168, 458 [1882]. — Schulze, Berichte d. Deutsch. chem. Gesellschaft **31**, 1200 [1898]. — Ob Darmstädter und Lifschütz Isocholesterin in der Hand gehabt haben, läßt sich nicht entscheiden, da sie das Drehungsvermögen ihrer Präparate oder die Eigenschaften des Benzoats nicht geprüft haben (Berichte d. Deutsch. chem. Gesellschaft **31**, 98, 1126 [1898]).

[5]) Ruppel, Zeitschr. f. physiol. Chemie **21**, 132 [1895/96].

[6]) Unna u. Golodetz, Biochem. Zeitschr. **20**, 496 [1909].

[7]) Cohen, Archiv d. Pharmazie **246**, 518, 592 [1908].

Physikalische und chemische Eigenschaften: Das Isocholesterin aus Wollfett scheidet sich aus Alkohol in Form einer gallertartigen Masse ab, aus Äther oder Aceton krystallisiert es in feinen Nadeln vom Schmelzp. 138°. Die Löslichkeitsverhältnisse sind ähnlich wie beim Cholesterin; dagegen ist es im Gegensatz zum Cholesterin rechtsdrehend. $[\alpha]_D^{(?)} = +59,1°$ (6,435 g in 100 ccm Äther). Die Salkowskische Farbenreaktion tritt gar nicht oder sehr schwach auf. Bei der Cholestolprobe[1]) färbt sich die Lösung erst gelb und nach einiger Zeit rotgelb mit grüner Fluorescenz.

Die Formel des Isocholesterins ist noch unsicher.

Derivate: Isocholesterylacetat[2]) $C_{29}H_{48}O_2 = C_{27}H_{45}OCOCH_3$. Das aus Isocholesterin des Wollfettes mit Essigsäureanhydrid dargestellte Acetat krystallisiert nach Cohen in glänzenden Blättchen, die unscharf von 124—128° schmelzen. Das aus dem „Isocholesterin" des afrikanischen Rubbers dargestellte Acetat schmolz bei 134°.

Isocholesterylbenzoat.[3])

$C_{34}H_{50}O_2(?) = C_{27}H_{45}OCOC_6H_5\,(?)$.

Bildung: Durch Zusammenschmelzen mit Benzoesäureanhydrid. — Das „Isocholesterin" aus Rubber wurde von Cohen in Pyridinlösung mittels Benzoylchlorid verestert.

Physikalische und chemische Eigenschaften: Das Isocholesterylbenzoat krystallisiert aus Äther in feinen Nadeln, die bei 194—195° schmelzen. Sie lassen sich durch Abschlämmen leicht von den Tafeln des Cholesterins trennen. In Alkohol sind sie schwer löslich. Das Benzoat des Isocholesterins aus Rubber schmilzt bei 193—195°, es krystallisiert aus Äthylacetat in glänzenden Nadeln und gibt $[\alpha]_D = +75°$.

Isocholesterylstearat.[3])

$C_{45}H_{80}O_2(?) = C_{27}H_{45}OCOC_{17}H_{35}(?)$.

Bildung: Durch Erhitzen von Isocholesterin mit Stearinsäure auf 200°.

Physikalische und chemische Eigenschaften: Der Ester krystallisiert aus Äther in feinen Nadeln vom Schmelzp. 72°. Er ist selbst in kochendem Alkohol fast unlöslich.

Koprosterin.

Mol.-Gewicht 388,37.

Zusammensetzung: 83,45% C, 12,45% H.

$$C_{27}H_{48}O\,(?) = C_{26}H_{46} > CHOH.$$

Vorkommen: In den menschlichen Faeces[4]); wahrscheinlich durch bakterielle Reduktion aus Cholesterin. Bei reiner Milchdiät findet sich kein Koprosterin[5]). In den Faeces von Hunden und Katzen[6]), besonders nach Fütterung mit Gehirnsubstanz. Die Ausscheidung ist sehr abhängig von der Art der Nahrung. Häufig wird ein Gemisch von Cholesterin und Koprosterin abgeschieden[7]). Bei Pflanzenfressern findet sich in den Faeces weder Cholesterin noch Koprosterin[7])[8]). Das Stercorin von Flint[9]) und das Excretin von Marcet[10]) waren vermutlich mehr oder weniger reines Koprosterin.

---

[1]) Schulze, Zeitschr. f. physiol. Chemie **14**, 522 [1890].

[2]) Cohen, Archiv d. Pharmazie **246**, 518, 592 [1908].

[3]) Schulze, Journ. f. prakt. Chemie **7**, 174 [1873]; Berichte d. Deutsch. chem. Gesellschaft **6**, 252 [1873].

[4]) Bondzynski u. Humnicki, Zeitschr. f. physiol. Chemie **22**, 396 [1896]. — Bondzynski, Berichte d. Deutsch. chem. Gesellschaft **29**, 476 [1896].

[5]) Müller, Zeitschr. f. physiol. Chemie **29**, 129 [1900].

[6]) Dorée u. Gardner, Proc. Roy. Soc. **80**, 230 [1908]; **81**, 117 [1909]; s. auch **81**, 230, 505 [1909].

[7]) Dorée u. Gardner, Proc. Roy. Soc. **80**, 230 [1908]; **81**, 117 [1909]; s. auch **81**, 230, 505 [1909]. — Vergleiche dagegen König u. Schluckebier, Zeitschr. f. Untersuchung d. Nahrungs- u. Genußmittel **15**, 654 [1908].

[8]) Das Hippokoprosterin von Bondzynski und Humnicki (Zeitschr. f. physiol. Chemie **22**, 409 [1896]) hat mit den Sterinen nichts zu tun. Es ist ein gesättigter Alkohol $C_{27}H_{54}O$ oder $C_{27}H_{56}O$ aus Gras, der mit der Nahrung aufgenommen und unverändert abgeschieden wird. Von Dorée und Gardner hat er den Namen Chortosterin erhalten (Proc. Roy. Soc. **80**, 217 [1908]).

[9]) Flint, Zeitschr. f. physiol. Chemie **23**, 363 [1897]. — Bondzynski u. Humnicki, Zeitschr. f. physiol. Chemie **24**, 395 [1898].

[10]) Marcet, Annales de Chim. et de Phys. **59**, 91 [1860]. — Hinterberger, Liebigs Annalen **166**, 213 [1873].

Darstellung: Getrocknete und fein gepulverte Faeces werden mit Äther extrahiert, der ätherische Extrakt mit Natriumäthylat verseift und das Unverseifbare aus verdünntem Alkohol umkrystallisiert.

Physikalische und chemische Eigenschaften: Das Koprosterin krystallisiert aus Alkohol in feinen Nadeln, die bei 99—100° schmelzen. Es ist unlöslich in Wasser, leicht löslich in abs. Alkohol, sehr leicht löslich in Äther, Chloroform, Benzol, Schwefelkohlenstoff und Petroläther. Es ist ebenso wie das Isocholesterin rechtsdrehend. $[\alpha]_D = +24°$ (1,5809 g in 12 ccm Äther).

Die Farbenreaktion des Cholesterins liefert es in modifizierter Weise. Bei der Salkowskischen Farbenreaktion färbt sich die Chloroformschicht nur gelb und erst allmählich rot. Bei der Cholestolprobe färbt es sich erst blau, dann grün.

Es enthält kein Krystallwasser und addiert kein Halogen. Dagegen ist es imstande, ein Molekül Ozon aufzunehmen[1]). Das Ozonid unterscheidet sich dadurch von demjenigen des Cholesterins, daß es beim Kochen mit Wasser kein Kohlendioxyd abspaltet. Mit einer alkoholischen Digitoninlösung gibt Koprosterin ein schwer lösliches Additionsprodukt[2]). Das Koprosterin enthält wahrscheinlich zwei Wasserstoffatome mehr als Cholesterin, aber es ist nicht identisch mit dem normalen Reduktionsprodukt des Cholesterins, dem Dihydrocholesterin oder β-Cholestanol[3]).

Umlagerungsprodukt des Koprosterins:

Pseudokoprosterin[4]).

$$C_{27}H_{48}O = C_{26}H_{46} > CHOH.$$

Bildung: Beim Erwärmen von Koprosterin mit Natriumamylat in amylalkoholischer Lösung.

Physikalische und chemische Eigenschaften: Die Verbindung krystallisiert aus Alkohol oder Aceton in langen Nadeln. Sie ist leicht löslich in Essigester, Benzol und Chloroform, weniger leicht löslich in Petroläther. Sie erweicht bei 115—116° und schmilzt bei 119°. $[\alpha]_D = +31,55°$ (0,84 g in 25 ccm Chloroform).

Beim Behandeln mit Ozon gibt das Pseudo-Koprosterin ein Ozonid. Es ist ein Stereoisomeres des Koprosterins, da es bei der Oxydation dasselbe Keton liefert. Das Acetat[4]) des Pseudokoprosterins schmilzt bei 83—84°, das Benzoat[4]) bei 85—86°.

Ester des Koprosterins:

Koprosterylacetat.[5])

$$C_{29}H_{50}O_2 = C_{26}H_{46} > CHOCOCH_3.$$

Bildung: Aus Koprosterin und Essigsäureanhydrid.

Physikalische und chemische Eigenschaften: Dieser Ester krystallisiert aus Alkohol in Nadeln vom Schmelzp. 88—89°.

Koprosterylbromacetat.[5])

$$C_{29}H_{49}O_2Br = C_{26}H_{46}CHOCOCH_2Br.$$

Bildung: Aus Koprosterin und Bromacetylbromid.

Physikalische und chemische Eigenschaften: Die aus Alkohol umkrystallisierte Verbindung schmilzt bei 118°. Sie ist leicht löslich in Äther und Chloroform, schwer löslich in kaltem Alkohol.

---

[1]) Dorée, Journ. Chem. Soc. **95**, 645 [1909].

[2]) Windaus, Berichte d. Deutsch. chem. Gesellschaft **42**, 242 [1909].

[3]) Auch die Annahme Neubergs (Berichte d. Deutsch. chem. Gesellschaft **39**, 1157 [1906]), Koprosterin könne unreines α-Cholestanol sein, ist nicht zutreffend. — Diels u. Abderhalden, Berichte d. Deutsch. chem. Gesellschaft **39**, 1371 [1906]. — Windaus, Berichte d. Deutsch. chem. Gesellschaft **40**, 2638 [1907]. — Dorée u. Gardner, Journ. Chem. Soc. **93**, 1632 [1908].

[4]) Dorée u. Gardner, Journ. Chem. Soc. **93**, 1630 [1908].

[5]) Bondzynski u. Humnicki, Zeitschr. f. physiol. Chemie **22**, 396 [1896]. — Dorée u. Gardner, Proc. Roy. Soc. **80**, 231 [1908]. Die hier angegebenen Schmelzpunkte sind den Arbeiten von Dorée und Gardner entnommen.

Koprosterylpropionat. [1]

$$C_{30}H_{52}O_2 = C_{26}H_{46}CHOCOCH_2CH_3.$$

Bildung: Aus Koprosterin und Propionsäureanhydrid.

Physikalische und chemische Eigenschaften: Der Ester krystallisiert in Nadeln vom Schmelzp. 92°. Die Schmelze zeigt beim Abkühlen nicht das Farbenspiel des Cholesterylpropionats.

Koprosterylbenzoat. [2]

$$C_{34}H_{52}O_2 = C_{26}H_{46} > CHOCOC_6H_5.$$

Bildung: Aus Koprosterin und Benzoylchlorid entweder bei 140° oder in Pyridinlösung bei Zimmertemperatur.

Physikalische und chemische Eigenschaften: Das Benzoat krystallisiert aus Äther-Alkohol in rechteckigen Tafeln, die bei 122—123° schmelzen. Es ist in Äther leicht, in Alkohol schwer löslich.

Koprosterylcinnamat. [1]

$$C_{36}H_{54}O_2 = C_{26}H_{46} > CHOCH : CHCOC_6H_5.$$

Bildung: Aus Koprosterin und Zimtsäurechlorid.

Physikalische und chemische Eigenschaften: Der Zimtsäureester krystallisiert aus Äther-Alkohol in Säulen vom Schmelzp. 169°. Er liefert ein krystallisiertes Dibromadditionsprodukt vom Schmelzp. 165—166°.

Das Keton des Koprosterins, das Koprostanon:

Koprostanon [3].

Mol.-Gewicht: 386,35.
Zusammensetzung: 83,86% C, 12,00% H.

$$C_{27}H_{46}O = C_{26}H_{46} > CO.$$

Bildung: Aus Koprosterin oder Pseudokoprosterin mit Chromsäure.

Physikalische und chemische Eigenschaften: Das Keton krystallisiert aus Aceton-Alkohol in glänzenden Blättchen vom Schmelzp. 62—63°. Beim Behandeln mit Ozon scheint es eine Verbindung von der Formel $C_{27}H_{46}O \cdot O_7$ zu liefern. Mittels Brom entsteht ein krystallisiertes Dibromid vom Schmelzp. 127—128°, von welchem nicht sicher entschieden ist, ob es sich um ein Additions- oder ein Substitutionsprodukt handelt.

Bei der Einwirkung von Hydroxylamin oder Semicarbazid entstehen amorphe Kondensationsprodukte. Eigenartig ist das Reaktionsprodukt zwischen Koprostanon und Phenylhydrazin, das

Koprosterylcarbazol [4].

$$C_{33}H_{49}N.$$

Bildung: Aus Koprostanon und Phenylhydrazin in essigsaurer Lösung.

$$C_{27}H_{46}O + C_6H_5NHNH_2 = C_{33}H_{49}N + NH_3 + H_2O.$$

Physikalische und chemische Eigenschaften: Die Verbindung krystallisiert aus Benzol-Alkohol in langen, rechteckigen Blättchen vom Schmelzp. 192°. Mit salpetriger Säure bildet sie ein Nitrosoderivat $C_{33}H_{48}ON_2$ vom Schmelzp. 158°.

---

[1] Bondzynski u. Humnicki, Zeitschr. f. physiol. Chemie **22**, 396 [1896].

[2] Bondzynski u. Humnicki, Zeitschr. f. physiol. Chemie **22**, 396 [1896]. — Dorée u. Gardner, Journ. Chem. Soc. **93**, 1630 [1908].

[3] Dorée u. Gardner, Journ. Chem. Soc. **93**, 1630 [1908]. — Dorée, Journ. Chem. Soc. **95**, 646 [1909].

[4] Dorée, Journ. Chem. Soc. **95**, 653 [1909].

Die Sterine niedrer Tiere[1]).

Während sich bei den Vertebraten und den meisten andern Tierklassen nur gewöhnliches Cholesterin findet, sind bei den Insekten, den Echinodermata und den Schwämmen isomere (?) Sterine aufgefunden worden. Genauer untersucht sind von diesen das **Bombycesterin**, das **Spongosterin** und das **Clionasterin**. Weiter sei erwähnt, daß in der Blatta orientalis ein Sterin vorkommt, das sich vom Cholesterin unterscheidet. In Melolontha vulgaris findet sich neben gewöhnlichem Cholesterin ein zweites Sterin, dessen Acetat einen höheren Schmelzpunkt besitzt. In Asterias rubens wies Dorée ein Sterin nach, dessen Benzoat viel leichter in Alkohol löslich war als Cholesterylbenzoat und dessen Acetat um 15° höher schmolz. In Spongilla lacustris[2]) und Ephydatia fluviatilis, zwei Süßwasserschwämmen, finden sich ebenfalls Sterine, die sich vom Cholesterin unterscheiden.

Bombycesterin.[3])

$$C_{27}H_{46}O \,(?) \text{ oder } C_{26}H_{44}O.$$

Vorkommen: Im Chrysalidöl (dem aus den Puppen der Seidenraupe ausgepreßten Öle).

Darstellung: Aus dem Öl wird das Unverseifbare dargestellt, das außer Alkoholen auch Kohlenwasserstoffe enthält. Durch Methylalkohol läßt sich das darin lösliche Cholesterin von den Kohlenwasserstoffen abtrennen. Neben Bombycesterin scheint das Öl eine kleine Menge Cholesterin zu enthalten.

Physikalische und chemische Eigenschaften: Das Bombycesterin krystallisiert aus Alkohol in Blättchen, die sich in ihrer Form vom Cholesterin unterscheiden. Es schmilzt bei 148° und enthält ein Molekül Krystallwasser. Das krystallwasserhaltige Material ergibt $[\alpha]_D^{150} = -34°$ (3,976 g in 25 ccm Chloroform).

Das Bombycesterin ist dem Cholesterin außerordentlich ähnlich, es unterscheidet sich von letzterem besonders durch den Schmelzpunkt seines Acetats und seines Dibromadditionsproduktes.

Bombycesterylacetat.[3])

$$C_{27}H_{45}OCOCH_3 \,(?).$$

Physikalische und chemische Eigenschaften: Das Acetat krystallisiert in Blättchen vom Schmelzp. 129°. Es ist schwer löslich in kaltem Alkohol, leicht in Essigäther und Aceton. $[\alpha]_D^{17,50} = -42,7$ (3,751 g in 25 ccm Chloroform). Das Acetat liefert kein schwer lösliches Dibromadditionsprodukt wie Cholesterylacetat.

Das **Bombycesterylbenzoat**[3]) ist dem Cholesterylbenzoat außerordentlich ähnlich. Dagegen zeigen sich beim **Formiat**[3]) und **Salicylat**[3]) des Bombycesterins deutliche Unterschiede gegenüber den entsprechenden Cholesterylestern.

Bombycesterindibromid.[3])

$$C_{27}H_{46}OBr_2 \,(?).$$

Bildung: Aus Bombycesterin in Äther mit Brom in Eisessig.

Physikalische und chemische Eigenschaften: Das Additionsprodukt krystallisiert aus Äther-Eisessig in feinen Nadeln vom Schmelzp. 111°.

Spongosterin.[4])

Mol.-Gewicht 388,37.
Zusammensetzung: 83,45% C, 12,45% H.

$$C_{27}H_{48}O \,(?).$$

Vorkommen: In Suberites domuncula.

---

[1]) Die Literatur findet sich bei Dorée, Biochem. Journ. **4**, 72 [1909] und bei Welsch, Über das Vorkommen und die Verbreitung der Sterine im Tier- und Pflanzenreich, Diss. Freiburg i. B. 1909.

[2]) Dorée, Biochem. Journ. **4**, 72 [1909].

[3]) Menozzi u. Moreschi, Rendiconti della R. Accad. dei Lincei Roma **17**, 95 [1908].

[4]) Henze, Zeitschr. f. physiol. Chemie **41**, 109 [1903]; **55**, 427 [1908].

Darstellung: Man extrahiert die getrockneten Schwämme mit Alkohol-Äther, verseift den Extrakt mit Natriumäthylat, verdampft, nimmt mit Wasser auf und versetzt mit Calciumchlorid. Das mit den Kalkseifen niedergerissene Spongosterin wird dem Niederschlag mit heißem Aceton entzogen.

Physikalische und chemische Eigenschaften: Das Spongosterin krystallisiert aus Alkohol in glänzenden Blättchen, die bei 123—124° schmelzen und 1 Mol. Krystallwasser enthalten. In Alkohol ist es leichter löslich als Cholesterin, in Äther, Chloroform, Schwefelkohlenstoff ist es leicht löslich. $[\alpha]_D^{25} = -19,59°$ (1,0714 g wasserfreie Substanz in 25 ccm Chloroform). Die Salkowskische Farbenreaktion ist wenig ausgeprägt, die Liebermann - Burchardsche Probe deutlich positiv.

Beim Behandeln mit Brom bildet sich ein krystallisiertes Produkt, das viel weniger Brom enthält, als der Addition von 1 Mol. Brom entsprechen würde.

Spongosterylacetat.[1])

$$C_{29}H_{50}O_2 = C_{27}H_{47}OCOCH_3.$$

Bildung: Aus Spongosterin und Essigsäureanhydrid.

Physikalische und chemische Eigenschaften: Das Acetat krystallisiert in großen, perlmutterglänzenden Blättern vom Schmelzp. 124,5°. Bei der Einwirkung von Brom entsteht ein Derivat, das nur halb so viel Brom enthält, wie einem Dibromadditionsprodukt entsprechen würde.

Spongosterylpropionat.[1])

Bildung: Aus Propionsäureanhydrid und Spongosterin.

Physikalische und chemische Eigenschaften: Das Propionat krystallisiert in perlmutterglänzenden Blättchen vom Schmelzp. 135—136°.

Auch ein **Spongosterylbenzoat**[1]) ist bereitet worden. Es krystallisiert aus Alkohol in rechteckigen Tafeln vom Schmelzp. 128°. Die geschmolzene Masse gibt beim Abkühlen kein Farbenspiel. Das **Spongosterylchlorid**[1]) endlich schmilzt bei 91°.

Clionasterin.[2])

$$C_{27}H_{46}O = C_{27}H_{45}OH.$$

Vorkommen: In Cliona celata.

Darstellung: Die Schwämme wurden mit wasserfreiem Gips und Sand verrieben und die trockne Masse mit Äther extrahiert. Aus dem Extrakt wurde in der üblichen Weise das Unverseifbare bereitet und aus heißem Methylalkohol das Clionasterin umkrystallisiert.

Physikalische und chemische Eigenschaften: Das Clionasterin krystallisiert aus Alkohol in Blättchen vom Schmelzp. 137—138°. Es ist wenig löslich in kaltem Methylalkohol, schwer löslich in kaltem Äthylalkohol, leicht löslich in Aceton, Petroläther und Essigester. Es gibt die Salkowskische und die Liebermannsche Farbenreaktion. $[\alpha]_D^{180} = -37,04°$ (0,442 g wasserfreie Substanz in 25 ccm Chloroform).

Clionasterylacetat.[2])

$$C_{29}H_{48}O_2 = C_{27}H_{45}OCOCH_3.$$

Bildung: Aus Clionasterin mit wasserfreiem Natriumacetat und Essigsäureanhydrid.

Physikalische und chemische Eigenschaften: Die Verbindung krystallisiert in Blättern und schmilzt bei 134—135°.

Clionasterylbenzoat.[2])

$$C_{34}H_{50}O_2 = C_{27}H_{45}OCOC_6H_5.$$

Bildung: Aus Clionasterin und Benzoylchlorid bei 165°.

Physikalische und chemische Eigenschaften: Das Benzoat krystallisiert aus Alkohol in langgestreckten, rechteckigen Blättchen, die bei 143—144° zu einer klaren Flüssigkeit schmelzen.

---

[1]) Henze, Zeitschr. f. physiol. Chemie **41**, 109 [1903]; **55**, 427 [1908].

[2]) Dorée, Biochem. Journ. **4**, 92 [1909].

Clionasterindibromid.[1]

$$C_{27}H_{46}OBr_2.$$

Bildung: Aus Clionasterin in Äther mit Brom in Eisessig.

Physikalische und chemische Eigenschaften: Das Dibromadditionsprodukt schmilzt scharf bei 114°, während Cholesterindibromid erst bei 123—124° schmilzt.

Die Phytosterine.

Sitosterin.

Mol.-Gewicht 386,35.

Zusammensetzung: 83,86% C, 12,00% H.

$$C_{27}H_{46}O = C_{22}H_{37}\diagup\!\!\!\diagdown\begin{array}{c}CH \\ \| \\ CH_2\end{array}$$
$$CH_2\!-\!CHOHCH_2$$

Vorkommen: In Weizen- und Roggenkeimlingen[2][3] und im Leinöl[4]. Im Fett der Calabarbohne[5] neben Stigmasterin. Auch die meisten anderen, im Pflanzenreich aufgefundenen Sterine dürften mehr oder weniger reines Sitosterin gewesen sein. Am Schluß dieses Abschnittes folgt eine Literaturangabe über das Vorkommen von Sterinen im Pflanzenreich.

Darstellung: Weizenkeime werden in einem großen Extraktionsapparat mit Äther extrahiert; das gewonnene Fett wird mit Natriumäthylat oder alkoholischem Kali verseift und das Unverseifbare aus 90 proz. Alkohol umkrystallisiert[6].

Physiologische Eigenschaften: Auch das Sitosterin wird wie das Cholesterin, wenigstens zum Teil, resorbiert[7]. König und Schluckebier[8] glauben im Kot von Pflanzenfressern Koprosterin nachgewiesen zu haben und schließen daraus, daß sich das Sitosterin im Darm in Koprosterin umwandle. Dieser Schluß ist aber nicht zwingend, da das Koprosterin auch aus dem Cholesterin der Galle stammen kann. — Auch Sitosterin[9] wirkt entgiftend auf hämolytische Gifte, z. B. Saponin, und verbindet sich mit Digitonin zu einem unlöslichen Additionsprodukt.

Physikalische und chemische Eigenschaften: Das Sitosterin krystallisiert aus wässerigem Alkohol in weißen, glänzenden Blättchen, die langgestreckter sind als diejenigen des Cholesterins. Sie enthalten 1 Mol. Krystallwasser und schmelzen bei 136,5—137°. Aus Äther krystallisiert das Sitosterin in wasserfreien Nadeln. Das mikroskopische Bild des geschmolzenen und wieder erstarrten Sitosterins unterscheidet sich auffallend von dem entsprechenden Bilde des Cholesterins[10].

Das Sitosterin löst sich leicht in Äther, Chloroform, Benzol und Schwefelkohlenstoff, schwerer in Alkohol. Die Farbenreaktionen sind dieselben wie diejenigen des Cholesterins. $[\alpha]_D = -26,71°$ in Äther (3,795 g in 100 ccm Äther). Das Sitosterindibromid ist viel leichter löslich als das Cholesterindibromid und krystallisiert schlecht[11].

---

[1] Dorée, Biochem. Journ. **4**, 92 [1909].

[2] Burian, Monatshefte f. Chemie **18**, 551 [1897].

[3] Ritter, Zeitschr. f. physiol. Chemie **34**, 461 [1902].

[4] Windaus u. Hauth, Berichte d. Deutsch. chem. Gesellschaft **40**, 3682 [1907].

[5] Windaus u. Hauth, Berichte d. Deutsch. chem. Gesellschaft **39**, 4378 [1906].

[6] Ritter, Zeitschr. f. physiol. Chemie **34**, 461 [1902]. — In den Mutterlaugen des Sitosterins findet sich ein niedriger schmelzendes Produkt, dem Burian (Monatshefte f. Chemie **18**, 551 [1897]) den Namen Parasitosterin gegeben hat.

[7] Fraser u. Gardner, Proc. Roy. Soc. **81**, 230 [1909].

[8] König u. Schluckebier, Zeitschr. f. Unters. d. Nahr. u. Genußm. **15**, 654 [1908].

[9] Hausmann, Beiträge z. chem. Physiol. u. Pathol. **6**, 576 [1905].

[10] Jäger, Recueil des travaux chim. des Pays-Bas **25**, 336 [1906].

[11] Burian, Monatshefte f. Chemie **18**, 556 [1897]. — Windaus, Chem.-Ztg. **30**, 1011 [1906].

Derivate des Sitosterins.

Pseudositosterin.[1]

$$C_{27}H_{46}O \, (?).$$

Bildung: Beim Erhitzen von Sitosterin in amylalkoholischer Lösung mit Natrium-amylat.

Physikalische und chemische Eigenschaften: Die Verbindung krystallisiert aus Aceton in Nadeln vom Schmelzp. 146—147°. Sie wird von Amylalkohol und metallischem Natrium nicht verändert, dagegen addiert sie, wenn auch langsam, Brom. Die Salkowski-sche Farbenreaktion ist negativ. Vielleicht handelt es sich um ein Umlagerungsprodukt des Sitosterins.

Ester des Sitosterins:

Sitosterylchlorid.[2]

$$C_{27}H_{45}Cl.$$

Bildung: Aus Sitosterin und Phosphorpentachlorid.

Physikalische und chemische Eigenschaften: Das Chlorid krystallisiert aus Alkohol in kleinen Blättchen, die bei 82° erweichen und bei 87,5° schmelzen.

Sitosterylacetat.[2]

$$C_{29}H_{48}O_2 = C_{27}H_{45}OCOCH_3.$$

Bildung: Aus Sitosterin und Essigsäureanhydrid.

Physikalische und chemische Eigenschaften: Das Acetat krystallisiert aus Alkohol in Schuppen, die bei 127—128° schmelzen[3]. Es addiert 1 Mol. Brom und bildet eine krystallinische Verbindung von der Formel $C_{29}H_{48}O_2Br_2$.

Sitosterylpropionat.[2]

$$C_{30}H_{50}O_2 = C_{27}H_{45}OCOCH_2CH_3.$$

Bildung: Aus Sitosterin und Propionsäureanhydrid.

Physikalische und chemische Eigenschaften: Das Propionat krystallisiert aus Alkohol in Blättchen vom Schmelzp. 108°.

Auch die Ester des Sitosterins mit Ameisensäure, Buttersäure, Isobuttersäure, Valeriansäure, Isovaleriansäure, Capronsäure, Caprylsäure und Caprinsäure sind bereitet worden und besonders im Hinblick auf die Erscheinung der flüssigen Krystalle studiert worden[4].

Sitosterylpalmitat.[5]

$$C_{43}H_{76}O_2 = C_{27}H_{45}OCOC_{15}H_{31}.$$

Bildung: Aus Sitosterin und Palmitinsäure bei 200°.

Physikalische und chemische Eigenschaften: Der Ester krystallisiert aus kochendem abs. Alkohol in seidenglänzenden Nadeln und Blättchen vom Schmelzp. 90°.

Sitosterylstearat.[6]

$$C_{45}H_{80}O_2 = C_{27}H_{45}OCOC_{17}H_{35}.$$

Bildung: Aus Sitosterin und Stearinsäure bei 200°.

Physikalische und chemische Eigenschaften: Der Ester krystallisiert aus abs. Alkohol, in dem er sehr schwer löslich ist, in seidenglänzenden Nadeln; sie schmelzen bei 89—90° zu einer trüben Flüssigkeit, die bei 118—119° klar wird.

---

[1] Windaus u. Hauth, Berichte d. Deutsch. chem. Gesellschaft **40**, 3682 [1907]. — Die Verbindung ist früher als Pseudo-Phytosterin bezeichnet worden.

[2] Burian, Monatshefte f. Chemie **18**, 556 [1897].

[3] Die Tatsache, daß die Phytosterinacetate allgemein höher schmelzen als das Cholesterylacetat, wird in der Nahrungsmittelchemie verwendet, um die Verfälschung tierischer Fette mit pflanzlichen Fetten zu erkennen.

[4] Jäger, Recueil des travaux chim. des Pays-Bas **26**, 330 [1907].

[5] Ritter, Zeitschr. f. physiol. Chemie **34**, 471 [1902]. — Das von Hesse in der Wurzel von Aristolochia argentina aufgefundene Phytosterylpalmitat ist vom Sitosterylpalmitat verschieden (Archiv d. Pharmazie **233**, 685 [1895]).

[6] Ritter, Zeitschr. f. physiol. Chemie **34**, 471 [1902].

Sitosteryloleat.[1])

$$C_{45}H_{78}O_2 = C_{27}H_{45}OCOC_{17}H_{33}.$$

Bildung: Aus Sitosterin und Ölsäure bei 200°.

Physikalische und chemische Eigenschaften: Der Ester krystallisiert aus Alkohol in Nadeln vom Schmelzp. 35,5°.

Sitosterylbenzoat.[1])[2])

$$C_{34}H_{50}O_2 = C_{27}H_{45}OCOC_6H_5.$$

Bildung: Aus Sitosterin mit Benzoylchlorid bei 160°.

Physikalische und chemische Eigenschaften: Das Benzoat krystallisiert aus Äther-Alkohol in rechtwinkligen Tafeln, die bei 145,5° zu einer klaren Flüssigkeit schmelzen. Beim Abkühlen liefert es ein Farbenspiel. Es ist leicht löslich in Benzol, sehr schwer löslich in Alkohol.

Sitosterylcinnamat.[1])

$$C_{36}H_{52}O_2 = C_{27}H_{45}OCOCH = CHC_6H_5.$$

Bildung: Aus Sitosterin und Zimtsäurechlorid bei 180°.

Physikalische und chemische Eigenschaften: Der Zimtsäureester des Sitosterins krystallisiert aus Alkohol in langgestreckten Blättchen von intensivem Perlmutterglanz. Der Schmelzpunkt liegt bei 158°; die Schmelze zeigt beim Abkühlen ein schönes Farbenspiel.

Sitosterylphenylcarbamat.[3])

$$C_{34}H_{51}O_2N = C_{27}H_{45}OCONHC_6H_5.$$

Bildung: Aus Sitosterin und Phenylisocyanat bei 160°.

Physikalische und chemische Eigenschaften: Die Verbindung krystallisiert aus Eisessig in glänzenden Blättchen oder Nadeln vom Schmelzp. 158°.

Sitosten.[2])

$$C_{27}H_{46}.$$

Bildung: Aus Sitosterylchlorid mit Natrium und Amylalkohol.

Physikalische und chemische Eigenschaften: Das Sitosten krystallisiert aus Alkohol, in dem es schwer löslich ist, in farblosen, breiten Nadeln, die je nach der Raschheit des Erhitzens zwischen 61—68° schmelzen. $[\alpha]_D = -38,79°$ (3,596 g in 100 ccm Äther). Das Sitosten liefert ein krystallisiertes Dibromadditionsprodukt.

Dihydrositosterin.[4])

$$C_{27}H_{48}O.$$

Bildung: Aus Sitosterin mit metallischem Natrium und Amylalkohol.

Physikalische und chemische Eigenschaften: Das Reduktionsprodukt krystallisiert aus Aceton in derben Nadeln vom Schmelzp. 175°. Es ist sehr schwer löslich in kaltem Alkohol und Petroläther, leicht löslich in Chloroform, Benzol und Äther. Es kann dazu dienen, ein Phytosterin als Sitosterin zu identifizieren. Es krystallisiert ohne Krystallwasser und addiert nur langsam Brom. Die Salkowskische Farbenreaktion verläuft negativ. Mit Phosphorpentachlorid liefert es ein Chlorid, das sich in den entsprechenden Kohlenwasserstoff, das Dihydrositosten[5]), überführen läßt.

[1]) Ritter, Zeitschr. f. physiol. Chemie **34**, 471 [1902].
[2]) Burian, Monatshefte f. Chemie **18**, 556 [1897].
[3]) Pickard u. Yates, Journ. Chem. Soc. **93**, 1930 [1908].
[4]) Windaus u. Hauth, Berichte d. Deutsch. chem. Gesellschaft **40**, 3682 [1907]. — Die Verbindung ist früher als Dihydrophytosterin bezeichnet worden.
[5]) Windaus u. Hauth, Berichte d. Deutsch. chem. Gesellschaft **40**, 3682 [1907].

Oxydationsprodukte des Sitosterins: Gegenüber Wasserstoffsuperoxyd verhält sich Sitosterin ganz so wie Cholesterin und ist ihm daher wahrscheinlich in seiner Konstitution sehr ähnlich. Beim systematischen Abbau hat es eine Anzahl Oxydationsprodukte geliefert, die mit den aus Cholesterin dargestellten isomer sind.

Dehydrositostantriol. [1])

$$C_{27}H_{46}O_3 = C_{22}H_{37} \text{---CHOH}$$
$$CH_2\text{---CHOH---CH---CHOH}$$

Bildung: Durch Oxydation von Sitosterylacetat mit Wasserstoffsuperoxyd und Verseifung des entstandenen Oxydationsproduktes.

$$C_{22}H_{37}\text{---CH} \rightarrow \left[C_{22}H_{37}\text{---CHOH} \right] \rightarrow C_{22}H_{37}\text{---CHOH}$$
$$CH_2\text{---CHOH---}CH_2 \; CH_2 \qquad CH_2\text{---CHOH---}CH_2 \; OCH \qquad CH_2\text{---CHOH---CH---CHOH}$$

Physikalische und chemische Eigenschaften: Das Triol krystallisiert in Nadeln vom Schmelzp. 252°. Es ist in organischen Lösungsmitteln außer in Benzol und Petroläther leicht löslich. Sein Diacetat schmilzt bei 138—139°.

Dehydrositostandion-ol. [1])

$$C_{27}H_{42}O_3 = C_{22}H_{37}\text{---CO}$$
$$CH_2\text{---CO---CH---CHOH}$$

Bildung: Wie Dehydrocholestandion-ol aus dem Dehydrocholestantriol, so entsteht Dehydrositostandion-ol aus dem Dehydrositostantriol mittels Chromsäure.

Physikalische und chemische Eigenschaften: Der Diketoalkahol krystallisiert aus Eisessig in Nadeln vom Schmelzp. 256° und ist in den meisten Lösungsmitteln recht schwer löslich.

Dehydrositostendion. [1])

$$C_{27}H_{40}O_2 = C_{22}H_{37}\text{---CO}$$
$$CH_2\text{---CO---C}=CH$$

Bildung: Durch wasserabspaltende Mittel aus dem Dehydrositostandion-ol. Auch diese Reaktion verläuft genau so wie die entsprechende in der Cholesterinreihe.

Physikalische und chemische Eigenschaften: Das ungesättigte Diketon krystallisiert aus Methylalkohol in gelben Blättchen vom Schmelzp. 166°; aus Eisessig krystallisiert es in roten Krystallen, die beim Liegen an der Luft gelb werden. $[\alpha]_D = -38{,}9°$ in Chloroform.

Das Dehydrositostendion liefert mit Phenylhydrazin ein schwer lösliches Phenylhydrazon vom Schmelzp. 247°.

Dehydrositostandion. [1])

$$C_{27}H_{42}O_2 = C_{22}H_{37}\text{---CO}$$
$$CH_2\text{---CO---CH---}CH_2$$

Bildung: Aus dem Dehydrositostendion mit Zinkstaub und Essigsäure (genau wie Dehydrocholestandion aus dem Dehydrocholestendion).

Physikalische und chemische Eigenschaften: Das gesättigte Diketon krystallisiert in Nadeln vom Schmelzp. 196°. Es liefert mit Hydroxylamin ein Dioxim. Bei der Oxydation mit Chromsäure wird es ganz wie sein Isomeres in der Cholesterinreihe zu einer Säure $C_{27}H_{42}O_5$ vom Schmelzp. 236° aufgespalten.

$$C_{22}H_{37}\text{---CO} \qquad\qquad C_{22}H_{37}\text{---CO}$$
$$CH_2\text{---CO---CH---}CH_2 + 3\,O = COOH \; CH\text{---}CH_2$$
$$COOH$$

Diese Säure wurde durch einen Dimethylester und sein Oxim charakterisiert.

---

[1]) **Pickard** u. **Yates**, Journ. Chem. Soc. **93**, 1930 [1908].

Stigmasterin.[1]

Mol.-Gewicht 424,37.

Zusammensetzung: 84,83% C, 11,40% H.

$$C_{30}H_{48}O \text{ oder } C_{30}H_{50}O.$$

Vorkommen: In der Calabarbohne neben Sitosterin[1]).

Darstellung: Das Unverseifbare aus dem Fett der Calabarbohne wird acetyliert, die Acetate werden in Eisessig-Äther bromiert, wobei das schwer lösliche Stigmasterinacetattetrabromid ausfällt. Aus dem Tetrabromid wird durch Reduktion und Verseifung das Stigmasterin gewonnen.

Physikalische und chemische Eigenschaften: Die Verbindung krystallisiert aus Alkohol in Blättchen, die 1 Mol. Krystallwasser enthalten. Sie schmilzt bei 170°. $[\alpha]_D^{21} = -45{,}01°$ (0,4110 g Substanz in 10 ccm Chloroform). Sie gibt die Farbenreaktionen der Sterine, auch mit Digitonin liefert sie ein Additionsprodukt.

Stigmasterylacetat. [2]

$$C_{32}H_{50}O_2 = C_{30}H_{47}OCOCH_3.$$

Bildung: Aus Stigmasterin und Essigsäureanhydrid.

Physikalische und chemische Eigenschaften: Der Ester krystallisiert aus Alkohol in rechteckigen Blättchen vom Schmelzp. 141°. Er addiert 2 Mol. Brom und enthält also 2 Doppelbindungen.

Stigmasterintetrabromidacetat. [2]

Bildung: Aus Stigmasterylacet in Äther mit Brom in Eisessig.

Physikalische und chemische Eigenschaften: Das Tetrabromid krystallisiert aus Chloroformalkohol in vier- und sechsseitigen Blättchen, die bei 211—212° unter Zersetzung schmelzen. Es ist sehr schwer löslich in Alkohol, Eisessig, schwer löslich in Aceton und Äther, leicht löslich in Chloroform.

Stigmasterylpropionat. [2]

$$C_{33}H_{52}O_2 = C_{30}H_{47}OCOCH_2CH_3.$$

Bildung: Aus Stigmasterin und Propionsäureanhydrid.

Physikalische und chemische Eigenschaften: Das Propionat krystallisiert aus Alkohol in Prismen vom Schmelzp. 122°. Es liefert ebenfalls ein Tetrabromadditionsprodukt, das sich ähnlich verhält wie das Acetattetrabromid.

Es sei noch erwähnt, daß auch das Stigmasterylchlorid[2] und sein Tetrabromadditionsprodukt bereitet worden sind.

Brassicasterin. [3]

Mol.-Gewicht 398,35.

Zusammensetzung: 84,35% C, 11,64% H.

$$C_{28}H_{46}O.$$

Vorkommen: Im Rüböl neben einem anderen Sterin.

Darstellung: Die Darstellung ist genau dieselbe wie beim Stigmasterin.

Physikalische und chemische Eigenschaften: Das Brassicasterin krystallisiert aus Alkohol in hexagonalen Blättchen, die 1 Mol. Krystallwasser enthalten. Der Schmelzpunkt liegt bei 148°. $[\alpha]^{18} = -64°25'$ (0,4856 g Substanz in 15 ccm Chloroform).

Das Brassicasterin gibt die Farbenreaktionen der Sterine und liefert mit Digitonin ein unlösliches Additionsprodukt.

---

1) Windaus u. Hauth, Berichte d. Deutsch. chem. Gesellschaft **39**, 4378 [1906]. — Die Formeln sind von $C_{30}H_{48}O$ abgeleitet.

2) Windaus u. Hauth, Berichte d. Deutsch. chem. Gesellschaft **39**, 4378 [1906].

3) Windaus u. Welsch, Berichte d. Deutsch. chem. Gesellschaft **42**, 612 [1909].

Brassicasterylacetat. [1]

$$C_{30}H_{48}O_2 = C_{28}H_{45}OCOCH_3.$$

Bildung: Aus Brassicasterin und Essigsäureanhydrid.

Physikalische und chemische Eigenschaften: Das Acetat krystallisiert aus Alkohol in dünnen sechsseitigen Blättchen vom Schmelzp. 157—158°. Es addiert 2 Mol. Brom.

Brassicasterylacetattetrabromid. [1]

Bildung: Aus dem Brassicasterylacetat in Äther mit Brom in Eisessig.

Physikalische und chemische Eigenschaften: Das Tetrabromid krystallisiert aus Chloroformalkohol in rhombischen Tafeln, die bei 209° unter Zersetzung schmelzen. In seinen Löslichkeitsverhältnissen verhält es sich wie das Stigmasterylacetattetrabromid.

Brassicasterylpropionat. [1]

$$C_{31}H_{50}O_2 = C_{28}H_{45}OCOCH_2CH_3.$$

Bildung: Aus Brassicasterin und Propionsäureanhydrid.

Physikalische und chemische Eigenschaften: Dieser Ester krystallisiert in vierseitigen Blättchen vom Schmelzp. 132°. Er liefert ein Tetrabromadditionsprodukt, das dem Acetattetrabromid sehr ähnlich ist.

Brassicasterylbenzoat. [1]

$$C_{35}H_{50}O_2 = C_{28}H_{45}OCOC_6H_5.$$

Bildung: Aus Brassicasterin und Benzoylchlocid.

Physikalische uud chemische Eigenschaften: Das Benzoat krystallisiert aus heißem Alkohol in langen, seidenglänzenden Nadeln vom Schmelzp. 167—169°.

Kurze Literaturangaben über das Vorkommen der Sterine im Pflanzenreich.

Sitosterinähnliche Körper vom Schmelzp. 120—140°, die zum Teil mit Sitosterin identisch sein dürften, zum Teil unreines Sitosterin darstellen, sind häufig im Pflanzenreich aufgefunden, aber selten genau charakterisiert worden.

Husemann isolierte aus Mohrrüben ein Sterin, das er **Hydrocarotin** nannte (Liebigs Annalen **117**, 206 [1861]). Bencke fand in Saaterbsen ein Sterin, das er irrtümlicherweise für Cholesterin hielt (Liebigs Annalen **122**, 251 (1862)]. Ebenso Lindenmeyer (Journ. f. prakt. Chemie **90**, 325 [1863]). Ritthausen fand ein Sterin im Fett des Weizens (Journ. f. prakt. Chemie **85**, 212 [1862]); 88, 145 [1863] und des Roggens (**102**, 324 [1867]). Hesse isolierte ein Sterin aus dem Fette der Calabarbohne und wies zum ersten Male darauf hin, daß es vom Cholesterin verschieden sei (Liebigs Annalen **192**, 175 [1878]). Arnaud isolierte das Sterin der Karotte, das vermutlich Sitosterin ist (Compt. rend. de l'Acad. des Sc. **102**, 1319 [1886]). v. Lippmann fand ein Sterin im Rübensaft (Berichte d. Deutsch. chem. Gesellschaft **20**, 3201 [1887]). Reinitzer untersuchte nochmals das Hydrocarotin ausführlich), das genau dieselben Eigenschaften besitzt wie Sitosterin (Monatshefte f. Chemie **7**, 597 [1886]. Paschkis isolierte ein Sterin aus Colchicumsamen (Zeitschr. f. physiol. Chemie 8, 356 [1883/84]). Jacobson aus Saubohnen, Wicken, Erbsen, Lupinen (Zeitschr. f. physiol. Chemie **13**, 32 [1889]); Schulze aus Keimlingen von Lupinus luteus, Lolium perenne, Triticum vulgare (Zeitschr. f. physiol. Chemie **14**, 491 [1890]). (S. auch Schulze und Barbieri, Journ. f. prakt. Chemie **25**, 159 [1882]). E. Schmidt fand ein Sterin in der Hydrastiswurzel (Archiv d. Pharmazie **228**, 72 [1890]). Likiernik fand Sterine in den Samenschalen von Pisum sativum (Zeitschr. f. physiol. Chemie **15**, 427 [1891]). Hesse fand den Palmitinsäureester eines Sterins in der Wurzel von Aristolochia argentina (Archiv d. Pharmazie **233**, 687 [1895]). Villavecchia und Fabris stellten das Sterin aus Sesamöl dar (Chem. Centralbl. 1897, II, 772). Bömer untersuchte die Phytosterine aus den bekannteren Pflanzenölen ziemlich ausführlich (Zeitschr. f. Untersuchung d. Nahrungs- u. Genußmittel **2**, 705 [1899] und **4**, 865 [1901]). Grüttner fand in der Hamamelisrinde ein Sterin auf (Archiv d. Pharmazie **236**, 284 [1898]). v. Lipp-

---

[1] Windaus u. Welsch, Berichte d. Deutsch. chem. Gesellschaft **42**, 612 [1909].

mann erwähnt das Vorkommen eines Sterins, das er mit Cholesterin für identisch hielt, in Produkten der Rübenzuckerfabrikation (Berichte d. Deutsch. chem. Gesellschaft **32**, 1210 [1899]). **Farup** fand Phytosterin in Aspidium spinulosum (Archiv d. Pharmazie **242**, 18 [1904]). **Sani** isoliert ein Sterin aus dem Weinstresteröl, das er **Ampelosterin** nannte (Chem. Centralbl. **1905**, I, 386). **Klobb** und **Bloch** stellten aus der Sojabohne das **Sojasterin** dar (Bulletin de la Soc. chim. [4] **1**, 422 [1907]). Sojasterin ist vermutlich mit Sitosterin identisch. In den Arbeiten von **Power** und seinen Mitarbeitern ist häufig kurz auf das Vorkommen von Phytosterinen hingewiesen worden (Journ. Chem. Soc. **87**, 887 und Archiv d. Pharmazie **245**, 337. Die übrige Literatur über diese Arbeiten findet sich zitiert bei **Welsch**, Diss. S. 18). Ein Sterin aus Lorbeerfett isolierten **Matthes** und **Sander** (Archiv d. Pharmazie **246**, 174 [1908]).

Einer Reihe von Substanzen, die dem Sitosterin sehr ähnlich sind, sind auf Grund weniger Analysen ganz andere (vermutlich unrichtige) Formeln erteilt worden. Dazu gehören **Angelicin** (Liebigs Annalen **180**, 269 [1876]), **Cinchol** (Liebigs Annalen **228**, 294 [1885]), **Cupreol** (Liebigs Annalen **228**, 291 [1885]), **Quebrachol** (Liebigs Annalen **211**, 272 [1882]), **Rhamnol** (Chem. Centralbl. **1905**, I, 388) und **Cholestol** (Berichte d. Deutsch. chem. Gesellschaft **17**, 869 [1884] und **18**, 1803 [1885]).

Außer diesen sitosterinähnlichen Sterinen finden sich im Pflanzenreich Sterine von höherem Schmelzpunkt, die mehr dem Stigmasterin und dem Brassicasterin ähnlich erscheinen. Es handelt sich wohl in den seltensten Fällen um chemische Individuen; vermutlich liegen Gemische vor, in denen auch noch andere Alkohole wie Lupeol, α- und β-Amyrin vorkommen[1]. **Likiernik** beschreibt ein **Paraphytosterin** aus den Samenschalen von Phaseolus vulgaris (Zeitschr. f. physiol. Chemie **15**, 430 [1891]), sowie ein Sterin, das **Phasol** aus demselben Material (Zeitschr. f. physiol. Chemie **15**, 430 [1891]). **Schulze** und **Barbieri** isolierten **Caulostearin** aus Lupinen (Journ. f. prakt. Chemie **25**, 159). In dieselbe Gruppe gehört vielleicht das **Chironol** (Archiv d. Pharmazie **233**, 224 [1895]) und das **Alcornol** (Archiv d. Pharmazie **238**, 348 [1900]) sowie das **Phytosterin** aus Menyanthes trifoleata (Archiv d. Pharmazie **230**, 54 [1892]). Endlich sei erwähnt, daß **Matthes** und seine Mitarbeiter stigmasterinähnliche Sterine im Kakaofett und im Kokosöl aufgefunden haben (Berichte d. Deutsch. chem. Gesellschaft **41**, 19, 1591, 2000 [1908]). Die weitere Literatur findet sich bei **Cohen**[2]) und bei **Welsch**[3]).

Die Sterine der Pilze.

Auch die Pilze enthalten eine eigenartige Gruppe von Sterinen, die sich weder bei den höheren Pflanzen noch im Tierreich vorfinden. Das von **Reinke** und **Rodewald**[4]) dargestellte Paracholesterin aus Aethalium septicum dürfte kein chemisches Individuum gewesen sein, ebensowenig die aus Hefe isolierten Sterine[5]). Eingehender sind die Sterine der Pilze von **Tanret**[6]) und **Gérard**[7]) studiert worden[8])[9]), und **Tanret** ist es auch kürzlich gelungen, zwei Sterine dieser Gruppe in reinem Zustande zu isolieren. Auch die Sterine der Pilze wirken entgiftend auf Saponine[10]).

---

[1]) Siehe hierzu die wichtigen Arbeiten von **Cohen**, Archiv d. Pharmazie **245**, 236 [1907]; **246**, 510 [1908].

[2]) **Cohen**, Over Lupeol, eene Bijdrage tot de Kennis der Cholesterineachtige Lichamen, Diss. Utrecht 1906.

[3]) **Welsch**, Über das Vorkommen und die Verbreitung der Sterine im Tier- und Pflanzenreich, Diss. Freiburg i. B. 1909.

[4]) **Reinke** u. **Rodewald**, Liebigs Annalen **207**, 229 [1881].

[5]) **Hinsberg** u. **Roos**, Zeitschr. f. physiol. Chemie **38**, 12 [1903].

[6]) **Tanret**, Compt. rend. de l'Acad. des Sc. **108**, 98 [1889]; Annales de Chim. et de Phys. **20**, 289 [1890].

[7]) **Gérard**, Compt. rend. de l'Acad. des Sc. **114**, 1544 [1882]; Chem. Centralbl. **1895**, II, 229.

[8]) **Zellner**, Monatshefte f. Chemie **26**, 727 [1905]; **29**, 45, 1171 [1908].

[9]) **Ottolenghi**, Chem. Centralbl. **1906**, I, 541. — **Böhm**, Archiv d. Pharmazie **224**, 309 [1886].

[10]) **Hausmann**, Beiträge z. chem. Physiol. u. Pathol. **6**, 577 [1905].

Ergosterin.[1]

Mol.-Gewicht 382,32.

Zusammensetzung: 84,75% C, 11,07% H.

$$C_{27}H_{42}O \ (?).$$

Vorkommen: Im Mutterkorn neben Fungisterin.

Darstellung: Die Trennung des Unverseifbaren aus dem Fett des Mutterkorns geschieht durch fraktionierte Krystallisation aus Äther. Ergosterin ist der weniger lösliche Bestandteil.

Physikalische und chemische Eigenschaften: Das Ergosterin krystallisiert aus Alkohol in Blättern, aus Äther in Nadeln, die Krystallwasser enthalten. Der Schmelzpunkt liegt bei 165°. Die Löslichkeit des Ergosterins in Alkohol, Aceton, Äther und Chloroform ist quantitativ bestimmt worden. Es ist in diesen Lösungsmitteln weit schwerer löslich als Cholesterin. $[\alpha]_D = -132°$ in Chloroform. Das Ergosterin unterscheidet sich in seiner Farbenreaktion etwas vom Cholesterin. Charakteristisch ist das Verhalten zu konz. Schwefelsäure. Das Ergosterin löst sich vollkommen in 96—100proz. Schwefelsäure; beim Schütteln der Lösung mit Chloroform bleibt dieses farblos[2]. Beim Liegen an der Luft oxydiert sich Ergosterin allmählich, wobei es sich färbt und einen Geruch annimmt.

Vom Ergosterin hat Tanret eine Anzahl Ester bereitet.

Ergosterylformiat[1] schmilzt bei 181,5°.

Ergosterylacetat[1] schmilzt bei 180,5°.

Ergosterylpropionat[1] schmilzt bei 147,5°.

Ergosterylbutyrat[1] schmilzt bei 129,5°.

Fungisterin.

$$C_{25}H_{40}O \ (?).$$

Vorkommen und Darstellung: S. unter Ergosterin.

Physikalische und chemische Eigenschaften: Das Fungisterin krystallisiert ebenfalls mit 1 Mol. Krystallwasser in Blättchen, die dem Ergosterin ähnlich sind. Der Schmelzpunkt liegt bei 144°. Es ist in den meisten Lösungsmitteln leichter löslich als Ergosterin. Gegen 100proz. Schwefelsäure und Chloroform verhält es sich wie Ergosterin. $[\alpha]_D = -22° 4'$.

Fungisterylacetat schmilzt bei 158,5°.

---

[1] Tanret, Compt. rend. de l'Acad. des Sc. **147**, 75 [1908]; Chem. Centralbl. **1908**, II, 1933.

[2] Beim Cholesterin färbt sich unter diesen Bedingungen das Chloroform allmählich rot. — Über die Farbenreaktion des Ergosterins s. auch Gérard, Bulletin de l'Acad. des Sc. **121**, 723 [1895]; **126**, 909 [1898].

Die Gallensäuren.

Von

Franz Knoop-Freiburg i. B.

Die Gallensäuren sind eine Gruppe von Substanzen, die ausschließlich in den Tiergallen abgeschieden werden. Mit ihnen gelangen sie in den Darm und verlassen z. T. mit den Faeces den Tierkörper, z. T. werden sie resorbiert und mit dem Pfortaderblut der Leber wieder zugeführt, die sie abfängt und durch die Gallenwege von neuem ausscheidet (kleiner Gallenkreislauf). Unter pathologischen Verhältnissen können sie ins Blut übertreten, dann im ganzen Körper kreisen und auch im Harn erscheinen, während normal höchstens Spuren mit der Lymphe durch den Ductus thoracicus unter Umgehung der Leber den gleichen Weg finden.

Die Gallensäuren bestehen größtenteils aus zwei Komponenten, von denen nur eine den spezifischen Gallensäurepaarling darstellt, während die anderen Spaltstücke, wie Glykokoll, Taurin usw., hier kein spezielleres Interesse beanspruchen; sie sind andernorts abgehandelt. — Herkunft und Verbleib der Stammsubstanzen im Organismus sind unbekannt, und erst die völlige Aufklärung ihres chemischen Charakters verspricht hier Erkenntnis. Es ist bisher nur sehr wahrscheinlich gemacht, daß die ganze Körperklasse zu den hydroaromatischen Verbindungen gehört, denen auch die Sterine zugerechnet werden. Beziehungen dieser beiden Gruppen sind oft diskutiert worden und gewiß wahrscheinlich — bewiesen ist bisher nichts darüber. — Die Gallensäuren geben gemeinschaftlich bestimmte Farbenreaktionen (siehe bei Cholsäure) und haben auch in den verschiedensten Tierklassen viel Übereinstimmendes in ihrem gesamten Verhalten.

Ihre Bedeutung ist bisher vor allem in ihren physikalischen Eigenschaften dem Verständnis nähergebracht worden. Ihre Löslichkeitsverhältnisse Lipoiden gegenüber befähigen sie, die Emulgierung, die fermentative Aufspaltung, sowie die Resorption der fettartigen Nährstoffe im Darmtractus zu begünstigen; eine chemische Steuerung der Darmbewegung hat man ihnen zuzusprechen gesucht; hämolytische Eigenschaften harren der Deutung ihres physiologischen Wertes. Auf dem ganzen gut abgegrenzten Gebiet, das hier vorliegt, bieten sich dem Chemiker wie dem Physiologen noch viele Fragen, und so stellt es bei der leichten Zugänglichkeit des Materials für beide Forschungszweige ein zwar schwieriges, aber aussichtsreiches Arbeitsfeld dar.

Die Anordnung ist so getroffen, daß zunächst die gepaarten Gallensäuren, dann zweitens ihre spezifischen hydrolytischen Spaltungsprodukte und schließlich drittens deren oxydative Abbauprodukte besprochen sind.

I. Gepaarte Gallensäuren.

Glykocholsäure	Glykocholeinsäure
Taurocholsäure	Taurocholeinsäure

Weitere gepaarte Gallensäuren sind aus der Schweinegalle beschrieben (Strecker, Jolin u. a.; vgl. die Angaben bei der Hyocholsäure), sowie neuerdings von Hammarsten[1]) aus der Galle des Walrosses. Über Haifischgallensäuren siehe die Scymnole. Über gepaarte Desoxycholsäuren und ihre Beziehungen zu den entsprechenden Choleinsäurederivaten stehen Untersuchungen noch aus.

---

[1]) Hammarsten, Zeitschr. f. physiol. Chemie **61**, 454 [1909].

Glykocholsäure (früher Cholsäure genannt).

Mol.-Gewicht 465,33.

Zusammensetzung: 67,05% C, 9,31% H, 20,63% O, 3,01% N.

$$C_{26}H_{43}O_6N.$$

$$C_{20}H_{31} \Big\langle {\begin{matrix} CHOH \\ CH_2OH \\ CH_2OH \\ CO \cdot NH \cdot CH_2 \cdot COOH \end{matrix}}$$

Vorkommen: In der Galle des Menschen und besonders der Pflanzenfresser. In der der Fleischfresser (Hund) fehlt sie meistens gänzlich. Fischgalle enthält wenig.

Bildung: Cholsäureazid (siehe Cholsäure) wird in eine Auflösung von Glykokoll in Zehntelnormallauge unter Schütteln eingetragen und die abgekühlte Flüssigkeit mit Salzsäure angesäuert. Die Fällung wird ausgewaschen und aus heißem Wasser umkrystallisiert, wie unten bei Glykocholsäure.

Darstellung: Nach Hüfner [1]): Frische Galle wird mit überschüssigem (ca. $^1/_5$ Vol.) Äther gesättigt und mit 3—4 Volumprozent konz. Salzsäure versetzt, kräftig geschüttelt und stehen gelassen. Bei manchen Gallen setzt sofort, bei anderen allmählich, im ganzen nach Letsche (Tübinger und benachbarte Gallen) bei ca. 50% spontan eine Krystallisation ein, die bei weiteren 46% durch Impfen, bei ca. 3—4% gar nicht erreichbar ist. Der Krystallbrei wird scharf abgesogen, mit kaltem Wasser bis fast zur Farblosigkeit gewaschen und aus 90° heißem Wasser mehrfach umkrystallisiert. Anwesenheit von viel Taurocholsäure (meist verbunden mit entsprechend geringerem Gehalt der Galle an Glykocholsäure) verhindert ev. die Krystallisation. Ausbeute 8—15 g pro Liter Galle. Bei der örtlich und zeitlich stark schwankenden Zusammensetzung der Galle versagt diese Darstellungsweise vielfach. Eine Anzahl Freiburger Herbstgallen verhielt sich ausnahmslos positiv. Gelingt die Ausfällung auf diesem Wege nicht, so verfährt man nach Gorup Besanez [2]): Galle wird auf dem Wasserbad getrocknet, mit 90 proz. Alkohol extrahiert, der Alkohol verjagt und der Rückstand mit Wasser aufgenommen, mit Kalkmilch erwärmt und filtriert. Das Filtrat wird mit Schwefelsäure unter Vermeidung eines Überschusses bis zur bleibenden Trübung versetzt. Es krystallisiert allmählich Glykocholsäure. Andere Verfahren von Medwedew [3]), Bleibtreu [4]) u. a.

Physikalische und chemische Eigenschaften: [5]) Krystallisiert aus heißem Wasser in feinen weißen Nadeln mit $1^1/_2$ Mol. H_2O (Verfasser), das bei 100° sowie im Vakuum über H_2SO_4 entweicht, aber in feuchter Luft schnell wieder aufgenommen wird. Löslich in Wasser, kalt 1 : 3000 [6]), heiß 1 : 120, leicht in Alkohol und Eisessig, schwer in Aceton und Äther, nicht in Chloroform und Benzol. Schmelzpunkt wird sehr verschieden angegeben, gewöhnlich 138 bis 140° für wasserhaltige Substanz, für getrocknete dann verschieden: bis 152 und 155° steigend. Beim Kochen mit Wasser wird Paraglycocholsäure gebildet, s. diese (S. 312). $[\alpha]_D$ 9,5% in Alkohol: $+29,0°$ [7]), unabhängig von der Konzentration; nach Letsche [8]) $+32,3$ (Alkohol). Acidität größer als die der Fettsäuren, etwa der der Milchsäure entsprechend. Affinitätskonstante: 0,0132 [9]). Wird von Taurocholsäure in Lösung gehalten: wässerige 10 proz. Lösung von Taurocholsäure löst 6,9$^0/_{00}$ Glykocholsäure [10]). Gibt die bei der Cholsäure näher beschriebene Fluorescenzreaktion, sowie die Pettenkofersche Reaktion. 0,1 proz. Lösungen (2 ccm) geben mit 5 proz. Rhamnoselösung (1—2 Tropfen) und konz. HCl (2 ccm) beim Erwärmen eine Rosafärbung, die bald in eine schön grüne Fluorescenz übergeht [11]). Zer-

---

[1]) S. bei Letsche, Zeitschr. f. physiol. Chemie **60**, 463 [1909].

[2]) Gorup-Besanez, Annalen d. Chemie u. Pharmazie **157**, 282 [1871].

[3]) Medweder, Centralbl. f. Physiol. **14**, 289 [1900].

[4]) Bleibtreu, Archiv f. d. ges. Physiol. **99**, 187 [1903].

[5]) Strecker, Annalen d. Chemie u. Pharmazie **65**, 20 [1848]. — Letsche, Zeitschr. f. physiol. Chemie **60**, 463 [1909].

[6]) Emich, Monatshefte f. Chemie **3**, 325 [1882].

[7]) Hoppe-Seyler, Journ. f. prakt. Chemie **89**, 261 [1863].

[8]) Letsche, Zeitschr. f. physiol. Chemie **60**, 473 [1909].

[9]) Bondi, Zeitschr. f. physiol. Chemie **53**, 8 [1907].

[10]) Emich, Monatshefte f. Chemie **3**, 325 [1882].

[11]) Jolles, Zeitschr. f. physiol. Chemie **57**, 30 [1908]. — Neuberg, Biochem. Zeitschr. **14**, 349 [1908].

fällt beim Kochen mit Laugen in Glykokoll und Cholsäure, beim Kochen mit Säuren in Glykokoll und die Anhydride der Cholsäure (s. d.). Geschmack süßlich und zugleich bitter.

Die **Salze** sind sämtlich in Alkohol löslich, in Wasser die Alkali- und Erdalkalisalze leicht,
die Schwermetallsalze schwer bis gar nicht löslich. Na-Salz fällt aus Alkohol abs. durch
Äther in Nadeln, aus Wasser stets amorph. Abs. Alkohol löst bei 15° C 3,9%. Die Alkalisalze
schäumen beim Schütteln mit Wasser wie Seifenlösungen. Sie halten Lipoide in Lösung.
Werden durch Pb-, Cu$\cdot\cdot$-, Fe-$\cdot\cdot\cdot$, Ag-Salze gefällt. Aussalzbar durch NaCl. $NH_4\cdot$-Salz zerfällt
beim Kochen und im Vakuum. Ba$\cdot\cdot$-Salz amorph. Wasser löst bei 15° C 16,2%.

Paraglykocholsäure

ist nach Letsche [1]) ein z. B. durch Kochen mit zu wenig Wasser artifiziell entstandenes Isomeres der polymorph auftretenden Glykocholsäure, kaum löslich in heißem Wasser. Schmelzpunkt 183—188 angegeben; nach Letsche 193—195°. Sie wird durch Umlösen in Alkohol
oder Alkali und Säure, sowie durch langes Stehen an der Luft wieder in die gewöhnliche Glykocholsäure umgewandelt. Ob es sich nicht einfach um eine krystallwasserfreie Form der Glykocholsäure handelt, wird erst zu entscheiden sein. Die Tatsache, daß Glykocholsäure mit $1\frac{1}{2}$ Mol.
H_2O krystallisiert (Verfasser), ist bisher in der Literatur nicht verzeichnet.

Glykocholeinsäure.

Mol.-Gewicht 449,33.
Zusammensetzung: 69,44% C, 9,64% H, 17,80% O, 3,12% N.

$$C_{26}H_{43}NO_5.$$

$$C_{21}H_{33}\!\!\begin{cases}CH_2OH\\CH_2OH\\CO\cdot NH\cdot CH_2\cdot COOH\end{cases}$$

Vorkommen: Glykocholeinsäure wurde bisher in der Galle des Rindes, des Moschus-
ochsen und des Menschen gefunden. Das Mengenverhältnis zur Glykocholsäure ist nach Jahres-
zeiten und örtlich ein sehr verschiedenes.

Darstellung:[2]) Galle wird mit Alkohol vom Schleim befreit, die wässerige Lösung nach
dem Verjagen des Alkohols mit Bleizucker gefällt, die Bleisalze mit Soda in die Natriumsalze
übergeführt und mit Alkohol aufgenommen. Dabei zeigt sich ein Teil in Alkohol schwer löslich.
Dieser enthält die Hauptmenge der Glykocholeinsäure. Er wird mit $BaCl_2$ ausgefällt, der
Niederschlag mit heißem Wasser wiederholt aufgekocht, und das in Lösung gehende Barytsalz
mit Salzsäure zerlegt. Wiederholte Lösung der ausgefällten Säure in Alkali und Fällung mit
$BaCl_2$ liefert die Säure schließlich krystallinisch. Umkrystallisieren aus verdünntem Alkohol
und Wasser.

Physikalische und chemische Eigenschaften: Aus verdünntem Alkohol in kurzen Prismen
vom Schmelzp. 175—176 (Wahlgren) oder 180—182° (Hammarsten). In kaltem Wasser
fast unlöslich, in heißem (im Gegensatz zur Glykocholsäure) sehr schwer löslich. Alkohol löst
gut, Äther oder Aceton wenig, Benzol und Chloroform fast gar nicht. Bei 105° 2,8% Gewichts-
verlust (?). Geschmack rein bitter, nicht süß. Fluorescenzprobe und Pettenkofersche Probe
positiv, stark violett (siehe Cholsäure). Zerfällt beim Kochen mit Alkalien in Choleinsäure
und Glykokoll.

Die **Salze** der Alkalien sind in Alkohol viel schwerer löslich als die entsprechenden Glyko-
cholate. Die Erdalkalien und Schwermetalle fällen sie aus wässeriger Lösung, Barium zunächst
als klebriger Bodensatz, der aus heißem Wasser in Nadeln krystallisiert. Die schwere Löslichkeit der Glykocholeinsäure zeigt sich auch durch die leichtere Aussalzbarkeit der Salze sowie
die Fällbarkeit durch Essigsäure (Unterschied von Glykocholsäure, Wahlgren).

---

[1]) Letsche, Zeitschr. f. physiol. Chemie **60**, 473 [1909].
[2]) Wahlgren, Zeitschr. f. physiol. Chemie **36**, 556 [1902]. — Hammarsten, Zeitschr. f.
physiol. Chemie **43**, 109 [1904/05].

Taurocholsäure (früher Choleinsäure genannt).

Mol.-Gewicht 515,41.

Zusammensetzung: 60,53% C, 8,08% H, 21,73% O, 2,72% N, 6,22% S.

$$C_{26}H_{45}NSO_7.$$

$$C_{20}H_{31}\begin{cases}CHOH\\CH_2OH\\CH_2OH\\CO-NH\cdot CH_2\cdot CH_2\cdot SO_3H\end{cases}$$

Vorkommen: In der Galle von Hunden als Hauptbestandteil; ferner in der von Menschen, Rindern, Schafen und Ziegen neben Glykocholsäure. Auch Fischgalle (Dorsch) enthält Taurocholsäure und ist nach Hammarsten ein besonders günstiges Ausgangsmaterial für die Darstellung[1]).

Bildung:[2]) Frisches Cholsäureacid wird in eine Lösung von Taurin in Normalnatronlauge so eingetragen, daß die Lösung stets alkalisch bleibt. Man erwärmt auf 40°, kühlt und versetzt mit Salzsäure. Die ausfallende Taurocholsäure wird getrocknet, mit abs. Alkohol aufgenommen und durch Ätherzusatz zur Krystallisation gebracht.

Darstellung: Am besten aus Hundegalle[1]). Sie wird mit Alkohol vom Schleim befreit, eingedampft, in starkem Alkohol gelöst, mit viel Äther gefällt, abgepreßt und in Wasser gelöst. Dann wird mit Eisenchlorid unter Abstumpfung der sauren Reaktion mit Soda ausgefällt (Taurocholeinsäure), bis bei schwach saurer Reaktion weder Eisenchlorid- noch Wasserzusatz einen neuen Niederschlag erzeugt. Das Filtrat wird vom Eisen durch überschüssige Soda befreit, wiederholt getrocknet und mit Alkohol aufgenommen. Das so gereinigte Salz wird mit Alkohol, dem 2—3% Salzsäure zugesetzt sind, bei Zimmertemperatur verrieben und in einem Kolben umgeschüttelt, dann wird vom Chlorid abfiltriert und vorsichtig mit kleinen Portionen Äther versetzt, bis weiterer Zusatz keine neue Krystallisation mehr erzeugt. Umkrystallisieren aus wasserhaltigem Alkohol durch Ätherzusatz.

Aus Rindergalle (schwierig. Das Verfahren ist von Hammarsten[3]) selbst als verbesserungsbedürftig bezeichnet): Rindergalle wird mit Bleizucker und dann öfter mit Eisenchlorid gefällt, schließlich mit NaCl ausgesalzen. Die Fällung wird in Wasser gelöst und wiederholt mit NaCl ausgesalzen, in Alkohol gelöst, von NaCl abfiltriert und wiederholt mit Alkohol gereinigt. Die freie Säure wird dann wie oben gewonnen.

Bang[4]) benutzt die Eigenschaft der Taurocholsäure, Eiweiß zu fällen. Galle, die bei Zusatz von HCl keinen Niederschlag von Glykocholsäure gibt, wird in das fünffache Volumen von verdünntem Serum (1 : 5) gegossen, dem etwas HCl zur Lösung der Globuline zugesetzt ist; dann wird weiter mit Salzsäure angesäuert; der voluminöse Niederschlag filtriert und ausgewaschen, bis das Waschwasser keine Pettenkofersche Reaktion meht gibt, und in viel 2proz. Salzsäure angerührt, die die Eiweiß-Taurocholsäureverbindung zerlegt. Es wird eine Stunde geschüttelt, filtriert und mit NaCl gesättigt, um den letzten Rest Eiweiß abzuscheiden, nochmals filtriert und mit Äther durchgeschüttelt. Nach kurzer Zeit krystallisiert Taurocholsäure in zentimeterlangen Nadeln. Umkrystallisieren wie oben.

Physikalische und chemische Eigenschaften: Krystallisiert aus wasserhaltigem Alkohol bei Ätherzusatz in feinen Nadeln oder Prismen mit abgeschnittenen Enden. Leicht löslich in Wasser, schwerer in Alkohol und Essigäther, unlöslich in Äther, Aceton, Chloroform, Benzol, Ligroin. Nur die ganz reine Säure zerfließt nicht an der Luft. Die physikalischen Konstanten der natürlichen Säure sind noch nicht genügend scharf bestimmt. Ein Molekül Krystallwasser ist nach Hammarsten[5]) nur wahrscheinlich; nach Bondi und Müller[2]) ist die synthetische, vakuumtrockene Substanz wasserfrei. Schon unter 100° verändert sie sich unter Gelbfärbung, bei 140° sintert sie, zersetzt sich bei 160° und ist bei 180° geschmolzen. Der Geschmack ist süßlich mit schwach bitterem Beigeschmack. Taurocholsäure fällt Eiweißlösungen. Die Fällung wird beim Schütteln mit Säuren und Basen zerlegt (vgl. obige Darstellungsweise von Bang). Sie vermag viel Glykocholsäure in wässeriger Lösung zu halten (siehe Glykocholsäure). Fällt

---

[1]) Hammarsten, Zeitschr. f. physiol. Chemie **43**, 127 [1904].

[2]) Bondi u. Müller, Zeitschr. f. physiol. Chemie **47**, 501 [1906].

[3]) Hammarsten, Zeitschr. f. physiol. Chemie **43**, 137 [1904].

[4]) Bang, Beiträge z. chem. Physiol. u. Pathol. **7**, 148 [1906].

[5]) Hammarsten, Zeitschr. f. physiol. Chemie **43**, 136 [1904].

mit Bleiessig, besonders bei Zusatz von Ammoniak, nicht mit Bleizucker und anderen Schwermetallsalzen. Wird schon durch siedendes Wasser, leichter durch Säuren und Alkalien in Taurin und Cholsäure (bzw. deren Anhydride) gespalten.

Salze: Die Alkalisalze sind mit NaCl, Natriumacetat, KCl und Kaliumacetat gut aussalzbar, je reiner die Lösung, um so besser; es gelingt mit natürlicher Galle meistens nicht[1]). Na: feine Nadeln. $[\alpha]_D + 24,5°$ in Alkohol, unabhängig von der Konzentration. Löslich in Alkohol, aus dem es mit Äther krystallisiert.

Taurocholeinsäure.

Mol.-Gewicht 499,41.

Zusammensetzung: 62,47% C, 9,08% H, 19,22% O, 2,81% N, 6,42% S.

$$C_{26}H_{45}O_6NS.$$

$$C_{21}H_{33} \begin{cases} CH_2OH \\ CH_2OH \\ CO \cdot NH \cdot CH_2 \cdot CH_2 \cdot SO_3H \end{cases}$$

Vorkommen: In der Hundegalle von Hammarsten[2]), in der Rindergalle von Gullbring[3]) gefunden.

Darstellung: Aus Hundegalle: Hundegalle wurde wiederholt mit starkem Alkohol aufgenommen, dann mit Äther gefällt, in Wasser gelöst und mit Eisenchlorid fraktioniert, die Fällung mit Soda zerlegt, eingetrocknet, mit abs. Alkohol aufgenommen, wieder getrocknet und so oft diese Behandlung wiederholt, bis alles leicht und klar löslich war. Dann wurde mit salzsäurehaltigem Alkohol versetzt, filtriert und mit Äther gefällt, die amorph gefallene Säure nochmals in Alkohol gelöst und nach Zusatz von Wasser mit Äther versetzt. Die amorphe Fällung ging nach längerem Stehen in Ballen feiner Nadeln über.

Aus Rindergalle ist schon die Gewinnung reiner Taurocholsäure schwierig. Die Abscheidung von Taurocholeinsäure in krystallinischer Form ist bisher nicht gelungen. Näheres bei Gullbring.

Physikalische und chemische Eigenschaften: Sind ungenügend bekannt. In Wasser sehr leicht, Alkohol leicht, Äther, Aceton, Chloroform und Benzol unlöslich. Geschmack bitterer als Taurocholsäure. Die Salze fallen mit Eisenchlorid und Bleiessig, nicht mit $BaCl_2$, $CuSO_4$, $AgNO_3$, Alaun und Bleizucker. Zerfällt mit hydrolytischen Agenzien in Taurin und Choleinsäure.

II. Spezifische Gallensäuren.

Cholsäure	$C_{24}H_{40}O_5$		Schmelzp. 196—198°
Choleinsäure	$C_{24}H_{40}O_4$		„ 187—188°
Desoxycholsäure	$C_{24}H_{40}O_4$		„ 172—173°
Fellinsäure	$C_{23}H_{40}O_4$	(?)	„ 169°
x-Hyocholsäure	$C_{25}H_{40}O_4$		—
β-Hyocholsäure	$C_{24}H_{40}O_4$	(?)	—
Chenocholsäure	$\begin{cases} C_{27}H_{42}O_4 \\ C_{27}H_{44}O_4 \end{cases}$	(?)	—
Ursocholeinsäure	$\begin{cases} C_{18}H_{28}O_4 \\ C_{19}H_{30}O_4 \end{cases}$	(?)	Schmelzp. 100—101°
α-Scymnol	$\begin{cases} C_{27}H_{46}O_5 \\ C_{32}H_{54}O_6 \end{cases}$	(?)	—
β-Scymnol	$C_{29}H_{50}O_5$	(?)	—
Lithofellinsäure	$C_{20}H_{36}O_4$		Schmelzp. 199° (unkorr.) „ 204—205° (korr.).
Lithobilinsäure	$C_{30}H_{58}O_6$ (?)		„ 199° (korr.)

---

[1]) Hammarsten, Zeitschr. f. physiol. Chemie **43**, 127 [1904].
[2]) Bondi u. Müller, Zeitschr. f. physiol. Chemie **47**, 501 [1906].
[3]) Gullbring, Zeitschr. f. physiol. Chemie **45**, 448 [1905].

Cholsäure (früher Cholalsäure).

Mol.-Gewicht 408,30.

Zusammensetzung: 70,54% C, 9,87% H, 19,59% O.

$$C_{24}H_{40}O_5.$$

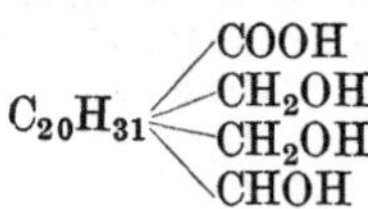

$$C_{20}H_{31}\begin{cases} CHOH \\ CH_2OH \\ CH_2OH \\ COOH \end{cases}$$

Vorkommen: Frei nur in kleinen Mengen dort, wo sie unter dem Einfluß spaltender Agenzien aus den gepaarten Gallensäuren frei gemacht wird, also im Darmtraktus, den Faeces, spurenweise im ikterischen Harn und in der Galle. Gepaart siehe Glykocholsäure und Taurocholsäure.

Darstellung: Nach Bondi und Müller[1]: 5 kg Rindergalle werden möglichst frisch mit 1 kg 30 proz. NaOH 30 Stunden am Rückfluß gekocht, dann mit 5 l Wasser versetzt und bei 50° mit HCl völlig ausgefällt. Die teigige Fällung wird mit Wasser öfter durchgeknetet, um HCl zu entfernen, und abgepreßt. Auf dem Wasserbade erstarrt sie zu einem pulverisierbaren Kuchen. Er wird zerkleinert und in 4 l verdünntem Ammoniak gelöst, eine halbe Stunde mit Tierkohle gekocht, filtriert und mit $BaCl_2$-Lösung und 1 l Alkohol versetzt, wieder filtriert und auf 1 l Lösung 4 l Wasser hinzugefügt. HCl fällt nun die Säure in fast farblosen Krystallen, die aus möglichst wenig heißem abs. Alkohol umkrystallisiert bei 194° schmelzen. Nachdem zur weiteren Reinigung nochmals mit 10 proz. NaOH 4 Stunden gekocht ist, fällt HCl jetzt eine reine Säure vom Schmelzp. 198°, nach anderen 197°.

Nach Langheld[2]: Die auf dem Wasserbade getrockneten Rohsäuren (siehe oben) werden ohne Barytfällung mit zwei Gewichtsteilen Alkohol angerührt. Die ungelöste Cholsäure wird zweimal aus Alkohol umkrystallisiert. Die vereinigten Mutterlaugen werden mit überschüssiger, in möglichst wenig Wasser gelöster NaOH versetzt und die Reaktionsmasse 1—2 Stunden auf dem Wasserbade erwärmt. Dabei scheidet sich cholsaures Natrium fast quantitativ (nach Langheld) in kleinen weißen Nadeln ab, die heiß abgesogen und mit viel siedendem Alkohol gewaschen werden. Die daraus in Freiheit gesetzte Säure wird getrocknet und in 2 T. Alkohol gelöst, woraus sie mit dem Schmelzp. 196—197° krystallisiert.

Nach Letsche[3] aus Glykocholsäure: Je 50 g der nach Hüfner gewonnenen Glykocholsäure werden mit 200 g $Ba(OH)_2$ in 5 l Wasser 20 Stunden gekocht. Nach Verdünnung auf 30 l wird mit HCl gefällt, in Soda gelöst, nochmals gefällt und wie oben aus Alkohol abs. umkrystallisiert.

Physikalische und chemische Eigenschaften: Die Säure krystallisiert aus Alkohol mit 1 Mol. Alkohol, der bei 120—130° entweicht, in Tetraedern, aus wasserhaltigem Äther oder verdünnter Essigsäure in rhombischen Tafeln oder Prismen mit 1 Mol. H_2O, das erst über 120° nur schwer entweicht[4]. Schmelzp. 198°, nach andern 196°. Wasser löst kalt 1 : 4000, heiß 1 : 750, kalter 70 proz. Alkohol 1 : 20 (abs. Alkohol verestert in der Wärme), Äther 1 : 27[5]. Gut löslich in Aceton und Eisessig, der bei Einwirkung in der Wärme langsam acetyliert. $[\alpha]_D + 37,0$ (wasserfreie Substanz in Alkohol [Vahlen])[6]. Pregl fand $+ 35,1$. Verbrennungswärme: 1 g = 8,1 Cal.[7]. Geschmack: süßlich-bitter. Einbasische Säure, zwei primäre und eine sekundäre Alkoholgruppe enthaltend, also auflösbar in

$$C_{20}H_{31}\begin{cases} COOH \\ CH_2OH \\ CH_2OH \\ CHOH \end{cases}$$

[1] Bondi u. Müller, Zeitschr. f. physiol. Chemie **47**, 501 [1906]. — Ältere Darstellungsweisen: Mylius, Zeitschr. f. physiol. Chemie **12**, 262 [1888]. — Lassar Cohn, Zeitschr. f. physiol. Chemie **19**, 563 [1894]. — Pregl, Monatshefte f. Chemie **24**, 32 [1903].

[2] Langheld, Berichte d. Deutsch. chem. Gesellschaft **41**, 380 [1908].

[3] Letsche, Zeitschr. f. physiol. Chemie **61**, 219 [1909].

[4] Mylius, Berichte d. Deutsch. chem. Gesellschaft **19**, 369, 2000 [1886]; **20**, 603, 1968 [1887].

[5] Strecker, Annalen d. Chemie u. Pharmazie **67**, 5 [1848].

[6] Vahlen, Zeitschr. f. physiol. Chemie **21**, 265 [1895].

[7] Pregl, Zeitschr. f. physiol. Chemie **45**, 175 [1905].

Nach Curtius steht kein Hydroxyl in α-Stellung zur Carboxylgruppe[1]). $C_{20}H_{31}$ enthält vermutlich mehrere hydrierte Ringe[2]). Addiert kein Brom, entfärbt kein $KMnO_4$ (nach Baeyer)[3]). Trotzdem möchte Letsche[4]) eine Doppelbindung annehmen, ebenso Langheld[5]). Beim Erhitzen allein oder mit wasserentziehenden Mitteln oder Säuren auf höhere Temperaturen bilden sich amorphe Anhydride, die beim Kochen mit Alkalien teilweise Cholsäure zurückbilden (Choloidinsäure, Dyslysine usw.). CO_2-Abspaltung gelingt bei trocknem Erhitzen nicht. Es wird nur Wasser abgespalten. Über 300° entweicht ein grün fluorescierendes Öl, das nicht mit Wasserdampf flüchtig ist und keine Reaktion nach Pettenkofer gibt: $C_{48}H_{66}O_3$ (?)[6]). Die Kalischmelze liefert Essigsäure, Propionsäure neben amorphen Produkten[7]). Mit Chromsäure, Brom, Permanganat oder Salpetersäure entstehen als krystallinische wohldefinierte Oxydationsprodukte: Dehydrocholsäure, Biliansäure, Isobiliansäure, Ciliansäure, Choloidansäure (Cholecamphersäure), α-Methylglutarsäure, Bernsteinsäure, Oxalsäure und eine Säure $C_{19}H_{28}O_{10}$. Senkowski[8]) will Phthalsäureanhydrid erhalten haben[9]). Zahlreiche amorphe Oxydationsprodukte sind beschrieben. Nitrierungen sind mit HNO_3 bei Cholsäure nie beobachtet worden. Bei Reduktionsversuchen mit IH erhielten Senkowski[8]) und Pregl[10]) amorphe Produkte, die sie für die hydroxylfreie Muttersubstanz der Cholsäure halten: Cholylsäure $C_{24}H_{40}O_2$. Fäulnisreduktion führt nach Mylius[11]) zu Desoxycholsäure[12]). Aus dem Azid der Cholsäure läßt sich über das Urethan das Cholamin $C_{23}H_{39}O_3 \cdot NH_2$, aber kein Aldehyd bilden. Danach kann das sekundäre Hydroxyl nicht in α-Stellung zur Carboxylgruppe stehen[13]). Mit konz. H_2SO_4 und Eisessig entsteht amorphes Dehydrocholon $C_{24}H_{28}O$(?).

Ausführliche konstitutionelle Betrachtungen über Cholsäure und ihre Oxydationsprodukte s. bei Pregl[14]).

In konz. H_2SO_4 löst sich Cholsäure (und viele Derivate) mit gelbroter Farbe, die bald eine charakteristische grüne Fluorescenz zeigt (Fluorescenzprobe).

Pettenkofers Reaktion: Eine wässerige cholsäurehaltige Lösung gibt mit wenig Rohrzucker bei vorsichtigem Zusatz von konz. H_2SO_4 unter Kühlung allmählich eine Rotfärbung (Furfurolbildung?). Nach Drechsel kann man statt H_2SO_4 besser konz. H_3PO_4 bei Wasserbadtemperatur verwenden, ohne Verkohlung des Rohrzuckers fürchten zu müssen[15]), die leicht stört. Die mit Alkohol verdünnte Lösung zeigt je einen Absorptionsstreifen vor E und F. Empfindlich noch für 0,05 mg, aber ohne spektroskopische Kontrolle nicht eindeutig. Wird auch von vielen Abbauprodukten gegeben. Nimmt man nach Guérin statt Rohrzucker Furfurol, so entsteht eine mehr blaue Färbung[16]).

Mylius' Jodreaktion: Wird eine 5proz. alkoholische Lösung (0,02 g in 0,5 ccm Alkohol) in die Kälte mit 2 T. $\frac{n}{10}$ Jodlösung versetzt und das Gemisch langsam mit Wasser verdünnt, so erstarrt die Flüssigkeit plötzlich zu einem Brei mikroskopischer Nadeln, die im durchfallenden Licht intensiv blau erscheinen. Jodadditionsprodukt. Die blaue Farbe verschwindet beim Erwärmen, wie bei der Stärkereaktion[17]). Charakteristische Reaktion, zur Unterscheidung von allen anderen Gallensäuren und Derivaten geeignet.

---

[1]) Curtius, Berichte d. Deutsch. chem. Gesellschaft **39**, 1389 [1906].
[2]) Pregl, Zeitschr. f. physiol. Chemie **45**, 166 [1905]. — Panzer, Zeitschr. f. physiol. Chemie **60**, 376 [1909] u. a.
[3]) Landsteiner, Zeitschr. f. physiol. Chemie **19**, 286 [1894].
[4]) Letsche, Zeitschr. f. physiol. Chemie **61**, 217 [1909].
[5]) Langheld, Berichte d. Deutsch. chem. Gesellschaft **41**, 1024 [1908].
[6]) Schotten, Zeitschr. f. physiol. Chemie **10**, 175 [1886].
[7]) v. Gorup-Besanez, Annalen d. Chemie u. Pharmazie **157**, 285 [1871].
[8]) Senkowski, Monatshefte f. Chemie **17**, 1 [1896].
[9]) Pregl, Monatshefte f. Chemie **24**, 65 [1903] u. Bulnheim, Zeitschr. f. physiol. Chemie **25**, 304 [1898] isolieren nur Oxalsäure, kein Phthalsäureanhydrid, dessen Darstellbarkeit sie deshalb anzweifeln.
[10]) Pregl, Archiv f. d. ges. Physiol. **71**, 303 [1898].
[11]) Mylius, Berichte d. Deutsch. chem. Gesellschaft **19**, 369 [1886]; vgl. aber Fußnote 12.
[12]) Ekbom, Zeitschr. f. physiol. Chemie **50**, 101 [1906].
[13]) Curtius, Berichte d. Deutsch. chem. Gesellschaft **39**, 1389 [1906].
[14]) Pregl, Zeitschr. f. physiol. Chemie **65**, 167 [1910].
[15]) Drechsel, Journ. f. prakt. Chemie **24**, 44 [1881].
[16]) Guérin, Journ. de Pharm. et de Chim. **28**, 54 [1908].
[17]) Mylius, Zeitschr. f. physiol. Chemie **11**, 306 [1887].

Hammarstens Salzsäurereaktion[1]): Wird feingepulverte Cholsäure in 25 proz. HCl bei Zimmertemperatur eingetragen, so tritt eine schöne Violettblaufärbung auf, die erst langsam in Grün und Gelb übergeht. Die blaue Lösung zeigt ein Absorptionsband um die D-Linie herum.

Salze:[2]) Sämtlich löslich in Alkohol. Alkalisalze krystallisieren aus Alkohol bei Ätherzusatz, aus Wasser fallen sie leicht ölig. Sind aussalzbar. Das $Na\cdot$-Salz fällt aus der verdünnten Lösung in 10 proz. NaOH in der Hitze leicht aus, um sich in der Kälte wieder zu lösen[3]). $[\alpha]_D$ Kalisalz in wässeriger 3 proz. Lösung $+ 27,0 — 27,6$. $Na\cdot$-Salz 4%: $+ 27,6$[4]), steigt mit abnehmender Konzentration. $Ba\cdot\cdot$-Salz: Seidenglänzende Nadeln, wird von CO_2 in wässeriger Lösung teilweise, in Alkohol fast vollständig zerlegt. Wasser löst kalt $1:30$, heiß $1:23$. $Ca\cdot\cdot$: schwerer löslich als das Ba-Salz. $Pb\cdot\cdot$: krystallisiert aus Alkohol. $Ag\cdot$: schwer löslich in Wasser, gut löslich in Alkohol. Mit Halogenwasserstoff entstehen Additionsprodukte: HCl liefert in Eisessiglösung eingeleitet ein Hydrochlorat in feinen Nadeln, die an der Luft zerfließen und mit Wasser schnell zerfallen.

Äthylester:[5]) Die Säure wird in abs. Alkohol mit trocknem HCl behandelt und in kalte, dünne Sodalösung gegossen. Nach 24 Stunden hat sich der Ester zu 94% in verfilzten Nadeln abgeschieden. Umkrystallisieren aus Essigester Schmelzp. 162°. Kleine Mengen entstehen schon beim Kochen mit abs. Alkohol. In Wasser, Äther, Ligroin schwer, in Alkohol, Chloroform, Benzol leicht löslich.

Acetylderivate (Mono-, Di- und Tri-) entstehen durch Eisessig bei Anwesenheit von HCl (Monoacetylcholsäure krystallinisch)[6]), oder beim Stehen mit Essigsäureanhydrid: Diacetylcholsäure, amorph, Ba-Salz unlöslich in Wasser[7]), vielleicht auch das Triacetylderivat.

Hydrazid.[5]) Ester wird mit Hydrazin und abs. Alkohol zwei Tage am Rückfluß erhitzt, die entstandene Masse mit Alkohol gewaschen und getrocknet. Umkrystallisieren aus heißem Wasser. Schmelzp. 188—189°.

Azid.[5]) Hydrazid wird in $\dfrac{n}{10}$ HCl gelöst und mit $NaNO_2$-Lösung versetzt. Der Niederschlag wird abgesaugt und ausgewaschen. Er ist undeutlich krystallinisch. Zersetzungsp. 73°. Wird noch feucht zur Synthese der gepaarten Gallensäuren verwandt.

Amid.[8]) Mit alkoholischem Ammoniak bei 250° im Rohr. Krystallisiert $+ 3 H_2O$, in denen es bei 130—140° schmilzt. Trocken Schmelzp. 228°.

Nachweis: Durch Fluorescenz- und Pettenkofersche Reaktion als Gallensäure überhaupt, als Cholsäure durch die Myliussche Jodreaktion. Nachweis von Gallensäuren im Harn nach Straßburg[9]).

Choleinsäure.

Mol.-Gewicht 392,30.

Zusammensetzung: 73,41% C, 10,27% H, 16,32% O.

$$C_{24}H_{40}O_4.$$

$$C_{21}H_{33}\!\!<\!\!\begin{array}{l}CH_2OH\\CH_2OH\\COOH\end{array}$$

Vorkommen: In freiem Zustande nicht gefunden. Mit Glykokoll oder Taurin gepaart in der Rinder-[10]) und Menschengalle[11]); auch in der Eisbärengalle[12]) gefunden.

---

[1]) Hammarsten, Zeitschr. f. physiol. Chemie **61**, 495 [1909].

[2]) Strecker, Annalen d. Chemie u. Pharmazie **67**, 1 [1848].

[3]) Ekbom, Zeitschr. f. physiol. Chemie **50**, 101 [1906]. — Langheld, Berichte d. Deutsch. chem. Gesellschaft **41**, 380 [1908].

[4]) Vahlen, Zeitschr. f. physiol. Chemie **21**, 265 [1895].

[5]) Bondi u. Müller, Zeitschr. f. physiol. Chemie **47**, 501 [1906].

[6]) Ekbom, Zeitschr. f. physiol. Chemie **50**, 101 [1906].

[7]) Mylius, Berichte d. Deutsch. chem. Gesellschaft **19**, 2000 [1886].

[8]) Mylius, Berichte d. Deutsch. chem. Gesellschaft **20**, 1976 [1887].

[9]) Straßburg, Archiv f. d. ges. Physiol. **4**, 461 [1871].

[10]) Latschinoff, Berichte d. Deutsch. chem. Gesellschaft **18**, 3039 [1885].

[11]) Lassar Cohn, Die Säuren der Rinder- und Menschengalle. Hamburg 1898; vgl. Zeitschr. f. physiol. Chemie **17**, 607 [1893].

[12]) Hammarsten, Zeitschr. f. physiol. Chemie **36**, 555 [1902].

Darstellung: Zur Gewinnung der Cholsäure wird die mit Alkali zerkochte Rindergalle nach Zusatz von Alkohol mit $BaCl_2$ ausgefällt. In diesem Barytniederschlag findet sich die Choleinsäure neben Fettsäuren (und Desoxycholsäure). Er wird mit Na_2CO_3 gekocht, filtriert, eingedampft und mit 90 proz. Alkohol extrahiert, wieder eingedampft und die Fettsäuren fraktioniert mit Bariumacetat ausgefällt. Aus dem Filtrat fällt Salzsäure Choleinsäure (und Desoxycholsäure), die aus Eisessig umkrystallisiert werden (Lassar-Cohn). Nach dieser Methode wird ein Gemisch von Choleinsäure und der isomeren Desoxycholsäure gewonnen, das zu Zwecken intensiver Oxydation direkt verwandt werden kann, da hierbei beide die gleichen Oxydationsprodukte liefern[1]). Da sie vielfach als identisch angesehen sind, so gilt manche Literaturangabe statt für Choleinsäure für Desoxycholsäure oder ein Gemisch beider. Über Trennung und Reindarstellung vgl. Desoxycholsäure (Langheld)[2]).

Physikalische und chemische Eigenschaften: Choleinsäure krystallisiert aus Eisessig oder Aceton oder Äther mit 1 Mol. Lösungsmittel, aus Wasser mit $1^1/_2$ Mol. H_2O, aus heißem, abs. Alkohol ohne solchen in flachen Nadeln vom Schmelzp. 185—186°, nach anderen 186 bis 190°. Schmelzpunkt variiert sehr, je nach dem Lösungsmittel. Aus Eisessig Schmelzpunkt 145—150—186°, aus Äther, Alkohol bei 125°, getrocknet 170—171°[3]). Löslich in Wasser 1:22 000, in abs. Alkohol 1:14, kaltem Aceton 1:46, abs. Äther 1:750. $[\alpha]_D$ in 6 proz. alkoholischer Lösung $+56,4$[4]), nach Vahlen[5]) in 2,5 proz. alkoholischer Lösung $+48,8$ mit Verdünnung steigend, nach Langheld[2]) in 5 proz. alkoholischer Lösung $+47,97$, nach Pregl[6]) $+48,47°$ (c $= 0,54$).

Pettenkofersche Reaktion positiv, Jodreaktion nach Mylius negativ. Liefert bei der Oxydation mit CrO_3, $KMnO_4$ oder HNO_3 Dehydrocholeinsäure, Cholansäure, Isocholansäure, sowie nach Pregl[6]) gemeinschaftlich mit der Cholsäure und der Desoxycholsäure Choloidansäure und die Säure von Letsche $C_{19}H_{28}O_{10}$, aber keines der höheren Oxydationsprodukte der Cholsäure. Über angebliche andere Beziehungen der Oxydationsprodukte der Chol- und Choleinsäure s. Latschinoff[7]) und Tappeiner[8]).

Von den **Salzen** krystallisiert das Barytsalz aus Alkohol in radiären Nadelbüscheln, löslich in Wasser (20°) 1:1200. In abs. Alkohol ist es — krystallwasserfrei — fast unlöslich. Dagegen ziemlich löslich in verdünntem Alkohol. Es wird durch viel Bariumcholat in Lösung gehalten (Trennung!)[9]).

Äthylester: Schmelzp. 71°[10]).

Desoxycholsäure.

Mol.-Gewicht 392,30.

Zusammensetzung: 73,41% C, 10,27% H, 16,32% O.

$$C_{24}H_{40}O_4.$$

$$C_{21}H_{33}{<}{{CH_2OH \atop CH_2OH} \atop COOH}$$

Desoxycholsäure ist ein Isomeres der Choleinsäure, die bei kräftiger Oxydation die gleichen Oxydationsprodukte liefert. Beide Säuren wurden von Latschinoff[11]) und Lassar Cohn[12]) für identisch, von Mylius[13]) und Vahlen für verschieden erklärt. Andere Autoren

[1]) Pregl, Monatshefte f. Chemie **24**, 29 [1903]; vgl. indessen Pregl, Fußnote 14.
[2]) Langheld, Berichte d. Deutsch. chem. Gesellschaft **41**, 378 [1908].
[3]) Gullbring, Zeitschr. f. physiol. Chemie **45**, 455 1903]; s. auch Fußnote 10.
[4]) Latschinoff, Berichte d. Deutsch. chem. Gesellschaft **19**, 1140 [1886].
[5]) Vahlen, Zeitschr. f. physiol. Chemie **21**, 253 [1895]; **23**, 99 [1896].
[6]) Pregl, Zeitschr. f. physiol. Chemie **65**, 157 [1910].
[7]) Latschinoff, Berichte d. Deutsch. chem. Gesellschaft **13**, 1052 [1880].
[8]) Tappeiner, Annalen d. Chemie u. Pharmazie **194**, 216 [1878].
[9]) Mylius, Berichte d. Deutsch. chem. Gesellschaft **20**, 1970 [1887].
[10]) Latschinoff, Berichte d. Deutsch. chem. Gesellschaft **18**, 3041 [1885].
[11]) Latschinoff, Berichte d. Deutsch. chem. Gesellschaft **20**, 1043 [1887].
[12]) Lassar Cohn, Die Säuren der Rinder- und Menschengalle. Hamburg 1898; vgl. Zeitschr. f. physiol. Chemie **17**, 607 [1893].
[13]) Mylius, Berichte d. Deutsch. chem. Gesellschaft **19**, 2000 [1886]; **20**, 683, 1968 [1887]; Zeitschr. f. physiol. Chemie **12**, 262 [1888].

wie **Hammarsten** äußern sich unentschieden. Neuerdings haben **Langheld**[1]) und **Pregl**[2])
die Verschiedenheit beider bewiesen und **Pregl**[2]) konnte zeigen, daß auch die durch vor-
sichtige Oxydation gewonnenen Dehydrosäuren beider verschieden sind. **Langheld** stellt
folgende Unterschiede gegenüber[1]):

	Desoxycholsäure	Choleinsäure
Schmelzp. mit Krystalleisessig	145°	150—186°
„ ohne „	172°	187—188°
Löslichkeit in Alkohol (und anderen Solvenzien)	groß	geringer
$[\alpha]_D$ in Alkohol cet. par.	+53,28	+47,97
„ „ „ „ „ nach **Pregl**	+51,86	+48,47

Nebeneinander aus der gleichen (Sommer-) Galle gewinnt **Langheld** beide folgender-
maßen:

Darstellung: Die vereinigten alkalischen Mutterlaugen seiner Cholsäuredarstellung (s. d.)
werden stark abgekühlt und scheiden so die Hauptmenge der Seifen als Gallerte ab. Aus dem
Filtrat werden die Gallensäuren ausgefällt, verestert und mit Ligroin ausgekocht. Die darin
unlöslichen Ester werden mit alkoholischer NaOH verseift, wobei sich noch etwas cholsaures
Natrium abscheidet. Die regenerierten Restsäuren werden scharf getrocknet und mit Benzol,
dann mit Äther ausgekocht. Der Rückstand wird in Alkohol gelöst, zur Trockne verdampft
und aus wenig Essigester krystallisiert. Nach einigen Tagen hat sich ein Gemisch von Desoxycholsäure und Choleinsäure abgeschieden. Es wird so lange aus der sechsfachen Menge Eisessig umkrystallisirt, als Krystallabscheidung eintritt. Diese besteht aus Desoxycholsäure
und wird aus Essigester und Aceton umkrystallisiert. Der in Lösung gebliebene Teil kann
leicht in 3 Teilen abs. Alkohol gelöst werden, aus dem dann Choleinsäure vom Schmelzpunkt
187—188° krystallisiert. Umkrystallisieren aus abs. Alkohol. Da die Mengenverhältnisse
beider Säuren in Winter- und Sommergallen vielfach recht verschieden gefunden werden,
so bedarf das Verfahren für Wintergalle vermutlich einiger Modifikationen.

Physikalische und chemische Eigenschaften: Desoxycholsäure und Choleinsäure sind
bisher vielfach gar nicht oder nicht streng geschieden gewesen; wo Cholein-, wo Desoxycholsäure vorlag, läßt sich oft nicht mehr feststellen. Eine schärfere Präzisierung der Unterschiede
würde fortan ein besseres Auseinanderhalten ermöglichen. Die bisher festgestellten Eigenschaften ergeben sich aus denen der Choleinsäure und obiger Gegenüberstellung. Nach **Mylius**
unterscheiden sich auch die Bariumsalze[3]). Desoxycholsäure ist nach **Mylius**[4]) auch als
Fäulnisreduktionsprodukt der Cholsäure zu erhalten.

Mit reiner Substanz konnte **Ekbom**[5]) eine solche Umwandlung nicht beobachten.

Fellinsäure.

$$C_{23}H_{40}O_4 \ (?).$$

Vorkommen: Nach **Schotten**[6]) und **Lassar Cohn**[7]) ausschließlich in der verseiften
Menschengalle, dort in einzelnen Fällen vielleicht in größerer Menge als Cholsäure. Andere
Beobachter[8]) konnten sie nicht auffinden, so daß weitere Erfahrungen erwünscht erscheinen.

Darstellung:[7]) Menschengalle wird mit 6proz. KOH 24 Stunden gekocht, mit CO_2
gesättigt, abgedampft und die Pottaschelösung dreimal mit Alkohol ausgeschüttelt. Die alkoholische Lösung wird mit 4 T. Wasser versetzt und mit 10proz. $BaCl_2$-Lösung ausgefällt,
dann mit Salzsäure niedergeschlagen. Die Fällung in Eisessig gelöst scheidet bei Verwendung
von $1\frac{1}{2}$ l Galle 3,5 g Krystalle ab. Umkrystallisieren aus Aceton und Petroläther.

Physikalische und chemische Eigenschaften: Krystallisiert aus Eisessig in Prismen vom
Schmelzp. 169° [**Schotten**[6]) amorph 120°]. Unlöslich in Wasser, leicht in Alkohol und Aceton,

[1]) **Langheld**, Berichte d. Deutsch. chem. Gesellschaft **41**, 378 [1908].
[2]) **Pregl**, Zeitschr. f. physiol. Chemie **65**, 157 [1910].
[3]) **Mylius**, Berichte d. Deutsch. chem. Gesellschaft **20**, 1969 [1887].
[4]) **Mylius**, Berichte d. Deutsch. chem. Gesellschaft **19**, 373 [1886].
[5]) **Ekbom**, Zeitschr. f. physiol. Chemie **50**, 101 [1906].
[6]) **Schotten**, Zeitschr. f. physiol. Chemie **10**, 175 [1886]; **11**, 268 [1887].
[7]) **Lassar Cohn**, Habilitationsschrift. Hamburg 1898, S. 74; Zeitschr. f. physiol. Chemie
19, 563 [1894].
[8]) **Örum**, Skand. Archiv f. Physiol. **16**, 273 [1905].

ziemlich löslich in Äther und Benzol, unlöslich in Petroläther. Pettenkofersche Reaktion positiv, aber der mehr bläuliche Ton verschwindet bei Wasserzusatz. Dreht rechts. Nach Lassar Cohn geschmacklos, nach Schotten bitter. Beim Reiben stark elektrisch. Bedarf näherer Untersuchung. — Einbasische Säure.

Salze: Bariumsalz $+ 4\,H_2O$, schwer löslich in Wasser und abs. Alkohol, löslich in verdünntem Alkohol, aus dem es durch Wasser gefällt wird. Magnesiumsalz $+ 2\frac{1}{2}\,H_2O$, in Wasser fast unlöslich, löslich in Alkohol: platte, rechtwinklige Prismen.

Hyocholsäuren.

$$C_{25}H_{40}O_4(C_{24}H_{40}O_4\,(?).$$

Vorkommen: In der Schweinegalle mit Glykokoll und in kleiner Menge auch mit Taurin verbunden (Streckers Hyocholin- und Hyocholeinsäure).

Darstellung: Die Darstellung bedarf neuer Bearbeitung. Die bisher gewonnenen Substanzen waren größtenteils amorph und bieten nicht genügende Garantie für Einheitlichkeit. Vermutlich wird die Anwendung der für die Rindergalle inzwischen (seit 1889) verbesserten Methoden auch bei der Schweinegalle bessere Erfolge bieten. Die komplizierten Details der bisherigen Darstellungsart siehe bei Jolin[1]), Gundelach[2]) und Strecker[3]).

Physikalische und chemische Eigenschaften: Ungenügend und meist für amorphes Material beschrieben. Existiert in zwei Formen: α- und β-Hyocholsäure.

α-Hyocholsäure $C_{25}H_{40}O_4$. Krystallisiert nur schwierig aus Äther in weißen, rundlichen Krystallen, aus Alkohol bei Äther- und Wasserzusatz in sechsseitigen Tafeln. Leicht löslich in Alkohol, weniger in Äther, schwer in Wasser. Pettenkofersche und Fluorescenzreaktion positiv.

Salze aussalzbar; fallen mit Ca··- und Ba··-Salzen sowie mit den Schwermetallen.

β-Hyocholsäure $C_{24}H_{40}O_4$ (?). Unterscheidet sich von der α-Säure durch die größere Löslichkeit des Natronsalzes in Alkohol und in Neutralsalzlösungen und durch seine Krystallisierbarkeit aus Alkohol in großen dünnen Tafeln, sowie durch andere spezifische Drehung. Sie bildet die größere Menge der Hyocholsäuren. Gute physikalische Details fehlen.

Chenocholsäuren.

Taurochenocholsäure[4])[5]) ist eine in der Gänsegalle vorkommende gepaarte Säure, die nach Art der Plattnerschen Galle als krystallisiertes Alkalisalz aus der alkoholischen Gallenlösung mit Äther gewonnen worden ist. Frei konnte sie nicht in reinem Zustande isoliert werden. Sie fällt mit Ca··, Mg··, Ba··, Ag· und Pb·· und liefert bei der Spaltung Taurin und Chenocholsäure.

Chenocholsäure ist eine bei der Spaltung der Gänsegalle mit Alkalien gefundene, noch ungenügend charakterisierte Gallensäure von der Zusammensetzung $C_{27}H_{44}O_4$ (?) oder $C_{27}H_{42}O_4$ (?). Sie ist einmal von Heintz und Wislicenus krystallinisch erhalten worden. Auch ihr Barytsalz krystallisiert und ist schwer löslich in Wasser. Das Kaliumsalz ist schwer löslich in überschüssiger Kalilauge. Pettenkofersche Reaktion positiv.

Ursocholeinsäure.

Aus verseifter Eisbärengalle hat Hammarsten[6]) neben Chol- und Choleinsäure eine amorphe Säure isoliert, deren Barytsalz in harten, feinnadeligen Kugeln krystallisiert und in amorphem Zustand Analysenwerte lieferte, die nicht zwischen $C_{18}H_{28}O_4$ und $C_{19}H_{30}O_4$ entscheiden ließen. Das Barytsalz löst sich etwas besser in Wasser (1 : 800), als das der Choleinsäure (ca. 1 : 1100). Auch Schmelzpunkt und spezifische Drehung unterscheiden die freien, sonst einander ähnlichen Säuren. Frei krystallisierte die Säure nicht. Sie löst sich leicht in

[1]) Jolin, Zeitschr. f. physiol. Chemie **13**, 205 [1889].
[2]) Gundelach u. Strecker, Annalen d. Chemie u. Pharmazie **62**, 205 [1847].
[3]) Strecker, Annalen d. Chemie u. Pharmazie **70**, 188 [1849].
[4]) Heintz u. Wislicenus, Poggendorfs Annalen d. Physik u. Chemie **108**, 559 [1859].
[5]) R. Otto, Zeitschr. f. Chemie **1868**, 635.
[6]) Hammarsten, Zeitschr. f. physiol. Chemie **36**, 537 [1902].

Alkohol, Äther, Aceton und Chloroform, fast nicht in Wasser und Benzol. Schmelzp. 100—101°. $[\alpha]_D$ in 6,8 proz. alkoholischer Lösung $+22,34°$. Der Geschmack ist widerlich bitter. Pettenkofersche und Fluorescenzreaktion sind positiv.

Scymnolschwefelsäuren und Scymnole.

In der verseiften Galle vom Haifisch (Scymnus) und vielleicht auch des Rochen (Raja) kommen Substanzen vor, die sich in Zusammensetzung, Farbenreaktionen u. a. wie Gallensäuren verhalten, aber nach der Spaltung keine Säuren darstellen und in der frischen Galle nicht mit Taurin oder Glykokoll, sondern mit Schwefelsäure esterartig verbunden waren. Sie vertreten nach Hammarsten[1] vielleicht das Cholesterin, das in der Haigalle fehlt. Zwei von ihnen konnte Hammarsten[1] näher charakterisieren, er nennt sie α-Scymnol und β-Scymnol. Ersteres überwiegt an Menge. In Form der gepaarten Ätherschwefelsäuren krystallisierte ihm nur das Natrium- und Bariumsalz der α-Scymnolschwefelsäure, beide als sandige Pulver von radiär gestreiften Kügelchen aus Krystallnadeln. Die freien Säuren konnten nicht rein dargestellt werden.

Das Natriumsalz der α-**Scymnolschwefelsäure** ist farblos, löslich in Wasser und Alkohol, unlöslich in Äther und Benzol, neutral, fällt nicht mit Säuren oder Metallsalzen, außer Eisenchlorid und Bleiessig. Ein Zusatz von mehr als 20% KOH fällt es aus wässeriger Lösung aus. Bei der Spaltung mit Alkali zerfällt es in Schwefelsäure und α-Scymnol, das bei der Spaltung mit Säure analog den Gallensäuren Dyslysine bildet.

Das α-**Scymnol** krystallisiert aus heißem Wasser in feinen Nadeln, schwer löslich in kaltem, leichter in heißem Wasser oder Chloroform, leicht in Alkohol, Äther, Aceton und Eisessig, schwer in Benzol. Unlöslich in Säuren und Alkalien. Schmelzp. 100—101° unzersetzt, erst bei 135° beginnt eine Zersetzung. Pettenkofer- und Fluorescenz-Reaktion positiv. In wenig Alkohol gelöst gibt es, wie seine gepaarte Muttersubstanz mit 25 proz. Salzsäure bei Zimmertemperatur eine prachtvoll indigoblaue Färbung. Ferner gibt es die Liebermannsche Cholesterinreaktion mit Chloroform, Essigsäureanhydrid und Schwefelsäure (ohne den grünen Ton), sowie die von Schiff mit Eisenchlorid und Salzsäure, nicht aber die von Salkowski mit Chloroform und Schwefelsäure allein. Durch Elementaranalyse konnte eine Entscheidung zwischen $C_{27}H_{40}O_5$ und $C_{32}H_{54}O_6$ auch mit Hilfe des Natriumsalzes der gepaarten Säure nicht herbeigeführt werden.

Das β-**Scymnol** verhält sich sehr ähnlich. Die Trennung erfolgt auf Grund seiner Löslichkeit in 20 proz. KOH. Es blieb amorph, war nicht sicher rein und entspricht vielleicht der Formel $C_{29}H_{50}O_5$, könnte also ein Homologes des α-Scymnols sein. Die Salzsäurereaktion ist mehr grün bis braungrün.

Guanogallensäure.

Aus dem Peruguano lassen sich mit Wasser lösliche Salze von Gallensäuren ausziehen[2], die mit Säure fallen und die Pettenkofersche sowie die Fluorescenzreaktion liefern. Natrium- und Bariumsalz lösen sich wie die freie Säure in Alkohol. Es sind nur amorphe, unreine Substanzen erhalten worden.

Lithofellinsäure.

Mol.-Gewicht 340,27.

Zusammensetzung: 70,53% C, 10,66% H, 18,81% O.

$$C_{20}H_{36}O_4.$$

Vorkommen: Als Hauptbestandteil der Bezoarsteine, die im Intestinum der Bezoarziege, Lama, Vicuna u. a. gefunden werden.

Darstellung:[3] Der Stein wird in Methylalkohol gelöst und durch Zusatz von Petroläther gefällt (ev. gleich zur Krystallisation gebracht), in Alkali gelöst und mit Bariumchlorid zur Beseitigung der Lithobilinsäure versetzt, das Filtrat mit Salzsäure gefällt und aus Alkohol umkrystallisiert.

---

[1] Hammarsten, Zeitschr. f. physiol. Chemie **24**, 322 [1898].
[2] Hoppe-Seyler, Virchows Archiv **26**, 525 [1863].
[3] Jünger u. Klages, Berichte d. Deutsch. chem. Gesellschaft **28**, 3045 [1895]; hier Literatur.

Physikalische und chemische Eigenschaften: Krystallisiert aus verdünntem Alkohol mit 1 H_2O (Wöhler)[1]. Schmelzp. 199° unkorr., nach Roster 205° (korr.)[2]. Leicht löslich in Alkohol, schwer in Äther, fast unlöslich in Wasser. Pettenkofersche Reaktion positiv. $[\alpha]_D = +13{,}76°$. Bildet beim Kochen mit Salzsäure in Alkohol ein Lacton in Form eines farblosen Öls, das bei 245—248° unter 16 mm Druck unzersetzt destilliert[3]. Bei mehrstündigem Kochen mit Bariumhydroxyd in Alkohol entsteht eine Säure $C_{18}H_{30}O_3$, die in perlmutterglänzenden Schuppen aus verdünntem Alkohol krystallisiert, bei 152° schmilzt und ungesättigt ist: sie addiert Brom und entfärbt $KMnO_4$ nach Baeyer. Jünger und Klages[3] diskutieren die (unkontrollierte) Möglichkeit einer Abspaltung von — H und — OC_2H_5 unter Bildung der Doppelbildung. Die ungesättigte Säure gibt die Pettenkofersche Reaktion mit fleischroter Farbe; auch sie kann ein Lacton bilden.

    Salze: Die Alkalisalze krystallisieren schwer. Sie sind aussalzbar durch Neutralsalz sowie überschüssige Lauge. Das Bariumsalz krystallisiert aus heißem Wasser in Nadeln.

Lithobilinsäure.

Kommt neben der Lithofellinsäure in Bezoaren vor[4]. Sie wird von ihr durch Ausfällung des schwerlöslichen lithobilinsauren Bariums getrennt. Sie dreht etwas stärker rechts als Lithofellinsäure, verhält sich sonst ähnlich. Schmelzp. 199° (korr.). Die Zusammensetzung ist nicht sicher genug festgestellt. Roster gibt ihr die Formel $C_{30}H_{58}O_6$.

III. Oxydationsprodukte der Gallensäuren.

der **Cholsäure**		der **Cholein-** bzw. **Desoxycholsäure**	
$C_{24}H_{40}O_5$ Cholsäure		$C_{24}H_{40}O_4$ Choleinsäure	
	Schmelzp. 196—198°		Schmelzp. 187—188°
		und Desoxycholsäure	
			Schmelzp. 172—173°
$C_{24}H_{36}O_5$ Reduktodehydrocholsäure	Schmelzp. 188°	—	
$C_{24}H_{34}O_5$ Dehydrocholsäure		$C_{24}H_{36}O_4$ Dehydrocholeinsäure	
	Schmelzp. 239°		Schmelzp. 178°
		Dehydro-Desoxycholsäure	
			Schmelzp. 186°
$C_{24}H_{34}O_8$ Biliansäure		$C_{24}H_{36}O_7$ Cholansäure	
	Schmelzp. 274—275°		Schmelzp. 294—295°
$C_{24}H_{34}O_8$ Isobiliansäure		$C_{24}H_{36}O_7$ Isocholansäure	
	Schmelzp. 244—245°		Schmelzp. 247—248°
$C_{20}H_{28}O_8$ Ciliansäure		—	
	Schmelzp. 240—242°		
$C_{19}H_{28}O_{10}$ Letschesche Säure		$C_{19}H_{28}O_{10}$ Letschesche Säure (?)	
	Schmelzp. 226°		Schmelzp. 226°
$C_{18}H_{28}O_8$ Choloidansäure		$C_{18}H_{28}O_8$ Choloidansäure	
	Schmelzp. 324°		Schmelzp. 324°
$C_{15}H_{20}O_4$ Brenzcholoidansäure		$C_{15}H_{20}O_4$ Brenzcholoidansäure	
	Schmelzp. 217°		Schmelzp. 217°
$C_{14}H_{22}O_6$ (?) Cholecamphersäure		—	
	Schmelzp. 286° (300°)		
$C_{12}H_{16}O_7$ (?) Cholesterinsäure		—	
	Schmelzp. ?		
$C_6H_{10}O_4$ α-Methylglutarsäure		—	
	Schmelzp. 77°		
Bernsteinsäure, Oxalsäure		—	

[1] Wöhler, Annalen d. Chemie u. Pharmazie **41**, 150 [1842].
[2] Giorgio Roster, Gazzetta chimica ital. **9**, 364, 462 [1879].
[3] Jünger u. Klages, Berichte d. Deutsch. chem. Gesellschaft **28**, 3045 [1895]; hier Literatur.
[4] Giorgio Roster, Gazzetta chimica ital. **9**, 462 [1879].

a) *Oxydationsprodukte der Cholsäure.*

Dehydrocholsäure.

Mol.-Gewicht 402,26.

Zusammensetzung: 71,64% C, 8,45% H, 19,91% O.

$$C_{24}H_{34}O_5.$$

Vorkommen: Alle nachstehend beschriebenen oxydativen Abbauprodukte der Gallensäuren sind nie physiologisch beobachtet, sondern ausschließlich in vitro gewonnen worden.

Darstellung: Cholsäure wird in 10 T. Eisessig gelöst und mit Chromsäure[1] (nach Latschinoff 0,9 T.)[2] in Eisessig 1 : 10 portionenweise versetzt, so daß die Temperatur 50° nicht übersteigt. Mischt man das Reaktionsgemisch nach dem Abkühlen mit mehreren Teilen Wasser, so scheidet sich Dehydrocholsäure in Nadeln ab. Reinigung durch Lösen in Soda und Fällen mit Essigsäure. Umkrystallisieren aus heißem Alkohol, Wasser oder Benzol. Ausbeute 60—70%.

Physikalische und chemische Eigenschaften: Krystallisiert aus heißem Wasser in feinen mikroskopischen Nadeln vom Schmelzp. 239°[3]. In kaltem Wasser schwer löslich, in warmem Alkohol leicht, in kaltem schwerer, in Äther sehr schwer. Krystallisiert aus Benzol $+ \frac{1}{2} C_6H_6$, das bei 100° entweicht. Dreht rechts. Schmeckt intensiv bitter, ohne süßen Nebengeschmack. Ist eine sehr schwache Säure, die in Ammoniak gelöst beim Eindampfen wieder als freie Säure auskrystallisiert[4]. Pettenkofersche Reaktion mit Rohrzucker und Schwefelsäure negativ, Fluorescenzprobe positiv. Gibt nach Campani[5] mit Soda und Diazobenzol einen roten Farbstoff, der mit Säure ausfällt. Cholsäure und Biliansäure geben diese Reaktion nicht. Brom wird nicht addiert, wohl aber substituiert[6]. Enthält an Stelle der drei Alkoholgruppen der Cholsäure drei Carbonylgruppen, von denen zwei Aldehydgruppen sind, die bei der Oxydation Carboxyle liefern: Biliansäure. Bei der Reduktion mit Natriumamalgam entstehen unbekannte krystallinische Produkte[1], bei der elektrolytischen Reduktion Reduktodehydrocholsäure $+ 2 H$[7].

Derivate: Salze: $K^{\cdot}$-, $Na^{\cdot}$-, $Ca^{\cdot\cdot}$-, $Ba^{\cdot\cdot\cdot}$-, $Cu^{\cdot\cdot}$-, $Pb^{\cdot\cdot}$-Salz, leicht krystallinisch erhältlich. Alkalisalze sind leicht aussalzbar. $Ba^{\cdot\cdot\cdot}$- und $Ca^{\cdot\cdot\cdot}$-Salze sind in heißem Wasser schwerer löslich als in kaltem. $Cu^{\cdot\cdot\cdot}$-Salz in vierseitigen Säulen, sehr schwer löslich. NH_4-Salz schwer löslich.

Ester: Entstehen schon beim Kochen mit Alkohol. Äthylester Schmelzp. 221°[8].

Trioxim. Farblose, mikroskopische Tafeln, unlöslich in Wasser und Äther, schwer löslich in Alkohol. Zersetzungsp. 270° unter Bräunung[9].

Mit Phenylhydrazin entsteht nicht direkt ein krystallisierbares Produkt, wohl aber bildet eine krystallinische Phenylmercaptanverbindung vom Schmelzp. 220° ein Dihydrazon in farblosen Nadeln vom Zersetzungsp. 210 bis 220°: $C_{23}H_{33}COOH(N_2HC_6H_5)_2(SC_6H_5)_2$[10].

Monobromdehydrocholsäure bildet sich bei der Einwirkung von Brom in Eisessig in zwei isomeren Formen vom Schmelzp. 171—173° bzw. 160—163°. Sie läßt sich unter Entwicklung von HBr leicht weiter bromieren[6]. Gegen Alkali sehr unbeständig.

Mit PCl_5 lassen sich nach Lassar-Cohn[4] krystallisierte Produkte mit einem und zwei Chloratomen gewinnen.

Reduktodehydrocholsäure.

Mol.-Gewicht 404,27.

Zusammensetzung: 71,24% C, 8,97% H, 19,79% O.

$$C_{24}H_{36}O_5.$$

Darstellung: Man läßt auf Dehydrocholsäure in 1 proz. Lösung an einer Bleikathode $1\frac{1}{2}$ Stunden einen Strom von 1,2 Ampere und 4 Volt einwirken. Das Reduktionsprodukt wird mit HCl gefällt, getrocknet und aus heißem Benzol umkrystallisiert[7].

---

[1] Hammarsten, Berichte d. Deutsch. chem. Gesellschaft **14**, 71 [1881].

[2] Latschinoff, Berichte d. Deutsch. chem. Gesellschaft **18**, 3043 [1885].

[3] Lassar-Cohn, Berichte d. Deutsch. chem. Gesellschaft **25**, 804 [1892].

[4] Lassar-Cohn, Die Säuren der Rinder- und Menschengalle. Hamburg 1898.

[5] Campani, Gazzetta chimica ital. **18**, 88 [1888].

[6] Landsteiner, Zeitschr. f. physiol. Chemie **19**, 286 [1894].

[7] Schenk, Zeitschr. f. physiol. Chemie **63**, 308 [1909].

[8] Lassar-Cohn, Berichte d. Deutsch. chem. Gesellschaft **25**, 805 [1892].

[9] Mylius, Berichte d. Deutsch. chem. Gesellschaft **19**, 2005 [1886].

[10] Mylius, Berichte d. Deutsch. chem. Gesellschaft **20**, 1980 [1887].

Physikalische und chemische Eigenschaften: Feine Nadeln vom Schmelzp. 188°, nicht ganz scharf; leicht löslich in Alkohol und Aceton. Liefert ein Dioxim in feinen Nadeln vom Zersetzungsp. 254—256°.

Biliansäure.

Mol.-Gewicht 450,26.

Zusammensetzung: 63,96% C, 7,61% H, 28,43% O.

$$C_{24}H_{34}O_8.$$

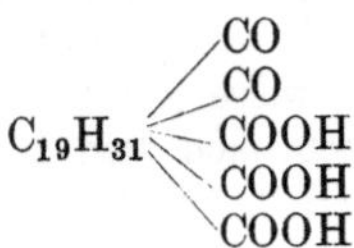

Darstellung:[1]) 100 g krystallalkoholfreie Cholsäure werden in NH_3 gelöst, mit Wasser auf 8 l aufgefüllt und mit 100 g $KMnO_4$ in 700 g Wasser in kleinen Portionen versetzt, nach 24 Stunden noch einmal mit der gleichen Menge. Nach weiteren 24 Stunden ist fast Entfärbung eingetreten; es wird mit $NaHSO_3$ versetzt, bis Zusatz von SO_4H_2 völlig entfärbt, dann mit Schwefelsäure gefällt. Die feuchte Fällung wird in kalt gesättigtem Barytwasser gelöst, gekocht — wobei isobiliansaures Barium ausfällt — und heiß filtriert. Im Filtrat fällt HCl Biliansäure, die noch feucht in kochendem Alkohol gelöst wird. Zusatz von Wasser bis zur Trübung führt beim Stehen in der Kälte krystallinische Abscheidung herbei. Ausbeute ca. 44%[2]), nach Pregl[3]) bis zu 80%. Entsteht auch aus Dehydrocholsäure. Man kann sich die Reinigung des Ausgangsmaterials auch sparen und direkt die rohe Cholsäure verarbeiten, die noch Choleinsäure enthält. Dann entsteht zugleich Cholansäure, deren Trennung leicht gelingt[4]).

Physikalische und chemische Eigenschaften:[5]) Krystallisiert aus verdünntem Alkohol in rhombischen Prismen + 2 H_2O, das bei 100° im Vakuum entweicht. Schmelzp. 274—275°. In kaltem Wasser sehr wenig, in heißem besser, in Alkohol ziemlich leicht löslich, ebenso in Äther, Eisessig und Essigester, in Ligroin fast unlöslich. $[\alpha]_D$ +48,0 in 3proz. alkoholischer Lösung (Pregl); nach Bulnheim[6]) +76° in 0,3proz. alkoholischer Lösung. Geschmack nicht mehr bitter. Fluorescenzprobe positiv, Pettenkofer negativ. Die Säure ist dreibasisch und enthält zwei Ketongruppen. Läßt sich mit Zink und Eisessig nicht reduzieren, auch kein Übergang zum entsprechenden Choleinsäurederivat Cholansäure[7]) finden. Mit $KMnO_4$ entsteht Ciliansäure $C_{20}H_{28}O_8$.

Von **Salzen** krystallisieren die sauren K·-, Mg··- und Ba··-Salze.

Derivate: Diphenylhydrazon $C_{24}H_{34}O_6(N_2HC_6H_5)_2$, Schmelzp. 262°.

Dioxim $C_{24}H_{34}O_6(NOH)_2$, bräunt sich bei 270° und verkohlt bei 300°.

Dichlormonodesoxybiliansäure[2]) $C_{24}H_{34}O_7Cl_2$ vom Schmelzp. 249—250° entsteht bei der Einwirkung von PCl_5 in Chloroform. Krystallisierte dreibasische Säure.

Ester: Diäthylester, schwer löslich in Äther, Schmelzp. 192—193°.

Trimethylester, Schmelzp. 126—127°.

Isobiliansäure.

Mol.-Gewicht 450,26.

Zusammensetzung: 63,96% C, 7,61% H, 28,43% O.

$$C_{24}H_{34}O_8.$$

Darstellung:[7]) Die in kaltem Wasser schwer löslichen Barytfällungen der Biliansäuredarstellung (s. d.) werden mit Soda auf dem Wasserbade erwärmt und das Filtrat mit HCl ausgefällt, der Niederschlag nochmals mit überschüssigem Baryt ausgekocht und aus dem heiß abfiltrierten Filterrückstand die Säure über das Natriumsalz regeneriert. Aus der Lösung

[1]) Pregl, Monatshefte f. Chemie **24**, 45 [1903].
[2]) Lassar - Cohn, Berichte d. Deutsch. chem. Gesellschaft **32**, 684 [1899].
[3]) Pregl, Archiv f. d. ges. Physiol. **72**, 270 [1898].
[4]) Pregl, Monatshefte f. Chemie **24**, 47 [1903].
[5]) Clève, Bulletin de la Soc. chim. **35**, 373, 429 [1881].
[6]) Bulnheim, Zeitschr. f. physiol. Chemie **25**, 307 [1898].
[7]) Pregl, Monatshefte f. Chemie **24**, 53 [1903].

in heißem Alkohol krystallisiert die Säure nach Zusatz von wenig Wasser. Ausbeute 7—8% der Rohbiliansäure.

Physikalische und chemische Eigenschaften: Krystallisiert aus verdünntem Alkohol + 1 H_2O in Prismen und Tafeln, die außerordentlich stark doppelbrechen. Schmelzp. 244 bis 245°. Schwer löslich in Wasser, leichter in Äther, leicht in Alkohol. $[\alpha]_D$ in 2,5 proz. alkoholischer Lösung + 67,3 bis + 67,7°. Dreibasische Säure, der Biliansäure isomer.

Salze: Monokaliumsalz aus heißem Wasser in rhombischen Blättchen.

Ester: Neutraler Methylester aus Alkohol in Nadeln vom Schmelzp. 98° [1]).

Dioxim und Diphenylhydrazon verhalten sich in allen Eigenschaften genau wie die analogen Derivate der Biliansäure (Pregl).

Dehydrocholon.

$$C_{24}H_{28}O \text{ oder } C_{23}H_{28}O.$$

Darstellung: [2]) 2 T. trockner Cholsäure werden in 5 T. Eisessig und mit 1 T. konz. H_2SO_4 $^5/_4$ Stunden gekocht, die Lösung in viel Wasser gegossen. Nach Zusatz von $^1/_4$ Vol. konz. Natriumchloridlösung wird die Fällung abgesogen und in Äther gelöst, der Äther erst mit viel Wasser, dann so oft mit sehr verdünnter NaOH geschüttelt, als noch Säurefällbares aufgenommen wird. Der Ätherrückstand wird in wenig Alkohol gelöst, mit Petroläther versetzt und oft mit Wasser geschüttelt. Der Petrolätherrückstand wird aus der alkoholischen Lösung mit Wasser und NaCl amorph gefällt.

Physikalische und chemische Eigenschaften: Amorph, leicht löslich in Äther, Alkohol, Benzol, Chloroform, Petroläther, Eisessig; unlöslich in Wasser, Alkalien und Säuren. Schmelzp. 90 bis 100°. In Alkohol löst es sich mit strohgelber Farbe, in ganz verdünnten Lösungen in konz. H_2SO_4 gelblichrötlich mit prachtvoll grüner Fluorescenz. Mit konz. Salpetersäure wird es schon in der Kälte oxydiert und nitriert (Dinitrocarbonsäure?). Das physikalische Verhalten in Molekularrefraktion und Moleculardispersion sprechen für das Vorhandensein vieler Doppelbindungen (Benzolderivat?). Ist nach Pregl die Muttersubstanz des Körpers, der die Fluorescenzreaktion der Cholsäure gibt.

Cholamin.

Mol.-Gewicht 379,32.

Zusammensetzung: 72,76% C, 10,89% H, 12,65% O, 3,70% N.

$$C_{23}H_{41}O_3N.$$

Darstellung: [3]) 33 g Cholsäureazid werden mit 400 ccm abs. Alkohol gekocht, das Gemisch im Vakuum eingedunstet und das gebildete Urethan roh mit 150 g Ätzkalk verrieben. Wird es nun in kleinen Portionen über der Flamme erhitzt, so sammelt sich im Hals der Retorte das Amin als harte bernsteinähnliche Masse. Umkrystallisieren aus Essigester. Ausbeute 11 g roh.

Physikalische und chemische Eigenschaften: Aus Essigester in feinen Nadeln, die in Wasser schwer, in verdünnter Salzsäure ziemlich schwer löslich, in Ligroin unlöslich, in Äther, Alkohol, Benzol und Essigester leicht löslich sind.

Salzsaures Cholamin. Amorph, äußerst bitter, fällt mit Basenfällungsmitteln, wie $HgCl_2$, $PtCl_4$, $Fe(CN)_6K_4$, Pikrinsäure usw.

Ciliansäure.

Mol.-Gewicht 396,21.

Zusammensetzung: 60,57% C, 7,12% H, 32,31% O.

$$C_{20}H_{28}O_8.$$

(Nach Lassar Cohn [4]) $C_{20}H_{30}O_{10}$ oder $C_{20}H_{28}O_9$.)

Darstellung: [5]) 5 g Biliansäure werden in 40 ccm 12 proz. NaOH gelöst, 10 g $KMnO_4$ in 250 ccm Wasser hinzugegeben und bis zur Entfärbung stark gekocht. Nach dem Erkalten

[1]) Latschinoff, Berichte d. Deutsch. chem. Gesellschaft **19**, 1531 [1886].

[2]) Pregl, Zeitschr. f. physiol. Chemie **45**, 166 [1905].

[3]) Curtius, Berichte d. Deutsch. chem. Gesellschaft **39**, 1390 [1906].

[4]) Lassar-Cohn, Berichte d. Deutsch. chem. Gesellschaft **32**, 684 [1899].

[5]) Pregl, Monatshefte f. Chemie **24**, 57 [1903].

wird $NaHSO_3$ und H_2SO_4 zugesetzt. Dann scheidet sich aus der stark natriumsulfathaltigen Lösung die Säure in spitzen Platten binnen 24 Stunden ab (Pregl erhielt feine Nadeln). Umkrystallisieren aus Alkohol und Wasser. Ausbeute 85% der Biliansäure.

Physikalische und chemische Eigenschaften: Krystallisiert aus verdünntem Alkohol in Platten mit Krystallwasser, das im Vakuum entweicht, aber an der Luft schnell wieder aufgenommen wird. Schmelzp. 240—242°. $[\alpha]_D = +91,67°$ in 1,8 proz. alkoholischer Lösung. Dreibasische Säure, die sehr beständig gegen Oxydationsmittel ist.

Trimethylester. Schmelzp. 127°. Aus dem Silbersalz mit Jodmethyl in Äther bei 70° im Rohr[1]).

Säure.

Mol.-Gewicht 416,21.
Zusammensetzung: 54,78% C, 6,77% H, 38,45% O.

$$C_{19}H_{28}O_{10}.$$

Darstellung:[2]) 20 g Cholsäure werden in 120 ccm einer Mischung gleicher Volumteile konz. H_2SO_4 und konz. HNO_3 (1,38) in kleinen Portionen so eingetragen, daß die Temperatur 70° nicht übersteigt. Tritt beim Umschütteln nur noch ein schwaches Aufschäumen ein, so erwärmt man auf dem Wasserbad, bis kein Gas mehr entweicht, stellt dann in Eis und fällt mit 50 ccm Eiswasser. Absaugen und auf Ton über SO_4H_2 trocknen. Die Fällung wird mit Äther erschöpft, bis dieser auch heiß farblos bleibt, dann im Minimum heißen Wassers gelöst, aus dem ca. 5 g hyaliner Kügelchen krystallisieren. Umkrystallisieren aus verdünnter Essigsäure (1,04), dann aus Wasser. Nach Pregl[3]) läßt sich die Säure auch aus Cholein- und Desoxycholsäure gewinnen.

Physikalische und chemische Eigenschaften: Aus verdünnter Essigsäure feine Prismen mit abgeschrägten Enden, aus Wasser in tetraedrischen Gebilden mit gebogenen Kanten. Zersetzungsp. 226°. In heißem Wasser und Alkohol leicht, in kaltem viel schwerer löslich. In Aceton, Chloroform, Schwefelkohlenstoff, Äther, Ligroin unlöslich. Addiert kein Brom und entfärbt in Soda gelöst kein Permanganat. $[\alpha]_D$ in 1,1 proz. alkoholischer Lösung $= +12,3$. Spaltet bei 250° 2 Mol. CO_2 ab. Fünfbasische Säure.

Salze: Alkali und Erdalkalisalze leicht löslich. Schwermetallsalze unlöslich. Die Lösung der Säure in Barytwasser trübt sich beim Kochen.

Ester: Diäthylester. Schmelzp. 195—196°. Dreibasisch. Bei der Verseifung entsteht eine krystallinische Doppelverbindung von Säure und Monoester.

Choloidansäure (Cholecamphersäure).

Mol.-Gewicht 372,2.
Zusammensetzung: 58,03% C, 7,58% H, 34,39% O.

$$C_{18}H_{28}O_8.$$

[Vermutlich identisch mit Latschinoffs[4]) Cholecamphersäure $C_{10}H_{16}O_4$ und mit Panzers[5]) Cholecamphersäure $C_{14}H_{22}O_6$.]

Darstellung:[6]) Krystallalkoholfreie Cholsäure (135 g) wird portionenweise in konz. Salpetersäure vom spez. Gew. 1,400 (700 ccm) eingetragen und 5 Stunden auf dem siedenden Wasserbade oxydiert. Dabei trübt sich die weingelbe Lösung, die Trübung nimmt beim Abkühlen und nach Zusatz von 300 ccm Wasser zu und setzt sich nach 12 stündigem Stehen im Eisschrank als weißer Niederschlag ab (roh 7 g). Er wird gewaschen, wiederholt aus Eisessig umkrystallisiert und mit Äther gewaschen (Ausbeute 4 g). Auch aus Biliansäure erhalten worden.

Physikalische und chemische Eigenschaften: Bei raschem Erhitzen tritt bei 320° Verfärbung, bei 324° Zersetzung und Braunfärbung ein. $[\alpha]_D$ in Alkohol (c = 1,177) $+35,3°$.

---

[1]) Pregl, Monatshefte f. Chemie **24**, 62 [1903].
[2]) Letsche, Zeitschr. f. physiol. Chemie **61**, 218 [1909].
[3]) Pregl, Zeitschr. f. physiol. Chemie **65**, 167 [1910].
[4]) Latschinoff, Berichte d. Deutsch. chem. Gesellschaft **12**, 1518 [1879]; **13**, 1052 [1880].
[5]) Panzer, Zeitschr. f. physiol. Chemie **48**, 192 [1906].
[6]) Pregl, Zeitschr. f. physiol. Chemie **65**, 163 [1910].

Weitere Angaben über physikalische Eigenschaften stehen aus. Vierbasische Säure. Liefert beim Erhitzen über den Schmelzpunkt zwei sehr interessante Brenzcholoidansäuren vom Schmelzp. 217° und 267°, die nach Pregl Benzolderivate darstellen. Sie bedürfen nach seinen Angaben noch näherer Untersuchung.

Ester: Diäthylester, umkrystallisiert aus verdünnter Essigsäure. Schmelzp. 247—248°.

Cholesterinsäure (?)

$$C_{12}H_{16}O_7 \ (?)$$

nennt Tappeiner [1]) (vgl. auch Redtenbacher [2]) und Schlieper [3]) eine krystallisierte Säure, die nach Herkunft (unreines Ausgangsmaterial) und Zusammensetzung recht problematisch erscheint. Sie konnte seither unter den Oxydationsprodukten der Cholsäure nicht mehr aufgefunden werden, z. B. nicht von Latschinoff [4]) und Bulnheim [5]). Aus Cholesterin soll einmal eine ähnliche, nicht krystallinische Substanz erhalten sein (?), daher der Name (Redtenbacher).

Darstellung: [1]) 50 g Cholsäure werden mit 200 g K_2CrO_4, 300 g Schwefelsäure und 800 g Wasser auf dem Wasserbade erwärmt. Filtriert man von den festen Oxydationsprodukten ab, so krystallisiert aus dem wässerigen Filtrat beim Abkühlen Cholesterinsäure in kugeligen Nadeldrüsen. Umkrystallisieren aus Äther.

Physikalische und chemische Eigenschaften: Sehr lückenhaft beschrieben. Heißes Wasser löst erheblich besser als kaltes, Alkohol gut, Äther ziemlich gut. Nicht flüchtig mit Wasserdämpfen. Über Schmelzpunkt fehlt eine Angabe. Pettenkofersche Probe negativ. Spaltet beim Kochen mit 25 proz. H_2SO_4 oder über 100° CO_2 ab, unter Bildung einer amorphen „Brenzcholesterinsäure". Ist dreibasisch. Salze schwer löslich in Alkohol, sämtlich amorph, außer Ag-Salz.

Kohlenwasserstoff.

Mol.-Gewicht 148,13.

Zusammensetzung: 89,12% C, 10,88% H.

$$C_{11}H_{16}.$$

Darstellung: [6]) Cholecamphersäure wird mit 6 T. Natronkalk im Vakuum destilliert. Dabei entweicht H_2O und Wasserstoff (?) und bei 220—230° destilliert der Kohlenwasserstoff, nach abermaligem Destillieren in einer Ausbeute von 14%.

Physikalische und chemische Eigenschaften: Siedep. 227°. Gelbes Öl, das grünlich fluoresciert, leichter als Wasser; riecht etwa wie Petroleum oder Xylol. Gibt mit Brom in Chloroform cholesterinartige Farbenreaktionen. Addiert kein Brom. Ist nach Panzer ein homologes Benzol.

Rhizocholsäure.

Als Rhizocholsäure haben Schrötter und Mitarbeiter [7]) eine Benzolpentacarbonsäure beschrieben, die bei der Behandlung mit konz. Schwefelsäure und Salpetersäure aus Cholsäure (sowie aus Cholesterin) gewonnen werden kann. Da diese Säure unter gleichen Bedingungen aus Holzkohle und vielen anderen organischen Substanzen dargestellt werden kann, wird sie schwerlich als primäres Spaltungsprodukt erweisbar sein, also für die Konstitutionsbestimmung der Cholsäure kaum Wert besitzen können [8]).

Benzol- und Hydrobenzolderivate

glaubt Panzer [9]) in größerer Zahl durch Salpetersäureoxydation (s. α-Methylglutarsäure) aus Cholsäure erhalten zu haben. Dieselben sind indessen entweder amorph und nicht genügend sichergestellt, oder in ihrer Herkunft aus der Cholsäure nicht über jeden Zweifel erhaben (Benzoesäure-

---

[1]) Tappeiner, Annalen d. Chemie u. Pharmazie **194**, 216 [1878].
[2]) Redtenbacher, Annalen d. Chemie u. Pharmazie **57**, 145 [1846].
[3]) Schlieper, Annalen d. Chemie u. Pharmazie **58**, 375 [1846].
[4]) Latschinoff, Berichte d. Deutsch. chem. Gesellschaft **12**, 1518 [1879].
[5]) Bulnheim, Zeitschr. f. physiol. Chemie **25**, 315 [1898].
[6]) Panzer, Zeitschr. f. physiol. Chemie **48**, 192 [1906].
[7]) Schrötter, Monatshefte f. Chemie **29**, 245, 395 [1908].
[8]) Schrötter, Monatshefte f. Chemie **29**, 749 [1908].
[9]) Panzer, Zeitschr. f. physiol. Chemie **60**, 376 [1909].

anhydrid?). Paroxybenzaldehyd scheint am besten charakterisiert. Gegen die im Zusammenhange mit ihnen aufgestellte Konstitutionsformel[1]) für die Cholsäure sprechen sowohl zwingende alte, wie von Panzer selbst neu aufgefundene Tatsachen (Methylgruppe seiner Methylglutarsäure?).

α-Methylglutarsäure.

Mol.-Gewicht 146,08.
Zusammensetzung: 49,29% C, 6,91% H, 43,80% O.

$$C_6H_{10}O_4 : \begin{array}{c} CH_3—CH—COOH \\ | \\ CH_2—CH_2—COOH \end{array}$$

Darstellung:[2]) Cholsäure wird mit 5 T. Salpetersäure (1,4) 3 Tage gekocht, abgedampft, in heißem Wasser gelöst, mit Bleiessig ausgefällt und entbleit. Dann wird mit Äther erschöpfend ausgeschüttelt: aus dem gelben Sirup des Ätherrückstandes scheiden sich nach mehrtägigem Stehen Krystalle aus, die abgepreßt und aus Benzol umkrystallisiert werden.

Physikalische und chemische Eigenschaften: Kleine farblose Körnchen, in Wasser, Alkohol, Äther, Aceton, Eisessig und Chloroform leicht, kaltem Benzol schwer, Ligroin nicht löslich. Schmelzp. 77°. Optiseh inaktiv. Identisch mit der von Königs und Eppens[3]) aus Campherphoron, von Kiliani[4]) aus Saccharon gewonnenen α-Methylglutarsäure.

Bildung: Aus β-Jodpropionsäureester und Natriummethylacetessigester[5])

$$C_2H_5OOC \cdot CH_2 \cdot CH_2J + NaC \cdot COOC_2H_5$$
$$\overset{\wedge}{CH_3\ COCH_3}$$

oder aus dem Cyanhydrin der Lävulinsäure[6]).

b) Oxydationsprodukte der Choleinsäure und Desoxycholsäure.

Dehydrocholeinsäure.

Mol.-Gewicht 388,27.
Zusammensetzung: 74,16% C, 9,34% H, 16,50% O.

$$C_{24}H_{36}O_4.$$

Darstellung:[7]) Entsprechend den Angaben Hammarstens[8]) für die Darstellung der Dehydrocholsäure werden 2 g Choleinsäure in 20 g Eisessig gelöst und kubikzentimeterweise von einer Lösung von 2 g CrO$_3$ in 20 ccm Eisessig 16 ccm zufließen gelassen, so daß die Temperatur 45° nicht übersteigt. Das Reaktionsgemisch wird in 400 ccm Wasser gegossen, am Wasserbad zur krystallinischen Abscheidung gebracht und kalt abgesaugt. Es wird in wässerigem Ammoniak gelöst, filtriert und mit Salzsäure gefällt. Umkrystallisieren aus heißem Alkohol und Wasser (s. auch Latschinoff[9]), der 60—70% Ausbeute angibt).

Physikalische und chemische Eigenschaften: Krystallisiert aus verdünntem Alkohol in sechseckigen, fettglänzenden Tafeln ohne Krystallwasser. In Alkohol und Wasser etwas weniger löslich als das entsprechende Cholsäurederivat. Schmelzp. 178° (Pregl). $[\alpha]_D = +66{,}76°$ (c = 6,786). Liefert bei der Oxydation z. B. mit CrO$_3$ Cholansäure. Einbasische Säure.

Salze: Alkalisalze gut löslich, fallen mit BaCl$_2$. Barytsalz schwer löslich in Wasser, krystallisiert in feinen Krystalldrusen.

---

[1]) Panzer, Zeitschr. f. physiol. Chemie **60**, 407 [1909].
[2]) Panzer, Zeitschr. f. physiol. Chemie **60**, 378 [1909].
[3]) Königs u. Eppens, Berichte d. Deutsch. chem. Gesellschaft **25**, 260 [1892].
[4]) Kiliani, Annalen d. Chemie u. Pharmazie **218**, 369 [1883].
[5]) Wislicenus u. Limpach, Annalen d. Chemie u. Pharmazie **192**, 134 [1878].
[6]) Krekeler, Berichte d. Deutsch. chem. Gesellschaft **19**, 3266 [1886].
[7]) Pregl, Zeitschr. f. physiol. Chemie **65**, 159 [1910].
[8]) Hammarsten, Berichte d. Deutsch. chem. Gesellschaft **14**, 71 [1881].
[9]) Latschinoff, Berichte d. Deutsch. chem. Gesellschaft **18**, 3045 [1885]; **20**, 1043 [1887].

Dehydrodesoxycholsäure.

Mol.-Gewicht 388,27.
Zusammensetzung: 74,1% C, 9,34% H, 16,50% O.

$$C_{24}H_{36}O_4.$$

Darstellung: Genau nach den obigen Angaben für Dehydrocholeinsäure. [Pregl, S. 328, Anm. [7])].

Physikalische und chemische Eigenschaften: Schmelzp. 186°. $[\alpha]_D = +94{,}40°$ (c = 6,8505). Weitere Angaben stehen aus.

Cholansäure.

Mol.-Gewicht 436,27.
Zusammensetzung: 66,01% C, 8,31% H, 25,68% O.

$$C_{24}H_{36}O_7.$$

Darstellung: Nach Pregl [1]) am einfachsten aus den zerkochten rohen Gallensäuren, deren Gehalt an Desoxycholsäure erst durch Fäulnis der Galle angereichert wird. Das Gemisch wird genau wie bei der Biliansäure angegeben mit $KMnO_4$ oxydiert, das Reaktionsprodukt mit H_2SO_4 gefällt. Es wird in überschüssigem kalten Barytwasser gelöst, so von den Fettsäuren getrennt, aufgekocht und siedend heiß filtriert, wodurch Isobilian- und Isocholansäure abgeschieden werden. Das Filtrat wird ausgefällt, die Fällung noch feucht mit wenig Alkohol angerieben und einige Tage in der Kälte stehen gelassen. Das Ungelöste wird in viel heißem Alkohol gelöst und mit wenig Wasser versetzt. Dabei fällt Cholansäure, während die Hauptmenge Biliansäure in Lösung bleibt. Umkrystallisieren aus Alkohol und Wasser. So läßt sich die mühevolle Reindarstellung des Ausgangsmaterials (Choleinsäure), aus der natürlich die Cholansäure viel einfacher dargestellt werden kann, umgehen.

Physikalische und chemische Eigenschaften: Krystallisiert aus verdünntem Alkohol in feinen Nadeln vom Schmelzp. 294—295° (nach Latschinoff 286°)[2]). Löslich in Wasser 1 : 10 700, in Äther 1 : 3700, Alkohol ca. 1 : 39, sehr verschieden nach Konzentration. $[\alpha]_D + 53°$. Pettenkofersche Probe negativ. Tappeiner berechnet $C_{20}H_{28}O_6$. Wird durch Salpetersäure (1,20) auch in der Hitze nicht angegriffen. Vermag nach Bulnheim [3]) ein Molekül Phenylhydrazin zu addieren. Dreibasische Säure.

Salze: Barytsalz in kaltem Wasser leichter löslich als in heißem. CO_2 fällt aus der kalt gesättigten Lösung ein saures Salz. Saures Kaliumsalz schwer löslich.

Ester: Monomethyl: Schmelzp. 207°   Monoäthylester: Schmelzp. 188—190°
      Dimethyl: „   174—176°   Diäthyl: „   130—131°
      Trimethyl: „   121°   Triäthyl: „   75—76°

Über angebliche Beziehungen zwischen Cholansäure und Cholecamphersäure siehe Latschinoff[4]) und Tappeiner a. a O.

Isocholansäure.

Mol.-Gewicht 436,27.
Zusammensetzung: 66,01% C, 8,31% H, 25,68% O.

$$C_{24}H_{36}O_7.$$

Darstellung:[5]) Die bei der Oxydation von Choleinsäure gewonnene Rohcholansäure enthält 7—8% Isocholansäure. In Barytwasser gelöst scheidet sie das in kaltem Wasser

---

[1]) Pregl, Monatshefte f. Chemie **24**, 49 [1903]. — Tappeiner, Annalen d. Chemie u. Pharmazie **194**, 231 [1878]. — Clève, Ofersigt af Kenigl. Vetenskap Akad. förh. **1882**, No. 4, Stockholm.

[2]) Latschinoff, Berichte d. Deutsch. chem. Gesellschaft **15**, 713 [1882].

[3]) Bulnheim, Zeitschr. f. physiol. Chemie **25**, 315 [1898].

[4]) Latschinoff, Berichte d. Deutsch. chem. Gesellschaft **13**, 1052 [1880].

[5]) Latschinoff, Berichte d. Deutsch. chem. Gesellschaft **19**, 1529 [1886].

schwer lösliche isocholansaure Barium ab. Es wird zur Reinigung in das saure Kaliumsalz, das neutrale Silbersalz und mit Jodmethyl in den Trimethylester übergeführt. Dieser wird verseift und die Säure gefällt. Umkrystallisiert aus schwachem Alkohol.

Physikalische und chemische Eigenschaften: Aus verdünntem Alkohol in büschelförmigen Nadeln vom Schmelzp. 247—248°. Löslichkeit in Wasser 1 : 4500, Äther 1 : 550, Alkohol 1 : 11 (20°). $[\alpha]_D + 73{,}7°$. Wird im Gegensatz zur Cholansäure durch Salpetersäure angegriffen. Dreibasische Säure.

Salze: Saures K-Salz löst sich in Wasser (17°) 1 : 300. Neutrales Barytsalz, löslich in kaltem Wasser 1 : 300, in heißem schlechter. Wird mit CO_2 nicht gefällt, zum Unterschied von Cholansäure.

Ester: Trimethylester, Schmelzp. 135—136°.

Register.

A.

Abdeckerfett 209.
Acacia oil 13.
Acajouöl 93.
Acetonlösliches Phosphatid des Herzens 239.
Acorn oil 68, 69.
Acrolein 77.
Adeps lanae 217.
— suillus 196.
Adikafett 150.
Adipocire 176.
Adjabbutter 126.
Aegiphilaöl 106.
Affenbrotbaumöl 63.
Affendornfett 150.
Afrikanische Pflanzenbutter 137.
Aguacatafett 155.
Aguin 217.
Aixeröl 96—100.
Akaschuöl 93.
Akazienöl 13.
Akee oil 131.
Akeeöl 131.
Alapurin 217.
Alkornol 308.
Alligatorbirnenöl 155.
Alligatoröl 173.
Alligator peer oil 155.
Almond oil 83—86.
Amber, weißer 233.
Ameisenöl 174.
Ameisensäure, 53, 57, 92, 97, 117, 120, 138, 202.
Amerikanisches Fischöl 155.
— Nußöl 36, 37.
Amidocerebrininsäureglykosid 258, 259, 265.
Amidocerebrinsäure 265.
Amidomyelin 241.
Amoora oil 32.
Amooraöl 32.
Ampelosterin 308.
Amygdalin 85.
Anacardienöl 94.
Anaspalin 217.
Andirobaöl 110, 111.
Angelicin 308. .
Anisöl, fettes 71.
Anisospermafett 138.
Aouaraöl 116.

Aourakernöl 145.
Apeibaöl 107.
Apfelsamenöl 86.
Apfelsinensamenöl 69.
Apomyelin 241.
Apple seed oil 86.
Apricot kernel oil 82, 83.
Aprikosenkernöl 82, 83.
Arachinsäure 40, 43, 53, 88, 92, 102, 117, 131, 132, 202.
Arachinsäurebestimmung 90.
Arachis oil 88—91.
Arachisöl 88—91.
Arcticsperm oil 216.
Argemone oil 31.
Argemoneöl 31.
Asparagus seed oil 29.
Assellinsäure 161.
Assillin 161.
Assurin 244, 253.
Atropin 34.
Auerhahnfett 193.
Avocado oil 155.
Avocatofett 155.
Avocatoöl 155.
Awara kernel oil 145.
Awara oil 116.
Azelainsäure 97.

B.

Badger fat 189.
Bagassa 96.
Balamtalg 129.
Balanophorenwachs 213.
Balanophore wax 213.
Bankulnußöl 16, 17.
Baobab oil 63.
Baobaböl 63.
Bärenfett 186.
Bärentatzenöl 113.
Bärlappöl 108.
Barley seed oil 56.
Barringtoniaöl 70.
Basiloxylonöl 101.
Bassiaöl 127.
Basswood oil 71.
Baudouinsche Reaktion 64, 65.
Baumöl 96—100.
Baumwollsaat, Ölgehalt 58.
Baumwollsamenöl 58—62.
— geblasenes 61.
Baumwollstearin 62.
Baumwollwachs 213.

Bayberry Tallow 119, 120.
Bean oil 50.
Bear fat 186.
Bechische Reaktion 61.
Becuhybafett 139.
Beech nut oil 68.
Beef marrow fat 200.
Beef tallow 177.
Beeswax 219.
Behenöl 105.
Behensäure 105.
Belladonnaöl 36.
Belladonna seed oil 36.
Bengkutalg 129.
Ben oil 105.
Benöl 105.
Benzoesäure 94.
Beraföl 47, 48.
Beurre d'Assay 73.
— de bouandjo du Congo française 137.
— de Cacao 116—119.
— de Cé 125, 126.
— de Chaulmougra 134, 135.
— de Dika 150.
— de Djavé 126.
— de Kagné 137.
— de Kanya 137.
— de Kocum 123, 124.
— de Kombo du Gabon 141.
— de Lamy 137.
— de laurier 154.
— de méné 138.
— de Mowrah 127, 128.
— de muscade 138.
— de Niam 138.
— de Njavé 126.
— d'Ochoco 140.
— d'Odyendye 137.
— d'osoko du Gabon-Congo 140.
— de Phulwara 128, 129.
— de Shée 125, 126.
— de Staudtia Kamerunensis 141.
— de vache 200.
— d'Ucu-uba 139.
— d'Yllipe 127.
Biebers Reagens 80, 81, 83, 86.
Bienenwachs 219.
— Verfälschungen 220, 221.
Bignoniaöl 67.
Biliansäure 324.

Bilsenkrautsamenöl 33.
Birnensamenöl 86, 87.
Bittermandelöl, ätherisches 85.
Blackfish Oil 168.
Black mustard oil 40, 41.
Blanc de baleine 223.
Blausäure 80, 81, 83, 85, 131, 134.
— Vorkommen in Pangiumsamen 136.
Bombycesterin 300.
Bombycesterindibromid 300.
Bombycesterylacetat 300.
Bonducnußöl 52.
Bone fat 207.
Bohnenöl 50.
Bohnensamenöl 50.
Borneotalg 122, 123.
Borneo tallow 122, 123.
Bottlenose oil 216.
Bouandjobutter 137.
Brassicasterin 306.
Brassicasterylacetat 307.
Brassicasterylacetattetrabromid 307.
Brassicasterylbenzoat 307.
Brassicasterylpropionat 307.
Braunfischtran 169.
Brauselebertran 165.
Brazil nut oil 69, 70.
Brenzcatechin 97.
Brenzcholoidonsäure 327.
Bucheckernöl 68.
Buchnußöl 68.
Büffelmilchfett 206.
Burdock oil 28, 29.
Burro di Cacao 116—119.
— di Dika 150.
— di lauro 154.
— di Mocaya 149.
— di Mowrah 127, 128.
— di noce moscata 138.
— di muriti 149.
— di noci di Souari 130.
— di vacca 200.
Bürzeldrüsenöl 217.
Butter, Darstellung 202.
— Handelsmarken 201.
Butterbaum 125.
— indischer 128.
Butterfat 200.
Butteröl 203.
Buttersäure 73, 78, 104, 112, 117, 120, 131, 161, 182, 202.
Butterschmalz 201.
Butterungsprozeß 202.
Butylamin 161.

C.

Cacaolin 147.
Cachalot oil 215.
Cachelotöl 215.
Calabafett 72.
Calabarfett 136.
Californisches Muskatöl 91.
Camel fat 186.

Cameline Oil 38, 39.
Canariöl 87.
Candelillawachs 214.
Candle fish oil 158.
— nut oil 16, 17.
Candlenußöl 16, 17.
Capochöl 62, 63.
Caprinsäure 53, 57, 102, 104, 146, 161, 182, 202.
Capronsäure 53, 102, 146, 182, 202.
Caprylsäure 53, 102, 146, 182, 202.
Carapa oil 110, 111.
Carapaöl 110, 111.
Caricaöl 106.
Carnaubawachs 209.
Carnauba Wax 209.
Carnaubon 250, 257.
Carp oil 159.
Carpatrochaöl 107.
Cashew apple oil 93.
Cassweed seed oil 107.
Castor oil 75—78.
Castoröl 75—78.
Catappaöl 109.
Caulostearin 308.
Cay-Cay-Butter 151.
Cay-Cay Fat 151.
Caŷ-doc-Baum 106.
Caŷ-doc-Öl 106.
Cearawachs 209.
Cedar nut oil 13, 14.
Cedernnußöl 13, 14.
Celosia oil 35.
Celosia-Öl 35.
Cera de Palma 210.
Cera d'api 219.
Cera di Carnauba 209.
Cerebrin 253, 258, 259, 261.
Cerebrinacide 258, 265.
Cerebrininsäure 265.
Cerebrinsäure 266.
Cerebron 258, 259, 260.
Cerebronsäure 260, 261, 262.
Cerebroside 258.
Cerebrosulfatide 253, 266.
Cerebrot 255.
Cerosilin 210.
Cerotinsäure 109, 209, 212, 219, 220.
Cerotinsäurecetyläther 210.
Cerotinsäurecerylester 222.
Ceroxylin 209, 210.
Cerumen 176.
Cerylalkohol 152, 209, 213, 218, 220.
Cetaceum 223.
Cetin 224.
Cétine 223.
Chailletiafett 120.
Chamois fat 184.
Chaulmoogra oil 134, 135.
Chaulmugraöl 134, 135.
Chaulmugrasäure 135, 136.
Chebuöl 103.

Chenocholsäuren 320.
Cherry kernel oil 80, 81.
Cherry laurel oil 81.
Chiken fat 192.
Chinese bean oil 49, 50.
Chinese vegetable wax 222.
Chinese wax 222.
Chinese wood oil 15, 16.
Chinesisches Baumwachs 222.
Chinesisches Holzöl 15, 16.
Chinesischer Talg 120, 121.
Chinesisches Talgsamenöl 18, 19.
Chinesische Tusche 16, 45.
Chinesisches Wachs 222.
Chironjiöl 130.
Chironol 308.
Chlorcholestan 280.
α-Chlordehydrocholestanon 286.
β-Chlordehydrocholestanon 286.
Cholamin 325.
Cholalsäure 315.
Cholansäure 329.
Cholecamphersäure 326.
Choleinsäure 317.
α-Cholestan 282.
β-Cholestan 281.
α-Cholestanon 282.
β-Cholestanon 280.
Cholesten 279.
Cholestenhydrochlorid 279.
α-Cholestenol 281.
β-Cholestanol 280.
Cholestenon 284.
Cholesterilen 278.
Cholesterin 37, 55, 56, 73, 93, 97, 161, 165, 170, 172, 175, 176, 177, 196, 203, 218, 268.
β-Cholesterin 273.
Cholesterin-Digitonin 274.
Cholesterin-Oxalsäure 273.
Cholesterindibromid 275.
Cholesterindichlorid 275.
Cholesterinessigsäure 273.
Cholesterinester 206.
Cholesterinhydrochlorid 275.
Cholesterinsäure 327.
Cholesterylacetat 276.
Cholesterylamin 274.
Cholesterylanilin 275.
Cholesteryläther 274.
Cholesterylbenzoat 278.
Cbolesterylbenzyläther 274.
Cholesterylchlorid 276.
Cholesteryl-elaidinsäureester 278.
Cholesterylisobutyrat 277.
Cholesterylnitrit 276.
Cholesteryloleat 277.
Cholesterylpalmitat 277.
Cholesterylphenylurethan 275.
Cholesterylpropionat 276.
Cholesterylstearat 277.
Cholestol 308.

α-Cholestylchlorid 282.
β-Cholestylchlorid 280.
Cholin 253, 257.
Choloidansäure 326.
Cholsäure 315.
Chorisiaöl 63.
Chrysalidenöl 174.
Ciliansäure 325.
Cinchol 308.
Cire des abeilles 219.
— d'arbre 222.
— de Balanophore 213.
— de Carnahuba 209.
— de Carnauba 209.
— de Gondang 211.
— d'insectes 222.
— de Japon 152.
— de lin 213.
— de Myrica 119, 120.
— d'Ocuba 212.
— de Palmier 210.
— de pisang 211.
— de Raphia 210.
Citronenkernöl 69.
Clionasterin 301.
Clionasterindibromid 302.
Clionasterylacetat 301.
Clionasterylbenzoat 301.
Clover oil 50, 51.
Clupanodonsäure 156, 167, 173.
Coccognidiiöl 35.
Cochinchina-Wachs 151.
Cocoa nut oil 146—148.
Cocoinäthyläther 147.
Cocosbutter 146—148.
Cocosfett 146—148.
Cocosmargarine 147.
Cocosnußöl 146—148.
Cocosnußolein 146.
Cocosnußstearin 146.
Cocusöl 146—148.
Cod liver oil 160.
Coffee berry oil 103.
Coffein 103.
Cohune oil 148.
Cohuneöl 148.
Comedonenfett 176.
Comou oil 73.
Comouöl 73.
Comuöl 73.
Coriandersamenöl 71, 72.
Corn oil 53, 54.
Cottonöl 58—62.
Cottonölsäure 61.
Cottonstearin 58, 62.
Coulanußöl 95.
Crane fat 193.
Croton oil 78.
Crotonharz 78.
Crotonöl 78, 79.
Crotonölsäure 78.
Cucumber seed oil 48.
Cuorin 240.
Cupreol 308.
Curcas oil 79.
Curcasöl 79.

Curcaswachs 213.
Cyclocholesterin 281.
Cyperus oil 109.

D.

Dachsfett 189.
Dames violet oil 38.
Daphneöl 35.
Dattelpflaumenöl 57.
Datura oil 34.
Daturinsäure 34.
Diamino-diphosphatide 244.
Diamino-monophosphatide 241.
Diamino-phosphatid aus Eigelb 243.
— aus Eisbärgalle 244.
— aus Muskeln 243.
— aus Niere 244.
Dehydrocholeinsäure 328.
Dehydrocholestandion 289.
Dehydrocholestandion-ol 289.
Dehydrocholestanon-diol 292.
Dehydrocholestanon-ol 285.
Dehydrocholestantriol 292.
β-Dehydrocholestantriol 293.
α-Dehydrocholestantriol-monoacetat 292.
Dehydrocholestendion 288.
Dehydrocholestendiondibromid 288.
Dehydrocholestenon-ol 287.
Dehydrocholon 325.
Dehydrocholsäure 323.
Dehydrodesoxycholeinsäure 329.
Dehydrositostandion 305.
Dehydrositostandion-ol 305.
Dehydrositostantriol 305.
Dehydrositostendion 305.
Delphin oil 168.
Delphintran 168.
Demargarinieren 58.
Desoxycholsäure 318.
Deutsches Sesamöl 38, 39.
Dhak kino tree oil 58.
Dicarbonsäure $C_{26}N_{44}O_4$ 294.
Dichlormonodesoxybiliansäure 324.
Dicköl 5.
Dierucin 43.
Dihydrocholesterin 280.
Dihydrolutidin 161.
Dihydrositosterin 304.
Dihydroxystearinsäure 75.
Dikabutter 150.
Dikafett 150.
Dika oil 150.
Dioleostearin 175.
Diricinolsäure 75.
Distelöl 28.
Divikadurööl 92.
Dodekatylalkohol 215.
Dog fat 187.
Dog wood oil 87, 88.
Döglinsäuredodekatyläther 217.

Döglingstran 216.
Dombaöl 72.
Domestic duck fat 195.
Doranaöl 108.
Dorsch 160.
Dorschlebertran 160.
Dotteröl 38, 39.
Duhuduöl 107.
Dungong Oil 170.
Dungongöl 170.

E.

Earthnut oil 88—91.
Echinops oil 28.
Echinopsöl 28.
Edelmarderfett 189.
Eicheleckernöl 68, 69.
Eichelöl 68, 69.
Eieröl 171.
Eierschwammöl 112.
Eläomargarinsäure 16.
Elchfett 183.
Elderberry oil 102.
Eleakokkaöl 15, 16.
Elefantenläuse, ostindische 94.
Elentiertalg 183.
Elk fat 183.
Engessangöl 37.
Enkabangfett 142.
Enkephalin 259, 264.
Entenwaltran 216.
Enzianöl 108.
Erdbeersamenöl 12.
Erdmandelöl 109.
Erdnußöl 88—91.
Ergosterin 112, 113, 309.
Ergosterylacetat 309.
Ergosterylbutyrat 309.
Ergosterylformiat 309.
Ergosterylpropionat 309.
Erucasäure 13, 39, 40, 43, 45, 74, 161, 165.
Essangöl 37.
Essigsäure 53, 73, 78, 94, 97, 108, 117, 131, 136, 161, 202.
Eugenol 97.
Eulachon 158.
Eulachonöl 158.
Evonymin 94.

F.

Farrenkrautöl 109.
Feigenwachs 211.
Fellinsäure 319.
Feste animalische Wachse 219 bis 224.
Feste Pflanzenfette 113—155.
Fettes Salbeiöl 37.
Feverbush seed oil 150.
Fichtensamenöl 14.
Ficoceryl 211.
Fieberbuschsamenöl 150.
Fig wax 211.
Firnisse 5.
Fischöl 157.
Fischöle 155—160.

Fischöle, weniger bekannte 160.
Fischstearin 155.
Fischtalg 155.
Flachsöl 1—10.
Flax seed oil 1—10.
Flaxwachs 213.
Flax wax 213.
Fliegenpilzöl 112.
Floricin 77.
Flüssige animalische Wachse 215—219.
Föhrensamenöl 14.
Fox fat 187.
Frauendistelöl 29.
Fuchsfett 187.
Fulwabutter 128, 129.
Fulwarabutter 128, 129.
Fungisterin 309.
Fungisterylacetat 309.
Furfurolreaktion 64.
Fußschweißfett 176.

G.

Gadoleinsäure 161, 167.
Gänsefett 194.
Gänseschmalz 194.
Galakto-Phosphatide 257.
Galambutter 125, 126.
Gallenfarbstoffe 161.
Gallensäuren 310.
Gallussäure 97.
Gambogebutter 137.
Garden cress oil 39, 40.
Garden rocket oil 38.
Gartenkressenöl 39, 40.
Gelbakazienöl 13.
Gelber indischer Raps 42.
Gekochtes Leinöl 5.
Gemsenfett 184.
Getah wax 211.
Gewürzbuschöl 150.
Gheabutter 128, 129.
Ghee 206.
Gheebutter 128, 129.
Ghibutter 128, 129.
Gingelly oil 64—67.
Glue fat 208.
Glutton fat 190.
Glyceride, gemischte 117.
Glycerinphosphorsäure 234.
Glykocholeinsäure 312.
Glykocholsäure 311.
Goabutter 123, 124.
Gondangwachs 211.
Goose fat 194.
Graisse de blaireau 189.
— de canard sauvage 195.
— de carnard 195.
— de cerf 182.
— de Chameau 186.
— de Chamois 184.
— de chien 187.
— de cheval 184.
— de chevreuil 183.
— de chung bao 11, 12.
— de coc Cryère 193.

Graisse de colle 208.
— de dindon 192.
— d'elan 183.
— d'etourneau 195.
— de glouton 190.
— de grue 193.
— de Krebao 11, 12.
— de lapin domestique 191.
— de lapin sauvage 191.
— de lièvre 190.
— de lynx 188.
— de Mafouraire 132, 133.
— de Marmotte 188.
— de martre 189.
— de moelle de boeuf 200.
— de moelle de Cheval 186.
— d'oie 194.
— d'oie sauvage 194.
— d'ours 186.
— de pigeon 192.
— de porc 196.
— de poule 192.
— de putois 189.
— de Renard 187.
— de sauglier 200.
— d'homme 174.
— d'Ucuhuba 139.
Graisses d'ovala 51.
Grasso di cavallo 184.
— di lana 217.
— di marmotta 188.
— di Medollo di bove 200.
— di Niam 138.
— d'oca 194
— d'ossa 207.
— d'uomo 174.
Grape seed oil 74.
Grease of Maripa 149.
Grignons 96.
Guanogallensäure 321.
Gurgunbalsam 15.
Gurkenkernöl 48.
Gynocard oil 10—12.
Gynocardiaöl 11.
Gynocardin 12.

H.

Haarfett 177.
Haferöl 56.
Halbtrocknende Öle 38—73.
Halphensche Reaktion 61.
Hammelfett 181.
Hammelklauenöl 171.
Hammeltalg 181.
Handschweißfett 176.
Hanföl, Vorkommen, Eigenschaften 21, 22.
Hare fat 190.
Hartriegelöl 87, 88.
Haselnußöl 94, 95.
Hasenfett 190.
Hausentenfett 195.
Hauskaninchenfett 191.
Hauskatzenfett 188.
Hazelnut oil 94.
Hederichöl 40.

Hedge mustard oil 40.
Hemp seed oil 21, 22.
Henban seed oil 33.
Hentriacontan 73, 220.
Heptacosan 220.
Heptadecyldistearin 196.
Heptadecylsäure 114.
Heringsöl 157.
Herring oil 157.
Hesperis oil 38.
Heuschreckenöl 174.
Hexylamin 161.
Hickory oil 36, 37.
Hickoryöl 36, 37.
Himbeerkernöl (Vorkommen, Eigenschaften) 12.
Hiparphosphatid 241.
Hirschtalg 182.
Hirseöl 56, 57.
Hirseölsäure 57.
Höllenöl 79.
Holunderbeerenöl 102.
Holzöl (Vorkommen, Eigenschaften) 15, 16.
Homocerebrin 253, 258, 259, 261.
Hornschichtfett 176.
Horses foot oil 171.
Horse fat 184.
Horse marrow fat 186.
Hühnerfett 192.
Huile d'abrasin 15, 16.
— d'abriestia 82, 83.
— d'acacia blanc 13.
— d'acacia faux 13.
— d'Akée 131.
— d'amande d'Aoura 145.
— d'amandes 83—86.
— d'arachide 88—91.
— d'asperges 29.
— d'Assay 73.
— d'Avocatier 155.
— d'avoine 56.
— de astanheiro 69, 70.
— blanche 29—31.
— de baobab 63.
— de baleine 166.
— de bardane 28, 29.
— de Belladonna 36.
— de Ben 105.
— de Bergen 160.
— de blé 54, 55.
— de bois 15, 16.
— de cachalot 215.
— de café 103.
— de Camantin 170.
— de cameline 38, 39.
— de Canaria 87.
— de Capok 62, 63.
— de carapa 110, 111.
— de carpe 159.
— de carthame 24, 25.
— de castanheiro 69, 70.
— de Celosia 35.
— de cerisier 80, 81.
— de Chalmogree 134, 135.

Huile de Chanore 21, 22.
— de chataignes du Bresil 69, 70.
— de chenèvis 21, 22.
— de Chirongi 130.
— de Chrysotese 159.
— de citron de mer 95, 96.
— de citrouille 47, 48.
— de Coco 146—148.
— de coing 80.
— de Colza 43—45.
— de Comou 73.
— de Cornouiller 87, 88.
— de coton 58—62.
— de Coucombre 48.
— de courge 46, 47.
— de Cresson 107.
— de cresson alénois 38, 39.
— de cresson d'Inde 107.
— de Croton 78, 79.
— de cyprin 159.
— de Datura 34.
— de dauphin 168.
— de Dika 150.
— d'elozy zégué 95.
— de Engessang 37.
— d'Esprotte 157.
— d'Essang du Gabon 37.
— d'Esturgeon 159.
— de faines 68.
— de farine de froment 55.
— de fève 50.
— de fève de Tonkin 53.
— de foie de morue 160.
— de fraises 12.
— de fruits de Kêtre 68.
— de fusain 94.
— de gaude 36.
— de gland 68, 69.
— des graines de melon 47.
— de graine de tilleul 106.
— de Gynocardia 11, 12.
— de Hareng 157.
— de Hickory 36, 37.
— de Hyperoodon 216.
— d'Illipe 127.
— d'Isano du Congo 35.
— de Jamba 46.
— de Japon 156.
— de julienne 38.
— de jusquiame 33.
— de Korung 134.
— de Lallemantia 11.
— de lauriercerise 81.
— de laurier indian 34, 35.
— de lin 1—10.
— de Loja 49, 50.
— de Lucrabran 134, 135.
— de Luffa 49.
— de Lukrabo 136.
— de Macassar 131.
— de Madia 27.
— de Madool 123, 124.
— de Mais 53, 54.
— de Margossa 32, 33.
— de Maripa 149.

Huile de marmotte 82, 83.
— de Marsouin 169.
— de melon 47.
— de Menhaden 155.
— de millet 56, 57.
— de Mocaya 149.
— de Mohamba 36.
— de moutarde blanche 41, 42.
— de moutarde noire 40, 41.
— de Mowrah 127, 128.
— de Muriti 149.
— de navette 43.
— de néou du Senegal 37.
— de nigelle 80.
— de Niger 25, 26.
— de noisette 94.
— de noix 22—24.
— de noix de Caju 93.
— de noix de California 91.
— de noix de cèdre 13, 14.
— de noix de Chaudelle 16, 17.
— de noix de Coula 95.
— de noix d'Inhambane 48.
— de noix de paradis 70.
— de noix de Souari 130.
— de noyaux d'olive 101.
— d'oeilette 29—31.
— d'olives 96—100.
— d'ongueko 35.
— d'orange 69.
— d'orge 56.
— d'ovala 51, 52.
— de palme 113—116.
— de palmiste 143—145.
— de papetons 53, 54.
— de pavot épiveux 31.
— de pavot du pays 29—31.
— de pêche 83.
— de pepin du palme 143 bis 145.
— de perilla 10, 11.
— de phoque 165.
— de pieds de boeuf 170.
— de pieds de Cheval 171.
— de pieds de mouton 171.
— de Pignon d'Inde 79.
— de pin 12.
— de pinastre 14.
— de pistache 93.
— de poirier 86, 87.
— de poivre de Guinée 33, 34.
— de Polygala de Virginie 108.
— de pommier 86.
— de Provence 96—100.
— de prunier 81.
— de rabette 43.
— de raisin 74.
— de raphanistre 40.
— de ricin 75—78.
— de Saflore 24, 25.
— de sapin 14, 15.
— de Sapucaya 71.
— de sardine 156.
— de Saumon 158.
— de seigle 55, 56.
— de seigle ergoté 111.

Huile de Sésam 64—67.
— de siphonie élastique 17, 18.
— de souches 109.
— de Spermaceti 215.
— de Stillingia 18, 19.
— de Strophante 92.
— de sureau 102.
— de Tabac 34.
— de Tamanu 72.
— de thé 91, 92.
— de thlaspi 107.
— de tilleul 71.
— de tilly 78, 79.
— de Touloucouna 133.
— de Tournesol 26, 27.
— de trèfle 50, 51.
— de trois épines 159.
— de Tucum 116.
— de Veppam 32, 33.
Human fat 174.
Hundefett 187.
Hydnocarpusöl 135.
Hydnocarpussäure 135, 136.
Hydrocarotin 307.
Hydrocholesterylen 279.
Hyocholsäuren 320.
Hypogaeasäure 53, 88.

I.

Illipetalg 127.
Iltisfett 189.
Immergrünöl 32.
Indian laurel oil 34, 35.
Indisches Lorbeeröl 34, 35.
Indisches Senföl 42.
Ingaöl 52.
Inoyöl 107.
Insect white wax 222.
Insektenwachs 222.
Iriyaöl 107.
Irvingiabutter 151.
Isanoöl 35.
Isansäure 36.
Isoamylamin 161.
Isobiliansäure 324.
Isobuttersäure 152.
Isocetinsäure 79.
Isocholansäure 329.
Isocholesterin 218, 296.
Isocholesterinacetat 297.
Isocholesterylbenzoat 297.
Isocholesterylstearat 297.
Iso-dehydrocholestandionol 293.
Isolinolensäure 4, 12, 20, 22, 24, 29, 35, 69, 109, 174.
Isoricinolsäure 75.
Istarin 253.

J.

Jacaré 173.
Jamba Oil 46.
Jambaöl 46.
Japanese vegetable wax 222.
Japanese Wood oil 15, 16.

Japan fish oil 156.
Japanisches Fischöl 156.
Japanisches Holzöl 15, 16.
Japanisches Wachs 211.
Japansäure 152.
Japansäurepalmitinsäureglyce-
rid 152.
Japantalg 152.
Japan tallow 152.
Japantran 157.
Japanwachs 152.
Japan wax 152.
Jasminblütenwachs 214.
Java almond oil 87.
Javamandelöl 87.
Javaolivenöl 101.
Jecorinsäure 156.
Johannesiaöl 19.

K.

Kabeljauleberöl 160.
Kabeljaulebertran 160.
Kachelottran 215.
Kadamfett 137.
Kadamöl 137.
Kadaverfett 209.
Kaffeebohnen, Ölgehalt 103.
Kaffeebohnöl 103.
Kagawachs 215.
Kagnébutter 137.
Kagooöl 134.
Kakaobutter 116—119.
— Verfälschungen 117.
Kakaobutterersatzstoffe, Zu-
sammensetzung 119.
Kakaoöl 116—119.
Kaliumcholesterylat 274.
Kalkliniment 5.
Kamelfett 186.
Kanyabutter 137.
Kanyébutter 137.
Kapbeerenwachs 119.
Kapok oil 62, 63.
Kapoköl 62, 63.
Kapuzinerkressenöl 107.
Karnaubasäure 218.
Karnaubawachs 209.
Karnaubylalkohol 218.
Karpfenöl 159.
Kastanienöl 108.
Katjangöl 88—91.
Kekunaöl 17.
Kelakkifett 129.
Kephalin 236.
Kerasin 253, 258, 259, 261,
264.
Ketiauroöl 130.
Ketjatkiöl 131, 132.
Kiefernsamenöl 14.
Kilimandscharonußöl 24.
Kinobaumöl 58.
Kirschkernöl 80, 81.
Kirschlorbeeröl 81.
Kleesamenöl 50, 51.
Klettensamenöl 28, 29.
Knochenfett 207.

Koemeöl 48.
Kognaköl 77.
Kohamba oil 32, 33.
Kohlenwasserstoff $C_{11}H_{16}$ 327.
Kohlsaatöl 43.
Kohuneöl 148.
Kokumbutter 123, 124.
Koloquintensamenöl 27, 28.
Kombobutter 141.
Königsfischöl 159.
Konöl 131, 132.
Koppra 146.
Koprah 146.
Koprostanon 299.
Koprosterin 297.
Koprosterylacetat 298.
Koprosterylbenzoat 299.
Koprosterylbromacetat 298.
Koprosterylcarbazol 299.
Koprosterylcinnamat 299.
Koprosterylpropionat 299.
Korksäure 97.
Korung oil 134.
Korungöl 134.
Kô-Samöl 73.
Kranichfett 193.
Krebaofett 11, 12.
Kreuzbeerenöl 19, 20.
Kreuzdornöl 19, 20.
Kuhbaumwachs 212.
Kuhbutter 200.
Kuhbutterfett 200.
Kukuiöl 16, 17.
Kukuruzöl 53, 54.
Kümmelöl, fettes 71.
Kundaöl 110, 111.
Kunstbutter 201, 206.
Kürbiskernöl 46, 47.
Kürbissamenöl 46, 47.
Kusuöl 143.

L.

Lachsöl 158.
Lactonsäure $C_{27}N_{40}O_5$ 291.
Lallemantia oil 11.
Lallemantiaöl 11.
Lamybutter 137.
Laniol 217.
Lanocerinsäure 218.
Lanolin 217.
Lanopalminsäure 218.
Lauran 154.
Laurel nut oil 72.
Laurel oil 154.
Laurinsäure 11, 22, 57, 78, 119,
121, 125, 131, 135, 146, 196,
217, 224.
Laurostearin 155.
Lawrel wax 119, 120.
Leberöle 160—165.
— fremde 163.
— weniger bekannte 164.
Lebertran 161.
Lebertranemulsion 165.
Lecithin 37, 53, 55, 56, 57, 112,
175, 203, 230.

Lecythisöl 70.
Lederfett 208.
Leichenwachs 176.
Leimfett 208.
Leindotteröl 38, 39.
Leinkrautöl 20, 21.
Leinöl 1.
— unverseifbares 5.
Leinölfettsäuren, Zusammen-
setzung 4.
Lignocerinsäure 88, 90.
Limonin 69.
Lindenholzöl 71.
Lindensamenöl 106.
Linolensäure 4, 12, 13, 14, 20,
22, 24, 29, 35, 69, 102, 109,
174, 196, 213.
Linolsäure 4, 12, 14, 17, 20, 22,
24, 26, 29, 31, 35, 36, 38, 39,
46, 48, 50, 53, 57, 61, 64, 69,
73, .74, 79, 85, 87, 94, 97,
114, 190, 191, 196.
Linseed oil 1—10.
Lipochrome 161, 172.
Lithobilinsäure 322.
Lithofellinsäure 321.
Lithographenfirnis 5.
Löcherpilzfett 113.
Lorbeerfett 154.
Lorbeernußöl 72.
Lorbeertalg 154.
Luchsfett 188.
Luffa seed oil 49.
Luffaöl 49.
Lukraboöl 136.
Lukrabo oil 136.
Lycopodium clavatum 108.
Lycopodiumöl 108.
Lycopodiumsäure 108.
Lynx fat 188.

M.

Mabeaöl 78.
Macassaöl 131, 132.
Macassar oil 131.
Madia oil 27.
Madiaöl 27.
Madolöl 106.
Mafura tallow 132, 133.
Mafuratalg 132, 133.
Mahwabutter 127.
Maikäferöl 174.
Maisöl 53, 54.
Maize oil 53, 54.
Makassaröl 131, 132.
Makayaöl 149.
Makulöl 136.
Malabar tallow 122.
Malabartalg 122.
Malukangbutter 138.
Manatee Oil 170.
Mandelöl 83—86.
— französisches 88.
— wildes 109.
Mangkassaöl 131.
Mangosteen oil 123, 124.

Manihotöl 18.
Margarine 206.
— d'arachide 90.
— de Coton 62.
— di cotone 62.
— végétale 62.
Margarolosäure 167.
Margosa oil 32, 33.
Margosaöl 32, 33.
Maripa fat 149.
Maripafett 149.
Marmot fat 82, 83.
Marmottöl 82, 83.
Maulbeersamenöl 102, 103.
Maw oil 29—31.
Medizinallebertran 160.
Medullinsäure 200.
Meerschweintran 169.
Melissinsäure 220.
Melissylalkohol 212, 213.
Melonenbaumöl 106.
Melonenöl 47.
Melon seed oil 47.
Ménéöl 138.
Meniöl 138.
Menhaden oil 155.
Menhadenöl 155.
Menhadentran 155.
Menschenfett 174.
Merlen 160.
α-Methylglutarsäure 328.
Micheliafett 120.
Milchfettkügelchen 202.
Millet seed oil 56, 57.
Mkanifett 124, 125.
Mkanyi fat 124, 125.
Mocajabutter 149.
Mocaya oil 149.
Mocayaöl 149.
Mogaröl 32.
Mohambaöl 36.
Mohnöl 29—31.
Mohrhirseöl 57.
Monaminodiphosphatide 240.
Monaminodiphosphatide aus
    Eigelb 241.
Monaminomonophosphatide
    230.
Monobromderivate der Säure
    $C_{27}H_{42}O_5$ 290.
Morrhuin $C_{19}H_{27}N_3$ 161.
Morrhuinsäure 161.
Mowrahbutter 127, 128.
Mowrah seed oil 127, 128.
Mucunaöl 51.
Muriti fat 149.
Muritifett 149.
Murmeltierfett 188.
Muskatbutter 138.
Mutage d'Angola 141.
Mutterkornöl 111.
Mutton tallow 181.
Myelin 238.
Myrica-Wachs 119, 120.
Myricin 220.
Myricincerotinäther 209.

Myricylalkohol 152, 154, 209,
    213, 220.
Myristinsäure 4, 17, 22, 38,
    46, 78, 79, 80, 87, 106, 109,
    119, 146, 149, 151, 161, 196,
    202, 217, 218, 224.
Myrobalanenöl 103.
Myrtel wax 119, 120.
Mytensamenöl 38.
Myrtenwachs 119, 120.

N.

Nachtviolenöl 38.
Nagelfett 176.
Natriumcholesterylat 274.
Neats foot oil 170.
Neemöl 32.
Neottin 244.
Néouöl 37.
Neurostearinsäure 265.
Nhandirobaöl 49.
Niamfett 138.
Nigeröl 25, 26.
Nigerseed oil 25, 26.
Nimb oil 32, 33.
Nitrodehydrocholesten 284.
Nitrodehydrocholesterin 283.
Nitrodehydrocholesterylacetat
    282.
Nitrodehydrocholesterylchlorid
    283.
Nitrodehydrocholesterylnitrat
    283.
Njamplungöl 72.
Njariöl 126, 140.
Njatuotalg 129.
Njavebutter 126, 140.
Njave oil 126.
Nußöl 22—24.
Nutmagbutter 138.

O.

Oba oil 150.
Oberhautfett 176.
Ochocobutter 140.
Ochsenklauenöl 170.
Ochsentalg 177.
Ocubawachs 212.
Ocuba wax 212.
Odyendyébutter 137.
Ohrenschmalz 176.
Okotillawachs 212.
Okotilla wax 212.
Okubawachs 212.
Öl von Acrocomia totai 110.
— von Adenanthera pavonia L.
    52.
— von Aspidium Athamanti-
    cum 110.
— von Bauhinia variegata L.
    53.
— von Brucea antidysenterica
    Lam. 73.
— von Entada scandens 53.
— von Mimosa dulcis 52.
— von Moquilla tomentosa 110.

Öle der Landtiere 170—209.
— nicht trocknende 74—113.
Oleodimargarin 97.
Oleodipalmitin 121, 178, 182.
Oleodistearin 117, 123, 124.
Oleopalmitostearin 117, 178,
    182.
Oleum abietis seminis 14, 15.
— cetacei 215.
— helianthi annui 26, 27.
— juglandis 22—24.
— lini 1—10.
— papaveris 29—31.
— piceae seminis 14.
— pini pingue 14.
Ölfirnisbaumöl 15, 16.
Olio di akee 131.
— d'albero di cacciù 17, 18.
— di albicocche 82.
— di Andiroba 110, 111.
— di arachide 88—91.
— d'arancia 69.
— di Argemona 31.
— di argentina 159.
— di Aringhe 157.
— di balena 166.
— di baobab 63.
— di bardana 28, 29.
— di caffe 103.
— di cameline 38, 39.
— di canape 21, 22.
— di capoc 62, 63.
— di carpione 159.
— di Cartame 24, 25.
— di celosia 35.
— di chaulmugra 134.
— di ciliegie 80, 81.
— di Cino 1—10.
— di citriuolo 47, 48.
— di Coco 146—148.
— di Colza 43—45.
— di cotogno 80.
— di Cotone 58—62.
— di crescione 39, 40.
— di Crotontiglio 78, 79.
— di Curcas 79.
— di delfino 168.
— di esperide 38.
— di faggio 68.
— di farina di frumento 35.
— di fava 50.
— di fegato di merluzzo 160.
— di foca 165.
— di fragola 12.
— di germi di grano 54, 55.
— di ghiande 68, 69.
— di girasole 26, 27.
— di Gynocardia 11, 12.
— di henbane 33.
— di Jambo 46.
— di lallemanzia 11.
— di lauroceraso 81.
— di lauro indico 34, 35.
— di lukrabo 136.
— di Macassar 131, 132.
— di madia 27.

Olio di mandorle 83—86.
— di Mais 53, 54.
— di mela 86.
— di melone 47.
— di Menhaden 155.
— di noce 22—24.
— di noci del Brasile 69, 70.
— di noci del paradiso 70.
— di noci di Bankol 16, 17.
— di noci di California 91.
— di noce di cedro 13, 14.
— di nigella 80.
— di Niger 25, 26.
— di Njave 126.
— di noccinolo 94, 95.
— di noccioli d'oliva 101.
— di oliva 96—100.
— d'orzo 56.
— di Ovala 51, 52.
— di palma 113—116.
— di palmista 143—145.
— di papavero 29—31.
— di paprica 33, 34.
— di pera 86, 87.
— di Perilla 10, 11.
— di pesco 83.
— di piede di bove 170.
— di piede di cavallo 171.
— di piede di montone 171.
— di pinoli 14.
— di pistacci 93.
— di porco marino 169.
— di prugne 81.
— di rafano 40, 45.
— di ricino 75—78.
— di Salmone 158.
— di sambuco 102.
— di sardine 156.
— di sardine di Giappone 156.
— di segale 55, 56.
— di segale cornuta 111.
— di semi di tiglio 106.
— di senapa bianca 41, 42.
— di senapa nera 40, 41.
— di Senega 108.
— di sesamo 64—67.
— di Soia 49, 50.
— di spermaceti 215.
— di spermaceti artico 216.
— di Stillingia 18, 19.
— di Stramonio 34.
— di strofanto 92.
— di tabacco 34.
— di té 91, 92.
— di tiglio 71.
— di trifoglio 50, 51.
— di tropeolo 107.
— di Tucum 116.
— di vacca marina 170.
— di vinacciuoli 74.
— di zucca 46, 47.
Ölmadie 27.
Ölmoringie 105.
Ölsäure 4, 11, 13, 14, 15, 17, 20,
    22, 24, 26, 29, 35, 36, 38, 39,
    43, 45, 46, 48, 50, 53, 57, 61,
    64, 68, 69, 72, 73, 74, 78, 79,
    87, 88, 92, 94, 95, 102, 103,
    104, 105, 106, 108, 109, 111,
    112, 114, 120, 121, 122, 123,
    125, 127, 128, 129, 130, 131,
    132, 133, 135, 137, 139, 140,
    141, 146, 161, 165, 169, 172,
    174, 175, 191, 194, 196, 200,
    213, 217.
Önanthaldehyd 77, 97.
Önanthosäure 77.
Önanthsäure 77.
Önanthylsäure 97.
Olive kernel oil 101.
Olivenkernöl 101.
Olivenöl 96—100.
Olive Oil 96—100.
Orangensamenöl 69.
Orange seed oil 69.
Otobabutter 141.
Otobafett 141.
Otobit 141.
Ovala oil 51, 52.
Owalanußöl 51, 52.
α-Oxycholestenol 287.
β-Oxycholestenol 291.
β-Oxycholestenolacetat 291.
Oxycholesterylen 291.
Oxydationsprodukte der Gal-
    lensäuren 322.
Oxyfettsäure 172.
Oxyketodicarbonsäure 291.
Oxymonocarbonsäure
    $C_{27}N_{46}O_3$ 293.

P.

Paineiraöl 63.
Pallas tree oil 58.
Palmbutter 113—116.
Palmfett 113—116.
Palmitinsäure 4, 11, 13, 14, 17,
    20, 22, 24, 29, 34, 35, 38, 39,
    46, 48, 50, 51, 53, 61, 64, 68,
    69, 72, 78, 79, 87, 88, 94, 97,
    102, 103, 105, 106, 108, 111,
    112, 114, 117, 119, 120, 121,
    122, 123, 127, 128, 129, 131,
    133, 135, 136, 137, 146, 152,
    156, 158, 161, 165, 169, 172,
    174, 175, 194, 196, 200, 213,
    217, 257.
Palmitinsäurecetyläther 168.
Palmitinsäurecetylester 217,
    224.
Palmitinsäuremyricylester 220.
Palmitodistearin 178, 182.
Palmkernel oil 143—145.
Palmkernöl 143—145.
Palm oil 113—116.
Palmöl 113—116.
— Farbenreaktionen 114.
— Verunreinigungen 116.
Palmseed oil 143—145.
Palm tree Wax 210.
Palmwachs 210.
Panicol 57.
Paprica oil 33, 34.
Paprikaöl 33, 34.
Parabutter 73.
Paradieskörneröl 70.
Paradiesnußöl 70.
Paradise nut oil 70.
Paraglykocholsäure 312.
Paranuclein 257.
Paranucleoprotagon 257.
Parakautschukbaumsamenöl
    17, 18.
Parakautschuköl, Vorkommen,
    Eigenschaften 17, 18.
Paramyelin 238.
Paranußöl 69, 70.
Parapalmöl 73.
Paraphytosterin 308.
Para rubber tree seed oil 17, 18.
Parasolpilzöl 102.
Patavaöl 73.
Paulliniaöl 105.
Peach kernel oil 83.
Peanut oil 88—91.
Pear seed oil 86, 87.
Pentadecylalkohol 215.
Perilla oil 10, 11.
Perillaöl 10, 11.
Persimonöl 57.
Pferdefett 184.
Pferdefußöl 171.
Pferdemarkfett 186.
Pfirsichkernöl 83.
Pflanzenbutter, Handelsmar-
    ken 147.
Pflanzenphosphatide 246.
Pflanzentalg 122.
Pflaumenkernöl 81.
Phasol 308.
Phosphatide 226.
— der Weizensamen 247.
Phospho-Cerebroside 251, 254.
Phrenosin 253, 258, 259, 264.
Phulwarabutter 128, 129.
Physetölsäure 165, 169.
Phytin 248.
Phytosterin 46, 48, 55, 61, 64,
    73, 79, 94, 97, 109, 120, 136,
    152, 155, 213.
Phytosterine 302, 307, 308.
Phytosterol 135.
Pigeon fat 192.
Pillenbaumöl 103.
Pinaster seed oil 14.
Piné Marten fat 189.
Pine oil 14.
Piney tallow 122.
Pinguinenöl 173.
Pinneytalg 122.
Pinot oil 73.
Pintree oil 14.
Pisangcerylester 211.
Pisangwachs 211.
Pistachio oil 93.
Pistacienöl 93.
Pithecocteniumöl 67, 68.
Pitjungöl 136.

Pitsch oil 14, 15.
Pitsch tree oil 14, 15.
Plantain wax 211.
Plum kernel oil 81.
Pogaöl 107.
Polecat fat 189.
Polyricinolsäure 75.
Pongamöl 134.
Poppy oil 29—31.
Poppy seed oil 29—31.
Porpoise Oil 169.
Pottwaltran 215.
Propolis 219.
Propolisharz 219.
Protagon 251.
Provenceröl 96—100.
Prozeßbutter 201.
Prunus laurocerasus L. 81.
Pseudocerebrin 258, 259, 260.
Pseudocholestan 281.
Pseudocholesten 279.
Pseudokoprosterin 298.
Pseudositosterin 303.
Psidium Guajavafett 138.
Psychosin 265.
Psyllawachs 222.
Psyllosterylalkohol 222.
Psyllosterylester 222.
Ptomaine 161.
Pumpkin seed oil 46, 47.
Purging nut oil 79.
Pyogenin 267.
Pyosin 267.

Q.

Quassin 137.
Quebrachol 308.
Quince oil 80.
Qui-quio 145.
Quittensamenöl 80.

R.

Radish seed oil 45.
Rambutantalg 132.
Rape oil 43—45.
Rapeseed oil 43.
Raphia wax 211.
Raphiawachs 211.
Rapinsäure 40, 43.
Rapsdotteröl 38, 39.
Rapsöl 43—45.
Raspberry seed oil 12.
Red pin seed oil 14.
Reduktodehydrocholsäure 323.
Rehfett 183.
Reindeerfat 184.
Renovated butter 201.
Rentierfett 184.
Repsöl 43.
Resedasamenöl 36.
Rettichöl 45.
Rhamnol 308.
Rhimbawachs 212.
Rhizocholsäure 327.
Rhusglabraöl 93, 94.
Ricin 75.

Ricinolamid 75.
Ricinolsäure 53, 57, 74, 75.
Ricinolstearinsäure 57.
Ricinusöl 75—78.
Rinderfett 177.
Rinderfußfett 170.
Rindermarkfett 200.
Rindstalg 177.
Robbentran 165.
Robinienöl 13.
Roebuck fat 183.
Roggenöl 55, 56.
Roggensamenöl 55, 56.
Rotes Mohnöl 29.
Rotkleeöl 51.
Rotrepsöl 38.
Rübensamenfett 138.
Rüböl 43—45.
Rübsenöl 43—45.
Rüllöl 38, 39.
Ruffiawachs 210.
Rye seed oil 55, 56.

S.

Saffloröl 24, 25.
Safflower oil 24, 25.
Sahidin 246.
Saindoux 196.
Salmon oil 158.
Samtfußfett 112.
Sandbeerenöl, Vorkommen, Eigenschaften 20.
Sansa 96.
Sapindusöl 105.
Saponin 91, 126.
Sapucajaöl 71.
Sardine oil 156.
Sardinenöl 156.
Sativinsäure 114.
Saubohnenöl 49, 50.
Säure $C_{26}H_{42}O_3$ 285.
— $C_{26}H_{42}O_6$ 285.
— $C_{27}H_{43}O_4Cl$ 286.
— $C_{27}H_{44}O_5$ 287.
— $C_{27}H_{42}O_5$ 287.
— $C_{27}H_{42}O_8$ 287.
— $C_{27}H_{44}O_4$ 290.
— $C_{27}H_{42}O_5$ 290.
— $C_{27}H_{46}O_3$ 293.
— $C_{26}H_{44}O_4$ 294.
— $C_{27}H_{44}O_4$ 294.
— $C_{27}H_{40}O_5$ 294.
— $C_{27}H_{40}O_8$ 295.
— $C_{25}H_{40}O_6$ 295.
— $C_{22}H_{32}O_8$ 296.
— $C_{21}H_{30}O_8$ 296.
— $C_{19}H_{28}O_{10}$ 326.
Sawaributter 130.
Sawarrifat 130.
Sawarrifett 130.
Schaftalg 181.
Schellackwachs 213.
Schildkrötenöl 173.
Schinderfett 209.
Schmalz 196.
Schmer 196.

Schöllkrautöl 31.
Schöpsentalg 181.
Schwarzkümmelöl 80.
Schwarznußöl 24.
Schwarzsenföl 40, 41.
Schweinefett 196.
Schweinefette, europäische 197.
— nordamerikanische 197.
Schweineschmalz 196.
Scymnole 321.
Scymnolschwefelsäure 321.
Seal oil 165.
Sebacinsäure 75.
Sebifera glutinosa 154.
Secale oil 111.
Secuaöl 49.
Seehundstran 165.
Sego di bove 177.
— di Borneo 122, 123.
— di cervo 182.
— di Dika 150.
— di kokum 123, 124.
— di mafura 132.
— di Maripa 149.
— di Mkany 124, 125.
— di Piney 122.
— di Rambutan 132.
— di Stillingia 120, 121.
— di Ucuhuba 139.
— di Virola 141.
Seidelbastöl 35.
Seidenspinnerpuppenöl 174.
Semmelschwammöl 113.
Senega root oil 108.
Senegawurzelöl 108.
Sesamin 64.
Sesamöl 64—67.
Sheabutter 125, 126.
Sheeps food oil 171.
Siaktalg 129.
Sicydiumöl 49.
Sierra Leone-Butter 137.
Sinapis juncea 41, 42.
Sitosten 304.
Sitosterin 53, 136, 302.
— Oxydationsprodukte 305.
Sitosterylacetat 303.
Sitosterylbenzoat 304.
Sitosterylchlorid 303.
Sitosterylcinnamat 304.
Sitosteryloleat 304.
Sitosterylpalmitat 303.
Sitosterylphenylcarbonat 304.
Sitosterylpropionat 303.
Sitosterylstearat 303.
Small fennel oil 80.
Soa bean oil 49, 50.
Soap stock 58.
Sojabohnenöl 49, 50.
Sojasterin 308.
Sommeröl 58.
Sonnenblumenöl 26, 27.
Sorghumöl 57.
Soy bean oil 49, 50.
Spargelsamenöl 29.
Sperma Ceti 223.

Spermaceti oil 215.
Spermacetiöl 215.
Spermaceto 223.
Sphaerocerebrin 253, 266.
Sphingomyelin 242, 253.
Sphingosin 253, 261, 262, 263, 265.
Spice bush seed oil 150.
Spindelbaumöl 94.
Spindeltree oil 94.
Spongosterin 300.
Spongosterylacetat 301.
Spongosterylpropionat 301.
Sprat oil 157.
Sprottenöl 157.
Stachelpilzöl 113.
Stag fat 182.
Standöl 5.
Starfett 195.
Starling fat 195.
Staubpilzöl 113.
Staudtiabutter 191.
Stearinsäure 11, 13, 17, 20, 22, 24, 29, 35, 40, 43, 45, 46, 48, 51, 53, 64, 68, 69, 72, 73, 75, 78, 79, 85, 87, 88, 92, 94, 103, 104, 105, 106, 108, 109, 114, 117, 125, 129, 130, 132, 133, 135, 146, 156, 158, 161, 165, 169, 172, 175, 194, 196, 200, 213, 217, 224, 253, 257, 261.
Stearodipalmitin 178, 182, 195.
Stearolacton 170.
Stearolsäure 152.
Stechapfelöl 34.
Sterculia chicha-Fett 119.
Sterine 268.
— in Pflanzen 307.
— der Pilze 308.
Stichlingsöl 159.
Stickle back oil 159.
Stickstofffreie Monophospha-tide 247.
Stigmasterin 136, 306.
Stigmasterintetrabromidacetat 306.
Stigmasterylacetat 306.
Stigmasterylpropionat 306.
Stillingia oil 18, 19.
Stillingiaöl 18, 19.
Stillingiatalg 120, 121.
Stinkbaumöl 101.
Stinking bean oil 101.
Stinktieröl 173.
Stockfischleberöl 160.
Störöl 159.
Strawberry seed oil 12.
Strophantusöl 92.
Strophantus seed oil 92.
Strychnosöl 104.
Strychnossamenöl 104.
Sturgeon oil 159.
Styraxöl 38.
Suarinußöl 130.
Sucutisfett 176.

Suif d'arbre 120.
— de boef 177.
— végétal de Borneo 122, 123.
— de Gamboge 137.
— de Mkany 124, 125.
— de mouton 181.
— de Noungon 125, 126.
— d'os 207.
— d'otoba 141.
— de Piney 122.
— de Rambutan 132.
— de Virola 141.
— végétal de Chine 120.
Suintine 217.
Sumachwachs 152.
Summer white oil 58.
Sunfish oil 159.
Sunflower oil 26, 27.
Sunteitalg 129.
Surinfett 130.
Sweetoil 96—100.

T.

Tabaksamenöl 34.
Tacamahacfett 72.
Talarkürbisöl 48.
Tallow of Virola 141.
Tamarindenöl 53.
Tame rabbit fat 191.
Tangkallakfett 155.
Tannensamenöl 14, 15.
Tanrocholeinsäure 314.
Tanrocholsäure 313.
Taririfett 151.
Taririnsäure 152.
Taubenfett 192.
Tea seed oil 91, 92.
Teel oil 64—67.
Teesamenöl 91, 92.
Teglamfett 143.
Telfairiaöl 48.
Telfairiasäure 48.
Teschelkrautsamenöl 107.
Tetraricinolsäure 75.
Theobrominsäure 117.
Therepinsäure 161.
Thergatöl 136.
Thespesiaöl 62.
Thintleseed oil 28.
Thio-thio 145.
Tiglinsäure 78.
Tobaceo seed oil 34.
Tollkirschenöl 36.
Tonkabohnenöl 53.
Trane 165—170.
Traubenkernöl 74.
Tree wax 222.
Triacetin 94.
Triaminomonophosphatide 244
Triammodiphosphatid aus Niere 245.
Triammodiphosphatide 244.
Tribromcerebrin 261.
Tribromhomocerebrin 261.
Trierurein 107.
Trierucin 43.

Trikaprin 144.
Trikaproin 144.
Trikaprylin 144.
Trilaurin 144, 150, 154, 155.
Trimethylamin 141.
Trimyristin 138, 139, 140, 141, 142, 144, 151, 154, 210.
Triolein 97, 138, 144, 150, 151, 155, 170.
Tripalmitin 102, 121, 123, 138, 144, 152, 170, 175.
Triricinolein 75.
Triricinolsäure 75.
Tristearin 75, 123, 144, 154, 170.
Triundecylensäureanhydrid 77.
Triundecylensäureglycerid 77.
Trocknende Öle 1—38.
Tropaeolum oil 107.
Tropaeolumöl 107.
Truthahnfett 192.
Tuberkelwachs 214.
Tucumöl 116.
Tulucunafett 133.
Tulucunaöl 133.
Tungöl 15, 16.
Turkey fat 192.
Türkischrotöl 74, 77.
Turnsol oil 26, 27.

U.

Ucuhuba fat 139.
Ukuhubafett 138.
Undecylensäure 77.
Ungnadiaöl 104.
Unguekoöl 35.
Unschlitt 177.
Ursocheleinsäure 320.
Urucubafett 139.

V.

Valeriansäure 57, 78, 108, 161.
Valeriansäuretriglycerid 168, 169.
Vateriafett 122.
Veepaöl 32, 33.
Vegetabilischer Talg 120, 125, 126.
Vegetabilische Wachse 209.
Vegetable spermaceti 222.
Vegetable tallow of China 120.
Vellolin 217.
Veppanefett 32, 33.
Verbindung $C_{24}H_{46}O$ 46.
— $C_{24}H_{40}O_3$ 48.
— $C_{18}H_{18}O_5$ 64.
— $C_{26}H_{24}O + \frac{1}{2}H_2O$ 64.
— $C_{25}H_{44}O + H_2O$ 64.
— $C_{20}H_{34}O$ 73.
— $C_{17}H_{32}(OH)COOH$ 80.
— $C_{17}H_{34}O_2$ 97.
— $C_{18}H_{32}O_2$ 135.
— $C_{20}H_{32}O_2$ 157.
— $C_{24}H_{40}O_2$ 157.
— $C_{16}H_{30}O_2$ 161.
— $C_{19}H_{38}CH_2OH$ 209.
— $C_{23}H_{46}CH_2(OH)_2$ 209.

Verbindung $C_{23}H_{47}COOH$ 209.
— $C_{16}H_{34}$ 211.
— $C_{20}H_{42}O$ 211.
— $C_{27}H_{54}O_2$ 211.
— $C_{14}H_{26}$ 212.
— $C_{12}H_{24}O_2$ 212.
— $C_{44}H_{88}O$ 212.
— $C_{54}H_{90}O_2$ 284.
— $C_{27}H_{42}N_2$ 289.
— $C_{29}H_{46}O_4$ oder $C_{29}H_{44}O_4$ 292.
Verbindungen $C_nH_{2n-6}O_2$ 161.
— C_nH_{2n-10} 167.
— $C_nH_{2n-8}O_2$ 167.
Vernix caseosa 176.
Vesalthin 239.
Vielfraßfett 190.
Virolafett 141.
Vogelbeerenöl 12, 13.

W.

Wachs von Bacharis conferti-
folia 215.
Wachsbildung 219.
Wachse, animalische, weniger
bekannte 223.
Wachsöl 220.
Walfischmilchfett 207.

Walfischtalg 167.
Walfischtran 166.
Walnußöl 22—24.
Walnut oil 22—24.
Walöl 215.
Walrat 223.
Wasserhuhnfett 193.
Wassermelonenöl 47, 48.
Watermelon oil 47, 48.
Wauöl 36.
Wausamenöl 36.
Weißakazienöl 13.
Weißer Amber 223.
Weißes Mohnöl 29.
Weißfischöl 159.
Weißkleeöl 51.
Weißsenföl 41, 42.
Weizenmehlöl 55.
Weizenöl 54, 55.
Weld seed oil 36.
Whale oil 166.
Whale Tallow 167.
Wheat meal oil 55.
Wheat oil 54, 55.
White fish oil 159.
White mustard seed oil 41, 42
Wild boar fat 200.
Wild duck fat 195.
Wildentenfett 195.

Wildgansfett 194.
Wild goose fat 194.
Wildkaninchenfett 191.
Wildkatzenfett 189.
Wild Mango oil 150.
Wild rabbit fat 191.
Wildschweinfett 200.
Winteröl 58.
Winter white oil 58.
Winter yellow oil 58.
Wollschwammfett 112.
Wollschweißfett 217.
Wollfett 217.
Wood cock fat 193.
Wood oil 15, 16.
Wool fat 217.
Wool grease 217.

X.

Ximeniaöl 95, 96.

Z.

Zedrachöl 32, 33.
Ziegenfett 181, 182.
Ziegentalg 182.
Zirbelnußöl 13, 14.
Zuckerrohrwachs 215.